普通高等教育机电类系列教材

工 程 图 学

主　编　林新英　王庆有
副主编　吴　婧　蔡瑜瑜　童慧芬
　　　　杨建有　李和仙
参　编　张彦陟　王仰江　王　伟
　　　　钟明灯　朱同波　郑森伟

机 械 工 业 出 版 社

本书根据“工程图学”课程教学改革的需要编写而成，以读图、画图为主线，优化内容组织，力求符合学生的认知规律和学习过程。将制图理论与实践平顺衔接，各章首采用思维导图归纳和总结知识点，章末结合本章特点编入典型图例、赛题等进行拓展提高。本书共10章，包括制图基本知识和技能、投影基础、基本立体的投影及表面交线、组合体、轴测图、机件的表达方法、标准件与常用件、零件图、装配图、计算机绘图。

本书可作为应用型本科机械类和近机械类各专业制图课程的教材，也可供高职高专各专业选为制图课程的教材或参考教材，还可供相关领域工程技术人员自学参考。林新英、王庆有主编的《工程图学习题集》为本书的配套习题集，由机械工业出版社同步出版，供广大师生配套选用。

*本书为新形态教材，以二维码的形式链接了三维互动模型，可以进行立体或机件模型的视图切换、剖切面放置、爆炸图生成等操作，便于学生自主学习和理解。(可采用微信、QQ等的“扫一扫”功能识别二维码。)

图书在版编目（CIP）数据

工程图学/林新英，王庆有主编. —北京：机械工业出版社，2022.11 (2024.1重印)

普通高等教育机电类系列教材

ISBN 978-7-111-72316-5

Ⅰ.①工… Ⅱ.①林… ②王… Ⅲ.①工程制图-高等学校-教材 Ⅳ.①TB23

中国版本图书馆CIP数据核字（2022）第252387号

机械工业出版社（北京市百万庄大街22号 邮政编码100037）

策划编辑：徐鲁融 责任编辑：徐鲁融

责任校对：李 杉 王明欣 封面设计：王 旭

责任印制：常天培

北京机工印刷厂有限公司印刷

2024年1月第1版第2次印刷

184mm×260mm · 21印张 · 518千字

标准书号：ISBN 978-7-111-72316-5

定价：59.80元

电话服务	网络服务
客服电话：010-88361066	机 工 官 网：www.cmpbook.com
010-88379833	机 工 官 博：weibo.com/cmp1952
010-68326294	金 书 网：www.golden-book.com
封底无防伪标均为盗版	机工教育服务网：www.cmpedu.com

前言

为贯彻“全面贯彻党的教育方针，落实立德树人根本任务”“深化教育领域综合改革，加强教材建设和管理”党的二十大会议精神，为适应应用型本科教育的发展趋势，结合基于OBE理念的人才培养模式、课程体系和教学内容方式的改革，本书编写团队总结福建省线下一流本科课程——林新英老师作为第一负责人的“工程图学”建设改革实践经验，凝聚教材创新建设智慧，面向应用型本科“工程图学”课程的知识、能力培养要求，兼顾工程实际对学生的图学素养要求编写本书。

本书编写注重对于学生工程实践能力和素质的培养，植入“学思用贯通、知信行统一”的精神，并适当融入全国大学生先进成图技术与产品信息建模创新大赛内容，实现赛教融合，以赛促学。

本书主要有如下特点：

1. 强化基础教学

本书立足于点、线、面、体的投影理论基础，培养学生掌握投影理论、构形设计、视图表达技巧、制图规范等基础理论知识。

2. 注意学习次第

本书教学内容由浅入深，循序渐进，文字简洁，通俗易懂，图文并茂，结构紧凑。

3. 密切联系实践

本书精选典型实例，注重科学选材，密切结合现代设计制造中的典型零部件说明作图和读图方法，并采用代表性强的实际应用案例丰富实践教学环节。

4. 强调国家标准与规范

本书贯彻执行现行《机械制图》和《技术制图》国家标准。

5. 注重思维训练与拓展提高

本书以思维导图的形式梳理各章知识点，使学生随着阅读思维导图完成思维梳理与锻炼。融入典型图例和赛题，注重基础内容学习之上的拓展提高和对实际应用能力的训练。

6. 教学资源丰富

为了便于教师教学和学生自学，本书配套电子课件，书中以二维码的形式链接了三维互动模型，学生可通过扫描二维码多角度观察立体内外结构，更好地实现二维与三维的转换，提高教学效率。

本书共10章，从知识传授和能力培养的角度来看，本书内容可视为三部分，第1章~第6章为第一部分——基础部分，从制图基本知识和技能、投影基础、基本立体的投影及表面交线、组合体、轴测图和机件的表达方法六个方面讲解工程图学的基础知识，训练学生掌握制图规则和基本的绘图能力；第7章~第9章为第二部分——应用和提高部分，从标准件与常用件、零件图、装配图三个方面带领学生体会制图基础知识和基本能力在实际机械图样中的应用，使学生掌握零部件复杂图样的表达能力和识读能力；第10章为第三部分——计算机绘图部分，为对接学生的就业能力需求，提高工程应用能力，打好计算机绘图基础，第10章以基本、够用为度安排内容，介绍AutoCAD基本知识、样板文件的制作、图形绘制与编辑，以及零件图和装配图的绘制方法等，引导学生掌握使用AutoCAD绘制工程图样的基本方法和步骤。

本书由林新英、王庆有担任主编并完成统稿，参与编写的还有吴婧、蔡瑜瑜、童慧芬、杨建有、李和仙、张彦陟、王仰江、王伟、钟明灯、朱同波、郑森伟。

本书的编写参阅了大量相关书籍和资料，在此，对所参考的原书作者、资料的制作者表示由衷的感谢！

限于编者水平，书中难免存在不足和错误，恳请广大读者批评指正！

编　者

目 录

第1章

制图基本知识和技能

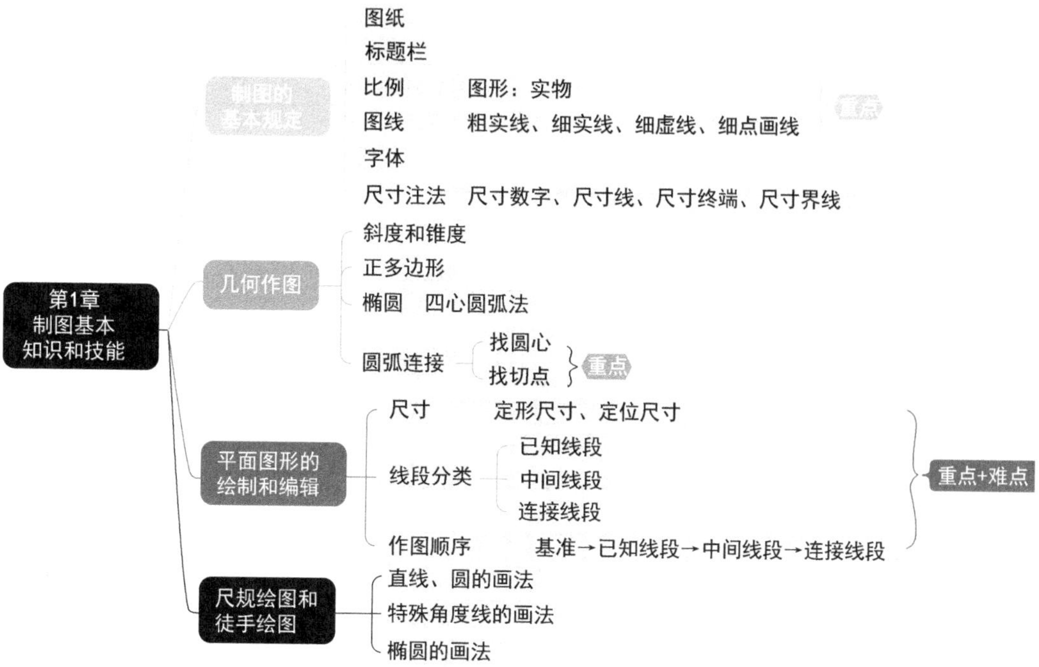

作为工程界的技术语言——图样，应该具有很好的可读性和规范性。因此，国家标准对与图样有关的图纸、比例、文字、图线和尺寸标注等都给出了严格的规定，绘图者应坚决遵守。本章将重点介绍《技术制图》和《机械制图》国家标准的一般规定、常用的画图工具、几何作图、平面二维图形的画法等内容，为读图和绘图打下基础。

1.1　制图的基本规定

图样是产品或设计的一种表现形式，是产品制造和工程施工的重要依据，是组织和管理生产的根据，是“工程技术界的共同语言”。为了便于交流技术思想，图样必须具有统一的规定。国家标准**《技术制图》**和**《机械制图》**规定了在绘制工程图样过程中应共同遵守的画图规则。国家标准简称“**国标**”，代号是“**GB**”。GB/T 14689—2008、GB/T 10609.1—2008、GB/T 14690—1993、GB/T 14691—1993、GB/T 17450—1998、GB/T 4457.4—2002 和 GB/T 4458.4—2003 分别就图纸幅面和格式、标题栏、比例、字体、图线和尺寸注法给出了规定。

1.1.1 图纸的幅面、格式和标题栏

1. 图纸幅面（GB/T 14689—2008）

图纸的宽度与长度组成的图面称为图纸幅面，图纸的基本幅面共五种，其尺寸见表1-1。绘图时优先采用基本幅面。

提示：国家标准规定，图样中（包括技术要求和其他说明）的尺寸以mm为单位时，不需标注计量单位的代号或名称，若采用其他单位，则必须注明相应计量单位的代号或名称。本书图样中的文字及图表中的尺寸单位均为mm。

表1-1 基本幅面（第一选择） （单位：mm）

幅面代号	A0	A1	A2	A3	A4
$B \times L$	841×1189	594×841	420×594	297×420	210×297
a	25				
c	10			5	
e	20		10		

必要时，也允许选用加长幅面，其尺寸见表1-2和表1-3。

表1-2 加长幅面（第二选择） （单位：mm）

幅面代号	$B \times L$	幅面代号	$B \times L$
A3×3	420×891	A4×4	297×841
A3×4	420×1189	A4×5	297×1051
A4×3	297×630		

表1-3 加长幅面（第三选择） （单位：mm）

幅面代号	$B \times L$	幅面代号	$B \times L$
A0×2	1189×1682	A3×5	420×1486
A0×3	1189×2523	A3×6	420×1783
A1×3	841×1783	A3×7	420×2080
A1×4	841×2378	A4×6	297×1261
A2×3	594×1261	A4×7	297×1471
A2×4	594×1682	A4×8	297×1682
A2×5	594×2102	A4×9	297×1892

这些幅面的尺寸是由基本幅面的短边成整倍数增加后得出的，基本幅面及加长幅面的尺寸关系如图1-1所示。

2. 图框格式（GB/T 14689—2008）

在图纸上必须用粗实线画出图框，其分为不留装订边和留有装订边的图框格式，分别如图1-2和图1-3所示。图框尺寸可从表1-1中查得，表中的e为无装订边图纸的边框尺寸，a、c分别是有装订边图纸的装订边、非装订边的宽度尺寸。同一产品的图样只能采用一种格式，优先采用不留装订边的格式。

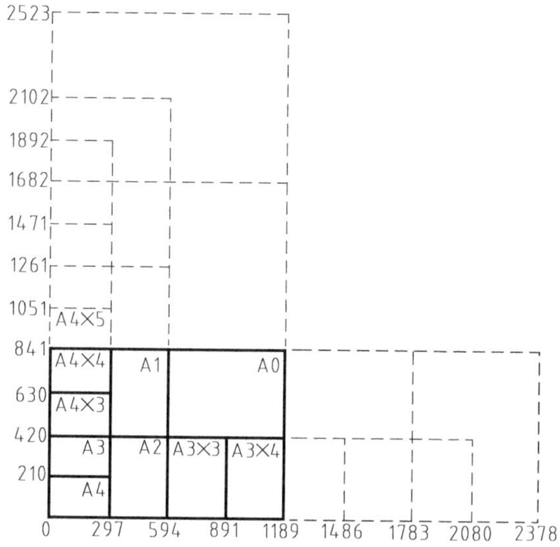

图 1-1　基本幅面与加长幅面

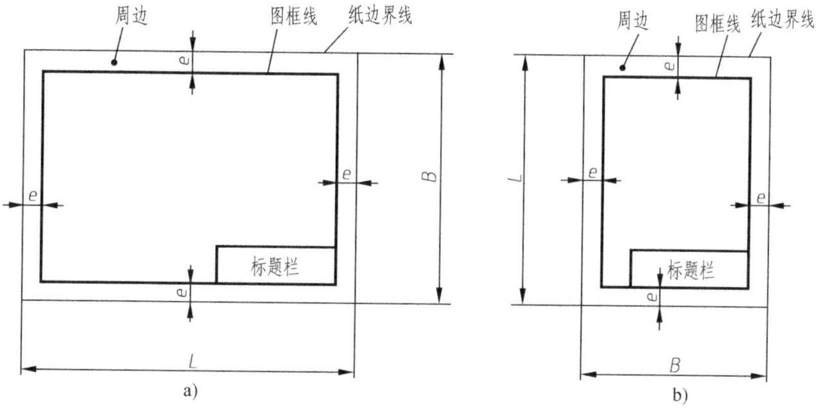

图 1-2　不留装订边的图框格式

a）A3 图幅横放（X 型图纸）　b）A4 图幅竖放（Y 型图纸）

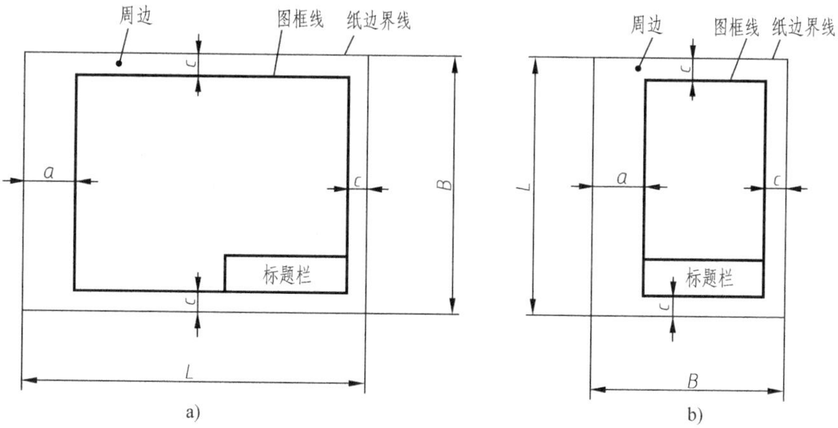

图 1-3　留有装订边的图框格式

a）A3 图幅横放（X 型图纸）　b）A4 图幅竖放（Y 型图纸）

3. **标题栏**（GB/T 10609.1—2008）

每张图样都必须画出标题栏，GB/T 10609.1—2008《技术制图　标题栏》对标题栏的尺寸、内容及格式给出了规定，如图 1-4 所示。标题栏一般应位于图样的右下角，如图 1-2、图 1-3 所示。

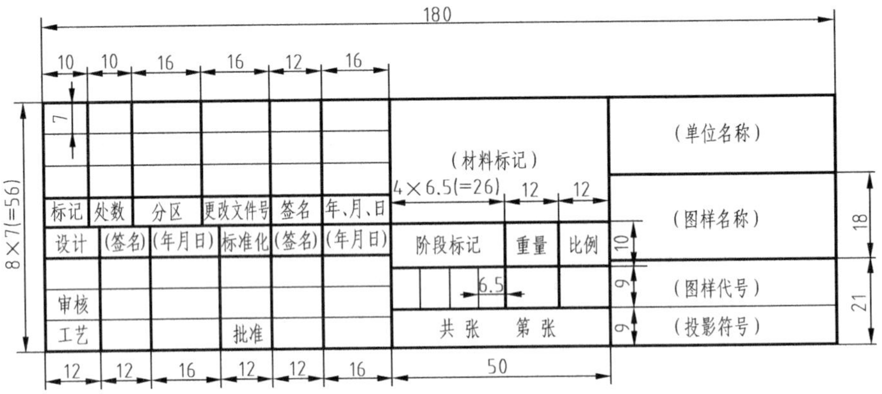

图 1-4　标题栏格式及其尺寸

为了作图方便，在制图作业中建议采用图 1-5 所示的简化标题栏格式。

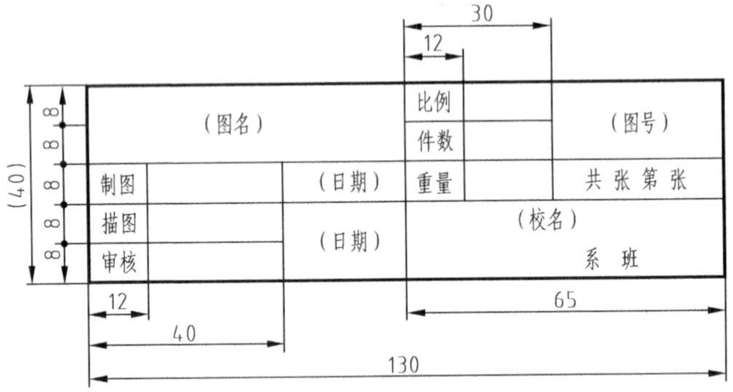

图 1-5　制图作业建议采用的标题栏格式

提示：标题栏的格线有粗有细，应该按图 1-4、图 1-5 给定的图例绘制。若标题栏的长边置于水平方向并与图纸的长边平行，则构成 X 型图纸；若标题栏的长边与图纸的长边垂直，则构成 Y 型图纸。其具体样式如图 1-2、图 1-3 所示。应注意，读图的方向与看标题栏的方向一致。

4. **附加符号**

1）对中符号：为了在图样复制和缩微摄影时便于定位，各种幅面的图纸均应在图纸各边长的中点处分别画出对中符号。

对中符号用粗实线绘制，线宽不小于 0.5mm，长度从图纸边界开始至伸入图框内约 5mm，如图 1-6、图 1-7 所示。

对中符号的位置误差应不大于 0.5mm。

当对中符号处在标题栏范围内时，则伸入标题栏部分省略不画，如图 1-7 所示。

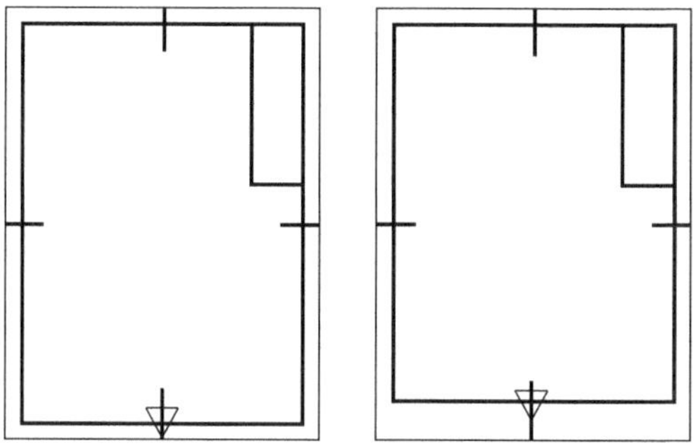

图 1-6　X 型图纸竖放时

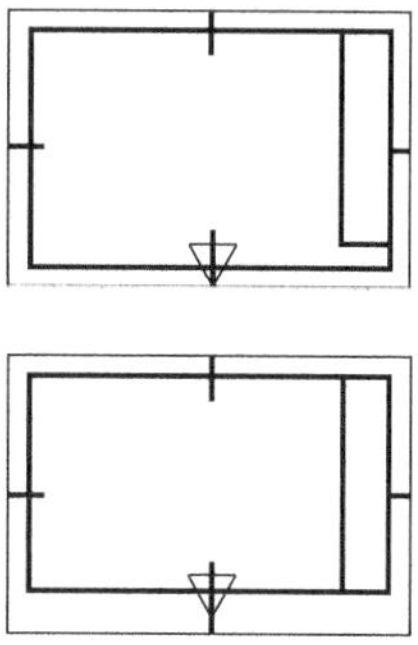

图 1-7　Y 型图纸横放时

2）方向符号：为了利用预先印制的图纸，允许将 X 型图纸的短边置于水平位置使用，或者将 Y 型图纸的长边置于水平位置使用，为了明确绘图与读图时图纸的方向，应在图纸的下边对中符号处画出一个方向符号，如图 1-6、图 1-7 所示。

方向符号是用细实线绘制的等边三角形，其大小和所处的位置如图 1-8 所示。

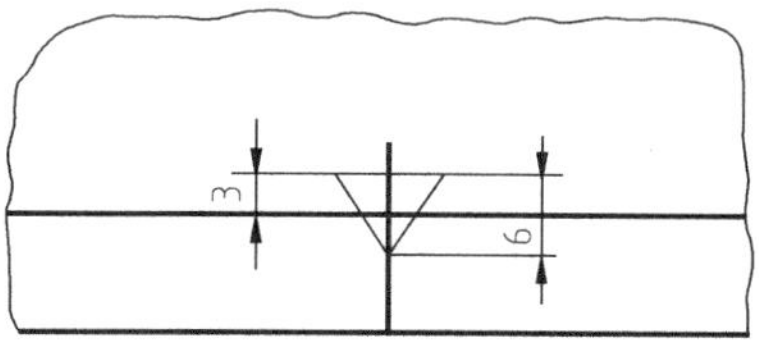

图 1-8　方向符号的画法

3）剪切符号：为使复制图样时便于自动剪切，可在图纸（如供复制用的底图）的四个角上分别绘出剪切符号。剪切符号可采用直角边边长为 10mm 的黑色等腰三角形，如图 1-9 所示。当使用这种符号对某些自动切纸机不适合时，也可以将剪切符号画成两条粗线段，线段的线宽为 2mm，线长为 10mm，如图 1-10 所示。

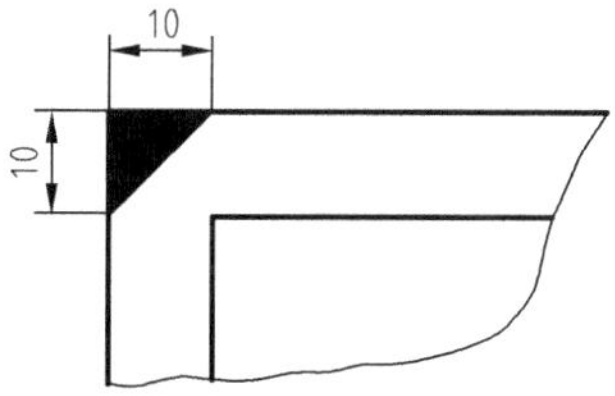

图 1-9　剪切符号（一）

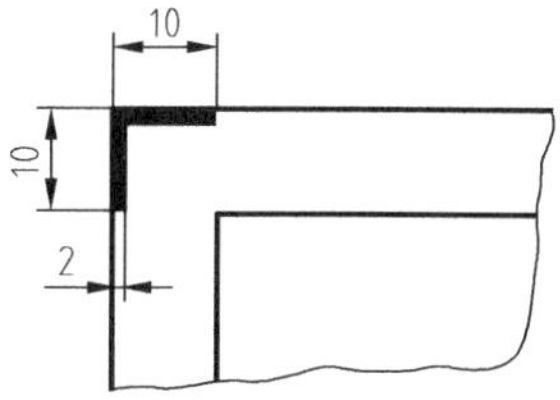

图 1-10　剪切符号（二）

4）投影符号：第一角画法的投影识别符号如图 1-11 所示，第三角画法的投影识别符号如图 1-12 所示。

投影符号用粗实线和细点画线绘制，其中粗实线的线宽不小于 0.5mm，如图 1-11、图 1-12 所示。

投影符号一般放置在标题栏中名称及代号区的下方。

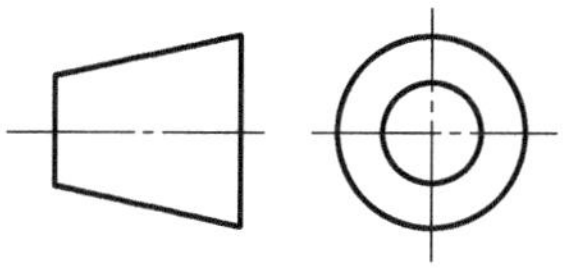

图 1-11　第一角画法的投影识别符号

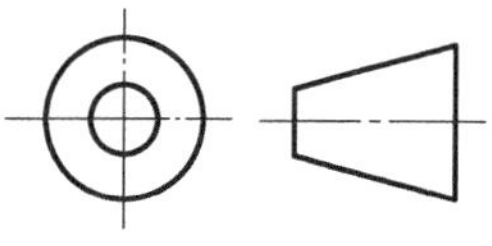

图 1-12　第三角画法的投影识别符号

1.1.2 比例（GB/T 14690—1993）

按 GB/T 14690—1993《技术制图 比例》规定，比例是指图中图形与其实物相应要素的线性尺寸之比。绘制图样时，应尽量采用原值比例。若机件太大或太小，需按比例绘制图样，则应在表 1-4 规定的系列中选取适当比例。必要时，允许采用表 1-5 所列的比例。

表 1-4 比例系列（一）

种类	比例					
原值比例	1：1					
放大比例	2：1	5：1	10：1	2×10^n：1	5×10^n：1	1×10^n：1
缩小比例	1：2	1：5	1：10	1：2×10^n	1：5×10^n	1：1×10^n

注：$n>1$，为正整数。

表 1-5 比例系列（二）

种类	比例				
放大比例	4：1	2.5：1	4×10^n：1	2.5×10^n：1	
缩小比例	1：1.5	1：2.5	1：3	1：4	1：6
	1：1.5×10^n	1：2.5×10^n	1：3×10^n	1：4×10^n	1：6×10^n

注：$n>1$，为正整数。

比例符号应以“：”表示。比例的表示方法如 1：1、1：500、20：1 等。

比例一般应标注在标题栏中的比例栏内。必要时，可在视图名称的下方或右侧标注该图形所采用的比例，如：

$$\frac{1}{2:1} \qquad \frac{A}{1:10} \qquad \frac{B—B}{2.5:1}$$

提示：图样中所标注的尺寸数值必须是实物的真实大小，与绘制图形时所采用的比例无关，如图 1-13 所示。

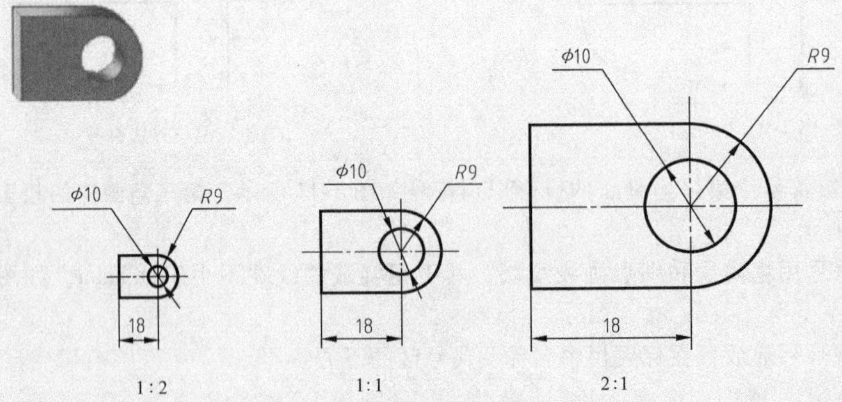

图 1-13 图形比例与尺寸数字

1.1.3 字体（GB/T 14691—1993）

在图样上除了要绘制表示机件的图形，还要用文字和数字来说明机件的大小、技术要求和其他内容。按 GB/T 14691—1993《技术制图　字体》的规定，对图样中字体的要求可总结出以下几点。

1）图样中书写的字体必须做到：字体工整、笔画清楚、间隔均匀、排列整齐。

2）字体高度（用 h 表示）的公称尺寸系列为：1.8mm、2.5mm、3.5mm、5mm、7mm、10mm、14mm、20mm。

若需书写更大的字，则其字体高度应按$\sqrt{2}$的比例递增。字体高度代表字体号数。

3）图样中的汉字应写成长仿宋体字，并采用国家正式公布推行的简化字。汉字高度 h 不应小于 3.5mm，其字宽一般为 $h/\sqrt{2}$。

4）字母和数字分 A 型和 B 型。A 型笔画宽度（d）为字高（h）的十四分之一，B 型笔画宽度（d）为字高（h）的十分之一。在同一图样上，只允许选用一种形式的字体。

5）字母和数字可写成斜体或直体。斜体字字头向右倾斜，与水平基准线成 75°。

长仿宋体汉字示例：

10 号字

字体工整　　笔画清楚　　间隔均匀

排列整齐

7 号字

横平竖直注意起落结构均匀填满方格

5 号字

技术制图机械电子汽车航空船舶土木建筑矿山井坑港口纺织服装

3.5 号字

螺纹齿轮端子接线飞行员指导驾驶舱位挖填施工引水通风闸阀坝棉麻化纤

A 型斜体阿拉伯数字示例：

A 型斜体大写拉丁字母示例：

A 型斜体小写拉丁字母示例：

A 型斜体罗马数字示例：

提示：用计算机绘制机械图样时，汉字、数字、字母一般应以直体输出。

1.1.4 图线（GB/T 17450—1998、GB/T 4457.4—2002）

图线是起点和终点间以任意方式连接的一种几何图形，形状可以是直线或曲线，连续线或不连续线。图线是由线素构成的，线素是不连续线的独立部分，如点、长度不同的画和间隔。GB/T 17450—1998《技术制图　图线》中规定了各种技术图线的名称、线型、线宽、构成、标记及画法规则等。GB/T 4457.4—2002《机械制图　图样画法　图线》中规定了机械图样中采用的各种线型及其应用场合。

1. 线型

机械图样中常见的 9 种基本线型见表 1-6。

表 1-6　基本线型

序号	代号 No.	图线名词	线型	线宽	主要用途
1	01.1	细实线		$\frac{1}{2}d$	过渡线、尺寸线、尺寸界线、剖面线、指引线、基准线、重合断面的轮廓线、螺纹牙底线及辅助线等
2	01.1	波浪线		$\frac{1}{2}d$	断裂处的边界线；视图与剖视图的分界线
3	01.1	双折线		$\frac{1}{2}d$	断裂处的边界线；视图与剖视图的分界线
4	01.2	粗实线		d	可见棱边线、可见轮廓线、螺纹牙顶线、螺纹长度终止线等
5	02.1	细虚线		$\frac{1}{2}d$	不可见棱边线、不可见轮廓线
6	02.2	粗虚线		d	允许表面处理的表示线
7	04.1	细点画线		$\frac{1}{2}d$	轴线、对称中心线等
8	04.2	粗点画线		d	限定范围表示线
9	05.1	细双点画线		$\frac{1}{2}d$	相邻辅助零件的轮廓线、可动零件极限位置的轮廓线、轨迹线、中断线等

2. 图线宽度

按 GB/T 4457.4—2002《机械制图　图样画法　图线》规定，在机械图样中采用粗、细两种线宽，它们之间的比例为 2∶1，图线的宽度应按图样的类型和尺寸大小在下列数系中选择：0.13mm、0.18mm、0.25mm、0.35mm、0.5mm、0.7mm、1mm、1.4mm、2mm。在同一图样中，同类图线的宽度应一致。

提示：粗实线的宽度通常采用 0.7mm，与之对应的细实线的宽度为 0.35mm。

图线的应用示例如图 1-14a 所示，对应机件模型如图 1-14b 所示。

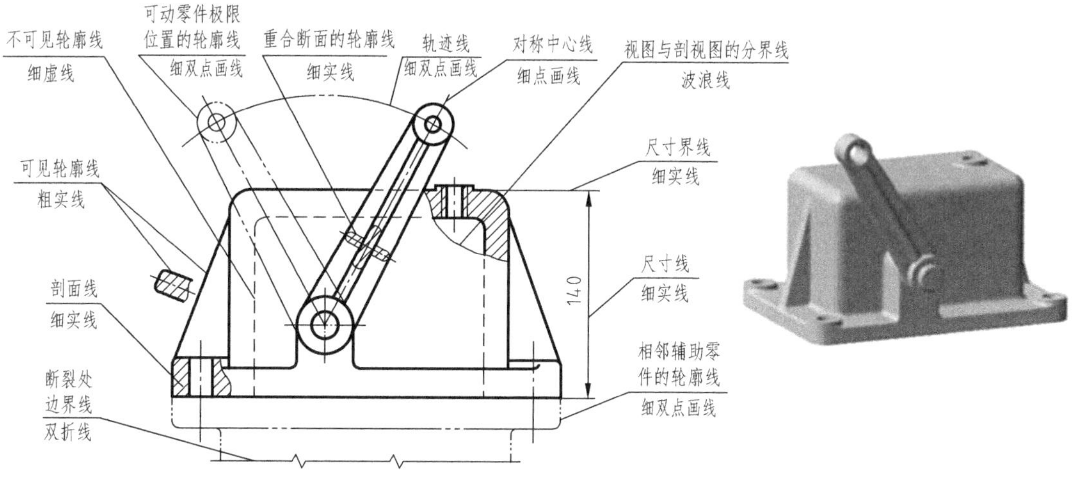

a)　　b)

图 1-14　图线应用示例

3. 图线画法和注意事项

1）同一图样的同类图线宽度应基本一致。虚线、点画线及双点画线的线段长度和间隔应各大致相等。虚线、点画线和双点画线中的“点”应画成长约 1mm 的短画，短画不能与短画或线段相交。细点画线和细双点画线的首尾两端应是线段而不是短画。

2）两条平行线间的距离应不小于粗实线宽度的两倍，其最小距离不得小于 0.7mm。

3）绘制圆的对称中心线时，圆心应是线段的交点，且首尾两端要超过图形轮廓线约 3～5mm。

4）绘制轴线、对称中心线、双折线和作为中断线的双点画线时，宜超出轮廓线约 2～5mm。

5）在较小的图形上绘制细点画线时，可用细实线代替。

6）当细虚线是粗实线的延长线时，粗实线应画到分界点，细虚线与粗实线之间应留有空隙。当细虚线与粗实线或细虚线相交时，不应留有空隙。当细虚线圆弧与细虚线直线相切时，细虚线圆弧应画至切点，细虚线直线与切点之间则留有空隙。

7）当粗实线与细虚线或细点画线重叠时，应画粗实线。当细虚线与细点画线重叠时，应画细虚线。图 1-15 所示为图线画法示例。

1.1.5　尺寸注法（GB/T 4458.4—2003）

图样上的图形主要表达机件的结构形状，机件的大小则由图样上标注的尺寸确定。标注

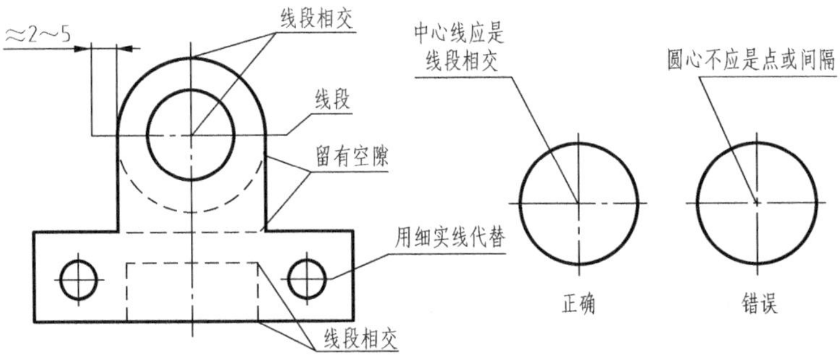

图 1-15　图线画法示例

尺寸是一项很重要的工作，要认真对待。下面介绍尺寸注法的一些基本内容，其他相关内容可查阅 GB/T 4458.4—2003《机械制图　尺寸注法》。

1. 基本规则

1）机件的真实大小应以图样上所注的尺寸数值为依据，与图形的大小及绘图的准确度无关。

2）图样中（包括技术要求和其他说明）的尺寸以 mm 为单位时，不需标注计量单位的代号或名称，若采用其他单位，则必须注明相应计量单位的代号或名称。

3）图样中所标注的尺寸为该图样所示机件的最后完工尺寸，否则应另加说明。

4）机件的每一尺寸，一般只标注一次，并应标注在反映该结构最清晰的图形上。

标注尺寸时，应尽可能使用符号和缩写词。常用的符号及缩写词见表 1-7。

表 1-7　简化注法常用的符号或缩写词

含义	符号或缩写词	含义	符号或缩写词
厚度	t	沉孔或锪平	⌴
正方形	□	埋头孔	∨
45°倒角	C	均布	EQS
深度	↧	展开长	○→

2. 尺寸组成

图样中的尺寸包括尺寸数字、尺寸线、尺寸线终端和尺寸界线。尺寸的组成及标注示例如图 1-16 所示。

1）尺寸数字：尺寸数字表示尺寸度量的大小。线性尺寸的数字一般应注写在尺寸线的上方或中断处，如图 1-17a 所示。线性尺寸数字的方向一般应如图 1-17b 所示的形式注写，并尽可能避免在图示 30°范围内标注尺寸。当无法避免时，可用如图 1-17c 所示的形式注写。

在不致引起误解时，对于非水平方向的尺寸，其数字也允许水平地注写在尺寸线的中断处，如图 1-17a 所示。但在同一图样中，应尽可能按同一种形式注写。

尺寸数字不能被任何图线所通过，无法避免时应将图线断开，如图 1-18 所示。

2）尺寸线：尺寸线表示尺寸度量的方向。尺寸线必须用细实线单独绘出，不得与其他图线重合或画在其延长线上。线性尺寸的尺寸线必须与所标注的线段平行，如图 1-19a 所示。图 1-19b 所示为尺寸线错误画法的示例。

当有几条互相平行的尺寸线时，大尺寸要标注在小尺寸外面，避免尺寸线与尺寸界线相

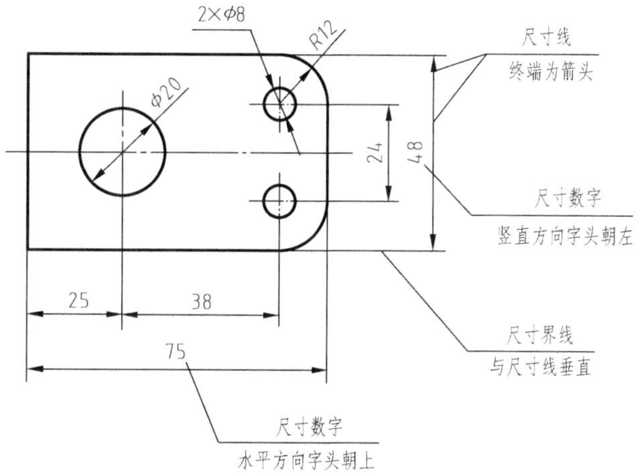

图 1-16　尺寸的组成及标注示例

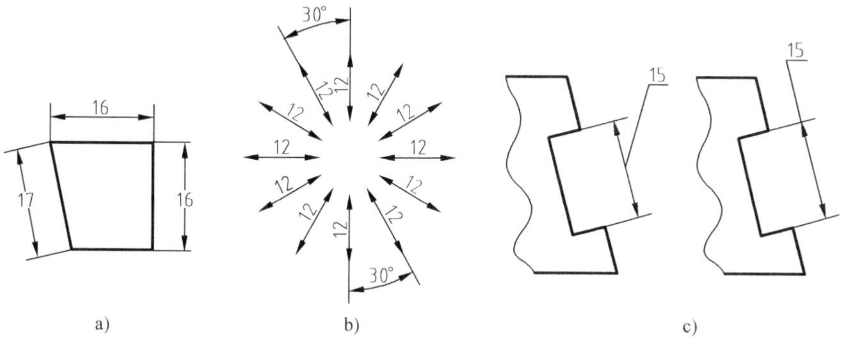

图 1-17　尺寸注法的示例

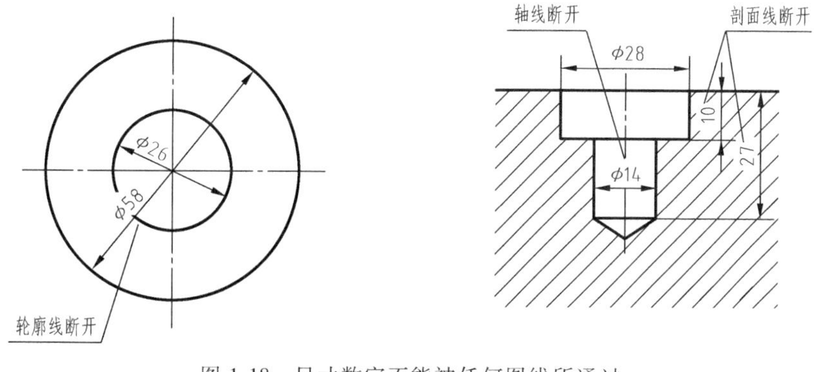

图 1-18　尺寸数字不能被任何图线所通过

交，如图 1-20a 所示。图 1-20b 所示为尺寸线错误画法的示例。

3）尺寸线终端：尺寸线终端有箭头和斜线两种形式，如图 1-21 所示。图 1-21a 所示的 d 为粗实线的宽度；斜线用细实线绘制，图 1-21b 所示的 h 为字体高度，采用斜线形式时，尺寸线与尺寸界线一般应互相垂直。在机械图样中尺寸线终端主要采用箭头的形式。

4）尺寸界线：尺寸界线表示尺寸度量的范围。尺寸界线通常用细实线绘制，并应自图形的轮廓线、轴线或对称中心线处引出。也可利用轮廓线、轴线或对称中心作为尺寸界线。尺寸界线一般应与尺寸线垂直，并超出尺寸线终端约 2mm，如图 1-22 所示。

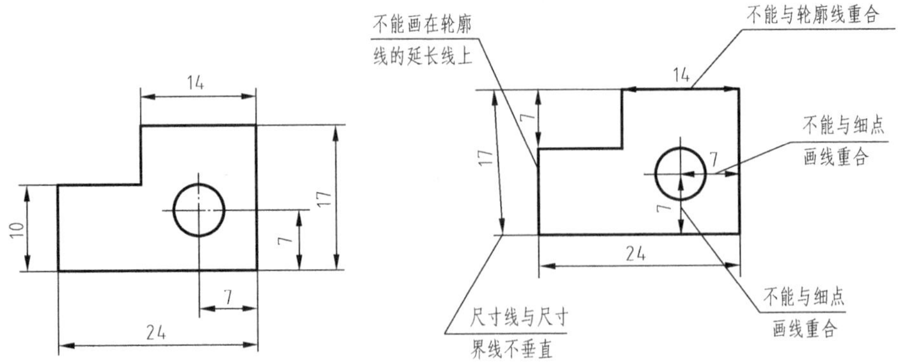

a)　　　　　　b)

图 1-19　尺寸线的画法

a）正确画法　b）错误画法

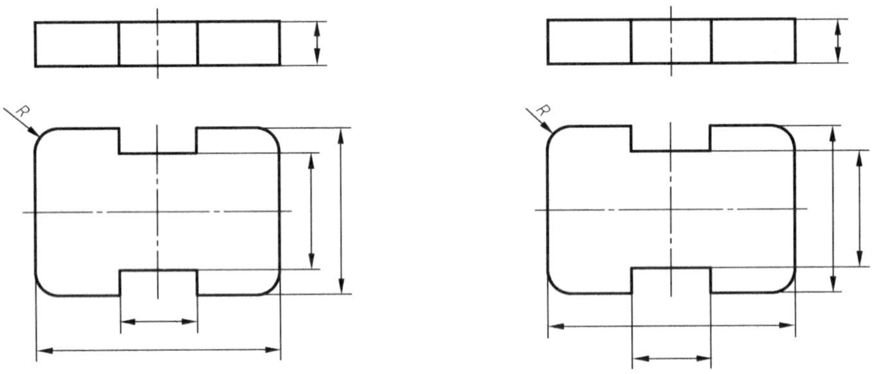

a)　　　　　　b)

图 1-20　相互平行尺寸线的画法

a）正确画法　b）错误画法

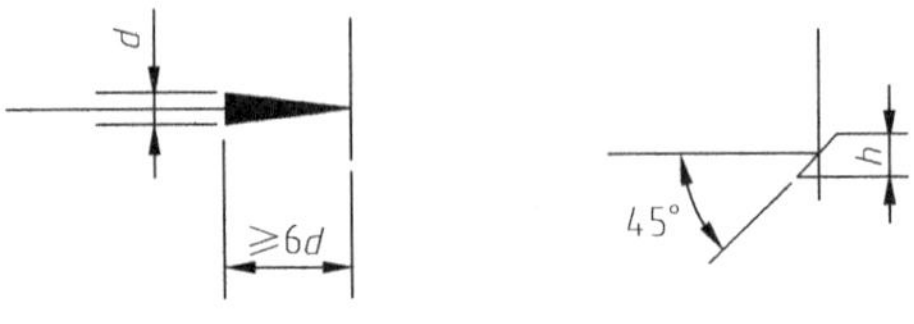

a)　　　　　　b)

图 1-21　尺寸线终端的两种形式

a）箭头　b）斜线

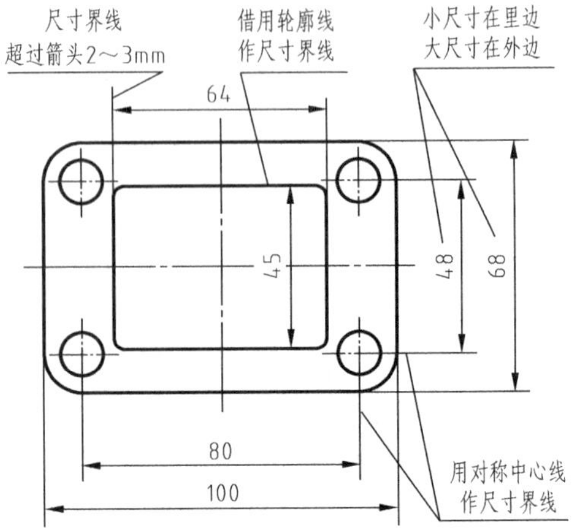

图 1-22　尺寸界线的画法

尺寸界线一般应垂直于尺寸线，必要时允许倾斜。在光滑过渡处标注尺寸时，必须用细实线将轮廓线延长，从它们的交点处引出尺寸界线，如表 1-8 中“光滑过渡处的尺寸”图例所示。

3. 尺寸注法示例

表 1-8 列出了一些常见的尺寸标注示例。

表 1-8 常见的尺寸注法示例

标注内容	图例	说明
角度	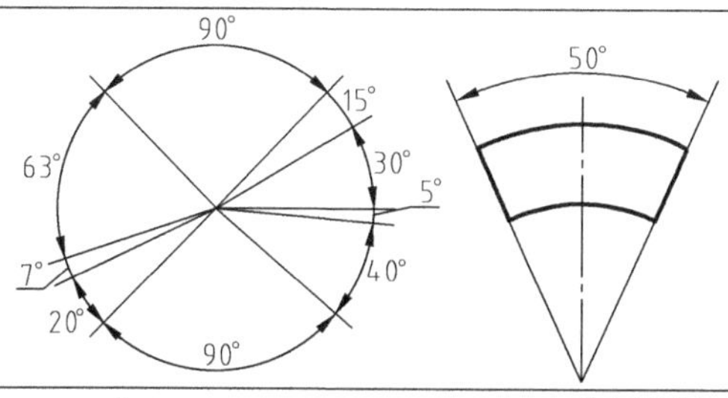	尺寸界线应沿径向引出，尺寸线画成圆弧，其圆心是该角的顶点，尺寸数字一律水平书写，一般注写在尺寸线的中断处，必要时也可注写在尺寸线的上方或外面，或者引出标注
圆	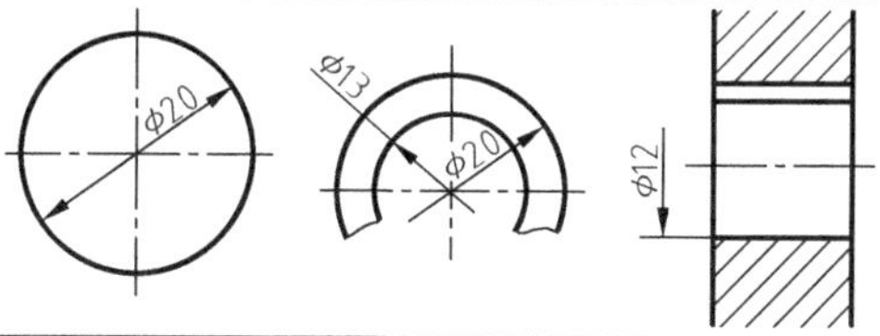	圆的直径尺寸一般按图例标注，在尺寸数字前加注符号“ϕ”
圆弧	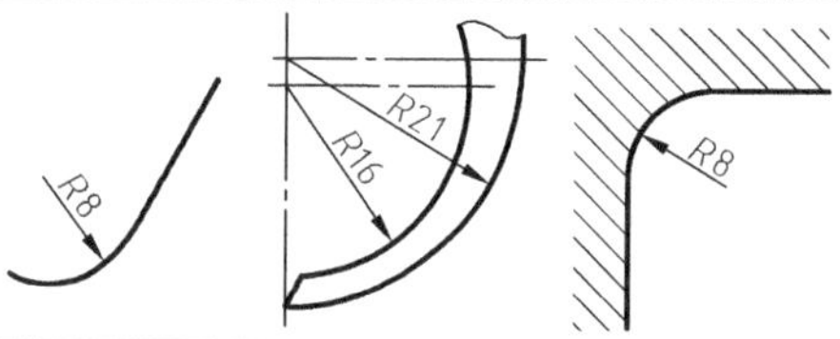	圆弧的半径尺寸一般按图例标注，在尺寸数字前加注符号“R”
大圆弧	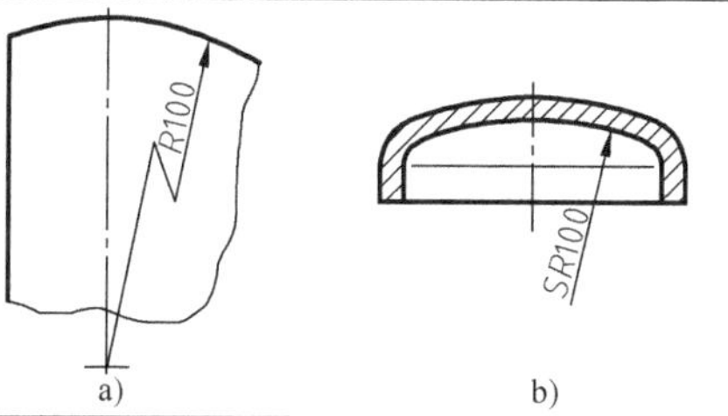	在图样范围内无法标出圆心位置时，可按图 a 所示形式标注；若不需要标出圆心位置，则可按图 b 所示形式标注
小尺寸	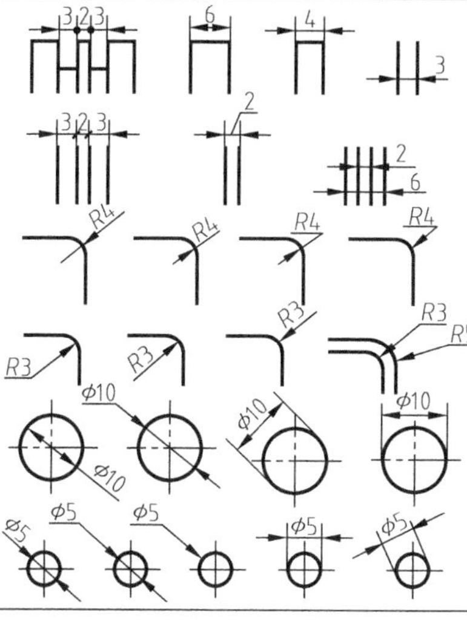	没有足够空间画箭头或注写尺寸数字时，可将其中之一布置在尺寸界线外侧；空间更小时，箭头和数字均可布置在尺寸界线外侧；尺寸数字还可引出标注；几个小尺寸连续标注时，中间的箭头可用圆点或斜线代替

（续）

标注内容	图例	说明
球面	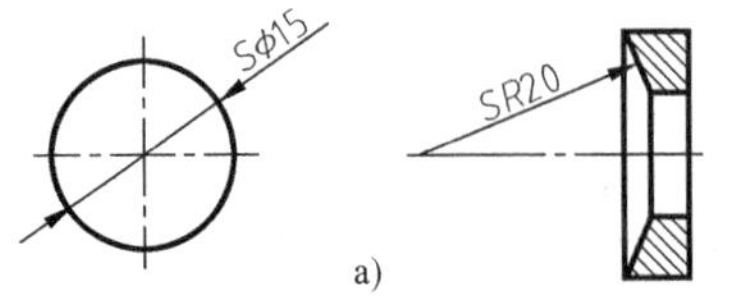 a) 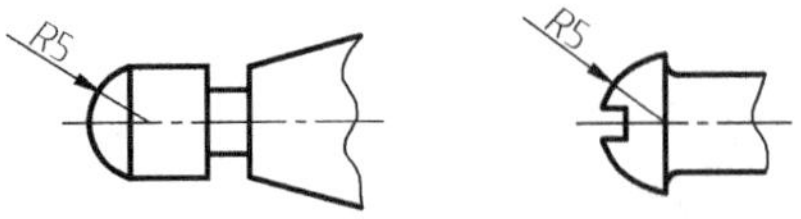 b)	标注球面的直径或半径时，应在符号“ϕ”或“R”前加注符号“S”，如图 a 所示，在不致引起误解的情况下可省略，如图 b 所示
弦长和 弧长	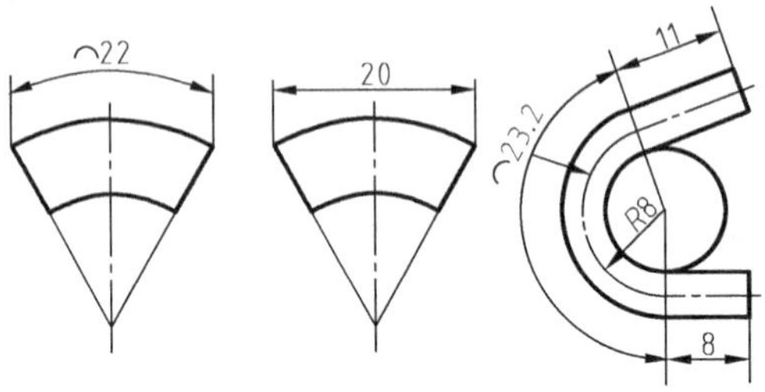	弦长和弧长的尺寸界线应平行于弦的垂直平分线。当弧度较大时，可沿径向引出。弦长的尺寸线应与弦平行；弧长的尺寸线用圆弧，尺寸数字上方应加注符号“⌒”
薄板厚度	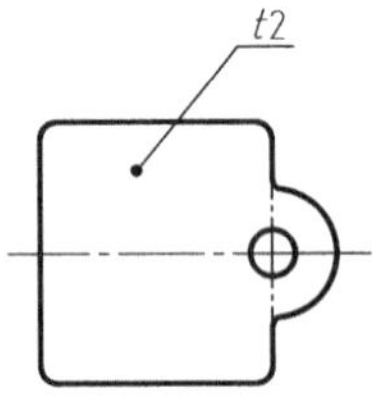	标注薄板零件的厚度尺寸时，在尺寸数字前加注符号“t”
对称图形	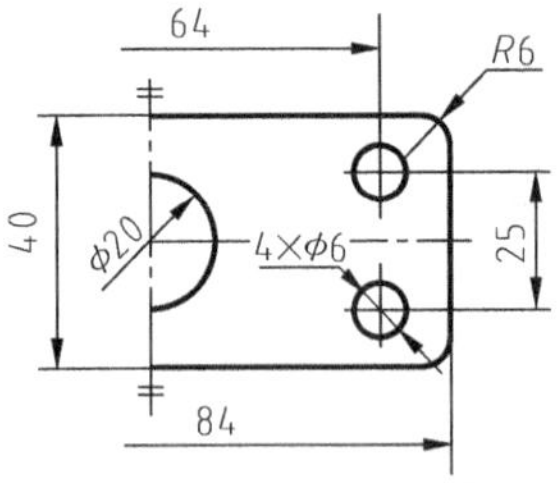	当对称图形只画出一半或略大于一半时，尺寸线应略超过对称中心线或断裂处的边界线，仅在尺寸线的一端画出箭头。在对称中心线两端分别画出两条与其垂直的平行细实线（对称符号）
光滑过渡 处的尺寸	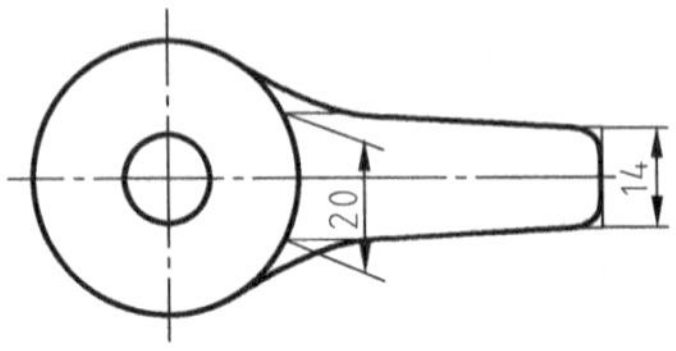	在光滑过渡处，必须用细实线将轮廓线延长，从它们的交点处引出尺寸界线
正方形 结构	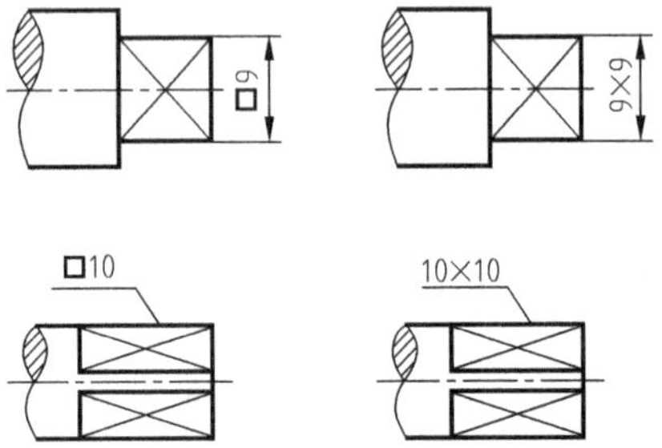	标注剖面为正方形结构的尺寸时，可在边长数字前加注符号“□”，或者用“$B\times B$”代替（B 为正方形的边长）

（续）

标注内容	图例	说明
成组结构	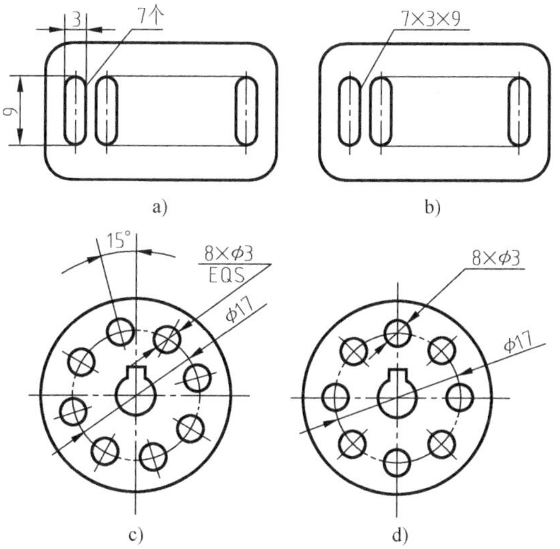	同一图形中，对于相同尺寸的成组要素（如孔、槽等），可仅在一个要素上注出其尺寸和数量如图 a、b 所示，均匀分布的相同之处要素（如孔等）的尺寸可按图 c 所示方法标注。当要素的定位和分布情况在图形中已明确时，可省略定位尺寸和“EQS”，如图 d 所示

1.2 绘图工具与几何作图

常用的绘图工具有铅笔、图板、丁字尺、三角板、圆规和分规等。正确使用绘图工具，既能提高绘图的准确度、保证绘图质量，又能提高绘图速度。

1.2.1 绘图工具

1. 铅笔

绘图用铅笔的铅芯软硬程度用 B 和 H 表示。一般用标号为 B 的铅笔画粗线；用标号为 HB 的铅笔写字；用标号为 H 的铅笔画细线。铅笔要从没有标记的一端开始削磨，以便保留软硬的标记。用于画粗实线的铅笔或铅芯应磨削成矩形断面，如图 1-23a 所示，用于画细实线的铅笔或铅芯磨削成圆锥形断面，如图 1-23b 所示。绘图时，铅笔用力要均匀，不宜过大，以免划破图纸或留下凹痕。画长的细线时可适当转动铅笔，以使线条粗细一致。铅笔尖与尺边的距离要适中，以保证线条位置的准确。

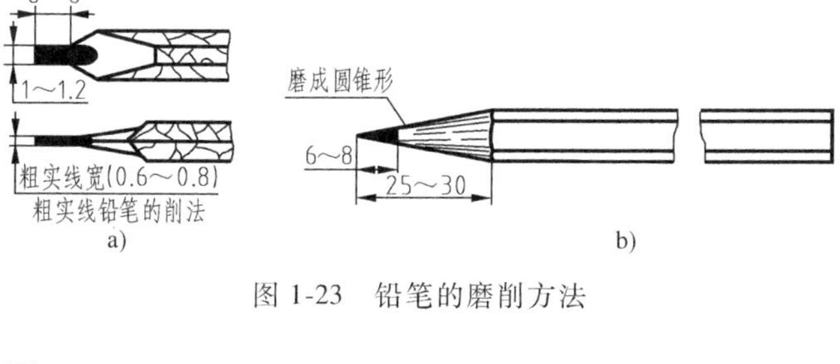

图 1-23 铅笔的磨削方法

2. 图板与丁字尺

绘图时用图板作为图纸的垫板，起支撑图纸的作用。要求图板表面光滑、平坦，木质纹理细密，用作导边的左侧边必须平直。图板有不同的规格，可根据需要选用。绘制图样前，先用胶带纸将图纸固定在图板上。

丁字尺与图板配合使用，它主要用于画水平线，也可以配合三角板绘制一些特殊角度的斜线。图板与丁字尺的使用如图 1-24 所示。

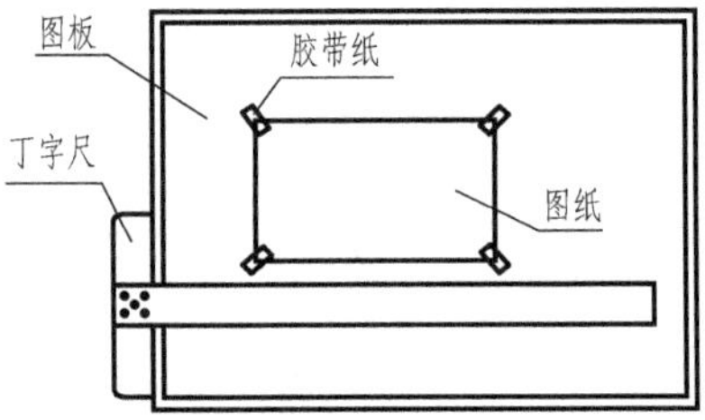

图 1-24　图板与丁字尺的使用

3. 三角板

三角板是两块分别具有 45°及 30°、60°的直角三角形板。三角板与丁字尺配合使用，可绘制竖直线及与水平线成 30°、45°、60°和其他 15°倍角的斜线，如图 1-25 所示。

4. 圆规和分规

（1）圆规及附件　圆规是画圆和圆弧的工具。圆规的一脚装有钢针，称为针脚，用来规定圆心。另一脚可安装铅芯，称为笔脚。大圆规配有铅笔（画铅笔图用）、鸭嘴笔（画墨线图用）、钢针（作分规用）三种插脚和一个延长杆（画大圆用），可根据不同需要选用，如图 1-26a 所示。画小圆时宜采用弹簧圆规或点圆规，如图 1-26b、c 所示。

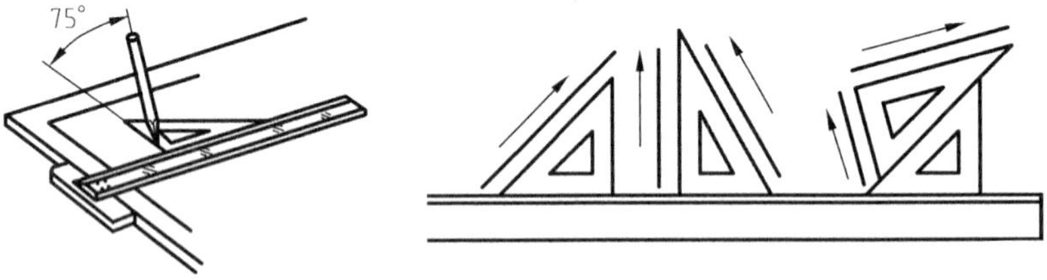

a)　　b)

图 1-25　三角板的使用

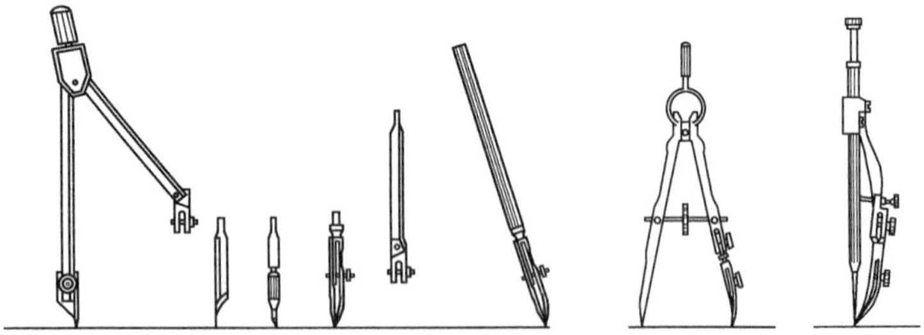

a)　　b)　　c)

图 1-26　圆规的种类

a）大圆规　b）弹簧圆规　c）点圆规

（2）分规　分规是用来量取和等分线段的工具。用分规量取尺寸，再画到图纸上。分规的两个腿脚都安装有钢针，当两腿并拢时，两钢针应重合于一点，使用前应检测是否重合，以确保正常使用，如图 1-27 所示。

5. 曲线板

曲线板用于绘制非圆曲线。作图时先徒手用细线将各点连成曲线，然后选择曲线板上曲率合适的部分分段描绘，如图 1-28 所示。

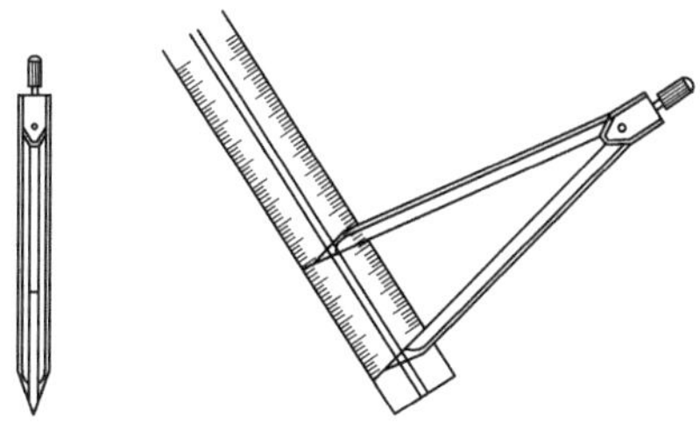

图 1-27　分规的使用

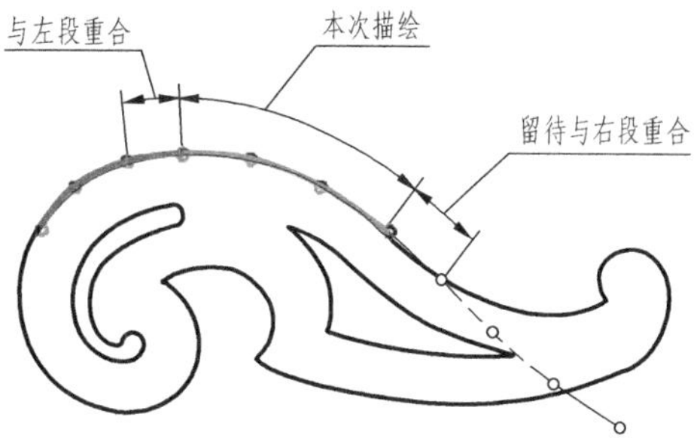

图 1-28　曲线板的用法

需注意的是前后衔接的线段应有一小段重合，这样才能保证所绘曲线光滑。

6. 其他绘图工具

除了上述绘图工具外，绘图时还需准备削铅笔刀、橡皮、胶带纸、砂纸、量角器、小刷和擦图片等，如图 1-29 所示。

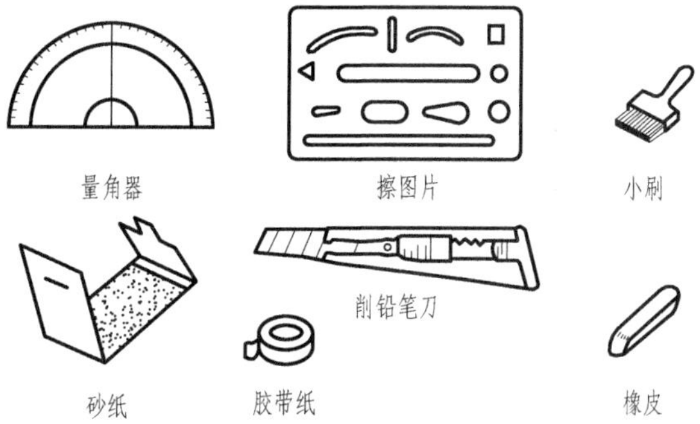

图 1-29　其他绘图工具

1.2.2　几何作图

几何作图主要指绘制机械图样中常见的斜度和锥度、正多边形、椭圆及圆弧连接等的作图方法。虽然机械图样中的图形是多种多样的，但它们基本上都是由上述几何形状所组成的，因此下面介绍一些基本的几何作图方法。

1. 斜度和锥度

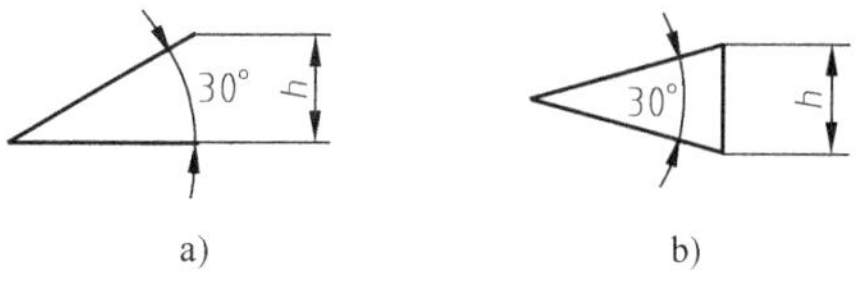

图 1-30　斜度、锥度符号

（1）斜度　斜度是指一直线（或平面）对另一直线（或平面）的倾斜程度。斜度的大小用它们夹角的正切值表示，并把比值化为 1 : n 的形式。标注斜度时，要在比值前加注斜度符号“∠”，如图 1-30a 所示。斜度一般注在指引线上，如图 1-31a 所示。

必须注意，符号斜边的方向应与图形所画的斜度方向一致。例如，图 1-31a 所示的槽钢截面斜边斜度为 1 : 10，求作该斜边的斜度，并进行标注。具体做法如图 1-31b 所示：从左下角点 A 起，在横线上取 10 个单位长度，得到点 B；在竖线上取 1 个单位长度得到点 C；B、C 两点的连线对底边的斜度即为 1 : 10。然后，过已知点 K（由尺寸 10 和 26 确定）作连线 BC 的平行线，即得槽钢截面的斜边。

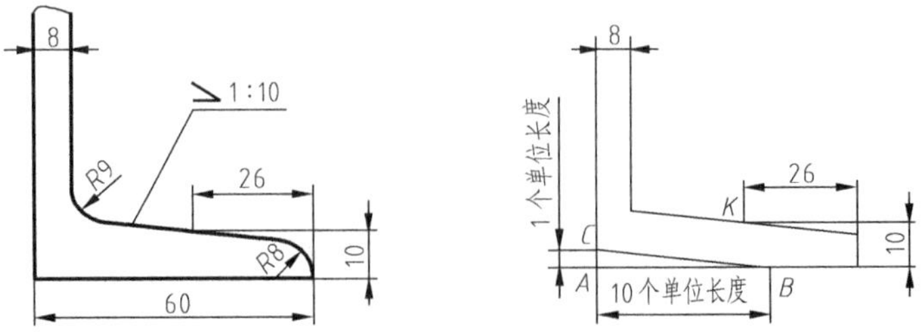

a)　　　　b)

图 1-31　斜度作法示例

（2）锥度　锥度是指正圆锥底圆直径与其高度之比，正圆台的锥度则为两底圆的直径差与其高度之比。锥度的大小是圆锥素线与轴线夹角的正切值的两倍。锥度用符号“ᐅ”标注，锥度一般注在指引线上，比值大小化为 1 : *n* 的形式。必须注意，符号方向应与图形所画锥度的方向一致，如图 1-32a 所示。

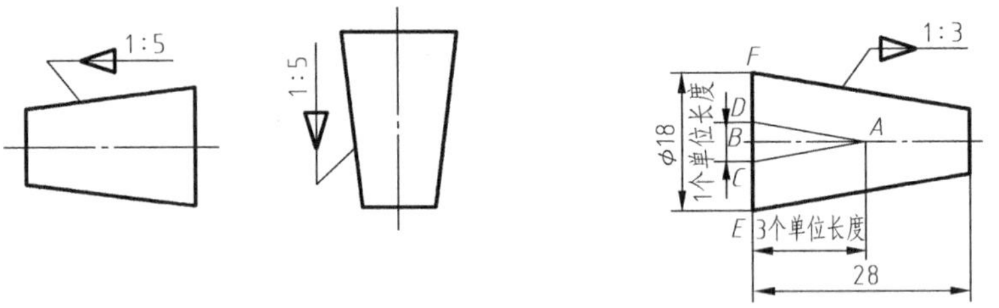

a)　　　　b)

图 1-32　锥度的画法示例

a）锥度符号方向　b）锥度做图示例

以圆台为例说明锥度的标注方法和作图步骤。

如图 1-32b 所示，已知圆台大端直径为 18mm，高度为 28mm，锥度为 1 : 3，求作此圆台。首先在轴线上取 *BA* 为 3 个单位长度；然后过点 *B* 作 *AB* 的垂线，并取 *BD*、*BC* 各为 1/2 个单位长度；连接 *AD*、*AC*；最后过已知点 *E* 和 *F* 分别作 *AC* 和 *AD* 的平行线，与圆锥右端面投影轮廓相交，即为所求圆台的轮廓线。

2. 正多边形

画正多边形时，通常先作出其外接圆，然后等分圆周，再依次连接各等分点得到正多边形。

（1）正六边形　以正六边形对角线的长度为直径作出外接圆。根据正六边形边长与外接圆半径相等的特性，用外接圆的半径等分圆周得六个等分点，连接各等分点即得正六边形，如图 1-33a 所示。此外，也可作出外接圆后，利用 60°三角板与丁字尺配合画正六边形，如图 1-33b 所示。

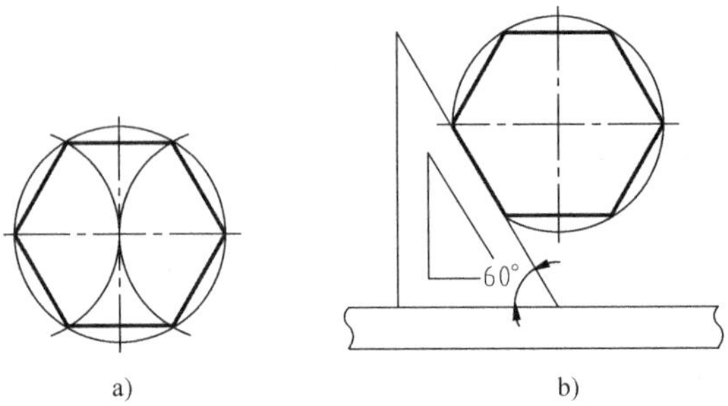

a)　　　　b)

图 1-33　正六边形画法

（2）正五边形　如图 1-34 所示，作水

平半径 OK 的中点 M，以点 M 为圆心、MA 为半径作圆弧，交水平中心线于点 N。以 AN 为边长、点 A 为起点，用分规依次在圆周上截取正五边形的顶点后连线，即可作出圆内接正五边形。另外，可在作出外接圆后，估计正 n 边形的每边长度，用分规进行试分，待试分准确后即可作出。

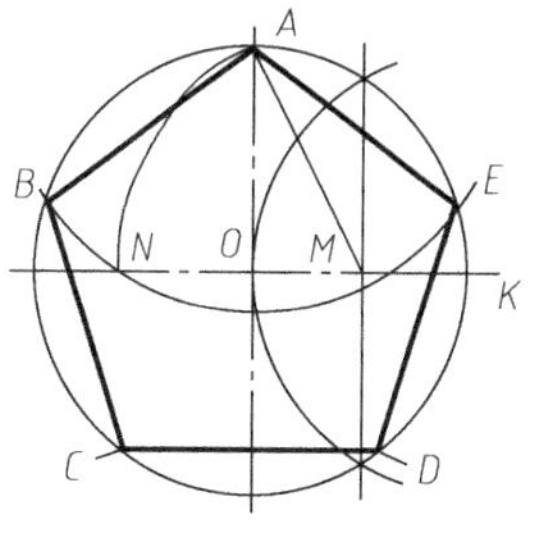

图 1-34　正五边形画法

3. 椭圆的画法

椭圆有多种不同的画法。为了作图方便，这里只介绍根据长、短轴用圆规画椭圆的近似画法——四心圆弧法，如图 1-35 所示。已知长轴端点 A、B 和短轴端点 C、D，具体作图步骤如下。

1）连接 AC，以点 O 为圆心、OA 为半径画圆弧得点 E；再以点 C 为圆心、CE 为半径画圆弧得点 F，如图 1-35a 所示。

2）作 AF 的垂直平分线，与 AB 交于点 1，与 CD 交于点 2。取 1、2 两点的对称点 3 和 4，如图 1-35b 所示。

3）连接 23、43、41 并延长，得到一菱形，如图 1-35c 所示。

4）分别以点 2、4 为圆心，以 $R=2C=4D$ 为半径画圆弧；再分别以点 1、3 为圆心，以 $r=1A=3B$ 为半径画圆弧，即得到椭圆，如图 1-35d 所示。

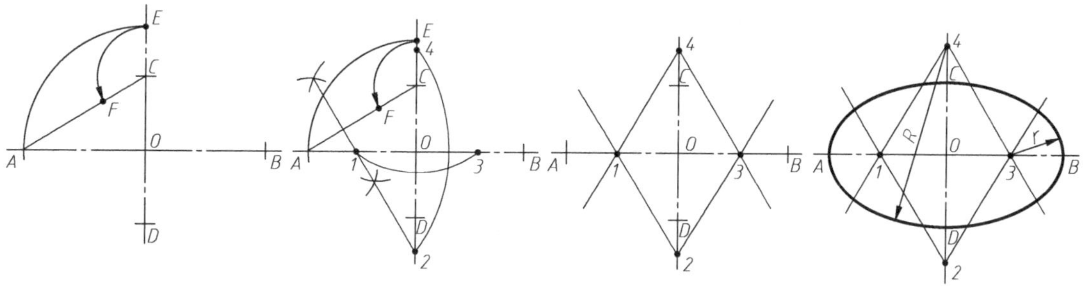

a)　　b)　　c)　　d)

图 1-35　四心圆弧法

4. 圆弧连接

圆弧连接是指用已知半径的圆弧连接已知直线或圆弧。绘制图样时，经常需要用圆弧来光滑连接图线，这种光滑连接是一种相切连接，因此为了保证相切，必须准确地作出圆弧的圆心和切点。

1）常用圆弧连接的基本形式作图举例见表 1-9。

表 1-9　常用圆弧连接的基本形式作图举例

要求	作图步骤		
	(1)求圆心 O	(2)求切点 K_1、K_2	(3)画连接圆弧
连接相交两直线	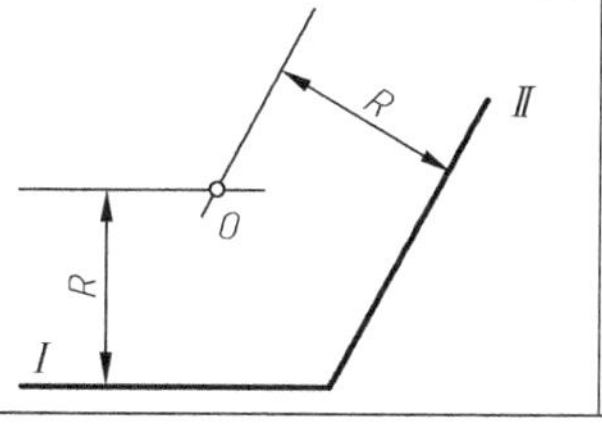	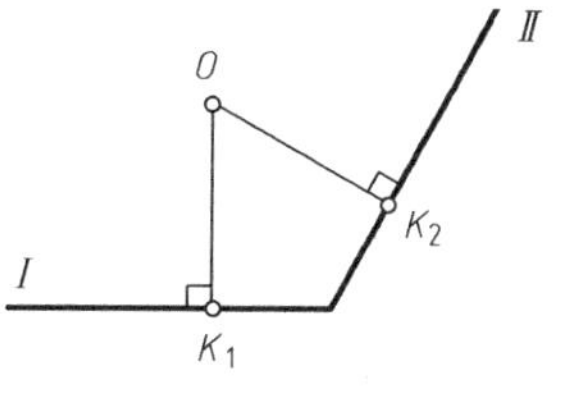	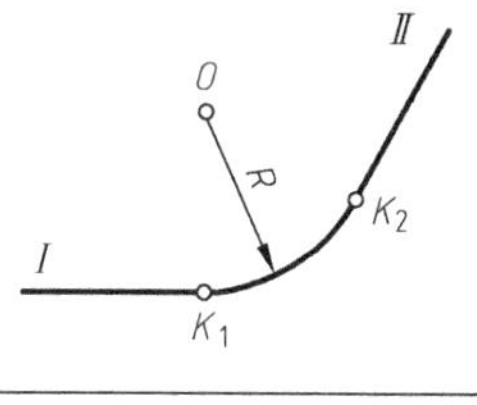

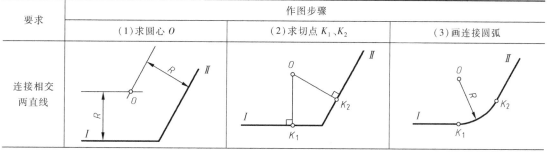

（续）

要求	作图步骤		
	(1)求圆心 O	(2)求切点 K_1、K_2	(3)画连接圆弧
连接一直线和一圆弧	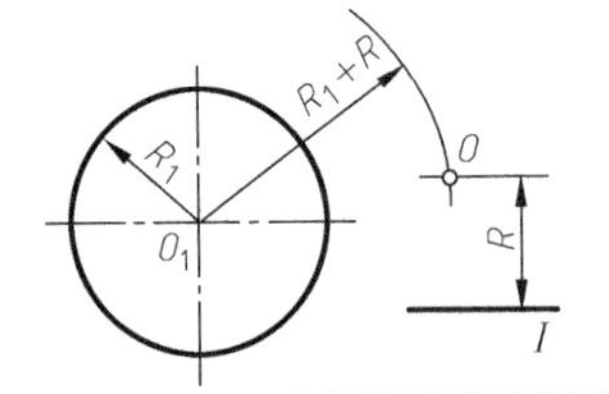	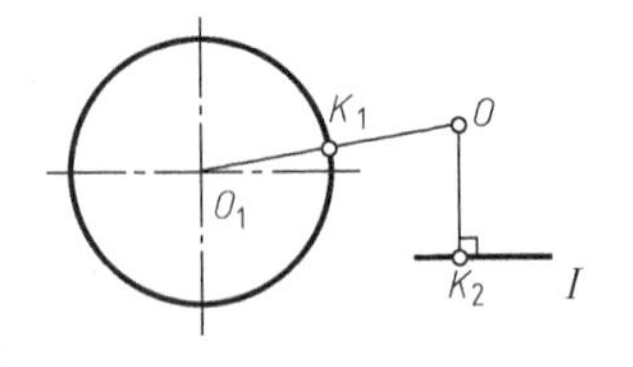	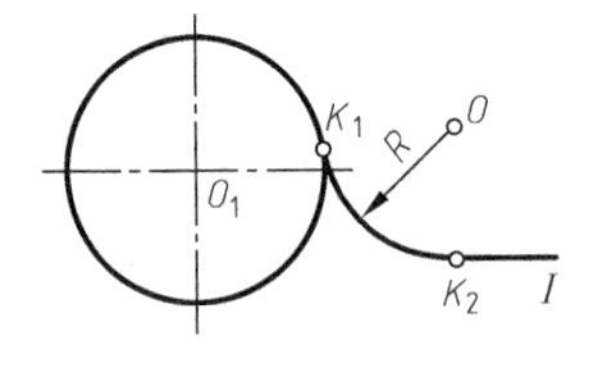
外切两圆弧	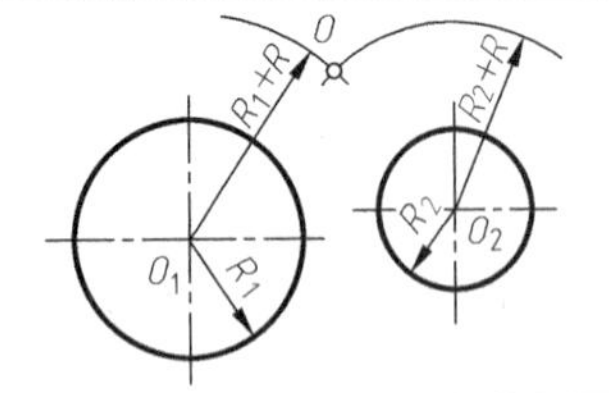	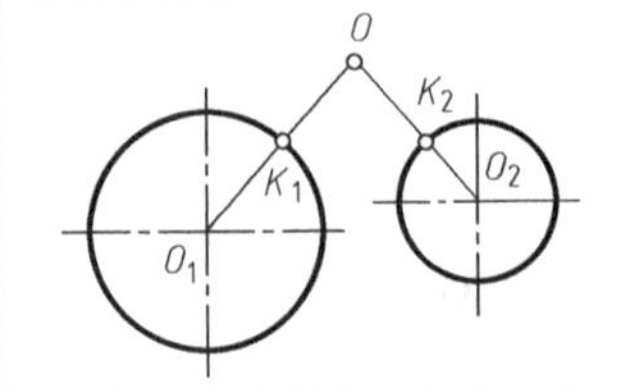	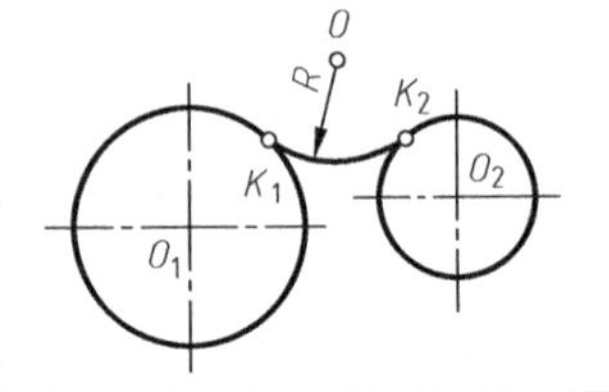
内切两圆弧	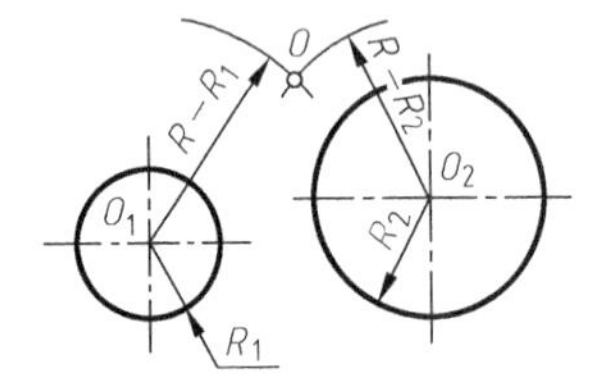	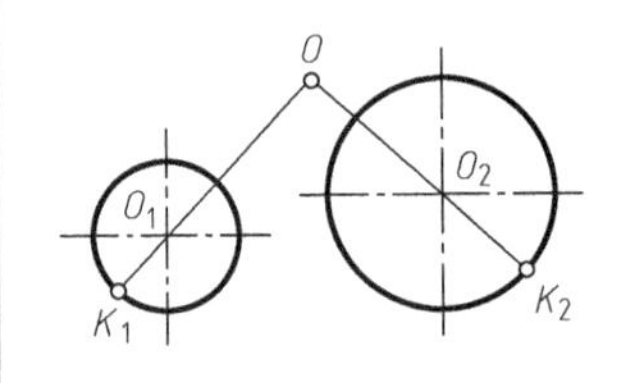	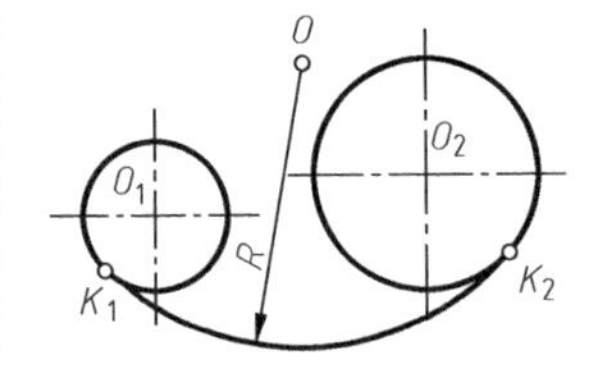

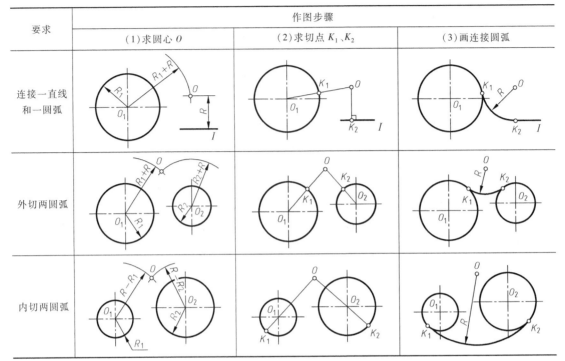

2）可以看出，无论哪种形式的圆弧连接，其作图步骤都是：①根据作图原理求圆心；②从求得的圆心找切点；③在两切点之间画圆弧。

1.3　平面图形的尺寸、线段及作图步骤

1.3.1　平面图形的尺寸分类和标注方法

标注尺寸时，首先要确定水平方向和竖直方向的尺寸基准，即确定标注尺寸的起点。通常将对称图形的对称线、较大圆的中心线、较长的直线或重要的轮廓线作为尺寸基准。

平面图形所注的尺寸，按其作用可分为定形尺寸和定位尺寸两类。

（1）**定形尺寸**　定形尺寸是确定各部分形状和大小的尺寸，如直线段的长度、圆弧的直径或半径、角度的大小等。

（2）**定位尺寸**　定位尺寸是确定图形中各部分之间相对位置的尺寸。

有时，同一个尺寸对于不同的图形要素所起的作用不同，从而同时具有两种属性。例如，图1-36中的尺寸110，对直径为ϕ14的两圆而言，它是定位尺寸；而对外形轮廓而言，它是定形尺寸。

图1-36所示平面图形的对称中心线和下部三个圆孔的水平公共中心线分别是水平方向和竖直方向的尺寸基准，圆的直径ϕ44、ϕ20、ϕ30等是定形尺寸，ϕ44圆和ϕ20圆的圆心位置尺寸45等是定位尺寸。

标注平面图形的尺寸时，须按照国家标准的规定标注，尺寸数值不能写错或出现矛盾；尺寸要标注齐全，也就是不遗漏各组成部分的定形尺寸和定位尺寸，不要标注重复尺寸，即

不要标注可以通过已标注的尺寸计算得到的尺寸，或者可以通过几何连接关系（相切）作出图线的尺寸；尺寸标注要安排在图形的明显之处，须做到标注清楚，布局整齐。

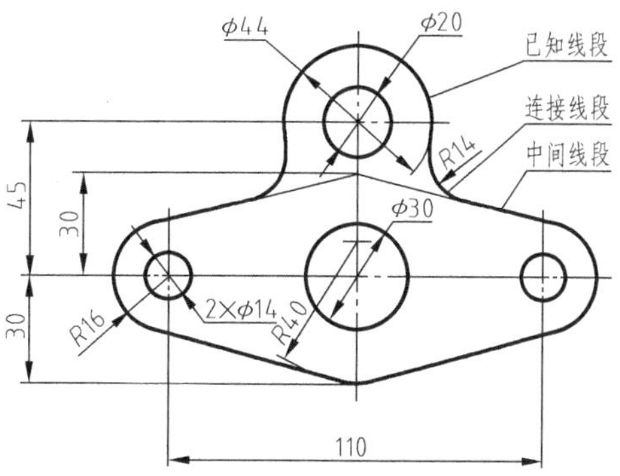

图1-36　平面图形尺寸和线段分析

1.3.2　平面图形的线段分类和作图顺序

1. 线段分类

平面图形中的线段，根据所标注的尺寸和线段间的连接关系，可以分为如下三类。

（1）**已知线段**　已知线段是指定形尺寸和定位尺寸齐全，能直接按所注尺寸作出的线段。作图时应先作出已知线段。

（2）**中间线段**　中间线段是指有定形尺寸但定位尺寸不全，或者有定位尺寸但没有定形尺寸的线段。这种线段根据与相邻线段的连接关系，用几何作图的方法才能作出。

（3）**连接线段**　连接线段是指只有定形尺寸，缺少两个定位尺寸的线段。这种线段要依靠其与另两相邻线段的连接关系，用几何作图的方法才能作出。在两条已知线段之间，可以有多条中间线段，但有且仅有一条连接线段。

对于圆弧，已知半径（或直径）尺寸和圆心的两个定位尺寸的称为已知圆弧；已知半径（或直径）尺寸和圆心的一个定位尺寸的称为中间圆弧；只知半径（或直径）尺寸而不知圆心的定位尺寸的称为连接圆弧。对于直线段，已知经过的两个点，或者已知经过的一个点及直线方向的称为已知直线段；经过一个已知点（或已知直线方向）且与定圆（或定圆弧）相切的称为中间直线段；两端都与定圆（或定圆弧）相切的称为连接直线段。在图1-36中，ϕ14、ϕ30、ϕ20圆及ϕ44、R40、R16圆弧均为已知圆弧，R14圆弧为连接圆弧，连接R14圆弧与R16圆弧的直线段为中间直线段，连接R16圆弧与R40圆弧的直线段为连接直线段。

2. 作图顺序

对平面图形的尺寸与线段分析清楚后，先作出尺寸基准线和定位中心线，然后按先作已知线段、再作中间线段、最后根据连接关系作连接线段的顺序作图。图1-36所示图形的作图步骤如图1-37所示。

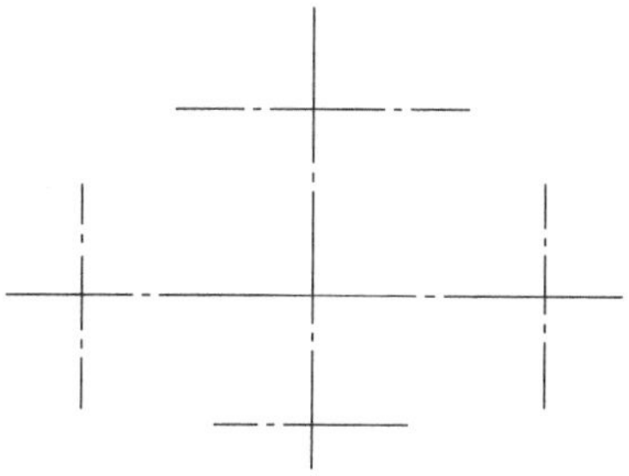
a)

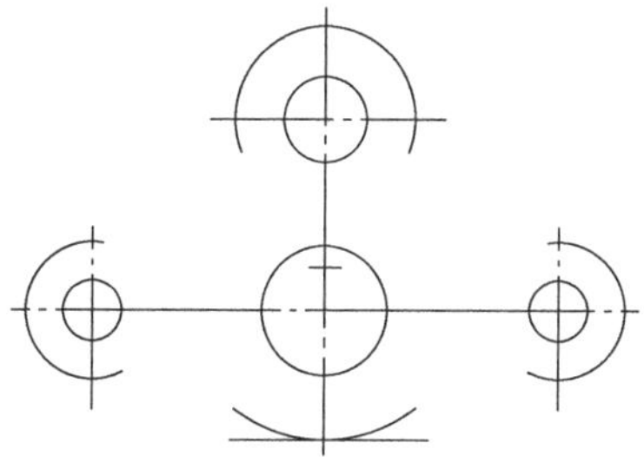
b)

图1-37　作图步骤

a）作出尺寸基准线和已知圆弧的定位中心线　b）作出各已知线段

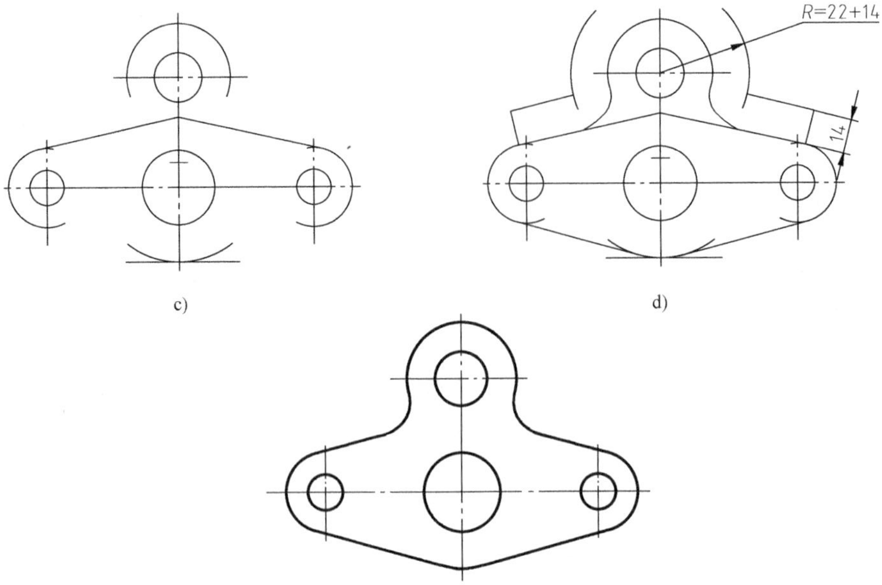

c)　　　d)

e)

图 1-37　作图步骤（续）

c）作出中间线段　d）作出连接线段　e）检查、加深、擦除多余图线

1.4　尺规绘图和徒手绘图

1.4.1　尺规绘图的方法和步骤

为了提高绘图的质量与速度，除了要掌握绘图工具和仪器的使用方法外，还必须掌握绘图的方法和步骤。使用绘图工具和仪器画出的图称为工作图。工作图对图线、图面质量等方面要求较高，所以画图前应做好准备工作，然后再动手画图。画图又分为画底稿和加深图线两个步骤。

1. 制图前的准备工作

（1）准备工具　了解所画图样的内容和要求，准备必要的绘图工具和仪器，削好铅笔及圆规上的铅芯。

（2）选定图幅　根据所画图样的大小和复杂程度选定比例，确定图纸幅面。

（3）安排地点　使光线从图板的左前方射入，将需要的工具放在方便之处，以便制图工作顺利进行。

（4）固定图纸　一般沿对角线方向按顺序固定，使图纸平整。当图纸较小时，应将图纸布置在图板的左下方，图板底边与图纸下边的距离大于丁字尺的宽度，以便放置丁字尺。图纸用胶带纸固定，不应使用图钉，以免损坏图板。

2. 画底稿

画底稿时，用较硬的 H 或 2H 铅笔轻轻地画出，但要清晰。画底稿的一般步骤是：先画图框、标题栏，再画轴线或对称中心线，然后画主要轮廓线、细部。完成图形后，画其他符号、尺寸线、尺寸界线、尺寸数字横线和长仿宋体字的框格等。仔细检查校对，并擦去多余线条和污垢。

3. 加深图线

粗实线宜用B铅笔加深；对于虚线、细实线、细点画线及线宽约为 $b/3$ 的各类图线，宜用H或2H铅笔加深；写字和画箭头宜用HB铅笔。圆规的铅芯应比画直线的铅芯软。加深图线时用力要均匀，应使图线均匀地分布在底稿线的两侧。

用铅笔加深图形的步骤与画底稿时不同，一般按如下顺序。

1）加深点画线。

2）加深粗实线圆和圆弧。

3）从图样的左上方开始，先依次从上向下加深所有水平的粗实线，再依次从左向右加深所有铅垂的粗实线，最后加深所有倾斜的粗实线。

4）按加深粗实线的方向顺序依次加深所有虚线圆及圆弧，再依次加深水平的、铅垂的和倾斜的虚线。

5）加深细实线、波浪线等。

6）画符号和箭头，标注尺寸，注写图解，画图框及填写标题栏等。

7）全面检查，若有错误，则应立即更正，并做出必要的修饰。

1.4.2 徒手绘图

不用绘图仪器和工具，以目测来估计图形与实物的比例，按一定画法要求徒手绘制的图称为草图。在设计、测量、修配机器时，都要绘制草图。徒手绘图仍应基本上做到：图形正确，线型分明，比例匀称，字体工整，图面整洁。

徒手绘图一般选用HB或B的铅笔，铅笔削成圆锥状。草图常在印有浅色方格的坐标纸上画出。要画好草图，必须掌握徒手绘制各种线条的方法。

1. 直线的画法

徒手画直线时，握笔时手的位置要比尺规绘图时高些，以便运笔和观察目标；笔杆与纸面成45°~60°角，这样执笔较稳。手腕抬起，不要靠在图纸上，眼睛朝着前进的方向，注意画线的终点。同时，小拇指可与纸面接触作为支点，保持运笔平稳，可参考图1-38所示姿势。

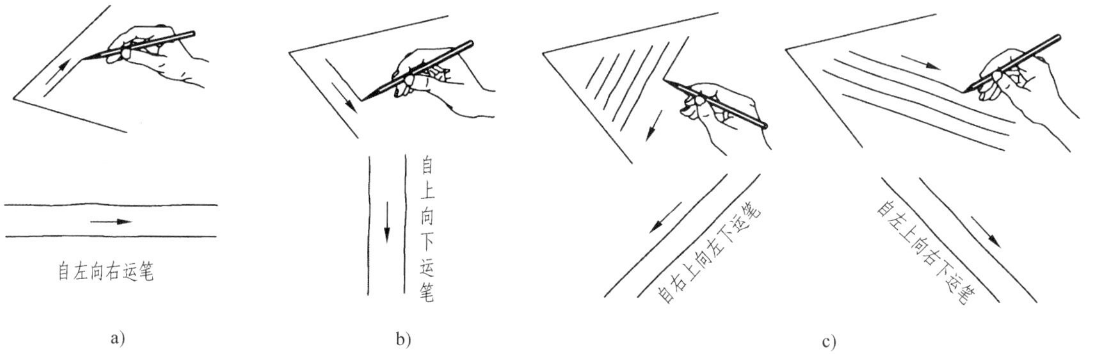

图1-38 徒手画直线的方法

a）水平线画法 b）竖直线画法 c）倾斜线画法

画直线时，特别是画较长的直线时，肘部不宜接触纸面，否则线不易画直。在画水平线时，为了方便，可将纸放得稍倾斜一些。在画连接已知两点的直线时，眼睛要注意终点，以保证直线的方向。当直线较长时，也可用目测的方法定出几个点，然后分几段画出该直线。画短线常用手腕运笔，画长线则以手臂运动为主。

2. 圆的画法

画直径较小的圆时，可先画出互相垂直的中心线，定出圆心。再按半径，在中心线上目测定出四个点，然后过四个点分两半画出，如图 1-39a、b 所示。也可过四点作正方形，再作出内切的四段圆弧，如图 1-39c、d 所示。

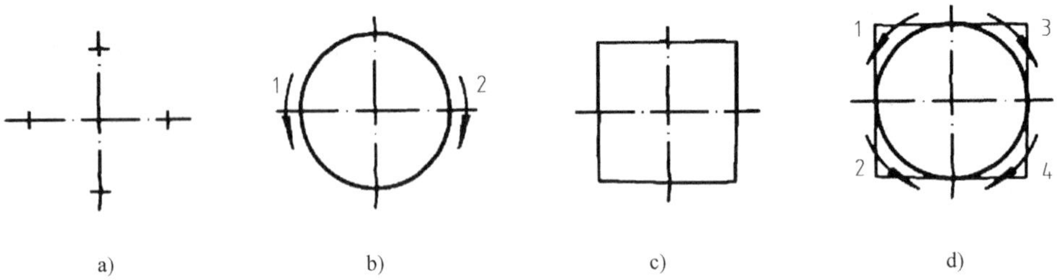

图 1-39　徒手画圆（一）

a）目测定出四点　b）分段画圆　c）过四点作正方形　d）分段画圆

画直径较大的圆时，可过圆心再画一对互相垂直的中心线，按半径大小目测定出八个点，然后依次连接各点画出该圆，如图 1-40 所示。

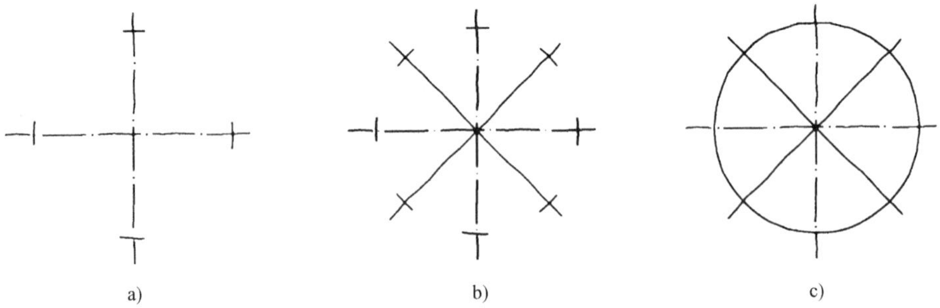

图 1-40　徒手画圆（二）

a）画中心线，目测定出四个点　b）再画一对十字线，再目测定出四个点　c）连接各点画圆

3. 圆角画法

画距离为 R 的圆角时，先将直线画成相交状态，然后以 R 为距离作两直线的平行线，相交确定圆心位置，如图 1-41a 所示。由圆心和直线交点作出角平分线，从圆心向两直线作垂线确定圆弧的起点和终点，如图 1-41b 所示。连点作出圆角的圆弧图形，如图 1-41c 所示。

4. 特殊角度线的画法

对 30°、45°、60°等常见的角度线，可根据两直角边的近似比例关系，定出两端点，然后连接两点得到所求角度线，如图 1-42 所示。

5. 椭圆的画法

画椭圆时，先根据长、短轴定出四个点，画出一个矩形，然后画出与矩形相切的椭圆，如图 1-43a 所示。也可先画出椭圆的外切菱形，然后画出椭圆，如图 1-43b 所示。

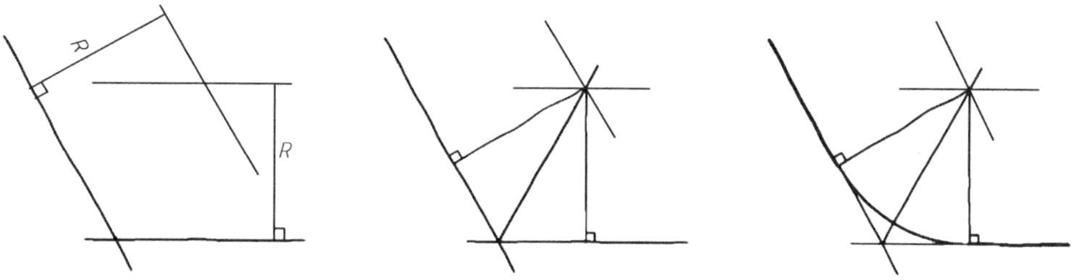

a) b) c)

图 1-41　圆角的画法

a）作直线平行线，定圆心　b）作角平线，作垂线，定圆弧的起点和终点　c）连点画出圆弧

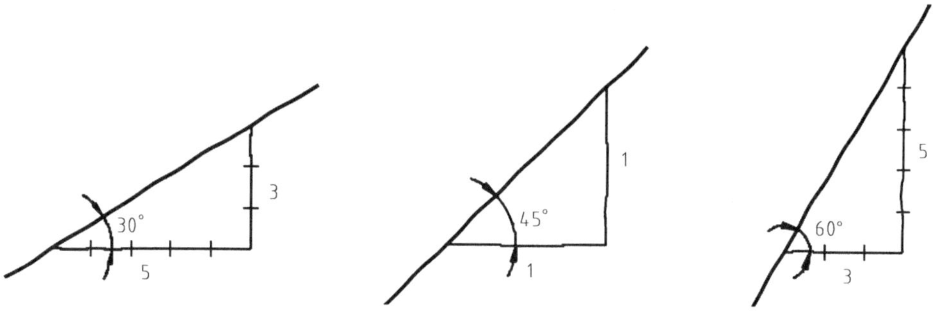

a) b) c)

图 1-42　特殊角度线的画法

a）30°角斜线　b）45°角斜线　c）60°角斜线

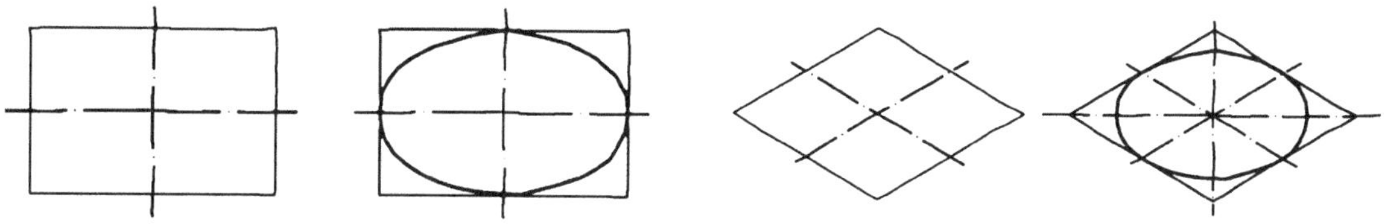

a) b)

图 1-43　椭圆的画法

拓展提高

绘图练习

【练习 1】 绘制如图 1-44 所示的平面图形。

作图步骤简述如下。

1）先绘制基准线。

2）根据已有尺寸，绘制 $\phi40$ 圆及 $\phi68$、$R14$、$R7$、$R9$、$R18$、右端 $R4$ 圆弧等已知线段。

3）绘制 $R30$ 圆弧、上部长 35 的水平直线段、$R59$（45+14）圆弧等中间线段。提示：

R30 圆弧与 R4 圆弧相内切，与关于中心点画线对称的距离 14 的直线相切。

4）绘制一段 R8 圆弧、两段 R10 圆弧、两段 R4 圆弧等连接线段。

5）检查并加粗。

【练习 2】 绘制如图 1-45 所示的平面图形，其中未注圆角为 R5。

分析线段类型，自行完成绘图练习。

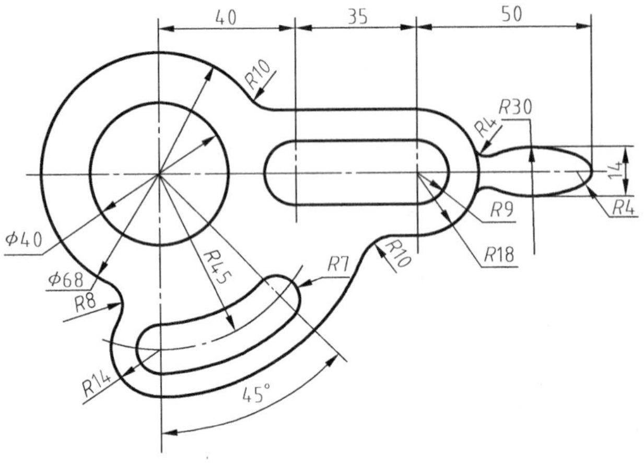

图 1-44 练习 1 平面图形

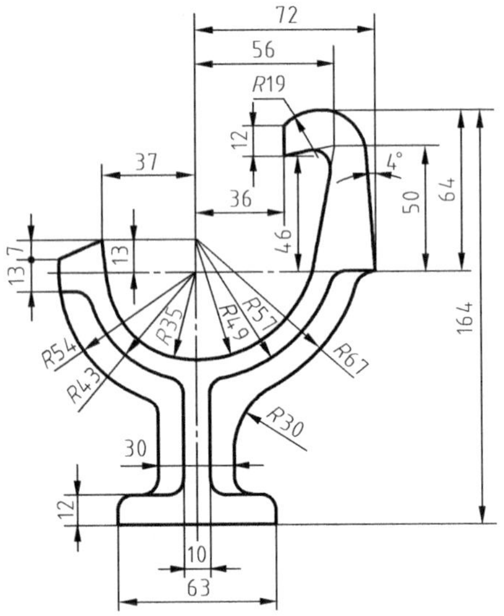

图 1-45 练习 2 平面图形

章末小结

1. 掌握图纸、图线、比例、文字、尺寸标注的规定。
2. 理解斜度、锥度的画法和标注，掌握圆弧连接的画法。
3. 掌握平面图形的分析方法及绘图步骤（已知线段、中间线段、连接线段）。

复习思考题

1. 常用的图线有哪些？分别应用在什么场合？
2. 简述比例的定义。2∶1 属于什么比例？
3. 标注尺寸应以什么为依据？
4. 圆弧连接可分为几种情形？各种情形下如何找圆心，又如何确定切点？
5. 平面图形中的定形、定位尺寸是如何定义的？如何分析尺寸？

第2章

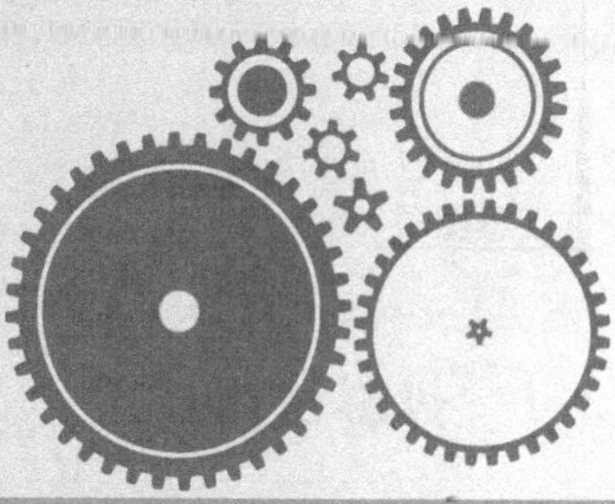

投影基础

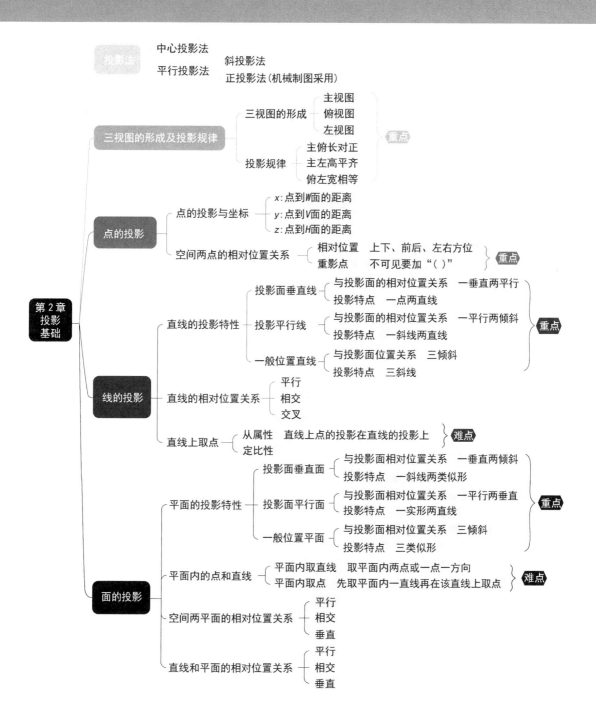

- 投影法
  - 中心投影法
  - 平行投影法
    - 斜投影法
    - 正投影法（机械制图采用）
- 第 2 章 投影基础
  - 三视图的形成及投影规律（重点）
    - 三视图的形成
      - 主视图
      - 俯视图
      - 左视图
    - 投影规律
      - 主俯长对正
      - 主左高平齐
      - 俯左宽相等
  - 点的投影
    - 点的投影与坐标
      - x：点到W面的距离
      - y：点到V面的距离
      - z：点到H面的距离
    - 空间两点的相对位置关系（重点）
      - 相对位置　上下、前后、左右方位
      - 重影点　不可见要加“（ ）”
  - 线的投影
    - 直线的投影特性（重点）
      - 投影面垂直线
        - 与投影面的相对位置关系　一垂直两平行
        - 投影特点　一点两直线
      - 投影平行线
        - 与投影面的相对位置关系　一平行两倾斜
        - 投影特点　一斜线两直线
      - 一般位置直线
        - 与投影面位置关系　三倾斜
        - 投影特点　三斜线
    - 直线的相对位置关系
      - 平行
      - 相交
      - 交叉
    - 直线上取点（难点）
      - 从属性　直线上点的投影在直线的投影上
      - 定比性
  - 面的投影
    - 平面的投影特性（重点）
      - 投影面垂直面
        - 与投影面相对位置关系　一垂直两倾斜
        - 投影特点　一斜线两类似形
      - 投影面平行面
        - 与投影面相对位置关系　一平行两垂直
        - 投影特点　一实形两直线
      - 一般位置平面
        - 与投影面相对位置关系　三倾斜
        - 投影特点　三类似形
    - 平面内的点和直线（难点）
      - 平面内取直线　取平面内两点或一点一方向
      - 平面内取点　先取平面内一直线再在该直线上取点
    - 空间两平面的相对位置关系
      - 平行
      - 相交
      - 垂直
    - 直线和平面的相对位置关系
      - 平行
      - 相交
      - 垂直

2.1 投影法概述

在工程设计中，常用各种投影方法绘制工程图样。本章介绍投影的基本概念和性质，以及三视图的形成及其投影规律。

2.1.1 投影法的概念

物体受到光线照射时，会在地面或墙壁上产生影子，人们根据这一现象，经过几何抽象创造了投影法，并应用它来绘制工程图样。将地面抽象为一个几何平面，作为投影面，用 P 表示；光源抽象为一点，用 S 表示，称为投射中心；光线抽象为射线，称为投射线，如图 2-1 所示。从点 S 出发，经空间点 A 作投射线 SA，与平面 P 交于一点 a，点 a 称为空间点 A 在投影面 P 上的投影，这种方法称为投影法。

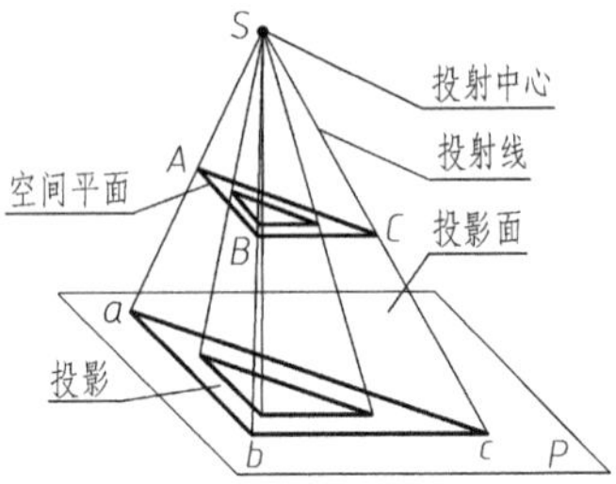

图 2-1 投影法的概念

投影法分为中心投影法和平行投影法两类。若将图 2-1 所示的投射中心 S 移至无穷远处，则所有投射线将由相交于一点转化为互相平行，这种投影法称为平行投影法。

平行投影法又可分为斜投影法和正投影法。投射线 SA 的方向称为投射方向。若投射方向与投影面 P 斜交，则称为斜投影法；若投射方向与投影面 P 垂直相交，则称为正投影法，如图 2-2 所示。由正投影法得到的投影称为正投影。

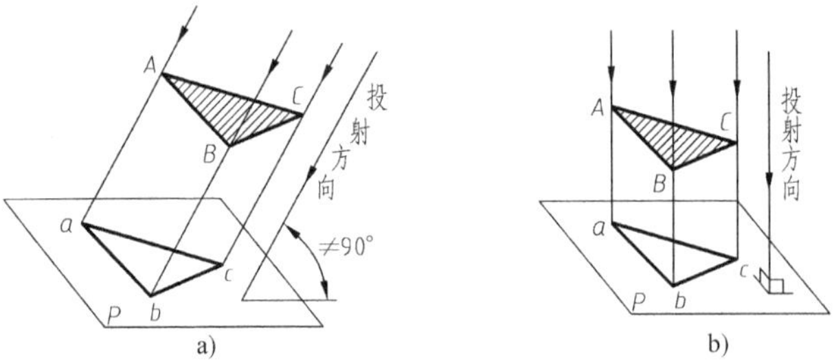

图 2-2 平行投影法

a）斜投影法 b）正投影法

工程图样中主要采用正投影法，本书后面内容中将“正投影”简称为“投影”。

2.1.2 正投影的基本性质

正投影图的基本特征如下。

1. 平行性

空间平行的两直线，其在同一投影面上的投影一定互相平行。

2. 实形性

若直线或平面平行于投影面，则其在该投影面上的投影反映直线的实长或平面的实形。

3. 从属性

若点在直线或平面上，则该点的投影一定在直线或平面的同面投影上。

4. 积聚性

若直线或平面垂直于投影面，则在该投影面上，直线的投影积聚成一点，平面的投影积聚成一条直线。

5. 定比性

点分线段之比在投射前后保持不变，空间平行的两线段长度之比在投射前后保持不变。

6. 类似性

若平面倾斜于投影面，则在该投影面上，平面的投影面积变小，形状仍与原形状类似。

2.2 三视图的形成及其投影规律

根据有关标准和规定，用正投影法绘制出的物体的投影图称为视图。为了完整地表达物体的形状，一般的机械图样常采用多面正投影图，其中最常用的为三面视图，简称三视图。

2.2.1 三视图的形成

如图 2-3a 所示，两两垂直的三个投影面构成三投影面体系，三个投影面分别称为正立投影面（简称正面，用 V 表示）、水平投影面（简称水平面，用 H 表示）和侧立投影面（简称侧面，用 W 表示）。

三个投影面将空间分成的各个区域称为分角，共八个分角，如图 2-3b 所示。将物体置于第一分角内，使其处于观察者与投影面之间而得到正投影的方法称为第一角画法。将物体置于第三分角内，使投影面处于物体和观察者之间得到正投影的方法称为第三角画法（详见本书第 6 章）。中国国家标准规定，工程图样采用第一角画法。美国、日本等国家采用第三角画法。

如图 2-3c 所示。将物体置于三投影面体系内，按正投影法分别向三个投影面投射，得到三个视图，规定三个视图名称为主视图、俯视图和左视图。

主视图：由前向后投射所得的视图。

俯视图：由上向下投射所得的视图。

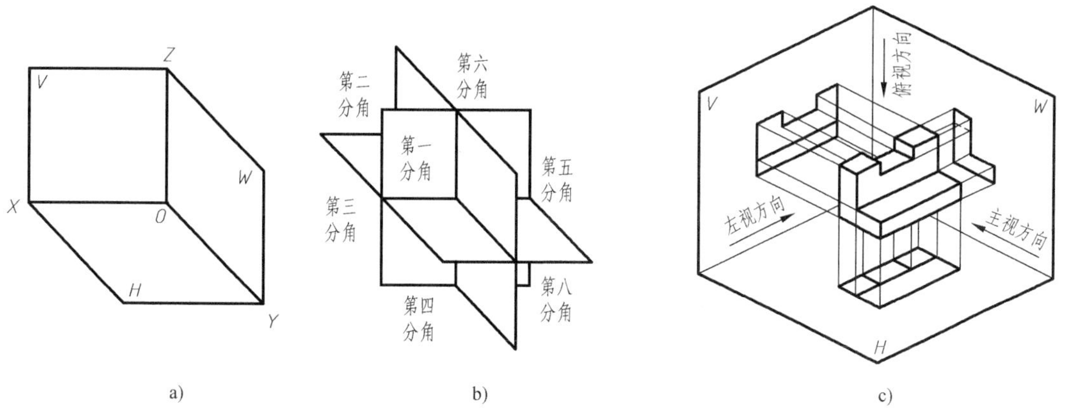

图 2-3 三视图的形成

a）三投影体系 b）八个分角 c）第一角画法

左视图：由左向右投射所得的视图。

互相垂直的投影面之间的交线称为投影轴，它们分别是 *OX* 轴、*OY* 轴和 *OZ* 轴。

OX 轴（简称 *X* 轴）：是 *V* 面与 *H* 面的交线，代表左右方向，即长度方向。

OY 轴（简称 *Y* 轴）：是 *H* 面与 *W* 面的交线，代表前后方向，即宽度方向。

OZ 轴（简称 *Z* 轴）：是 *V* 面与 *W* 面的交线，代表上下方向，即高度方向。

三条投影轴互相垂直，其交点为原点，即点 *O*。

为了使三个视图能画在一张图纸上，国家标准规定正面保持不变，将水平投影向下旋转 90°，将侧面投影向右旋转 90°，便可得到物体的三面投影，简称三视图，如图 2-4a 所示。实际绘图时，机械图样上通常规定不画投影轴、投影面的边框和投影间的连线，也不必注明各视图的名称，如图 2-4b 所示。

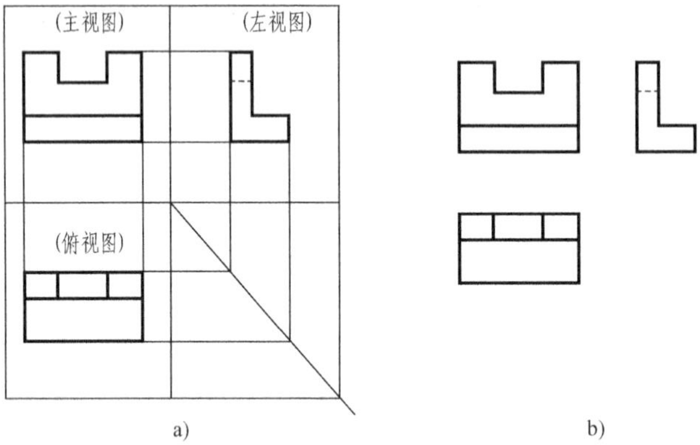

图 2-4　三视图

2.2.2　三视图的投影规律

1. 三视图的相对位置

以主视图为准，俯视图在主视图正下方，左视图在主视图正右方。绘制三视图时，必须按以上位置配置三视图，不能随意变动。

2. 三视图的“三等”规律

物体有长、宽、高三个方向的尺寸，物体左右方向上的距离称为长度，前后方向上的距离称为宽度，上下方向上的距离称为高度。每个视图都能反映物体两个方向上的尺寸，如图 2-5 所示。

主、俯视图同时反映物体的长度，主、左视图同时反映物体的高度，左、俯视图同时反映物体的宽度。三视图的投影规律可归纳为：**主、俯视图长对正，主、左视图高平齐，俯、左视图宽相等**，简称“三等”规律。

注意：无论是物体的总体尺寸还是某一局部的尺寸都符合“三等”规律。

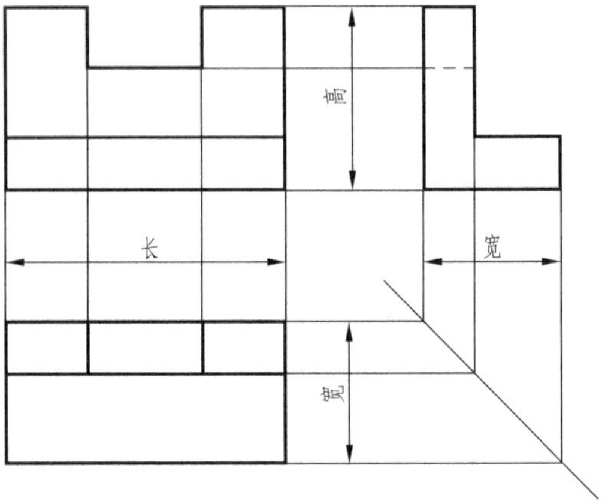

图 2-5　三视图的“三等”规律

3. 视图与物体的方位关系

物体有上、下、左、右、前、后六个方位，如图 2-6a 所示。

主视图反映物体的上下和左右位置关系，俯视图反映物体的左右和前后位置关系，左视图反映物体的上下和前后位置关系，如图 2-6b 所示。

俯、左视图都反映物体的前后位置关系，方位判断规律是远离主视图的一侧均为物体的前面，靠近主视图的一侧均为物体的后面。

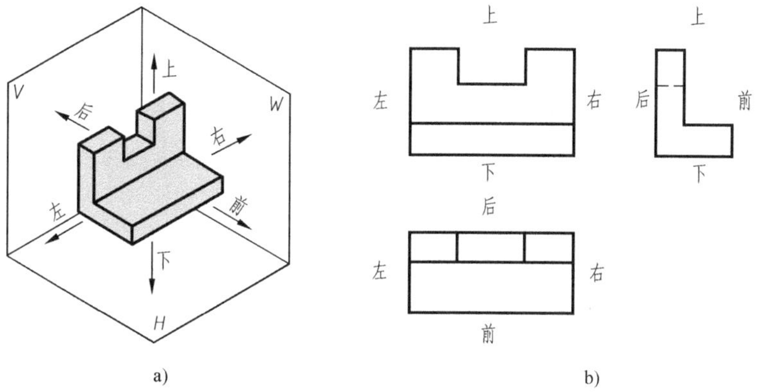

图 2-6 视图与物体的方位关系

a）立体图 b）三视图

2.3 点的投影

2.3.1 点在三投影面体系中的投影

三投影面体系的建立如图 2-7a 所示，空间点 A 位于 V 面、H 面和 W 面构成的三投影面体系中。由点 A 分别向三个投影面作正投影，依次得点 A 的正面投影 a'、水平投影 a 和侧面投影 a''。

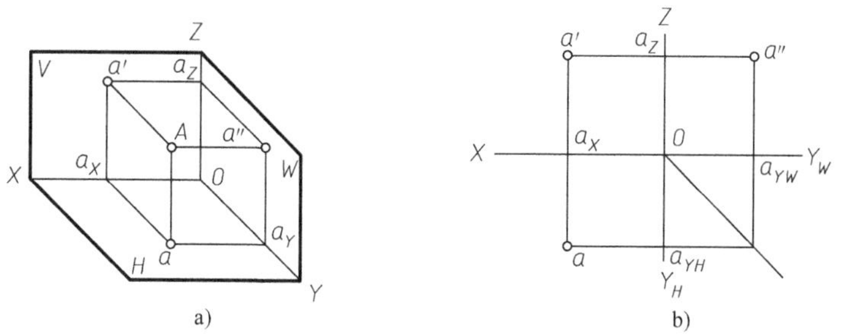

图 2-7 点的三面投影

a）立体图 b）投影图

提示：空间点及其投影的标记规定为：空间点用大写字母表示，如 A、B；在 H 面上的投影用相应的小写字母表示，如 a、b；在 V 面上的投影用相应的小写字母加一撇表示，如 a'、b'；在 V 面上的投影用相应的小写字母加两撇表示，如 a''、b''。

根据三视图的形成方法可得点的三面投影图，如图 2-7b 所示。在三投影面体系展开的过程中，OY 轴被一分为二，一方面随着 H 面旋转到 OY_H 轴的位置，另一方面又随着 W 面旋转到 OY_W 轴的位置，如图 2-7b 所示。相应地，a_Y 因此也被分为 $a_{YH} \in H$ 面和 $a_{YW} \in W$ 面。

三面投影之间的关系符合三投影面体系的投影规律，具体如下。

1）点的水平投影与正面投影的连线垂直于 OX 轴，即 $a'a \perp OX$（主、俯长对正）。

2）点的正面投影和侧面投影的连线垂直于 OZ 轴，即 $a'a'' \perp OZ$（主、左高平齐）。

3）点的水平投影到 OX 轴的距离等于点的侧面投影到 OZ 轴的距离，即 $aa_X = a''a_Z$（俯、左宽相等）。

提示 一般在作图过程中，自原点 O 作（与水平方向夹角为 45°的）辅助线，以表明 $aa_X = a''a_Z$ 的关系。用此辅助线作投影的方法简称 45°斜线方法。

2.3.2 点的投影与坐标

三投影面体系也是直角坐标系，其投影面、投影轴、原点可分别看作坐标面、坐标轴、坐标原点。这样，空间点到投影面的距离可以用坐标表示，点 A 的坐标值唯一确定相应的投影。点 A 的坐标（x，y，z）与点 A 的投影（a'，a，a''）之间有如下关系。

1）点 A 到 W 面的距离等于点 A 的 x 坐标，即 $Aa'' = aa_{YH} = a'a_z = x$。

2）点 A 到 V 面的距离等于点 A 的 y 坐标，即 $Aa' = aa_X = a''a_z = y$。

3）点 A 到 H 面的距离等于点 A 的 z 坐标，即 $Aa = a''a_{YW} = a'a_x = z$。

因为每个投影面都可看作坐标面，而每个坐标面都是由两个坐标轴决定的，所以空间点在任一个投影面上的投影只能反映其两个坐标，即 V 面投影反映点的 x、z 坐标；H 面投影反映点的 x、y 坐标；W 面投影反映点的 y、z 坐标。

如图 2-8 所示，点 $A \in V$ 面，它的一个坐标为零，在 V 面上的投影与该点重合，在另两投影面上的投影分别落在相应的投影轴上；点 $C \in OX$ 轴，它有两个坐标为零，在包含这条投影轴的两个投影面上的投影均与该点重合，另一面投影落在原点上。

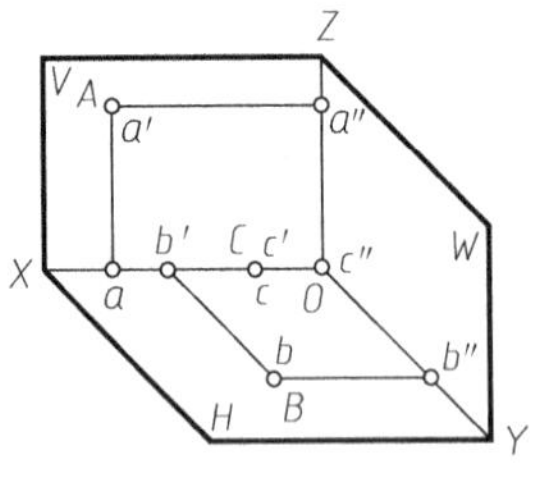

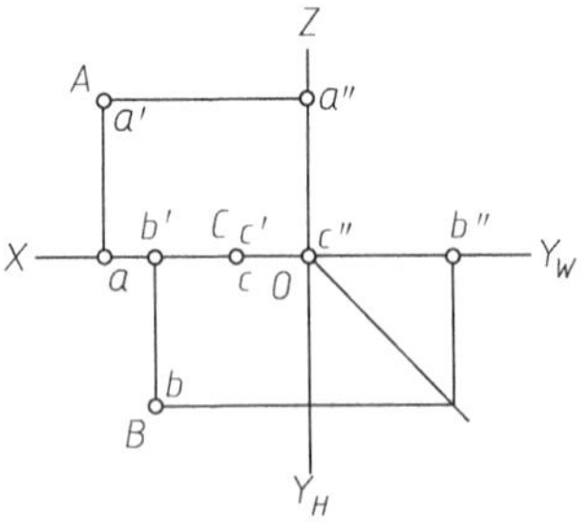

图 2-8 投影面和投影轴上的点

a）立体图 b）投影图

【例 2-1】 如图 2-9 所示，已知点 A 的水平投影和侧面投影，作出该点的正面投影。

作图：

方法一：由点的投影特性可知 $a'a \perp OX$，$aa_X = a''a_Z$，故过 a' 作 OX 轴垂线并交 OX 轴于 a_X，在 $a'a_X$ 的延长线上量取 $aa_X = a''a_Z$，从而求出 a，如图 2-10a 所示。

方法二：根据投影规律利用 45°斜线方法求出 a，如图 2-10b 所示。

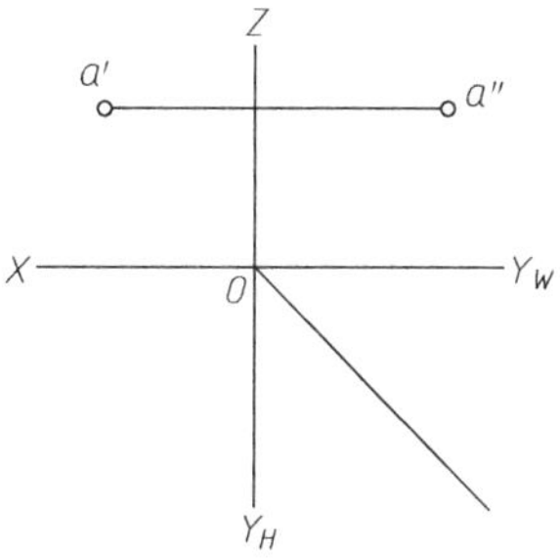

图 2-9　已知点的两面投影

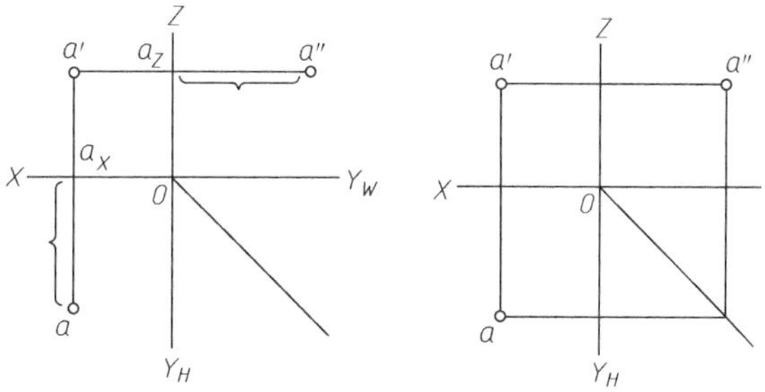

a)　　b)

图 2-10　由点的两面投影求第三面投影

【例 2-2】 已知点 A 的坐标为（20，10，18），作出该点的三面投影，并作出其立体图。

分析： 根据点的投影与坐标的关系来作图。

作图：

1）画坐标轴，并由原点 O 在 OX 轴的左侧取 $x=20$ 得 a_X，如图 2-11a 所示。

2）过 a_X 作 OX 轴的垂线，自 a_X 起沿 OY_H 方向量取 $y=10$ 得 a，沿 OZ 方向量取 $z=18$ 得 a'，如图 2-11b 所示。

3）用 45°斜线方法，按点的投影规律作出 a''。

4）擦去多余线条，如图 2-11c 所示。

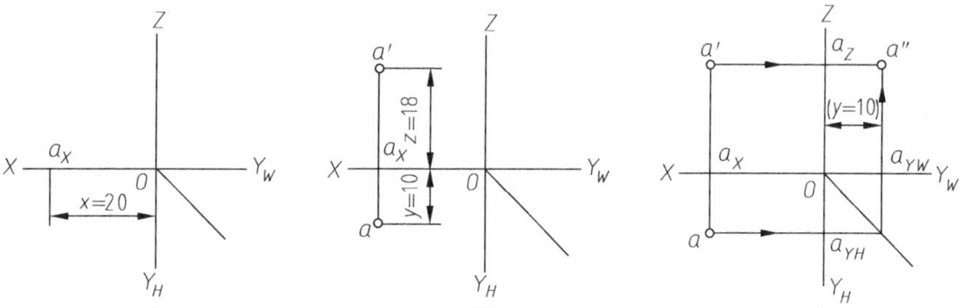

a)　　b)　　c)

图 2-11　求作点的三面投影

点的立体图画法如图 2-12 所示。

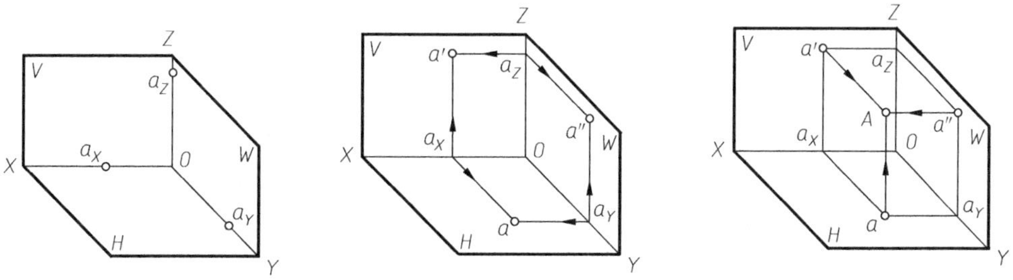

a)　　b)　　c)

图 2-12　点的立体图画法

2.3.3 空间两点的相对位置关系

1. 位置关系

空间两点的左右、前后和上下位置关系可以用它们的坐标大小来确定。当给定点的坐标时，可按如下规律进行判定。

1）两点的左右相对位置由 X 坐标确定，X 坐标大者在左侧，反之在右侧。

2）两点的前后相对位置由 Y 坐标确定，Y 坐标大者在前方，反之在后方。

3）两点的上下相对位置由 Z 坐标确定，Z 坐标大者在上方，反之在下方。

反过来，也可由相对位置关系判断坐标大小关系。

如图 2-13 所示，点 A（x_A，y_A，z_A）与点 B（x_B，y_B，z_B）相比，A 在左、前、下的位置，而 B 则在点 A 的右、后、上的位置，则 $x_A>x_B$，$y_A>y_B$，$z_A<z_B$。

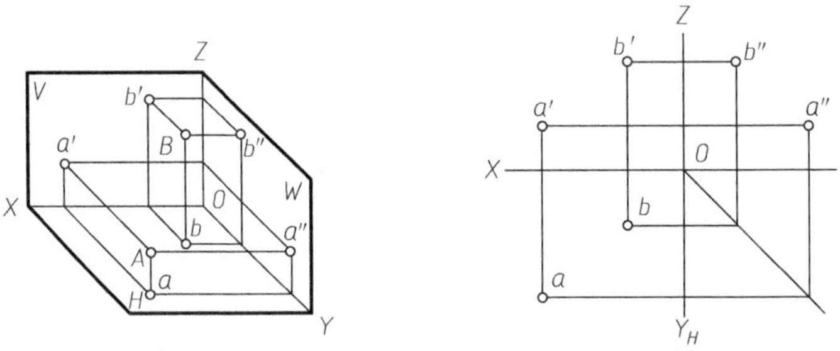

图 2-13 空间两点的位置关系

a）立体图 b）投影图

2. 重影点

如图 2-14 所示，A、B 两点位于垂直于 V 面的同一投射线上，这时 a'、b' 重合，A、B 称为对 V 面的重影点。对 H 面及对 W 面的重影点与此同理。对 V 面的一对重影点是正前、正后方的关系，对 H 面的一对重影点是正上、正下方的关系，对 W 面的一对重影点是正左、正右方的关系。重影点可见性的判断依据是坐标值，x 坐标值大者遮住 X 坐标值小者，y 坐标值大者遮住 Y 坐标值小者，z 坐标值大者遮住 Z 坐标值小者。

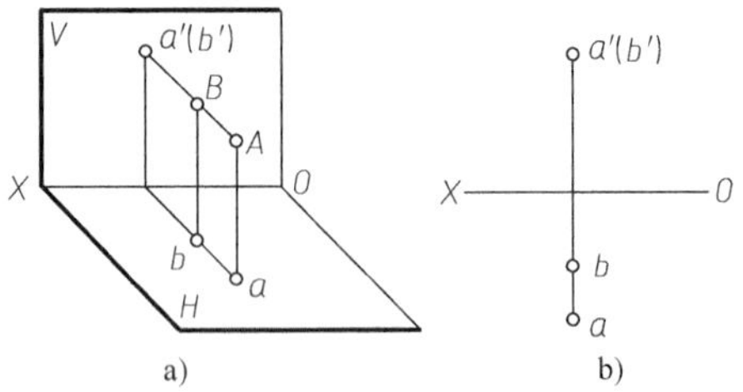

图 2-14 重影点

a）立体图 b）投影图

提示：重影点在某一投影面上的可见性一定要相应地由另外的投影来判断，也可用“前遮后，上遮下，左遮右”的方法确定。被遮的点一般要在同面投影符号上加圆括号，以区别其可见性，如 $a'(b')$。

【例 2-3】 如图 2-15a 所示，已知点 A 的三面投影 a、a'、a''，点 B 在点 A 的左侧 10mm、前方 5mm、上方 8mm 处，求作点 B 的三面投影。

分析：可按空间两点的相对位置关系来作出。

作图：

1）根据点 B 在点 A 的左侧 10mm、上方 8mm 处，作出点 B 的正面投影 b'。

2）根据点 B 在点 A 的左侧 10mm、前方 5mm 处，作出点 B 的水平投影 b；

3）根据 b'和 b，作出点 B 的侧面投影 b''。

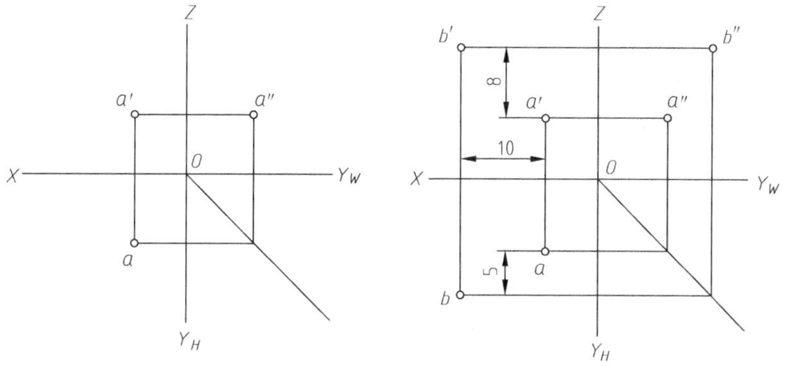

a)　　　　b)

图 2-15　利用两点的相对位置求点的投影

a）已知条件　b）作图过程及结果

2.4　直线的投影

两点可确定一条直线，故只要确定直线上两个点的投影，然后将其同面投影相连接即得直线的投影。如图 2-16 所示，分别把 A、B 两点的同面投影相连，则得到直线 AB 的同面投影。

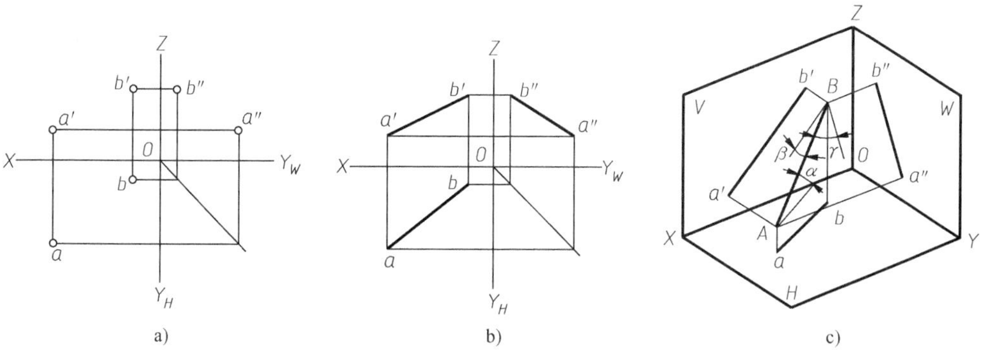

a)　　　　b)　　　　c)

图 2-16　直线的投影

a）A、B 两点的投影图　b）直线 AB 的投影　c）直线 AB 的立体图

2.4.1　直线的投影特性

直线的投影特性是由其对投影面的相对位置决定的。直线相对投影面的位置有如下三种情况。

1）垂直于某一投影面且与另两投影面平行的直线，称为投影面垂直线。

2）平行于某一投影面且与另两投影面倾斜的直线，称为投影面平行线。

3）对三个投影面均倾斜的直线，称为一般位置直线。

空间直线与投影面 *H*、*V*、*W* 之间的倾角分别用 α、β、γ 来表示，如图 2-16 所示。当直线平行于投影面时，倾角为 0°；当直线垂直于投影面时，倾角为 90°；当直线倾斜于投影面时，倾角大于 0°、小于 90°。

1. 投影面垂直线

投影面垂直线分为三种：垂直于 *H* 面的直线称为铅垂线，垂直于 *V* 面的直线称为正垂线，垂直于 *W* 面的直线称为侧垂线，见表 2-1。

表 2-1　投影面垂直线

种类	立体图	投影图	投影特性
铅垂线	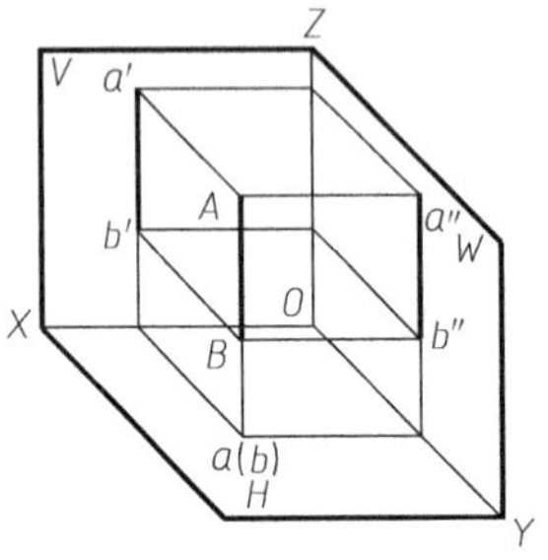	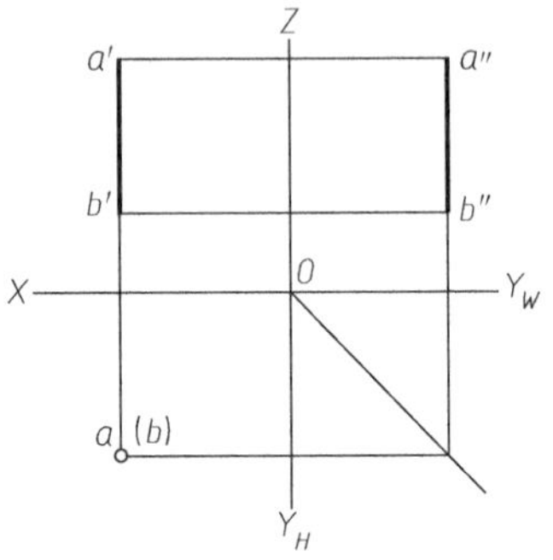	
正垂线	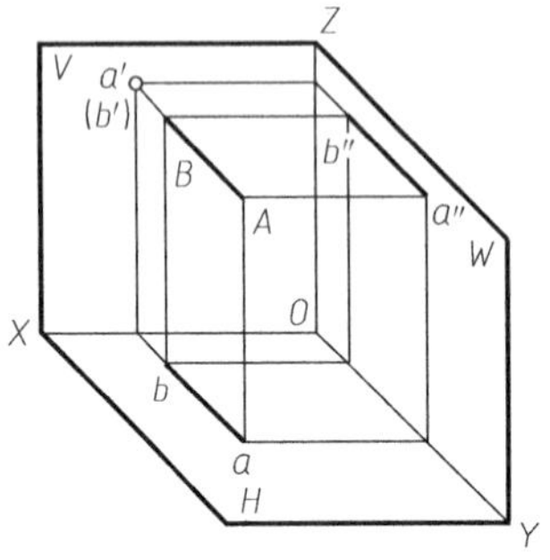	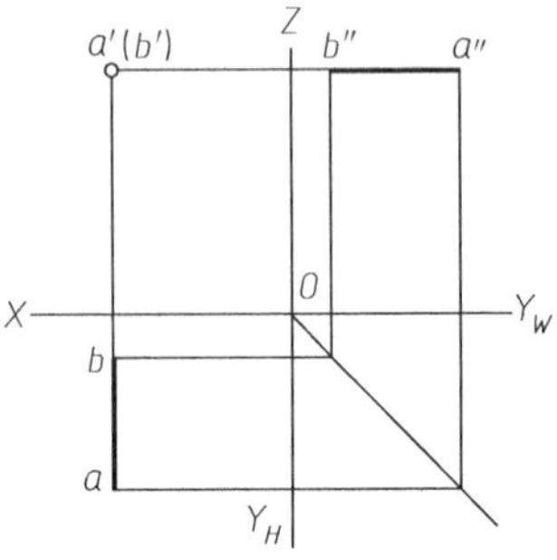	1. 直线在所垂直的投影面上的投影积聚为一点 2. 另两面投影反映该直线的实长，并分别垂直于相应的投影轴
侧垂线	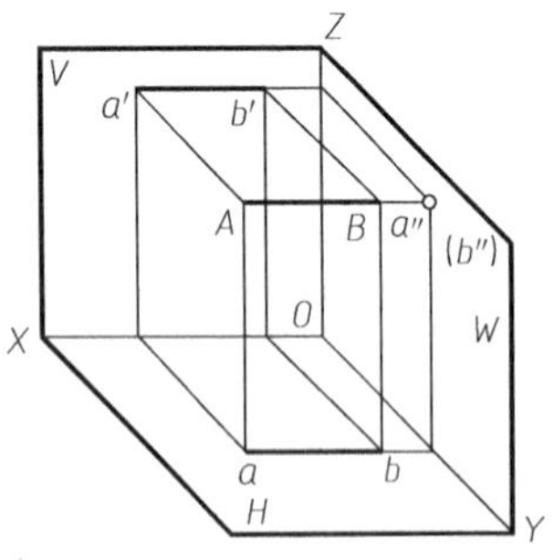	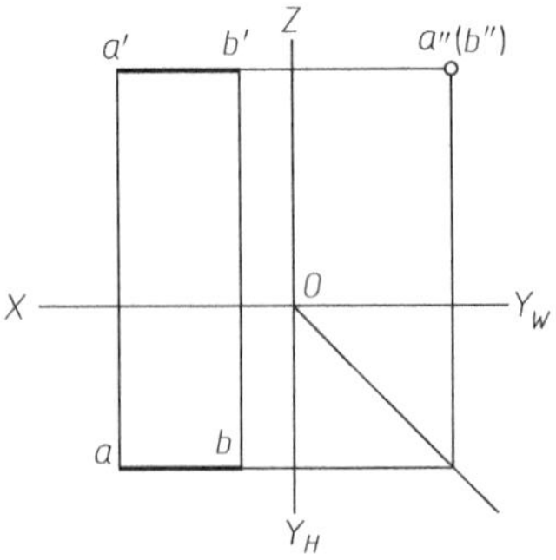	

图 2-17 所示的直线 *AB* 是铅垂线，它垂直于 *H* 面，而与另两投影面平行。因此，它的水平投影积聚于一点，而另两面投影反映实长，并平行于 *OZ* 轴。

2. 投影面平行线

投影面平行线分为三种：仅平行于 *H* 面的直线称为水平线，仅平行于 *W* 面的直线称为

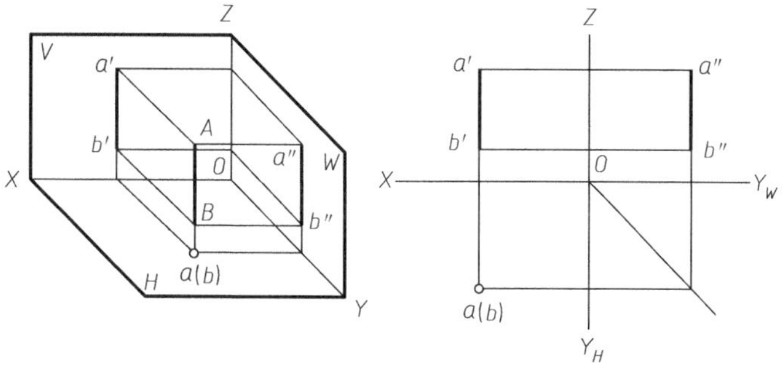

a)　　b)

图 2-17　铅垂线的投影

a）立体图　b）投影图

侧平线，仅平行于 V 面的直线称为正平线，见表 2-2。

表 2-2　投影面平行线

种类	立体图	投影图	投影特性
正平线	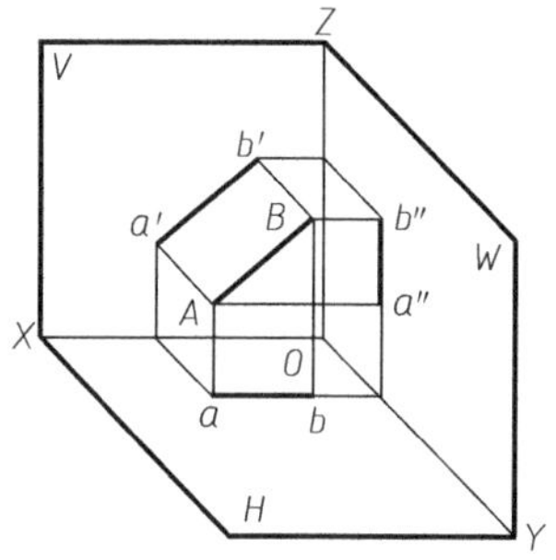	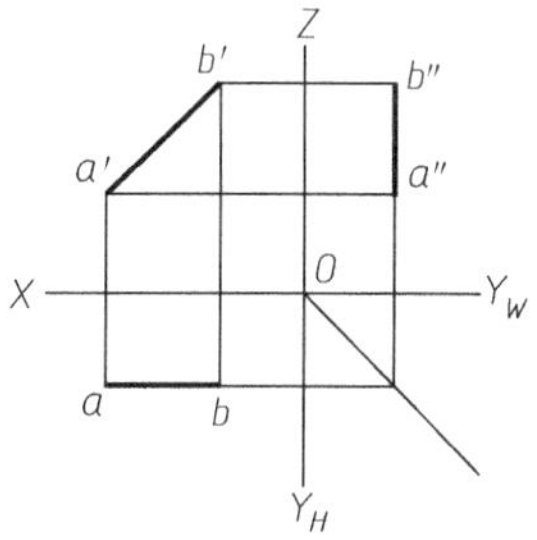	1. 直线在所平行的投影面上的投影反映实长 2. 另两面投影平行于相应的投影轴，但不反映实长 3. 反映实长的投影与投影轴所夹的角度等于空间对相应投影面的倾角
水平线	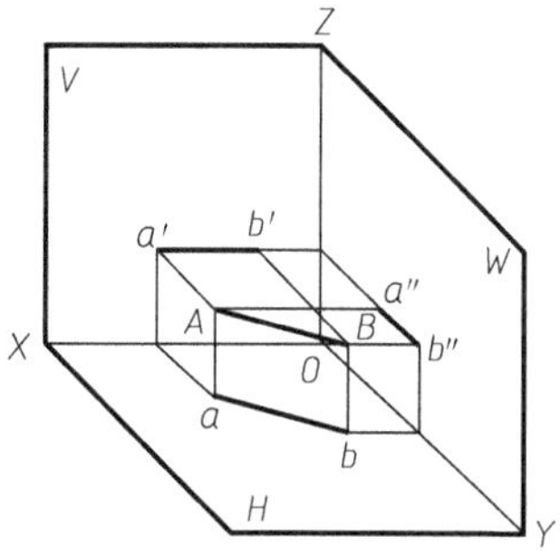	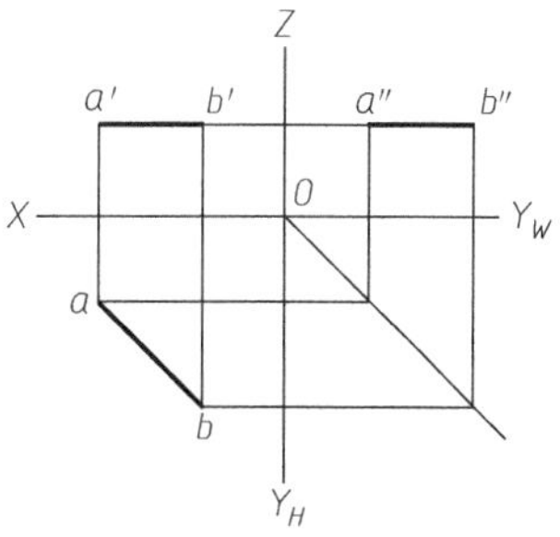	
侧平线	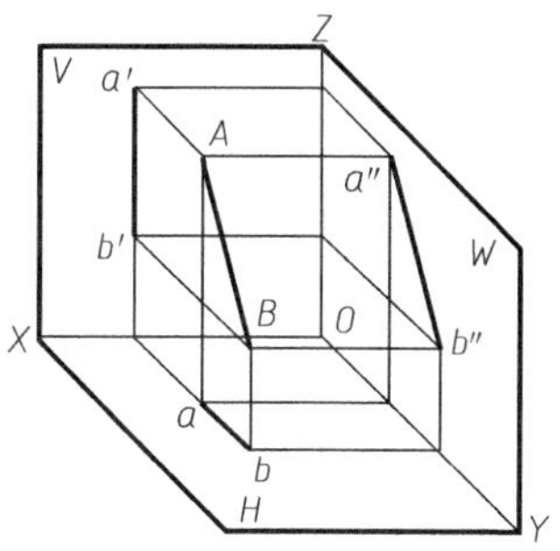	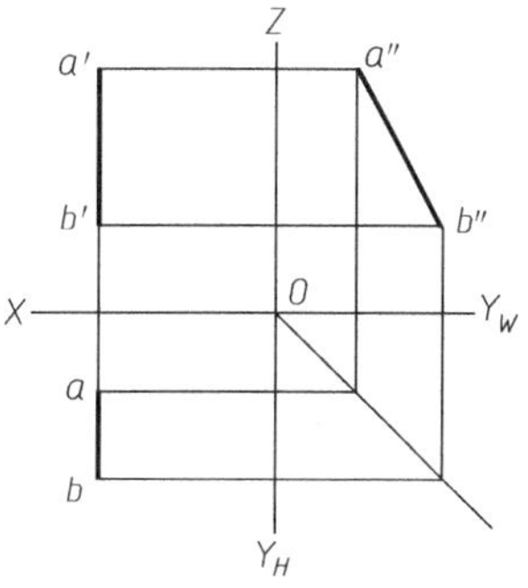	

图 2-18 所示的直线 AB 是水平线。因此，它的水平投影反映实长和倾角 β、γ，其他两个投影的 z 坐标相等，所以均垂直于 OZ 轴。

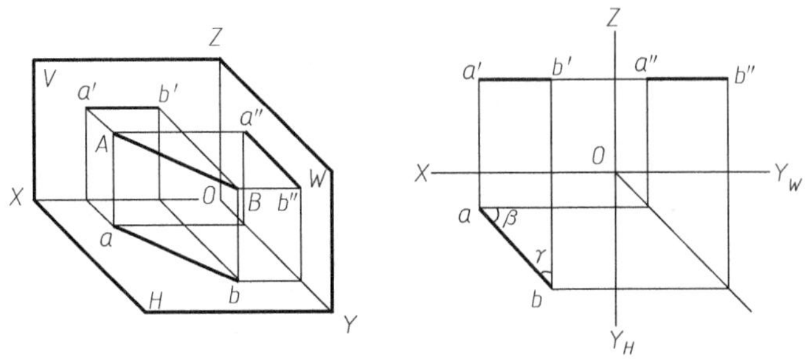

a)　　b)

图 2-18　水平线的投影

a）立体图　b）投影图

3. 一般位置直线

图 2-19a 所示为一般位置直线，它与三个投影面既不平行也不垂直。它的三面投影均与投影轴倾斜，投影长度均小于直线真实长度，其中，$ab=AB\cos\alpha$，$a'b'=AB\cos\beta$，$a''b''=AB\cos\gamma$。一般位置直线的投影既不反映其实长，也不反映与投影面倾角的真实大小。其实长和倾角可用直角三角形法求出，如图 2-19b、c 所示。

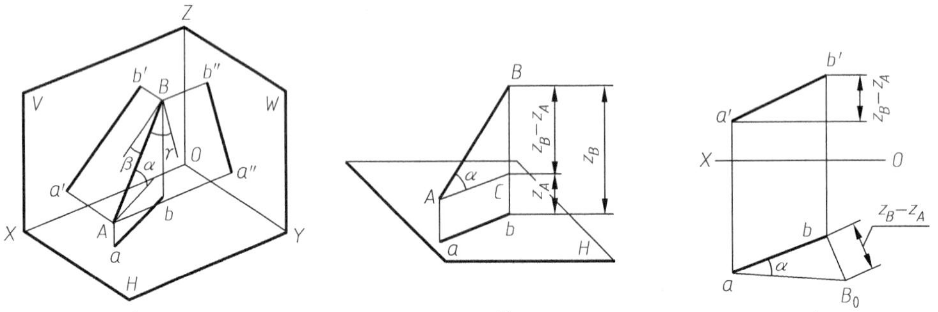

a)　　b)　　c)

图 2-19　直角三角形法

a）一般位置直线　b）H 面求解分析　c）作图求解

用直角三角形法求一般位置直线 AB 的实长及倾角 α 的过程如图 2-19 所示。过点 A 作 $AC /\!/ ab$，则得一直角三角形 ABC。在该三角形中，$AC=ab$，$BC=Bb-Cb=\Delta z$（A、B 两点的 z 坐标差），斜边 AB 为实长，$\angle BAC$ 为直线 AB 与 H 面的倾角 α。由此可见，利用直线 AB 的水平投影 ab 和 A、B 两点的 z 坐标差作为两直角边，就可作出直角三角形，从而求出 AB 的实长和倾角 α，如图 2-19b 所示。用直线的正面投影和其 y 坐标差作直角三角形，可求出它的实长和倾角 β；用直线的侧面投影和其 x 坐标差作直角三角形，可求出它的实长和倾角 γ。

2.4.2　空间两直线的相对位置关系

空间两直线的相对位置关系可以分为平行、相交、交叉三种。

1. 平行两直线

空间两直线平行，则它们的同面投影必然互相平行，如图 2-20a 所示；反之，如果两直线的各个同面投影互相平行，则两直线在空间也一定互相平行。若要在投影图上判断两条一般位置直线是否平行，只要看它们的两个同面投影是否平行，如图 2-20b 所示。但对于投影面的平行线，则必须根据其三面投影（或其他的方法）来判别，如图 2-20c 所示。

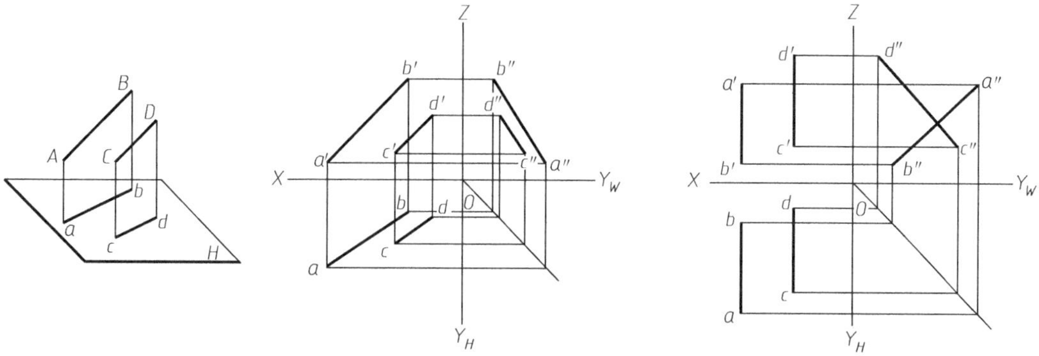

a)　　b)　　c)

图 2-20　平行两直线

2. 相交两直线

当空间两直线相交时，它们在各个投影面上的同面投影也必然相交，并且交点符合点的投影规律。如图 2-21 所示，$K=AB\cap CD$，则在投影图上有，$k'=a'b'\cap c'd'$，$k=ab\cap cd$，且 $kk'\perp OX$。

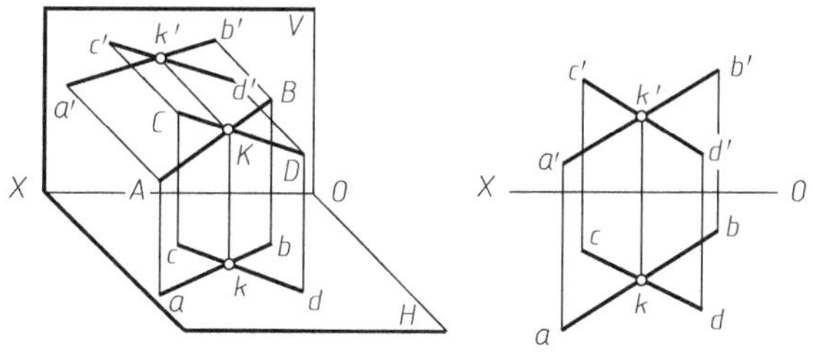

a)　　b)

图 2-21　相交两直线

a）立体图　b）投影图

【例 2-4】 如图 2-22a 所示，已知 $K=AB\cap CD$，按已知条件求直线 AB 的正面投影 $a'b'$。

分析： 交点为两直线所共有，且符合点的投影规律，据此可求得投影 k'；点 B、K、A 同属一条直线，据此可求出 b'。

作图：

1）过 k 作 OX 轴的垂线，求得 $k'\in c'd'$。

2）连接 $a'k'$ 并延长。

3）过 b 作 OX 轴的垂线，求得 $b'\in a'k'$。

4）擦去多余图线，即得如图 2-22b 所示的 $a'b'$。

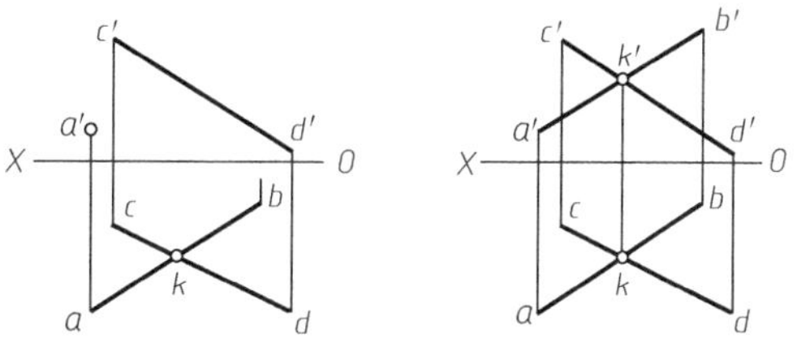

a)　　b)

图 2-22　两相交直线投影

a）已知条件　b）作图求解

3. 交叉两直线

空间两直线既不平行也不相交时，称为交叉两直线。交叉两直线在空间不相交，然而其同面投影可能相交，这是由于两直线上点的同面投影重影所致，如图 2-23 所示。

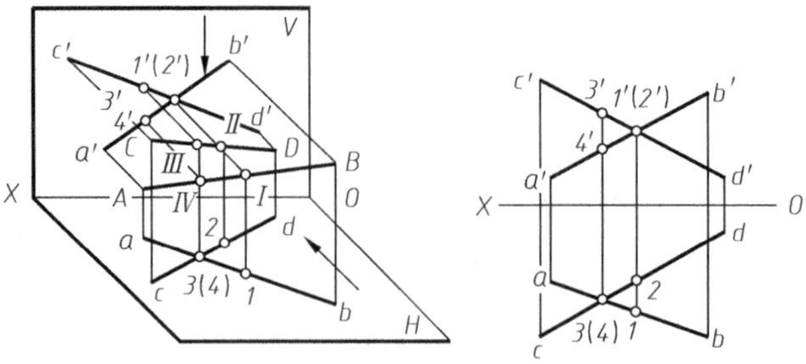

a)　　b)

图 2-23　交叉两直线

a）立体图　b）投影图

由图 2-23 可以看出，点 Ⅰ、Ⅱ 为对 V 面的重影点，从水平投影可知点 Ⅰ 在点 Ⅱ 前方，所以属于直线 AB 的点 Ⅰ 是可见的，属于直线 CD 的点 Ⅱ 是不可见的；点 Ⅲ、Ⅳ 为对 H 面的重影点，因其水平投影 $3'$ 比 $4'$ 靠上，所以点 Ⅲ 可见，点 Ⅳ 不可见。

2.4.3　直线上的点

如图 2-24 所示，点 $C \in AB$，则 $c' \in a'b'$，$c \in ab$，且 $AC : CB = ac : cb = a'c' : c'b'$。这就是正投影性质中的从属性和定比性。利用上述性质，可以分割线段成定比。

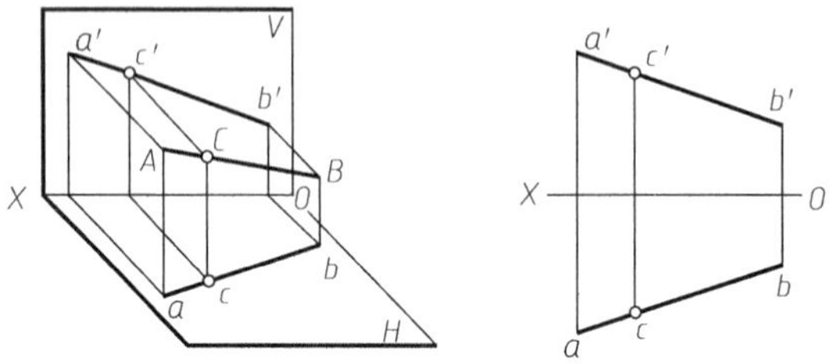

a)　　b)

图 2-24　点在直线上的投影

a）立体图　b）投影图

【例 2-5】　如图 2-25a 所示，已知直线 AB 投影，求作一点 C 的投影，$C \in AB$ 且使 $AC : CB = 1 : 2$。

分析： 根据定比性，$ac : cb = a'b' : c'b' = 1 : 2$，只要将 ab 或 $a'b'$ 进行三等分即可求出 c 和 c'。

作图：

1）自 a 引辅助线 aB_0。

2）在 aB_0 上取三等分点。

3）连接 $3b$，过 1 作 $3b$ 的平行线得 $c = 1c \cap ab$。

4）由 c 求出 c'，如图 2-25b 所示。

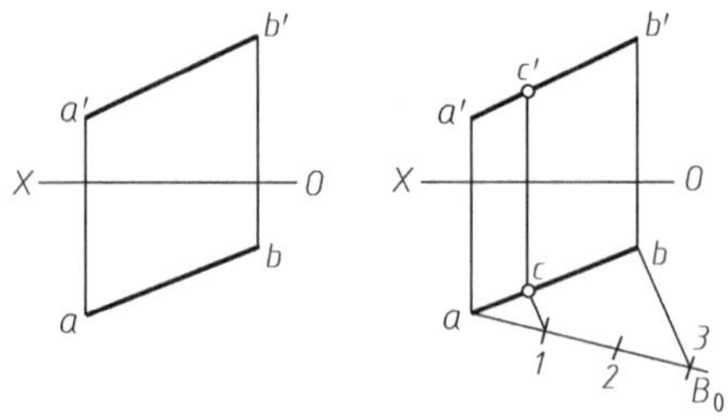

a)　　b)

图 2-25　点的定比性

a）已知条件　b）作图求解

2.5 平面的投影

2.5.1 平面的表示法

1. 几何元素表示法

通常用一组几何元素的投影来表示空间平面。几何元素的形式如图 2-26 所示，可以是不在同一直线上的三点（图 2-26a）、直线及其线外一点（图 2-26b）、相交两直线（图 2-26c）、平行两直线（图 2-26d）及平面图形（图 2-26e）。

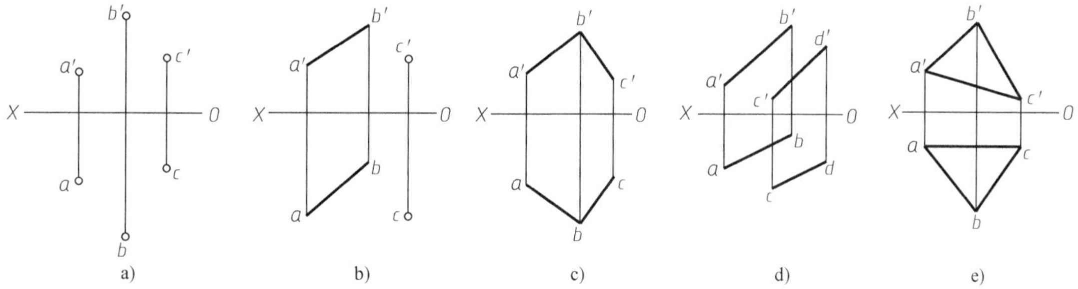

图 2-26 平面的几何元素表示法

2. 迹线表示法

平面与投影面的交线称为平面的迹线。平面 P 与 V 面、H 面和 W 面的交线依次称为平面 P 的正面迹线、水平迹线和侧面迹线，分别用 P_V、P_H 和 P_W 标注。

由于迹线是投影面上的直线，它的一个投影与其自身重合，它的另外两面投影分别落在相应的投影轴上，不需画出，如图 2-27 所示。

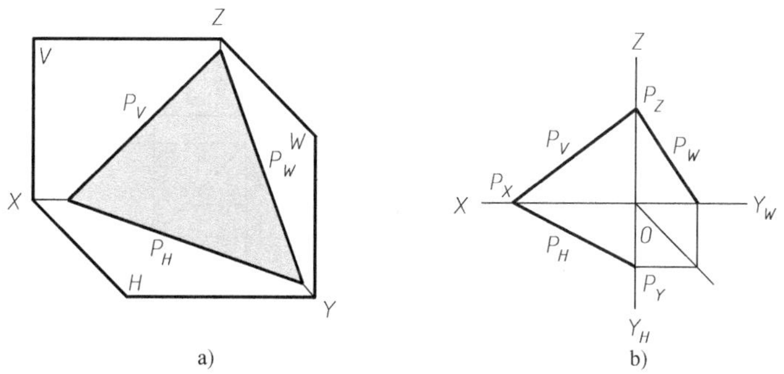

图 2-27 平面的迹线表示

a）立体图 b）投影图

2.5.2 平面的投影特性

平面的投影特性是由其对投影面的相对位置决定的。平面对投影面的相对位置可以分为投影面垂直面、投影面平行面和一般位置平面三种。平面对投影面 H、V、W 的倾角依次用 α、β、γ 表示。

1. **投影面垂直面**

投影面垂直面是指垂直于一个投影面，而与其他投影面倾斜的平面。它分为正垂面（⊥*V* 面）、铅垂面（⊥*H* 面）和侧垂面（⊥*W* 面）三种，见表 2-3。

表 2-3　投影面垂直面

种类	立体图	投影图	投影特性
铅垂面	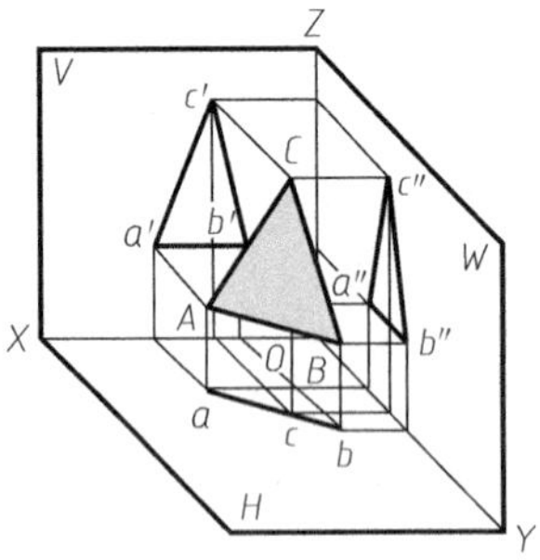	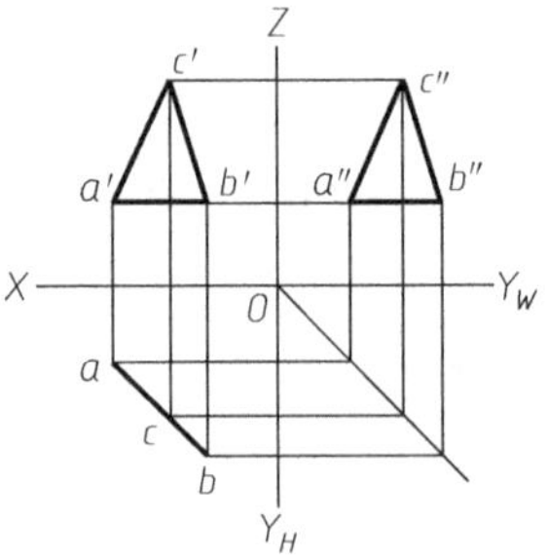	
正垂面	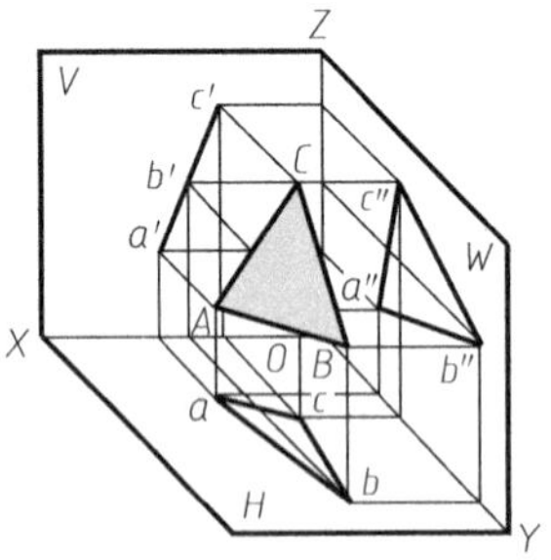	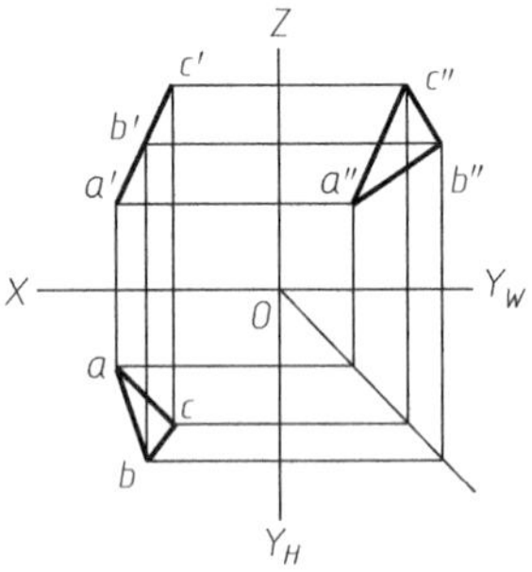	1. 平面在所垂直的投影面上的投影积聚成与投影轴倾斜的直线，该直线与投影轴的夹角等于平面对相应投影面的倾角 2. 其他两面投影为原形的类似形
侧垂面	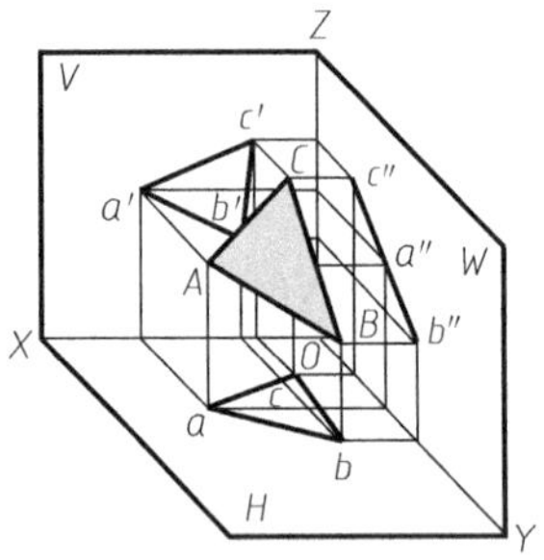	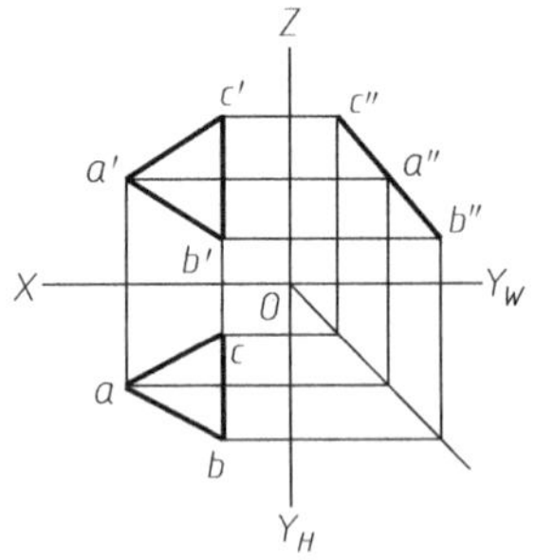	

如图 2-28 所示，平面 *ABCD* 为铅垂面，它垂直于 *H* 面，而对 *V* 面、*W* 面倾斜，所以它的水平投影积聚为一条直线，其他两面投影为原形的类似形。这一性质可以用来判断平面的空间位置。一个空间平面，若其三面投影中有一面投影是与轴倾斜的直线，另两面投影形状相仿，则它一定是投影面垂直面。如果将该垂直面扩大，使其与投影面相交，所得交线就是该面的迹线，如图 2-29 所示。

2. **投影面平行面**

投影面平行面是指平行于某一投影面且同时垂直于另两投影面的平面，它分为正平面（//*V* 面）、水平面（//*H* 面）和侧平面（//*W* 面）三种，见表 2-4。

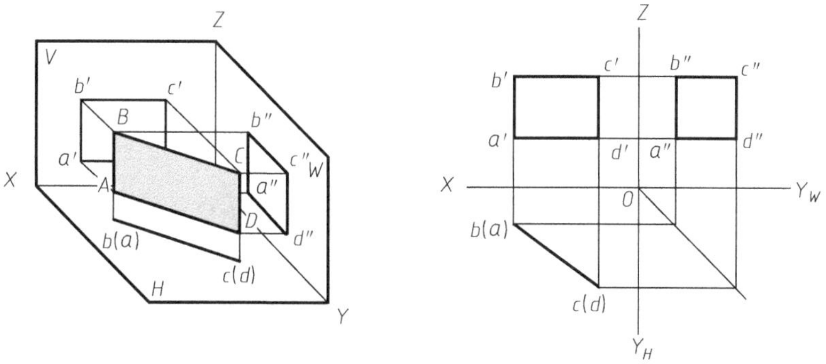

a)　　　　b)

图 2-28　铅垂面的投影

a）立体图　b）投影图

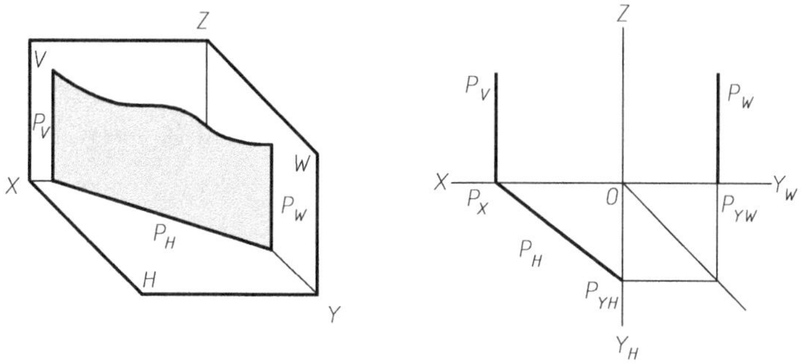

a)　　　　b)

图 2-29　铅垂面的迹线表示

a）立体图　b）投影图

表 2-4　投影面平行面

种类	立体图	投影图	投影特性
正平面	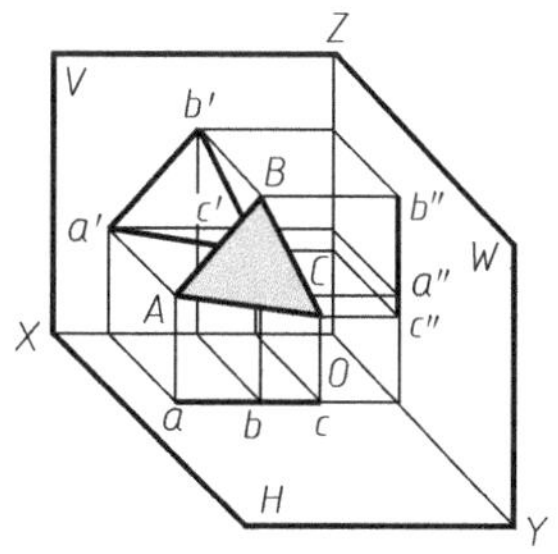	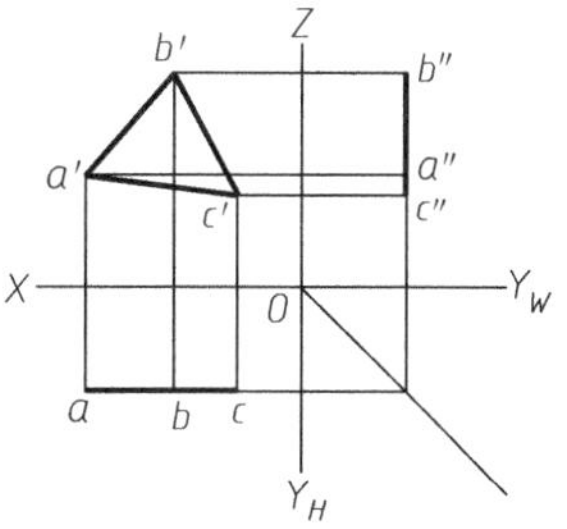	1. 平面在所平行的投影面上的投影反映实形 2. 其他两面投影积聚成直线，且平行于相应的投影轴
水平面	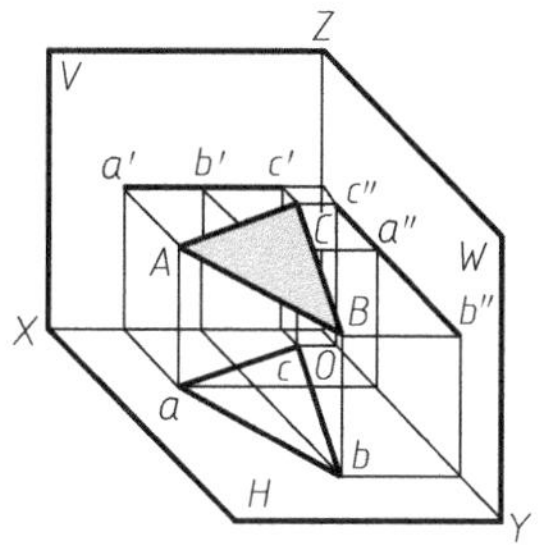	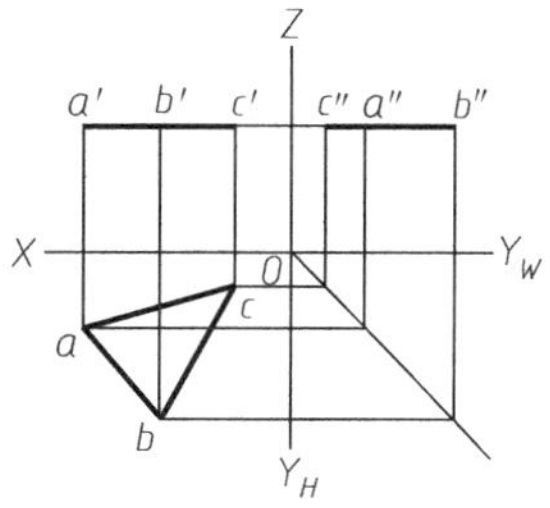	

（续）

种类	立体图	投影图	投影特性
侧平面	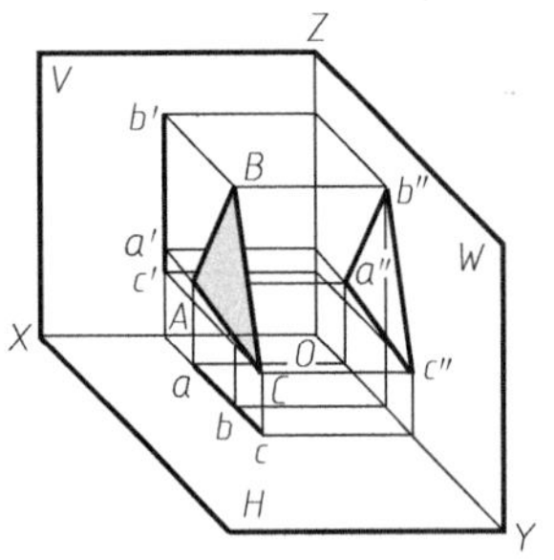	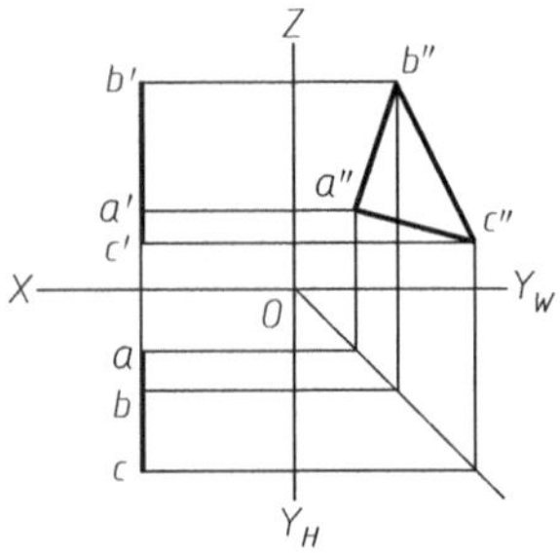	1. 平面在所平行的投影面上的投影反映实形 2. 其他两面投影积聚成直线，且平行于相应的投影轴

正平面的投影如图 2-30 所示。根据正投影的性质，可知它的一面投影反映实形，而另两面投影积聚成一条垂直于同一投影轴的直线。依据以上性质，可由投影图判断出空间平面是否为投影面平行面。如果将正平面扩大，使其与投影面相交，则所得交线就是该面的迹线，如图 2-31 所示。

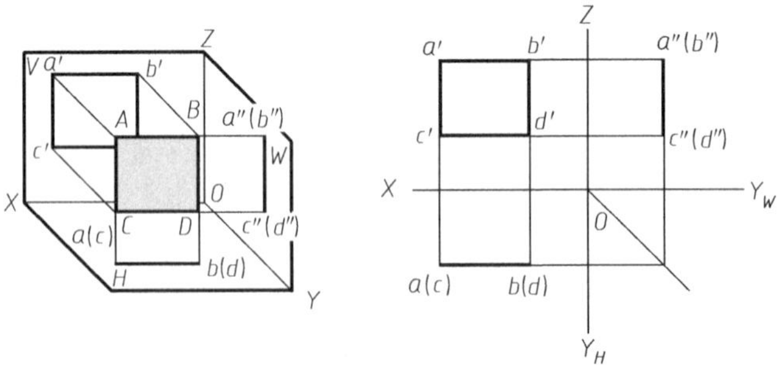

a)　　b)

图 2-30　正平面的投影

a）立体图　b）投影图

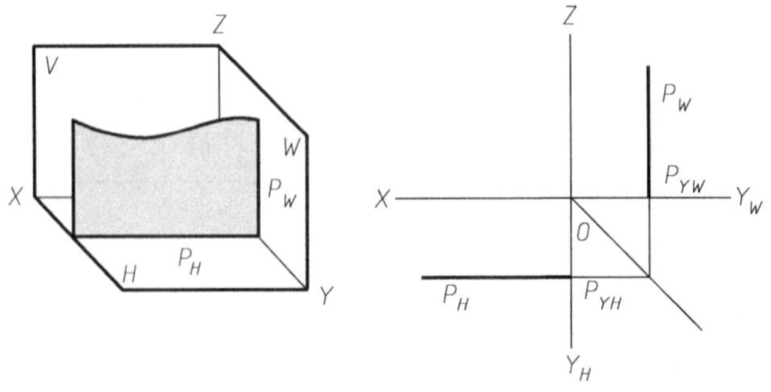

a)　　b)

图 2-31　正平面的迹线表示

a）立体图　b）投影图

3. 一般位置平面

对三个投影面均处于倾斜位置的平面称为一般位置平面。它的三面投影形状均不反映实形，都是小于原平面的类似形，如图 2-32 所示。

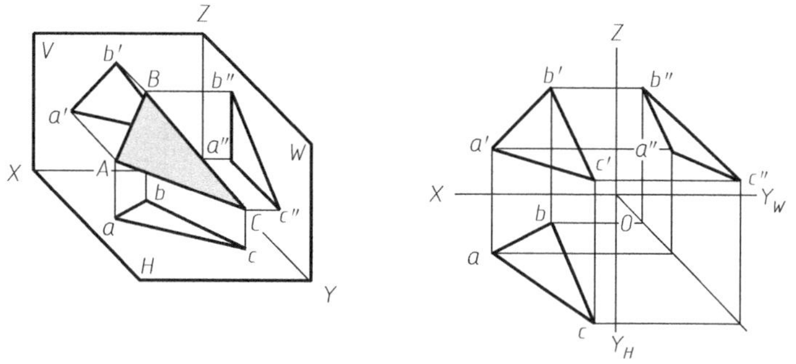

a)　　b)

图 2-32　一般位置平面的投影

a）立体图　b）投影图

2.5.3　平面内的直线和点

1. 平面内的直线

具备下列条件之一的直线必位于给定的平面内。

1）直线通过平面内的两点。

2）直线过平面内一点且平行于面内的一条直线。

如图 2-33a 所示，相交直线 *AB* 与 *BC* 构成一平面，在 *AB*、*BC* 上各取一点 *M*、*N*，则过 *M*、*N* 两点的直线一定在该平面内，如图 2-33b 所示。

如图 2-34a 所示，相交直线 *AB* 与 *BC* 构成一平面，过直线 *AB* 上点 *L* 作直线 *LK*//*BC*，则直线 *LK* 一定在该平面内，如图 2-34b 所示。

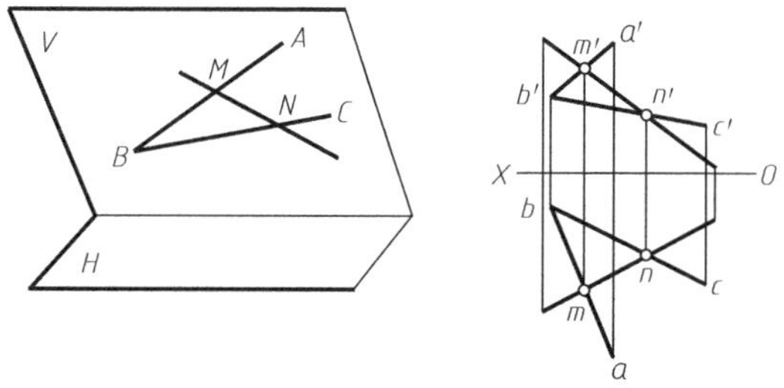

a)　　b)

图 2-33　过平面内的两点作直线

a）立体图　b）投影图

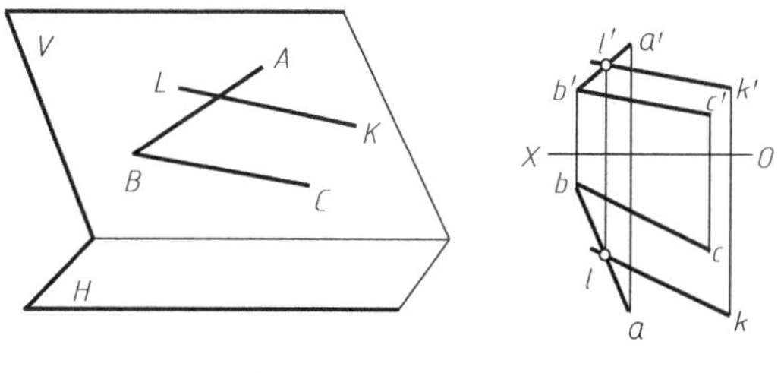

a)　　b)

图 2-34　过平面内一点作直线

a）立体图　b）投影图

【例 2-6】　如图 2-35a 所示，已知直线 *EF* 在△*ABC* 平面内，试求其正面投影。

分析：因为直线 *EF* 在△*ABC* 平面内，故直线 *EF* 必通过平面内的两个点。可将 *EF* 的水平投影 *ef* 延长，与 *ab*、*bc* 交于 *m*、*n*，求出直线 *MN* 的正面投影 *m'n'*，在 *m'n'* 上即可求得 *e'f'*。

作图：作图过程如图 2-35b、c 所示。

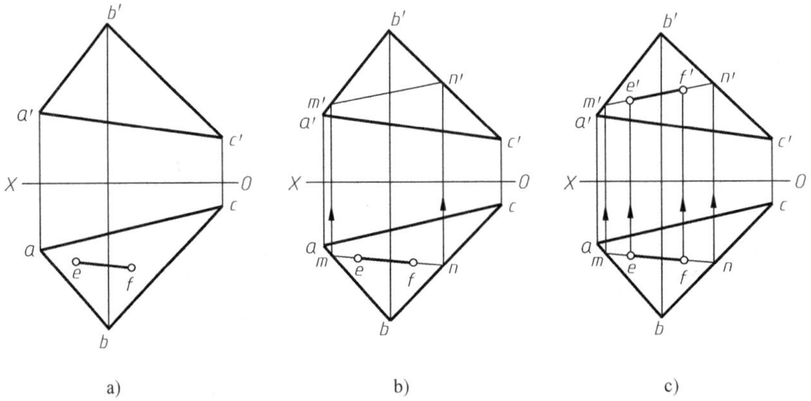

图 2-35 平面内求直线

a）已知条件 b）求解直线 *MN* 投影 c）求解直线 *EF* 正面投影

2. **平面内的点**

点属于平面的几何条件是点属于平面内的一条直线，即点的投影均在其所在直线的同面投影上。因此，在平面内取点应首先在平面内取直线，再在该直线上取点。

【例 2-7】 如图 2-36a 所示，已知点 $K \in \triangle ABC$，且知其正面投影 k'，求它的水平投影 k。

分析：因为 $K \in \triangle ABC$，所以 $K \in \triangle ABC$ 内过点 K 的任一直线。

作图：

1）连接 $a'k'$ 得 $m' = a'k' \cap b'c'$。

2）由 m' 在 bc 上求得 m。

3）连接 am 并延长，依投影关系求出 k，如图 2-36b 所示。

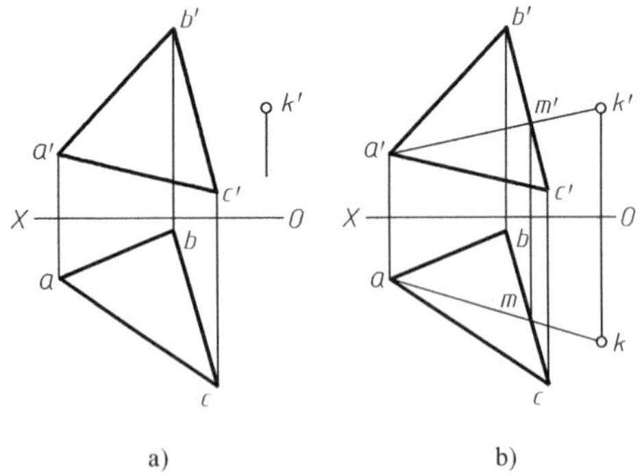

图 2-36 在平面内取点图

a）已知条件 b）作图求解

【例 2-8】 如图 2-37a 所示，已知四边形 *ABCD* 为平面图形，按题设条件，补全其正面投影。

分析：四边形 *ABCD* 与 $\triangle ABC$ 属同一平面，点 D 可看作该面内一点，用上例所示方法，即可求得 d'，进而作出四边形 *ABCD* 的正面投影。

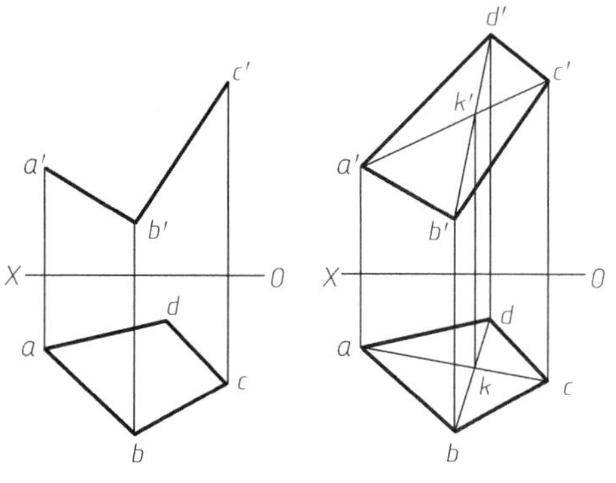

图 2-37 四边形的两面投影

a）已知条件 b）作图求解

作图：

1）连接 A、C 两点的同面投影 $a'c'$、ac。

2）连接 bd 并与 ac 相交得 $k=ac\cap bd$。

3）依投影关系，在 $a'c'$ 上求得 k'。

4）连接 $b'k'$ 并延长，根据投影关系求出 $d'\in b'k'$。

5）连接得到 $a'b'c'd'$，如图 2-37b 所示。

2.5.4 空间两平面的相对位置关系

空间两平面的相对位置关系可以分为平行、相交、垂直三种。

1. 平行两平面

这里仅讨论垂直于同一投影面的两平面的平行问题。

由立体几何可知，当垂直于同一投影面的两平面平行时，两平面有积聚性的同面投影也互相平行，如图 2-38 所示，平面 P、Q 同为铅垂面，在 H 面上有积聚性投影 p 和 q，且 $p/\!/q$，所以平面 P 与平面 Q 互相平行。

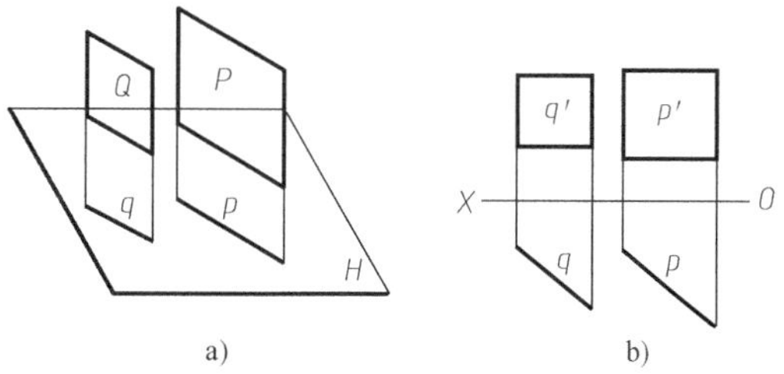

图 2-38 平面与平面平行

a）立体图 b）投影图

2. 相交两平面

两平面相交，其交线为一条直线，它是两平面的共有线。所以只要确定两平面的两个共有点，就可以确定两平面的交线。

在此只讨论平面与投影面垂直的特殊位置，即平面的投影具有积聚性的情况。

两平面的交线是两平面的共有线，当需要判断平面投影的可见性时，交线又是平面各投影可见与不可见的分界线。如图 2-39 所示，直线 MN 为平面 ABC 与平面 DEF 的交线，由水平投影可知，平面 DEF 在直线 MN 右侧的部分处于平面 ABC 的前方，左侧的部分位于平面 ABC 的后方，重叠部分不可见，要画虚线。

如图 2-40 所示，当两铅垂面相交时，交线 MN 是铅垂线。两铅垂面的 H 面积聚投影的

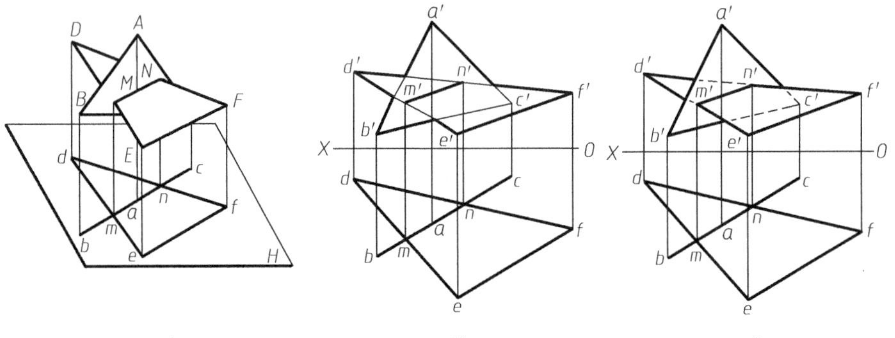

a)　　b)　　c)

图 2-39　投影面垂直面与一般位置平面相交

a）立体图　b）投影图　c）判断可见性

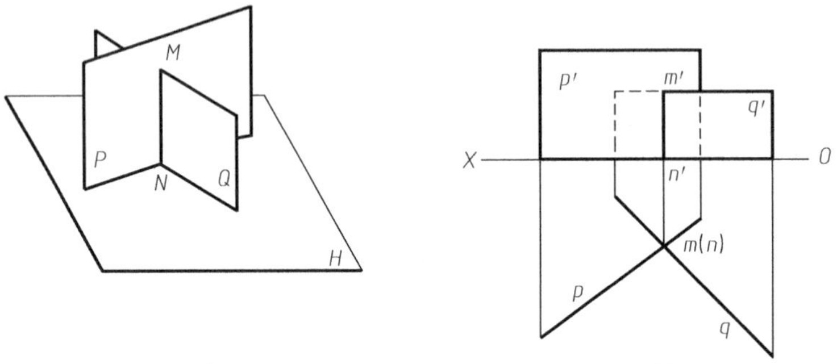

a)　　b)

图 2-40　两铅垂面相交

a）立体图　b）投影图

交点就是交线 MN 的水平投影。由此可求出交线 MN 的正面投影，并由水平投影直接判断出可见性。

3. 垂直两平面

一直线垂直于平面，则过这条直线所作的任何平面均与已知平面垂直。反之，若两平面垂直，由一个平面内任一点作另一平面的垂线，则该垂线必然属于前一平面。

特殊情况是，当两个互相垂直的平面垂直于同一投影面时，两平面有积聚性的同面投影必定互相垂直，两平面的交线是该投影面的垂直线。

如图 2-41 所示，两铅垂面 $ABCD$、$CDEF$ 互相垂直，它们的 H 面具有积聚性的投影垂直相交，交点是两平面的交线——铅垂线的积聚性投影。

2.5.5　直线与平面的相对位置关系

空间中直线与平面的相对位置关系可以分为三种：平行、相交、垂直。

1. 直线与平面平行

若平面外一条直线平行于平面内一条已知直线，则直线必与平面平行。如图 2-42 所示，平面 ABC 外有一条直线 MN 平行于平面 ABC 内的直线 DE，则直线 MN 平行于平面 ABC。

2. 直线与平面相交

直线与平面相交的交点是直线与平面的共有点，因此交点的投影必满足直线上点的投影

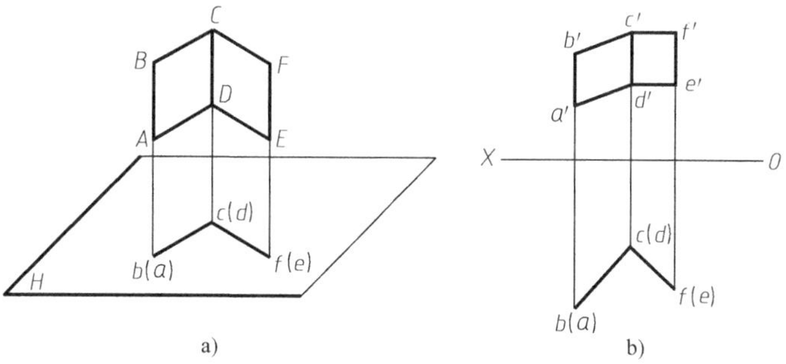

图 2-41　两铅垂面互相垂直

a）立体图　b）投影图

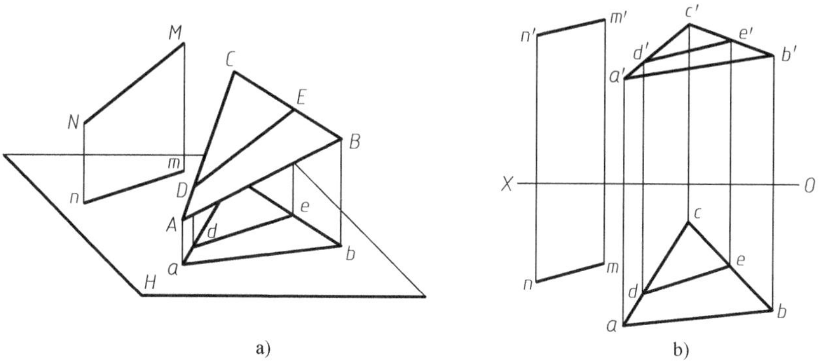

图 2-42　直线与平面平行

a）立体图　b）投影图

特性，也满足平面上点的投影特性。当需判断直线投影的可见性时，交点又是直线各投影可见与不可见的分界点。

当直线或平面处于特殊位置，其中某一面投影具有积聚性时，交点的投影也必定在有积聚性的投影上，利用这一特性可以轻松地求出交点的投影。

这里仅讨论相交的直线或平面至少其中之一垂直于投影面的情况。

如图 2-43 所示，直线 *DE* 与平面△*ABC* 交于点 *K*，平面 *ABC* 为铅垂面，在水平面上投

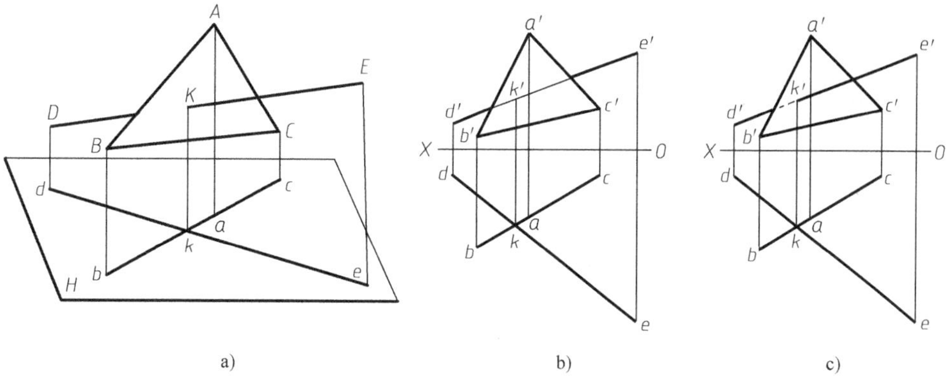

图 2-43　一般位置直线与特殊位置平面相交

a）立体图　b）投影图　c）判断可见性

影积聚为直线，可由水平投影求得直线和平面的交点的投影 *k*，再利用点 *K* 在直线 *DE* 上，求得点 *K* 的正面投影。同时判断其可见性，由水平投影可知，*ke* 在平面投影之前，故正面投影 *k'e'* 可将，用粗实线画出，*k'd'* 与 *a'b'c'* 的重叠部分不可见，用细虚线画出。

3. 直线与平面垂直

由几何学可知，若一条直线垂直于平面上任意两相交直线，则直线垂直于该平面，且直线垂直于该平面上的所有直线。在此只讨论平面是投影面垂直面的特殊情况。

当直线垂直于投影面垂直面时，该直线必平行于平面所垂直的投影面。如图 2-44 所示，直线 *AB* 垂直于铅垂面 *CDEF*，*AB* 必为水平线，且 $ab \perp cf$。

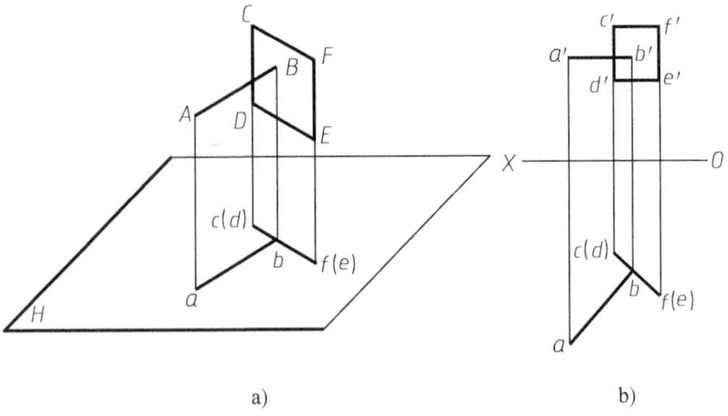

图 2-44　直线与铅垂面垂直

a）立体图　b）投影面

同理，与正垂面垂直的直线是正平线，它们的正面投影互相垂直；与侧垂面垂直的直线是侧平线，而且它们的侧面投影相互垂直。

拓展提高

用换面法求实长和实形

当空间直线或平面相对投影面处于一般位置时，它们的投影都不能反映真实大小、形状和定位关系，也不具有积聚性；但当它们相对投影面处于特殊位置时，其投影可直接真实地反映度量关系和定位关系，或者具有积聚性。换面法就是变换投影面，把一般位置直线或平面变换成特殊位置直线或平面，进而求解实长和实形的一种图解方法。在此仅介绍用一次换面法，求一般位置直线实长和投影面垂直面实形的基本作图方法。

1. 换面法的作图原理

保持空间几何元素的位置不动，用新的投影面来代替某一旧的投影面，使空间几何元素对新投影面的相对位置变成有利于解题的特殊位置，然后找出其在新投影面上的投影，这种方法称为变换投影面法，简称换面法。

运用换面法时，新投影面的选择必须符合如下两个基本条件。

1）新投影面必须垂直于保持不变的那个投影面，以构成新的直角两投影面体系。

2）新投影面必须使空间几何元素处于有利于解题的位置。

2. 求一般位置直线的实长及其对投影面的倾角

一般位置直线的投影不反映实长，也不反映直线对投影面的倾角。采用换面法，即增加一个新投影面，可求出一般位置直线的实长及其对投影面的倾角。

【例 2-9】 如图 2-45a 所示，已知直线 *AB* 的两面投影 *ab* 和 *a'b'*，求作 *AB* 的实长及其对 *H* 面的倾角 α。

分析： 求作直线的实长及其对 *H* 面的倾角 α，可用变换 *V* 面的方法，即以 V_1 面代替 *V*

面，使 V_1 垂直于 H 面且平行于 AB，则 AB 成为 V_1 面的平行线，其实长和倾角 α 可在 AB 的新投影中反映出来，如图 2-45b、c 所示。

作图：

1）在适当位置作新投影轴 O_1X_1，使 $O_1X_1 // ab$。

2）分别过 a、b 作 O_1X_1 轴的垂线，取 $a_{X1}a_1' = a_Xa'$，$b_{X1}b_1' = b_Xb'$。

3）连接 $a_1'b_1'$，则 $a_1'b_1' = AB$（实长），$a_1'b_1'$ 与 O_1X_1 轴的夹角 α 即为一般位置直线 AB 对 H 面的倾角，如图 2-45d 所示。

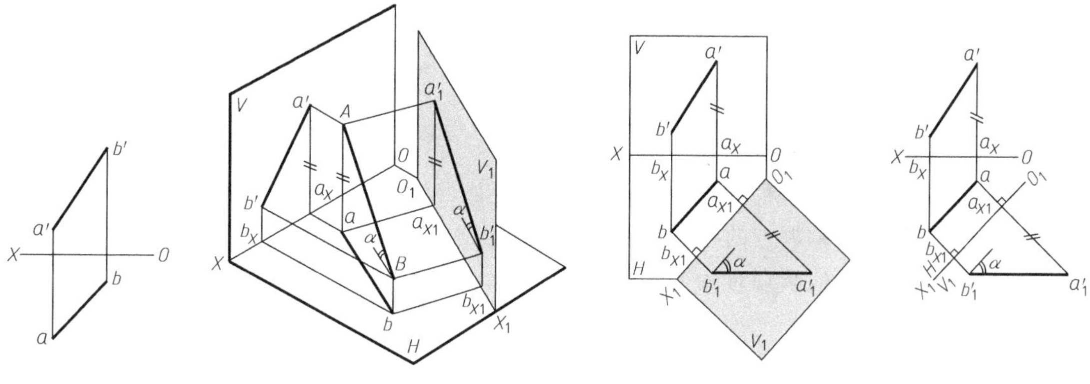

a)　　b)　　c)　　d)

图 2-45　求一般位置直线的实长及倾角 α

3. 求作投影面垂直面的实形

【例 2-10】 求作图 2-46a 所示正六棱柱上正垂面 P 的实形。

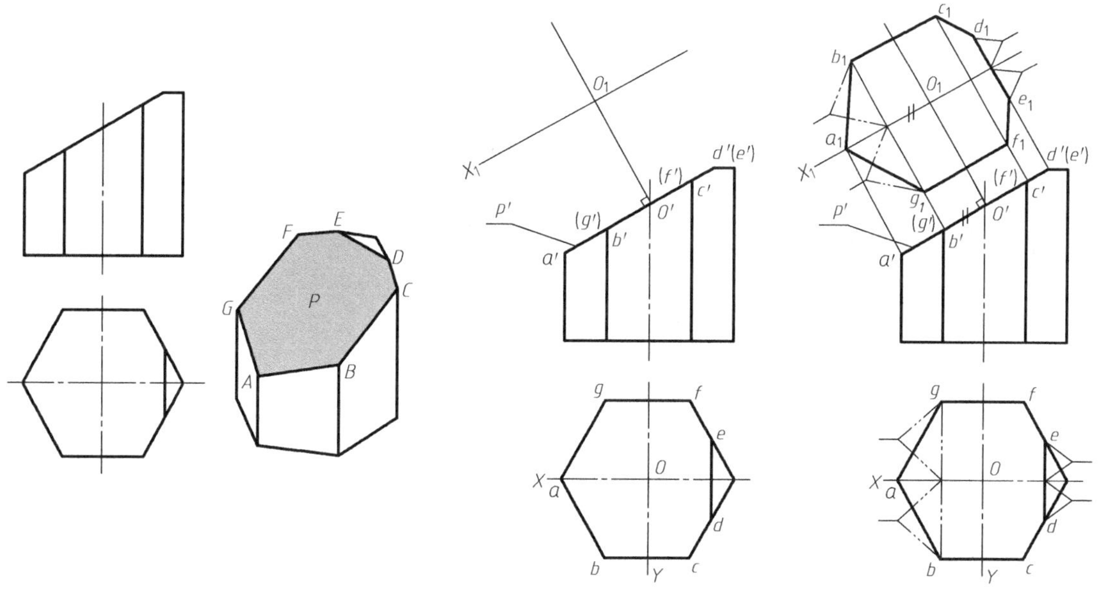

a)　　b)　　c)　　d)

图 2-46　求作正六棱柱上正垂面的实形

分析： 如图 2-46b 所示，正垂面 P 是前后对称的七边形。求作它的实形，必须更换水平投影面 H，并使新投影面 H_1 与正垂面 P 平行，即新投影面轴 O_1X_1 应与其正面投影 p' 平行。

作图：

1）设 OX 轴与俯视图中正六边形的水平中心线重合，OY 轴与竖直中心线重合；在适当位置作新投影轴 O_1X_1 平行于 p'，作出对称中心 O 的新投影 O_1，如图 2-46c 所示。

2）根据 H 面投影中七边形各顶点至对称中心线的距离，确定新投影中各顶点的位置 a_1、b_1、c_1、d_1、e_1、f_1、g_1，连接各点完成 P 面实形，如图 2-46d 所示。

章末小结

1. 理解正投影法的基本知识。

2. 掌握三投影面体系和三视图的形成、投影规律（三等规律）。

1）点的投影：应掌握点的投影特性、空间两点的位置和投影特点。

2）直线的投影：应掌握直线上点的投影特性、两直线各种相对位置（平行、相交、交叉）的投影特点。

3）平面的投影：应掌握空间平面的投影特性、平面上点和直线的投影特点。

复习思考题

1. 仅用点的一个投影为什么不能唯一地确定点在空间中的位置？用物体的一个或两个投影能否唯一确定其形状？

2. 研究点的两面或三面投影有何意义？

3. 如果有一个平面，其两面投影均为线框，另一面投影积聚为直线，那么它是哪类平面？

4. 从你的周围物体中找全各类平面，并分析它们的投影特性。

5. 如果有一条直线，其两面投影分别平行于相应投影轴，另一面投影不平行于相应的投影轴，那么它是哪类直线？

6. 从你的周围物体中找全各类直线，并分析它们的投影特性。

第3章

基本立体的投影及表面交线

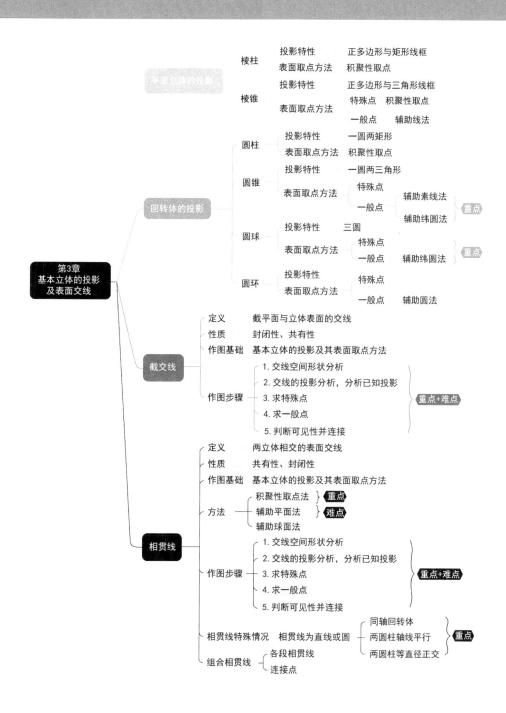

- 第3章 基本立体的投影及表面交线
  - 平面立体的投影
    - 棱柱
      - 投影特性：正多边形与矩形线框
      - 表面取点方法：积聚性取点
    - 棱锥
      - 投影特性：正多边形与三角形线框
      - 表面取点方法
        - 特殊点：积聚性取点
        - 一般点：辅助线法
  - 回转体的投影
    - 圆柱
      - 投影特性：一圆两矩形
      - 表面取点方法：积聚性取点
    - 圆锥
      - 投影特性：一圆两三角形
      - 表面取点方法
        - 特殊点
        - 一般点
          - 辅助素线法
          - 辅助纬圆法
          - 重点
    - 圆球
      - 投影特性：三圆
      - 表面取点方法
        - 特殊点
        - 一般点：辅助纬圆法
        - 重点
    - 圆环
      - 投影特性
      - 表面取点方法
        - 特殊点
        - 一般点：辅助圆法
  - 截交线
    - 定义：截平面与立体表面的交线
    - 性质：封闭性、共有性
    - 作图基础：基本立体的投影及其表面取点方法
    - 作图步骤（重点+难点）
      1. 交线空间形状分析
      2. 交线的投影分析，分析已知投影
      3. 求特殊点
      4. 求一般点
      5. 判断可见性并连接
  - 相贯线
    - 定义：两立体相交的表面交线
    - 性质：共有性、封闭性
    - 作图基础：基本立体的投影及其表面取点方法
    - 方法
      - 积聚性取点法（重点）
      - 辅助平面法（难点）
      - 辅助球面法
    - 作图步骤（重点+难点）
      1. 交线空间形状分析
      2. 交线的投影分析，分析已知投影
      3. 求特殊点
      4. 求一般点
      5. 判断可见性并连接
    - 相贯线特殊情况：相贯线为直线或圆（重点）
      - 同轴回转体
      - 两圆柱轴线平行
      - 两圆柱等直径正交
    - 组合相贯线
      - 各段相贯线
      - 连接点

一个机器零件，无论其结构多么复杂，都可以看成是由若干个基本立体构成的，或者是由基本立体经过一系列加工得到的，如图 3-1 所示。因此，学习绘制机械工程图样应该从基本立体的三视图及其投影规律开始。立体是由其表面所围成的实体。表面均为平面的立体为平面立体，表面为曲面或平面与曲面的立体为曲面立体或回转体。立体的投影就是用投影法将立体表面表达出来，并判别线段的可见性，将可见线段的投影画成粗实线，不可见的投影画成细虚线。

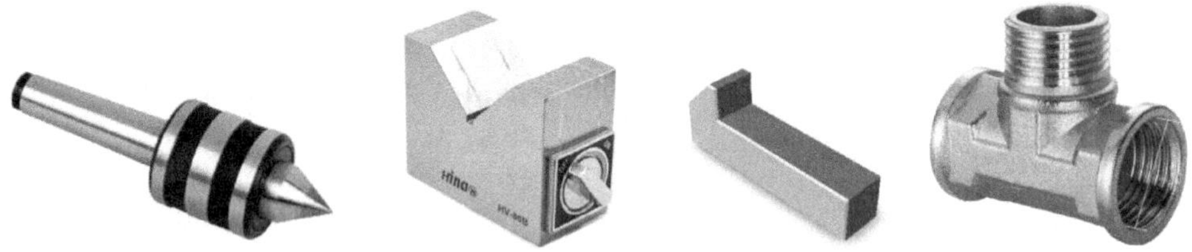

a) b) c) d)

图 3-1 机器零件

a）顶针 b）V 形铁 c）钩头楔键 d）三通管

3.1 平面立体的投影

平面立体主要有棱柱、棱锥等。

3.1.1 棱柱

棱柱由顶面、底面和棱面组成，棱面与棱面的交线称为棱线，棱线互相平行。棱线均与顶面、底面垂直的棱柱称为正棱柱。正六棱柱形体在零件制造中很常见，如图 3-2 所示螺栓和螺母。

a) b)

图 3-2 螺栓和螺母

a）螺栓 b）螺母

1. 棱柱的投影

下面以正六棱柱为例讨论正棱柱三视图的画法。如图 3-3a 所示，正六棱柱由顶面（正六边形）、底面（正六边形）和六个棱面（矩形）组成。其顶面和底面是水平面，六个棱面中，前、后棱面为正平面，其他四个棱面是铅垂面。

画三视图时，先画顶面和底面的投影。这两个面与水平投影面平行，其水平投影重合并反映实形（正六边形），正面及侧面投影积聚为两条互相平行的直线。

六个棱面均垂直于水平面，其水平投影均积聚为直线，即正六边形的六条边。前、后两个棱面平行于正面，其正面投影反映实形，侧面投影积聚为直线。其他四个棱面的正面投影和侧面投影均为类似形。

六条棱线均为铅垂线，水平投影积聚为正六边形的六个顶点。它们的正面和侧面投影均平行于 OZ 轴且反映棱柱的高。

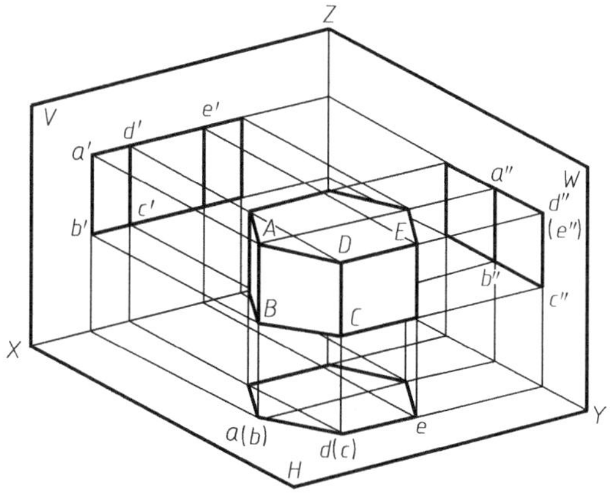

a)

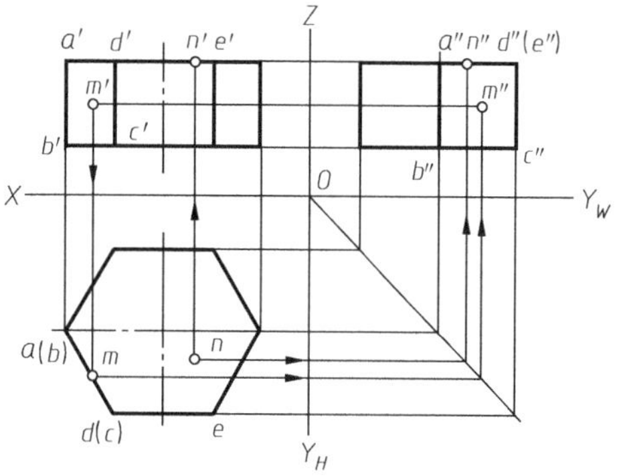

b)

图 3-3　正六棱柱的投影及其表面取点

a）立体图　b）投影图

总结：正棱柱的投影特征是当棱柱的顶面、底面平行于某一个投影面时，棱柱在该投影面上投影的外轮廓为与其底面全等的正多边形，而另两面投影则由若干个相邻的矩形线框组成。

2. 棱柱表面上取点

因为正棱柱的各个面均为特殊位置平面，均具有积聚性，所以棱柱表面上取点的方法是利用积聚性原理求取。在平面立体表面上取点，实际就是在平面上取点。应首先确定点位于立体的哪个平面上，并分析该平面的积聚性投影，求得点在该积聚性投影面上的投影后，再根据点的投影规律求得其余投影。

【例 3-1】 如图 3-3b 所示，已知棱柱表面上点 M 的正面投影 m'和点 N 的水平投影 n，求作点 M、N 的另两面投影。

作图：因为 m'可见，所以点 M 必在前半部分的棱面 $ABCD$ 上。此棱面是铅垂面，其水平投影积聚成一条直线，故点 M 的水平投影 m 必在此直线上。即可根据“主俯长对正”求得水平投影 m，再根据“主左高平齐、俯左宽相等”由 m、m'求出 m''。由于棱面 $ABCD$ 在棱柱的左半部分，其侧面投影可见，故侧面投影 m''也可见，如图 3-3b 所示。

由于点 N 的水平投影 n 是可见的，因此，点 N 在顶面上，而顶面的侧面投影和正面投影都具有积聚性，因此 n'、n''在顶面的各同面投影上，如图 3-3b 所示。

思考：如图 3-3 所示，若点 M 的正面投影不可见，那么应如何求解点 M 的另两面投影？

3.1.2　棱锥

1. 棱锥的投影

在工程实际中，棱锥与棱台通常是经过加工获得的，用棱锥或棱台作坯料制造零件的场合不多，但它们是通常意义上的简单几何体，因此在图样绘制中很具有代表性。本小节以三棱锥为例讨论棱锥三视图的绘制。

【例 3-2】 根据图 3-4a 所示正三棱锥的立体图，作出其三视图。

分析： 图 3-4a 所示正三棱锥的表面由底面（正三角形）和三个侧棱面（等腰三角形）围成。

底面$\triangle ABC$为水平面，与水平投影面平行，水平投影反映实形，正面投影和侧面投影分别积聚为直线段$a'b'c'$和$a''(c'')b''$。

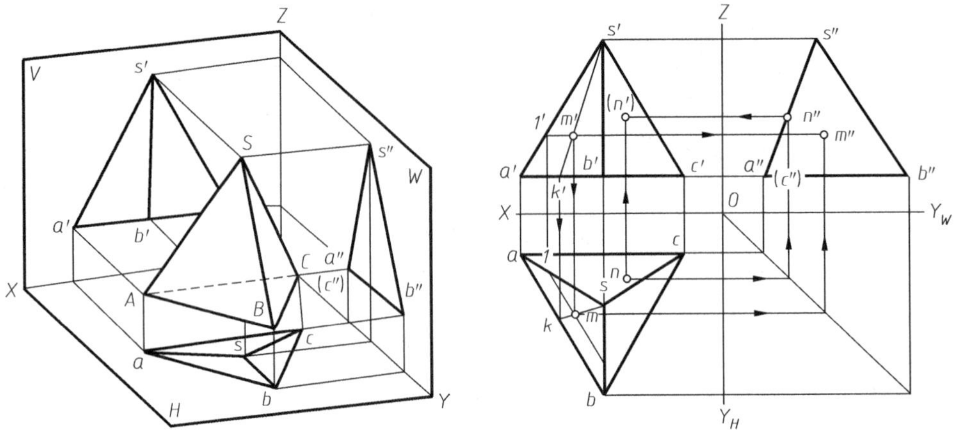

a)　　　　b)

图 3-4　正三棱锥的投影及其表面取点

a）立体图　b）投影图

后棱面$\triangle SAC$为侧垂面，它的侧面投影积聚为一段斜线$s''a''(c'')$，正面投影和水平投影为类似形$\triangle s'a'c'$和$\triangle sac$，$\triangle s'a'c'$不可见，$\triangle sac$后者可见。

左、右棱面$\triangle SAB$和$\triangle SBC$均为一般位置平面，它们的三面投影均为类似形。

棱线SB为侧平线，棱线SA、SC为一般位置直线，底面上棱线AC为侧垂线，棱线AB、BC为水平线。

作图： 画正三棱锥的三视图时，应先画出底面$\triangle ABC$的各面投影，再画出锥顶S的各面投影，连接各顶点的同面投影，即得正三棱锥的三视图，如图 3-4b 所示。

提示： 正三棱锥的侧面投影不是等腰三角形，如图 3-4 所示。

总结： 正棱锥的投影特征是当棱锥的底面平行于某一个投影面时，棱锥在该投影面上投影的外轮廓为与其底面全等的正多边形，而另两面投影则由若干个相邻的三角形线框组成。

2. 棱锥表面上取点

棱锥表面上取点的方法包括：利用积聚性原理取点和辅助线法取点。

首先确定点位于棱锥的哪个平面上，再分析该平面的投影特性。若该平面为特殊位置平面，可利用投影的积聚性直接求得点的投影；若该平面为一般位置平面，可通过辅助线法求得。

【例 3-3】 如图 3-4b 所示，已知正三棱锥表面上点 M 的正面投影 m' 和点 N 的水平投影 n，求作 M、N 两点的其余投影。

作图：

1）辅助线法求点 M 投影。因为 m' 可见，所以点 M 必定在 $\triangle SAB$ 上。$\triangle SAB$ 是一般位置平面，采用辅助线法，过点 M 及锥顶点 S 作一条直线 SK，与底边 AB 交于点 K。图 3-4b 中，即过 m' 作 $s'k'$，再作出其水平投影 sk。由于点 $M \in SK$，根据点在直线上的从属性质可知 m 必在 sk 上，求出水平投影 m，再根据 m、m' 求出 m''。

提示： 也可过 M 作平行于棱线（SA 或 SB）的辅助线来求解点 M 的投影。

2）积聚性法求点 N 投影。因为 n 可见，所以点 N 在棱面 $\triangle SAC$ 上，而棱面 $\triangle SAC$ 为侧垂面，它的侧面投影积聚为直线段 $s''a''$（c''），因此 n'' 必在 $s''a''$（c''）上，可由 n 求出 n''，再由 n、n'' 求出 n'。因为棱面 $\triangle SAC$ 为后部的棱面，所以 n 不可见。

思考： 如图 3-4 所示，若点 M 的正面投影不可见，那么应如何求解点 M 的其他两面投影？

提示： 由于点 ∈ 线 ∈ 面 ∈ 体，因此点的投影必定在其所在线的投影上，以此类推。

3.2 回转体的投影

由一母线绕一定轴旋转而形成的表面，称为回转面；由回转面构成，或者回转面与平面共同构成的立体称为回转体，是常见的曲面立体。常见的回转体有圆柱、圆锥、圆球、圆环、圆台等。由于回转面的侧面是光滑曲面，画一个面上的投影图时，仅画出曲面上可见部分与不可见部分的分界线投影，这种分界线称为转向轮廓线。

3.2.1 圆柱

圆柱由圆柱面和顶、底圆面所围成。圆柱面可看作一条直母线 AE 围绕与它平行的轴线 O_1O_2 旋转而成，如图 3-5a 所示。圆柱面上任意一条平行于轴线的直线称为圆柱面的素线，因此圆柱面上的素线都是平行于轴线的直线。

1. 圆柱的投影

作圆柱投影图时，一般使圆柱的轴线垂直于某个投影面。

【例 3-4】 根据图 3-5b 所示圆柱立体图，作出其投影图。

作图： 如图 3-5b 所示，圆柱的轴线垂直于水平面，圆柱面上所有素线都是铅垂线，因此圆柱面的水平面投影积聚成为一个圆。圆柱顶、底两圆面是水平面，其水平投影反映实形且两圆重合。

圆柱面的正面投影是一个矩形，是圆柱面前半部与后半部的重合投影，其上、下两边分别为顶、底两圆面的积聚性投影，左、右两边分别是最左、最右两条素线 AE、BF 的投影，如图 3-5c 所示。

同理，圆柱的侧面投影也是一个矩形，上、下两边也为顶、底两圆面的积聚性投影，

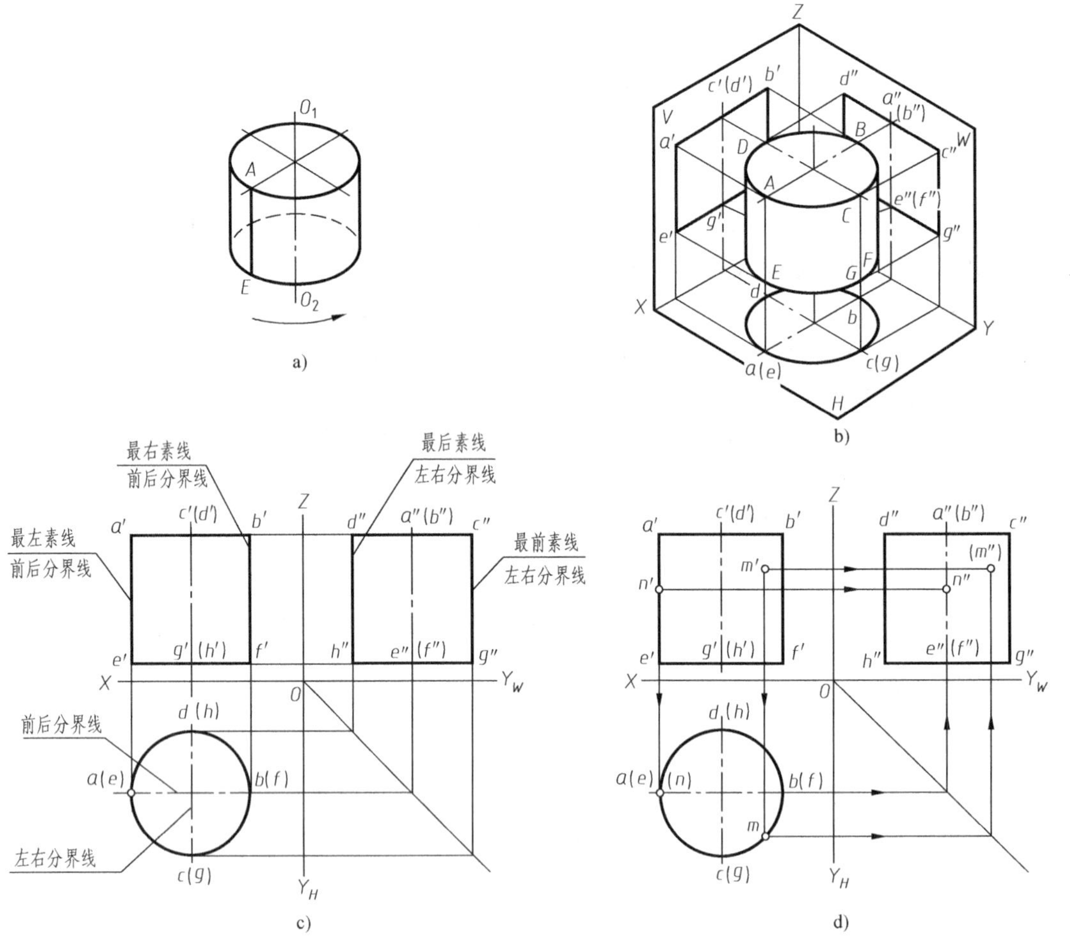

图 3-5　圆柱的投影及其表面取点

a）圆柱的形成　b）立体图　c）圆柱的三面投影　d）圆柱表面取点

左、右两边分别是最前、最后两条素线 CG、DH 的投影，如图 3-5c 所示。

圆柱最左、最右两条素线是圆柱面的正面投影中可见的前半圆柱面和不可见的后半圆柱面的分界线，也称为正面投影的转向轮廓线。同理，圆柱最前、最后两条素线是侧面投影中可见的左半圆柱面与不可见的右半圆柱面的分界线，也称为侧面投影的转向轮廓线。

总结：圆柱的投影特征是当圆柱的轴线垂直于某一个投影面时，在该投影面上的投影为圆，另两面投影为全等的矩形。作圆柱的三面投影时，一般先作出投影具有积聚性的圆，再根据投影规律和圆柱的高度完成另两面投影。

2. 圆柱表面上取点

因为圆柱的圆柱面和顶、底面均至少有一个投影具有积聚性，因此在圆柱表面上取点的方法是利用点所在面的积聚性取点。

【例 3-5】 如图 3-5d 所示，已知圆柱面上点 M 和点 N 的正面投影 m'和 n'，求作点 M 和点 N 的另两面投影。

分析： 因为圆柱的轴线垂直于水平面，因此圆柱面的水平投影具有积聚性，圆柱面上点的水平投影一定重影在圆周上。

作图： 因为 m' 可见，所以点 M 必在前半圆柱面上，由 m' 求得 m，再由 m' 和 m 求得 m''。由 m'、m 可知点 M 在右半圆柱面上，故 m'' 不可见。

由于 n' 在 $a'e'$ 上，则点 N 在最左素线 AE 上（即在圆柱的前后分界面上），因此其水平投影和侧面投影都在圆柱前、后部分的分界面的投影上（即在中心线上），由点的投影规律可直接求得另两面投影。

思考： 若图 3-5d 所示点 M 的正面投影不可见，那么应如何求解点 M 的另两面投影？

3.2.2 圆锥

圆锥表面是由圆锥面和底圆平面组成的。圆锥面可看作由一直母线 SA 绕与它相交的轴线回转而成，如图 3-6a 所示。

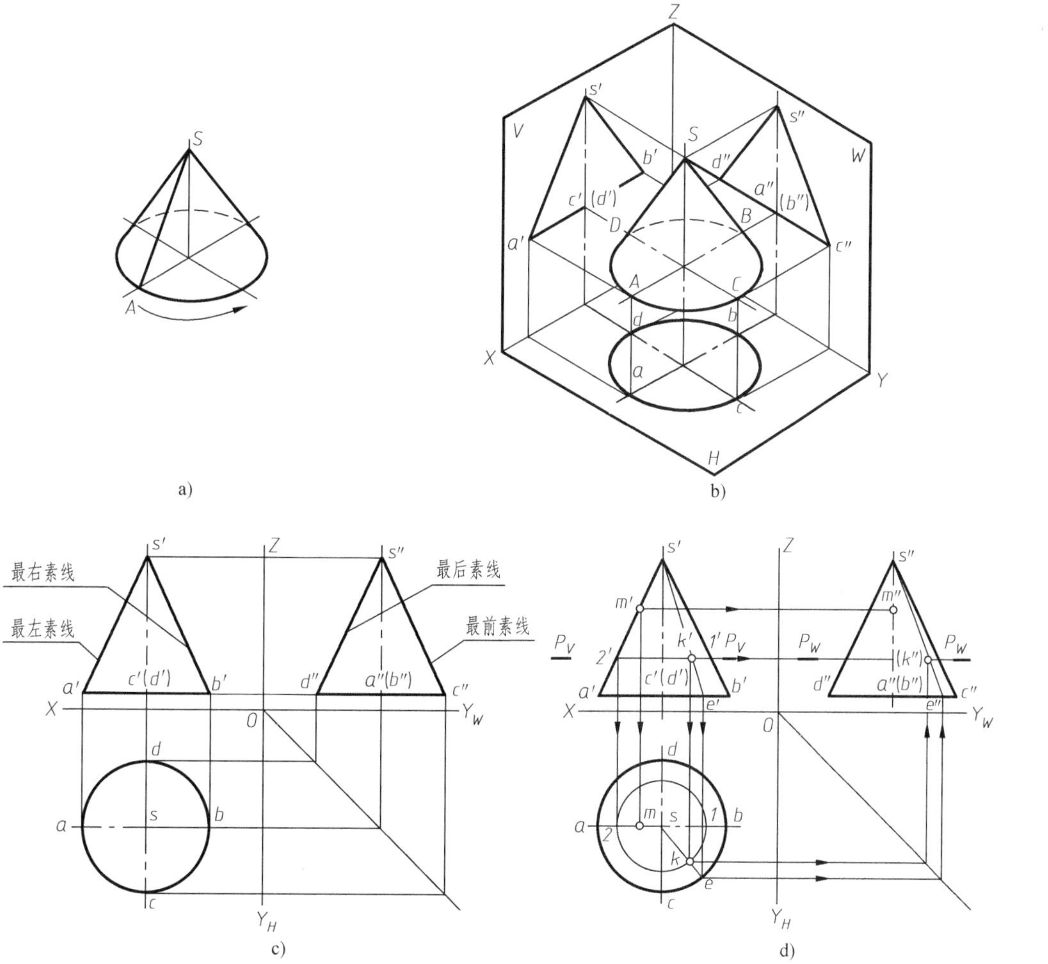

图 3-6　圆锥的投影及其表面取点

a）圆锥的形成　b）立体图　c）圆锥的三面投影　d）圆锥表面取点

1. **圆锥的投影**

作圆锥投影图时，一般使圆锥的轴线垂直于某个投影面。

【例 3-6】 根据图 3-6b 所示圆锥立体图，作出其投影图。

作图： 如图 3-6b 所示，圆锥的轴线垂直于 H 面，水平投影为圆，反映圆锥底面圆的实形，同时也表示圆锥面的投影。

正面投影和侧面投影均为等腰三角形，底边为圆锥底面的积聚性投影。

正面投影中三角形的左、右两边分别表示圆锥面最左、最右素线 SA、SB 的投影且反映实长，它们是圆锥面正面投影可见与不可见部分的分界线，即为正面投影的转向轮廓线。

侧面投影中三角形的左、右两边分别表示圆锥面最前、最后素线 SC、SD 的投影且反映实长，它们是圆锥面侧面投影可见与不可见部分的分界线，即为侧面投影的转向轮廓线。

上述四条转向轮廓线的另两面投影不画出。SA、SB 的侧面投影在侧面投影中心线的位置上，SC、SD 的正面投影在主视图中心线的位置上，如图 3-6c 所示。

提示： 如图 3-6c 所示，圆锥的底面投影中，锥顶与各素线的投影不必画出。

2. **圆锥表面上取点**

圆锥面的三面投影都没有积聚性，因而圆锥表面上点的投影就不能直接求得，可采用辅助素线和辅助圆法求得。

【例 3-7】 如图 3-6d 所示，已知圆锥面上点 K 和点 M 的正面投影 k' 和 m'，求作点 K 和点 M 的另两面投影。

作图：

（1）一般点　根据 k' 的位置和可见性，可判定点 K 在右、前圆锥面上，因此，点 K 的水平投影可见，侧面投影不可见。圆锥面的三面投影均没有积聚性，作图可采用如下两种方法。

1）辅助素线法：过锥顶 S 和点 K 作辅助线 SE，根据已知条件可以确定 SE 的正面投影 $s'e'$，然后求出它的水平投影 se，侧面投影 $s''e''$，再根据点在直线上则点的投影定在直线的同面投影上，结合点的投影性质，由 k' 求出 k 和 k''，如图 3-6d 所示。

2）辅助圆法：过点 K 作水平面 P，截得一平行于底面的水平辅助圆，该圆的正面投影为过 k' 且平行于 $a'b'$ 的直线，它的水平投影为直径等于相应直线 $1'2'$ 长度、圆心为 s 的圆，k 必在此圆周上，再结合点的投影性质，由 k' 求出 k，再由 k'、k 求出 k''，如图 3-6d 所示。

（2）特殊点　根据 m' 的位置和可见性，可判定点 M 在圆锥面最左素线 SA 上，因此，其水平投影和侧面投影都在前、后部分分界面的投影上（即在中心线上），由 m' 根据点的投影规律可得 m、m''。

3.2.3　圆球

圆球面是由一圆母线以它的直径为回转轴旋转形成的，如图 3-7a 所示。

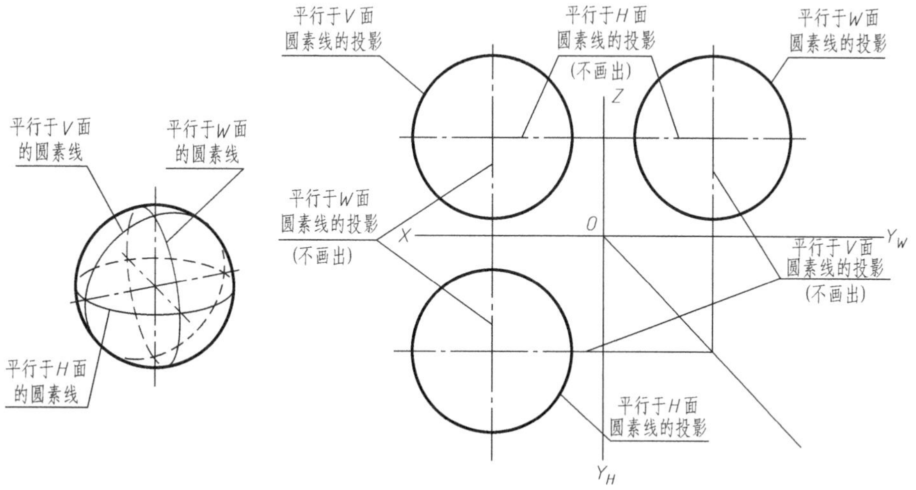

a) b)

图 3-7 圆球的投影

a）立体图 b）圆球的三面投影

1. 圆球的投影

【例 3-8】 根据图 3-7a 所示圆球的立体图，作出其投影图。

作图： 圆球的投影是与圆球直径相同的三个圆，这三个圆分别是三个不同方向圆球轮廓素线的圆投影，不能认为是圆球面上同一圆的三面投影，如图 3-7b 所示。作图时，可先画出确定球心位置的对称中心线的三面投影，再以球心为圆心画出三个与圆球直径相等的圆。

正面投影是平行于 V 面的圆素线的投影，该素线是圆球前、后半球的分界线，是圆球面在正面投影中可见与不可见的分界线，即正面投影转向轮廓线。

水平投影是平行于 H 面的圆素线的投影，该素线是圆球上、下半球的分界线，是圆球面在水平投影中可见与不可见的分界线，即水平投影转向轮廓线。

侧面投影是平行于 W 面的圆素线的投影，该素线是圆球左、右半球的分界线，是圆球面在侧面投影中可见与不可见的分界线，即侧面投影转向轮廓线。

应注意的是，这三条圆素线的另两面投影都与圆的相应对称中心线重合，即回转素线的另两面投影在中心线上。

2. 圆球表面上取点

【例 3-9】 如图 3-8a 所示，已知圆球面上点 M 的水平投影 m 和点 N 的正面投影 n'，求它们的另两面投影。

作图：

1）求特殊点 N 的投影。因为 n'可见，且在平行于 V 面的圆素线的投影上，根据回转素线的另两面投影在中心线上，故其水平投影 n、侧面投影 n''均在前后对称中心线上，n 和 n''可直接求出。因为点 N 在右半球，其侧面投影 n''不可见，需加圆括号，如图 3-8b 所示。

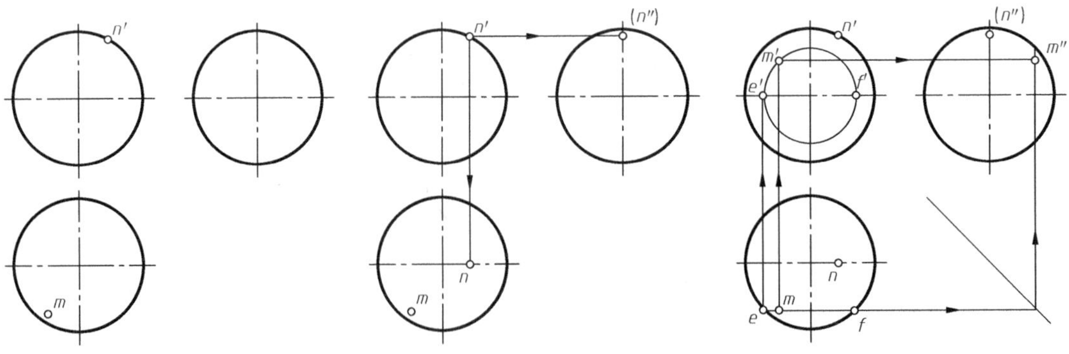

a)　　b)　　c)

图 3-8　圆球表面取点

a）已知条件　b）直接求出点 N 的另两面投影　c）作辅助圆，求点 M 的另两面投影

2）求一般点 M 的投影。由 m 可见可知点 M 在前、左、上半球，故其三面投影均可见，需采用辅助圆法求 m' 和 m''。利用过点 M 的平行于正面的辅助圆平面（也可作平行于水平面或侧面的圆平面），因点在辅助圆平面上，故点的投影必在辅助圆平面的同面投影上。作图时，先在水平投影中过 m 作 OX 轴的平行线 ef 得辅助圆平面在水平投影面上的积聚性投影，其正面投影为直径等于 ef 的圆，由 m 作 OX 轴的垂线，与辅助圆平面正面投影的交点即为 m'，再由 m' 求得 m''，如图 3-8c 所示。

思考： 对如图 3-8 所示 m，如何利用过点 M 平行于水平面或侧面的辅助圆平面来作另两面投影？

3.2.4　圆环

圆环是由圆环面作为表面的实体，圆环面是由一个完整的圆绕不通过圆心但在同一平面内的轴线旋转而形成的，如图 3-9a 所示。

1. 圆环的投影

【例 3-10】 根据图 3-9b 所示圆环的立体图，作出其三面投影图。

作图： 如图 3-9c 所示，圆环面轴线垂直于水平面，正面投影中左、右两半圆是圆环面上平行于正面的最左、最右两圆素线的投影，其即为区分前、后半圆环表面的外形轮廓线。侧面投影中的左、右两半圆是圆环面上平行于侧面的最前、最后两圆素线的投影，其即为区分左、右半圆环表面的外形轮廓线。正面投影和侧面投影上的顶、底两直线是圆环面的最高、最低圆的投影，水平投影上画出最大、最小圆的投影及细点画线圆。

2. 圆环表面上取点

【例 3-11】 如图 3-9d 所示，已知圆环面上点 M 的正面投影 m'，试求点 M 的另两面投影。

作图： 已知圆环面上点 M 的正面投影 m'，可通过点 M 作平行于水平面（垂直于圆环面轴线）的辅助圆求出 m，再由 m 和 m' 求得 m''。

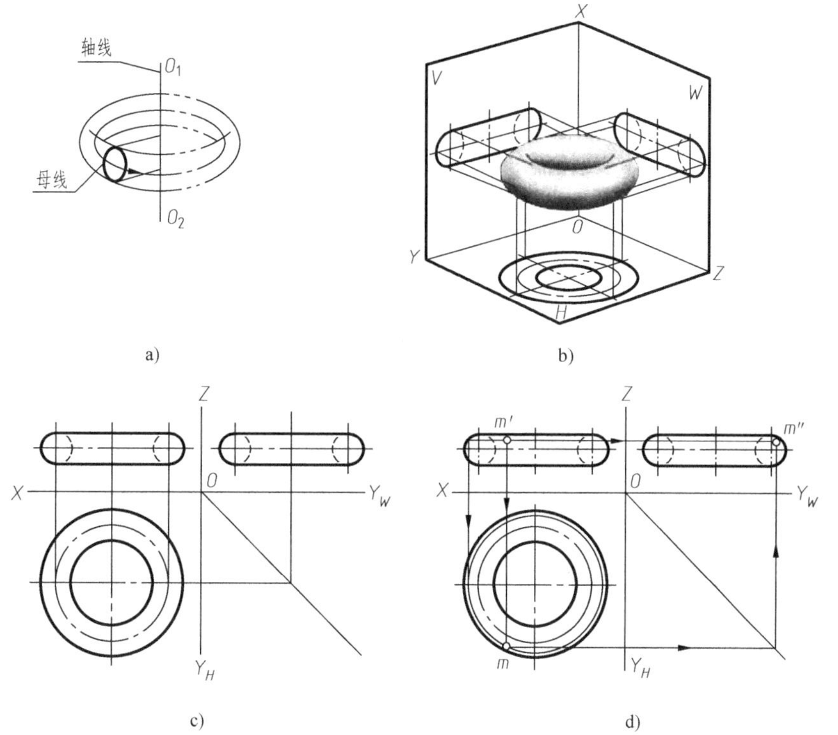

图 3-9 圆环的投影及其表面取点

a）圆环的形成 b）立体图 c）圆环的三面投影 d）圆环表面取点（辅助圆法）

3.3 截交线

平面与立体表面相交，可以认为是立体被平面截切，此平面通常称为截平面。截平面与立体表面的交线称为**截交线**。

3.3.1 截交线的基本性质

1. 截交线的性质

由于立体的形状、截平面与立体的相对位置不同，截交线的形状也各不相同，零件上的截交线示例如图 3-10 所示。

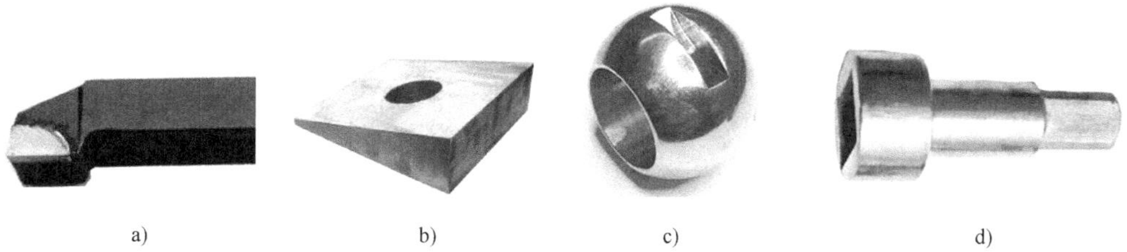

图 3-10 零件上的截交线示例

a）外圆车刀 b）垫铁（带孔斜铁） c）球阀阀芯 d）球阀阀杆

无论截交线形状如何，任何截交线都具有如下两个基本性质。

（1）**封闭性** 由于任何立体都有一定的范围，因此所有截交线都是封闭的平面图形。

（2）**共有性** 截交线是截平面和立体表面的共有线，截交线上的点都是截平面与立体表面上的共有点。

2. 求截交线的方法和步骤

因为截交线是截平面与立体表面的共有线，所以求作截交线的实质，就是求出截平面与立体表面的共有点。

1）找出属于截交线上一系列的特殊点。对于平面立体，可找出各棱线与截平面的交点；对于回转体，可找出最高、最低、最左、最右、最前、最后的极限点。

2）求出若干一般点。可用辅助素线法和辅助圆法。

3）判别可见性。

4）依次连接各点。

3.3.2 平面与平面立体相交

平面与平面立体相交，所得截交线是由直线围成的封闭多边形，多边形的边就是平面立体表面与截平面的交线，顶点是棱线与截平面的交点。

求平面立体的截交线，关键是找到截平面与立体棱线的共有点（平面与立体的交点），然后将各点连接即得所求。

【例 3-12】 图 3-11 所示为正垂面截切三棱锥，求截交线的投影。

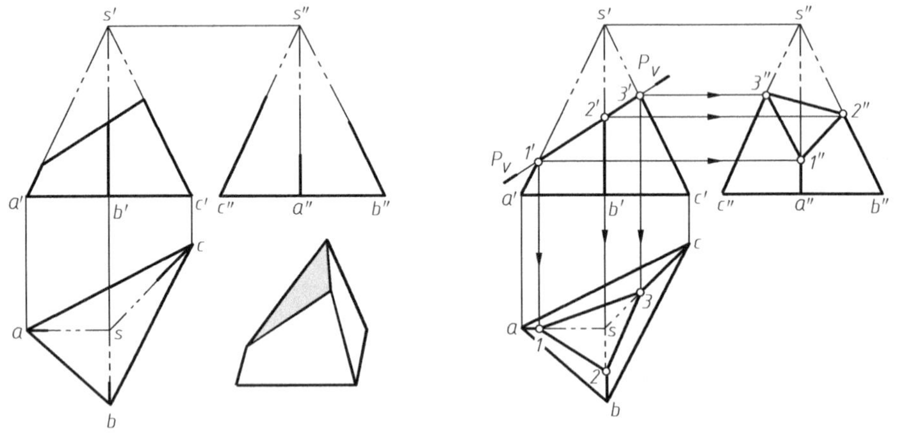

a)　　b)

图 3-11　正垂面截切三棱锥

a）已知条件　b）作图求解

分析：三棱锥被正垂面截切，截平面经过三个棱面，截交线形状为三角形，其顶点即为截平面与三条棱线的交点。

作图：

1）正垂面迹线 P_V 与 $s'a'$、$s'b'$、$s'c'$ 的交点 $1'$、$2'$、$3'$ 为截平面 P 与各棱线的交点 Ⅰ、

Ⅱ、Ⅲ的正面投影。

2）根据线上取点的方法分别在棱线 SA、SB、SC 上作出点Ⅰ、Ⅱ、Ⅲ的水平投影 1、2、3 及侧面投影 1″、2″、3″。

3）依次连接各点的同面投影即得截交线的三面投影。

【例 3-13】 图 3-12 所示为正垂面与侧平面截切四棱柱，求截交线的投影。

分析： 侧垂放置的四棱柱被正垂面 Q 和侧平面 P 截切，正垂面 Q 与四棱柱的四个侧面和左端面相交，同时与侧平面 P 相交，形成六条交线，截交线是六边形；侧平面 P 与四棱柱的两个侧面相交，并与截平面 Q 相交，形成三条交线，截交线是三角形。P、Q 两平面都垂直于 V 面，P 与 Q 的交线为正垂线，因此，截交线的 V 面投影为两相交直线。

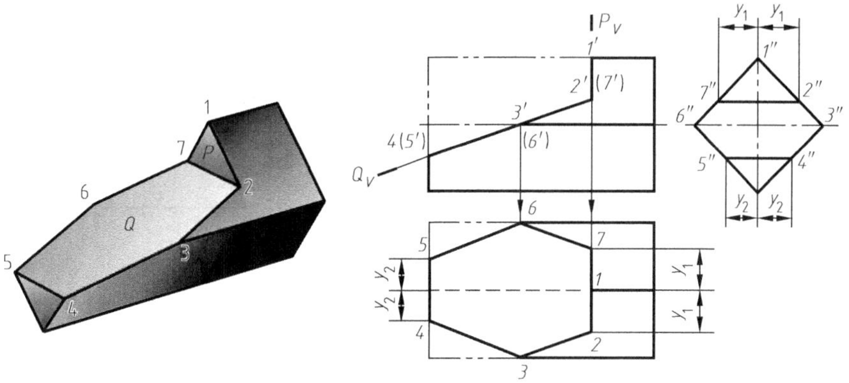

a)　　b)

图 3-12　正垂面与侧平面截切四棱柱

a）立体图　b）求截交线投影

作图：

1）作出侧垂四棱柱的三面投影图。

2）根据 P、Q 两截平面的位置，作出它们的 V 面投影。标出截交线上各点的 V 面投影 1′、2′、3′、4′、5′、6′、7′，其中，2′、7′重影，3′、6′重影，4′、5′重影。

3）由于四棱柱的各棱面均为侧垂面，W 面投影积聚为直线，因此可由截交线上各点的 V 面投影，直接求出它们的 W 面投影 1″、2″、3″、4″、5″、6″、7″。

4）由截交线上各点的 V、W 面投影，按“主俯长对正，俯左宽相等”即可求出它们的 H 面投影 1、2、3、4、5、6、7。

5）依次连接各点的同面投影，得到截交线的投影。截交线的 H、W 面投影均可见，画成粗实线，描粗加深，完成全图。

注意： 在 H 面投影上，四棱柱最下方棱线的一段虚线不要漏画（在下半部分，不可见）。

3.3.3　平面与回转体相交

平面与回转体相交，所得截交线是平面曲线或平面曲线与直线围成的封闭图形，特殊情况为直线围成的封闭图形。在工程实际中，由平面切割回转体形成零件十分常见，尤其以圆柱体为坯料加工零件居多，如图 3-13 所示。

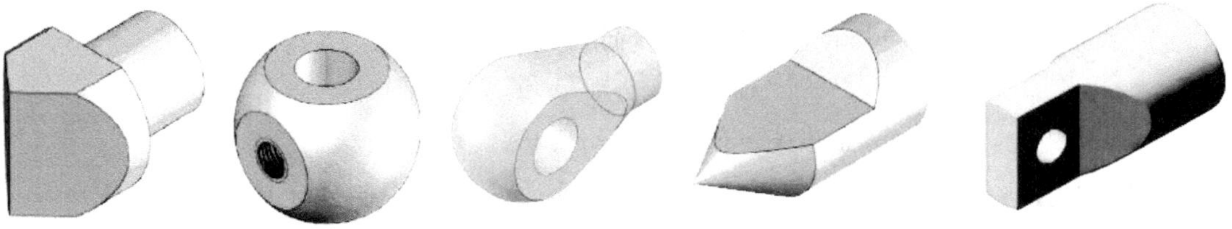

图 3-13　平面截切回转体

1. 平面与圆柱相交

平面与圆柱相交时，根据截平面与圆柱轴线的相对位置不同，其截交线的形状有矩形、圆、椭圆三种，见表 3-1。

表 3-1　平面与圆柱相交的各种情形

截平面与轴线的相对位置	平行于轴线	垂直于轴线	倾斜于轴线
截交线的形状	矩形	圆	椭圆
立体图	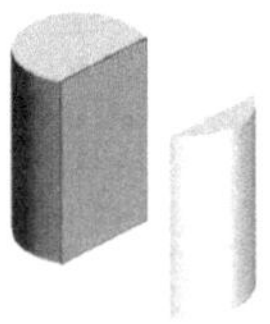	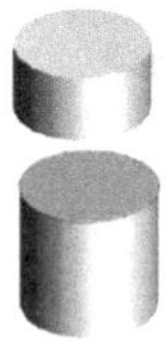	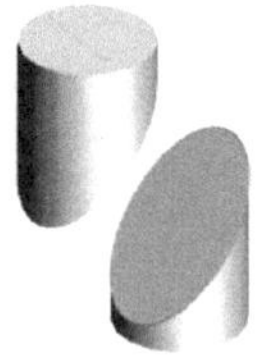
投影图	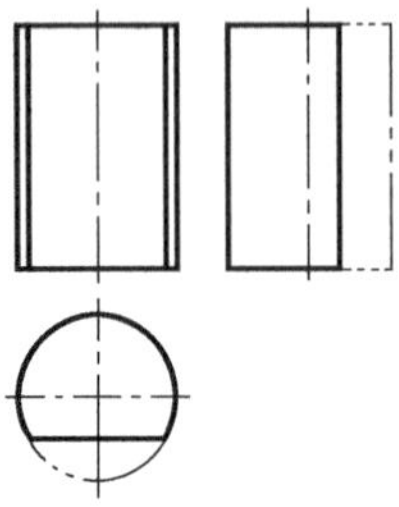	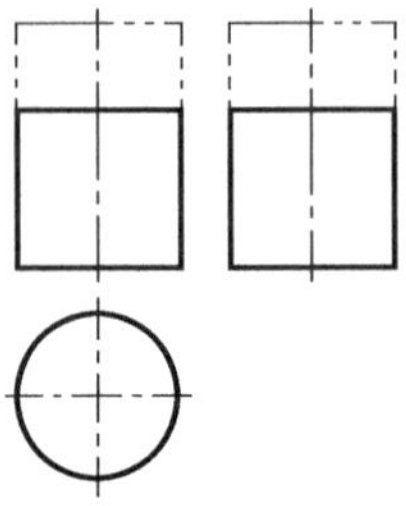	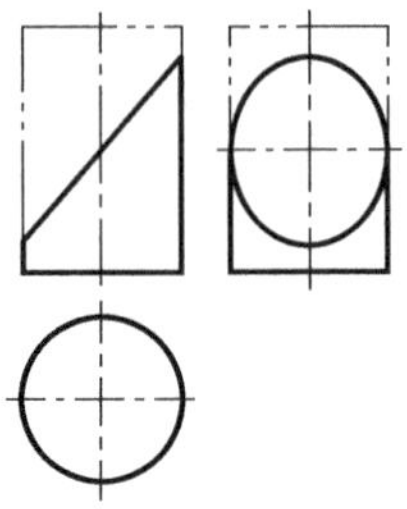

【例 3-14】 如图 3-14a 所示，求圆柱被正垂面截切后的截交线的投影。

分析： 截平面 P 为正垂面且倾斜于圆柱轴线，与圆柱的截交线是椭圆。截交线的正面投影积聚为直线，水平投影为圆，侧面投影为椭圆，因此求截交线投影主要是求其侧面投影。由于已知截交线的正面投影和水平投影，因此根据“主左高平齐、俯左宽相等”的投影规律，便可直接求出截交线的侧面投影。

作图：

1）求特殊点。由截交线的正面投影，直接找到截交线上的特殊点，即最高、最低、最前、最后、最左、最右点，作出它们的三面投影，如图 3-14a 所示。

2）求一般点。为了准确作图，还需要作出若干一般共有点的投影。先在截交线的正面投影上任意取重影点的投影 $e'(f')$、$g'(h')$，利用圆柱面上取点方法求得水平投影 e、f、g、h，再由点的投影规律求得各点的侧面投影，如图 3-14b 所示。

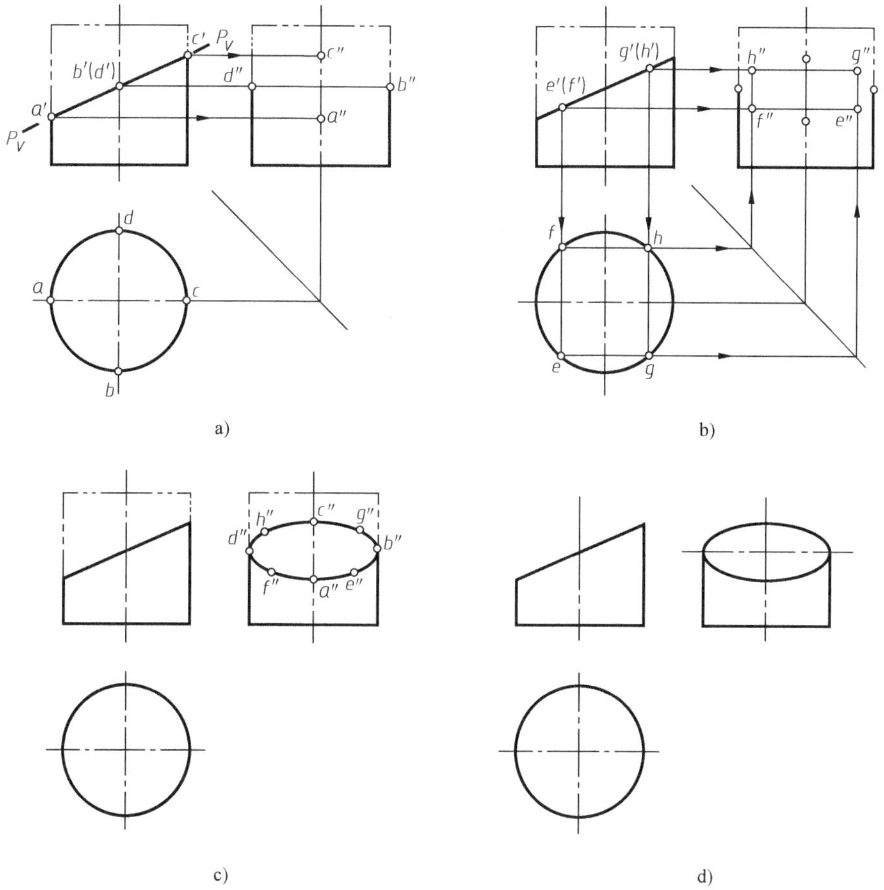

图 3-14　正垂面截切圆柱

a）求特殊点　b）求一般点　c）连接各点投影　d）整理图样

3）将这些点的同面投影连接起来即得所求截交线的投影，如图 3-14c 所示。

4）整理图样，结果如图 3-14d 所示。

【例 3-15】 如图 3-15a、b 所示，求圆柱被多平面截切、开槽后的侧面投影。

分析： 圆柱上部左、右两侧被两个侧平面和一个水平面截切。侧平面截切圆柱得矩形截交线，其正面投影和水平投影均积聚为直线，两矩形侧面投影反映实形且重合。水平面截切圆柱所得截交线为圆弧，其正面投影和侧面投影积聚为直线，水平投影反映实形，该实形是由两条直线和两段圆弧所围成的。圆柱下部开槽与上部截切类似，读者可自行分析。

作图：

（1）圆柱上部截切投影（图 3-15c）

1）两侧平面截交线的正面投影、水平投影均积聚为直线，直接标出 $a'(b')$、$d'(c')$ 和 $a(d)$、$b(c)$。两侧平面的侧面投影重合，矩形截交线的投影反映实形，由其两面投影按“主左高平齐，俯左宽相等”求得 a''、b''、c''、d''，再依次连接。

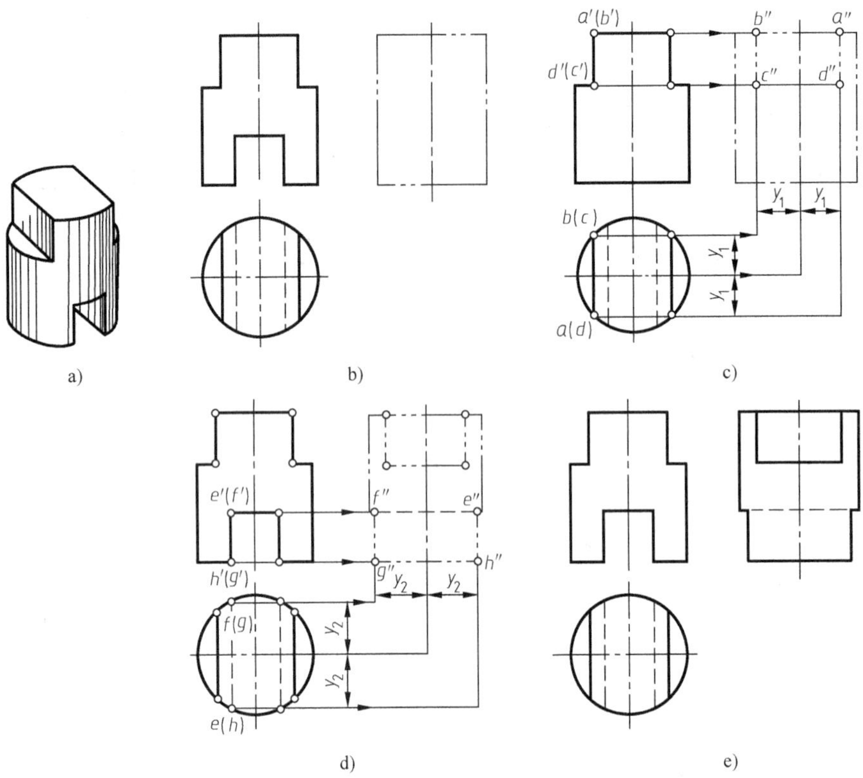

图 3-15　圆柱被截切、开槽后的投影

a）立体图　b）两面投影　c）上部截切　d）下部开槽　e）完成作图

2）两水平面截交线的侧面投影重合，积聚为 $c''d''$。

（2）圆柱下部开槽投影（图 3-15d）

1）两侧平面截交线的正面投影、水平投影积聚为直线，直接标出 $e'(f')$、$h'(g')$ 和 $e(h)$、$f(g)$。两侧平面截交线的侧面投影重合，且反映矩形截交线的实形，可由其两面投影按“主左高平齐，俯左宽相等”求得 e''、f''、g''、h''，再依次连接。

2）水平面截切圆柱体所得截交线的侧面投影积聚为直线，并由于左侧圆柱面的遮挡，其侧面投影在 e''、f''之间为细虚线，在其两侧应为一小段粗实线。由于开槽，圆柱的底面被切开分成左、右两部分，其最前和最后轮廓线也被切掉，故在侧面投影的开槽处，圆柱的转向轮廓线由截交线 $e''h''$、$f''g''$代替。

（3）检查、描深　最后求得其三面投影如图 3-15e 所示。

提示：因【例 3-15】圆柱的最前、最后两条素线均在开槽部位被切去，故左视图中的轮廓线在开槽部位向内“收缩”。其收缩程度与槽宽有关，槽越宽收缩越大。注意区分槽底侧面投影的可见性，即槽底的侧面投影积聚成直线，中间一段不可见，应画成细虚线。

2. 平面与圆锥相交

平面与圆锥相交时，根据截平面与圆锥轴线的相对位置不同，其截交线的形状有五种：三角形、圆、椭圆、抛物线和直线、双曲线和直线，见表 3-2。

表 3-2　平面与圆锥相交的各种情形

截平面与轴线的相对位置	过锥顶	不过锥顶			
		$\theta=90°$	$\theta>\alpha$	$\theta=\alpha$	$\theta<\alpha$
截交线的形状	三角形	圆	椭圆	抛物线和直线	双曲线和直线
立体图	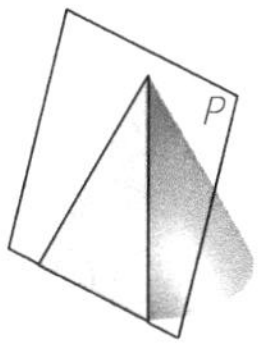	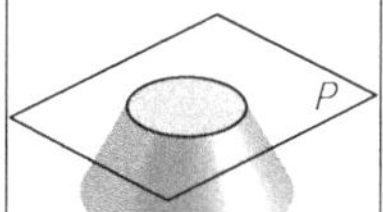		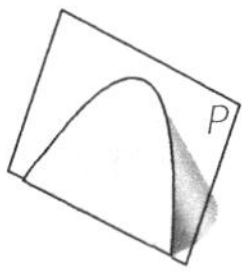	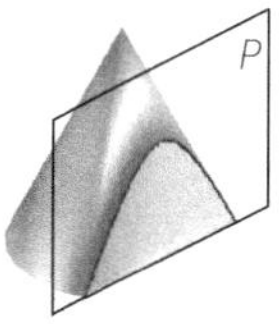
投影图	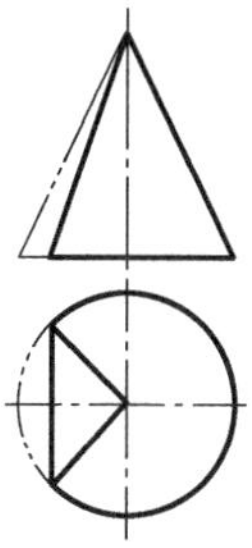	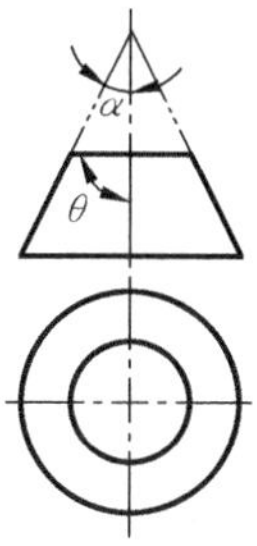	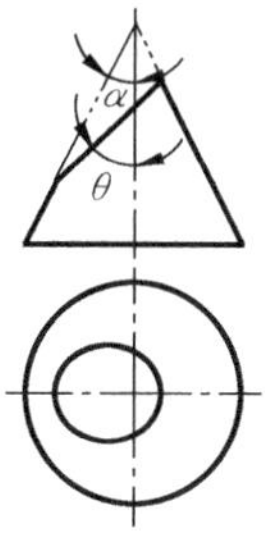	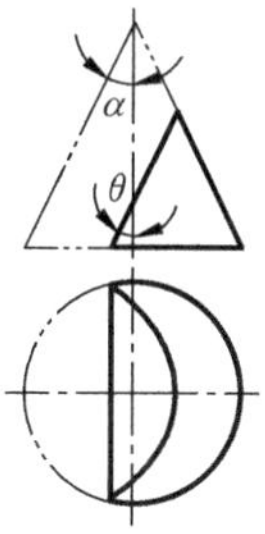	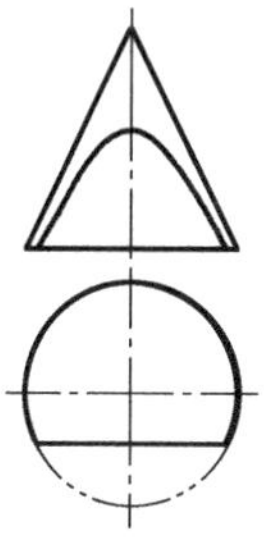

【例 3-16】 根据图 3-16a 所示圆锥被平行于轴线的平面截切的示意图，补全圆锥被截切的正面投影。

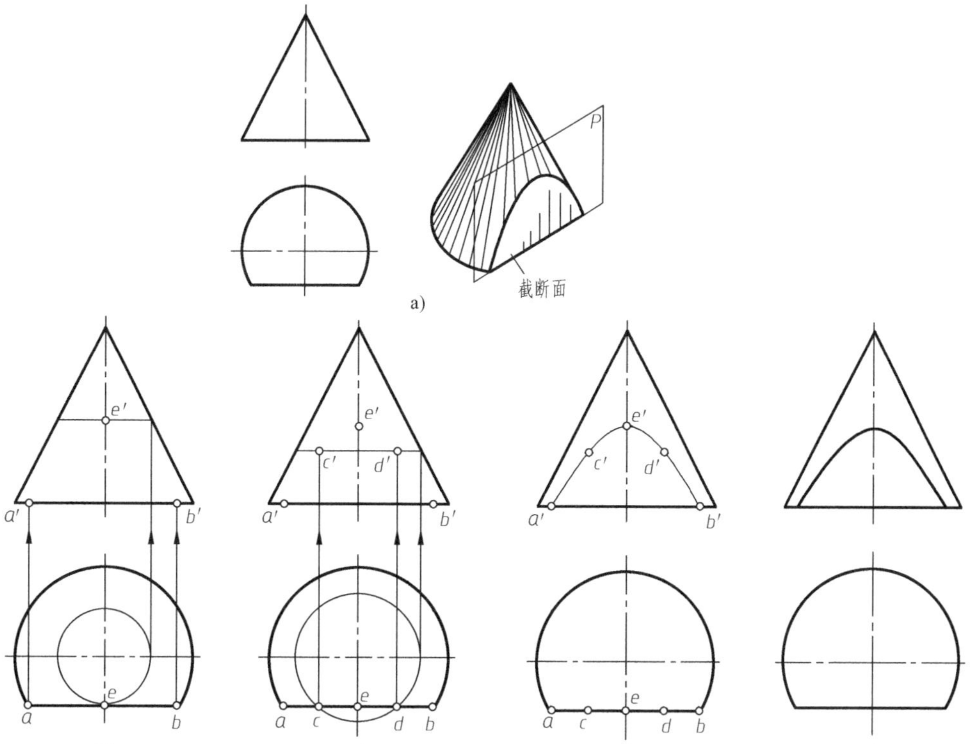

图 3-16　平面与圆锥相交

a）截切示意图　b）求特殊点　c）求一般点　d）连接各点　e）整理图样

分析： 截平面 P 平行于圆锥的轴线，截交线是双曲线。P 为正平面，正面投影反映实形，水平投影积聚为一直线。

作图：

(1) 取特殊点（最高点和最低点）

1) 最低点 A、B 在底面圆上，利用其水平投影 a、b，按照"主俯长对正"求得正面投影 a'、b'。

2) 最高点 e 借助辅助纬圆，水平投影上以底圆圆心为圆心，以圆心到 e 的距离为半径作圆，利用纬圆的直径确定正面投影上纬圆的投影位置，再用点的投影规律确定 e'，如图 3-16b 所示。

(2) 求一般点　在截交线的水平投影上任取同一纬圆上的一般点投影 c、d，参照 e 的作法确定 c'、d'，如图 3-16c 所示。

(3) 光滑连接各点　在正面投影上光滑连接各点，如图 3-16d 所示。

(4) 检查、描深　最后求得的两面投影图如图 3-16e 所示。

3. 平面与圆球相交

平面与圆球相交，无论平面与圆球的相对位置如何，截交线均为圆。

1) 如果截平面是投影面平行面，则截交线在该投影面上的投影为圆的实形，另两面投影积聚为一直线，长度等于截交线圆的直径，如图 3-17 所示。

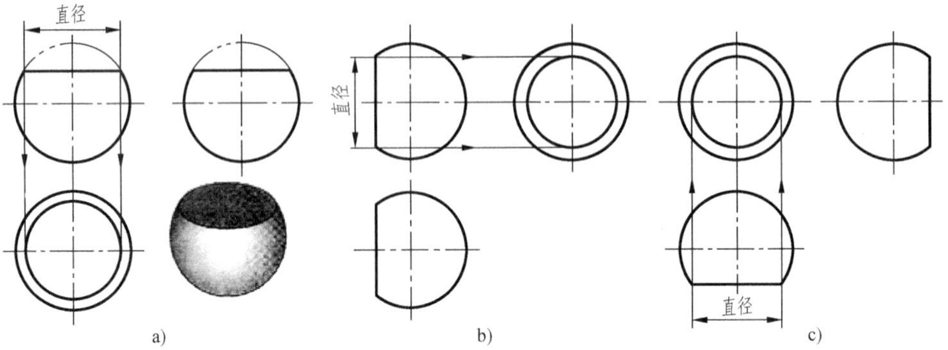

图 3-17　圆球与投影面平行面相交

a）水平面截切圆球　b）侧平面截切圆球　c）正平面截切圆球

2) 如果截平面是投影面垂直面，则截交线在该投影面上的投影积聚为一直线，另两面投影均为椭圆。

【例 3-17】 如图 3-18a 所示，投影面垂直面截切圆球，求被截切后圆球的底面投影。

作图：

1) 求椭圆长、短轴端点。截交线水平投影反映为一个椭圆，短轴记为 *12*，长轴记为 *34*，短轴端点对应的正面投影即为截交线积聚性直线的最高点和最低点，直接标出 $1'$、$2'$，它们的水平投影落在前后对称面的投影中心线上，由 $1'$、$2'$ 求出。根据几何关系，长轴端点对应的正面投影即为投影 $1'$、$2'$ 的中点且重影，记为 $3'(4')$，利用纬圆法求出 *3*、*4*，如图 3-18a 所示。

2) 求中间点。可利用圆球上下对称面、左右对称面上的点求出中间点的投影。在正面投影中直接标出 5′(6′)，因圆球上下对称面的投影（即水平投影的转向轮廓线）为圆球投影圆，故可根据点投影的对应关系求出 5、6。在正面投影中直接标出 7′(8′)，利用纬圆法在水平投影的左右对称中心线上求得 7、8，如图 3-18b 所示。

3）检查、描深，完成图形。如图 3-18c 所示，将 *1*、*5*、*3*、*7*、*2*、*8*、*4*、*6*、*1* 连成截交线圆的水平投影椭圆，该水平投影是可见的，应画粗实线；球面水平投影的转向轮廓线的投影只存在 5、6 右侧的一部分。

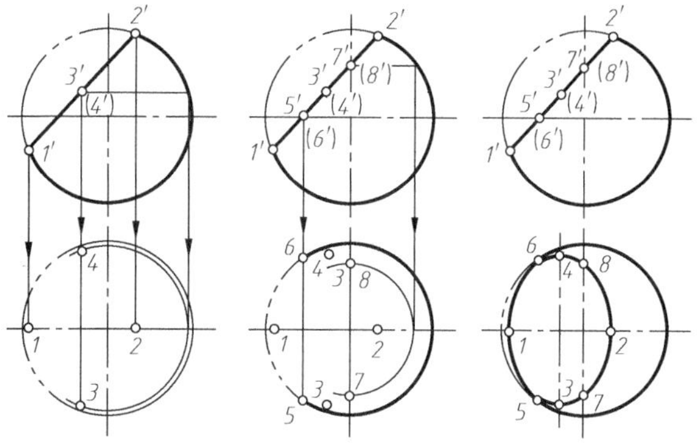

图 3-18 圆球与投影面垂直面相交

【例 3-18】 如图 3-19a 所示，试完成开槽半圆球的水平投影和侧面投影。

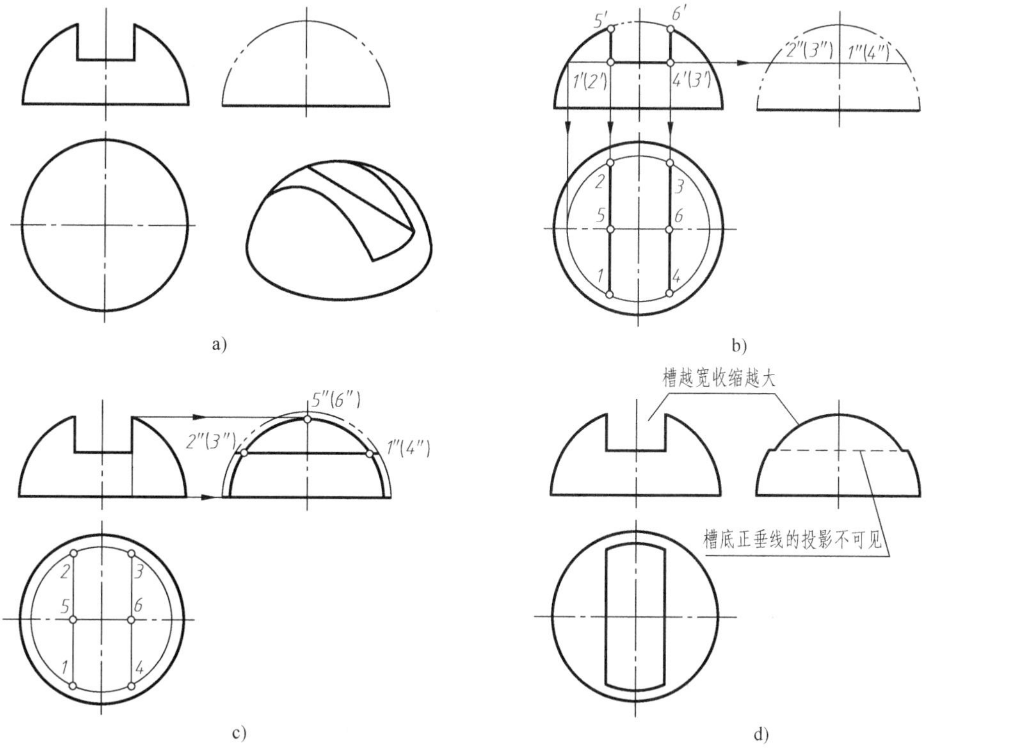

图 3-19 求开槽半圆球投影

a）已知条件 b）利用辅助水平面圆作投影 c）利用辅助侧平面半圆作投影 d）整理图样

分析：如图 3-19a 所示，半圆球被两个对称的侧平面和一个水平面截切，两个侧平面与圆球面的截交线各为一段平行于侧面的圆弧，水平面与圆球面的截交线为两段水平圆弧。

水平面圆弧的正面投影和侧面投影都积聚为直线；水平投影反映实形，可用辅助圆法求出，圆弧始末位置由侧平面的位置来决定。

侧平面圆弧的水平投影和正面投影都积聚为直线；侧面投影反映实形，可用辅助圆法求出，圆弧始末位置由水平面的位置来决定。

作图：

1）作水平截交线的投影。将正面投影中的槽底投影延长并与半圆球轮廓相交，得一水平面圆的投影。根据投影的对应关系，得到该水平面圆积聚为一条直线的侧面投影，即 $2''(3'')1''(4'')$ 所在的直线。根据投影的对应关系得到该水平圆的水平投影，为反映实形的圆，由正面投影中侧平面的位置确定截交线的投影起止位置，即得到槽底的水平投影 *152364*，如图 3-19b 所示。

2）作侧平截交线的投影。由正面投影中侧平面的投影直线段，在侧面投影中求出对应的辅助半圆面投影，则确定了侧平截交线的侧面投影 $2''(3'')5''(6'')1''(4'')$，如图 3-19c 所示。

3）水平投影中的槽投影均可见，画粗实线。侧面投影中，槽底面的正垂线被左半圆球遮挡，其投影不可见，画虚线，水平圆弧积聚为直线段的投影可见，画粗实线；侧平面圆弧投影可见，画粗实线。

4）检查、描深，如图 3-19d 所示。

注意：因【例 3-18】圆球的最高点在开槽后被切掉，故侧面投影中上方的轮廓线向内"收缩"，其收缩程度与槽宽有关，槽越宽则收缩越大。注意区分槽底侧面投影的可见性，槽底的中间部分是不可见的，应画成细虚线。

3.3.4 平面与组合回转体相交

组合回转体是由若干基本回转体组成的，机器零件上常有这样的结构。作图时，要首先分析各部分的曲面性质，然后按照它的几何特性确定截交线的形状，最后分别作出其投影。

【例 3-19】 图 3-20a 所示为一连杆头，其表面从右到左由侧垂的圆柱面、圆锥面和圆球面组成，前、后均被正平面截切，完成其正面投影。

分析：圆球面部分的截交线为圆弧，圆锥面部分的截交线为双曲线，圆柱面部分未被截切。

作图：

1）分析组合回转体的构成。在正面投影中，由 o' 向斜线段引垂线得到垂足 a'、b'，$a'b'$ 即为圆球面与圆锥面的分界线的投影。

2）正面投影中，$a'b'$ 左侧的投影为圆弧。可由水平投影中截交线最左端投影 *2* 在正面投影中相应作出圆弧，则 $1'2'3'$ 即为截交线圆弧的正面投影，如图 3-20b 所示。

3）正面投影中，$a'b'$ 右侧的投影为双曲线，其最右端投影落在上下对称面对应的对称中心线上，由水平投影中截交线最右端投影 *4* 的位置对应求出 $4'$，如图 3-20b 所示。

4）利用辅助侧平面，在水平投影和正面投影中确定侧平面位置，再在侧面投影中，利用侧平面投影圆与截平面投影直线的交点确定一般点的位置，求得若干一般点的投影，如图 3-20c 所示。

5）检查、描深，如图 3-20d 所示。

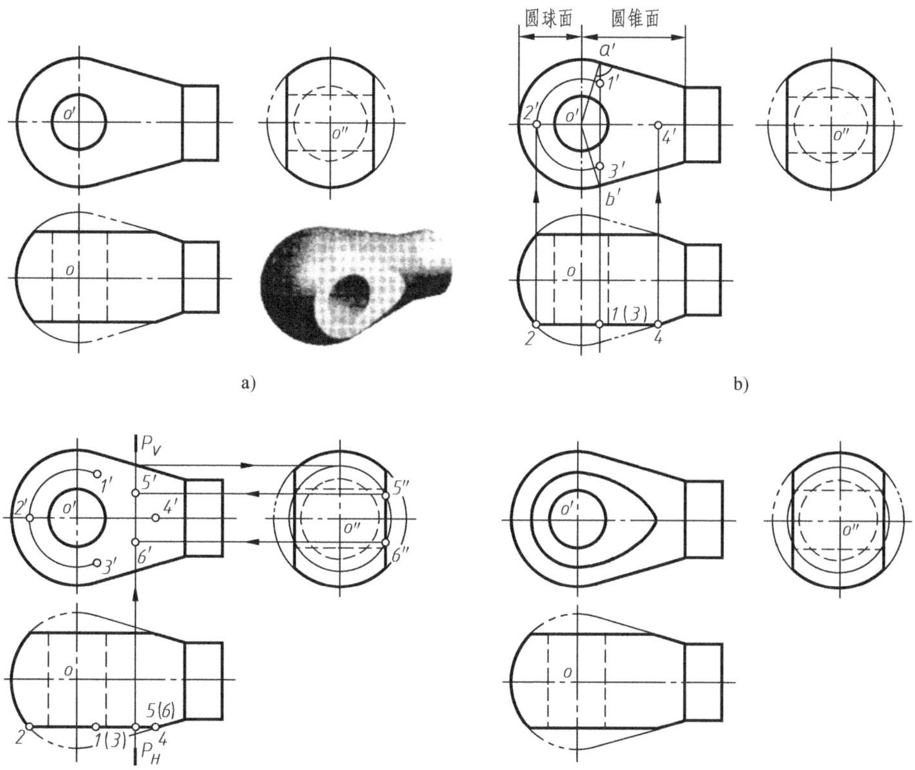

a) b) c) d)

图 3-20 求平面与组合回转体的截交线投影

a）已知条件 b）求圆弧及最右端点投影 c）利用辅助侧平面求一般点 d）整理图样

3.4 相贯线

两立体相交所得立体称为相贯体，所产生的表面交线称为**相贯线**。相贯体在工程零件中十分常见，如图 3-21 所示。

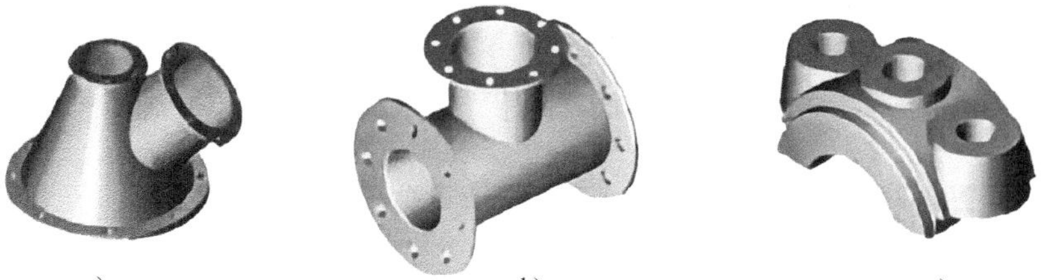

a) b) c)

图 3-21 相贯体零件示例

由于立体分为平面立体和回转体，因此相贯线有以下几种：两平面立体的相贯线、平面立体与回转体的相贯线、两回转体的相贯线及组合相贯线，如图 3-22 所示。由于前两种相贯线可分解为平面与立体的截交线，下面将着重介绍两回转体的相贯线的性质和求法。

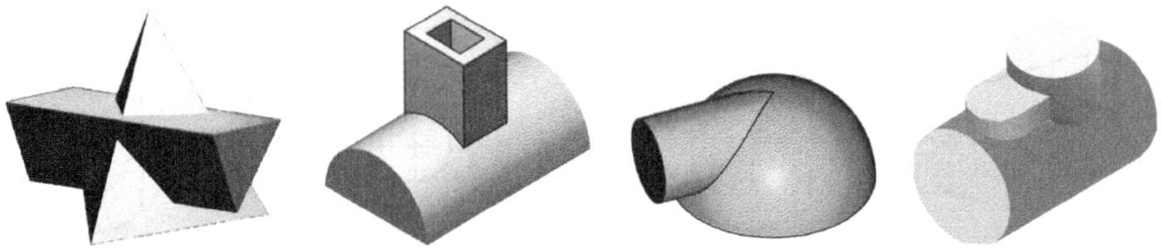

a)　　b)　　c)　　d)

图 3-22　相贯线示例

a）两平面立体的相贯线　b）平面立体与回转体的相贯线　c）两回转体的相贯线　d）组合相贯线

3.4.1　相贯线的基本性质

由于相交的两个立体的几何形状不同或它们的相对位置不同，因此相贯线的形式也各不相同，但它们都具有如下两个基本性质。

（1）**共有性**　相贯线是两立体表面上的共有线，也是两立体表面的分界线，所以相贯线上的所有点都是两立体表面上的共有点。

（2）**封闭性**　一般情况下，相贯线是闭合的空间曲线或折线，在特殊情况下是平面曲线或直线。

3.4.2　求回转体相贯线的基本方法

求两个回转体相贯线的实质就是求它们表面的共有点，常用方法有积聚性取点法、辅助平面法、辅助球面法三种。作图步骤一般如下。

1）作出属于相贯线的一系列特殊点的投影（确定交线投影的范围）。

2）作出若干一般点的投影（确定交线投影的弯曲趋势）。

3）判别可见性。

4）依次连接各点的同面投影。

5）整理轮廓线并描深。

1. 积聚性取点法

当两圆柱正交时，两圆柱面在与圆柱面轴线垂直的投影面上的投影都具有积聚性，因此相贯线的两面投影是已知的，即可利用面上取点的方法作出相贯线的第三面投影（由二求一）。

（1）两圆柱正交相贯线投影的一般画法

【例 3-20】　如图 3-23a 所示，求两圆柱正交的相贯线。

分析：

1）如图 3-23a 所示，直径不同、轴线互相垂直的两圆柱正交，相贯线为一封闭的空间曲线。

2）大圆柱轴线垂直于侧立投影面，相贯线的侧面投影与大圆柱的侧面投影重合，为一段圆弧。

3）小圆柱轴线垂直于水平投影面，相贯线的水平投影与小圆柱的水平投影重合，为圆。

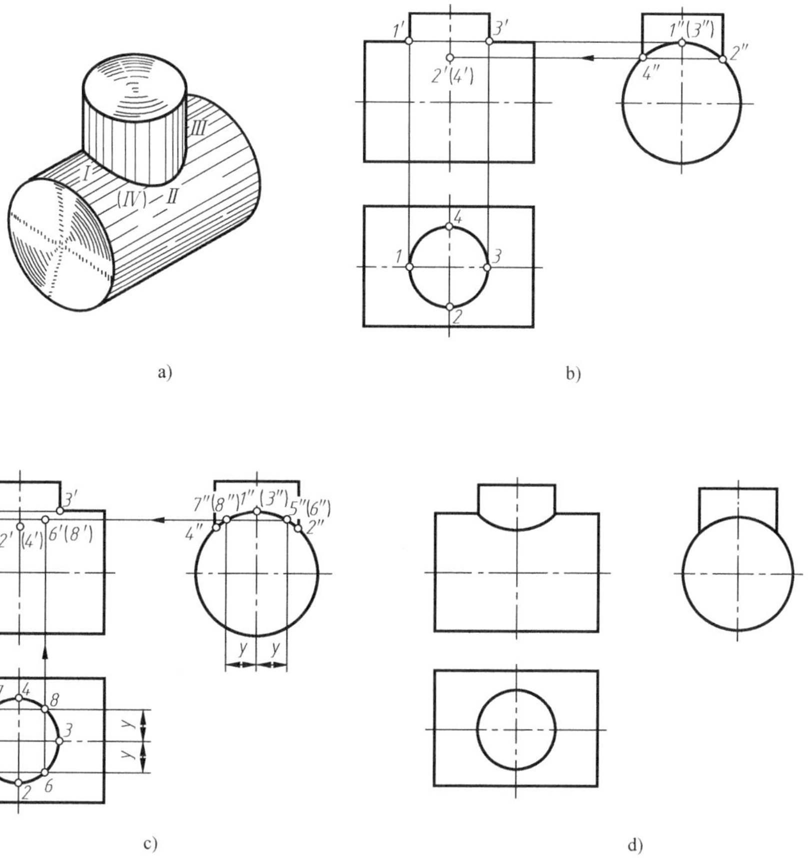

图 3-23　两圆柱体正交的相贯线

a）立体图　b）求特殊位置点的投影　c）求一般位置点的投影　d）整理图样

4）只需求出相贯线的正面投影。由于两圆柱的相贯线前后对称，故前半部分与后半部分相贯线的正面投影重合，可利用已知点的两面投影求其另一面投影的方法求得。

作图：

1）求特殊位置点。相贯线上的特殊点位于圆柱的转向轮廓线上。最高点 Ⅰ、Ⅲ（也是最左、最右点）的正面投影可直接作出，最低点 Ⅱ、Ⅳ（也是最前、最后点）的正面投影 2′、4′由侧面投影 2″、4″作出，如图 3-23b 所示。

2）求一般位置点。利用积聚性和点的投影规律，在侧面投影的 1″(3″)、2″之间取 5″(6″)，在 1″(3″)、4″之间取 7″(8″)，根据“俯左宽相等”求出水平投影 5、6、7、8，再根据水平投影 5、6、7、8 和侧面投影 5″(6″)、7″(8″) 求出正面投影 5′(7′)、6′(8′)，如图 3-23c 所示。

3）依次光滑连接各点，即得相贯线的正面投影，并整理轮廓线，如图 3-23d 所示。

(2) 两圆柱正交的三种形式　两圆柱正交有两外圆柱面相交、外圆柱面与内圆柱面相交、两内圆柱面相交三种形式，如图 3-24 所示。这三种相交形式虽然不同，但由于两圆柱面的直径大小和轴线相对位置不变，因此它们相贯线的性质和形状相同，求法也一样。作图时，要注意判断相贯线的可见性。

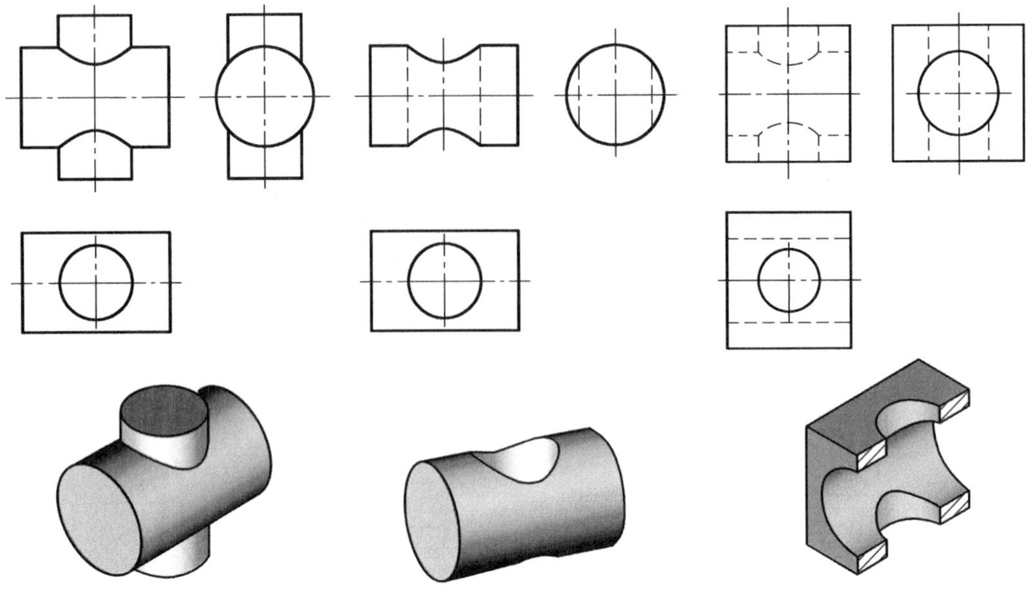

a)　　b)　　c)

图 3-24　两圆柱正交的三种情况

a）两外圆柱面相交　b）外圆柱面与内圆柱面相交　c）两内圆柱面相交

（3）两圆柱正交时相贯线的变化　当两圆柱轴线相对位置不变，而两圆柱直径发生变化时，相贯线的形状和位置也将随之变化。

当 $\phi_1>\phi$ 时，相贯线的正面投影为对称的上、下两段曲线，如图 3-25a 所示。

当 $\phi_1=\phi$ 时，相贯线在空间中为两个垂直相交的椭圆，其正面投影为两条相交的直线，如 3-25b 所示。

当 $\phi_1<\phi$ 时，相贯线的正面投影为对称的左、右两段曲线，如图 3-25c 所示。

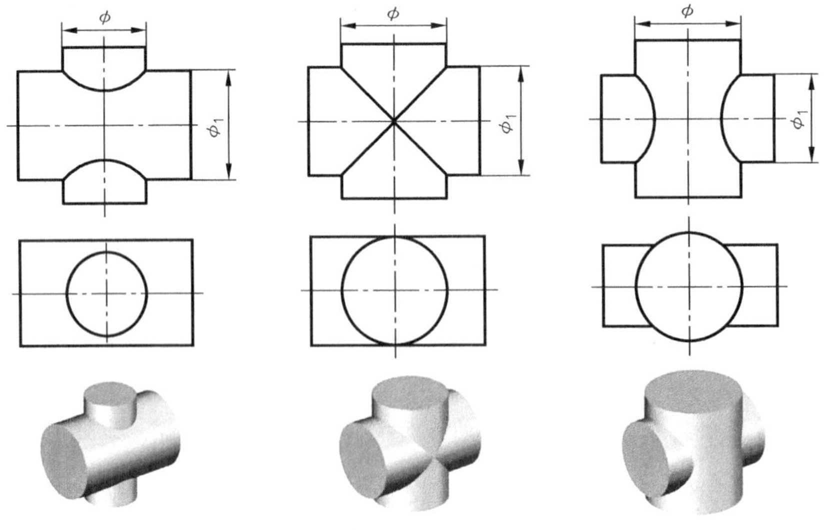

a)　　b)　　c)

图 3-25　两圆柱正交时相贯线的变化

a）$\phi_1>\phi$　b）$\phi_1=\phi$　c）$\phi_1<\phi$

提示：从图 3-25a、c 所示的正面投影中可以看出，两圆柱正交时相贯线朝向直径较大圆柱的轴线弯曲。

（4）两圆柱正交时相贯线的简化　为了简化作图，国家标准规定，允许采用简化画法作出相贯线的投影，当两正交圆柱直径相差较大且作图精度要求不高时，可采用简化画法作出相贯线的投影，即用圆弧代替非圆曲线。作图方法如图 3-26 所示。

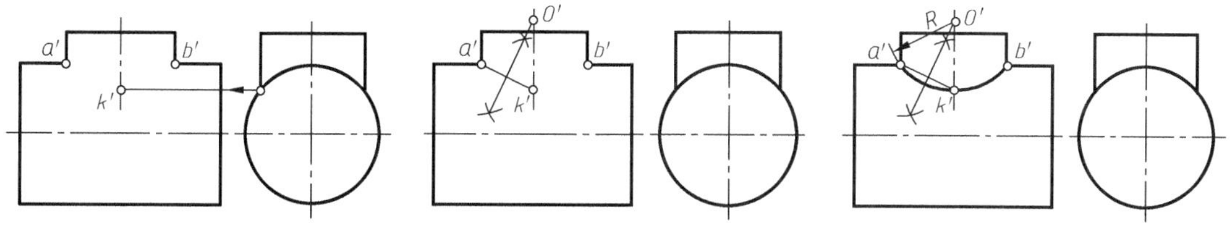

a)　　b)　　c)

图 3-26　两圆柱正交时相贯线的简化画法

a）第一步：求出相贯线的最低点投影 k'　b）第二步：作 $a'k'$ 的垂直平分线与轴线相交于 o'　c）第三步：以 o' 为圆心、$o'a'$ 为半径画圆弧即可

2. 辅助平面法

作两回转体的相贯线时，可以用与两回转体都相交（或相切）的辅助平面切割这两个立体，则两组截交线（或切线）的交点是辅助平面和两回转体表面的三面共有点，也是相贯线上的点。这种求作相贯线的方法称为**辅助平面法**。

如图 3-27 所示，为了作出圆柱面与圆锥台的共有点，假想用一个辅助平面 *P* 截切圆柱和圆台，平面 *P* 与圆台的截交线为纬圆，与圆柱面的截交线为两条素线。纬圆与两条素线相交于点 Ⅱ、Ⅳ、Ⅵ、Ⅷ，这四点是辅助平面 *P*、圆锥台和圆柱面三个面的共有点，因此也是相贯线上的点。

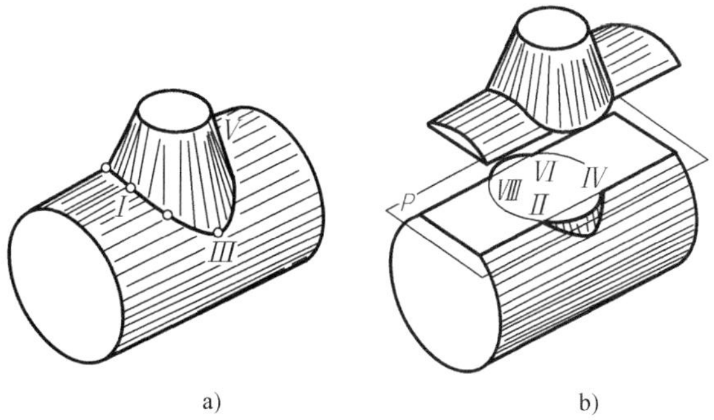

a)　　b)

图 3-27　圆柱与圆锥正交

在投影图中，利用辅助平面法求共有点的作图步骤如下。

1）作辅助平面。当辅助平面为特殊位置平面时，作出其有积聚性的投影。

2）分别作出辅助平面与两回转面的截交线的投影。

3）作出两回转面截交线的交点的投影。

为了作图简便，必须按以下原则选择辅助平面。

1）辅助平面应在两回转面的相交范围内。

2）辅助平面与两回转面的截交线的投影应是容易准确作出的直线或圆。

【例 3-21】 如图 3-28a 所示，求作圆柱与圆锥台正交的相贯线的投影。

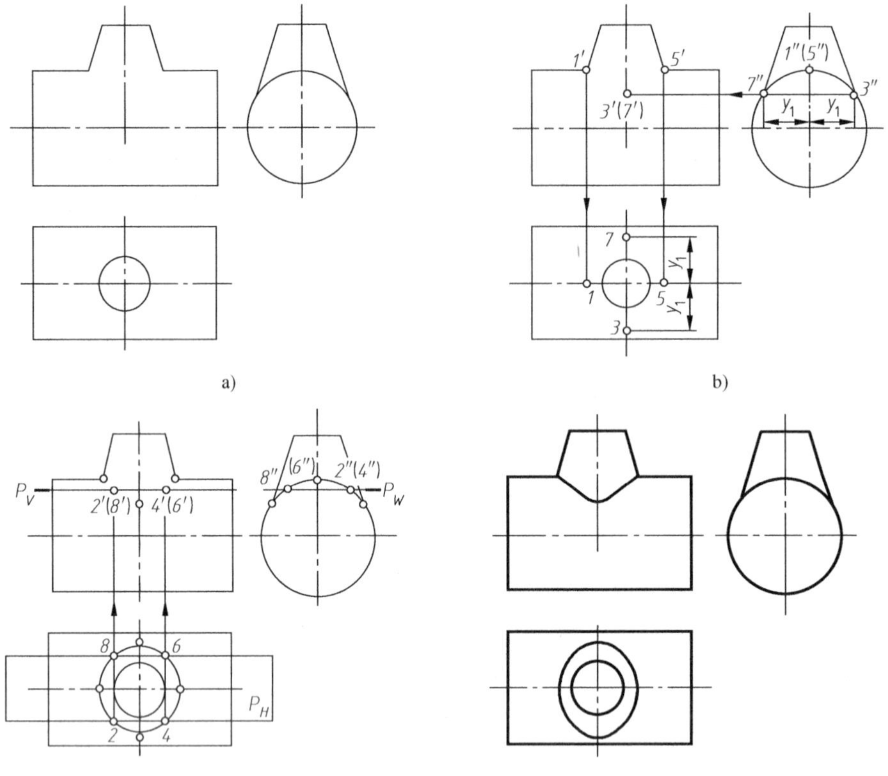

a) b) c) d)

图 3-28 圆柱与圆锥台正交的相贯线的投影

a）已知圆柱和圆锥台外形 b）求特殊位置点的投影 c）求一般位置点的投影 d）整理图样

分析： 由于圆柱与圆锥台两轴线垂直相交，相贯线是一条前后、左右对称且闭合的空间曲线。相贯线侧面投影与水平圆柱侧面投影（圆）的一部分重合，需利用辅助平面法求出相贯线的水平投影和正面投影。

作图：

1）求特殊位置点。根据相贯线最高点（也是最左、最右点）的正面投影1′、5′求出其水平投影1、5。根据相贯线最低点（也是最前、最后点）的侧面投影3″、7″求出其正面投影3′(7′)，再根据“俯左宽相等”求出其水平投影3、7，如图 3-28b 所示。

2）求一般位置点。取最高点和最低点之间的辅助水平面 P，在侧面投影上得到2″(4″)和8″(6″)。水平面 P 截切圆锥台所得截交线的水平投影为圆，截切圆柱所得截交线的水平投影为两条平行直线，两截交线的交点2、4、6、8 即为相贯线上点的水平投影。再根据水平投影2、4、6、8 求出正面投影2′(8′)、4′(6′)，如图 3-28c 所示。

3）检查、描深，整理图样。将正面投影各可见点依次光滑连接即得相贯线的正面投影，将水平投影各可见点依次光滑连接即得相贯线的水平投影，如图 3-28d 所示。

思考：求相贯线时，积聚性取点法和辅助平面法分别适用于什么场合？图 3-29 所示两立体相交的情况各适合采用什么方法？

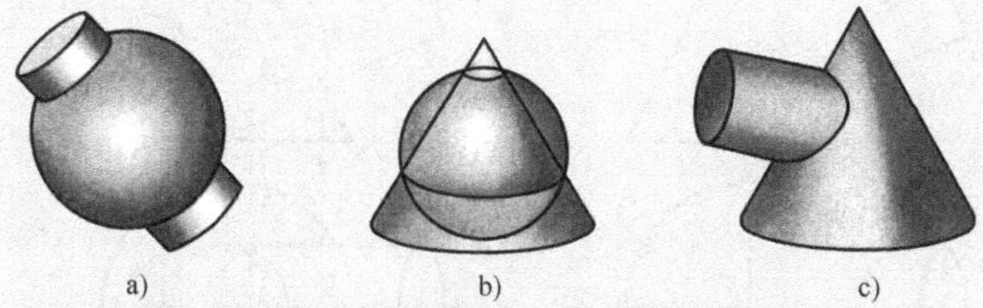

图 3-29　两立体相交的不同情况

a）圆柱与圆球相交　b）圆锥与圆球相交　c）圆锥与圆柱相交

3. 辅助球面法

辅助球面法是以圆球面作为辅助面，其基本原理为：当圆球面与回转面相交，且球心在回转面轴线上时，其交线为垂直于回转轴的圆。若回转面的轴线平行于某一投影面，则该圆在该投影面上的投影为一垂直于轴线的直线段，该直线段就是圆球面与回转面投影轮廓线交点的连线。若两回转面相交，以轴线的交点为球心作一圆球面，则圆球面与两回转面的交线分别为圆，由于两圆均在同一圆球面上，因此两圆的交点即为两回转面的共有点。

如图 3-30 所示，圆柱与圆锥斜交，在图示位置不便于用辅助平面法求共有点，这时可采用辅助球面法，以两回转面轴线的交点为球心，以适当半径作一圆球面，该圆球面与圆锥面相交得到 *A* 圆和 *B* 圆，与圆柱面相交得到 *C* 圆。*A* 圆、*B* 圆与 *C* 圆的交点 Ⅲ、Ⅳ、Ⅴ、Ⅵ 即为两曲面的共有点（三面共有点），即交线上的点。改变圆球面的半径则可求出一系列的共有点，连接后即为所求的交线。为了能直接作出共有点，应使相交两圆的投影均为直线，因此两回转面轴线所决定的平面，即它们的公共对称面应平行于某一投影面。

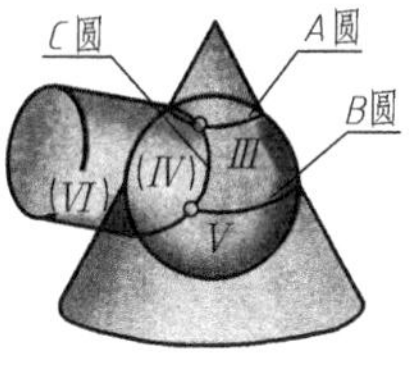

图 3-30　圆柱与圆锥斜交立体图

总结：根据以上分析，应用辅助球面法的条件是：①相交两曲面都是回转面；②两回转面轴线相交；③两回转面的轴线所决定的平面，即两曲面的公共对称面平行于某一投影面。

【例 3-22】　根据图 3-30 所示圆柱与圆锥斜角的立体图和图 3-31a 所示外形图，完成其两面投影。

分析：

1）由于两回转面的轴线相交且平行于 *V* 面，因此两曲面交线的最高点 Ⅰ 和最低点 Ⅱ 的正面投影 $1'$、$2'$ 可以直接从正面投影上确定，从而再作出水平投影 1、2。

2）其他点可通过辅助球面法求得，需确定圆球大小范围。以两轴线的正面投影的交点为球心 o'，可知 $o'2'$ 所确定圆球 Ⅰ 为最大圆球，比此球大的圆球与两立体的相交位置超出两立体相交范围。由 o' 向圆锥素线投影作垂线，以此垂线为半径确定的圆球 Ⅱ 为最小圆球，比此球小的圆球不再与圆锥表面相交。

作图：

1）求特殊点。在正面投影上确定两曲面交线的最高点 Ⅰ 和最低点 Ⅱ 的正面投影 $1'$、

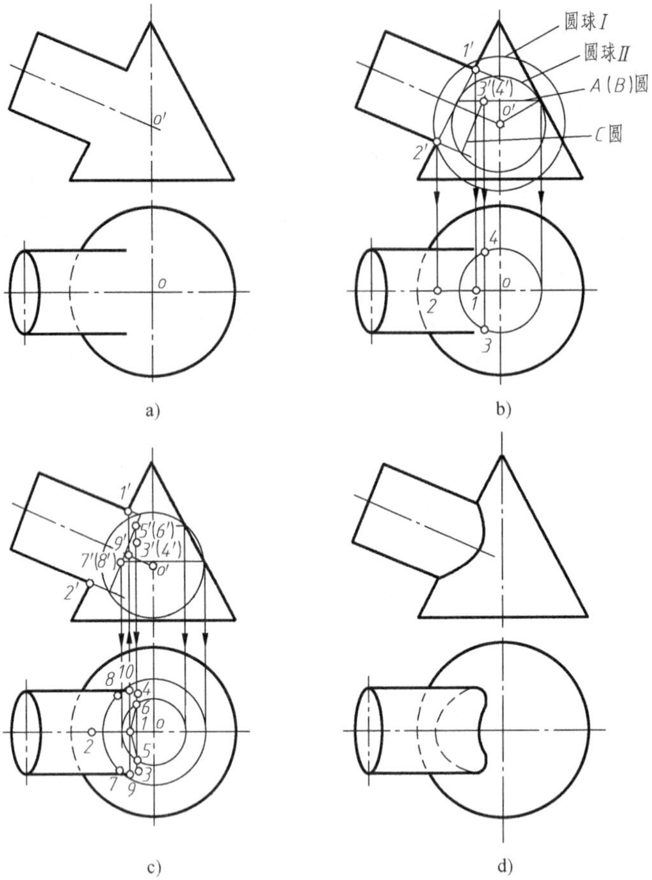

图 3-31　辅助球面法求两曲面的交线

a）圆柱与圆锥斜交外形图　b）确定圆球大小范围　c）作图求解　d）整理图样

2′，作出水平投影1、2。

2）利用最小圆球确定交点。由从 o′向圆锥素线投影作垂线确定的圆球Ⅱ，可在正面投影中确定 A(B) 圆、C 圆的投影，圆面的投影均积聚为直线，它们的交点确定3′(4′)，再利用水平投影圆求出3、4，如图 3-31b 所示。

3）求一般点。取最大圆球和最小圆球之间的圆球，求取若干一般点的投影，如图 3-31c 所示。

4）判别可见性。由于水平投影上9、10 是可见部分与不可见部分的分界点，因此左侧部分的连线画成细虚线，其余均画成粗实线。

5）依次光滑连接各点，即得交线投影，如图 3-31d 所示。

由此可见，应用辅助球面法可以在一个投影上完成交线在该投影面上投影的全部作图过程，这是其独特优点。

4. 相贯线的特殊情况

两曲面立体相交，其相贯线一般为空间曲线，但在特殊情况下也可能是平面曲线或直线。

1）两个曲面立体具有公共轴线时，相贯线为与轴线垂直的圆，如图 3-32 所示。

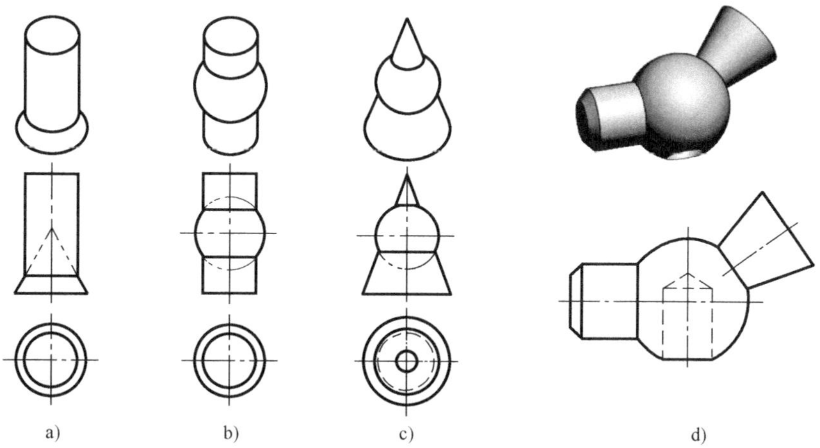

图 3-32 两个同轴回转体的相贯线

a）圆柱与圆锥同轴相交 b）圆柱与圆球同轴相交 c）圆锥与圆球同轴相交 d）圆球与圆柱、圆锥分别同轴相交

2）当相交的两圆柱轴线平行时，相贯线为两条平行于轴线的直线，如图 3-33a 所示。两圆锥共顶时，相贯线为两条相交的直线，如图 3-33b 所示。

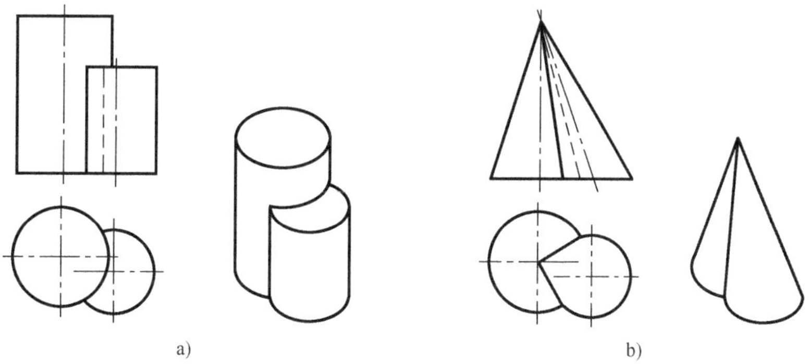

图 3-33 相贯线为直线的情况

a）相交两圆柱轴线平行 b）两圆锥共顶

3）当正交的两圆柱直径相等，即共同外切于一个圆球，或者圆柱与圆锥共同外切于一个圆球时，相贯线的空间形状为两个大小相等并互相垂直的椭圆（平面曲线），如图 3-34 所示。

3.4.3 组合相贯线

三个或三个以上的立体相交，其表面形成的交线称为组合相贯线。这些相交的立体仍构成一个整体，组成一个相贯体。组合相贯线的各段相贯线分别是两个立体的交线，而两段相贯线的连接点则必定是相贯体上的三个表面的共有点。

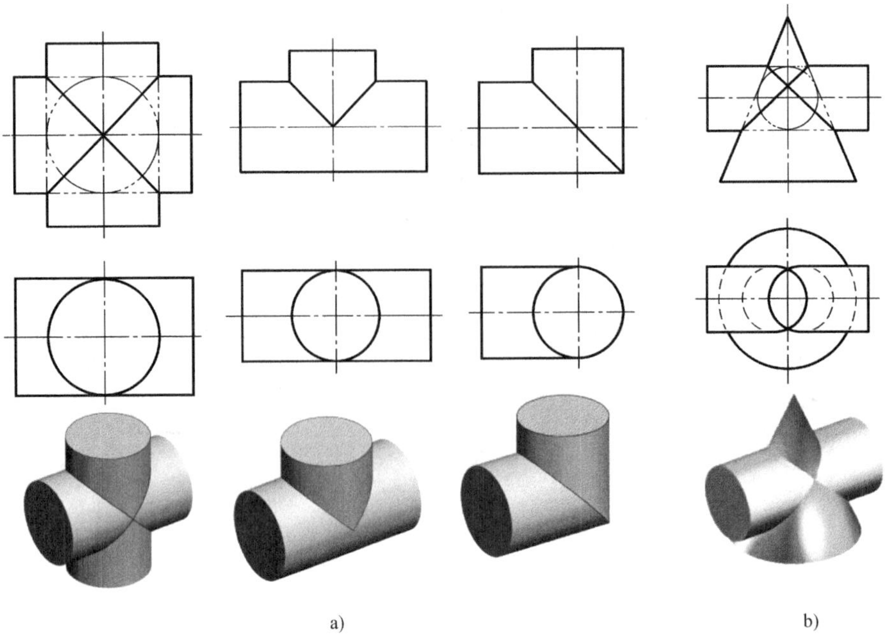

图 3-34　相贯线为互相垂直的椭圆的情况

a）两圆柱直径相等（公切于球）　b）圆柱与圆锥公切于球

【例 3-23】 如图 3-35a 所示，求作半圆球与两个圆柱的组合相贯线的投影。

分析：

1）由于相贯体前后对称，因此组合相贯线也前后对称，相贯线的正面投影也前后重合。

2）相贯体的右侧是半圆球与大圆柱相切，由于相切处是光滑过渡的，因此不必画出相切的圆。

3）相贯体的左侧是小圆柱，其上部与半圆球相贯，是共有侧垂轴线的同轴回转体的上半部分，相贯线是垂直于这条侧垂轴线的半圆，由于小圆柱面的侧面投影有积聚性，相贯线的侧面投影就重合在其上。因此，只要作出小圆柱面与半圆球面的相贯线的正面投影与水平投影即可。

4）小圆柱下部与大圆柱相贯，是一段空间曲线，上部和下部的相贯线分别在前、后各有一个连接点，它们是半圆球面、大圆柱面、小圆柱面的共有点。同样，由于大圆柱面的水平投影有积聚性，相贯线的水平投影重合在其上，因此只需求出大圆柱面与小圆柱面的相贯线的正面投影即可。

作图：

1）小圆柱面与半圆球相贯，属于同轴回转体相贯，相贯线是垂直于侧垂轴、平行于侧面的半圆，其正面投影及水平投影皆为一直线，直接连接交点即可，如图 3-35b 所示。

2）小圆柱与大圆柱正交，相贯线是一段前后对称的空间曲线，详细的作图方法和过程参照例 3-20，如图 3-35b 所示。

3）检查、描深，整理图样，如图 3-35c 所示。

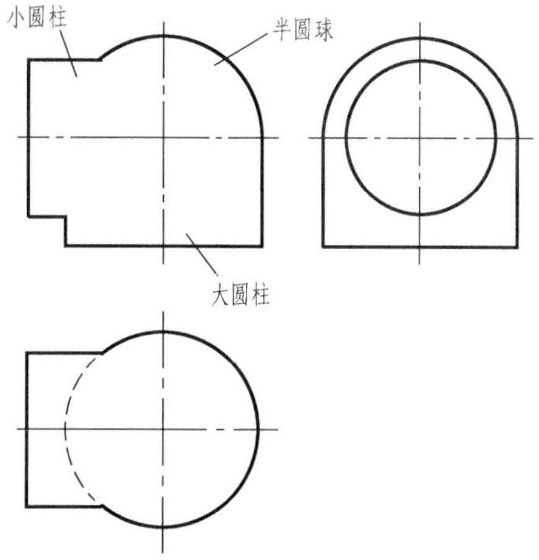

a)

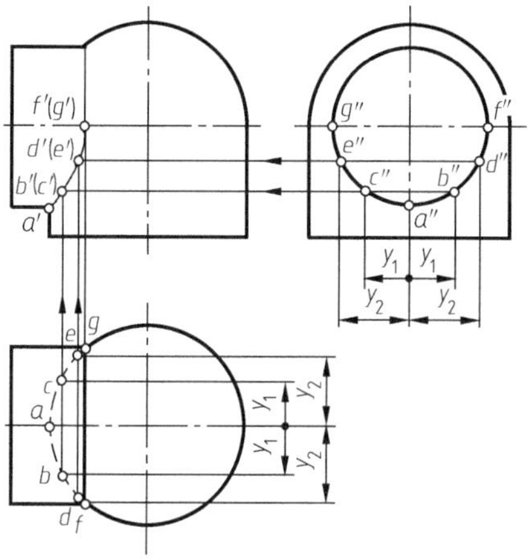

b)

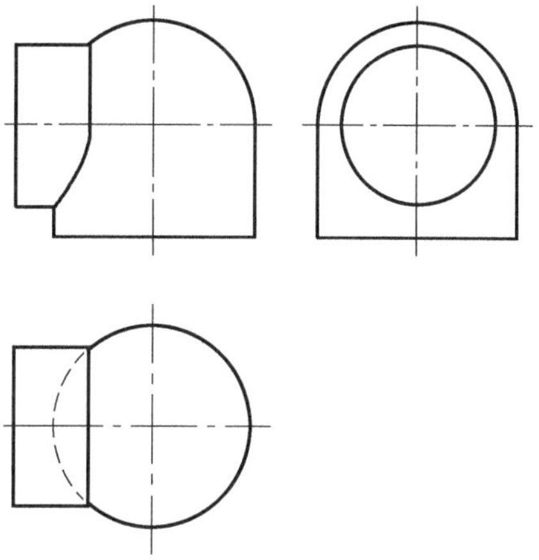

c)

图 3-35　半圆球与两个圆柱的组合相贯线
a）已知条件　b）分析和作图　c）整理图样

拓展提高

1. 完成如下选择题。

（1） 正确的左视图是____。

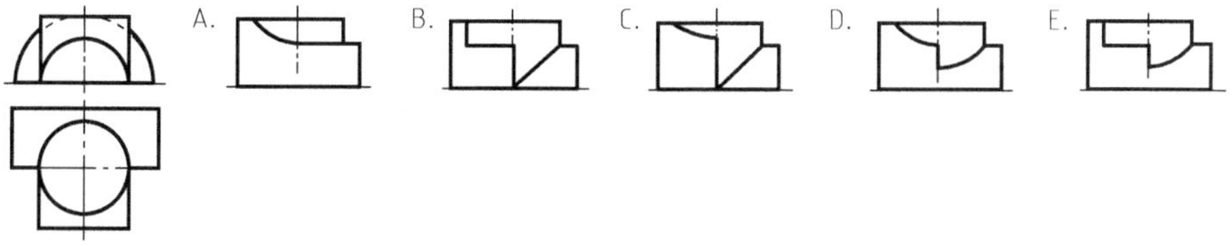

（2） 正确的左视图是____。

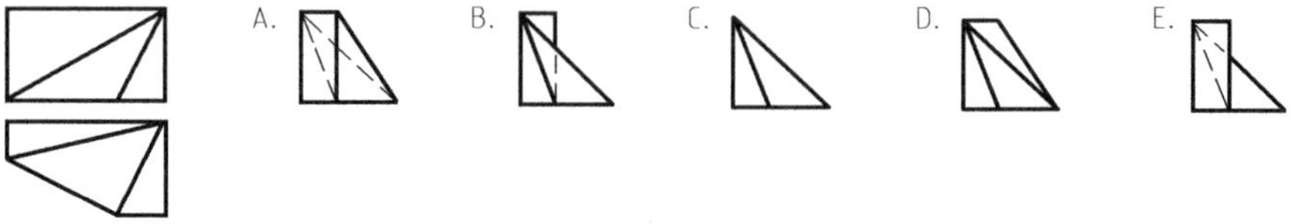

（3）正确的左视图是____。

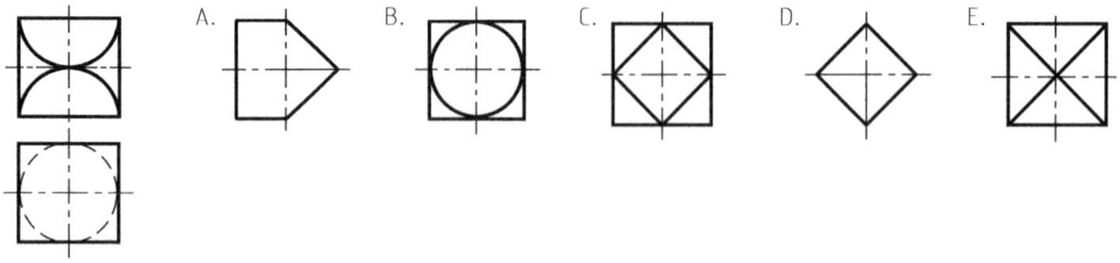

2. 根据给定的两视图，在指定位置补画立体的左视图。

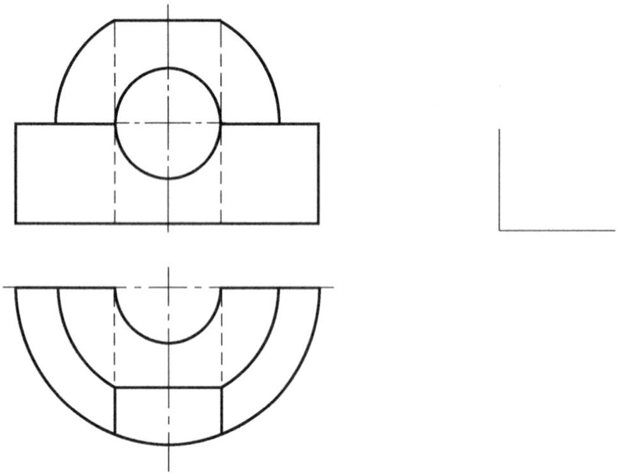

章末小结

1. 掌握基本立体的投影及表面取点（特殊点与一般点）的方法，这是求作截交线和相贯线的基础。

常用的取点方法有：积聚性法、辅助素线法和辅助圆法。

2. 在立体表面的截交线求解中，要重点掌握作图方法与步骤。

（1）空间分析　分析截平面与被截立体的相对位置，以确定截交线的形状。

（2）投影分析　分析截平面与被截立体对投影面的相对位置，以确定截交线的投影特性。

（3）求截交线　当截交线的投影为非圆曲线时，要先找特殊点，并确定范围。再补充一般点，确定凹凸趋势，最后光滑连接各点得到截交线的投影。

（4）多截平面求解　当立体被多个截平面截切时，要对截平面逐个进行截交线的分析与作图。当只有局部被截切时，先按整体被截切求出截交线投影，然后求取局部投影。

3. 在立体表面的相贯线求解中，要重点掌握作图方法与步骤。

（1）空间分析　分析相交两立体的表面形状、形体大小及相对位置，判断截交线的形状和可见性。

（2）投影分析　分析是否有积聚性投影，找出相贯线的已知投影，判断未知投影，从而选择解题方法（积聚性取点法、辅助平面法、辅助球面法）。

（3）作图　首先找特殊点，特殊点包括最上、最下、最左、最右、最前、最后点，以及投影面转向轮廓线上的点等，然后补充若干一般点的投影，最后判断可见性并光滑连接各点。

复习思考题

1. 当截平面垂直于投影面时，怎样求作平面立体的截交线？
2. 用辅助平面法作两回转体交线的基本原理是什么？如何适当地选择辅助平面的位置？
3. 比较用积聚性取点法与辅助平面法求相贯线投影的区别。
4. 比较用辅助球面法与辅助平面法求相贯线投影的区别。
5. 有人说“截交线是相贯线的特例”，这种说法对吗？
6. 做作业时，是先定性分析还是先求点连线？
7. 从你的周围物体中找全各类立体，并分析它们的投影特性。
8. 比较棱柱和棱锥的投影及表面取点方法。
9. 比较几种常见回转体的投影及表面取点方法。
10. 如何根据曲面投影的外形轮廓线判别其可见性？
11. 在圆锥表面上取点，有几种作图方法？
12. 过圆球面上一点在圆球面上能作几个圆？其中过该点且与投影面垂直的圆有几个？

第4章

组 合 体

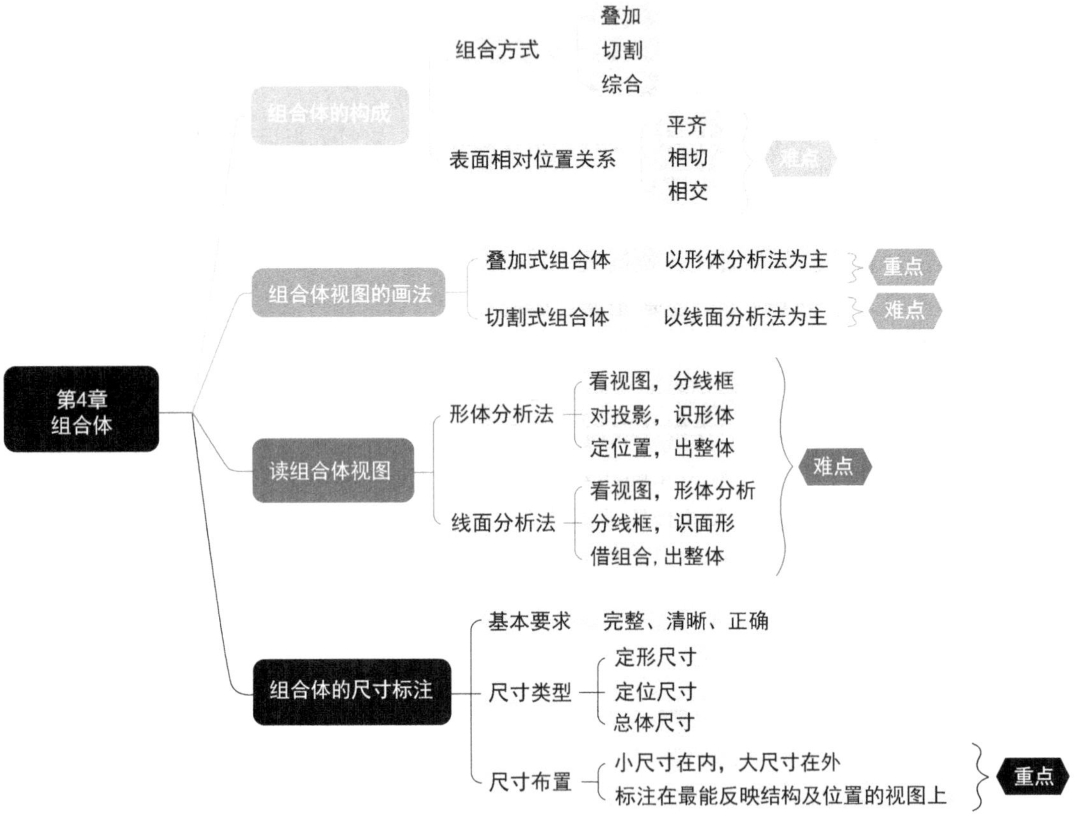

4.1 组合体的构成

4.1.1 组合体的组合方式

由基本立体（棱柱、棱锥、圆柱、圆锥、圆球、圆环等）通过叠加和挖切组合而成的立体称为组合体。按组合体中各基本立体组合时的相对位置关系及形状特征，可将组合体的组合方式分为叠加、切割和综合三种。

1）叠加：由各基本立体相互堆积、叠加而形成的组合体，如图 4-1a 所示。

2）切割：从较大基本立体中挖切出较小立体而形成的组合体，如图 4-1b 所示。

3）综合：既有叠加又有切割的组合体称为综合型的组合体，如图 4-1c、d 所示。

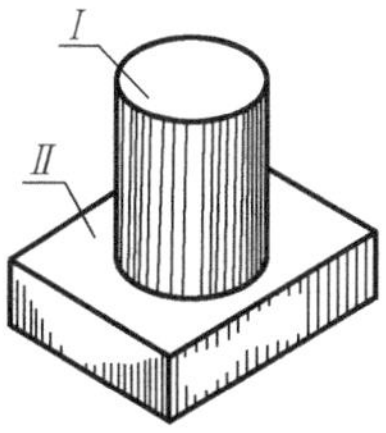

a)

互动模型

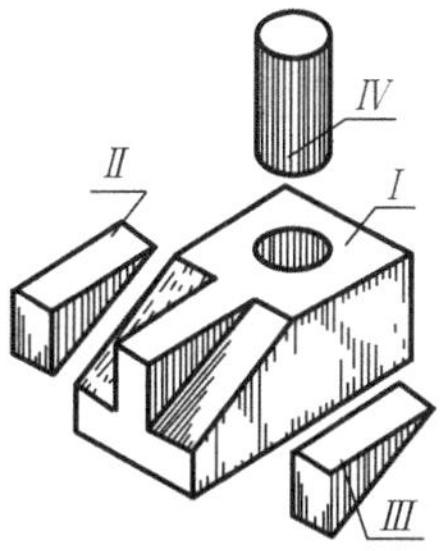

b)

互动模型

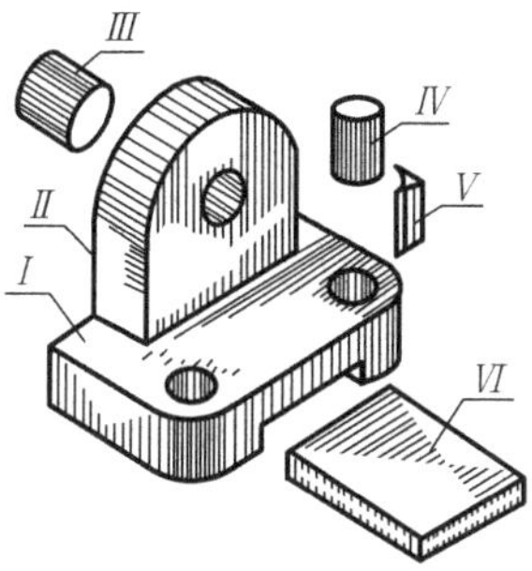

c)

互动模型

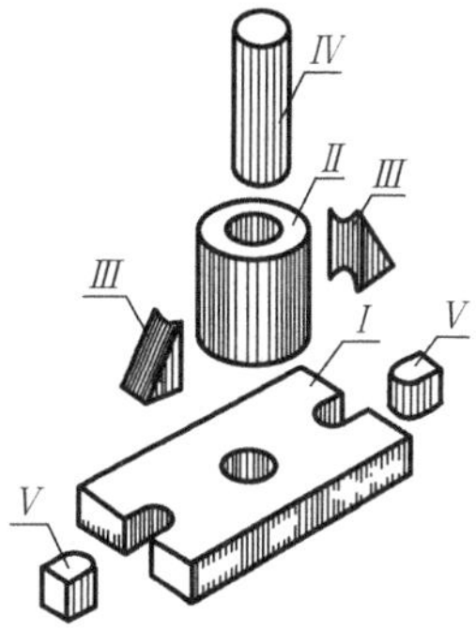

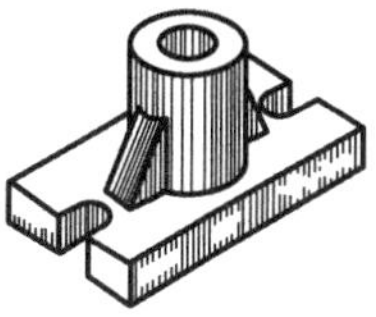

d)

互动模型

图 4-1　组合体的组合方式

a）叠加　b）切割　c）、d）综合

4.1.2　组合体相邻表面的相对位置关系

无论以何种方式构成组合体，其基本立体的相邻表面都存在一定的相互关系。一般可分为平齐、相切和相交等情况。

1）平齐：相邻两立体的表面互相平齐连成一个平面，即共面，因而视图上两立体连接处没有界线，如图 4-2 所示。如果两表面不平齐（相交），连接处有交线，则必须画出它们的分界线，如图 4-3 所示。

2）相切：两立体表面相切时，其相切处圆滑过渡，无分界线，故在视图上相切处不应画线，如图 4-4 所示。对相切构成的表面，当该表面垂直于投影面时，在该投影面上要画出该表面轮廓的投影，否则不应画出，如图 4-5 所示。但是应注意，圆角过渡形成的过渡线的投影应用细实线画出。

3）相交：如果两立体的表面彼此相交，则称其为相交关系。相交处有交线，表面交线是它们的表面分界线，必须画出它们交线的投影，如图 4-6 所示。

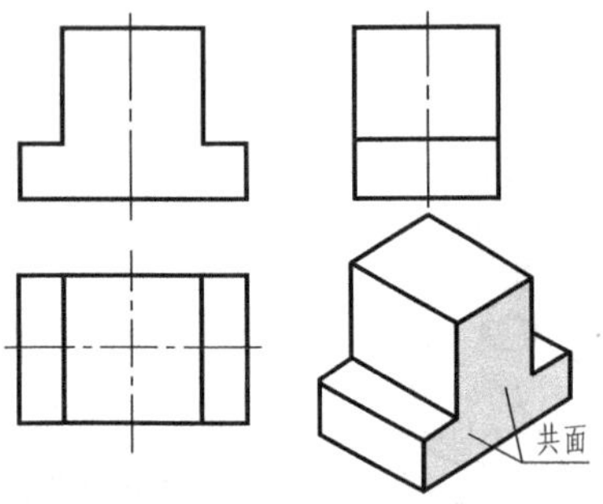

图 4-2　立体间表面平齐的画法

图 4-2 互动模型

图 4-3 互动模型

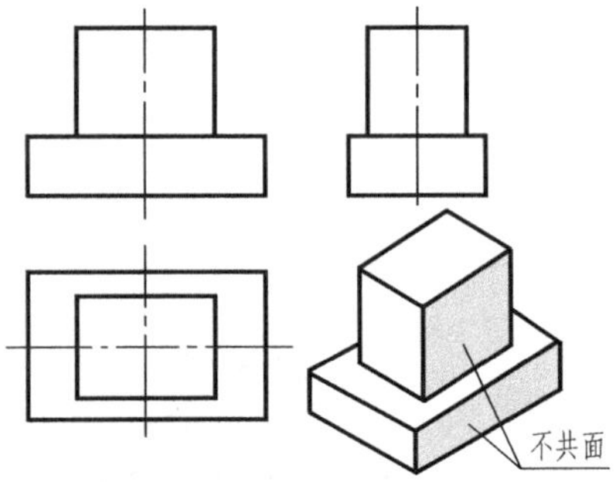

图 4-3　立体间表面不平齐的画法

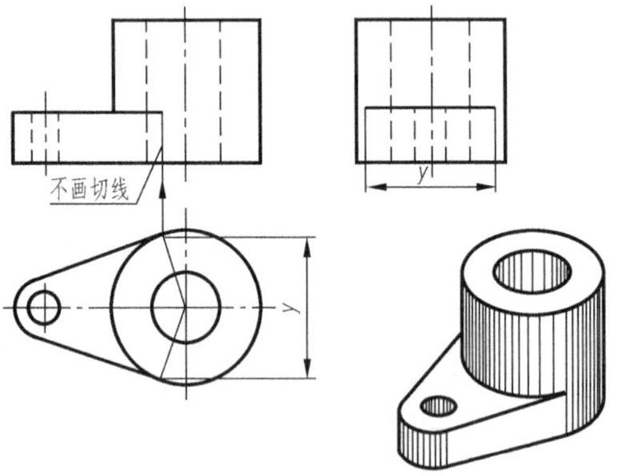

互动模型

图 4-4　立体间表面相切的画法

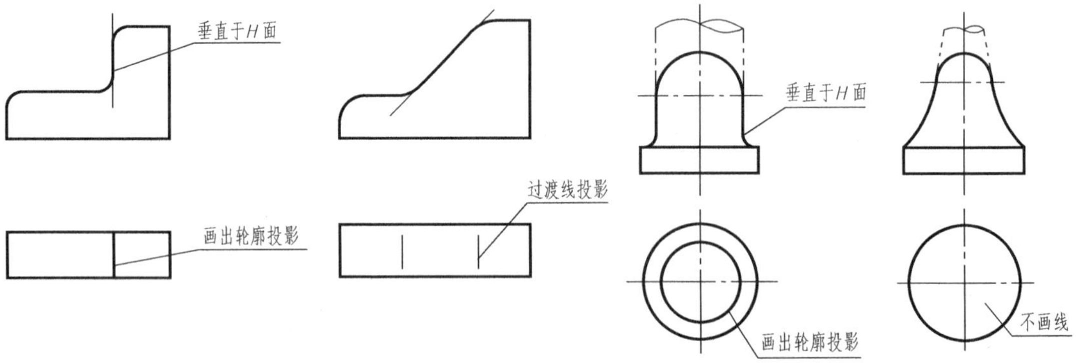

a)　b)　c)　d)

图 4-5　立体间相切形成表面的画法

提示： 区分图 4-6 与图 4-4 所示的画法，在读图时可根据立体间的表面关系分析形体结构。

以上三种表面之间的关系可以概括为三句话，即共面消失、相切无线、交必有线（截交线或相贯线）。

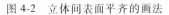

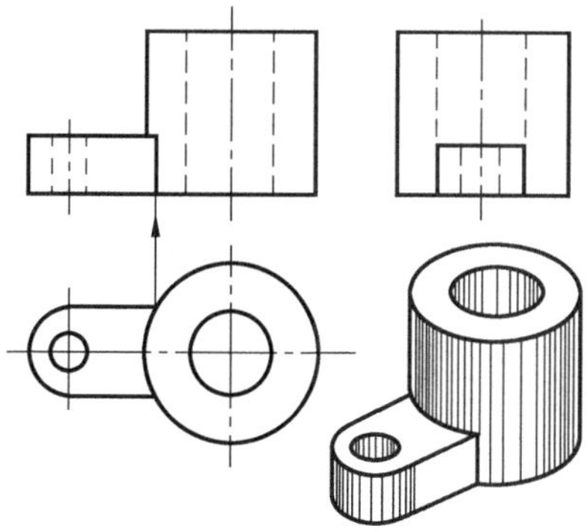

互动模型

图 4-6　形体间表面相交的画法

4.2　组合体视图的画法

组合体的形状是多种多样的，但从形体的角度来分析，任何复杂的组合体都可以分解为若干个简单的基本几何体。因此，画图时必须首先假想地把组合体分解成若干部分，分清它们的形状、组合方式和相对位置，分析它们的表面连接关系及投影特性，从而进行画图、读图或尺寸标注等工作，以完成组合体的视图。

4.2.1　叠加式组合体的视图画法

叠加式组合体主要采用形体分析法绘制视图。假想将一个复杂的组合体分解成若干个基本立体，分析这些基本立体的形状、组合方式及它们的相对位置关系，以便于进行画图、读图和标注尺寸，这种分析组合体的方法称为**形体分析法**。

如图 4-7a 所示的轴承座，其组合方式以叠加为主，下面以该轴承座为例具体说明叠加式组合体三视图的作图过程。

1. 形体分析

画组合体视图之前，应对组合体进行形体分析，了解组成组合体的各基本立体的形状、组合方式、相对位置及其在某方向上是否对称等，以便把握组合体的整体形状，为三视图作图做好准备。

1）分析组合体是由哪些简单的基本几何体组成。轴承座可看作由 4 个基本立体组成：底板、支撑板、肋板和套筒，各基本立体形状如图 4-7b 所示。

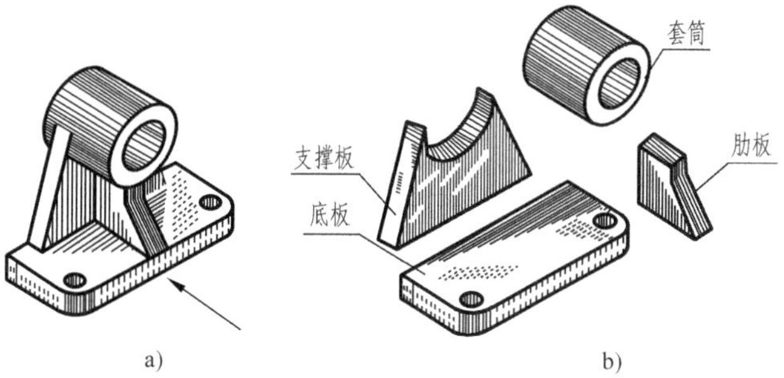

互动模型

图 4-7　轴承座

2）分析各基本几何体之间按什么方式组合及相对位置关系如何。支撑板叠放在底板上，它们的后表面平齐；支撑板的上部支撑在套筒下侧，其两侧面与外圆柱面相切，它们的后表面不平齐；肋板居中叠放在底板上，后面与支撑板截交，而肋板的上部支撑在套筒下侧，两侧面与外圆柱面相交。

3）分析组合体的结构对称性。轴承座的总体结构左右对称。

2. 选择主视图

主视图是三视图中最重要的视图，主视图选择得恰当与否，直接影响组合体视图表达是否清晰。一般按如下原则选择主视图。

1）组合体应按自然位置放置，即保持组合体自然稳定的位置。

2）主视图应较多地反映出组合体的结构形状特征及各部分之间的相对位置关系，即把反映组合体的各基本几何体和它们之间相对位置关系最多的方向作为主视图的投射方向。

3）在主视图中尽量少产生虚线，即在选择组合体的安放位置和投射方向时，要同时考虑各视图中，不可见部分最少，以尽量减少各视图中的虚线。

3. 画图方法和步骤

正确的画图方法和步骤是保证绘图质量和提高绘图效率的关键。一般应按如下方法绘制三视图。

1）在画组合体的三视图时，应分清组合体上结构形状的主次，先画主要部分，后画次要部分。

2）在画每一部分的图形时，要先画最能反映该部分形状特性的视图，后画其他视图。

3）要严格按照投影关系，将 3 个视图配合起来逐个画出每一组成部分的投影，当主视图确定了，其他视图也就随之确定了。切忌画完一个视图，再画另一个视图。

具体作图步骤如下。

1）根据组合体的大小和组合的复杂程度，选择适当的比例和图纸幅面。

2）为了在图纸上均匀布置视图，应根据实物的总长、总宽、总高首先确定好各视图的主要轴线、对称中心线、尺寸基准线或其他定位线，如图 4-8a 所示。

3）画底稿。根据以上形体分析的结果，逐步画出各基本几何体的三视图，如图 4-8b ~ d 所示。画图时，要先用细实线清晰地画出各视图的底稿。画底稿的顺序如下。

① 先画主要形体，后画次要形体。

② 先画外形轮廓，后画内部细节。

③ 先画可见部分，后画不可见部分。对称中心线和轴线用细点画线直接画出，不可见部分的细虚线也可直接画出。

4）标注尺寸。画完底稿后，可标注出组合体的定形尺寸和定位尺寸。

5）检查、描深，完成全图，如图 4-8e 所示。

4.2.2 切割式组合体的视图画法

画切割式组合体，一般按照先整体后切割的原则，首先画出完整基本体的三视图，再依次画出被切割部分的视图，其画法与叠加式组合体有所不同。一般是在形体分析的基础上，运用线、面的空间性质和投影规律，分析形体表面的投影，以便于进行画图、读图和标注尺寸，这种分析组合体的方法称为线面分析法。

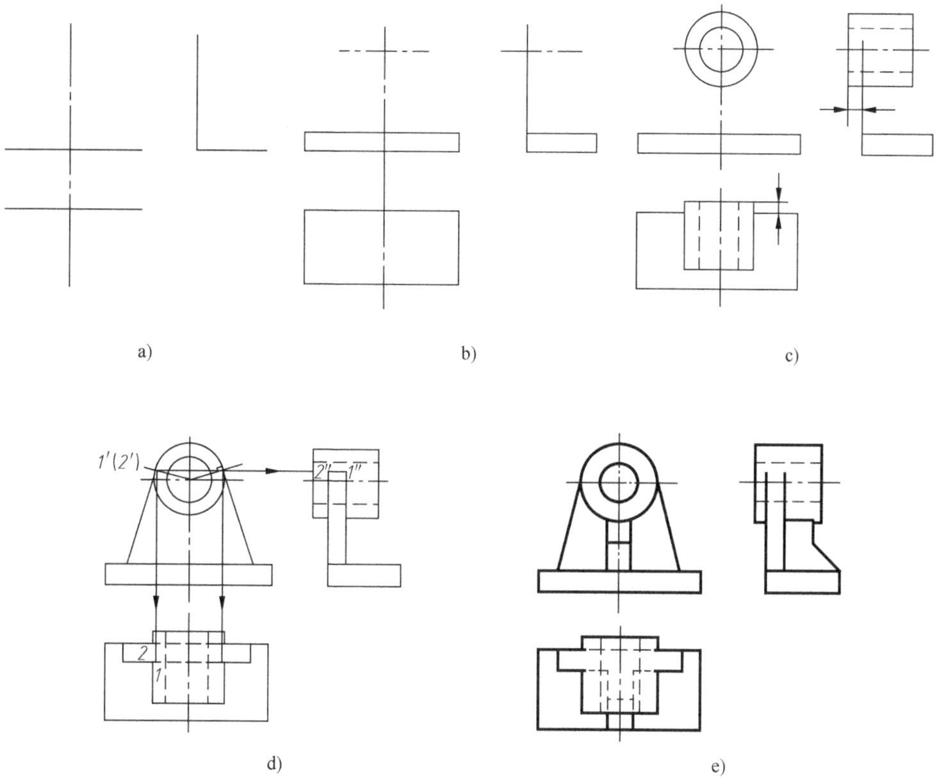

图 4-8　画轴承座三视图的步骤

a）画轴线、对称中心线和尺寸基准线　b）画底板三视图　c）画套筒三视图

d）画支承板三视图　e）组合体三视图

1. 线面分析

图 4-9 所示为机床铣刀拉杆上部的楔块，可以看作是由四棱柱 *Ⅰ* 切去基本立体 *Ⅱ*、*Ⅲ* 后形成的。该楔块的特点是斜面较多，画图时，应在如上形体分析的基础上，用线面分析法分析该组合体切割前、被截平面截切后的形状位置特征，然后对主要截平面所形成的截交线进行线面分析，逐个画出每个切口的三视图。

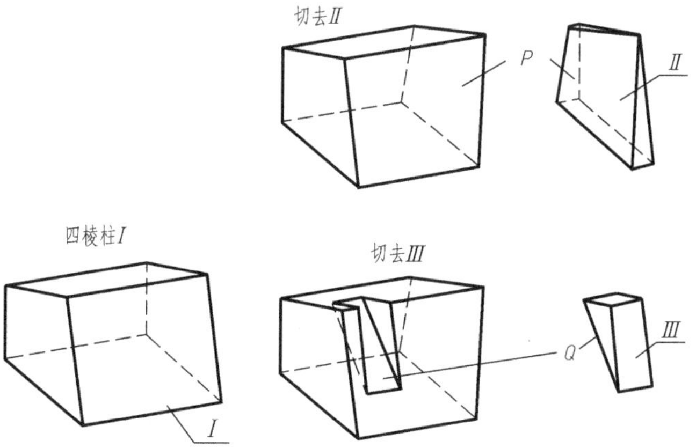

图 4-9　楔块

互动模型

2. 画图方法和步骤

作图时，应注意线型的变化，并从具有积聚性或反映形状特征最明显的视图画起。主要画图步骤如下。

1）根据组合体的大小和组合的复杂程度，选择适当的比例和图纸幅面。

2）为了在图纸上均匀布置视图的位置，根据实物的总长、总宽、总高首先确定好各视图的主要轴线、对称中心线、尺寸基准线或其他定位线。

3）画底稿。

① 先画出未切割的四棱柱 *I* 的三视图，如图 4-10a 所示。

② 四棱柱 *I* 切去基本立体 *Ⅱ* 可看作四棱柱 *I* 被正垂面 *P* 截切，结合正垂面的投影特点（一斜线两类似形），其正面投影为一斜线，另两面投影为类似的四边形，如图 4-10b 所示。

③ 基本立体切去 *Ⅲ* 可看做被侧垂面 *Q* 截切，也符合侧垂面的投影特性（一斜线两类似形），具体画图步骤如图 4-10c 所示。

4）检查、描深，完成全图，如图 4-10d 所示。

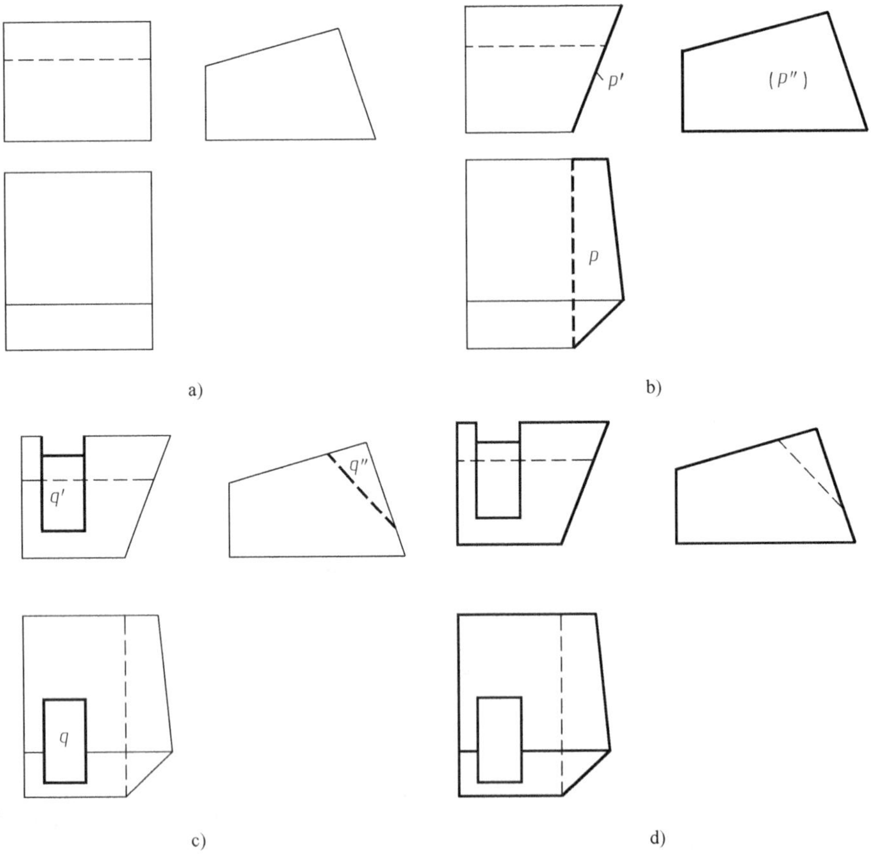

图 4-10　楔块的画图步骤

a）画出四棱柱 *I* 的三视图　b）切去基本立体 *Ⅱ*，分析截平面 *P* 投影

c）切去基本立体 *Ⅲ*，分析截平面 *Q* 投影　d）整理图样

4.3 读组合体视图

4.3.1 读图的基本知识

读图是画图的逆过程，它既能训练空间想象能力，又能提高投影的分析能力。4.2 节所学的画图知识是读图的基础。读图时应根据已知的视图，运用投影原理和三视图投影规律，正确分析视图中的每条图线、每个线框所表示的投影含义，综合想象出组合体的空间形状。

1. 视图中线框的含义

1）平面：如图 4-11a 所示，主视图下部的矩形线框 $a'(b')$ 对应俯视图中的投影线 a、b，所以这个线框表示组合体下部六棱柱可见的前棱面 A 和不可见的后棱面 B。

2）曲面：如图 4-11b 所示，主视图上部的封闭线框 e' 表示组合体上部的圆柱面 E。

3）通孔、凹槽或凸台：如图 4-11c 所示，主视图中的矩形线框 f' 和俯视图中的小圆线框 f 表示组合体中间的圆柱形通孔；如图 4-11d 所示，主视图中的矩形线框 g' 对应俯视图中的三段直线段构成的图线 g，表示圆柱前部的凹槽。

4）平面与曲面相切形成的表面：如图 4-11e 所示，主视图中的矩形线框 h' 对应俯视图中间的封闭线框 h，表示组合体上部平面与曲面相切形成的表面。

2. 视图中图线的含义

1）单一面（平面或曲面）的投影：如图 4-11a 所示，俯视图中的图线 a 对应主视图中的线框 a'，表示六棱柱前棱面 A 的有积聚性的投影。

2）两面的交线：如图 4-11a 所示，主视图中的图线 i' 对应俯视图中积聚成一点的 i，表示六棱柱的右前和右后棱面的交线——棱线 I 的投影。

3）曲面的转向轮廓线：如图 4-11b 所示，主视图中的图线 j' 对应俯视图中圆线框的最左点 j，表示圆柱面的转向轮廓线 J 的正面投影。

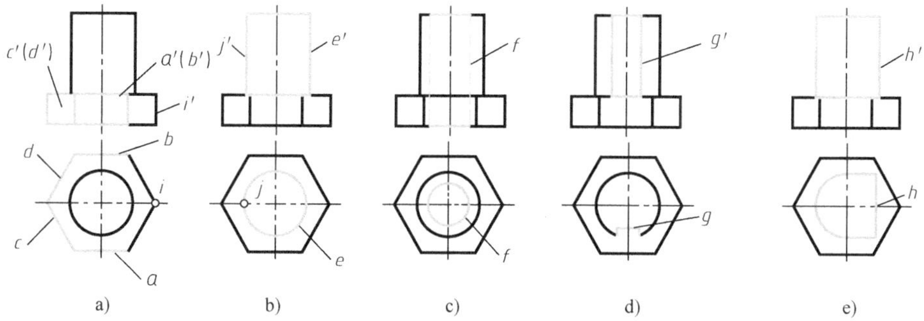

图 4-11　线框和线的含义

3. 读图的基本要领

1）要几个视图联系起来看。一般情况下，一两个视图不能完全确定立体的形状，如图 4-12 所示。因此读图时，需要把几个视图联系起来分析，才能明确立体的形状。

2）要从反映形体特征最明显的视图看起。读图时，必须要找到最能反映立体形状特征和位置特征的视图。

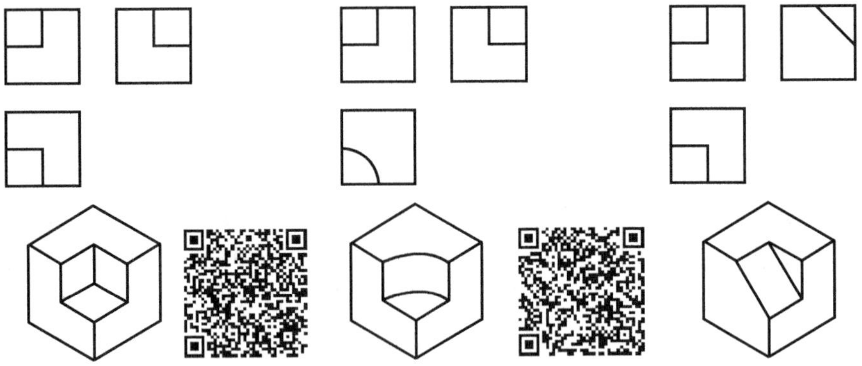

a)　　互动模型　　b)　　互动模型　　c)　　互动模型

图 4-12　几个主视图相同的立体

形状特征视图：所谓形状特征视图，就是指最能反映形状特征的那个视图。如图 4-13a 所示，俯视图反映立体形状最明显，它是形状特征视图。只要与主视图联系起来看，就可想象出立体的形状，如图 4-13b 所示。

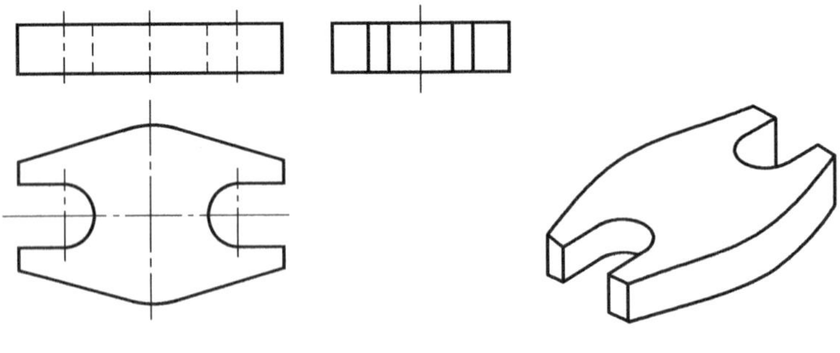

a)　　b)　　互动模型

图 4-13　从形状特征视图看起

位置特征视图：所谓位置特征视图，就是指最能反映物体位置特征的那个视图。如图 4-14 所示，单看主视图难以确定 $1'$ 和 $2'$ 两部分哪个凸起、哪个凹陷，同样也难以从俯视

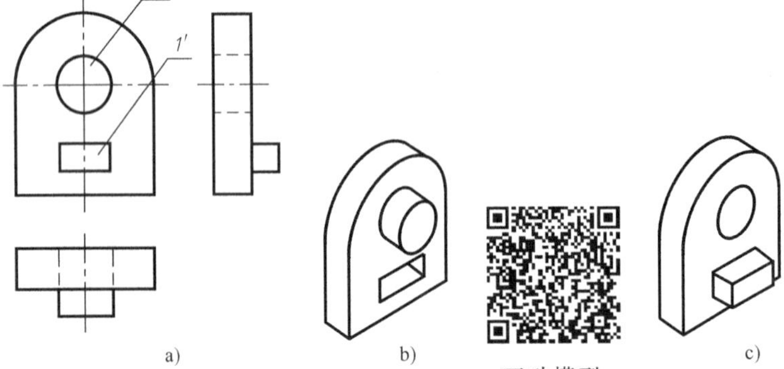

a)　　b)　　互动模型　　c)　　互动模型

图 4-14　从位置特征视图看起

图上确定，而左视图明显反映了位置特征。将主、左视图联系起来看形体和位置特征，就可以唯一确定立体的形状。

3）要注意视图中反映实体间联系的图线。借助视图中图线、线框的可见性，判断投影重合形体的相对位置，如图 4-15 所示。

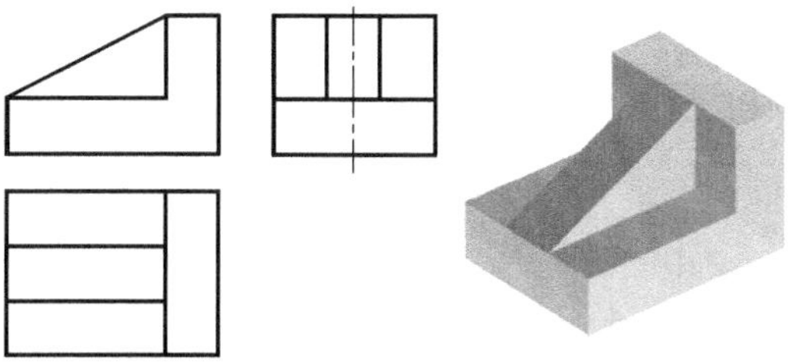

a)

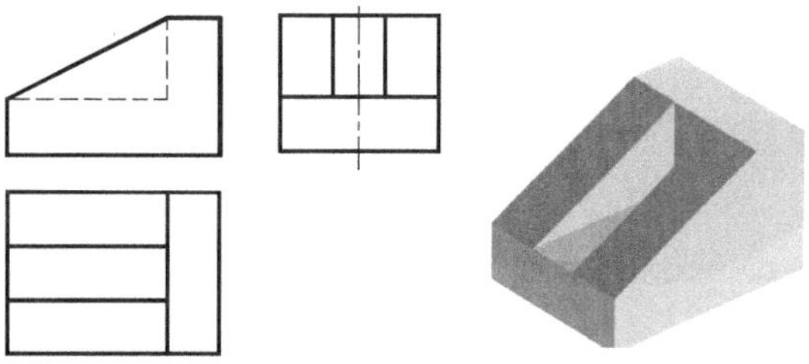

b)

互动模型

互动模型

图 4-15　借助图线可见性判断形体的相对位置

4.3.2　读图的基本方法

1. 形体分析法（适用于快速读懂总体形状）

根据组合体的视图，从图样中识别出各个基本立体，再确定它们的组合形式及相对位置，综合想象出整体形状。

（1）形体分析法读图的步骤

1）**看视图，分线框**。从主视图入手，按照投影规律，几个视图联系起来看，把组合体大致分成几部分。

2）**对投影，识形体**。根据投影关系，逐个找到与各基本立体主视图相对应的俯视图和左视图，想象各基本立体的形状。

3）**定位置，出整体**。在看清每个视图的基础上，再根据整体的三视图，找出它们之间的组合方式与相对位置关系，逐渐想出整体的形状。

（2）形体分析法读图示例

【例 4-1】　读如图 4-16a 所示组合体三视图，想象出该立体的整体形状。

读图：

1）看视图，分线框。根据投影关系，把视图中的线框分为三个部分，如图 4-16a 所示。

2）对投影，识形体。左视图的 $1''$ 较明显地反映出形体 *Ⅰ* 的形状特征，主视图中的 $2'$、$3'$ 分别较明显地反映出形体 *Ⅱ*、*Ⅲ* 的形状特征。所以，分别从它们的形状特征视图出发，想象各部分的形状，如图 4-16b～d 所示。

3）定位置，出整体。从视图中可以看出，形体 *Ⅱ* 在形体 *Ⅰ* 上方，左右对称，后表面平齐。形体 *Ⅲ* 两块对称分布，在形体 *Ⅰ* 的上方，与形体 *Ⅱ* 的左、右侧面接触，后表面平齐。从而综合想象出该组合体的整体形状，如图 4-16e、f 所示。

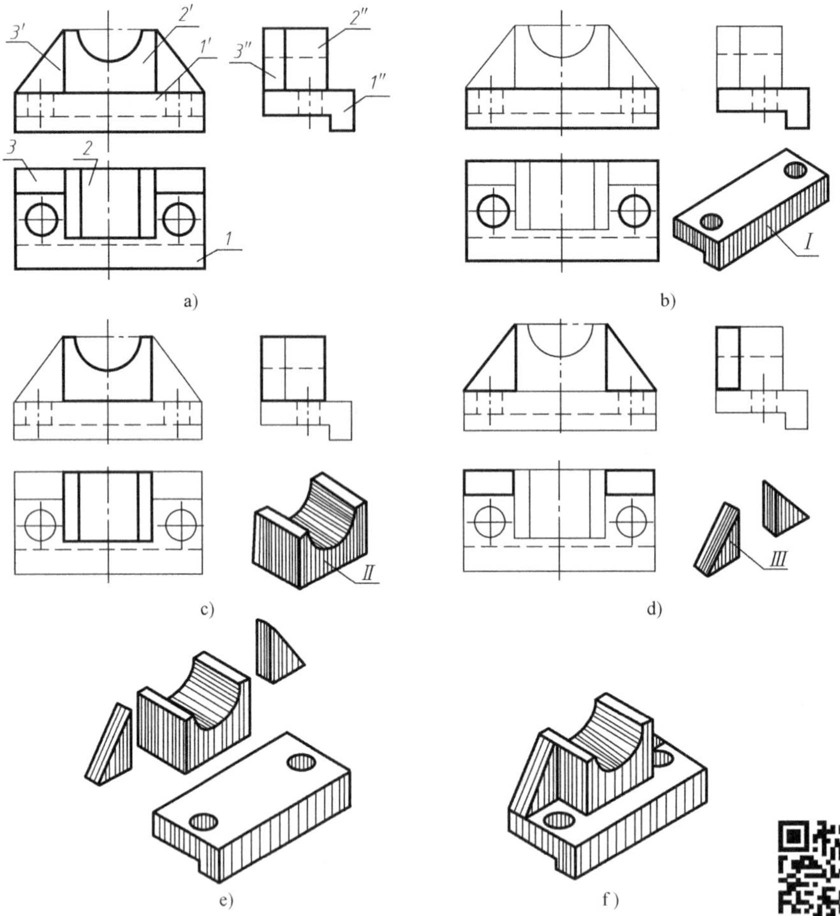

图 4-16　例 4-1 读组合体三视图

a）组合体三视图　b）想象Ⅰ部分　c）想象Ⅱ部分

d）想象Ⅲ部分　e）各部分立体图　f）整体立体图

互动模型

【例 4-2】 读如图 4-17 所示组合体三视图，想象出该立体的整体形状。

读图：

1）看视图分线框。从主视图来看，有四个封闭的粗实线线框，把整体分成Ⅰ、Ⅱ、Ⅲ、Ⅳ四部分，如图 4-17 所示。

2）对投影，识形体。利用投影规律，找出各个部分的三视图，判断形状。Ⅰ部分是一个四棱柱底板，从俯视图可进一步知道底板四周有圆角，也可看出两个圆孔及其分布位置，如图 4-18a 所示。Ⅱ部分是三棱柱形肋板，它与底板及Ⅲ部分前后对称连接，如图 4-18b 所示。Ⅲ部分由两

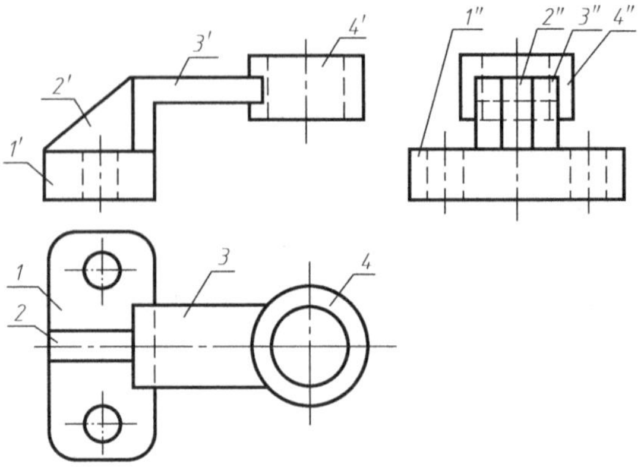

图 4-17　例 4-2 组合体的三视图

块宽度相等的四棱柱板垂直叠加，并在右端挖去部分圆柱面而得到的连接板，它与底板的右端平齐，前后对称连接，如图 4-18c 所示。Ⅳ部分是空心圆柱体，从主、俯视图可知，它与连接板上下居中、前后对称连接，如图 4-18d 所示。

3）定位置，出整体。从三视图分析，这四部分都是叠加式组合形式。肋板、连接板、空心圆柱体均前后对称地叠放在底板的前后对称平面上，连接板与空心圆柱体外表面是平面与圆柱面相交的关系。通过以上分析，综合起来就可想象出整体形状，如图 4-18e 所示。

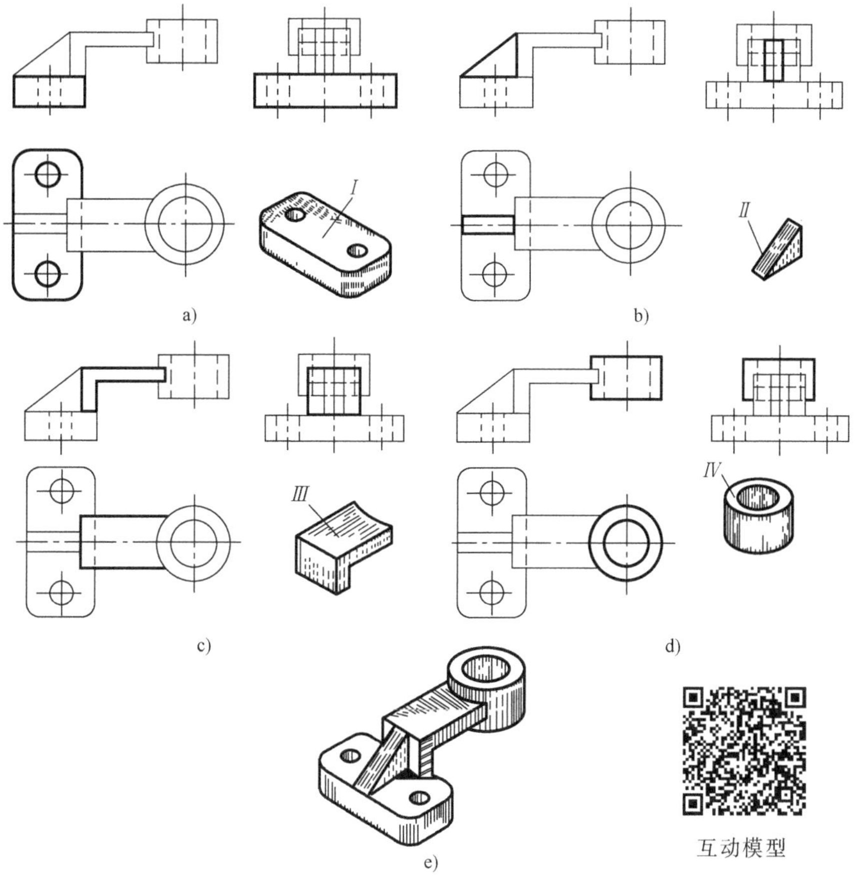

图 4-18　例 4-2 读组合体三视图

a）想象Ⅰ部分　b）想象Ⅱ部分　c）想象Ⅲ部分　d）想象Ⅳ部分　e）整体立体图

2. 线面分析法（适合于攻坚克难）

对较复杂的组合体，除用形体分析法分析整体外，往往还要对一些局部采用线面分析法读图。用线面分析法读图，就是把组合体看作由若干个平面或平面与曲面围成的立体，面与面之间常存在交线，利用线面的投影特征，确定立体表面的形状和相对位置，从而想象出组合体的整体形状。

在三视图中，面的投影特征是：凡“一框对两线”，则表示投影面平行面；凡“一线对两框”，则表示投影面垂直面；凡“三框相对应”，则表示一般位置平面。

要善于利用线面投影的真实性、积聚性和类似性。读图时，应遵循“形体分析为主，线面分析为辅”的原则。

（1）线面分析法读图的步骤

1）**看视图，析形体**。根据视图分析基本立体的形状。

2）**分线框，识面形**。在一个视图上划分线框，然后利用投影规律，找出每一个线框在另两个视图中对应的线框或图线，从而分析出每一个线框所表示表面的空间形状和相对位置。

3）**借组合，出整体**。借助空间平面的相互组合，想象出立体的整体形状。

（2）线面分析法读图示例

【例 4-3】 读如图 4-19 所示压块三视图，想象出该立体的整体形状。

读图：

1）看视图，析形体。将压块三视图的缺角补齐，可知其三视图的基本轮廓都是矩形，说明该压块是由四棱柱切割而成的，如图 4-20a 所示。

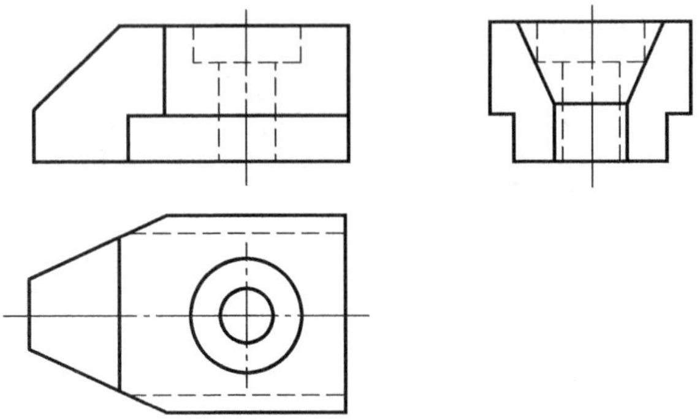

图 4-19　例 4-3 压块三视图

2）分线框，识面形。如图 4-20b 所示，从主视图斜线 *1′* 出发，在俯、左视图中找出与之对应的线框 *1* 与 *1″*，由此可知，*Ⅰ* 面是正垂面，棱柱被正垂面 *Ⅰ* 切掉一角。同理，棱柱又被前后对称的铅垂面 *Ⅱ* 截切，如图 4-20c 所示；被前后对称的正平面 *Ⅲ* 和水平面 *Ⅳ* 截切，如图 4-20d 所示。

3）借组合，出整体。配合三视图可知，压块中间部分被圆柱挖孔，综合想象可得压块的整体形状，如图 4-20e 所示。

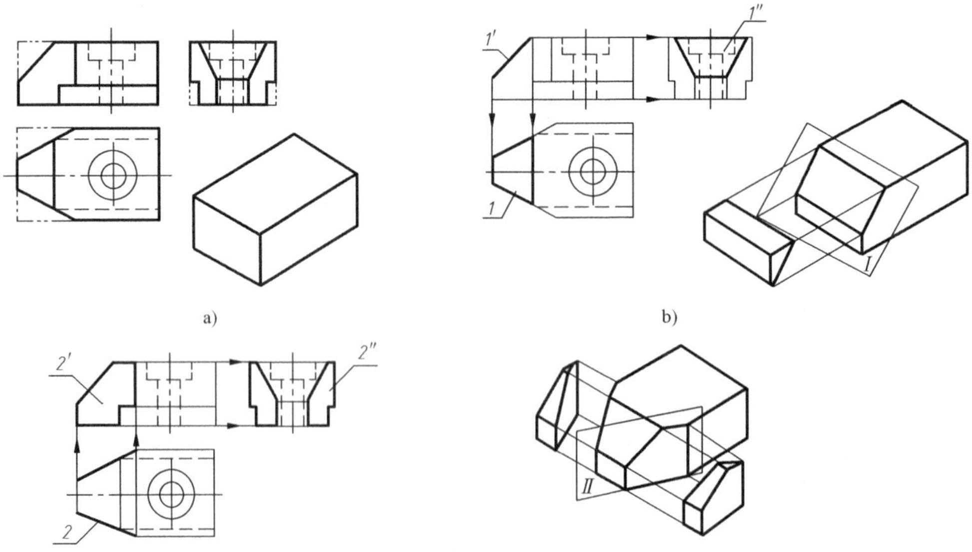

c)

图 4-20　例 4-3 读组合体三视图

a）补齐缺角得四棱柱　b）线面分析正垂面 *Ⅰ*　c）线面分析铅垂面 *Ⅱ*

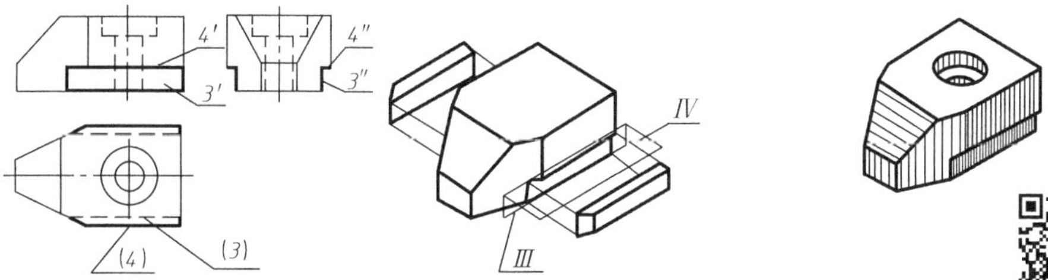

d) e)

互动模型

图 4-20 例 4-3 读组合体三视图（续）
d）线面分析正平面Ⅲ和水平面Ⅳ e）整体立体图

由例 4-1～例 4-3 可以看出，在读图时，对于叠加式组合体用形体分析法较为有效，而对于切割式组合体用线面分析法较为有效。

4.3.3 由两视图补画第三视图

由两视图补画第三视图是读图和画图的综合训练，也是提高读图能力的方法之一。一般应先读懂两视图并想象其形状，然后按投影规律画出第三视图。下面通过例子来说明其作图步骤。

【例 4-4】 已知图 4-21a 所示的主、俯视图，补画该立体的左视图。

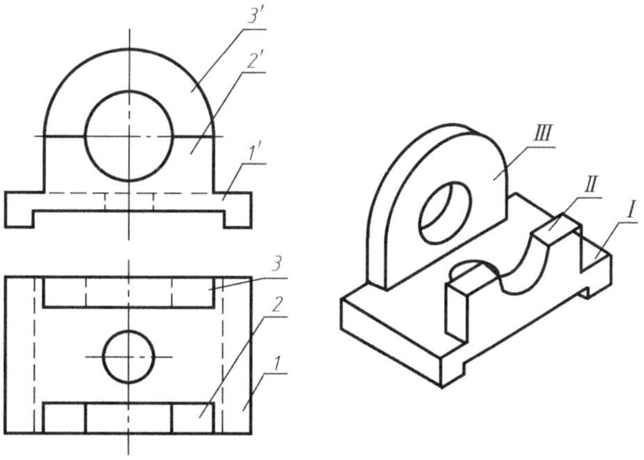

a) b)

互动模型

图 4-21 例 4-4 两视图和立体图
a）主、俯视图 b）立体图

作图：

1）读懂两视图并想象立体形状。

① 采用形体分析法，从主视图入手，配合俯视图一起分析，把整体分为Ⅰ、Ⅱ、Ⅲ三个部分。

② 分别想象出各部分和整体的形状，如图 4-21b 所示。

2）补画左视图。根据投影规律，分别画出各部分的左视图，具体画图步骤如图 4-22 所示。

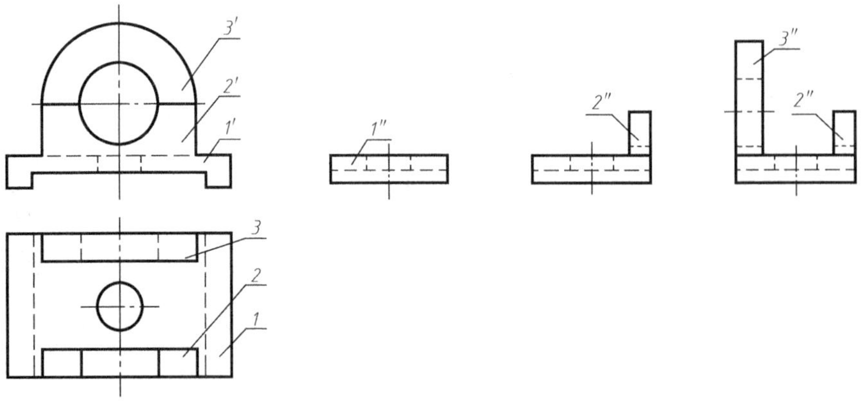

a) b) c) d)

图 4-22 例 4-4 补画左视图的步骤

a）主、俯视图 b）画 *I* 部分的左视图 c）画 *III* 部分的左视图 d）画 *II* 部分的左视图

4.3.4 补画视图中的漏线

补画漏线就是在已知的三视图中，补画视图中缺画、漏画的图线。首先，运用形体分析法，读懂三视图对应组合体的结构形状，然后仔细检查组合体的投影中是否有缺画、漏画的图线，最后将漏线补全。

【例 4-5】 补画图 4-23a 所示组合体三视图中所缺的图线。

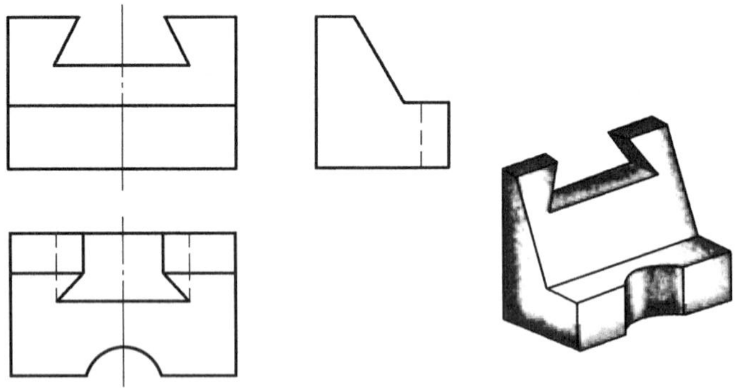

a) b)

图 4-23 例 4-5 补画组合体三视图中所缺的图线

a）已知主视图 b）立体图

分析： 读图 4-23a 所示组合体可以看出该立体是一个切割型组合体，该组合体在切割之前是一个长方体。从特征视图看起，主视图中有一个燕尾形缺口，表明该组合体上方切出了

一个沿前后方向的燕尾槽；左视图右上角是一个梯形缺口，表明组合体的前上侧被切去了一个四棱柱；俯视图下方有一个圆弧形缺口，表明组合体前下方被切去了圆柱的一部分。由此可想象出组合体的立体形状如图 4-23b 所示。

作图：

1）由主视图开始检查组合体上方燕尾槽在各视图中的图线，可以看到其在俯视图中已画出，在左视图中可根据“高平齐”投影规律画出。燕尾槽由一个水平面 Q 和两个左右对称的正垂面 Q 截切形成，水平面 Q 和正垂面 P 在左视图中均不可见，它们交线的投影也是平面 Q 积聚性的投影 q'' 画成虚线，如图 4-24a 所示。

2）由左视图检查组合体前上侧梯形缺口在各视图中的图线，可以看到其在主视图中已画出，在俯视图中可根据“宽相等”投影规律画出。梯形缺口由一个侧垂面 S 和一个水平面 R 截切形成，俯视图中漏画两截平面交线的投影，根据“宽相等”投影规律画出即可，如图 4-24b 所示。

3）由俯视图检查组合体前下方圆弧形缺口在各视图中的图线，可以看到其在左视图中已画出，在主视图中根据“长对正”投影规律画出即可，得到主视图中的投影 t' 是一矩形，如图 4-24c 所示。

4）检查描深，完成全图，如图 4-24d 所示。

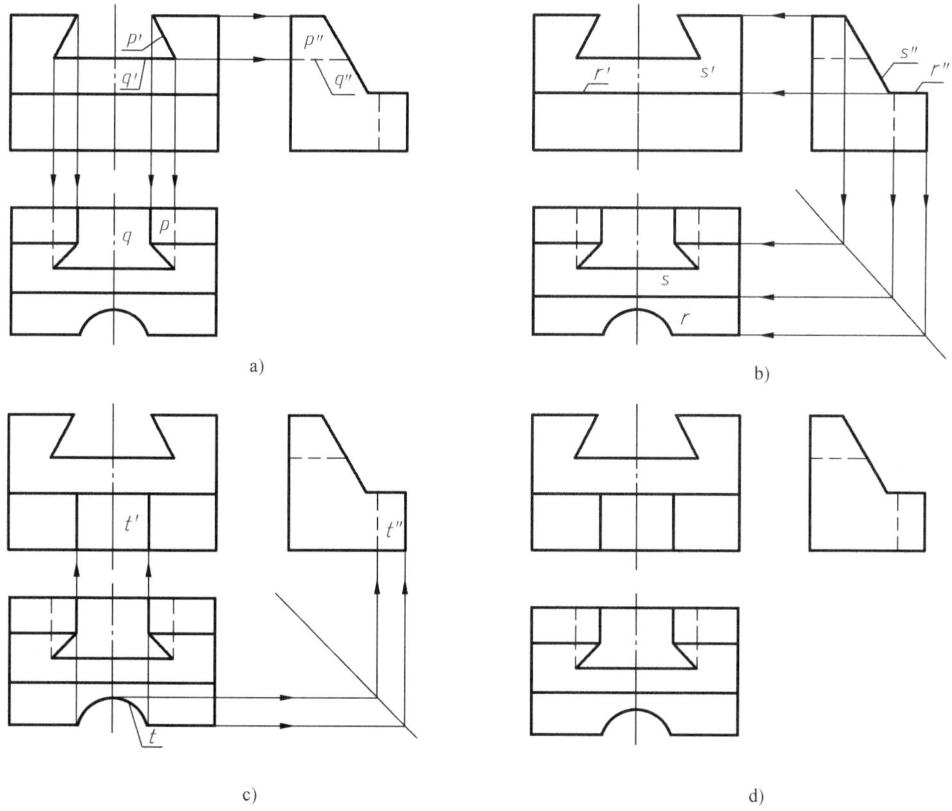

图 4-24　例 4-5 补画组合体三视图中所缺图线的步骤

a）检查补画燕尾槽图线　b）检查补画梯形缺口图线　c）检查补画圆弧形切口图线　d）检查描深，完成全图

4.4 组合体的尺寸标注

组合体的形状和结构由它的视图来反映，而其真实大小及各部分之间的相对位置则由所标注的尺寸来确定。工程实际中，零件的加工也是按照图样中标注的尺寸来进行的。因此，标注尺寸应满足如下基本要求。

1）**完整**：所标注的尺寸必须能完全确定组合体的大小、形状及相对位置关系，不遗漏，不重复。

2）**正确**：所标注的尺寸要正确无误，注法要符合国家标准《机械制图》中的相关规定。

3）**清晰**：尺寸的布置要整齐清晰，便于读图。

4.4.1 基本几何体的尺寸标注

基本几何体的尺寸标注是组合体尺寸标注的基础。

1. 平面立体和回转体的尺寸标注

一般平面立体要标注长、宽、高三个方向的尺寸；回转体要标注径向和轴向两个方向的尺寸，并加上尺寸符号（如直径符号“ϕ”或“$S\phi$”）。对圆柱、圆锥、圆球、圆环等回转体，一般在非圆视图上标注带有直径符号的直径和轴向尺寸，就能确定它们的形状和大小，其余视图可省略不画。带有小括号的尺寸为参考尺寸，具体标注样式如图 4-25 所示。

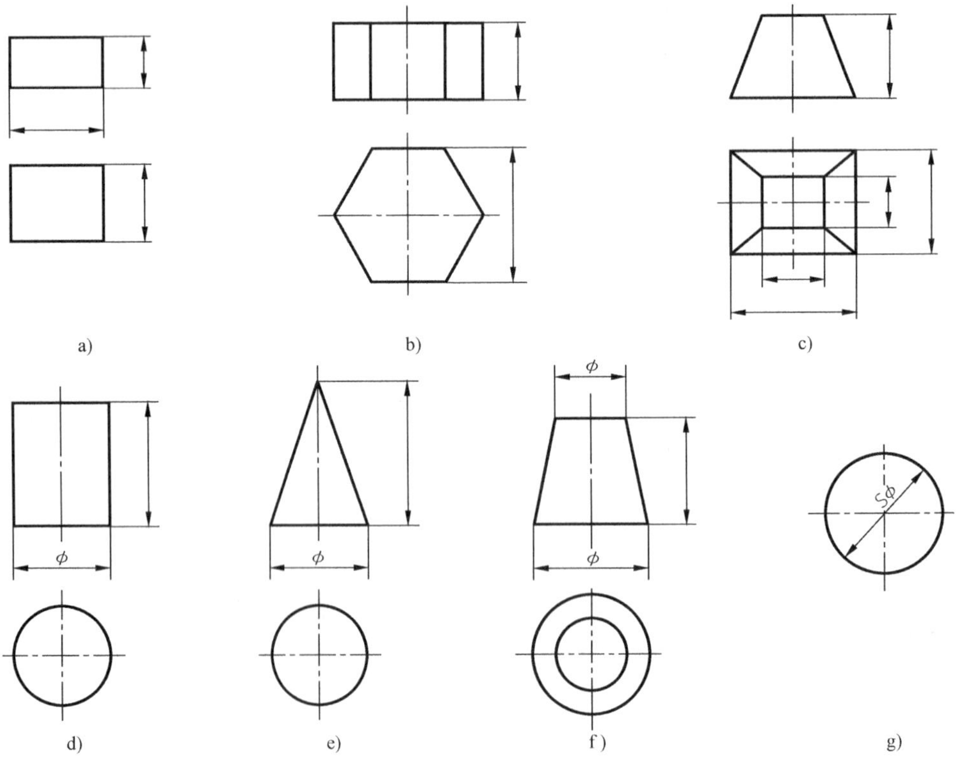

图 4-25 基本几何体的尺寸标注

a）四棱柱 b）六棱柱 c）四棱台 d）圆柱 e）圆锥 f）圆锥台 g）圆球

2. 切割体和相贯体的尺寸标注

基本几何体被截切（或两基本立体相贯）的尺寸标注，除了需标注基本几何体的尺寸大小外，还应标注截平面（或相贯两立体之间）的定位尺寸，不应直接标注截交线（或相贯线）的大小尺寸。因为截平面与基本几何体（或相贯两立体）的位置确定之后，截交线（或相贯线）的形状和大小自然就确定了，若再标注其尺寸，则属于错误尺寸，如图 4-26、图 4-27 所示。

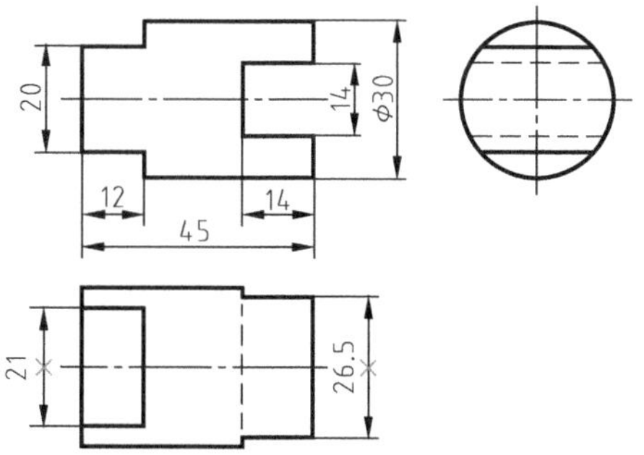

图 4-26　切割体的尺寸标注

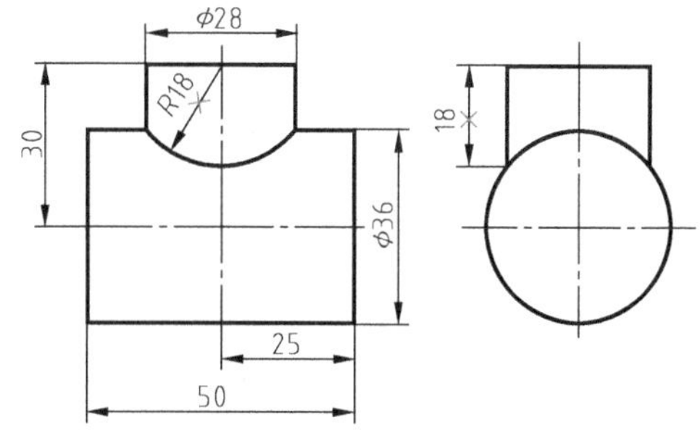

图 4-27　相贯体的尺寸标注

3. 尺寸注法举例

以常见的平板式机件为例，其尺寸标注方法如图 4-28 所示。

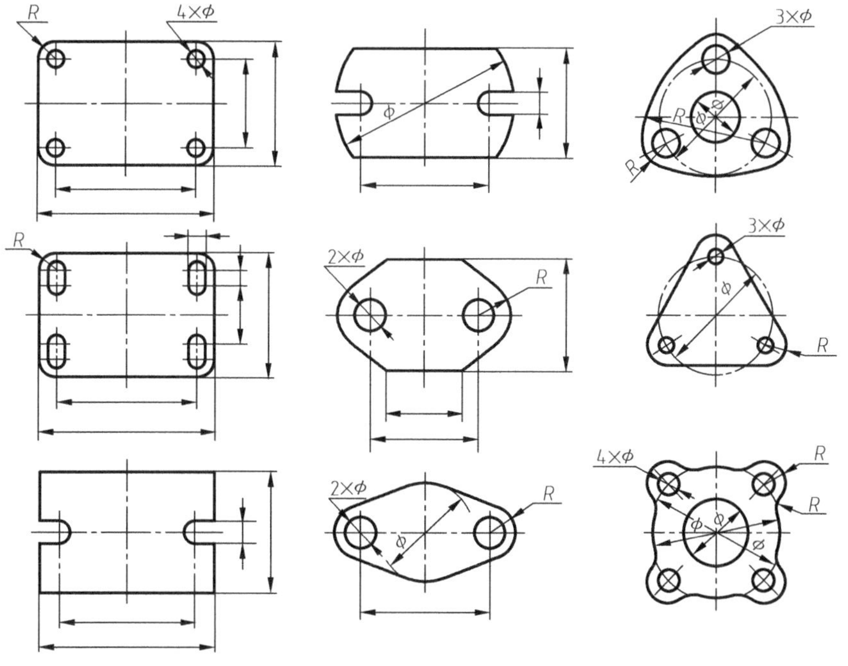

图 4-28　平板式机件的尺寸注法

4.4.2　组合体的尺寸类型

1. 定形尺寸

定形尺寸是确定组合体中各基本几何体的形状和大小的尺寸。如图 4-29a 所示，把图 4-29b

所示支架分为底板、竖板及肋板三部分，这三部分的定形尺寸分别为：底板长 66、宽 44、高 12，以及圆角 $R10$ 和板上两圆孔直径 $\phi10$；肋板长 26、宽 10、高 18；竖板长 12、宽 36（以 $R18$ 的形式给出），以及其上圆孔直径 $\phi18$、圆弧半径 $R18$。

提示： 相同的圆孔要标注孔的数量（如 $2\times\phi10$），但相同的圆角不需要标注数量。

2. 定位尺寸

定位尺寸是确定组合体中各基本几何体之间相对位置的尺寸。标注定位尺寸时，应先选择尺寸基准，即尺寸的起点。

组合体的长、宽、高三个方向（或径向、轴向两个方向）至少应各有一个尺寸基准。组合体上的点、线、平面都可以选作尺寸基准，曲面一般不能作为尺寸基准。通常采用较大的平面（对称面、底面、端面）、直线（回转轴线、转向轮廓线）、点（球心）等作为尺寸基准，如图 4-29b 所示。

如图 4-29c 所示，俯视图中的尺寸 56 是底板上两圆孔长度方向的定位尺寸，24 是两小孔宽度方向的定位尺寸，左视图中的尺寸 42 是竖板 $\phi18$ 孔高度方向的定位尺寸。

3. 总体尺寸

总体尺寸是组合体的总长、总宽、总高尺寸。如图 4-29c 所示，底板的长度尺寸 66、宽度尺寸 44 分别是组合体的总长、总宽，其总高尺寸是由尺寸 42 和 $R18$ 相加来确定的。

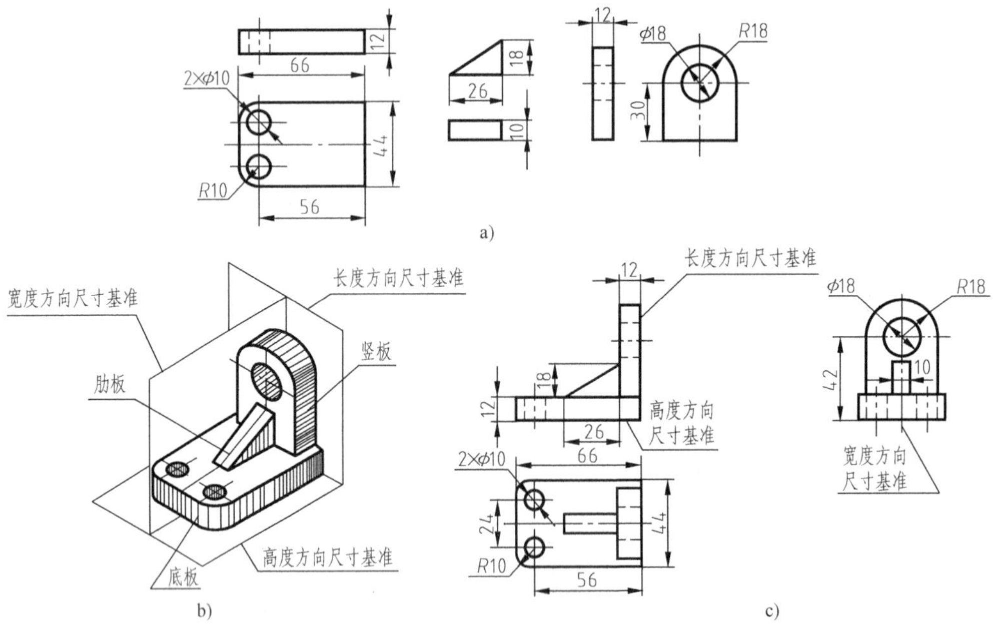

图 4-29　组合体的尺寸类型

a）定形尺寸标注　b）尺寸基准　c）定位尺寸及总体尺寸标注

提示： 当组合体的一端为同心圆决定的回转体时，为了考虑制造方便，必须优先标注出直径或半径（定形尺寸）和中心距（定位尺寸），其该方向的总体尺寸由此而定，不再标注总体尺寸。

组合体一般要标注总体尺寸，但从形体分析和相对位置关系来考虑，组合体的定形、定位尺寸已标注完整，若再加注总体尺寸会出现重复尺寸。因此，在每加注一个总体尺寸的同时，就要去除一个同方向的定形尺寸或定位尺寸。

4.4.3 组合体的尺寸布置

为便于读图，不致产生误解或混淆，组合体的尺寸标注必须做到整齐、清晰。因此，标注尺寸应注意下列几点。

1）**遵守尺寸注法的国家标准规定**。标注时，尺寸应尽量布置在视图外部，排列要整齐，且应小尺寸在内（靠近图形）、大尺寸在外，避免尺寸线与尺寸界线相交，如图4-30所示。

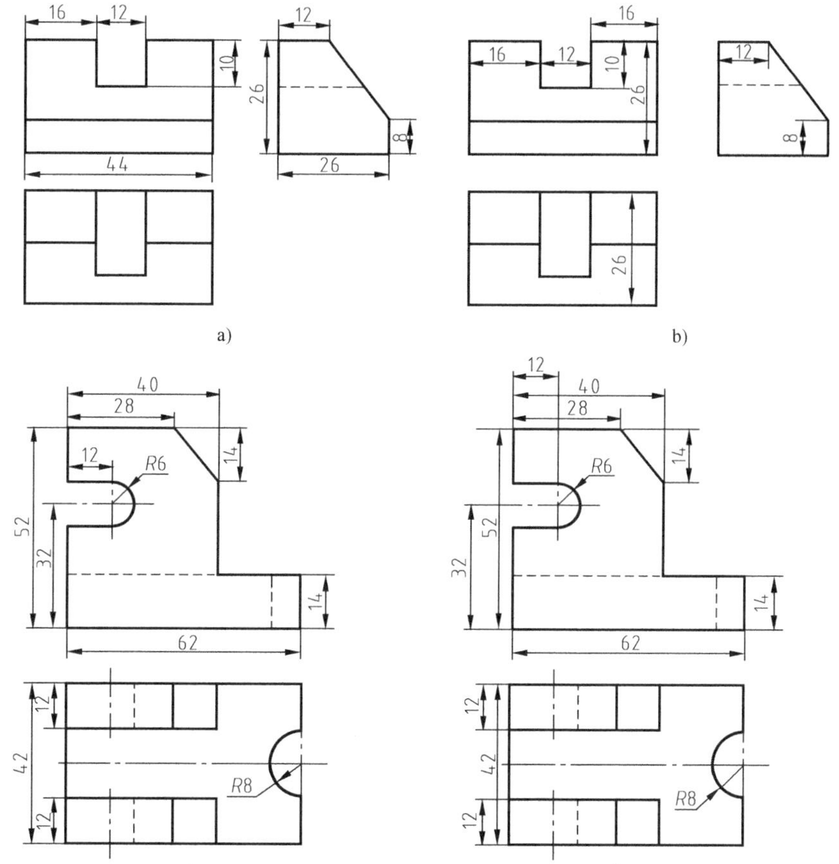

图4-30 组合体尺寸标注清晰、准确

a）清晰、准确，标注总体尺寸44 b）不好，标注定形尺寸16 c）清晰、准确 d）不好，尺寸线与尺寸界线相交

2）**尺寸应尽可能标注在反映立体形状特征最明显、位置特征最清楚的视图上**。为保持图样清晰，虚线上应尽量不标注尺寸，且同一形体的相关尺寸应尽量集中标注，如图4-31所示。

3）**同轴回转体的直径尺寸应尽量标注在非圆视图上**。圆弧半径应标注在投影为圆弧的视图上。但板件上多孔分布时，孔的直径尺寸应标注在反映为圆的视图上，如图4-32所示。

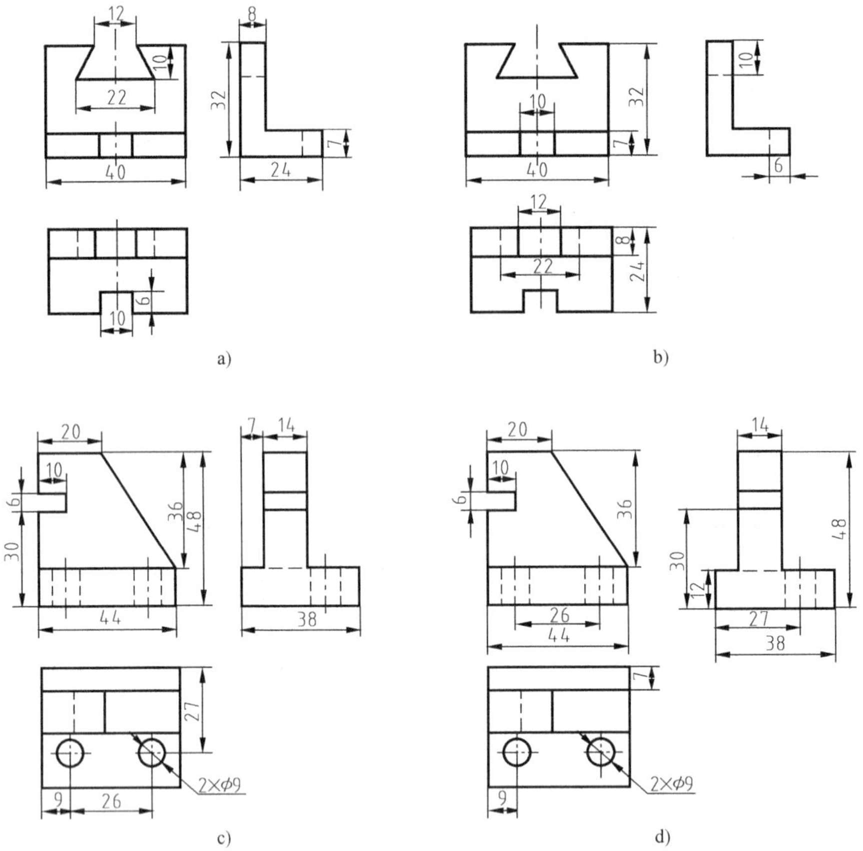

图 4-31　组合体尺寸标注清晰、明显

a）清晰　b）不好　c）清晰　d）不好

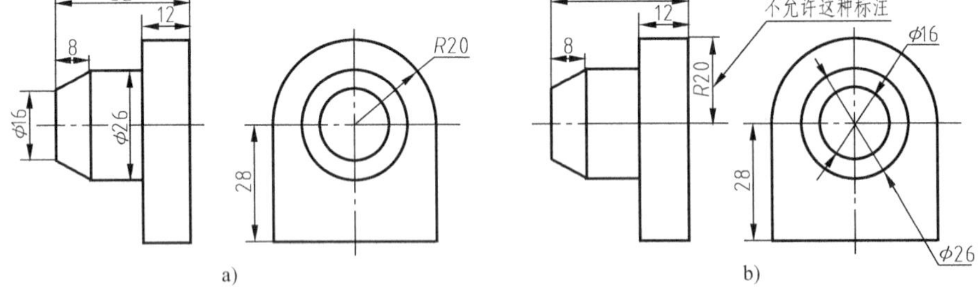

图 4-32　同轴回转体的尺寸标注

a）清晰　b）不好

4）**避免尺寸线封闭**。尺寸标注成封闭形式，将产生重复尺寸，并且不易保证尺寸精度。因此，标注尺寸时，应在尺寸链中选一个不重要的尺寸不进行标注；有时出于某种需要也可标注出此尺寸，但必须加小括号，作为参考尺寸，加工时不进行测量和检验，如图 4-33 所示。

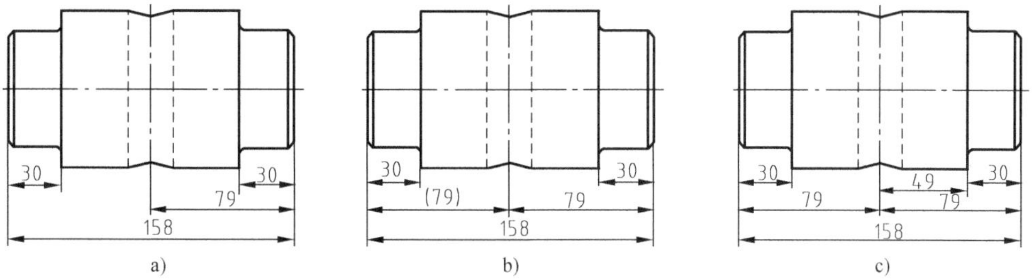

图 4-33 避免尺寸线封闭

a)、b) 正确 c) 错误

4.4.4 组合体尺寸标注的方法和步骤

1. 方法

组合体尺寸标注的基本方法为形体分析法。首先将组合体分解为若干基本几何体，然后在形体分析的基础上标注三类尺寸。标注时，先依次标注组合体各基本几何体的定形尺寸和定位尺寸，然后标注总体尺寸。

2. 步骤

1）形体分析。

2）选定尺寸基准。确定长、高、宽三个方向或轴向、径向的尺寸基准。

3）标注各部分的定形尺寸、定位尺寸。

4）进行尺寸调整，标注总体尺寸。

5）检查尺寸标注是否正确、完整，有无重复、遗漏。

【例 4-6】 支座的三视图如图 4-34a 所示，完成其尺寸标注。

作图：

1）形体分析，如图 4-34b 所示。

2）选定尺寸基准，如图 4-34c 所示。

3）标注各部分的定形尺寸、定位尺寸，如图 4-34d、e 所示。

4）调整、检查。尺寸标注结果如图 4-34f 所示。

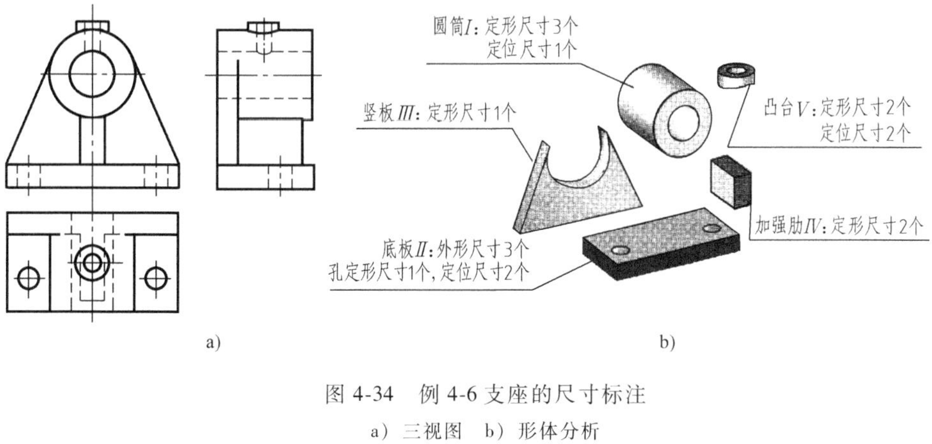

图 4-34 例 4-6 支座的尺寸标注

a）三视图 b）形体分析

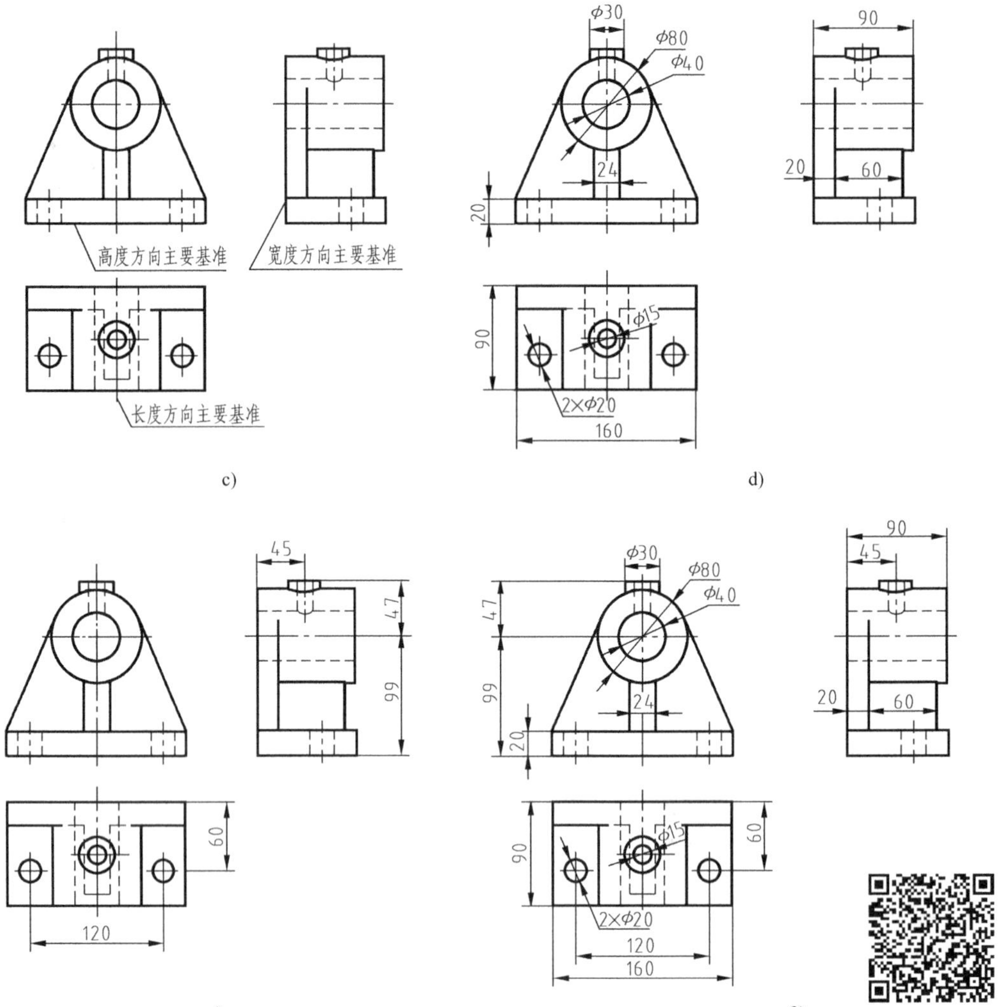

互动模型

图 4-34　例 4-6 支座的尺寸标注（续）

c）选定尺寸基准　d）标注定形尺寸　e）标注定位尺寸　f）标注总体尺寸，调整、检查

拓展提高

组合体的构形方法

根据已知条件构思组合体的形状、大小并表达成图的过程称为组合体的构形设计。组合体的构形设计能把空间想象、形体构思和视图表达三者结合起来，这不仅能促进画图、读图能力的提高，还能提高空间想象能力，同时构形设计也有利于发挥构思者的创造性。构形基本方法有如下几种。

1. 凹凸、平曲、正斜构思

根据给定的一个视图，依据凹凸、平曲、正斜平面分析方法，可构思出不同的组合体，如图 4-35 所示。

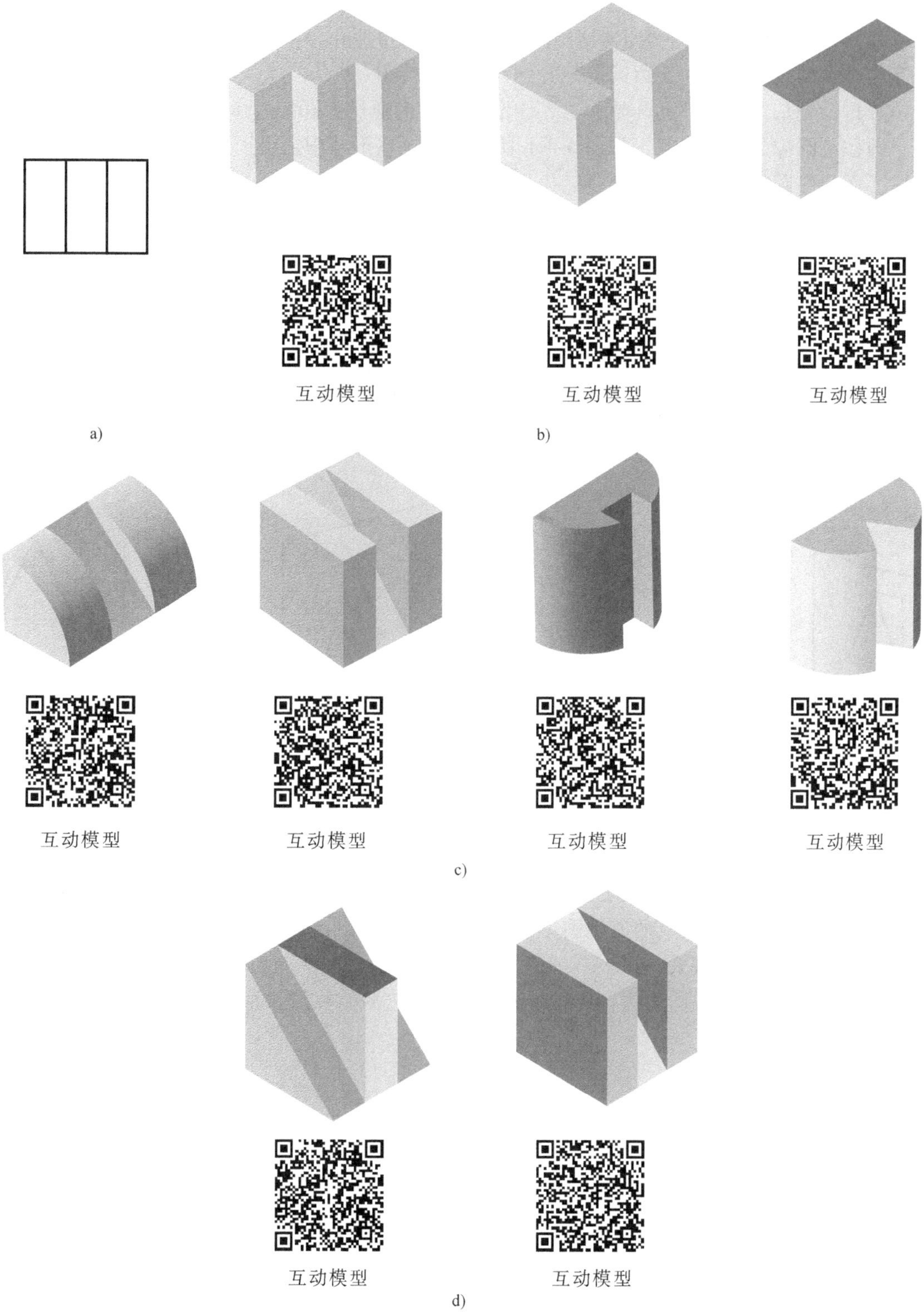

图 4-35　凹凸、平曲、正斜构思

a）给定的一个视图　b）凹凸构思　c）平曲构思　d）正斜构思

2. 分向穿孔构形

如图 4-36a 所示，在平板上制有方孔、圆孔和三角形孔，试构思一个立体，使它能沿三个互相垂直的投射方向，不留间隙地分别通过这三个孔。

分析：先从最大的方孔开始构思，能沿前后方向通过方孔的立体很多，如三棱柱、四棱柱、圆柱或圆球的切割体等，如图 4-36b 所示。但这些形体中能沿上下方向通过圆孔的只有圆柱，而要使圆柱沿左右方向通过三角形孔，只需用两个侧垂面分别切去圆柱前、后两块即可，如图 4-36c、d 所示。

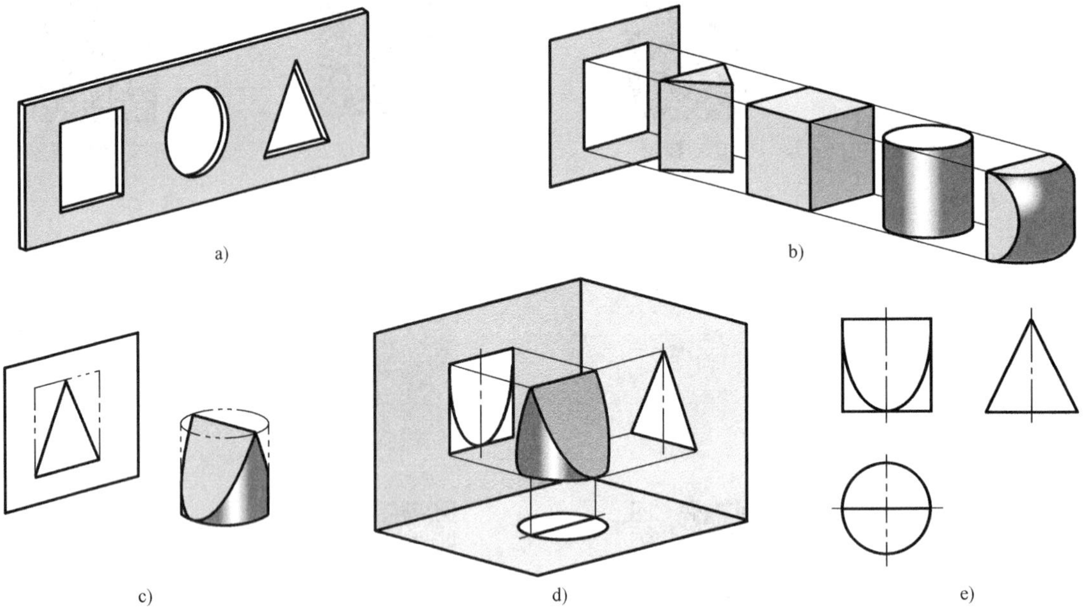

图 4-36　分向穿孔构形

如果将平板上的三个孔作为这个立体三面投影的外轮廓，分别向三基本投影面投射，如图 4-36d 所示，就可作出它的三视图，如图 4-36e 所示。

3. 通过不同组合方式构思

以图 4-37 所示主视图为例，构思组合体并画出它的俯视图和左视图。

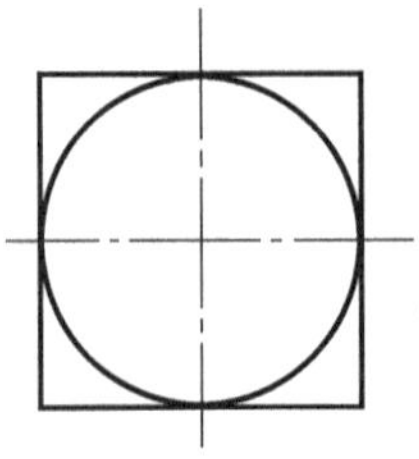

图 4-37　已知的主视图

1）可通过两基本立体的简单叠加和挖切来构思组合体，如图 4-38 所示。

2）可通过两回转体的简单叠加来构思一些组合体，如图 4-39 所示。

3）可通过基本立体组合、截切、挖切来构思一些组合体，如图 4-40 所示。

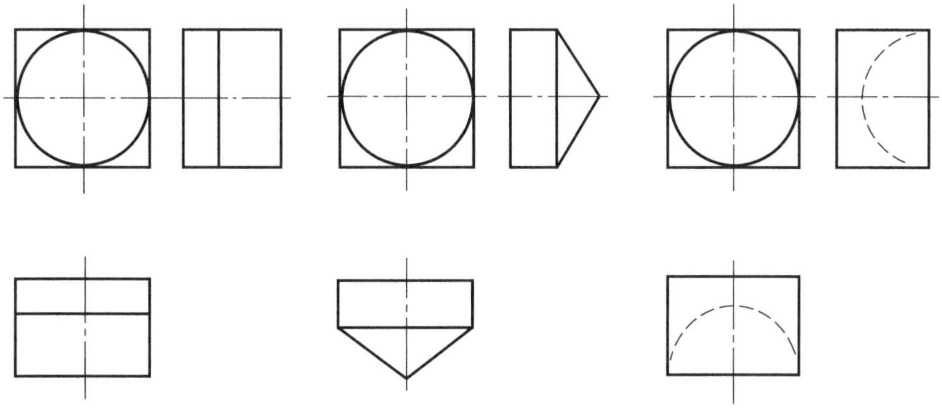

a)　　b)　　c)

图 4-38　组合体的构形（一）

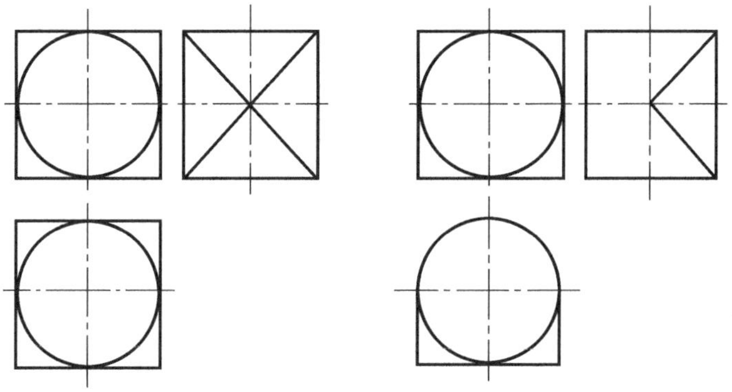

互动模型

a)　　b)

互动模型

图 4-39　组合体的构形（二）

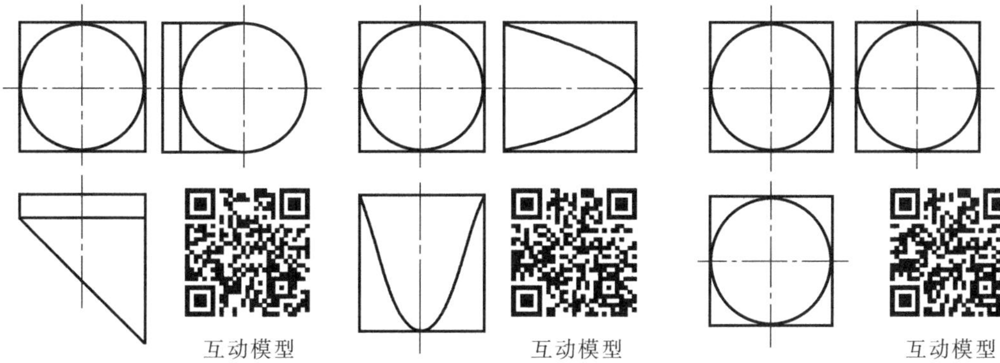

互动模型　　互动模型　　互动模型

a)　　b)　　c)

图 4-40　组合体的构形（三）

章末小结

1. 形体分析法是组合体的画图、读图和尺寸标注的一种行之有效的基本方法，要牢固掌握。

2. 画图时，一定要在形体分析的基础上，分析立体之间的组合方式及表面过渡关系，避免出现多线和漏线的情况。

3. 对于用切割方法形成的组合体，有时需借助线面分析法进一步分析立体表面的形状特征及投影特性，以便准确地想象出立体的形状和正确地画出图形。

4. 组合体的组合方式有叠加、切割和综合，要灵活结合形体分析法和线面分析法读懂组合体的结构和形状。

5. 对于组合体的尺寸标注，可在形体分析的基础上选择尺寸基准，然后逐个标注立体的定位、定形尺寸，最后检查总体尺寸。

复习思考题

1. 组合体的组合方式有哪几种？各基本立体表面间的连接关系有哪些？它们的画法各有何特点？

2. 画组合体视图时，如何选择主视图？怎样才能提高绘图速度？

3. 试述运用形体分析法画图、读图的方法与步骤。

4. 什么是线面分析法？试述运用线面分析法读图的方法与步骤。

5. 如何根据两视图画出第三视图？

6. 试用最精练的语言概括出各小节内容的要点及形成的概念。

第5章

轴　测　图

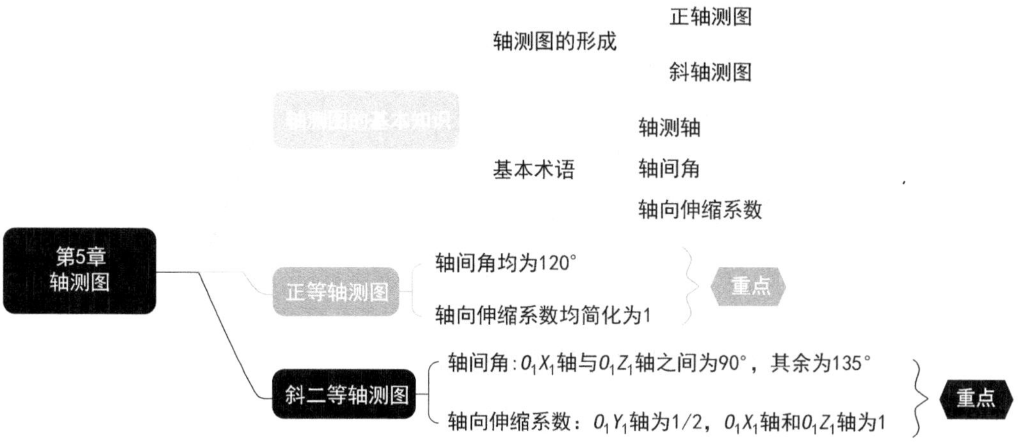

在工程制图中，一般采用多面正投影图（包括三视图）来表达机件。这种图的主要优点是作图简便且度量性好，不足是缺乏立体感，因此在实际生产中有时也用轴测图（也称为立体图）作为辅助图样。轴测图应按照 GB/T 14692—2008《技术制图　投影法》和 GB/T 4458.3—2013《机械制图　轴测图》的相关规定进行绘制。

5.1　轴测图的基本知识

5.1.1　轴测图的形成

如图 5-1 所示，将立体连同其参考直角坐标系，沿着不平行于任何一个坐标面的某一方向，用平行投影的方法将其投射到单一投影面上所得到的图形称为轴测图。这个单一的投影面 P 称为轴测投影面，空间直角坐标轴 OX、OY、OZ 在轴测投影面上的投影 O_1X_1、O_1Y_1、O_1Z_1 称为轴测轴。

轴测图分为正轴测图和斜轴测图。

1）用正投影法得到的轴测图称为正轴测图，如图 5-1a 所示。

2）用斜投影法得到的轴测图称为斜轴测图，如图 5-1b 所示。

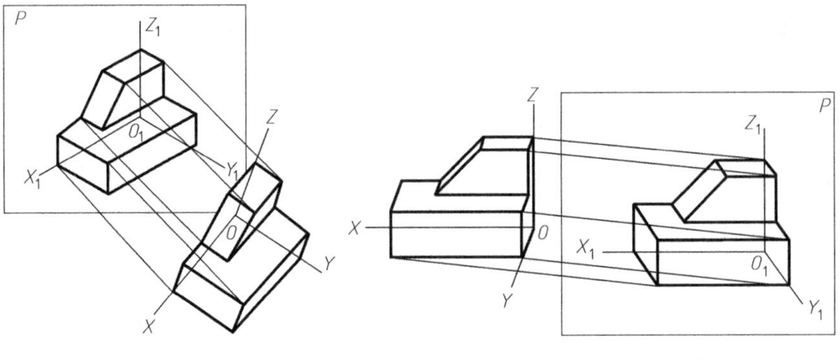

图 5-1　轴测图的形成
a）正轴测图　b）斜轴测图

5.1.2　轴测图的基本术语

1. 轴测轴

如图 5-2 所示，物体上的空间直角坐标轴 OX、OY、OZ 在轴测投影面上的投影 O_1X_1、O_1Y_1、O_1Z_1，称为轴测轴。

2. 轴间角

任意两根轴测轴之间的夹角 $\angle X_1O_1Y_1$、$\angle X_1O_1Z_1$、$\angle Y_1O_1Z_1$，称为轴间角。轴间角可以用来控制轴测图的形态变化。

3. 轴向伸缩系数

轴测轴上的单位长度与其直角坐标系上原单位长度的比值，称为轴向伸缩系数，常用 p_1、q_1、r_1 表示 O_1X_1、O_1Y_1、O_1Z_1 的轴向伸缩系数。轴向伸缩系数可以用来控制轴测图的大小变化。

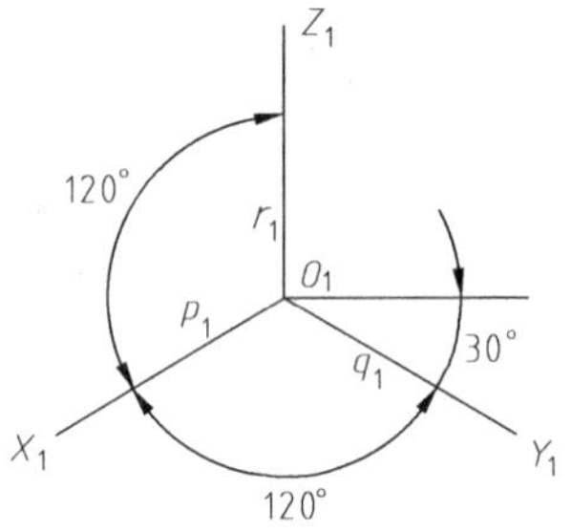

图 5-2　轴测图的基本术语

5.1.3　轴测图的基本特性

1）物体上互相平行的线段，在轴测图中仍互相平行；物体上平行于坐标轴的线段，在轴测图中仍平行于相应的轴测轴，且同一轴向所有线段的轴向伸缩系数相同。

2）物体上不平行于坐标轴的线段，可以在用坐标法确定其两个端点后连线画出。

3）物体上不平行于轴测投影面的平面图形，在轴测图中变成原形的类似形。例如，矩形的轴测投影为平行四边形，圆形的轴测投影为椭圆。

5.2　正等轴测图

5.2.1　正等轴测图的形成

将物体上三根坐标轴置于与轴测投影面具有相同倾角的位置，然后用正投影法向轴测投影面投射所得的轴测图，称为正等轴测图，简称正等测。

正等轴测图的参数如图 5-3 所示。轴间角均为 120°，O_1Z_1 轴画成竖直方向，O_1X_1 轴与 O_1Y_1 轴与水平线夹角为 30°。由于三条坐标轴相对于投影面的倾角相等，所以三条轴测轴的轴向伸缩系数相等，即 $p_1=q_1=r_1\approx0.82$。

为了作图简便，把轴向伸缩系数简化为 1，称为简化系数（$p_1=q_1=r_1=1$）。因此，凡是与轴测轴平行的线段，在作图时均按实长（原有长度）量取。这样不但绘图简单，而且不影响立体感，只是最终图形被放大到了 1.22 倍（1/0.82≈1.22）。

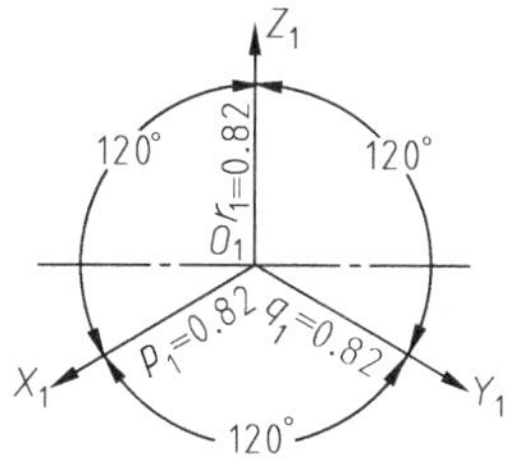

图 5-3　正等轴测图的参数

5.2.2　平面立体正等轴测图的画法

1. 长方体的正等轴测图

【例 5-1】 根据图 5-4a 所示三视图，作出长方体的正等轴测图。

分析： 根据长方体的特点，选择其中一个角顶点作为空间直角坐标系原点，并以过该角顶点的三条棱线为坐标轴。先画出轴测轴，然后用各顶点的坐标分别定出长方体的八个顶点的轴测投影，依次连接各顶点即可。

作图： 作图方法与步骤如图 5-4b～d 所示。

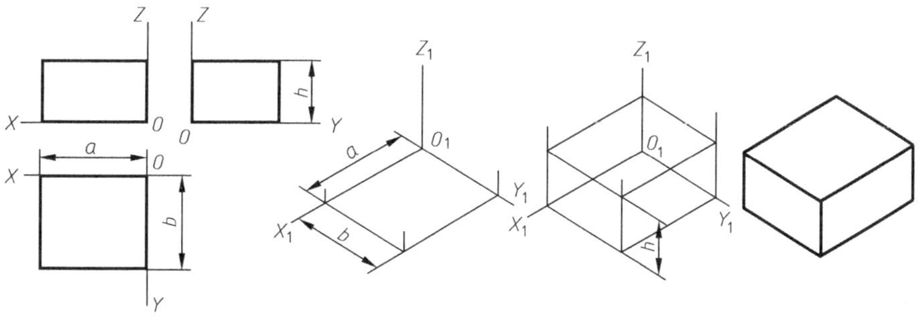

图 5-4　长方体的正等轴测图

2. 正六棱柱的正等轴测图

【例 5-2】 根据图 5-5a 所示六棱柱的两视图，作出其正等轴测图。

分析： 由于正六棱柱前后、左右对称，为了减少不必要的作图线，从顶面开始作图比较方便。故选择顶面的中点作为空间直角坐标系原点，棱柱的轴线作为 OZ 轴，顶面的两条对称线作为 OX 轴、OY 轴。然后用各顶点的坐标分别定出正六棱柱的各个顶点的轴测投影，依次连接各顶点即可。

作图： 作图方法与步骤如图 5-5b～d 所示。

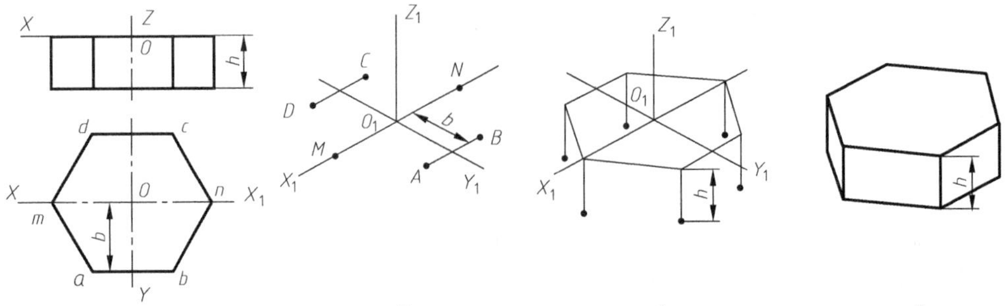

图 5-5　正六棱柱的正等轴测图

3. 正等轴测图的作图方法总结

从上述两例的作图过程可以总结出以下两点。

1）画平面立体的轴测图时，应首先选好坐标轴并画出轴测轴；然后根据坐标确定各顶点的位置；最后依次连线，完成整体的轴测图。具体画图时，应分析平面立体的形体特征，一般先画出物体上一个主要表面的轴测图。通常是先画顶面，再画底面；有时需要先画前面，再画后面；或者先画左面，再画右面。

2）为使图形清晰，轴测图中一般只画可见轮廓线（粗实线），避免用虚线表达。

5.3　斜二等轴测图

5.3.1　斜二等轴测图的形成

斜二等轴测图（简称斜二测）的轴间角和轴向伸缩系数如图 5-6 所示。斜二等轴测图的画法和步骤与正等轴测图基本相同。

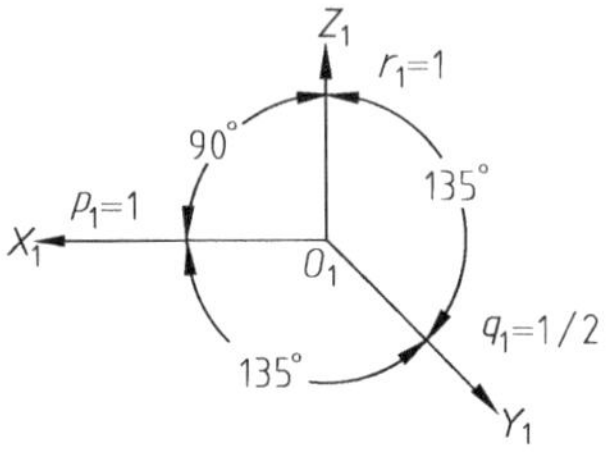

图 5-6　斜二等轴测图的参数

5.3.2　斜二等轴测图的画法

1. 圆台的斜二等轴测图

【例 5-3】 根据图 5-7a 所示的正垂放置的带孔圆台主、俯视图，画出其斜二等轴测图。

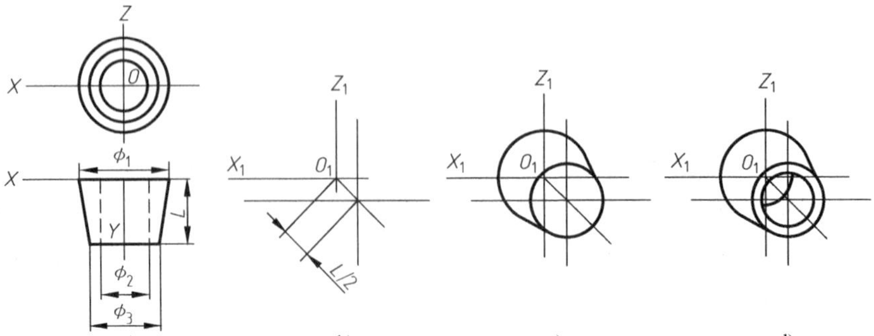

图 5-7　圆台的斜二等轴测图画法

作图： 具体作图步骤如图 5-7b～d 所示。先画出定位的轴测坐标轴，再画外圆，最后画内孔，并完成全图。凡在 XOZ 面及其平行面（正平面）上有较多圆时，宜选取斜二等轴测法画轴测图。

2. 柱形体的斜二等轴测图

【例 5-4】 根据图 5-8a 所示组合体主、俯视图，画出其斜二等轴测图。

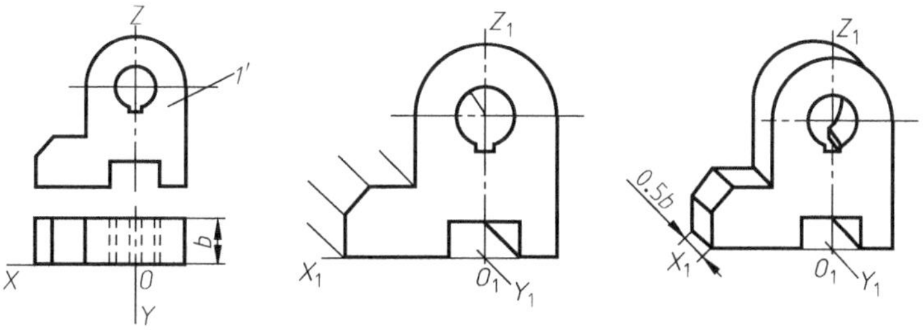

图 5-8　组合体的斜二等轴测图画法

作图：

1）在已知视图上作出坐标轴，如图 5-8a 所示。

2）画轴测轴及前端面*I*的特征形，由轮廓线各顶点沿 O_1Y_1 轴方向画轮廓线，如图 5-8b 所示。

3）在各轮廓线上截取 0.5*b* 长，圆心也同样移 0.5*b*，画出后端面可见轮廓线及其他轮廓线，擦去多余线条，完成作图，如图 5-8c 所示。

拓展提高

根据图 5-9 所示的主视图和左视图，以及图 5-10、图 5-11 所示的两个不同的俯视图，度量线段以 1∶1 的比例绘制轴测图。

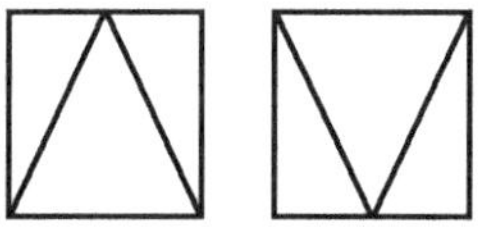

图 5-9　主视图和左视图

（1）根据所给俯视图作正等轴测图，如图 5-10 所示。

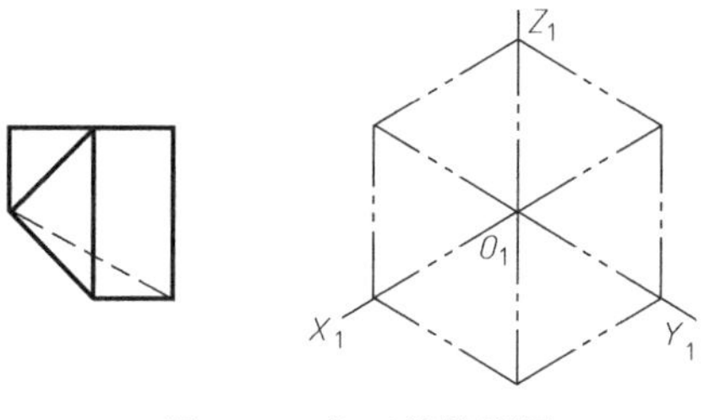

图 5-10　作正等轴测图

（2）根据所给俯视图作斜二等轴测图，如图 5-11 所示。

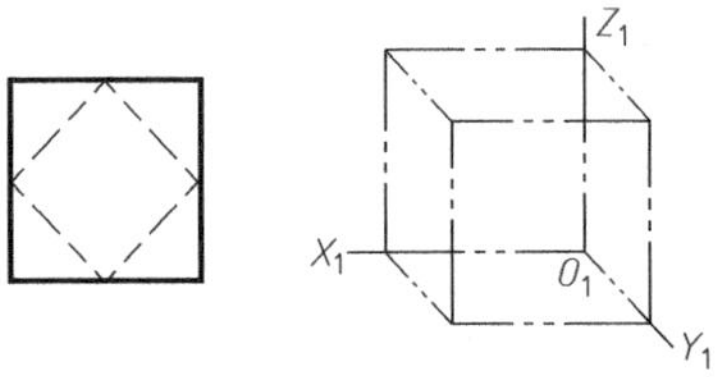

图 5-11　作斜二等轴测图

章末小结

在工程图样中，通常只把轴测图作为一种辅助图样，它有助于读懂三视图，为了作图简单且便于交流，通常只采用正等轴测图和斜二等轴测图的画法。

1. 正等轴测图

正等轴测图中的“正”指的是投射方向与投影面相垂直，“等”指的是轴间角均等于120°。轴向伸缩系数均等于 0.82（为了作图简便，均被简化为 1）。即凡与轴测轴平行的线段在作图时均按实长量取画图。画图的结果是该线段的长度被放大到了 1.22 倍（1/0.82≈1.22），但图形没有改变，只是看上去比实际大些。

2. 斜二等轴测图

斜二等轴测图的“斜”指的是投射方向与投影面倾斜。“二”指的是有两个轴间角相等（$\angle X_1O_1Y_1=\angle Y_1O_1Z_1=135°$），两个轴向伸缩系数相等（$p_1=r_1=1$），而 $\angle X_1O_1Z_1=90°$，$q_1=0.5$。

3. 投影特性

物体与空间坐标轴的对应关系不变，即相应图线与轴测轴之间的平行性、等比性均不变。

4. 方法步骤

基本方法是坐标法。一般按如下步骤作图。

1）建标：首先选择好最适合作图的坐标原点——起点。

2）画轴：画轴测轴。

3）过渡：从平面图过渡到轴测图，注意对应关系。

4）完成：检查、校核，按规范的线型完成全图。

复习思考题

1. 轴测图分为哪两大类？与多面正投影相比较，轴测图有哪些特点？

2. 正等轴测图属于哪一类轴测图？它的轴间角、轴向伸缩系数分别为何值？它们的简化轴向伸缩系数为何值？

3. 斜二等轴测图属于哪一类轴测图？它的轴间角和轴向伸缩系数分别为何值？

第6章

机件的表达方法

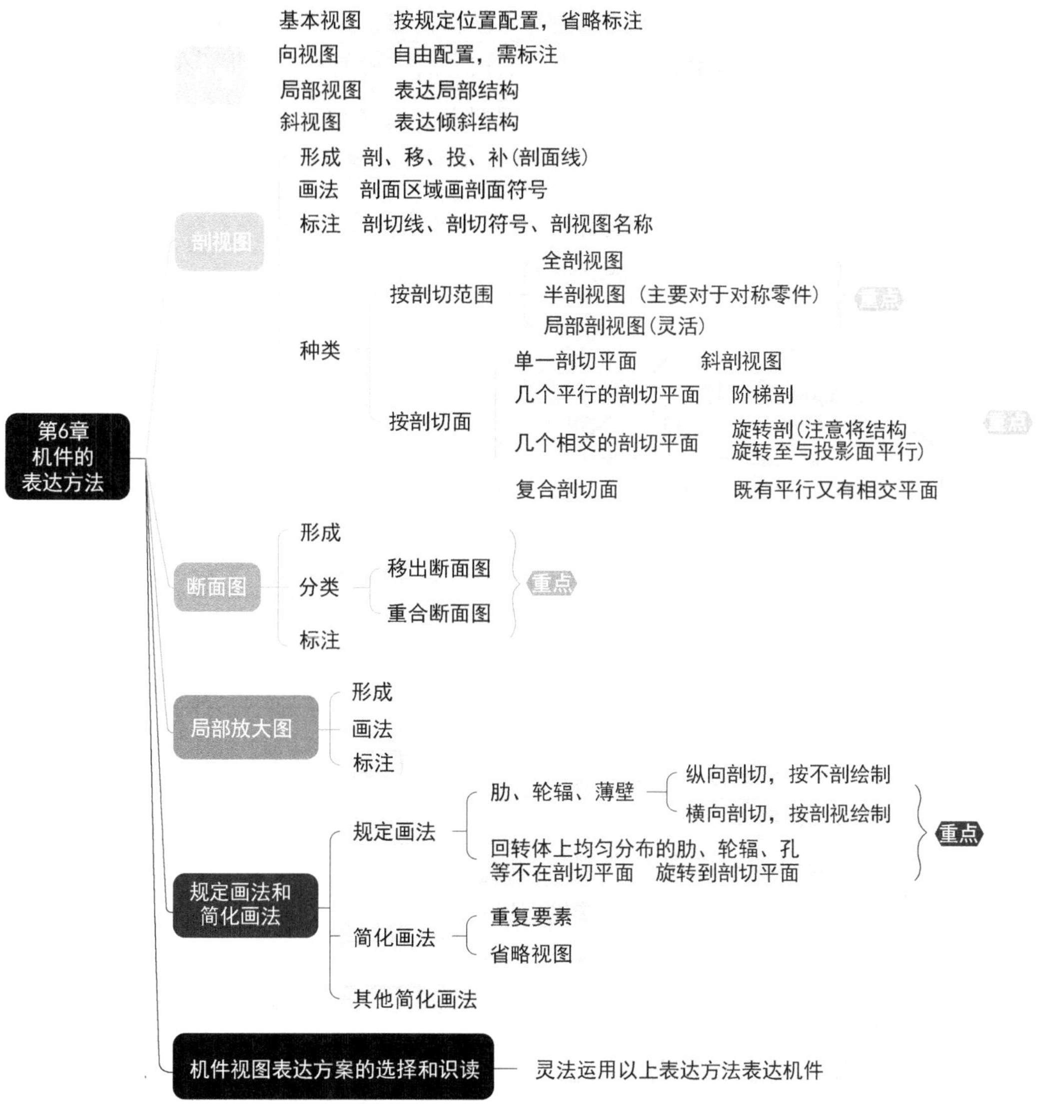

在工程实际中，机件的结构形状是多种多样的，某些机件的外形和内部结构都很复杂，仅用三视图往往并不能完全表达清楚。为此，国家标准规定了机件的各种表达方法。本章将介绍视图、剖视图、断面图、局部放大图、简化画法等常用表达方法。画图时应根据机件的实际结构和形状特点，选用恰当的表达方法。

6.1 视图

视图是将机件向投影面投射所得到的图形，主要用于表达机件的外部形状，一般只画机件的可见部分，必要时才画出其不可见部分。国家标准将视图分为基本视图、向视图、局部视图、斜视图等。

6.1.1 基本视图

将机件向基本投影面投射所得到的视图称为**基本视图**，如图 6-1 所示。

为了清晰地表达出机件的上、下、左、右、前、后方向的不同形状，在原有三个投影面的基础上，再增加三个投影面，得到的视图具体如下。

1）右视图：从右向左投射得到的视图。

2）仰视图：从下向上投射得到的视图。

3）后视图：从后向前投射得到的视图。

六个基本视图按规定的方向旋转展开，如图 6-2 所示。

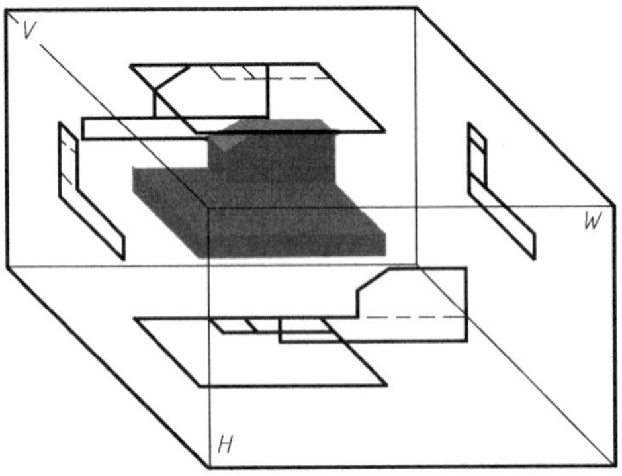

图 6-1 基本视图的形成

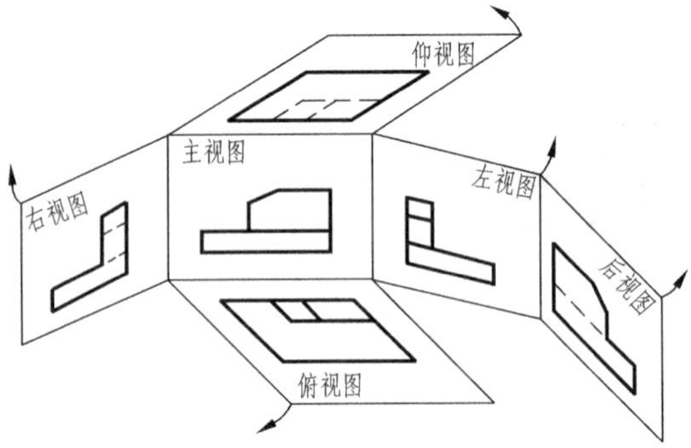

图 6-2 六个基本视图的展开

六个基本视图之间仍应符合“长对正、高平齐、宽相等”的投影规律，视图之间的投影对应关系如图 6-3 所示。除后视图外，各视图靠近主视图的内侧均反映机件的后面，而远离主视图的外侧，均反映机件的前面。

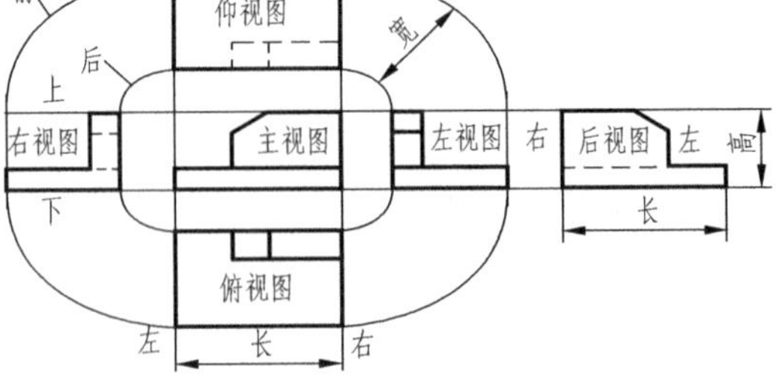

图 6-3 六个基本视图的投影对应关系

实际绘图时，并不是每一个机件都要画全六个基本视图，而是应根据机件的复杂程度，选用适当的基本视图。优先采用主、俯、左三视图。六个基本视图按基本位置配置时，不需要标注，如图 6-4a 所示。

6.1.2 向视图

向视图是可以自由配置的视图，如图 6-4b 所示。为了便于读图，应在视图的上方标注出视图的名称，并在相应的视图附近用箭头指明投射方向，标注上相同的字母。

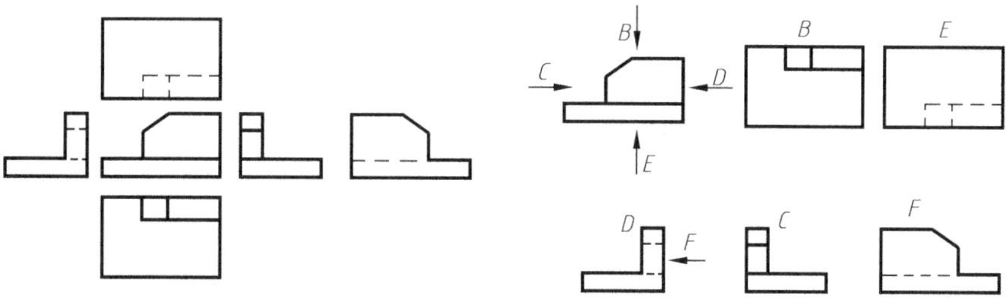

a)　　　　b)

图 6-4　基本视图与向视图
a）基本视图　b）向视图

提示：在向视图的上方标注字母，在相应视图附近用箭头指明投射方向，并标注相同的字母。表示投射方向的箭头尽可能配置在主视图上，一般只有表示后视投射方向的箭头才配置在其他视图上。

6.1.3　局部视图

将机件的某一部分向基本投影面投射所得到的视图，称为**局部视图**。

当机件的主要形状已经表达清楚，只有局部结构未表达清楚时，为了简便，不必再画一个完整的视图，而只画出未表达清楚的局部结构。如图 6-5 中 *A* 向、*B* 向局部视图所示。

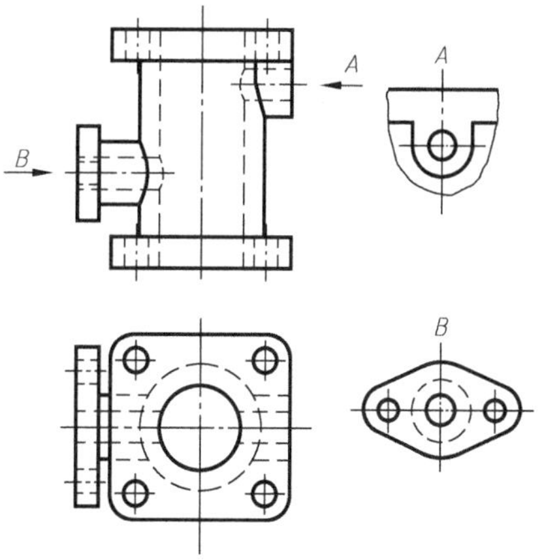

图 6-5　局部视图

画局部视图应注意如下事项。

1）画局部视图时，一般在局部视图的上方标注视图的名称，并在相应的视图附近用箭头指明投射方向，标注出相同的字母，字母一律水平书写。

2）局部视图可按基本视图的配置形式配置，也可按向视图的配置形式配置。

3）局部视图的断裂边界线用波浪线表示。当所表达的局部结构完整，且外轮廓线封闭时，波浪线可省略不画。

提示：波浪线不应超出机件轮廓的投影范围。

6.1.4　斜视图

将机件向不平行于任何基本投影面的平面投射所得到的视图，称为**斜视图**。

当机件上有倾斜于基本投影面的结构时，为了表达倾斜部分的真实外形，设置一个与倾斜部分平行的投影面，将倾斜结构向该投影面投射，这样得到的视图就是斜视图，如图 6-6a 所示。斜视图通常只用于表达机件倾斜部分的实形，其余部分不必全部画出，而用波浪线断开，如图 6-6b 所示。

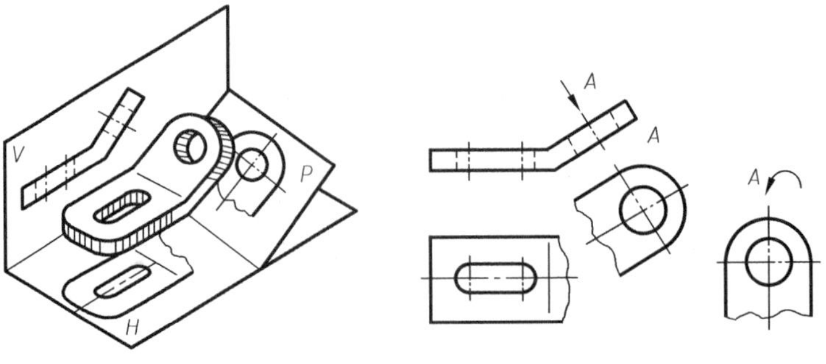

a)　　b)　　c)　　互动模型

图 6-6　斜视图

画斜视图应注意如下事项。

1）画斜视图时，必须在视图的上方标注出视图的名称，在相应的视图附近用箭头指明投射方向，并注上相同的字母，字母一律沿水平方向书写。

2）斜视图一般按投影关系配置，必要时也可配置在其他适当的位置。

3）为了便于画图，允许将斜视图旋转摆正画出，此时在图形上方应标注出旋转符号。旋转符号为半圆弧加箭头，其半径为字体高，线宽为字高的 1/10 或 1/14。字母标在箭头一端，并可将旋转角度写在字母之后，如图 6-6c 所示。

6.2　剖视图

画视图时，机件的内部结构因其不可见而用虚线表示，当机件的内部形状比较复杂时，视图上将出现多层重叠的虚线，这样会使图形不够清晰，不便于看图和标注尺寸，如图 6-7 所示。为了清晰地表达机件的内部形状，GB/T 17452—1998《技术制图　图样画法　剖视图和断面图》和 GB/T 4458.6—2002《机械制图　图样画法　剖视图和断面图》规定可采用剖视图表达机件的内部形状。

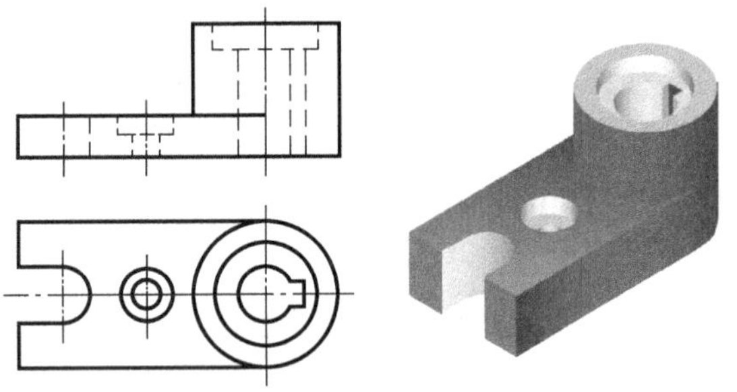

图 6-7　机件视图

6.2.1　剖视图的形成

为表达机件的内部结构，假想用剖切平面剖开机件，如图 6-8a 所示；将处在观察者与剖切平面之间的部分移去，如图 6-8b 所示；将其余部分向投影面投射，如图 6-8c 所示；并在剖面区域内画上剖面符号，如图 6-8d 所示，所得到的视图称为**剖视图**。

提示：由于主视图采用了剖视图画法，原来不可见的孔、槽成为可见的，图 6-7 所示视图中的细虚线部分在剖视图中应变成粗实线。

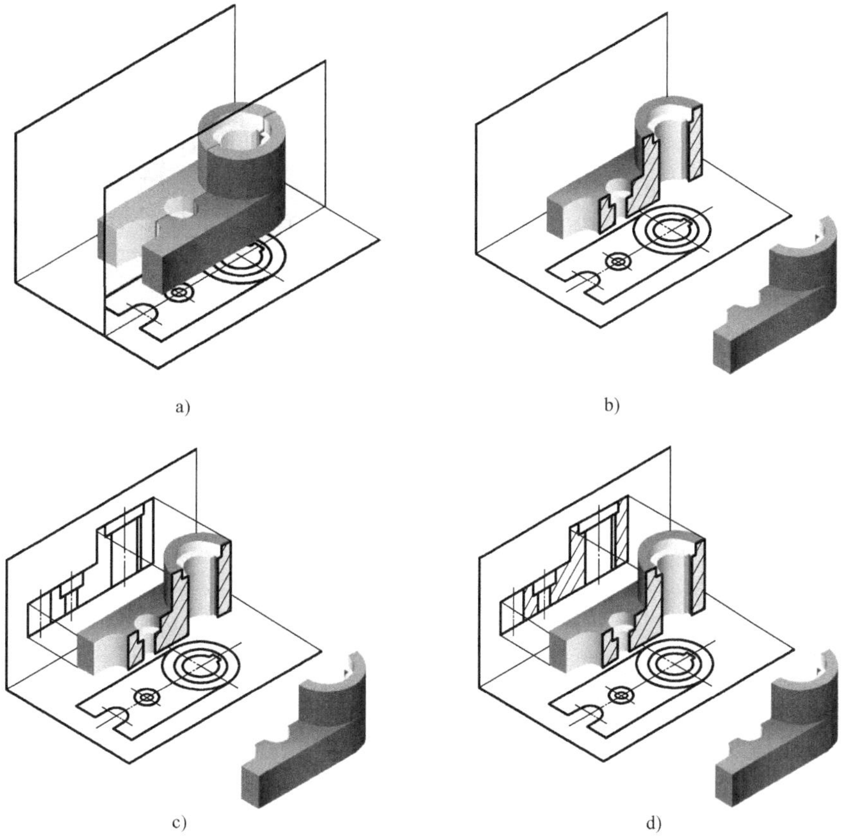

图 6-8 剖视图的形成和画法

6.2.2 剖视图的画法

1. 画图步骤

1）确定剖切平面的位置，将机件处在观察者与剖切平面之间的部分移去，而将其余部分向投影面投射，并区分可见与不可见部分。

2）求剖切平面与立体表面的交线，确定轮廓。

3）找出剖面区域，画上剖面符号。

4）标注。此处标注并非指尺寸标注，而是根据需要标注字母、符号等。

2. 剖面符号

机件上被剖切平面剖到的实体部分称为剖面区域。为了区分机件被剖切到的实体部分和未被剖切到的空心部分，在剖面区域上要画出剖面符号。

若不需要表示剖面区域材料类别，剖面符号则用通用剖面线表示。通用剖面线是与图形的主要轮廓线或剖面区域的对称中心线成 45°，且间距（≈3mm）相等的细实线，向左或向右倾斜均可，如图 6-9a、b 所示。当图形中的主要轮廓线与水平方向成 45°时，可将该图的剖面线画成与水平方向成 30°或 60°的平行线，但其余视图的剖面线应画成与水平方向成 45°，如图 6-9c 所示。

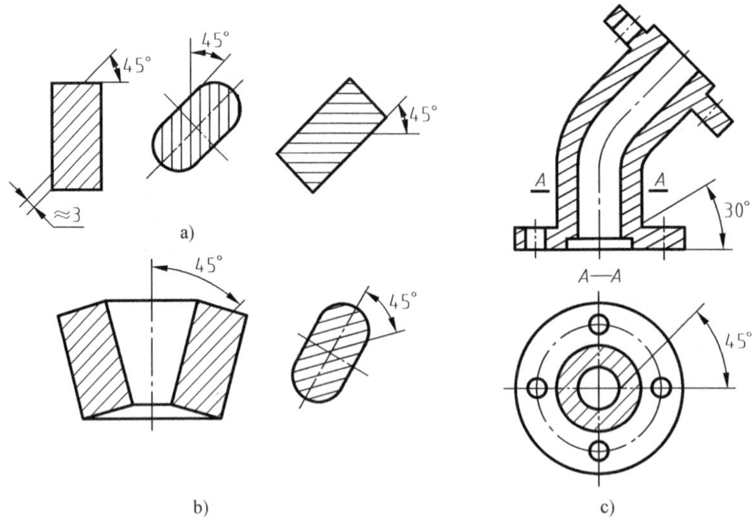

图 6-9　剖视图的形成和画法

a）剖面线与主要轮廓线成 45°　b）剖面线与对称中心线成 45°　c）主要轮廓线与水平方向成 45°时的画法

提示：同一机件在各个剖视图中的剖面线倾斜方向应相同、间距应相等

当需要在剖面区域中表示物体的材料类别时，应根据国家标准的规定绘制。国家标准规定的常用剖面符号见表 6-1。

表 6-1　剖面符号

剖面材料	剖面符号	剖面材料	剖面符号	剖面材料	剖面符号
金属材料（已有规定剖面符号者除外）	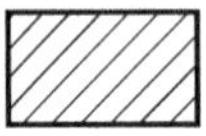	线圈绕组元件	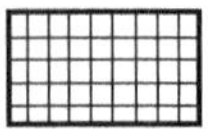	混凝土	
非金属材料（已有规定剖面符号者除外）	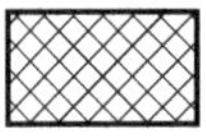	转子、电枢、变压器和电抗器等的叠钢片		钢筋混凝土	
木材　纵剖面		型砂、填砂、砂轮、陶瓷及硬质合金刀片、粉末冶金等	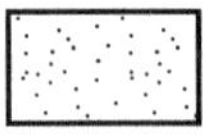	砖	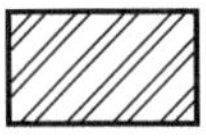
木材　横剖面	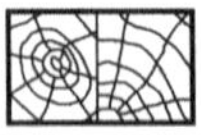	液体	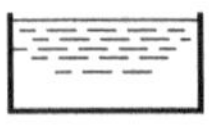	基础周围的泥土	
玻璃及供观察用的其他透明材料	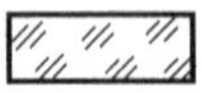	木质胶合板（不分层数）		格网（筛网、过滤网等）	

提示：由表 6-1 可见，金属材料的剖面符号与通用剖面线一致。剖面符号仅表示材料的类别，材料名称和相应代号需在机械图样中另行注明。

3. 剖视图的标注

为了便于读图，将剖切位置、剖切后投射的方向和剖视图的名称标注在相应的视图上，称为剖视图的标注，如图 6-10 所示。标注的内容包含如下三项。

1）剖切线：指示剖切面的位置（细单点画线）。一般情况下可省略。

2）剖切符号：表示剖切面起、止和转折位置的符号（线长约 5~8mm 的粗实线）及投射方向的箭头。

3）剖视图名称：画剖视图时，一般应在剖视图的上方用大写的拉丁字母标注出视图的名称“×—×”，并在剖切符号的一侧注出相同的大写字母，字母一律沿水平方向书写。

提示：剖切符号不得与图形的轮廓线相交。

下列情况可省略标注。

1）当剖视图按投影关系配置，中间又无其他图形隔开时，可省略箭头，如图 6-11a 所示。

2）当单一的剖切平面通过机件的对称平面或基本对称的平面，且剖视图按投影关系配置，中间又没有其他图形隔开时，可省略标注，如图 6-11b 所示。

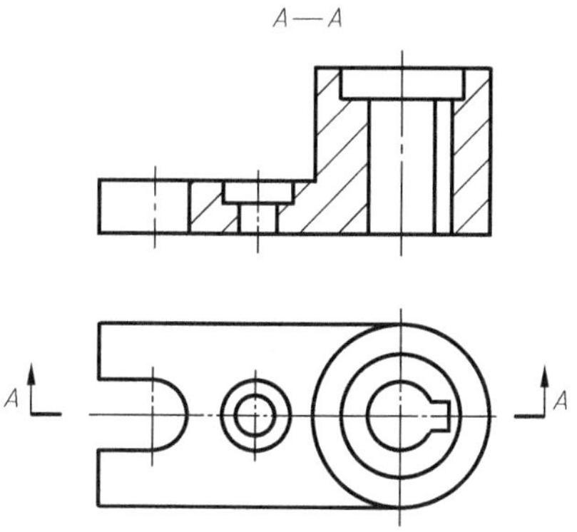

图 6-10 剖视图的标注

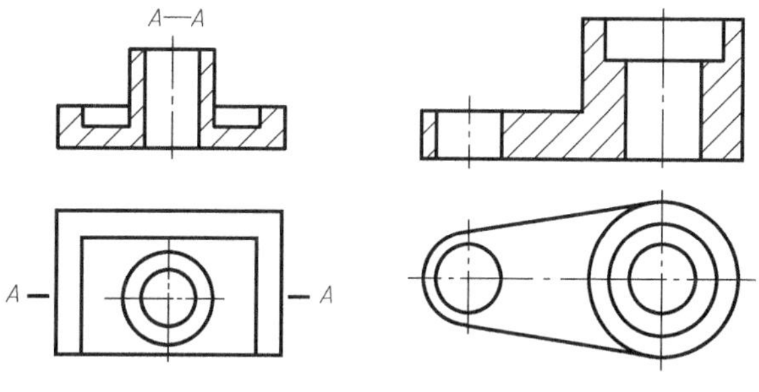

a) b)

图 6-11 剖视图中的虚线

4. 画剖视图应注意的几个问题

1）为了表达机件内部的真实形状，剖切平面应通过孔、槽等的对称平面或轴线，并使剖切平面平行或垂直于某一投影面，以便反映结构的实形。

2）由于剖切平面是假想的，因此，当机件的某一个视图画成剖视图后，其他视图仍应完整地画出，如图 6-12 所示。

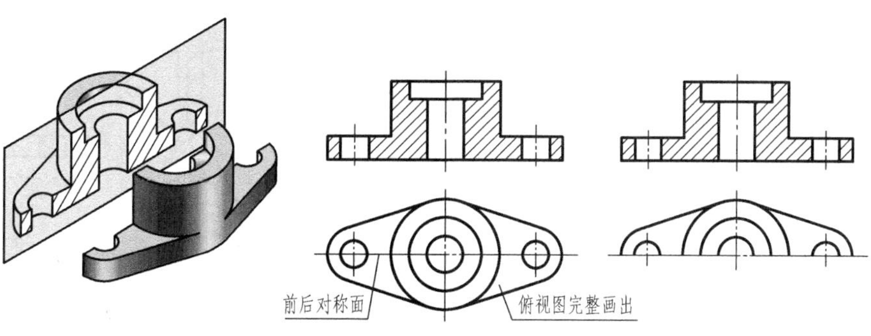

a) b) c)

图 6-12 其他视图应完整画出

a）立体图 b）视图的正确画法 c）视图的错误画法

3）在剖视图中，对于已经表达清楚的结构，一般应省略虚线，如图 6-13 所示。对于没有表达清楚的结构，在不影响剖视图的清晰，同时可以减少一个视图的情况下，可画少量虚线。

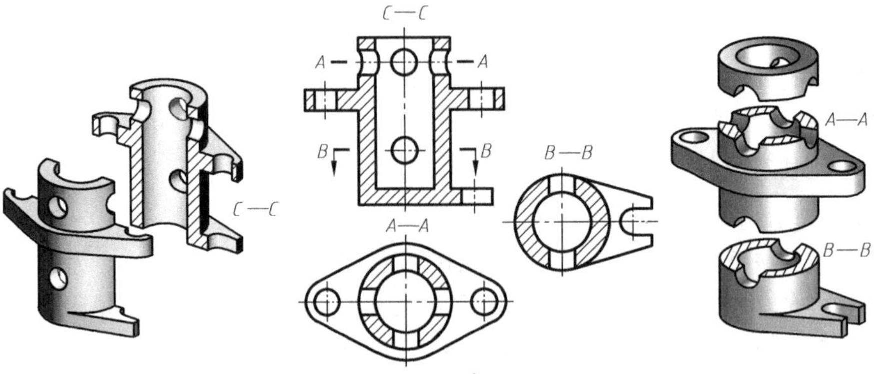

a)　　b)　　c)

图 6-13　单一剖切平面获得的全剖视图

4）剖切平面后的可见轮廓线应全部画出，不得漏线，错线。

6.2.3　剖视图的种类

按**剖切面剖切机件的范围**不同，剖视图可分为**全剖视图**、**半剖视图**和**局部剖视图**三种。按照**剖切面**可分为**单一剖**、**阶梯剖**、**旋转剖**、**复合剖**等。

1. 全剖视图

用剖切平面完全地剖开机件所得到的视图，称为**全剖视图**，如图 6-13 所示。全剖视图既可以用一个剖切平面剖开机件得到，也可以用几个剖切平面剖开机件得到。全剖视图主要用于内部形状复杂、外形简单或外形虽然复杂但已经用其他视图表达清楚的机件。

提示：当机件被剖开后，其内部的轮廓线就变成了可见轮廓线，原来的虚线就应画成粗实线。要注意这些轮廓线的画法与在视图中的可见轮廓线的画法是一致的。

2. 半剖视图

当机件具有对称平面时，在垂直于对称平面的投影面上投射所得到的图形，以对称中心线为界，一半画成剖视图，另一半画成视图，这种组合的图形称为**半剖视图**，如图 6-14 所示。

半剖视图既能表达机件的外部形状，又能表达机件的内部结构。因为机件是对称的，根据一半的形状就能想象出另一半的结构形状。

画半剖视图时应注意以下几点。

1）半个视图和半个剖视图之间是以细点画线为分界线，而不是粗实线。

2）机件的内部结构已经在半个剖视图中表达清楚，所以在另外的半个视图中就应省略虚线，但对

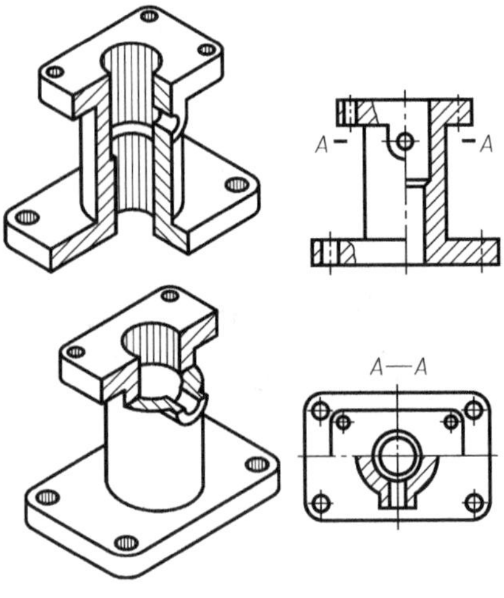

图 6-14　半剖视图

孔、槽等需用细点画线表示其中心位置。如图 6-14 所示。

3）半剖视图中剖视与视图部分位置通常可按以下原则确定：剖上留下，剖右留左，剖前留后。半剖后只许保留必要的虚线，其余的虚线全部省略，俗称只保留“必虚”。

4）剖视图的标注和省略情况与全剖视图相同。

5）在半剖视图中标注对称结构的尺寸时，由于结构形状未能完整显示，故尺寸线应略超过对称中心线，并只在另一端画出箭头，此部分图例见表 1-8。

3. 局部剖视图

用剖切平面局部剖开机件所得到的剖视图称为**局部剖视图**。当机件的内部和外部形状都需要表达，机件又不对称，不能采用半剖时，可以采用局部剖视图的方法来表达，如图 6-15 所示。

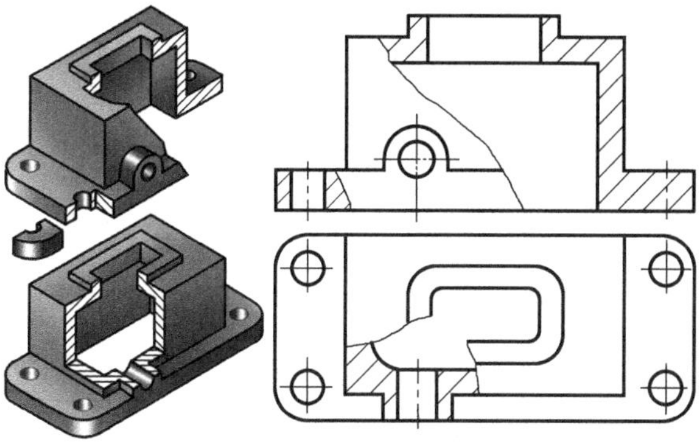

互动模型

图 6-15　局部剖视图

提示：局部剖视图是一种灵活、便捷的表达方法。它的剖切位置和剖切范围可根据实际需要确定。但在一个视图中，过多地选用局部剖视图，会使图形凌乱，给读图造成困难。

画局部剖视图时应注意以下几点。

1）局部剖视图一般用波浪线或双折线将未剖开的视图部分与局部剖部分分开。波浪线不能超出机件的轮廓线，不能画在轮廓的延长线上，不能穿过中空处，也不能与其他图线重合，如图 6-16 所示。

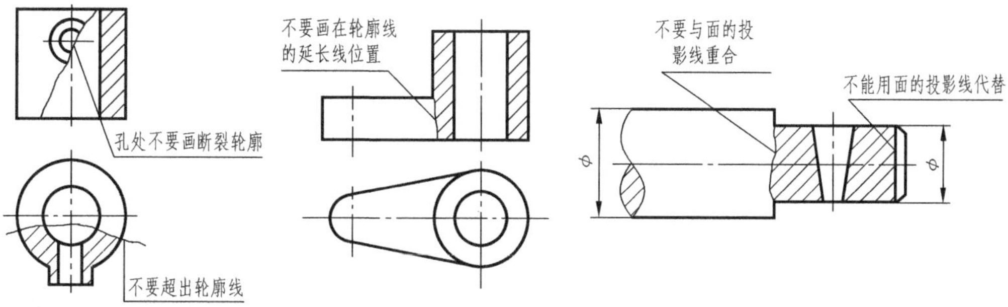

互动模型　互动模型　互动模型

a)　b)　c)

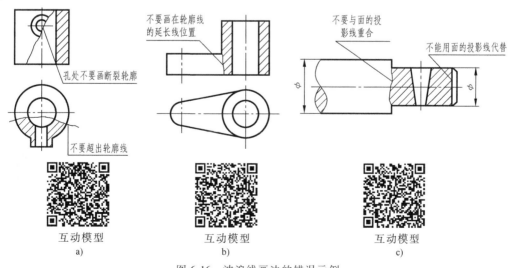

图 6-16　波浪线画法的错误示例

2）当被剖切的局部结构为回转体时，允许以该结构的中心线作为局部剖视图与视图的分界线，如图 6-17a 所示。

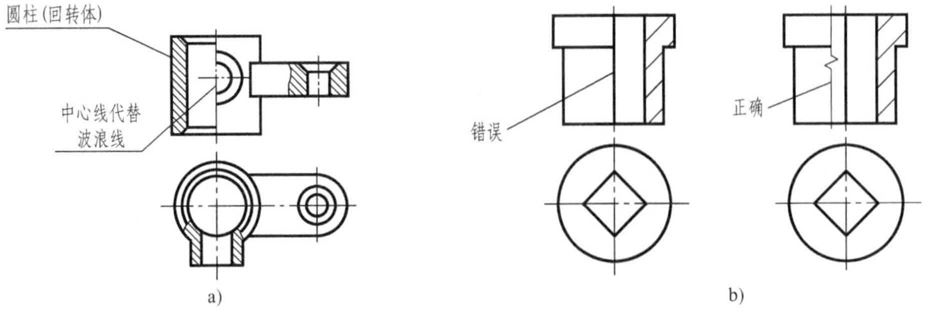

图 6-17　局部剖视图

3）剖切位置明显的局部剖视图可以省略标注。

4）当对称机件的轮廓线与中心线重合，不宜采用半剖视图时，可采用局部剖视图，其原则是保留轮廓线，如图 6-17b 所示。

6.2.4　剖切面的种类

1. 单一剖切平面

仅用平行于某一投影面的单一剖切平面的剖切方法可称为单一剖。单一剖切平面可分为平行于基本投影面及不平行于基本投影面两种情况。

1）剖切平面平行于某一基本投影面得到的剖视图如图 6-10、图 6-11、图 6-13 等所示，剖视图多采用这种方式剖切得到。

2）当机件上**倾斜部分的内部结构**需要表达时，与斜视图一样，可以选择一个与该倾斜部分平行的辅助投影面，然后用一个平行于该投影面的单一剖切平面剖切机件，在辅助投影面上获得的剖视图称为斜剖视图。如图 6-18 所示，为了清晰表达弯板的外形和小孔等结构，宜用斜剖视图表达，此时用平行于弯板的剖切平面“*B—B*”剖开机件，然后在辅助投影面上求出剖切部分的投影。

画斜剖视图时应注意以下几点。

1）斜剖视图可按斜视图的配置方式配置，如图 6-18 所示。

2）斜剖视图主要适用于当机件具有倾斜部分，同时这部分内形和外形都需表达的情况。

2. 几个平行的剖切平面

用两个或多个互相平行的剖切平面剖切机件所画出的剖视图可称为阶梯剖视图。它适用于表达机件内部结构的中心线排列在两个或多个互相平行的平面内的情况。

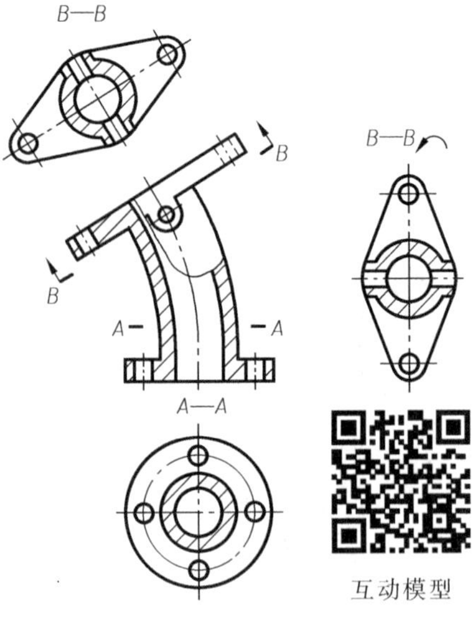

图 6-18　斜剖视图

如图 6-19a 所示，机件内部结构（小孔和大孔）的中心不都位于机件的对称平面内，不能用单一剖切平面剖开，而可以采用两个互相平行的剖切平面将其剖开，主视图即为采用阶梯剖方法得到的全剖视图，如图 6-19c 所示。

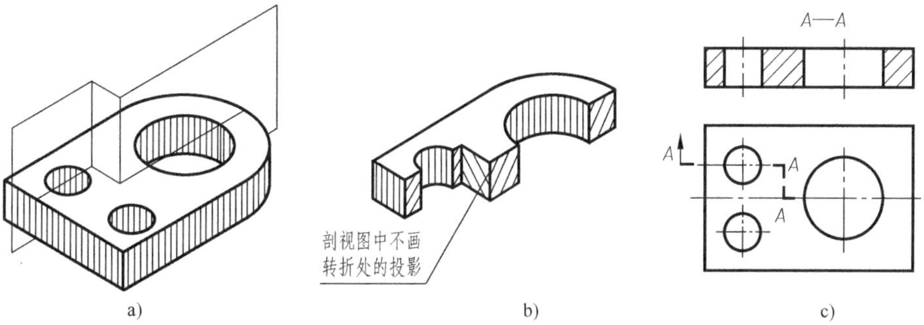

互动模型

图 6-19　阶梯剖视图

画阶梯剖视图时应注意下列几点。

1）为了表达孔、槽等内部结构的实形，几个剖切平面应同时平行于同一个基本投影面。

2）两个剖切平面的转折处不能画分界线。因此，要选择一个恰当的位置，使其在剖视图上不致出现孔、槽等结构的不完整投影，如图 6-20b、c 所示。仅当它们在剖视图上有共同的对称中心线和轴线时，可以各画一半，这时细点画线就是分界线，如图 6-20d 所示。

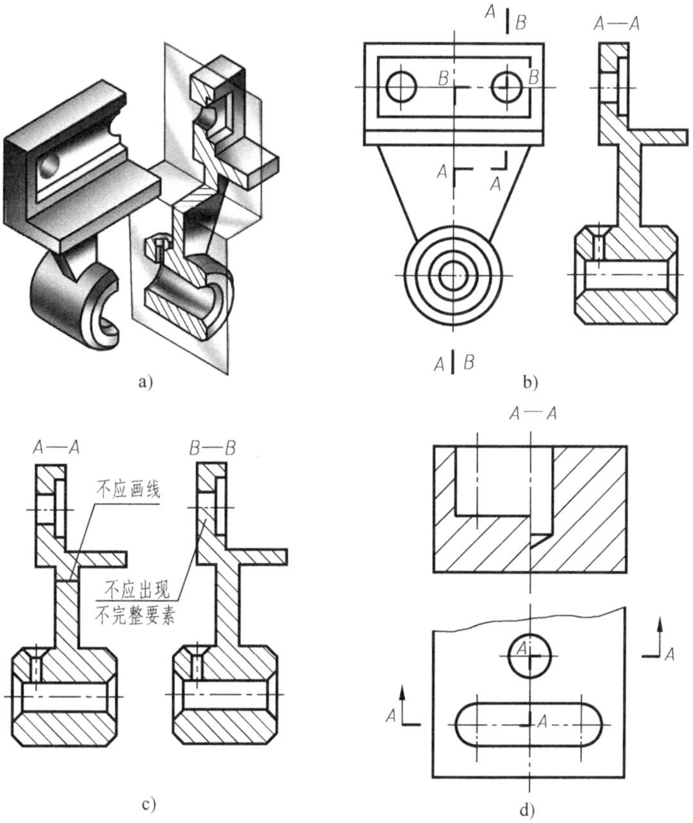

互动模型

图 6-20　阶梯剖视图的画法

3）阶梯剖视图必须标注。在剖切平面迹线的起始、转折和终止的地方，用剖切符号（即短粗实线）表示它的位置，并写上相同的字母；在剖切符号两端用箭头表示投射方向（如果剖视图按投影关系配置，中间又无其他图形隔开时，可省略箭头）；在剖视图上方用相同的字母标出名称“×—×”，如图 6-20b、d 所示。

3. 几个相交的剖切平面

用两个相交的剖切平面（交线垂直于某一基本投影面）剖开机件的方法可称为旋转剖，所画出的剖视图俗称为旋转剖视图。如图 6-21 所示，机件中间的大圆孔和均匀分布在四周的小圆孔都需要剖开表示，如果用相交于法兰轴线的侧平面和正垂面去剖切，并将位于正垂面上的剖切平面绕轴线旋转到与侧面平行的位置，这样画出的剖视图就是旋转剖视图。可见，旋转剖适用于有回转轴线的机件，而轴线恰好是两剖切平面的交线。

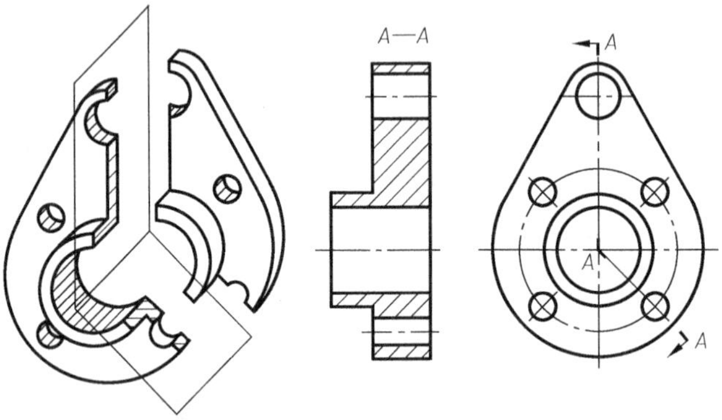

互动模型

图 6-21　旋转剖视图

4. 复合剖切面

当机件的内部结构比较复杂，用阶梯剖或旋转剖仍不能完全表达清楚时，可以采用以上几种剖切面的组合来剖开机件可称为复合剖，所画出的剖视图可称为复合剖视图。对图 6-22a 所示的机件，为了在一个图中表达各孔、槽的结构，采用复合剖得到的剖视图如图 6-22b 所示。应特别注意复合剖视图中的标注方法。

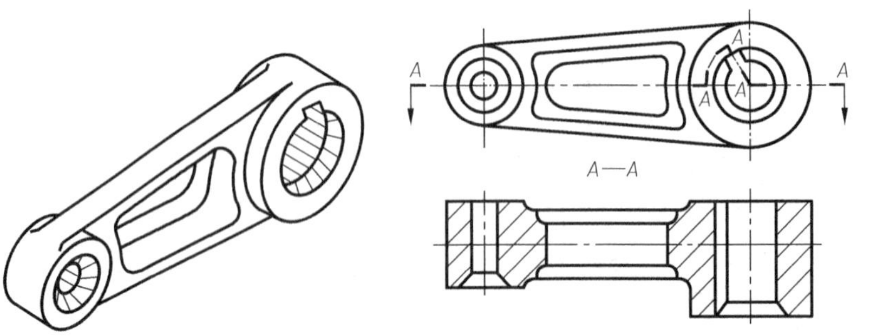

a)　　b)

互动模型

图 6-22　复合剖视图

6.3 断面图和局部放大图

6.3.1 断面图

1. 断面图的形成

假想用剖切平面将机件在某处切断，只画出切断面形状的投影并画上规定的剖面符号的图形称为**断面图**，如图 6-23 所示。断面图主要用来表达机件上某部分的断面形状，如肋、轮辐、键槽、小孔及各种细长杆件和型材的断面形状。

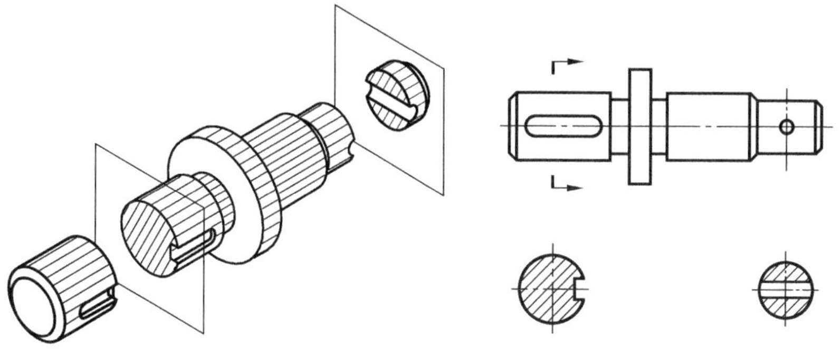

a)　　b)

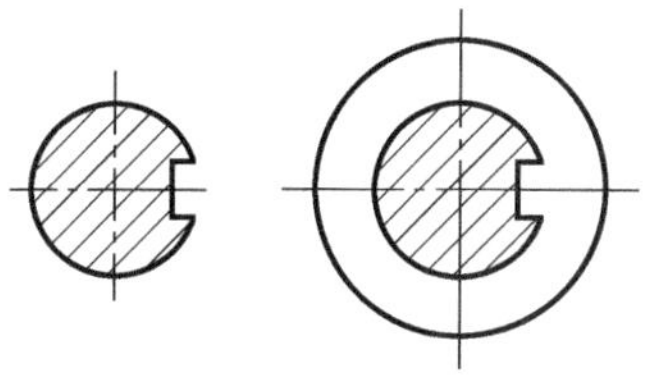

c)

互动模型

图 6-23　断面图的画法

提示：断面图与剖视图的不同之处是，断面图仅画出机件断面的图形，而剖视图要将剖切后的其余部分向投影面投射得到的投影全部画出，如图 6-23c 所示。

2. 断面图的分类和画法

断面图分为移出断面图和重合断面图两种。

（1）**移出断面图**　画在视图轮廓之外的断面图称为移出断面图。图 6-23b 所示断面图即为移出断面图。画移出断面图时应注意以下几点。

1）移出断面图的轮廓线用粗实线画出，断面图上画出剖面符号。移出断面图应尽量配置在剖切平面的延长线上，必要时也可以画在图样的适当位置。

2）当剖切平面通过由回转面形成的圆孔、圆锥坑等结构的轴线时，这些结构应按剖视图画出，如图 6-24 所示。

3）当剖切平面通过非回转面，会导致出现完全分离的断面时，这样的结构也应按剖视图画出，如图 6-25 所示。

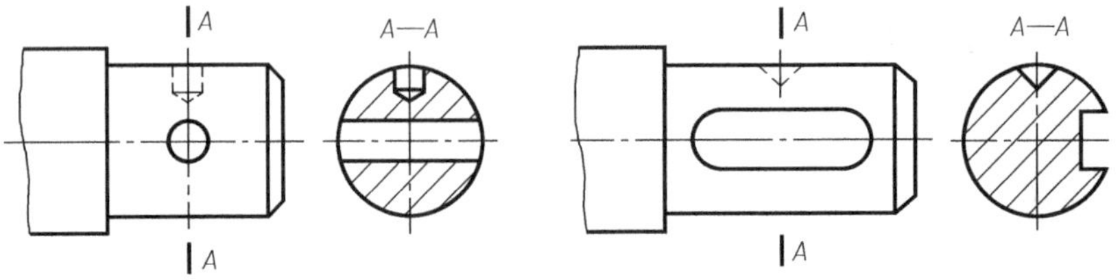

a) b)

图 6-24 剖切平面通过圆孔等回转面的轴线时断面图的画法

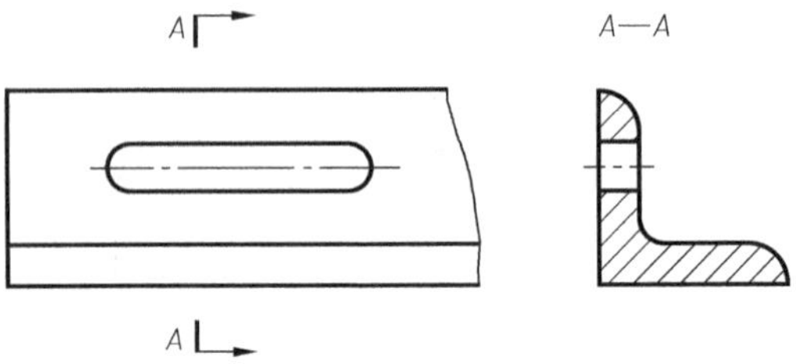

互动模型

图 6-25 断面分离时的画法

4）用两个或多个相交的剖切平面剖切得到的移出断面图，中间一般应断开，如图 6-26a 所示。断面图形对称且按一定规律变化时，也可以将断面图画在视图的中断处，如图 6-26b 所示。

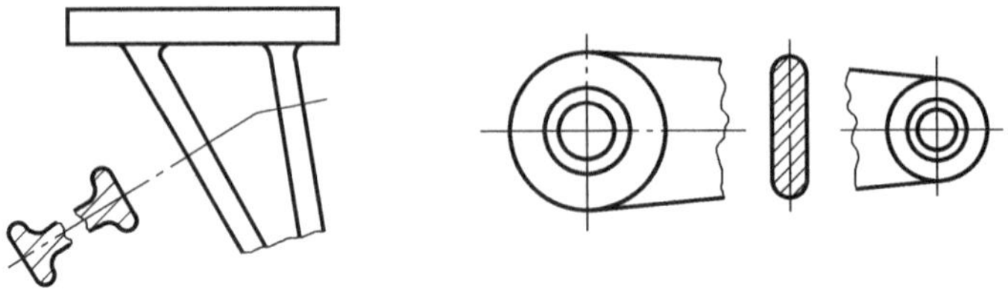

互动模型

a) b)

图 6-26 移出断面图的画法

（2）**重合断面图** 画在视图轮廓之内的断面图称为重合断面图。图 6-27 所示的断面图即为重合断面图。为了使图形清晰，避免与视图中的线条混淆，重合断面图的轮廓线用细实线画出。当重合断面图的轮廓线与视图的轮廓线重合时，仍按视图的轮廓线画出，不应中断，如图 6-27c 所示。

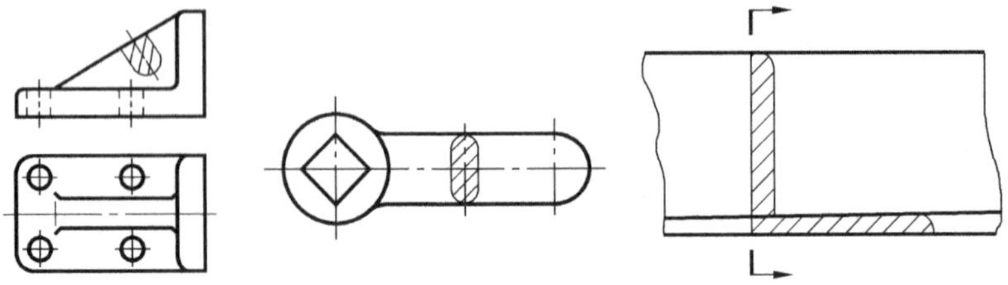

互动模型

a) b) c)

图 6-27 重合断面图

3. 断面图的标注

1）移出断面图标注内容与剖视图相同，一般用剖切符号表示剖切位置，用箭头表示投射方向并注上字母，在断面图上方需用相同的字母标出相应的名称“×—×”，如图 6-24 所示。

2）配置在剖切符号延长线上的移出断面图可省略字母，如图 6-23b 所示。

3）不配置在剖切符号延长线上的对称移出断面图（图 6-24a），以及按投影关系配置的不对称移出断面图可省略箭头（图 6-24b）。

4）剖切线上的对称移出断面图（图 6-26a）和配置在视图中断处的移出断面图（图 6-26b）都可省略所有标注。

思考：重合断面图与移出断面图有何异同？

6.3.2 局部放大图

1. 局部放大图的形成

当机件上一些细小的结构在视图中表达不够清晰，又不便标注尺寸时，可用放大比例单独画出这些结构，这种图形称为局部放大图，如图 6-28 所示。

2. 局部放大图的画法和标注

局部放大图可画成视图、剖视图、断面图，它与被放大部分的表达方式无关。局部放大图应尽量配置在被放大部位的附近。在画局部放大图时，应用细实线圈出被放大部位，当同一视图上有几个被放大部位时，要用罗马数字依次标明被放大部位，并在局部放大图的上方标注出相应的罗马数字和采用的比例，如图 6-28 所示。

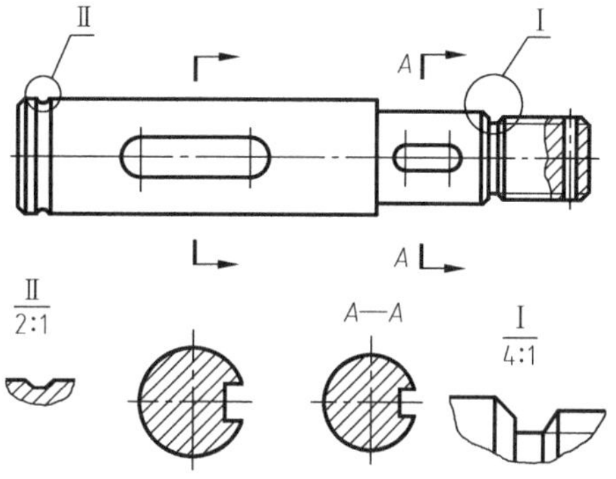

图 6-28　局部放大图

互动模型

6.4 规定画法和简化画法

GB/T 16675.1—2012《技术制图　简化表示法　第 1 部分：图样画法》和 GB/T 4458.1—2002《机械制图　图样画法　视图》规定了一系列的简化画法，其目的是减少绘图工作量，提高设计效率及图样的清晰度，满足手工制图和计算机制图的要求。

6.4.1 规定画法

对于机件的肋、轮辐和薄壁等，若按纵向剖切（平行于肋板），则这些结构不画剖面符号，而用粗实线将其与邻接部分分开；若按横向剖切（垂直于肋板），则这些结构要画剖面符号，如图 6-29 所示。

当零件回转体上均匀分布的肋、轮辐、孔等结构不处于剖切平面上时，可以将这些结构旋转到剖切平面上画出，如图 6-30 所示。此外，均匀分布孔只需详细画出一个，其余只画出轴线即可，如图 6-31 所示。

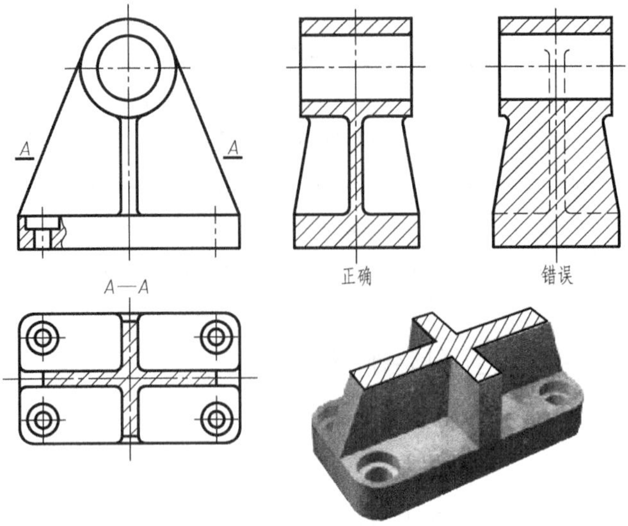

互动模型

图 6-29　肋板的画法

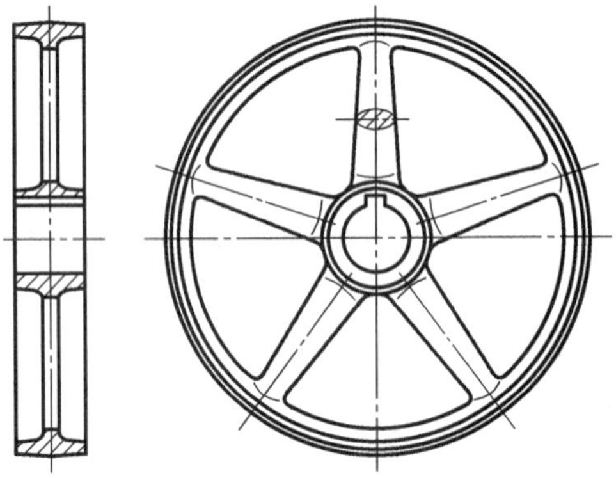

互动模型

图 6-30　剖视图中均布轮辐的规定画法

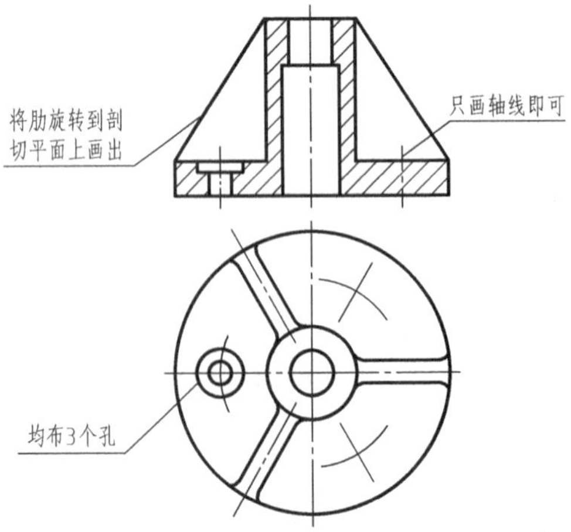

互动模型

图 6-31　剖视图中均布肋板和孔的规定画法

6.4.2 简化画法

1）当机件具有若干相同结构要素并按一定规律分布时，只需画出几个完整的结构，其余用细实线连接，在零件图中则必须注明该结构的总数，如图 6-32 所示。机件上具有若干直径相同且呈规律分布的孔，可仅画出一个或几个孔，其余用细点画线表示其中心位置，并在图中注明孔的总数，如图 6-33 所示。

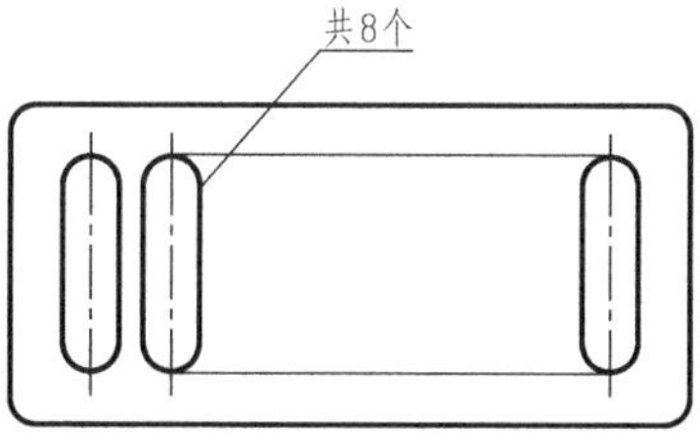

图 6-32 重复结构要素的简化画法

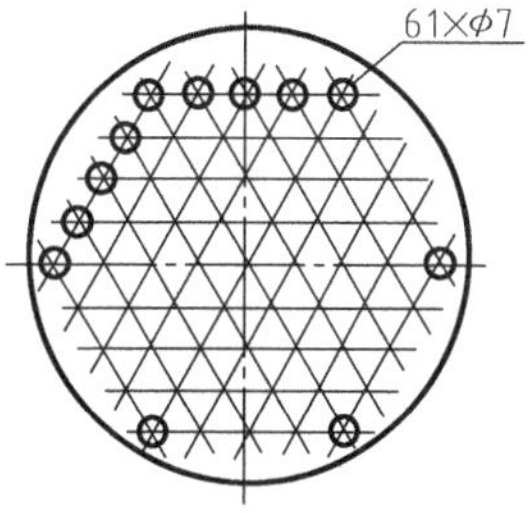

图 6-33 直径相同且呈规律分布孔的简化画法

2）在不致引起误解时，对称机件的视图可只画一半或四分之一，并在对称中心线的两端画出两条与其垂直的平行细实线，如图 6-34 所示。

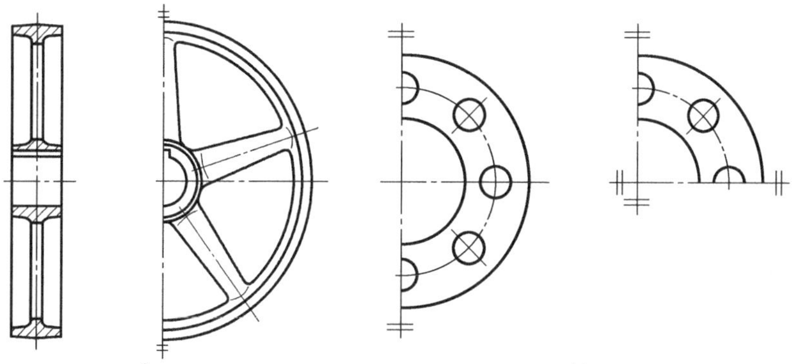

a) b)

图 6-34 对称机件视图的简化画法

3）表示法兰和类似零件结构上均匀分布的孔的数量和位置时，可按图 6-35 所示绘制。

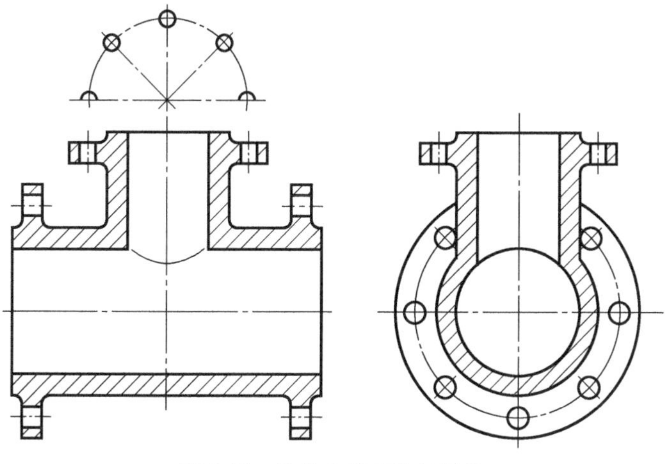

图 6-35 法兰上均布孔的画法

互动模型

4）在剖视图的剖面区域内可以再进行一次局部剖。采用这种表示方法时，两个剖面区域的剖面线应同方向、同间隔，但要相互错开，并用指引线引出标注其名称，如图 6-36 所示。

5）当回转体零件上的平面在图形中不能充分表示时，可以用两条相交的细实线表示这些平面，如图 6-37 所示。

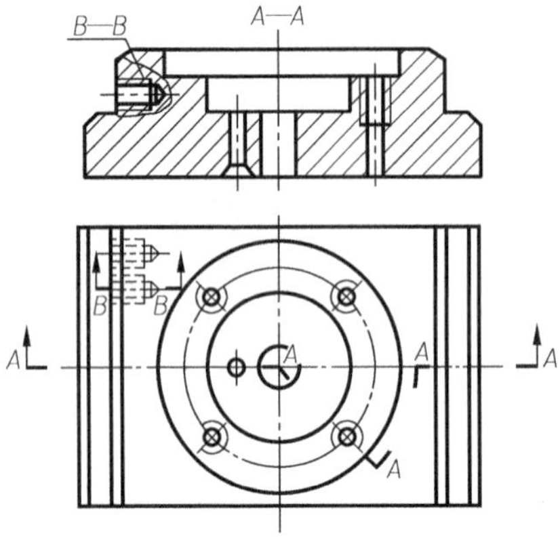

互动模型

图 6-36　剖视图中的局部剖视（剖中剖）

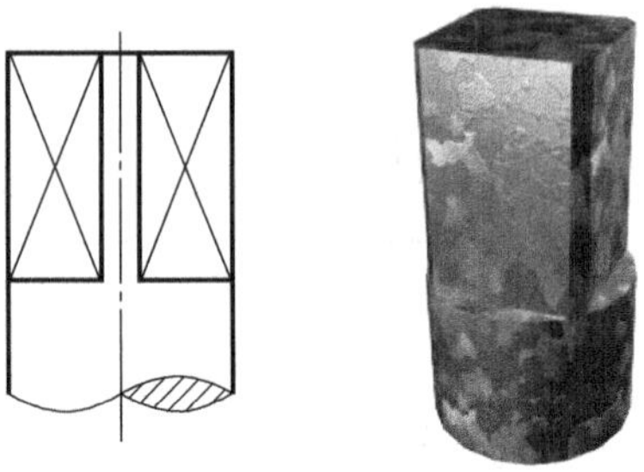

图 6-37　回转体零件上平面的画法

6.4.3　其他简化画法

1）图形中的过渡线、相贯线在不致引起误解时允许简化，如用圆弧或直线来代替非圆曲线，如图 6-38、图 6-39 所示。

互动模型

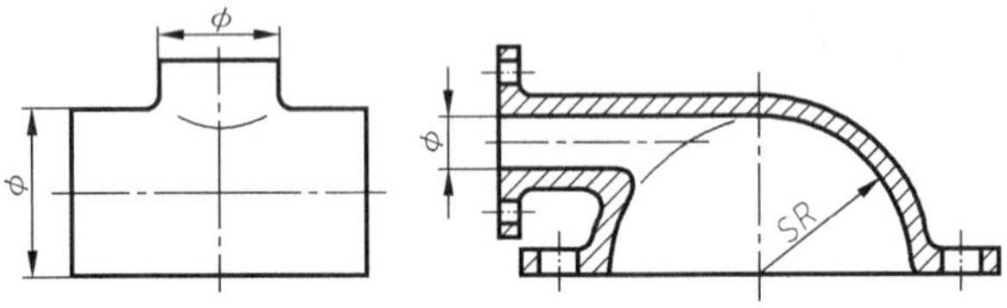

图 6-38　过渡线简化为圆弧

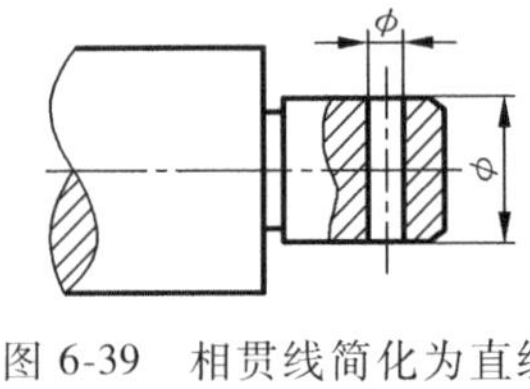

图 6-39　相贯线简化为直线

2）在需要表示位于剖切平面前的结构时，这些结构按假想投影的轮廓线（细双点画线）绘制，如图 6-40 所示。

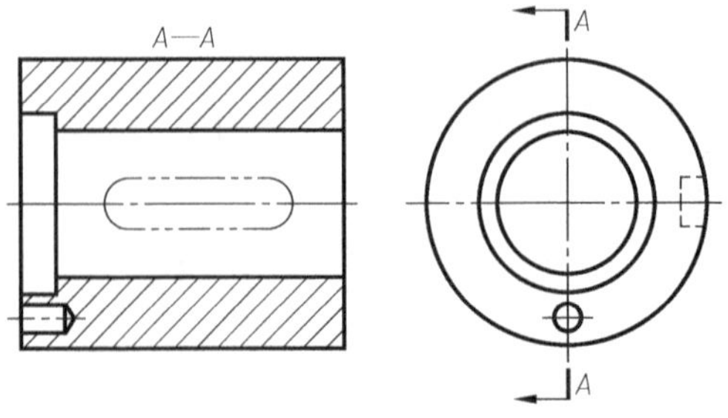

互动模型

图 6-40　剖切平面前结构的画法

3）较长的机件（如轴、杆等），当其沿长度方向的形状一致或按一定规律变化时，可断开后缩短绘制，并标注实际尺寸即可，如图 6-41 所示。

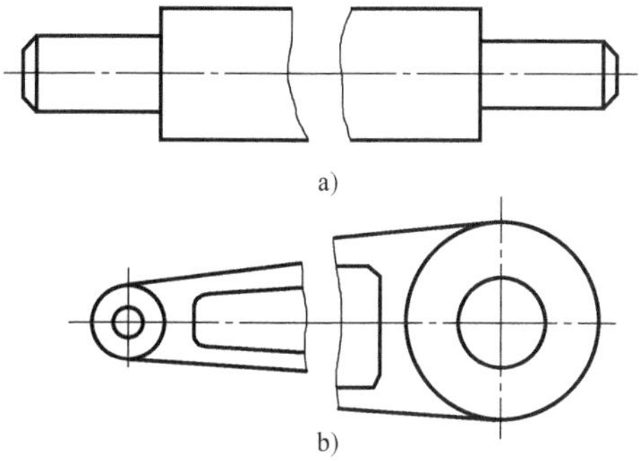

图 6-41　较长机件的缩短画法

4）在不致引起误解时，零件图中的小圆角、锐边的小倒圆或 45°小倒角允许省略不画，但必须在视图中注明尺寸，或者在技术要求中加以注明，如图 6-42 所示。

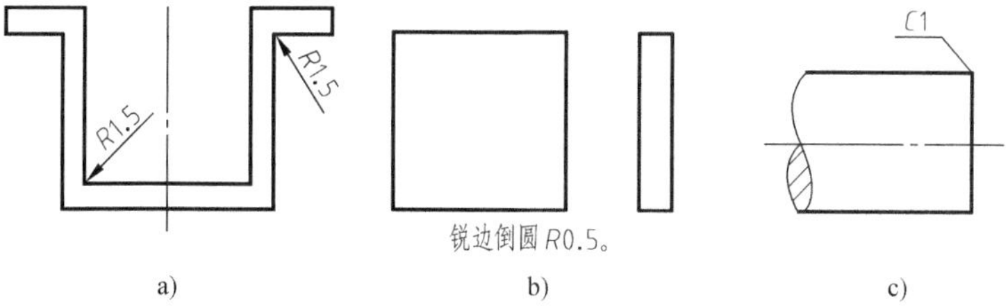

图 6-42　小圆角、小倒圆、小倒角的画法

a）省略小圆角　b）省略小倒圆　c）省略小倒角

5）机件有斜度但斜度不大时，若在一个视图中已表达清楚，则其他视图可按小端画出，如图 6-43 所示。

6）与投影面倾斜角度小于或等于 30°的圆或圆弧，其投影可用圆或圆弧代替，如图 6-44 所示。

7）网状物或机件上的滚花部分，可在轮廓线附近用粗实线示意画出，并在零件图的视图部分或技术要求中注明这些结构的具体要求，如图 6-45 所示。

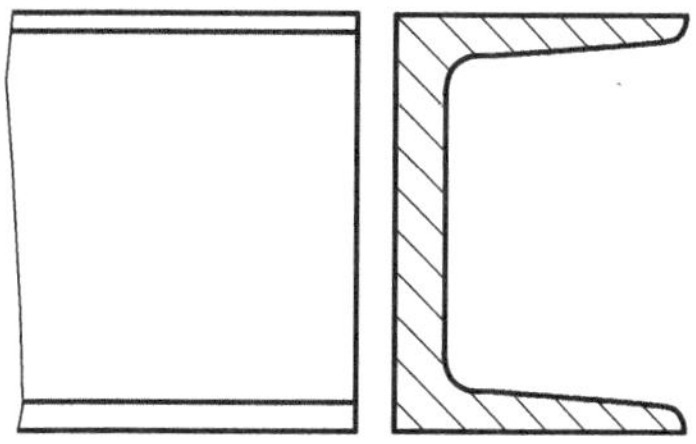

图 6-43　斜度的简化画法

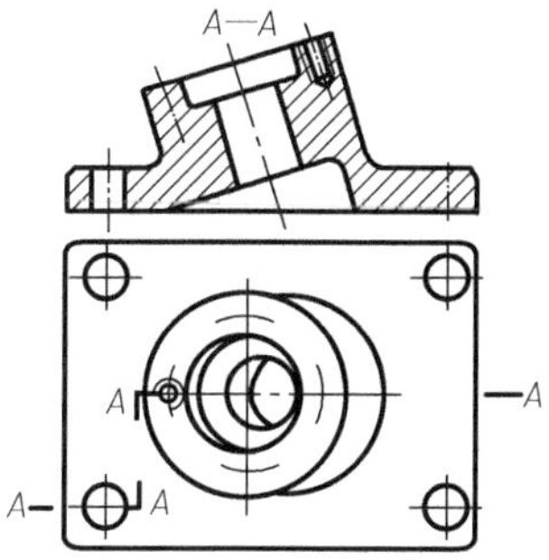

图 6-44　与投影面小角度倾斜的圆的简化画法

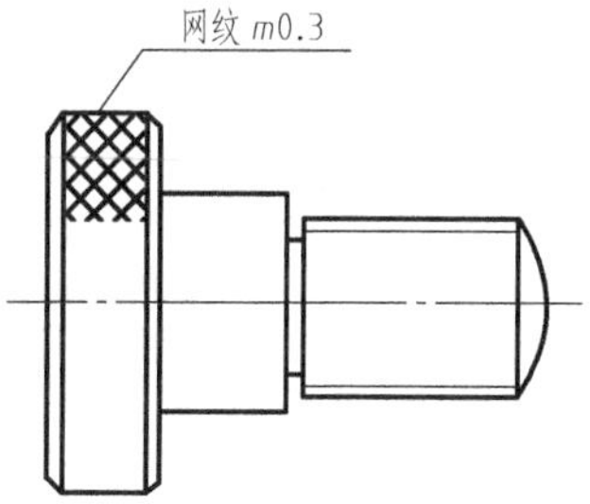

图 6-45　滚花的简化画法

6.5 机件视图表达方案的选择和识读

6.5.1 机件表达方案的选择

在绘制机械图样时，应根据零件的具体形状结构而综合运用视图、剖视图、断面图、局部放大图、规定画法和简化画法等各种表达方法，使零件各部分的结构与形状均能表达确切、清晰，而图形数量又较少。要完整、清楚地表达给定零件，首先应对要表达的零件进行结构和形体分析，根据零件的内、外部结构特征和形体特征选好主视图，并根据零件内、外部结构的复杂程度决定在主视图中是否采用剖视、采用何种剖视，再在此基础上选择其他视图。其他视图的选择要“少而精”，各自有表达重点且避免重复。同一个零件若有多种表达方法，则要选择、比较并采用最佳方案。在选择表达方案时，还应结合标注尺寸等问题一起考虑。

【例 6-1】 选择图 6-46 所示滑块盖的表达方案。

分析： 如图 6-47 所示，方案一的视图数量少，但虚线较多，内部结构表达不清晰；方案四的视图数量也少，但不便标注尺寸；方案三采用画成全剖视图的主视图和俯视图表达其内、外主要结构形状，另用 *A* 向局部视图表达半圆拱形凸台的形状，比较清晰；方案二将左视图画成全剖视图，凸台和空腔的贯通情况比方案三表达得更清楚，主视图也因而省去了虚线，其视图数量也与方案三相同，故方案二是最佳方案。

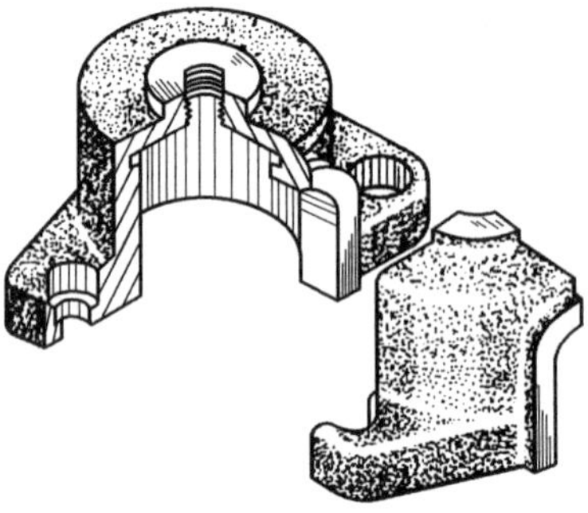

互动模型

图 6-46　滑块盖

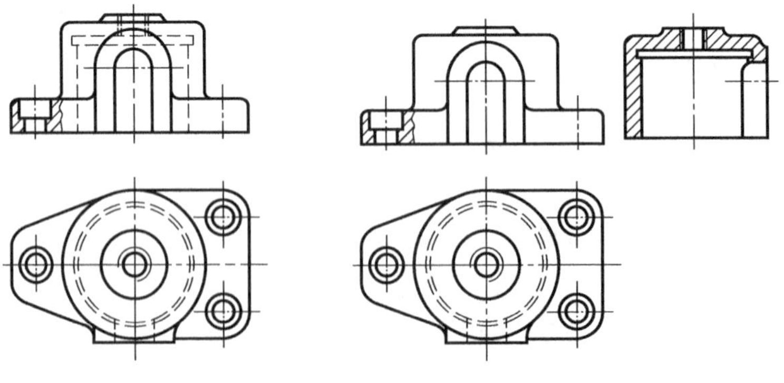

a)　　　　b)

图 6-47　滑块盖表达方案选择

a）方案一　b）方案二

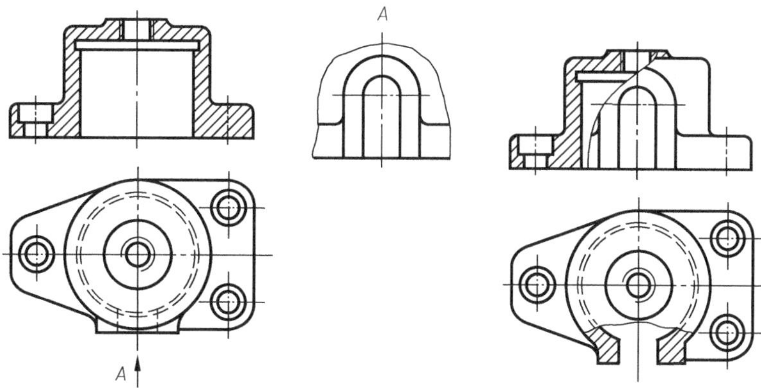

c)　　　　d)

图 6-47　滑块盖表达方案选择（续）

c）方案三　d）方案四

【例 6-2】 选择图 6-48 所示阀体的表达方案。

分析：

1）分析零件形状。利用形体分析法可知，阀体的结构主要有中间的空心圆柱体、左端的长方体连接板、右端的空心圆柱体外螺纹连接管及上方的内螺纹连接管。

2）选择主视图。通常选择最能反映零件特征的投射方向作为主视图的投射方向，选择图 6-48 所示主视投射方向，则主视图能较好反映阀体各部分结构。由于阀体的内部用不同直径的圆柱体挖切，因此主视图可采用全剖视图。

3）选择其他视图。为了表达左端连接板的形状及其上均匀分布的螺纹孔，左视图可采用半剖视图。同时为了表达清楚上方连接管的形状和各部分的连接关系，可采用俯视图来表达阀体的总体外形。总体的表达方案如图 6-49 所示。

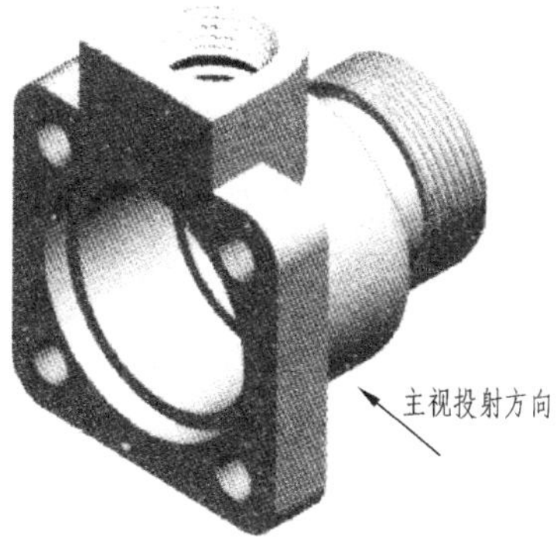

图 6-48　阀体

互动模型

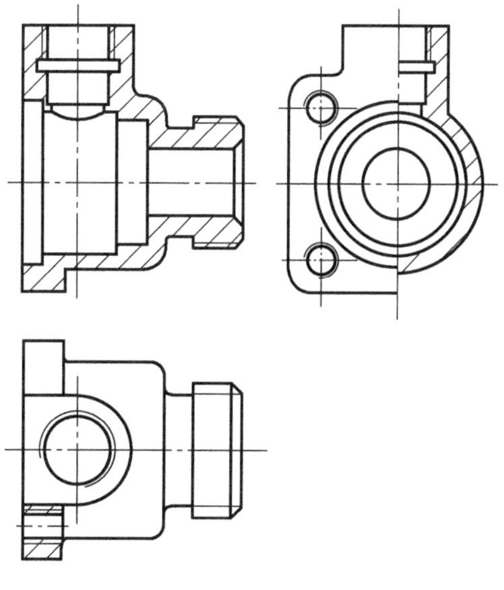

图 6-49　阀体表达方案

6.5.2 读机件的表达方案

【例 6-3】 图 6-50 所示为一泵体的表达方案，读图并想象其空间形状。

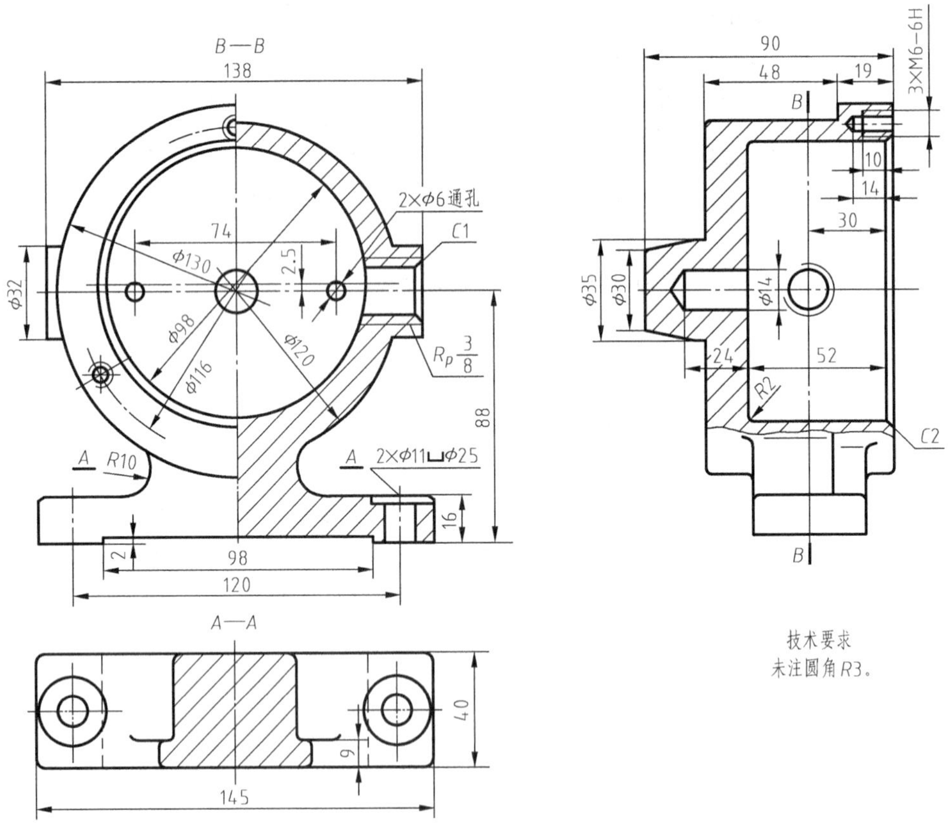

图 6-50 泵体的表达方案

分析：

1）主视图采用 *B—B* 半剖视图，左视图采用局部剖视图，俯视图采用 *A—A* 剖视图。

2）根据投影规律“主左高平齐”，由主视图和左视图可以看出泵体的上部主要是由两个外径为 φ130 和 φ120 的圆柱体，直径为 φ98 且向上偏心 2.5mm 的圆柱内腔，左、右两个直径为 φ32 的凸台及背后的圆台组成的。

3）φ130 的圆柱体上均匀分布 3 个 M6 的内螺纹孔，其分布在直径为 φ116 的圆周上，左视图的剖切部分表达了螺纹孔的深度。

4）左、右的凸台在主视图上用剖视图表达了具体的形状和尺寸，泵体后部的圆锥台的最小、最大直径分别为 φ30、φ35，在左视图中已表达清楚，在主视图中省略其虚线的投影。

5）圆柱内腔后部还有 2 个 φ6 的通孔（不必给出孔的深度），在主视图上表达了其具体的位置和形状。

6）泵体的下部是一个长方形底板，底板上有两个安装孔，中间为连接部分，主要结构由俯视图和主视图表达。

结合如上分析，可以综合想象出泵体的形状，如图 6-51 所示。

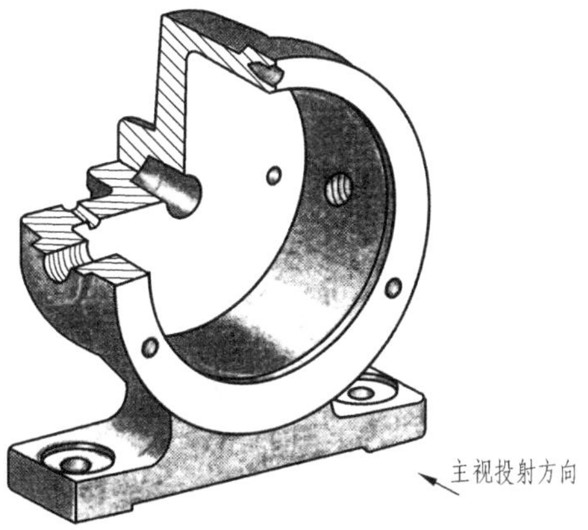

互动模型

图 6-51　泵体立体图

拓展提高

一、第三角画法简介

1. 第三角画法的相关规定

在第 2 章中介绍了三个投影面可以把空间分成八个分角（图 2-3），并介绍了第一角画法，在此简要介绍第三角画法。GB/T 14692—2008《技术制图　投影法》规定：采用第三角画法时，物体置于第三分角内，即投影面处于观察者与物体之间进行投影，然后按规定展开投影面。

三个投影面的展开方法为：沿 OY 轴分开到 H 面和 W 面，保持主视图所在 V 面不动，将俯视图所在 H 面绕 OX 轴向上旋转 90°，右视图所在 W 面绕 OZ 轴向前旋转 90°，如图 6-52a 所示，得到图 6-52b 所示的三视图。

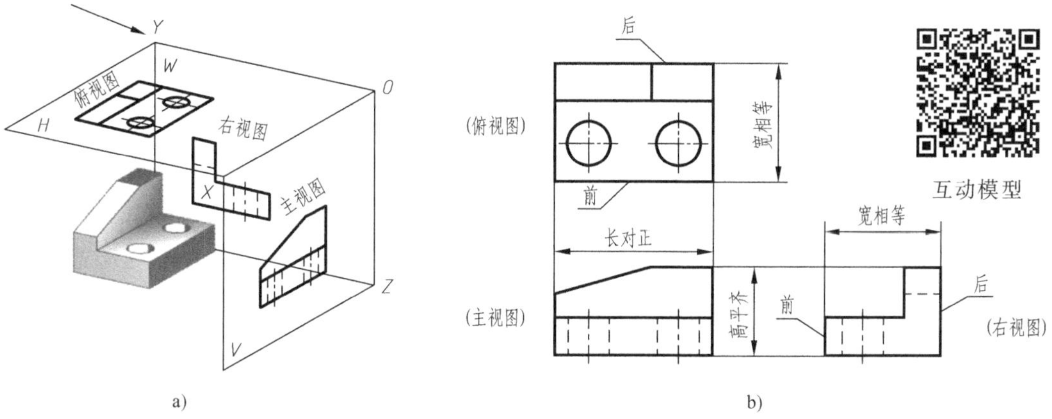

互动模型

图 6-52　第三角画法

a）投影面展开方法　b）三视图

三视图之间的投影关系为：三个视图之间保持长对正、高平齐和宽相等的投影关系，即主、俯视图长对正；主、右视图高平齐；俯、右视图宽相等。

2. 第三角画法中基本视图的配置

将三视图扩展到六个基本视图时，展开方法如图 6-53 所示。展开后的视图配置如图 6-54 所示。

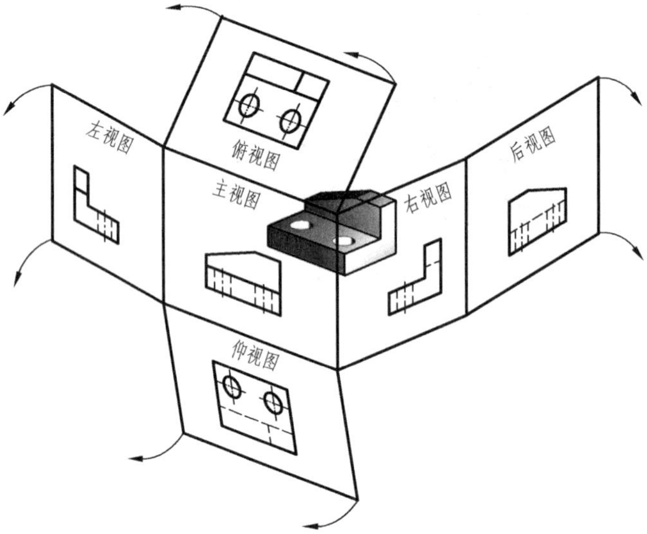

图 6-53　第三角画法基本投影面的展开方法

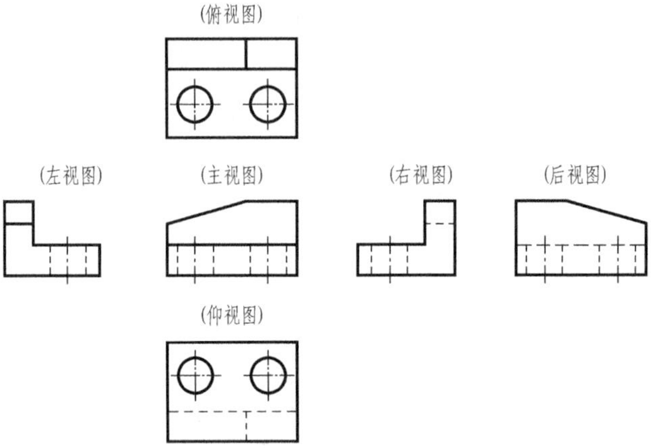

图 6-54　第三角画法基本视图的配置

采用第三角画法时，必须在标题栏附近画出所采用画法的识别符号。第一角画法的识别符号如图 6-55a 所示，第三角画法的识别符号如图 6-55b 所示。我国国家标准规定，由于我

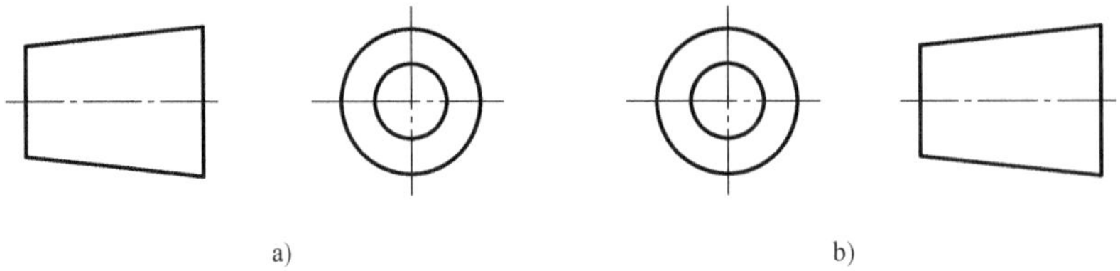

图 6-55　投影识别符号

国采用第一角画法，因此，当采用第一角画法时无须标出画法的识别符号。当采用第三角画法时，必须在图样的标题栏附近画出第三角画法的识别符号。

二、构形设计及视图表达

将图 6-56 所示分解后的叉杆零件进行组合构形，合理选择视图对叉杆进行表达。

1. 组合构形要求

1）小球筒在右侧，大球筒在左侧，两球筒均按轴线竖直放置，两轴线距离为（75±0.1）mm，椭圆柱水平位置连接在两球筒的中间对称位置上。

2）弯杆连接在小球筒中间对称位置上，且与椭圆柱轴线水平夹角为 120°。

2. 绘图要求

1）选择 A3 图纸幅面，横放，比例为 1∶1。

2）在能够完整清楚表达零件形状结构的前提下，要求选择一组视图数量最少、最简洁的表达方法。

3）要求从能够表现零件装配关系的方向位置来选择主视图。

4）椭圆柱与两球筒相贯线要求采用简化的模糊画法表示。

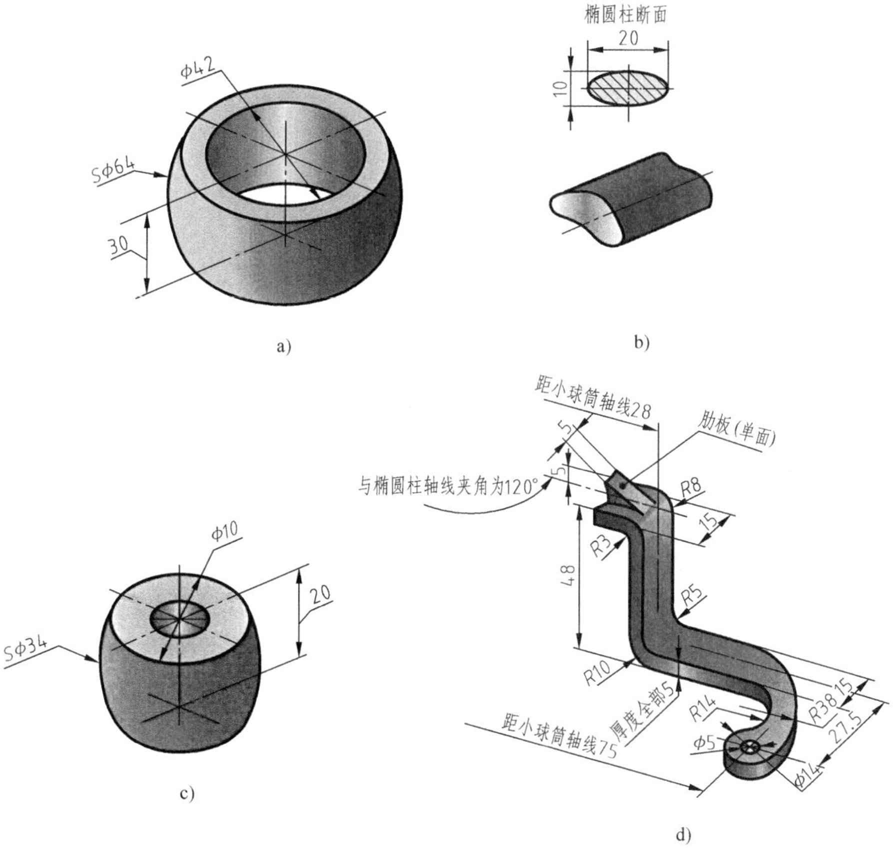

图 6-56　叉杆零件各组成立体

a）大球筒　b）椭圆柱　c）小球筒　d）弯杆

章末小结

本章所介绍的各种视图、剖视图、断面图的画法及标注方法，还有规定画法和简化画法均系国家标准规定，必须牢固掌握，才能画出合格的工程图。

1. 视图主要用于表达机件的外部结构形状。

1）基本视图中的三视图是表达机件形状的基本方法，在选择视图时，优先选择三视图。

2）当机件结构复杂，需要增加视图数量时，再依次增加其他三个视图中的一个或几个。

2. 重点掌握各种剖视图的适用条件、画法和标注，能针对不同形体选用适当的剖视图来表达物体形状。

1）要特别注意剖视图的剖切过程是假想的，除剖视图外，其他视图要按照完整机件来表达。

2）全剖视图一般适用于不对称且内部较复杂的机件；半剖视图适用于对称或基本对称的机件，应注意分界线画成细点画线，而不能画成粗实线；局部剖视图应根据机件的结构局部剖开，并注意波浪线不应与图样上其他图线重合。

3. 理解断面图和局部放大图的不同类型，要掌握其画法和标注。

1）断面图主要用于表达机件上某部分的断面形状，分为移出断面图和重合断面图，移出断面图用粗实线画，重合断面图用细实线画。

2）局部放大图主要用于表达机件上细小而无法表达或不便标注尺寸的结构，局部放大图可画成视图、剖视图和断面图。

4. 规定画法和简化画法

对于机件的结构，要根据结构采用规定画法并灵活采取合适的简化画法，减少画图工作量并选取合理的表达方案。

复习思考题

1. 机件的图样画法有哪些？
2. 斜视图和局部视图在图中应如何配置和标注？
3. 剖视图有哪几种？要得到这些剖视图，按国家标准规定有哪几种剖切方法？
4. 在剖视图中，剖切面后的细虚线应如何处理？
5. 什么情况属于剖切平面纵向通过零件的肋、轮辐及薄壁？如何表达？
6. 半剖视图中，外形视图和剖视图之间的分界线为哪种图线？

第7章

标准件与常用件

- 第7章 标准件与常用件
  - 螺纹连接
    - 形成：根据螺旋线原理加工而成
    - 螺纹五要素：牙型、直径、螺距、线数、旋向
    - 规定画法
      - 外螺纹
      - 内螺纹
      - 螺纹连接：旋合部分按外螺纹绘制
    - 分类和标记方法
    - 常用螺纹紧固件：螺栓、双头螺柱、螺钉、螺母、垫圈
    - 螺栓连接
      - 螺栓、垫圈、螺母适用于两个较薄零件连接的场合
      - 比例画法
    - 双头螺柱连接
      - 双头螺柱、螺母、垫圈适用于一个零件太厚而不宜钻成通孔的场合
      - 比例画法
    - 螺钉连接
      - 连接螺钉适用于受力不大和不经常拆卸场合
      - 比例画法
    - 重点+难点
  - 键和销
    - 键连接
      - 作用：用于轴和轴上零件之间的连接
      - 种类和标记（重点）
        - 普通型平键
        - 普通型半圆键
        - 钩头型楔键
      - 画法
    - 销连接
      - 作用：零件之间的定位
      - 种类和标记
        - 圆柱销
        - 圆锥销
        - 开口销
    - 画法
  - 齿轮
    - 直齿圆柱齿轮
      - 各部分名称及基本参数：模数、齿数、压力角
      - 尺寸计算：分度圆、齿顶圆、齿根圆
      - 规定画法：单个齿轮画法、啮合画法
    - 锥齿轮：各部分名称及基本参数、规定画法
    - 蜗杆与蜗轮：各部分名称及基本参数、规定画法
    - 重点+难点
  - 滚动轴承
    - 滚动轴承结构和分类
    - 滚动轴承代号
    - 滚动轴承画法
      - 规定画法
      - 简化画法
        - 通用画法
        - 特征画法
  - 弹簧
    - 圆柱螺旋压缩弹簧各部分的名称及代号
    - 圆柱螺旋压缩弹簧的规定画法

在各种机器或部件中，广泛地应用着螺纹紧固件（如螺栓、螺钉、螺柱、螺母等）、连接件（如键、销）和滚动轴承等，这些零件的结构、形状、大小均已标准化，称为**标准件**。另一些零件，如齿轮，它们只有一部分结构、参数标准化，称为**常用件**。图 7-1 所示的齿轮油泵爆炸图显示了各种零件。

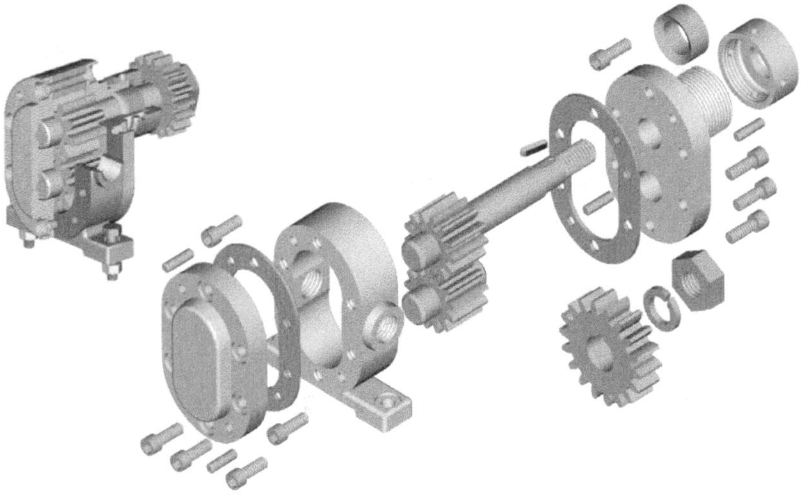

图 7-1　齿轮油泵爆炸图

由于已经标准化，因此制造这些零件时可组织专业化协作，使用专用机床和标准的刀具、量具，进行高效率、大批量生产，从而获得质优价廉的产品；在设计、装配和维修机器时，可以方便地按规格选用和更换这些零件；在绘图时，为了提高效率，对上述零件的某些结构和形状不必按其真实投影画出，而是根据相应的国家标准所规定的画法、代号和标记进行绘图和标注。

本章主要介绍标准件和常用件的相关基本知识、规定画法、标注方法、公差要求及相关标准表格的查用。

7.1　螺纹

螺纹紧固件有螺栓、螺钉、螺柱、螺母等，其上都加工有螺纹。

螺纹是指在圆柱或圆锥表面上，沿螺旋线所形成的，具有相同的规定牙型（如三角形、矩形、梯形、锯齿形）的连续凸起的牙体。螺纹分外螺纹和内螺纹两种，成对使用。在圆柱或圆锥外表面上形成的螺纹称为外螺纹，在圆柱或圆锥内表面形成的螺纹称为内螺纹。内、外螺纹成对使用，可用于各种机械连接，传递运动和动力。用于连接的螺纹称为连接螺纹，用于传递运动或动力的螺纹称为传动螺纹。

7.1.1　螺纹的形成和基本要素

1. 螺纹的形成

各种螺纹都是根据螺旋线原理加工而成的，螺纹加工大部分采用机械化批量生产。外螺纹可采用车床加工，如图 7-2a 所示；也可以用板牙套制外螺纹，如图 7-2c 所示。内螺纹可以在车床上加工，如图 7-2b 所示；也可以先在工件上钻孔，再用丝锥攻制而成，如图 7-2d 所示。

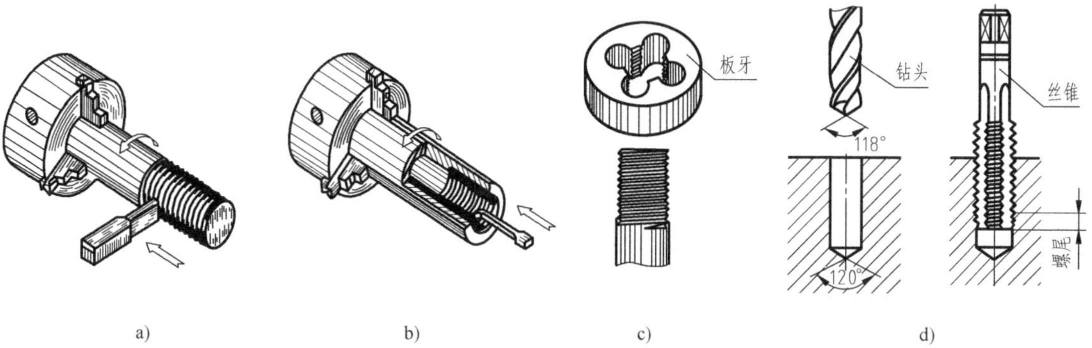

图 7-2 螺纹的形成

a）车削外螺纹 b）车削内螺纹 c）套外螺纹 d）钻孔后丝锥攻内螺纹

2. 螺纹的基本要素（GB/T 14791—2013）

螺纹的基本要素包括牙型、直径（大径、小径、中径）、螺距（导程）、线数和旋向，螺纹的这些基本要素常称为螺纹的五要素，只有五要素都对应相同的外螺纹和内螺纹才能互相旋合。

（1）**牙型** 在通过螺纹轴线的剖面上，螺纹的轮廓形状称为螺纹牙型。它由牙顶、牙底和两牙侧构成，形成一定的牙型角。常见的螺纹牙型有三角形、梯形、锯齿形和矩形等。

（2）**直径** 直径有大径（d、D）、中径（d_2、D_2）和小径（d_1、D_1）之分，如图 7-3 所示。其中，外螺纹大径（d）和内螺纹小径（D_1）也称为顶径。

大径（d、D）：与外螺纹的牙顶或内螺纹的牙底相切的假想圆柱或圆锥的直径，又称为公称直径，代表螺纹尺寸的直径。外螺纹的大径用小写字母 d 表示，内螺纹的大径用大写字母 D 表示。

小径（d_1、D_1）：与外螺纹牙底或内螺纹牙顶相切的假想圆柱或圆锥的直径。外螺纹的小径用小写字母 d_1 表示，内螺纹的小径用大写字母 D_1 表示。

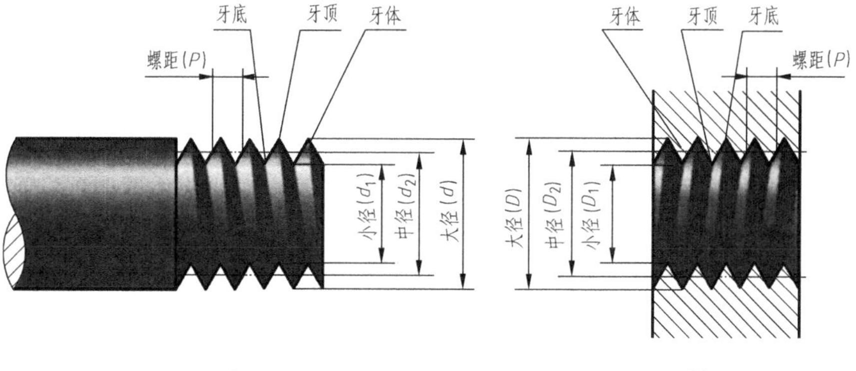

图 7-3 螺纹各部分名称及代号

a）外螺纹 b）内螺纹

中径（d_2、D_2）：中径是指一个假想的圆柱或圆锥直径，该圆柱或圆锥的母线通过牙型上沟槽和凸起宽度相等的位置。外螺纹的中径用小写字母 d_2 表示，内螺纹的中径用大写字母 D_2 表示。

（3）**线数** 形成螺纹的螺旋线条数称为线数，用字母 n 表示。螺纹有单线与多线之分，沿一条螺旋线形成的螺纹称为单线螺纹，沿两条以上螺旋线形成的螺纹称为多线螺纹。多线螺纹在垂直于轴线的剖面内是均匀分布的，如图 7-4 所示。工程实际中，可以看螺柱端面判断是几条螺旋线，螺纹缠绕成一条就是单线，有几条就是几线螺纹。

（4）**螺距和导程** 相邻两牙在中径线上对应两点间的轴向距离称为螺距，螺距用字母 P 表示；同一螺旋线上的相邻两牙在中径线上对应两点间的轴向距离称为导程，导程用字母 P_h 表示，如图 7-4 所示。线数 n、螺距 P 和导程 P_h 的之间的关系为：$P_h = nP$。

（5）**旋向** 螺纹分为左旋螺纹和右旋螺纹两种。沿顺时针方向旋转时旋入的螺纹是右旋螺纹；沿逆时针方向旋转时旋入的螺纹是左旋螺纹。判断时，经常将螺旋体竖直放置，左面螺纹高则为左旋，右面螺纹高则为右旋，如图 7-5 所示。工程中常用右旋螺纹。

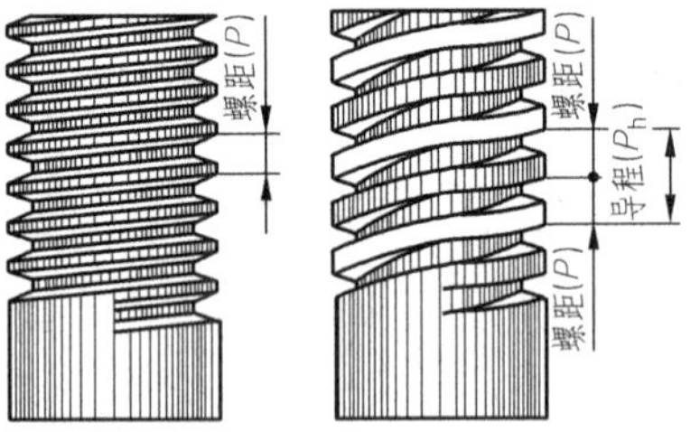

a)　　b)

图 7-4　单线螺纹和双线螺纹

a）左旋　b）右旋

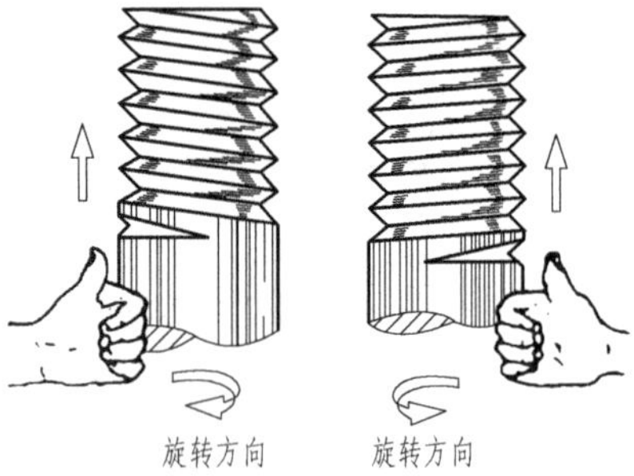

a)　　b)

图 7-5　螺纹的旋向

a）单线　b）双线

国家标准对普通螺纹的牙型、大径和螺距做了统一规定，见附录中的表 A-1 和表 A-2。这三项要素均符合国家标准的螺纹称为标准螺纹；凡牙型不符合国家标准的螺纹称为非标准螺纹；只有牙型符合国家标准的螺纹称为特殊螺纹。常用螺纹的分类、标注及应用见表 7-1。

表 7-1　常用螺纹的分类、标注及应用

螺纹分类		特征代号	牙型	标记示例	说明	应用
普通螺纹	粗牙	M	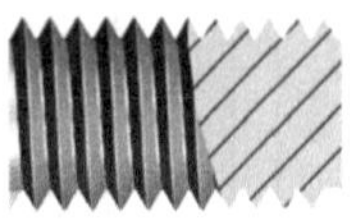	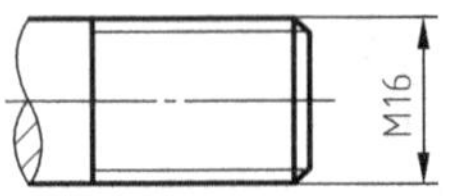	粗牙普通螺纹不标注螺距，M16 表示公称直径为 16mm	用于一般零件的连接
	细牙		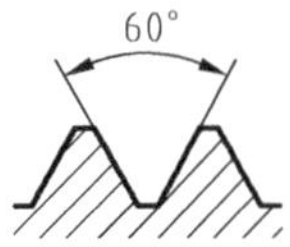	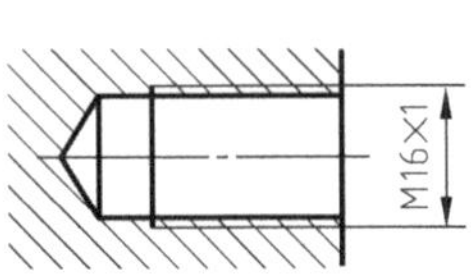	细牙普通螺纹标注螺距，M16×1 表示公称直径为 16mm，螺距为 1mm	多用于精密零件的连接

（续）

螺纹分类			特征代号	牙型	标记示例	说明	应用
管螺纹	55°非密封		G	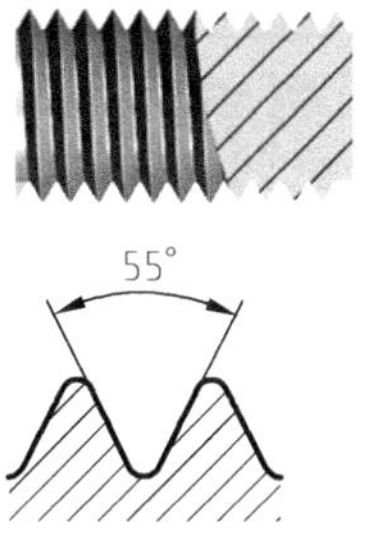	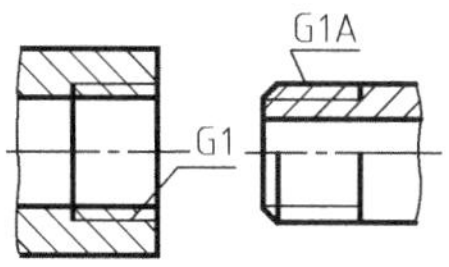	G 为螺纹特征代号，1 为尺寸代号，A 为外螺纹公差等级代号	用于低压管路的连接
	55°密封	圆锥外	R（R_1、R_2）		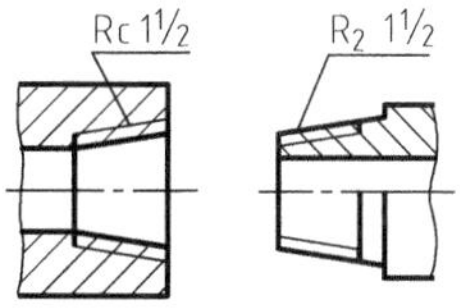	Rc 表示圆锥内螺纹，R_2 表示与圆锥内螺纹相配合的圆锥外螺纹，1½ 为尺寸代号，Rp 表示圆柱内螺纹，R_1 表示与圆柱内螺纹相配合的圆锥外螺纹	用于高压管路的连接
		圆锥内	Rc				
		圆柱内	Rp				
梯形螺纹			Tr	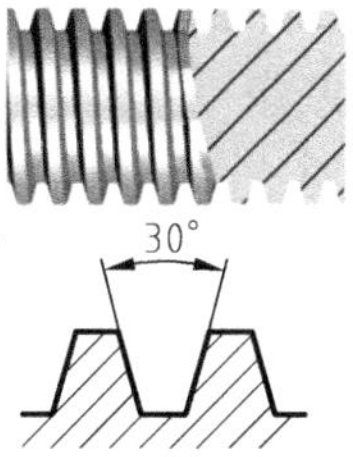	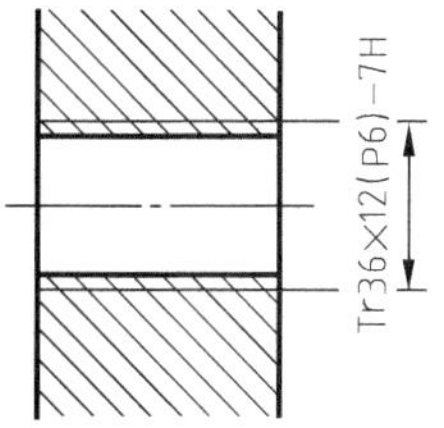	Tr36 × 12（P6）-7H：表示梯形螺纹，公称直径为 36mm，双线螺纹，导程为 12mm，螺距为 6mm；中径公差带为 7H；中等旋合长度；右旋	可双向传递运动和动力
锯齿形螺纹			B	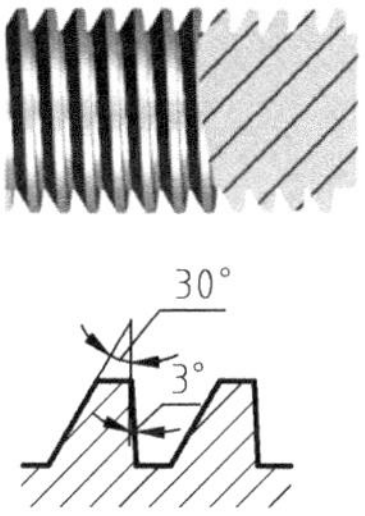	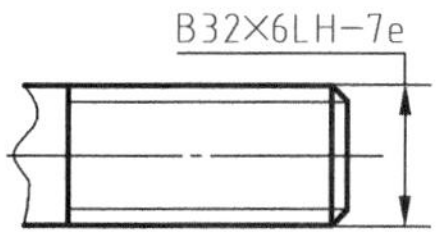	B32 × 6LH-7e：表示锯齿形螺纹，公称直径为 32mm，单线，螺距为 6mm，左旋；中径公差带代号为 7e	单向传递动力

7.1.2 螺纹的规定画法

螺纹一般不按真实投影作图，而是采用 GB/T 4459.1—1995《机械制图　螺纹及螺纹紧固件表示法》规定的画法以规范作图，简化作图过程。

1. 外螺纹的画法

在平行螺杆轴线方向的投影视图中，外螺纹的大径用粗实线表示，小径按大径的 0.85 用细实线表示。表示小径的细实线应画入倒角内，螺纹终止线用粗实线表示，如图 7-6a 所示。当需要表示螺纹收尾时，螺纹尾部的小径用与轴线成 30° 的细实线绘制，如图 7-6b 所示。

在垂直螺杆轴线的投影视图中，大径用粗实线圆表示，小径用约 3/4 圈的细实线圆表示（空出约 1/4 圈的位置不画），螺杆端面上的倒角圆省略不画，如图 7-6 所示。剖视图中的螺纹终止线和剖面线画法如图 7-6b 所示。

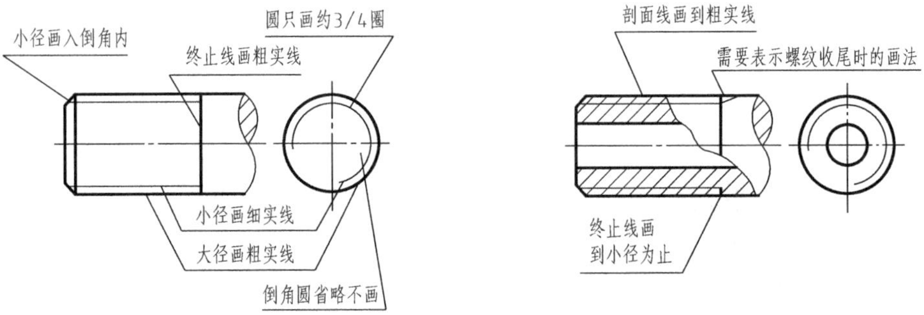

a)　　　　b)

图 7-6　外螺纹画法

2. 内螺纹的画法

内螺纹通常用剖视图表达。大径用细实线表示，小径和螺纹终止线用粗实线表示，剖面线应画到粗实线为止；若是不通孔，一般要将钻孔深度也表示出来，钻孔末端的圆锥坑用120°角表示，螺纹终止线画到距离孔的末端 0.5D 处；在垂直螺孔轴线的视图中，大径用约3/4 圈的细实线圆弧绘制，小径用粗实线绘制，倒角圆不画，如图 7-7a、b 所示。当螺纹孔相交时，其相贯线的画法如图 7-7c 所示。当螺纹的投影不可见时，所有图线均画成细虚线，如图 7-7d 所示。

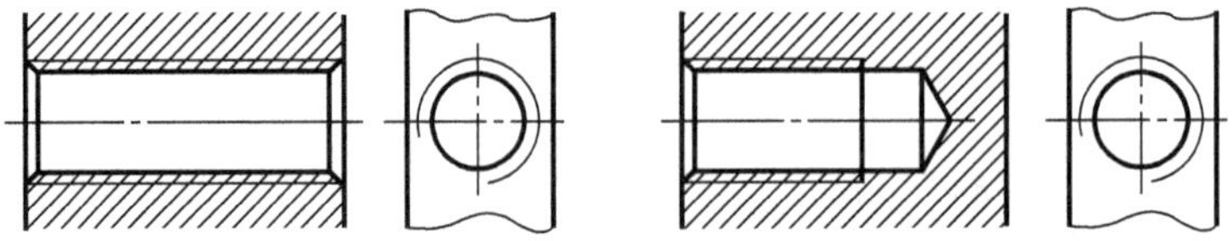

a)　　　　b)

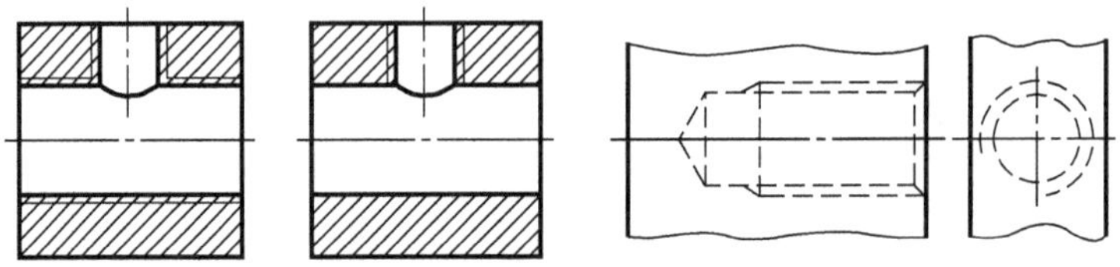

c)　　　　d)

图 7-7　内螺纹的画法

3. 螺纹连接的画法

用剖视图表示螺纹连接时，旋合部分按外螺纹的画法绘制，未旋合部分按各自原有的画法绘制，如图 7-8、图 7-9 所示。绘制不穿通的螺纹孔时，一般应将钻孔深度与内螺纹部分深度分别画出，钻孔深度应超过螺纹孔深度约 0.5d（外螺纹大径），螺纹孔深度应超过外螺纹深度约 0.5d（外螺纹大径），如图 7-9 所示。在剖切平面通过实心螺杆轴线的剖视图中，螺杆按不剖绘制。

提示：画螺纹连接图形时，表示内、外螺纹大径的细实线和粗实线要对齐，表示内、外螺纹小径的粗实线和细实线要对齐。

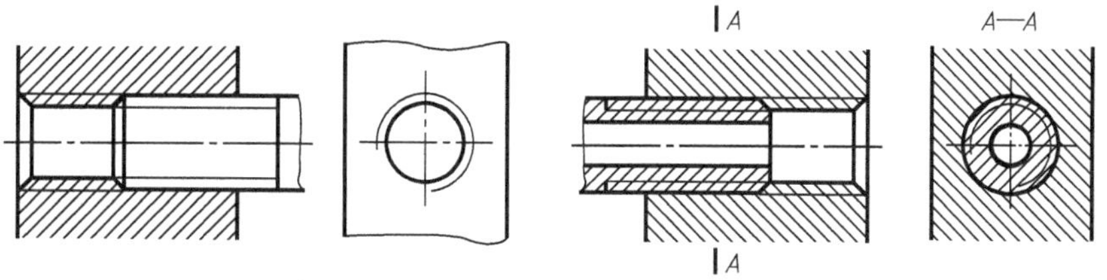

a)　　　　b)

图 7-8　螺纹连接画法

4. 螺纹牙型的表示法

螺纹牙型一般不需要表示，当需要表示螺纹牙型时，可按图 7-10 所示的形式绘制。

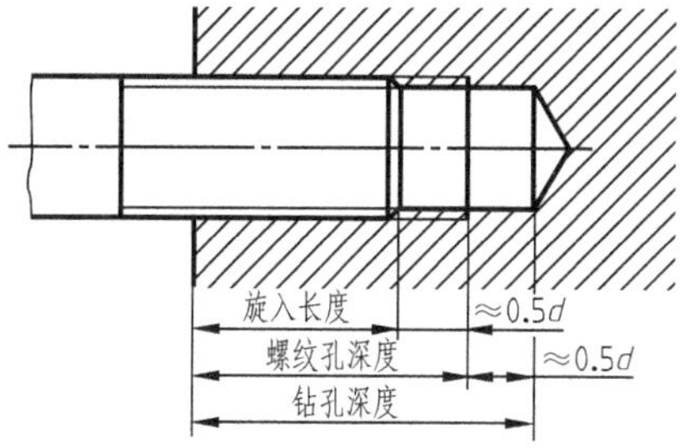

图 7-9　螺纹连接深度关系

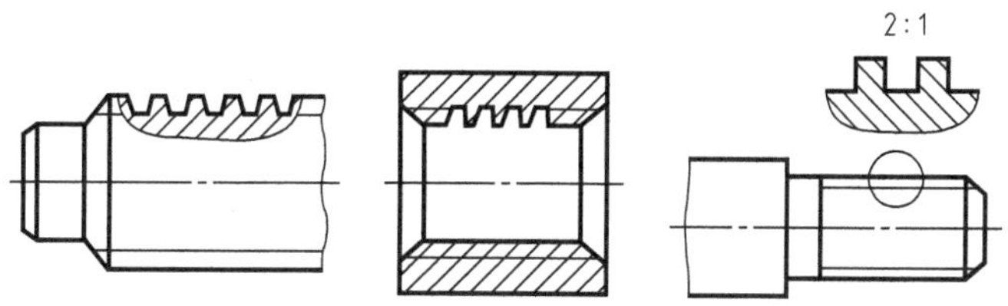

a)　　　　b)　　　　c)

图 7-10　螺纹牙型的表示法

a）外螺纹局部剖　b）内螺纹全剖　c）局部放大图

7.1.3　螺纹的分类和标注方法

1. 螺纹分类

按照螺纹的用途，螺纹分成如下四种类型。

1）连接和紧固螺纹：如粗牙普通螺纹、细牙普通螺纹。

2）管螺纹：如 55°密封管螺纹、55°非密封管螺纹。

3）传动螺纹：如梯形螺纹、锯齿形螺纹。

4）专门用途螺纹：如气瓶螺纹、灯泡螺纹、自行车螺纹等。

2. 螺纹的标注

由于螺纹的规定画法不能表达出螺纹的种类和螺纹的要素，因此绘制螺纹图样时，必须按照 GB/T 4459.1—1995《机械制图　螺纹及螺纹紧固件表示法》所规定的标记格式和相应代号进行标注。下面介绍各种螺纹的标注方法。

（1）普通螺纹（GB/T 197—2018）　普通螺纹用尺寸标注形式标注在内、外螺纹的大径上，其标注的具体项目和格式为

[螺纹特征代号] [公称直径]×[螺距]-[中径公差带代号] [顶径公差带代号]-[旋合长度代号]-[旋向代号]

1）普通螺纹的螺纹特征代号为“M”。

2）粗牙普通螺纹不必标注螺距，细牙普通螺纹必须标注螺距。单线螺纹只标注螺距，多线螺纹标注“Ph 导程 P 螺距”，公称直径、导程和螺距数值的单位为 mm。

3）中径公差带代号和顶径公差带代号由表示公差等级的数字和字母组成。大写字母代表内螺纹，小写字母代表外螺纹。顶径是指外螺纹的大径和内螺纹的小径，若两组公差带相同，则只写一组。表示内、外螺纹旋合时，内螺纹公差带在前，外螺纹公差带在后，中间用“/”分开。在特定情况下，中等公差精度螺纹不标注公差带代号，包括：内螺纹，5H，公称直径小于或等于 1.4mm 时；内螺纹，6H，公称直径大于或等于 1.6mm 时；外螺纹，6h，公称直径小于或等于 1.4mm 时；外螺纹，6g，公称直径大于或等于 1.6mm 时。

4）普通螺纹的旋合长度分为短、中、长三组，其代号分别是“S”“N”“L”。若是中等旋合长度，其旋合代号“N”可省略。

5）右旋螺纹不必标注，左旋螺纹应标注字母“LH”。

普通螺纹的标记直接注在**大径**的尺寸线或其引出线上，如图 7-11 所示。

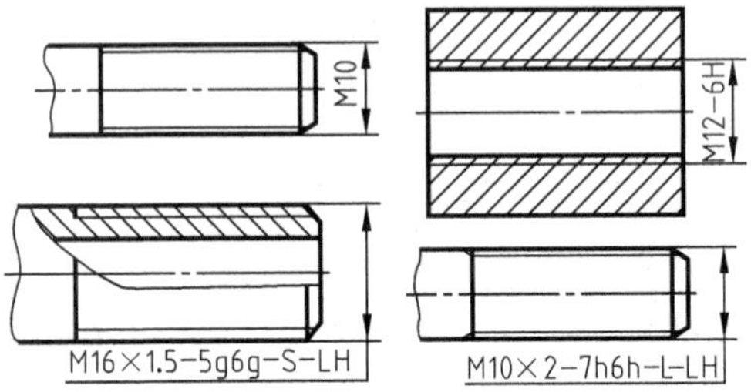

图 7-11　普通螺纹标注示例

（2）传动螺纹（GB/T 5796.4—2022、GB/T 13576.4—2008）　传动螺纹主要指梯形螺纹和锯齿形螺纹，它们也用尺寸标注形式标注在内、外螺纹的大径上，其标注的具体项目及格式为

螺纹特征代号 公称直径×导程（P 螺距）旋向代号-中径公差带代号-旋合长度代号

1）梯形螺纹的螺纹特征代号为“Tr”，锯齿形螺纹的螺纹特征代号为“B”。

2）多线螺纹标注导程和螺距，单线螺纹只标注螺距。

3）传动螺纹只标注中径公差带代号。

4）旋合长度分为中等旋合长度“N”和长旋合长度“L”，中等旋合长度代号“N”省略标注。

5）右旋螺纹不标注代号，左旋螺纹标注字母“LH”。

传动螺纹的标记直接注在大径的尺寸线或其引出线上，如图 7-12 所示。

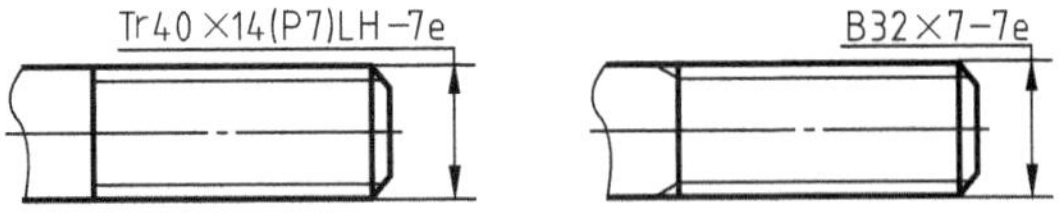

图 7-12　传动螺纹标注示例

（3）管螺纹（GB/T 7306.1—2000、GB/T 7306.2—2002、GB/T 7307—2001）

管螺纹是在管子上加工的，主要用于连接管件，故称为管螺纹。管螺纹的数量仅次于普通螺纹，是使用数量较多的螺纹之一。由于管螺纹具有结构简单、装拆方便等优点，因此在造船、机床、汽车、冶金、石油、化工等行业中应用较多。

常用的管螺纹分为 55°密封管螺纹和 55°非密封管螺纹。55°密封管螺纹标注的具体项目及格式为

螺纹特征代号 尺寸代号 旋向代号

55°非密封管螺纹标注的具体项目及格式为

螺纹特征代号 尺寸代号 公差等级代号-旋向代号

55°密封管螺纹又分为：圆柱内螺纹，其特征代号为 Rp；与圆柱内螺纹相配合的圆锥外螺纹，其特征代号为 R_1；圆锥内螺纹，其特征代号为 Rc；与圆锥内螺纹相配合的圆锥外螺纹，其特征代号为 R_2。55°密封管螺纹旋向代号只标注左旋“LH”。

55°非密封管螺纹的特征代号是 G。它的公差等级分 A、B 两个等级。外螺纹需注明公差等级代号，内螺纹不标注此项代号。右旋螺纹不标注旋向代号，左旋螺纹标注“LH”。

管螺纹的标记必须标注在大径的引出线上，如图 7-13 所示。

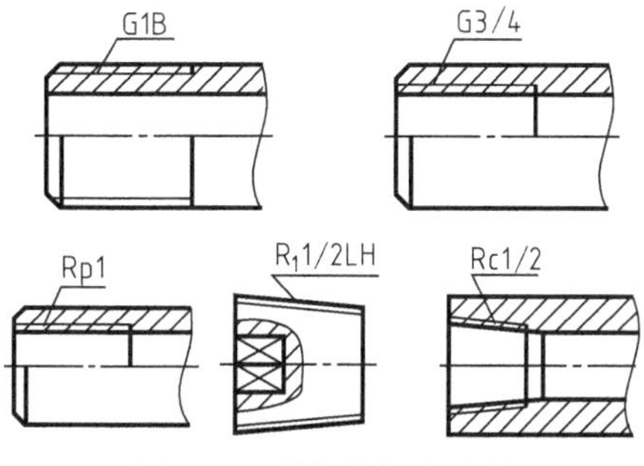

图 7-13 管螺纹标注示例

提示：管螺纹的尺寸代号并不是指螺纹大径，也不是管螺纹本身的任何一个直径，而是专用的尺寸代号，其大径和小径等参数可从相关标准中查出，见附录 A 中的表 A-3。

7.2 螺纹连接

7.2.1 常用螺纹紧固件的种类和标记

在机器中，零件之间的连接方式可分为可拆卸连接和不可拆卸连接两类。可拆卸连接包括螺纹连接、键连接和销连接等；不可拆卸连接包括铆接和焊接等。在机械工程中，可拆卸连接应用较多，它通常是利用连接件将其他零件连接起来的。常用的连接件有螺栓、双头螺柱、螺钉、螺母和垫圈、键、销等。它们的结构、尺寸都已分别标准化，即为标准件。使用或绘图时，可以从相应标准中查到所需的结构尺寸，也可查阅附录 B 中的表 B-1～表 B-10。常用螺纹紧固件示例如图 7-14 所示。表 7-2 中列出了常用螺纹紧固件的种类与标记示例。

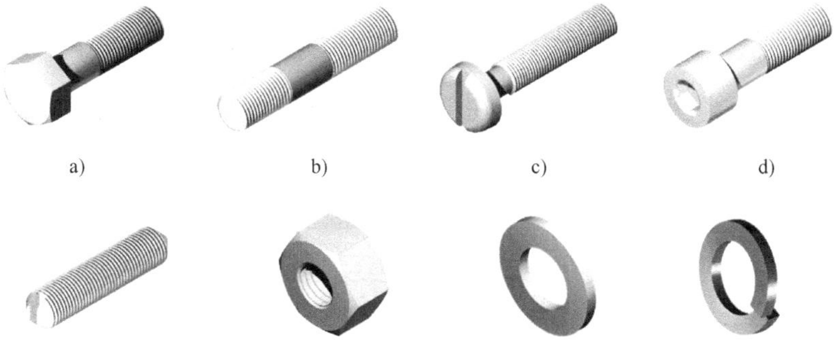

a) b) c) d)

e) f) g) h)

图 7-14 常用螺纹紧固件示例

a）六角头螺栓 b）双头螺柱 c）开槽盘头螺钉 d）内六角圆柱头螺钉
e）开槽锥端紧定螺钉 f）1 型六角螺母 g）平垫圈 h）弹簧垫圈

表 7-2　常用螺纹紧固件的种类与标记示例

名称	图例	标记示例	应用
六角头螺栓	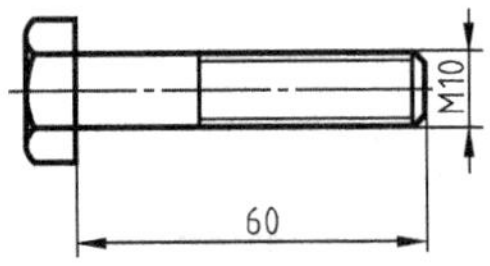	螺栓　GB/T 5780 M10×60：表示六角头螺栓，螺纹公称直径为 M10，公称长度为 60mm	用于连接两个不太厚的、有通孔的零件
双头螺柱	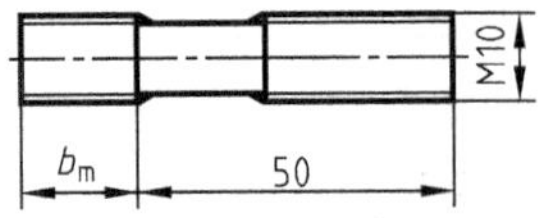注：旋入端的长度 b_m 由被旋入零件的材料决定	螺柱　GB/T 898 M10×50：表示双头螺柱，螺纹公称直径为 M10，公称长度为 45mm	被连接件中一个较厚或不适合用螺栓连接
开槽圆柱头螺钉	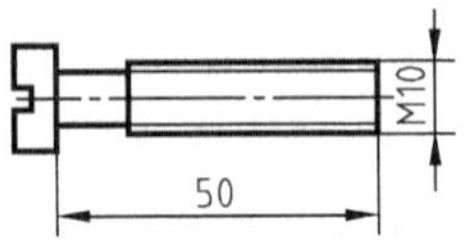	螺钉　GB/T 67 M10×50：表示开槽圆柱头螺钉，螺纹规格为 M10，公称长度为 50mm	用于连接不经常拆卸、受力不大的零件
开槽长圆柱端紧定螺钉	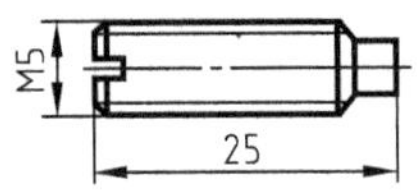	螺钉　GB/T 68 M5×25：表示开槽长圆柱端紧定螺钉，螺纹规格为 M5，公称长度为 25mm	用于固定两个零件的相对位置，使它们不产生相对运动
六角螺母	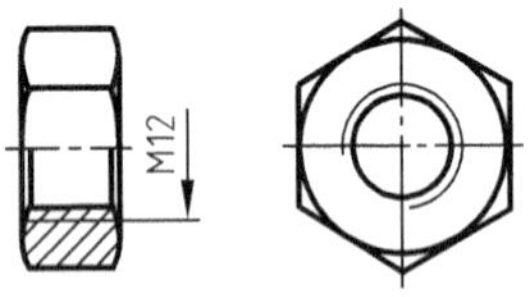	螺母　GB/T 6170 M12：表示六角螺母，螺纹规格为 M12	与螺栓或螺柱配合使用，内侧有螺纹，可以与螺栓、螺柱连接，用以固定带有通孔的零件
平垫圈	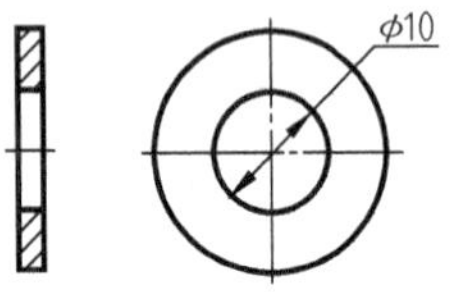	垫圈　GB/T 97.1 10：表示平垫圈，规格为 10，硬度等级为 200HV	增加螺母与被连接零件之间的接触面，保护被连接件的表面不致因拧螺母而被刮伤。分散螺母对被连接件的压力
弹簧垫圈	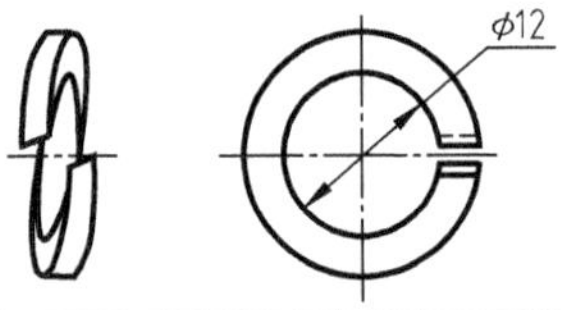	垫圈　GB/T 93 12：表示弹簧垫圈，规格为 12	弹簧垫圈的弹簧的基本作用是在螺母拧紧之后给螺母一个力，增大螺母和螺栓之间的摩擦力

7.2.2　常用螺纹紧固件及连接画法

1. 螺栓连接

（1）螺栓连接中的紧固件画法　螺栓连接的紧固件有螺栓、螺母和垫圈。紧固件一般用**比例画法**绘制，即以螺栓上螺纹的公称直径为主要参数，其余各部分结构尺寸均按与公称直径成一定的比例关系绘制。尺寸比例关系如图 7-15 所示。

（2）螺栓连接的画法（GB/T 4459.1—1995）　螺栓连接通常由螺栓、垫圈和螺母三种零件构成，用来连接厚度不大且允许钻成通孔的零件。在被连接件上先加工出通孔，通孔略大于螺栓直径。将螺栓插入孔中垫上垫圈，再旋紧螺母，如图 7-16a 所示。螺栓连接的比例画法如图 7-16b 所示，用比例画法画螺栓连接的装配图时，应注意以下几点。

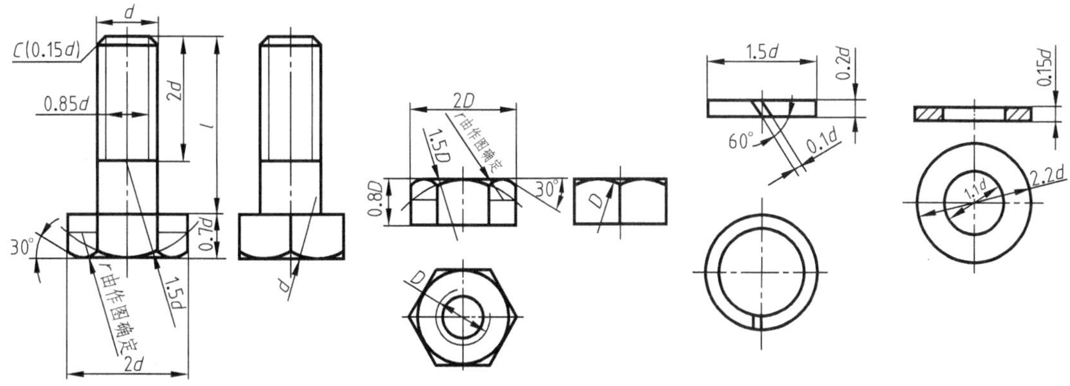

a)　　b)　　c)　　d)

图 7-15　螺栓、螺母、垫圈的比例画法

a）六角头螺栓的比例画法　b）六角螺母的比例画法　c）弹簧垫圈的比例画法　d）平垫圈的比例画法

1）两零件的接触表面只画一条线，并不得加粗。凡不接触的表面，无论间隙大小，都应画出间隙（如螺栓和孔之间应画出间隙）。

2）剖切平面通过标准件轴线时，该标准件按不剖绘制，仍画外形，如螺栓、螺母、垫圈等。必要时，可采用局部剖视图表达。

3）两零件相邻接时，不同零件的剖面线方向应相反，或者方向一致而间隔不等。

4）螺栓长度 $l \geqslant \delta_1+\delta_2+$垫圈厚度+螺母厚度$+(0.2\sim0.4)d$，根据此式的估计值选取与估算值相近的标准长度值作为 l 值。

5）被连接件上加工的螺栓孔直径稍大于螺栓直径，取 $1.1d$。

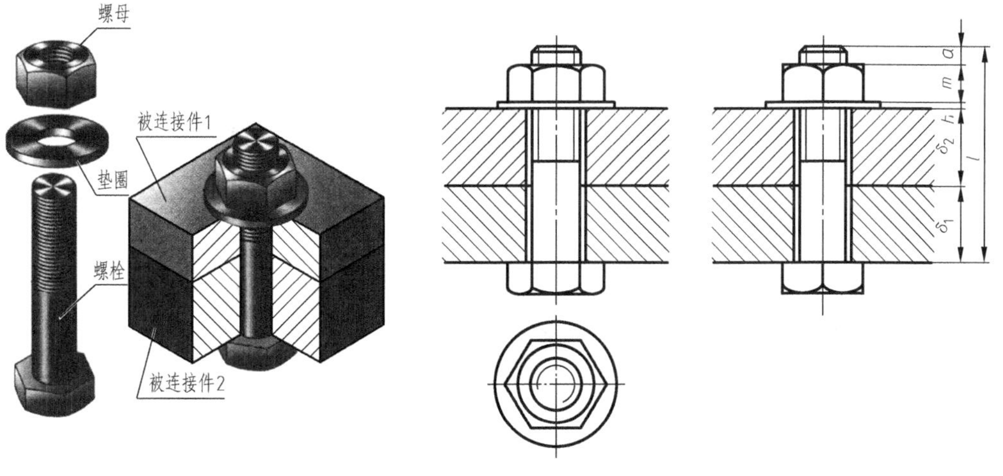

a)　　b)

图 7-16　螺栓连接

相关参数说明：$a=(0.2\sim0.4)d$；$m=(0.8\sim0.9)d$；$h=0.15d$，弹簧垫圈 $h=0.2d$；螺母的公称直径 D 根据要求确定，其他尺寸与螺栓头部相同。

提示：螺纹紧固件可以采用简化画法，六角头螺栓和六角螺母的头部曲线可省略不画。螺纹紧固件上的工艺结构，如倒角、退刀槽、缩颈、凸肩等均省略不画，如图 7-17 所示。

2. 双头螺柱连接

双头螺柱连接是双头螺柱与螺母、弹簧垫圈配合使用，把上、下两个零件连接在一起的连接方式。双头螺柱的两端都制有螺纹，螺纹较短的一端（旋入端）旋入下部较厚零件的螺纹孔；螺纹较长的另一端（紧固端）穿过上部零件的通孔后，套上垫圈，再用螺母拧紧，如图 7-18a 所示。双头螺柱连接经常用在被连接零件中有一个由于太厚而不宜钻成通孔的场合。双头螺柱连接的比例画法如图 7-18b 所示，用比例画法绘制双头螺柱的装配图时应注意以下几点。

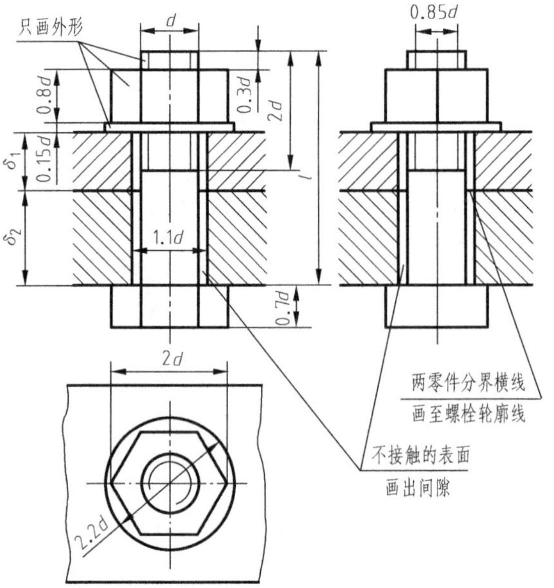

图 7-17 螺栓连接的简化画法

1）旋入端全部旋入螺纹孔内，其螺纹终止线应与结合面平齐，表示旋入端已经拧紧。

2）旋入端长度 b_m 根据被旋入件的材料而定，被旋入端的材料为钢时，$b_m=d$；被旋入端的材料为铸铁或铜时，$b_m=(1.25\sim1.5)d$；被连接件为铝合金等轻金属时，$b_m=2d$。

3）旋入端的螺孔深度取 $b_m+0.5d$，钻孔深度取 b_m+d，如图 7-18b 所示。

4）螺柱的公称长度 $l \geqslant \delta+$垫圈厚度$+$螺母厚度$+(0.2\sim0.3)d$，然后选取与估算值相近的标准长度值作为 l 值。

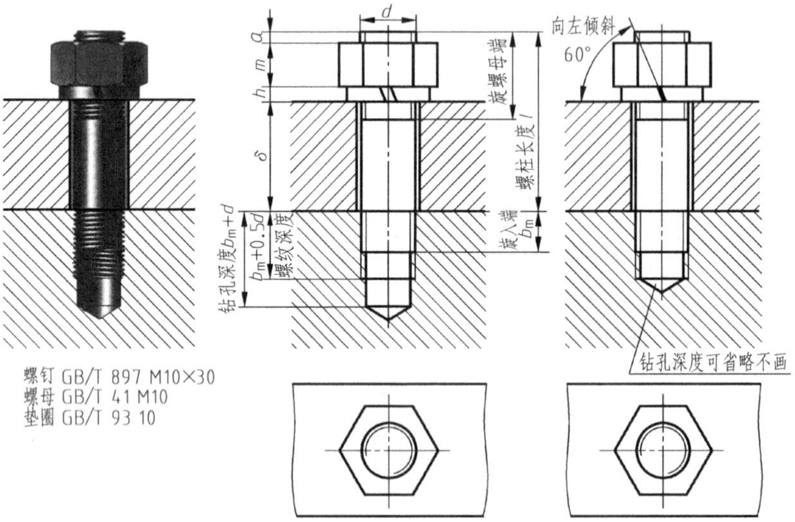

a) b) c)

图 7-18 双头螺柱连接

提示：螺纹紧固件使用弹簧垫圈时，弹簧垫圈的开口方向应向左倾斜（与水平线成 60°），用两条粗实线表示如图 7-18b 所示，或者用一条特粗实线（约等于 2 倍粗实线宽）表示，如图 7-18c 所示。

3. 螺钉连接

螺钉的种类很多，按其用途可分为连接螺钉和紧定螺钉两类。连接螺钉用于连接两个零件，不需要与螺母配合使用，常用在受力不大和不经常拆卸的地方。这种连接是在较厚的零件上加工出螺纹孔，而另一被连接件上加工出通孔，将螺钉穿过通孔，与下部零件的螺纹孔相旋合，从而达到连接的目的。图 7-19a、b 所示为开槽沉头螺钉连接的实物图及比例画法，图 7-19c、d 所示为开槽圆柱头螺钉连接的实物图及比例画法。

螺钉的各部尺寸可由相关标准查得。螺钉旋入螺纹孔的深度与双头螺柱旋入端长度 b_m 相同，也与被旋入零件的材料有关，被连接板的孔径取 1.1d，螺钉的有效长度 $l=\delta+b_m$，并根据标准长度系列取标准值。开槽沉头螺钉和开槽圆柱头螺钉头部的近似画法，如图 7-19b、d 所示。画图时注意以下几点。

1）螺钉的螺纹终止线不能与结合面平齐，而应画在盖板的范围内。

2）具有沟槽的螺钉头部在主视图中应被放正，在俯视图中规定按 45°倾斜画出。

3）主视图上的钻孔深度可省略不画，仅按螺纹深度画出螺纹孔，如图 7-19b、d 中的主视图所示。

4）螺钉头部的一字槽可画成两条粗实线，如图 7-19b 所示，也可画成一条特粗实线（约等于 2 倍粗实线宽），如图 7-19d 所示。在俯视图中画成与水平线成 45°、自左下向右上的斜线，如图 7-19b、d 中的俯视图所示。

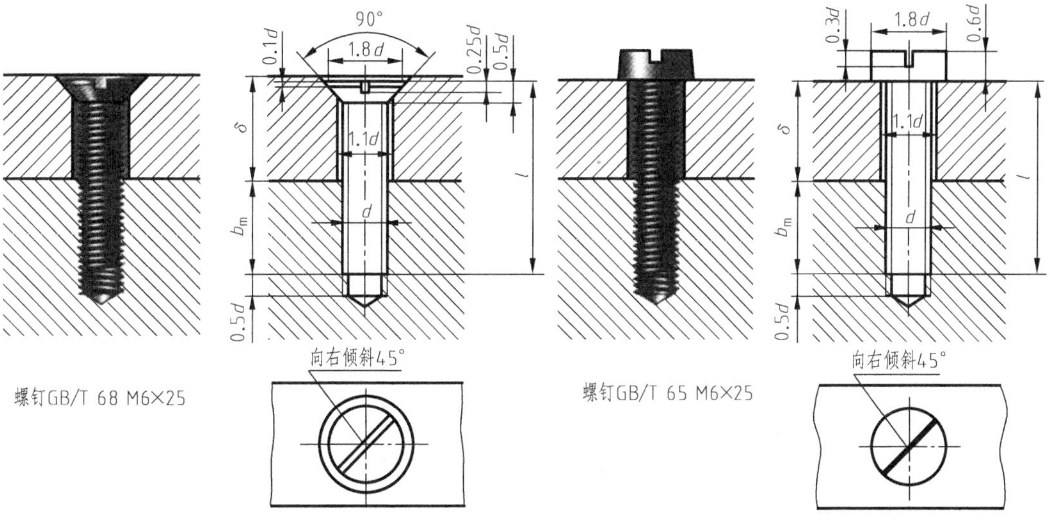

a)　　b)　　c)　　d)

图 7-19　螺钉连接

7.3 键和销

7.3.1 键连接

键主要用于轴和轴上零件（如齿轮、带轮）之间的连接，以传递转矩和运动。

1. 键的种类和标记

（1）键的种类　如果要把动力通过联轴器、离合器、齿轮、飞轮或带轮等机械零件，传递到安装这个零件的轴上，通常在轮孔和轴上分别加工出键槽，将键嵌入轴上的键槽中，再将带有键槽的轮装在轴上，如图 7-20 所示。当轴转动时，通过键连接，轮就与轴同步转动，达到传递动力的目的。

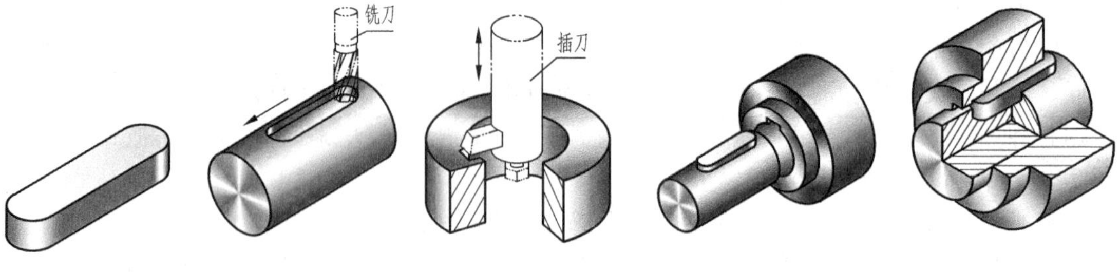

图 7-20　键连接的形成

键的种类很多，各有其特点和适用场合。常用的有普通型平键、普通型半圆键和钩头型楔键三种，如图 7-21 所示。其中，普通平键制造简单，装拆方便，轮与轴的同轴度较好，在各种机械上应用广泛。普通平键根据其头部结构的不同可以分为普通 A 型平键（圆头）、普通 B 型平键（平头）和普通 C 型平键（单圆头）三种形式。

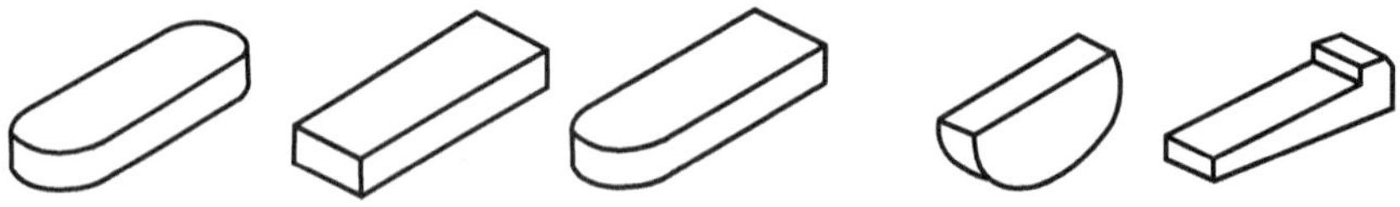

图 7-21　常用键的形式

a）普通 A 型平键（圆头）　b）普通 B 型平键（平头）　c）普通 C 型平键（单圆头）
d）普通型半圆键　e）钩头型楔键

（2）键的标记

1）普通型平键是标准件。普通型平键的标记格式和内容为

标准代号 键 形式代号 宽度×高度×长度

普通 A 型平键因应用较多，可省略标注形式代号；B 型和 C 型要注出形式代号。

2）普通型半圆键的标记格式和内容为

标准代号 键 宽度×高度×直径

3）钩头型楔键的标记格式和内容为

标准代号 键 宽度×长度

表 7-3 列出了常用键的简图和标记示例。

2. 键连接的画法

（1）普通型平键连接的画法　普通型平键应用广泛，因为其结构简单，拆装方便，对中性好，适用于高速、承受变载荷、有冲击的场合。普通型平键的两个侧面是工作面并用于传递转矩。键上面与轮毂槽底之间留有间隙，为非工作面。键的主要尺寸是长度 L、宽度 b 和高度 h。采用普通型平键连接时，键的长度 L、宽度 b 和高度 h 要根据轴的直径 d 和传递的转矩大小从标准中选取适当值。轴和轮毂上的键槽的表达方法及尺寸如图 7-22 所示，其中 t_1、t_2 可查阅附录 B 中的表 B-11。在装配图中，普通型平键连接的画法如图 7-23 所示。

表 7-3　常用键的简图和标记示例

名称及标准代号	简图	标记示例
普通型平键 GB/T 1096—2003	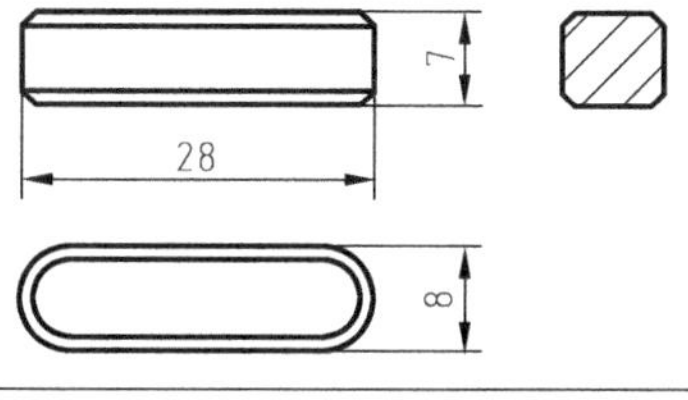	GB/T 1096 键 8×7×28：表示宽度 b=8mm，高度 h=7mm，长度 L=28mm 的普通 A 型平键
普通型半圆键 GB/T 1099.1—2003	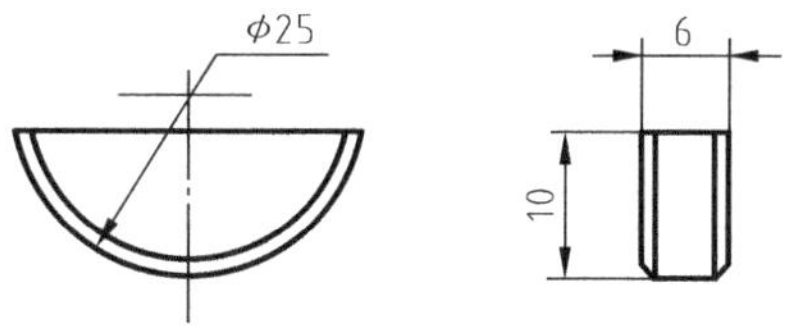	GB/T 1099.1 键 6×10×25：表示宽度 b=6mm，高度 h=10mm，直径 D= 25mm 的普通型半圆键
钩头型楔键 GB/T 1565—2003	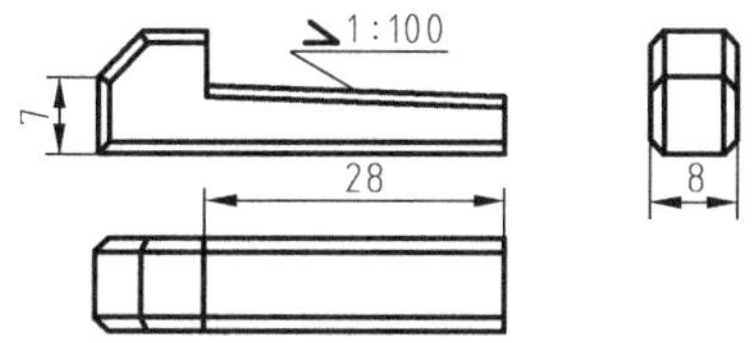	GB/T 1565 键 8×7×28：表示宽度 b=8mm，高度 h=7mm，直径 D=28mm 的普通型半圆键

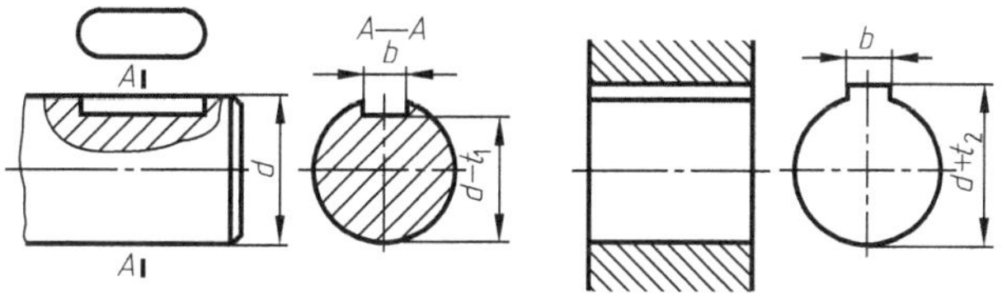

a)　　　　b)

图 7-22　轴和轮毂上的键槽

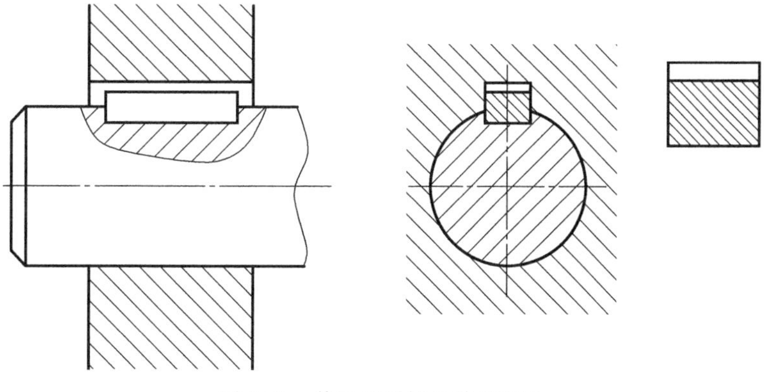

图 7-23　普通型平键连接的画法

提示： 在键连接的画法中，平键与槽在顶面不接触，应画出间隙；平键的倒角省略不画；沿平键的纵向剖切时，平键按不剖处理；沿平键的横向剖切时，平键要画剖面线。

（2）普通型半圆键连接的画法　普通型半圆键是键的一种，其上表面为平面，下表面为半圆弧面，两侧面平行，俗称月牙键。它靠键的两个侧面传递转矩，故其工作面为两侧面。轴上键槽用尺寸与半圆键相同的圆盘铣刀加工而成，因而键在槽中能绕其几何中心摆动，以适应轮毂槽由加工误差所造成的斜度，装配方便。它与普通型平键连接方式基本相同，但制造更方便，拆装更容易，尤其适用于带锥度的轴与轮毂的连接。缺点是键槽较深，削弱了轴的强度，一般只在受力较小的部位采用。普通型半圆键连接的画法如图 7-24 所示。

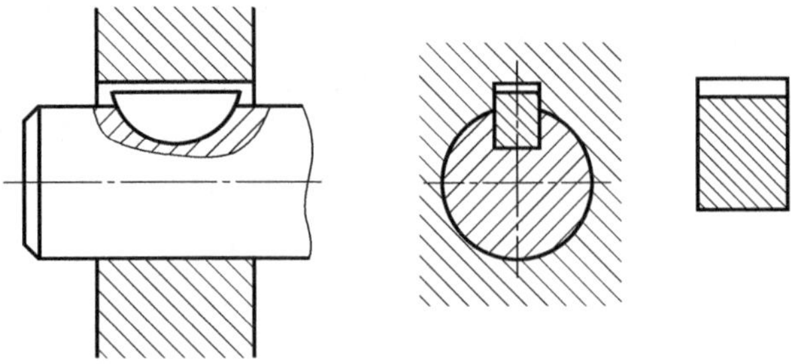

图 7-24　普通型半圆键连接的画法

（3）钩头型楔键连接的画法　钩头型楔键的上、下表面是工作面，键的上表面有 1∶100 的斜度，轮毂键槽的底面有 1∶100 的斜度。把钩头型楔键打入轴和轮毂时，键表面产生很大的预紧力，工作时主要靠摩擦力传递转矩，并能承受单方向的轴向力。缺点是会迫使轴和轮毂产生偏心，仅适用于对定心要求不高、载荷平稳和低速的连接场合。钩头型楔键连接的画法如图 7-25 所示。

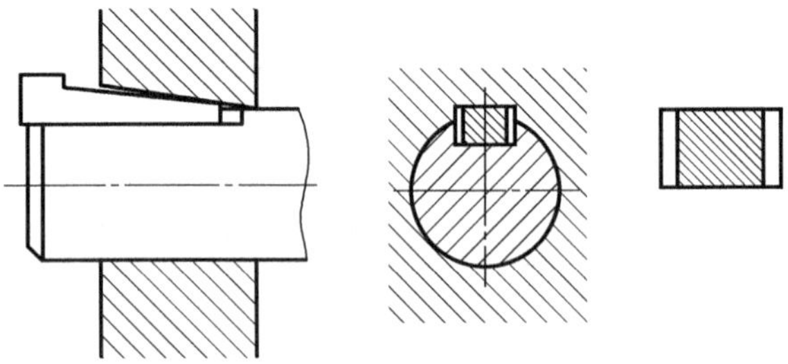

图 7-25　钩头型楔键连接的画法

7.3.2　销连接

销主要用于固定零件之间的相对位置，起定位作用，也可用于轴与轮毂的连接，传递不大的载荷，还可作为安全装置中的过载剪断元件。销的常用材料为 35、45 钢。

1. 销的种类和标记

销是标准件，常用的销有圆柱销、圆锥销、开口销，如图 7-26 所示。常用销的形式及标记见表 7-4。

表 7-4　常用销的形式及标记

名称及标准代号	简图	标记示例
圆柱销 GB/T 119.1—2000	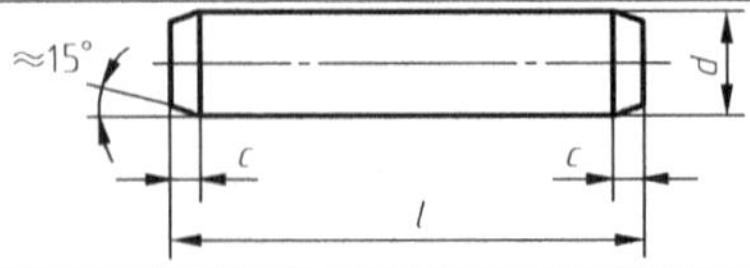	销 GB/T 119.1 6m6×30：表示圆柱销，公称直径 $d=6$mm，公差为 m6，公称长度 $l=30$mm，材料为钢，不淬火，不经表面处理
圆锥销 GB/T 117—2000	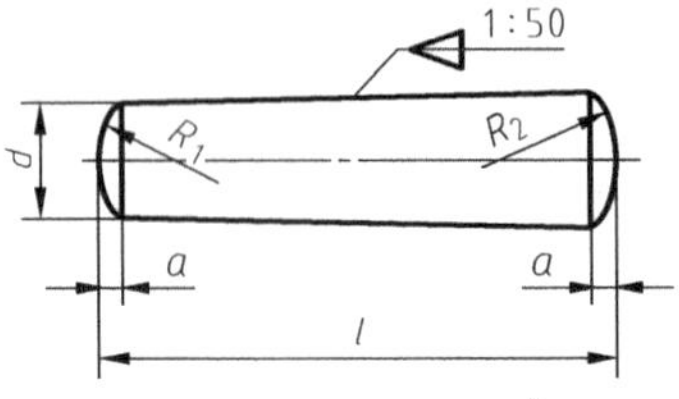 $R_1\approx d$　$R_2\approx a/2+d+(0.02l)^2/(8a)$	销 GB/T 117 10×60：表示 A 型圆锥销，其公称直径 $d=10$mm，公称长度 $l=60$mm，材料为 35 钢，热处理硬度 28～38HRC，表面氧化处理 注：圆锥销的公称直径是指小端直径

（续）

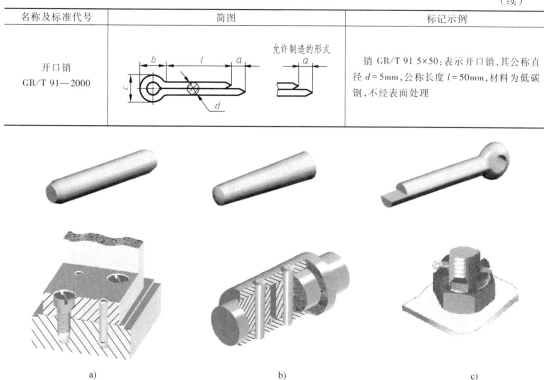

名称及标准代号	简图	标记示例
开口销 GB/T 91—2000	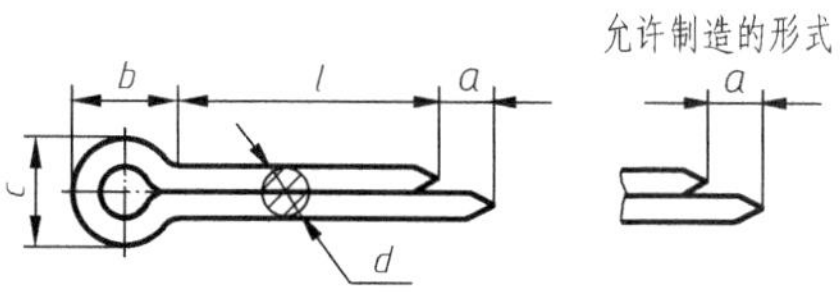	销 GB/T 91 5×50：表示开口销，其公称直径 $d=5\text{mm}$，公称长度 $l=50\text{mm}$，材料为低碳钢，不经表面处理

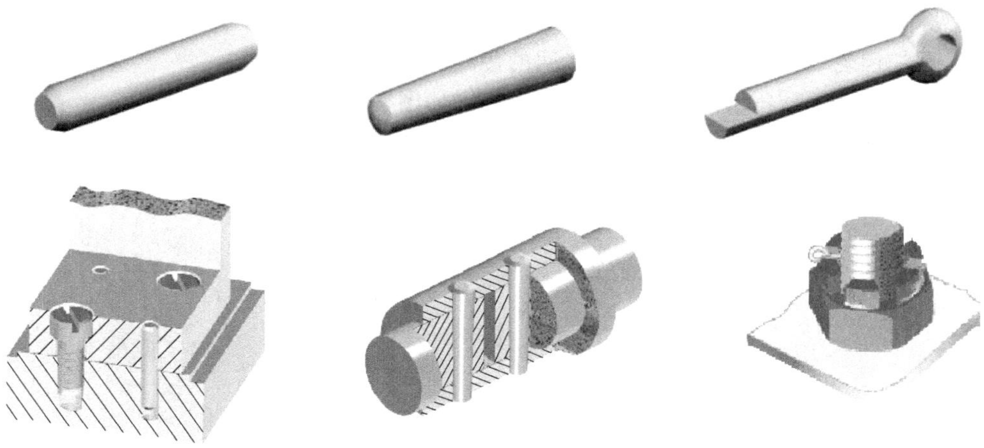

a)　　　　b)　　　　c)

图 7-26　销及其连接
a）圆柱销及其连接　b）圆锥销及其连接　c）开口销及其连接

2. 销连接的画法

圆柱销利用微量过盈固定在销孔中，经过多次装拆后，连接的紧固性及精度降低，故只适用于不常拆卸处。圆锥销有 1 ∶ 50 的锥度，装拆比圆柱销方便，多次装拆对连接的紧固性及定位精度影响较小，因此应用广泛。开口销主要用作螺纹连接的锁紧装置。销的相关参数可查阅附录 B 中的表 B-13 和表 B-14。销连接的画法如图 7-27 所示。

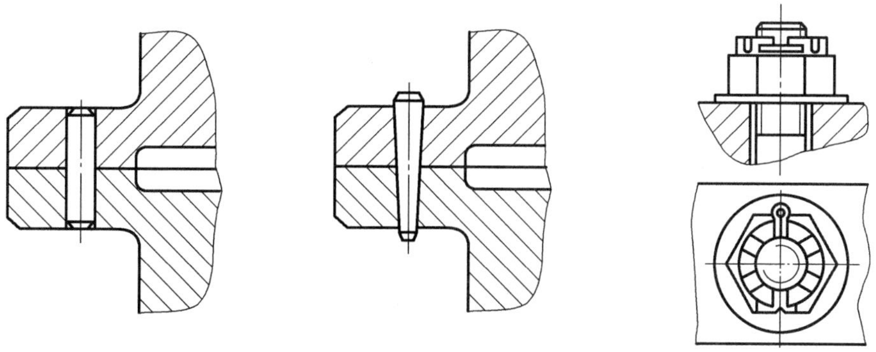

a)　　　　b)　　　　c)

图 7-27　销连接的画法
a）圆柱销连接　b）圆锥销连接　c）开口销连接

7.4 齿轮

齿轮是机器设备中应用十分广泛的传动件，必须成对使用。轮齿是齿轮上的一个凸起部分，插入配对齿轮的相应凸起部分之间的空间，凭借其外形保证一个齿轮带动另一个齿轮运转。一对齿轮的轮齿依次交替接触，从而实现呈现出一定规律的相对运动的过程和形态，称为啮合。两个齿轮通过其共轭齿面的相继啮合，传递运动和动力，改变轴的转速和旋转方向。常见的齿轮传动形式有如下三种。

1）**圆柱齿轮传动**：用于**两平行轴**之间的传动，如图 7-28a 所示。

2）**锥齿轮传动**：用于**两相交轴**之间的传动，如图 7-28b 所示。

3）**蜗杆传动**：用于**两交叉轴**之间的传动，如图 7-28c 所示。

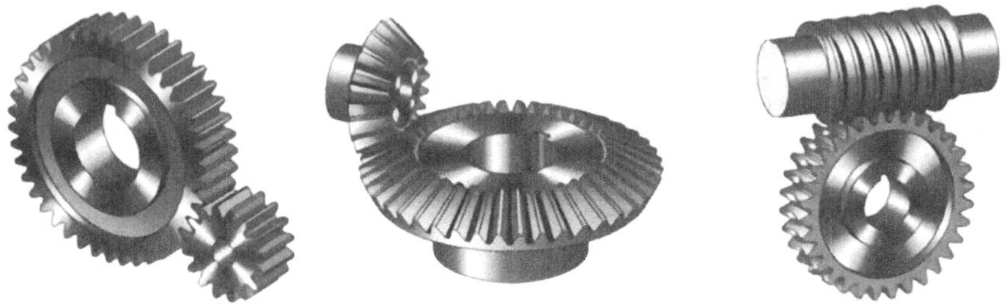

a)　　b)　　c)

图 7-28　齿轮传动形式

a）圆柱齿轮传动　b）锥齿轮传动　c）蜗杆传动

7.4.1　圆柱齿轮

分度曲面为圆柱面的齿轮，称为圆柱齿轮，圆柱齿轮的轮齿有直齿、斜齿、人字齿三种。分度圆柱面齿线为直母线的圆柱齿轮，称为直齿圆柱齿轮。直齿圆柱齿轮应用较广，下面将着重介绍直齿圆柱齿轮的基本参数和规定画法。

1. 直齿圆柱齿轮各部分的名称及基本参数（GB/T 3374.1—2010）

直齿圆柱齿轮各部分的名称及基本参数如图 7-29 所示。

1）齿顶圆直径 d_a：通过齿轮齿顶的圆柱面直径。

2）齿根圆直径 d_f：通过齿轮齿根的圆柱面直径。

3）分度圆直径 d 和节圆 d'：在齿轮设计和加工时，计算尺寸的基准圆称为分度圆。它位于齿顶圆和齿根圆之间，是一个约定的假想圆，在该圆上齿厚 s 与齿槽宽 e 相等，它的直径称为分度圆直径，用 d 表示。两齿轮啮合时，位于中心连线 O_1O_2 上两齿廓的接触点 C 称为节点。分别以点 O_1、O_2 为圆心，O_1C、O_2C 为半径作两个相切的圆为节圆，直径用 d' 表示，如图 7-29b 所示。标准齿轮啮合传动中，分度圆和节圆重合，即 $d=d'$。

4）齿顶高 h_a：齿顶圆和分度圆之间的径向距离。

5）齿根高 h_f：分度圆与齿根圆之间的径向距离。

6）齿高 h：齿顶圆和齿根圆之间的径向距离，$h=h_a+h_f$。

7）齿厚 s：在分度圆上，一个轮齿的两侧对应齿廓之间的弧长。

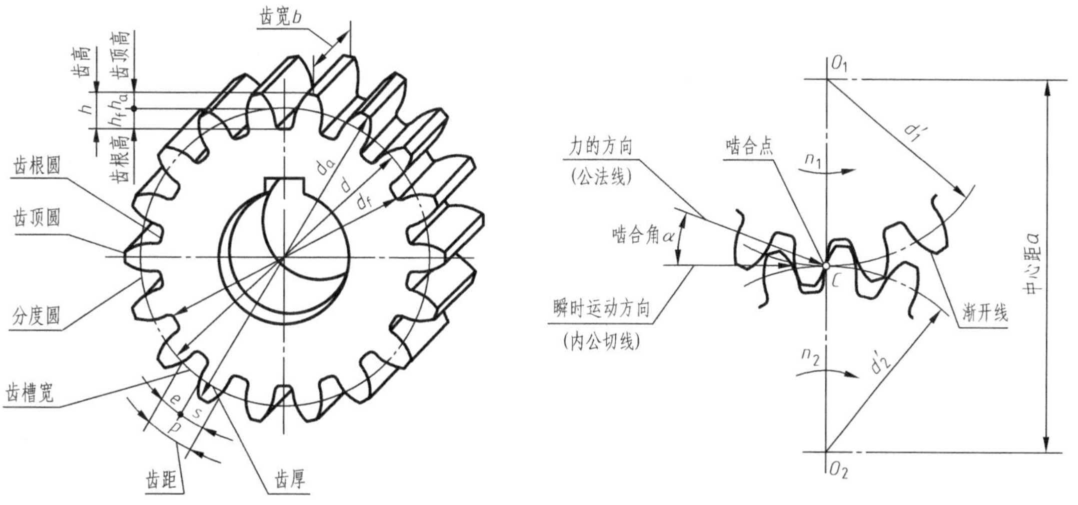

a)　　　　b)

图 7-29　直齿圆柱齿轮各部分的名称及基本参数
a）单个直齿圆柱齿轮　b）两齿轮啮合

8）齿槽宽 e：在分度圆上，一个齿槽的两侧相应齿廓之间的弧长。

9）齿距 p：在分度圆上，相邻两轮齿对应齿廓之间的弧长。对于标准齿轮，$s=e$，$p=s+e$。

10）齿数 z：一个齿轮上轮齿的总数。

11）啮合角和压力角 α：相互啮合的一对齿轮，其受力方向（两相啮合的轮齿齿廓曲线的公法线方向）与运动方向（两节圆的内公切线方向）之间所夹的锐角称为**啮合角**，也称为**压力角**，用 α 表示。同一齿廓的不同点上的压力角是不同的，在分度圆上的压力角，称为标准压力角，如图 7-29b 所示。对于渐开线齿轮，压力角是指两相啮轮齿在节点上的端面压力角。标准齿轮的压力角 $\alpha=20°$。

12）中心距 a：两啮合齿轮中心轴线间的最短距离。

2. 直齿圆柱齿轮的基本参数与各部分的尺寸关系

（1）模数　齿轮上有多少齿，在分度圆周上就有多少齿距，即分度圆周总长为

$$\pi d=pz \tag{7-1}$$

则分度圆直径

$$d=pz/\pi \tag{7-2}$$

分度曲面上的齿距 p 除以圆周率 π 所得的商，称为**模数**，用符号“m”表示，单位为 mm，即

$$m=p/\pi \tag{7-3}$$

将式（7-3）代入式（7-2），得

$$d=mz \tag{7-4}$$

即

$$m=d/z \tag{7-5}$$

相互啮合的一对齿轮，其齿距 p 应相等。由于 $m=p/\pi$，因此一对齿轮的模数也应相等。

当模数 m 发生变化时，齿高 h 和齿距 p 也随之变化，即模数 m 越大，轮齿就越大，齿轮的承载能力也大；模数 m 越小，轮齿就越小，齿轮的承载能力也小。由此可以看出，模数是表征齿轮轮齿大小的一个重要参数，是计算齿轮主要尺寸的一个基本依据。

对模数进行标准化，不仅可以保证齿轮具有广泛的互换性，还可大大减少齿轮规格，促进齿轮、齿轮刀具、机床及测量仪器生产的标准化。为了简化和统一齿轮的轮齿规格，提高其系列化和标准化程度，国家标准对直齿圆柱齿轮的模数做了统一规定，见表 7-5。

表 7-5　直齿圆柱齿轮标准模数（摘自 GB/T 1357—2008）　　（单位：mm）

模数系列	标准模数 m
第一系列	1,1.25,1.5,2,2.5,3,4,5,6,8,10,12,16,20,25,32,40,50
第二系列	1.125,1.375,1.75,2.25,2.75,3.5,4.5,5.5,(6.5),7,9,11,14,18,22,28,36.45

注：选用直齿圆柱齿轮模数时，应优先选用第一系列，其次选用第二系列，避免采用括号内的模数。

（2）模数与轮齿各部分的尺寸关系　在设计齿轮时，首先要确定齿数 z 和模数 m。齿轮的模数确定后，按照与模数的比例关系，可计算出齿轮的各个基本尺寸，详见表 7-6。

表 7-6　标准直齿圆柱齿轮各基本尺寸的计算公式　　（单位：mm）

名称	代号	计算公式
齿距	p	$p=\pi m$
齿顶高	h_a	$h_a=m$
齿根高	h_f	$h_f=1.25m$
齿高	h	$h=2.25m$
分度圆直径	d	$d=mz$
齿顶圆直径	d_a	$d_a=m(z+2)$
齿根圆直径	d_f	$d_f=m(z-2.5)$
中心距	a	$a=m(z_1+z_2)/2$

3. 直齿圆柱齿轮的规定画法（GB/T 4459.2—2003）

（1）**单个直齿圆柱齿轮的画法**　单个直齿圆柱齿轮一般用两个视图表示，主视图可采用视图画法或剖视画法。

1）视图画法：直齿圆柱齿轮的齿顶线用粗实线绘制；分度线用细点画线绘制；齿根线用细实线绘制，也可省略不画，如图 7-30a 所示。

2）剖视画法：当剖切平面通过直齿圆柱齿轮的轴线时，轮齿一律按不剖处理（不画剖面线）。齿顶线用粗实线绘制；分度线用细点画线绘制；齿根线用粗实线绘制，如图 7-30b、c 所示。

3）端面视图画法：在表示直齿圆柱齿轮端面的视图中，齿顶圆用粗实线绘制；分度圆用细点画线绘制；齿根圆用细实线绘制，也可省略不画，如图 7-30d 所示。

直齿圆柱齿轮零件图如图 7-31 所示。

（2）**直齿圆柱齿轮的啮合画法**　一对直齿圆柱齿轮的啮合图，一般可以采用两个视图表达。

1）剖视画法：当剖切平面通过两啮合直齿圆柱齿轮的轴线时，在啮合区内，将一个齿轮的轮齿用粗实线绘制，另一个齿轮的轮齿被遮挡，其齿顶线用细虚线绘制，如图 7-32a 所

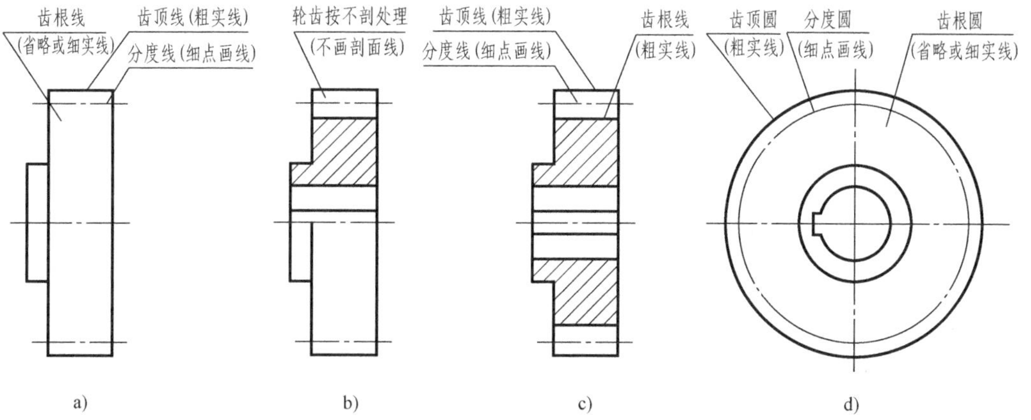

图 7-30 单个直齿圆柱齿轮的画法

a）视图画法 b）半剖画法 c）全剖画法 d）端面视图

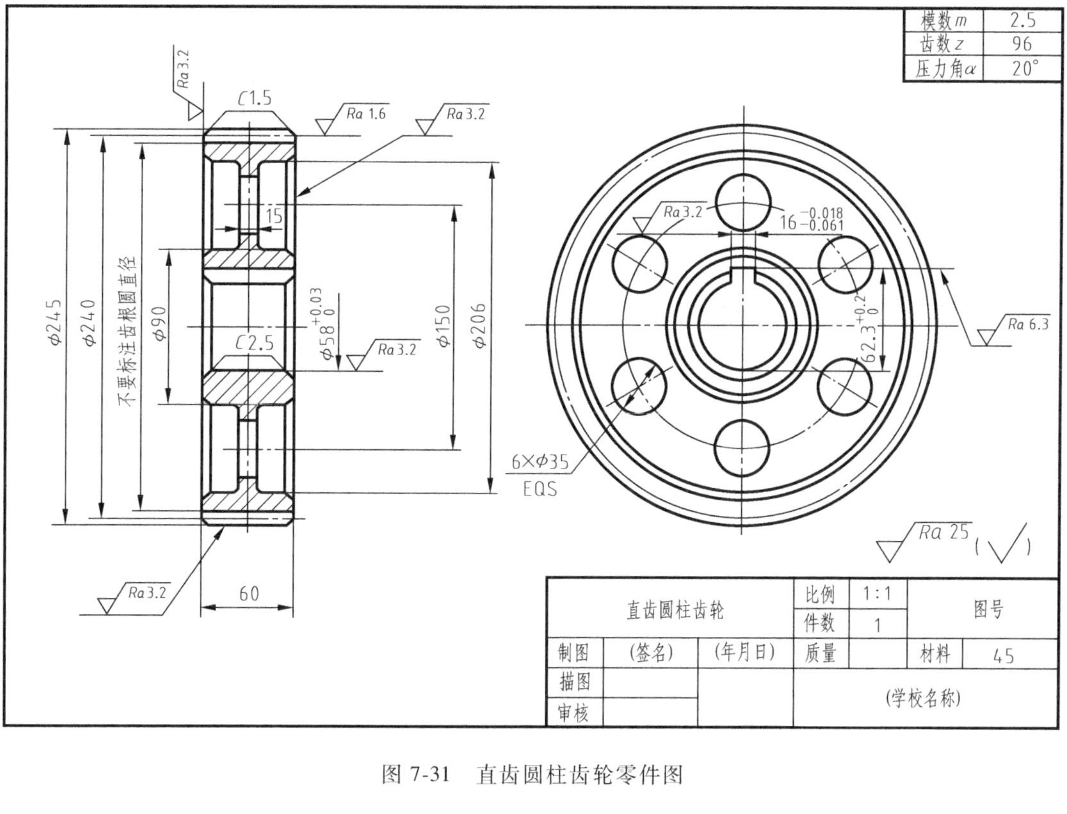

图 7-31 直齿圆柱齿轮零件图

示；另一个齿轮的轮齿被遮挡的部分，也可省略不画，如图 7-32b 所示。

2）视图画法：在平行于直齿圆柱齿轮轴线的投影面的视图中，啮合区内的齿顶线不必画出，节线用粗实线绘制，其他处的节线用细点画线绘制，如图 7-32c 所示。

3）端面视图画法：在垂直于直齿圆柱齿轮轴线的投影画的视图中，两直齿圆柱齿轮节圆相切，啮合区的齿顶圆均用粗实线绘制，如图 7-32d 所示；也可将啮合区内的齿顶圆省略不画，如图 7-32e 所示。

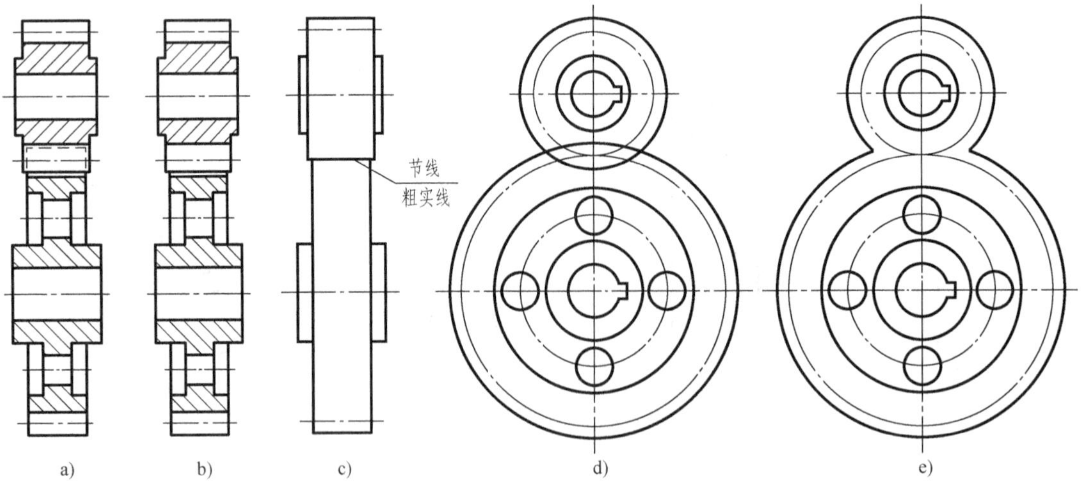

图 7-32 直齿圆柱齿轮的啮合画法

a）剖视画法一 b）剖视画法二 c）视图画法 d）端面视图画法一 e）端面视图画法二

7.4.2 锥齿轮

分度曲面为圆锥面的齿轮，称为锥齿轮。分度圆锥面齿线为直母线的锥齿轮，称为直齿锥齿轮。

1. 直齿锥齿轮各部分的名称及基本参数

在锥齿轮上，圆锥面可分为齿顶圆锥面（顶锥）、齿根圆锥面（根锥）、分度圆锥面（分锥）、背锥面（背锥）、前锥面（前锥），相关的名称和基本参数有：齿顶圆直径 d_a、齿根圆直径 d_f、分度圆直径 d、顶锥角 δ_a、根锥角 δ_f、分度圆锥角 δ、齿顶高 h_a、齿根高 h_f 及齿高 h 等，如图 7-33 所示。

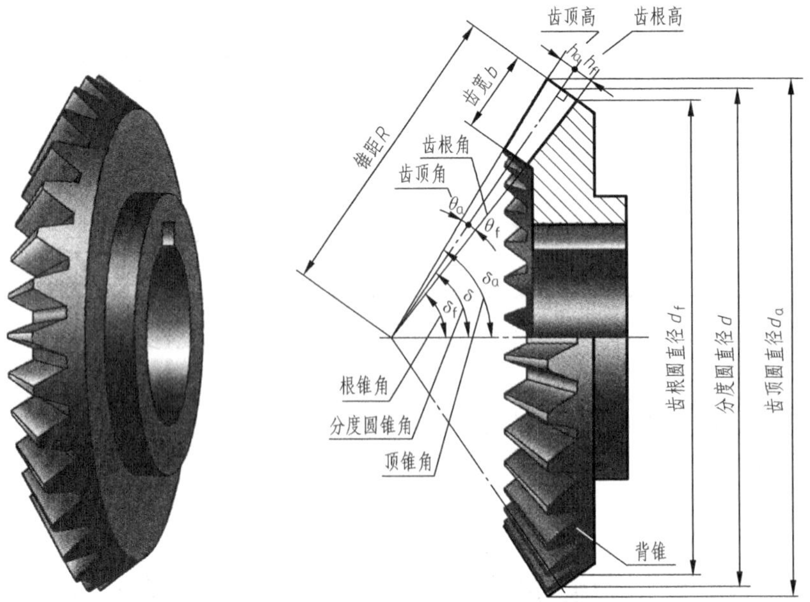

图 7-33 锥齿轮各部分名称及基本参数

由于锥齿轮的轮齿加工在圆锥面上，因此锥齿轮在齿宽范围内有大、小端之分，为了计算和制造方便，国家标准规定锥齿轮的大端端面模数为**标准模数**，用以计算其他各部分尺寸，见表 7-7。

表 7-7　锥齿轮模数（摘自 GB/T 12368—1990）　　（单位：mm）

适用类型	标准模数 m
直齿锥齿轮 斜齿锥齿轮	1、1.125、1.25、1.375、1.5、1.75、2、2.25、2.5、2.75、3、3.25、3.5、3.75、4、4.5、5、5.5、6、6.5、7、8、9、10、11、12、14、16、18、20、22、25、28、30、32、36、40、45、50

直齿锥齿轮的尺寸计算与直齿圆柱齿轮相似，已知一对啮合直齿锥齿轮的模数和齿数，其各部分尺寸可按表 7-8 中的公式计算。

表 7-8　直齿锥齿轮各部分的尺寸关系

名称及代号	计算公式	名称及代号	计算公式
分度圆锥角（小轮）δ_1	$\tan\delta_1 = z_1/z_2$	大端齿根高 h_f	$h_f = 1.2m$
分度圆锥角（大轮）δ_2	$\tan\delta_2 = z_2/z_1$ 或 $\delta_2 = 90° - \delta_1$（当 $\delta_1 + \delta_2 = 90°$ 时）	大端齿高 h	$h = h_a + h_f = 2.2m$
		锥距 R	$R = mz/(2\sin\delta)$
大端模数 m	$m = d/z$（计算后查表 7-7 取标准值）	齿顶角 θ_a	$\tan\theta_a = 2\sin\delta/z$
		齿根角 θ_f	$\tan\theta_f = 2.4\sin\delta/z$
大端分度圆直径	$d = mz$	顶锥角 δ_a	$\delta_a = \delta + \theta_a$
大端齿顶圆直径 d_a	$d_a = d + 2h_a\cos\delta = m(z + 2\cos\delta)$	根锥角 δ_f	$\delta_f = \delta - \theta_f$
大端齿根圆直径 d_f	$d_f = d - 2h_f\cos\delta = m(z - 2.4\cos\delta)$	齿宽 b	$b \leqslant R/3$
大端齿顶高 h_a	$h_a = m$		

2. 直齿锥齿轮的规定画法（GB/T 4459.2—2003）

（1）单个直齿锥齿轮的画法

剖视画法：当剖切平面通过直齿锥齿轮的轴线时，轮齿一律按不剖处理（不画剖面线）。齿顶线用粗实线绘制；分度线用细点画线绘制；齿根线用粗实线绘制，如图 7-34a、b 所示。

视图画法：直齿锥齿轮齿顶线用粗实线绘制；分度线用细点画线绘制；齿根线可省略不画，如图 7-34c 所示。

端面视图画法：在直齿锥齿轮的端面视图中，用粗实线画出大端和小端的齿顶圆，用细

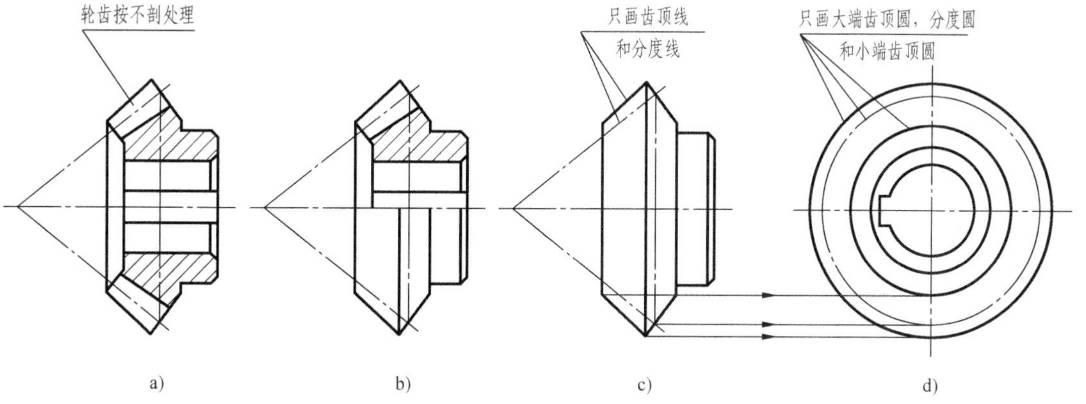

图 7-34　单个直齿锥齿轮的画法

a）全剖画法　b）半剖画法　c）视图画法　d）端面视图画法

点画线画出大端的分度圆。大、小端齿根圆及小端分度圆均省略不画，如图 7-34d 所示。

除轮齿按上述规定画法绘制外，直齿锥齿轮其余各部分均按投影原理绘制。

（2）单个直齿锥齿轮的画图步骤　首先，根据直齿锥齿轮的大端分度圆直径 d、分度圆锥角 δ 等参数，画出分度圆直径、分度圆锥和背锥，如图 7-35a 所示。根据大端齿顶高 h_a、齿根高 h_f，画出齿顶线、齿根线，并定出齿宽 b，如图 7-35b 所示。最后，画出其他投影，填画剖面线，修饰并加深，如图 7-35c 所示。

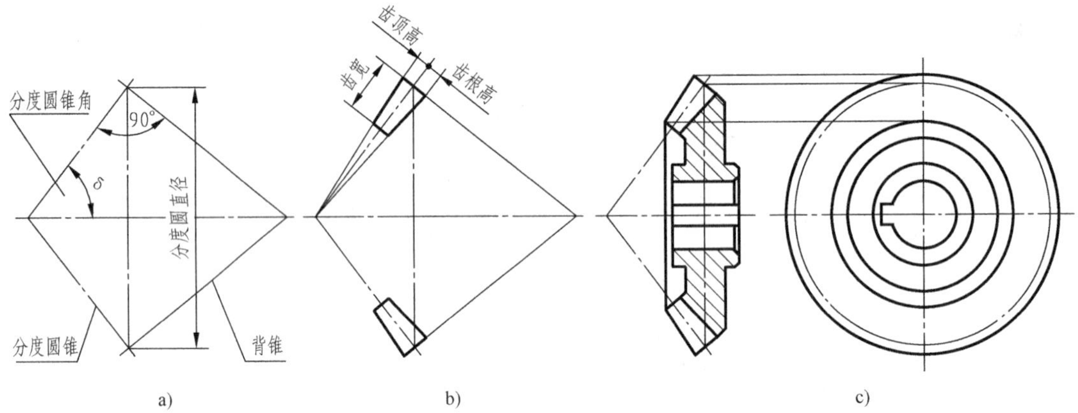

图 7-35　单个直齿锥齿轮的画图步骤

（3）直齿锥齿轮的啮合画法

1）剖视画法：当剖切平面通过两啮合直齿锥齿轮的轴线时，在啮合区内，将一个齿轮的轮齿用粗实线绘制，另一个齿轮的轮齿被遮挡的部分用细虚线绘制，如图 7-36a 所示。另一个齿轮的轮齿被遮挡的部分也可省略不画。

2）视图画法：在平行于直齿锥齿轮轴线的投影面的视图中，用粗实线绘制出啮合区内的节锥线，其他处的节锥线用细点画线绘制，如图 7-36b 所示。

3）端面视图画法：在垂直于某个直齿锥齿轮轴线的投影面的视图中，两锥齿轮节圆应相切，被遮挡部分省略不画，如图 7-36c 所示。

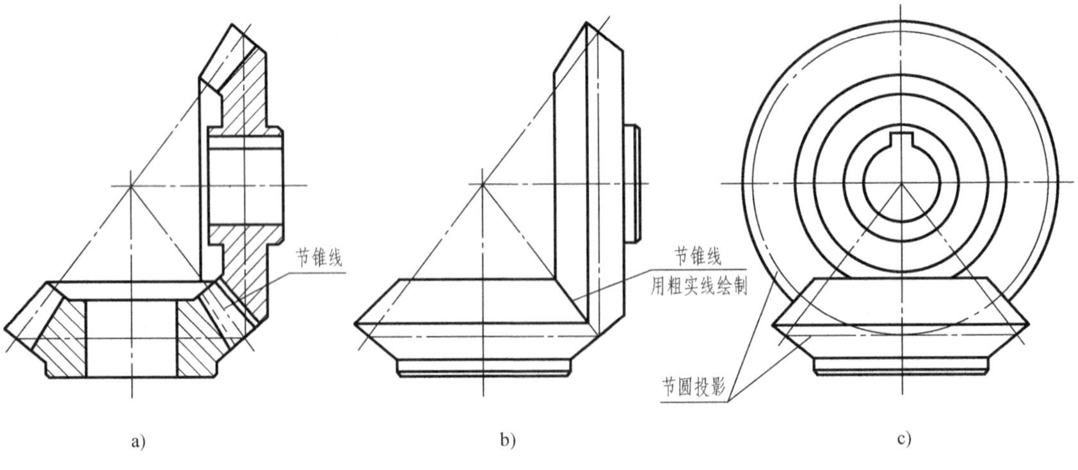

图 7-36　锥齿轮的啮合画法

a）剖视画法　b）视图画法　c）端面视图画法

7.4.3 蜗杆与蜗轮

蜗杆与蜗轮通常用于垂直交叉的两轴之间的传动。蜗杆与蜗轮的齿向是螺旋形的，蜗轮的轮齿顶面常制成环形面。蜗杆的结构与梯形螺纹相似，蜗杆的齿数称为头数，相当于螺纹的线数，常用单头或双头。蜗杆也有右旋、左旋之分。在蜗杆传动中，蜗杆是主动件，蜗轮是从动件。若蜗杆为单头，则蜗杆转一圈，蜗轮只转过一个齿，因此可得到较高的传动比 i（传动比 i 等于蜗轮齿数 z_2 与蜗杆头数 z_1 之比）。其缺点是摩擦大、发热多、效率低。

1. 蜗杆与蜗轮的各部分名称及基本参数

蜗杆与蜗轮的基本参数有：传动比 i、模数 m、蜗杆分度圆直径 d_1、蜗杆导程角 γ、中心距 a、蜗杆头数 z_1、蜗轮齿数 z_2 等，根据这些参数可确定蜗杆与蜗轮的基本尺寸，其中 z_1、z_2 根据传动要求确定。

1）模数 m：在包含蜗杆轴线并垂直于蜗轮轴线的中间平面内，蜗杆的轴向齿距 p_{x1}，应与蜗轮的端面齿距 p_{t2} 相等（$p_{x1}=p_{t2}$），因而蜗杆的轴向模数 m_{x1} 与蜗轮的端面模数 m_{t2} 也相等，并规定为标准模数，即 $m_{x1}=m_{t2}=m$。标准模数 m 可由表 7-9 查得。

2）蜗杆分度圆直径 d_1：在制造蜗轮时，最理想的是用尺寸、形状与蜗杆完全相同的蜗轮滚刀来进行切削加工。但由于同一模数蜗杆的直径可以不同，这就要求每一种模数对应有相当数量直径不同的滚刀，才能满足蜗轮加工的需要。为了减少蜗轮滚刀的数目，在规定标准模数的同时，对蜗杆分度圆直径也实行了标准化，且与标准模数 m 有一定的匹配，其匹配组合见表 7-9。

表 7-9 m 与 d_1 的匹配及标准中心距（摘自 GB/T 10085—2018） （单位：mm）

模数 m	1.25		1.6		2		2.5		3.15		4		5		6.3		8		10		12.5		16	
分度圆直径 d_1	20	22.4	20	28	22.4	35.5	28	45	35.5	56	40	71	50	90	63	112	80	140	90	160	112	200	140	250
标准中心距 a	40、50、63、80、100、125、160、180、200、225、250、280、315、355、400、450、500																							

3）蜗杆导程角 γ：蜗杆导程角 γ 与标准模数 m 及蜗杆分度圆直径 d_1 的关系为

$$\tan\gamma = z_1 m / d_1$$

一对互相啮合的蜗杆和蜗轮，除了模数和齿形角必须相同外，其蜗杆导程角 γ 与蜗轮螺旋角 β 也应大小相等、旋向相同，即 $\gamma=\beta$。

4）中心距 a：一般圆柱蜗杆传动的减速装置的中心距 a 应从表 7-9 中选取标准值。

圆柱蜗杆的尺寸代号如图 7-37 所示，圆柱蜗杆的几何尺寸计算见表 7-10。

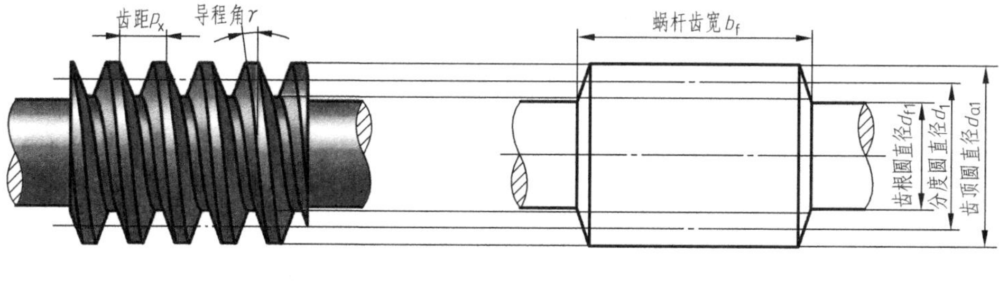

a) b)

图 7-37 蜗杆的主要尺寸和规定画法

表 7-10 圆柱蜗杆的几何尺寸计算

名称及代号	计算公式	名称及代号	计算公式
轴向模数 m_{x1}	在表 7-9 中选取标准值 m	齿根圆直径 d_{f1}	$d_{f1}=d_1-2h_{f1}=d_1-2.4m$
中心距 a	$a=(d_1+d_2)/2$，查表 7-9	轴向齿距 P_{x1}	$P_{x1}=\pi m$
齿顶高 h_{a1}	$h_{a1}=m$	蜗杆导程 P_{z1}	$P_{z1}=z_1P_{x1}$
齿根高 h_{f1}	$h_{f1}=1.2m$	导程角 γ	$\tan\gamma=z_1m/d_1$
齿高 h_1	$h_1=h_{a1}+h_{f1}=2.2m$	轴向齿形角 α	$\alpha=20°$
分度圆直径 d_1	在表 7-9 中选取标准值	蜗杆齿宽 b_1	当 $z_1=1\sim2$ 时，$b_1\geqslant(12+0.1z_2)m$ 当 $z_1=3\sim4$ 时，$b_1\geqslant(13+0.1z_2)m$
齿顶圆直径 d_{a1}	$d_{a1}=d_1+2h_{a1}=d_1+2m$		

蜗轮的尺寸代号如图 7-38 所示，蜗轮的几何尺寸计算见表 7-11。

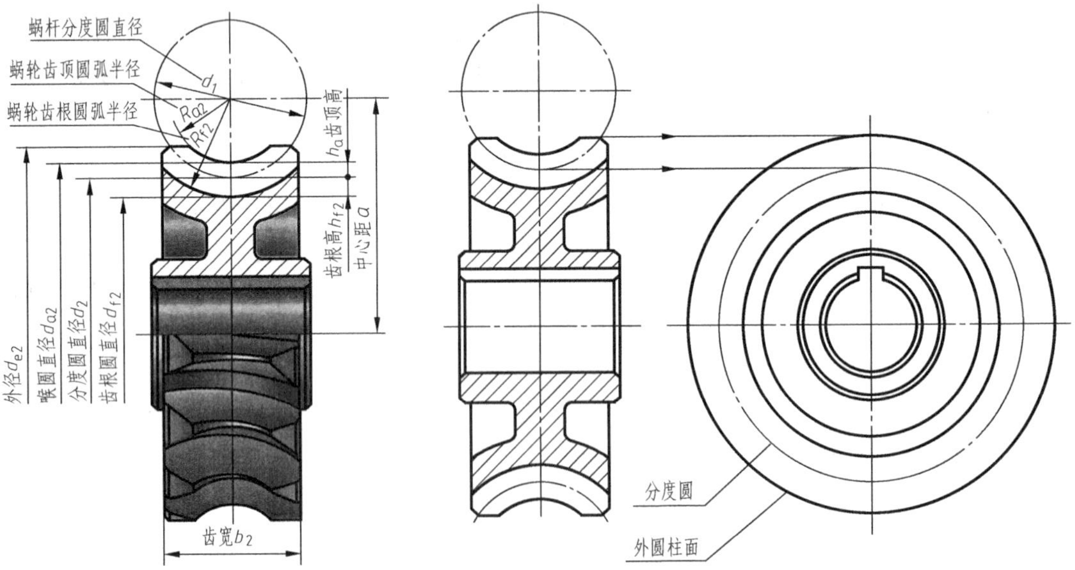

图 7-38 蜗轮的主要尺寸和规定画法

表 7-11 蜗轮的几何尺寸计算

名称及代号	计算公式	名称及代号	计算公式
端面模数 m_{t2}	在表 7-9 中选取标准值 m	中心距 a	$a=(d_1+d_2)/2$
齿顶高 h_{a2}	$h_{a2}=m$	齿顶圆弧半径 R_{a2}	$R_{a2}=0.5d_1-m$
齿根高 h_{f2}	$h_{f2}=1.2m$	齿根圆弧半径 R_{f2}	$R_{f2}=0.5d_1+0.2m$
齿高 h_2	$h_2=h_{a2}+h_{f2}=2.2m$	外径 d_{e2}	当 $z_1=1$ 时，$d_{e2}\leqslant d_2+2m$ 当 $z_1=2\sim3$ 时，$d_{e2}\leqslant d_2+1.5m$
分度圆直径 d_2	$d_2=mz_2$		
喉圆直径 d_{a2}	$d_{a2}=d_2+2h_{a2}=d_2+2m$	齿宽 b_2	当 $z_1\leqslant3$ 时，$b_2\leqslant0.75d_{a1}$ 当 $z_1=4$ 时，$b_2\leqslant0.67d_{a1}$
齿根圆直径 d_{f2}	$d_{f2}=d_2-2h_{f2}=d_2-2.4m$		

2. 蜗杆与蜗轮的规定画法（GB/T 4459.2—2003）

（1）单个蜗杆的画法　蜗杆的形状如梯形螺杆，轴向剖面齿形为梯形，顶角为 40°，一般用一个视图表达。它的齿顶线、分度线、齿根线画法与圆柱齿轮相同，牙型可用局部剖视图或局部放大图画出。具体画法如图 7-37 所示。

（2）单个蜗轮的画法　蜗轮的画法与圆柱齿轮基本相同，如图 7-38 所示。在投影为圆的视图中，轮齿部分只需画出分度圆和齿顶圆，其他圆可省略不画，其他结构形状按投影绘制。

（3）蜗杆与蜗轮的啮合画法

1）剖视画法：在蜗杆投影为圆的视图中采用全剖视图，蜗杆与蜗轮投影重合的部分只画蜗杆。在端面视图中采用局部剖视图，蜗轮的喉圆用粗实线绘制，蜗杆齿顶线画至与蜗轮喉圆相交而止。啮合区内蜗杆的分度线与蜗轮的分度圆相切，如图 7-39a 所示。

2）视图画法：用视图表示蜗杆与蜗轮的外形时，在蜗杆投影为圆的视图中，蜗杆与蜗轮投影重合的部分只画蜗杆。在蜗轮投影为圆的视图中，蜗杆和蜗轮按各自的规定画法绘制，啮合区内蜗杆的分度线与蜗轮的分度圆相切，蜗杆齿根线可省略，如图 7-39b 所示。

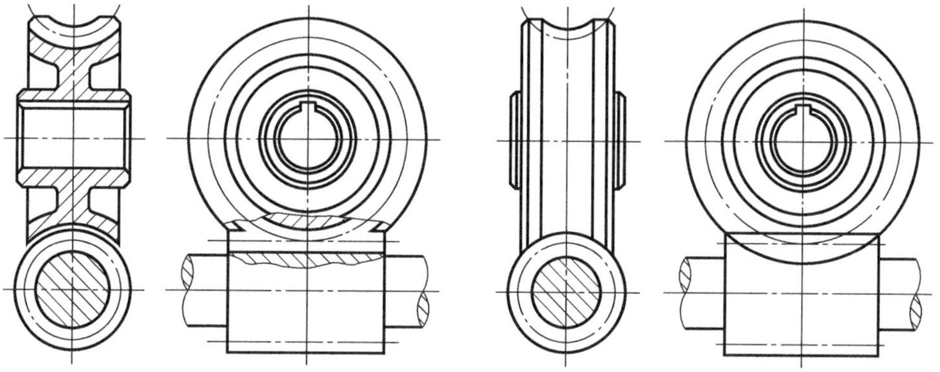
a)　　b)

图 7-39　蜗杆与蜗轮的啮合画法
a）剖视画法　b）视图画法

7.5　滚动轴承

滚动轴承是用于支承旋转轴的部件，结构紧凑，摩擦阻力小，能在较大的载荷、较高的转速下工作，转动精度较高，在工业中应用十分广泛。滚动轴承的结构及尺寸已经标准化，由专业厂家生产，选用时可查阅相关标准。

7.5.1　滚动轴承的结构和分类

1. 滚动轴承的结构

滚动轴承的结构一般由四部分组成，如图 7-40 所示。

外圈：装在机体或轴承座内，一般固定不动。

内圈：装在轴上，与轴紧密配合且随轴转动。

滚动体：装在内、外圈之间的滚道中，有球、圆锥滚子、圆柱滚子等类型。

保持架：用于均匀分隔滚动体，防止滚动体之间相互摩擦与碰撞。

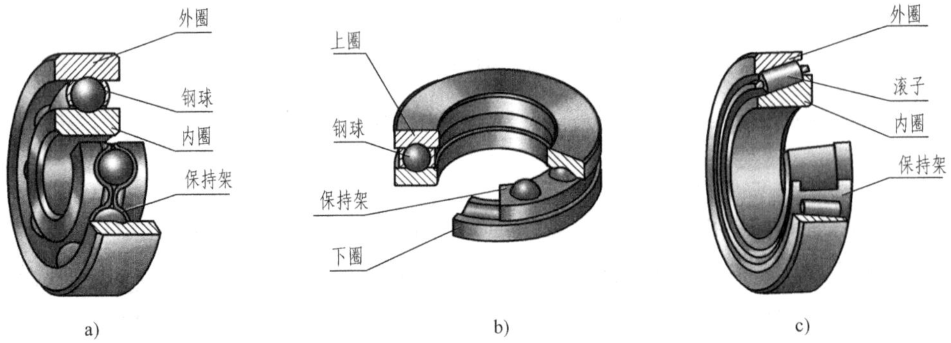

图 7-40 滚动轴承
a）深沟球轴承 b）推力球轴承 c）圆锥滚子轴承

2. 滚动轴承的分类

滚动轴承按承受载荷的方向可分为以下三种类型。

1）**向心轴承**：主要**承受径向载荷**。深沟球轴承为一种常用的向心轴承，如图 7-40a 所示。

2）**推力轴承**：只**承受轴向载荷**。推力球轴承为一种常用的推力轴承，如图 7-40b 所示。

3）**向心推力轴承**：**同时承受径向和轴向载荷**。圆锥滚子轴承为一种常用的向心推力轴承，如图 7-40c 所示。

7.5.2 滚动轴承的代号（GB/T 272—2017）

滚动轴承的代号一般打印在轴承的端面上，由**基本代号**、**前置代号**和**后置代号**三部分组成，排列顺序为

前置代号 基本代号 后置代号

1. 基本代号

基本代号表示滚动轴承的基本类型、结构及尺寸，是滚动轴承代号的基础。基本代号由轴承类型代号、尺寸系列代号和内径代号组成（滚针轴承除外），其排列顺序为

类型代号 尺寸系列代号 内径代号

2. 类型代号

滚动轴承类型代号用阿拉伯数字或大写拉丁字母表示，其含义见表 7-12。

表 7-12 滚动轴承类型代号（摘自 GB/T 272—2017）

代号	轴承类型	代号	轴承类型
0	双列角接触球轴承	6	深沟球轴承
1	调心球轴承	7	角接触球轴承
2	调心滚子轴承和推力调心滚子轴承	8	推力圆柱滚子轴承
3	圆锥滚子轴承	N	圆柱滚子轴承，双列或多列用字母 NN 表示
4	双列深沟球轴承	U	外球面球轴承
5	推力球轴承	QJ	四点接触球轴承

3. 尺寸系列代号

尺寸系列代号由滚动轴承的宽（高）度系列代号和直径系列代号组合而成，用两位数

字表示。它主要用于区别内径相同而宽（高）度和外径不同的轴承。详细情况请查阅相关标准，也可见附录 B 中的表 B-15～表 B-17。

4. 内径代号

内径代号表示轴承的公称内径，见表 7-13。

表 7-13　滚动轴承内径代号（摘自 GB/T 272—2017）

轴承公称内径/mm		内径代号	示例
10～17	10	00	深沟球轴承　6200 d=10mm
	12	01	
	15	02	
	17	03	
20～480(22,28,32 除外)		公称内径除以 5 的商，商为个位数，需在商左边加“0”，如 08	调心滚子轴承　23208 d=40mm
≥500 及 22、28、32		用公称内径毫米数直接表示，但在与尺寸系列之间用“/”分开	调心滚子轴承　230/500 d=500mm 深沟球轴承　62/22 d=22mm

5. 前置代号和后置代号

前置代号和后置代号是轴承在结构形状、尺寸、公差、技术要求等有改变时，在其基本代号左、右添加的补充代号。具体情况查阅相关国家标准。

6. 代号示例

对于一个滚动轴承代号，可按如下方式识读：

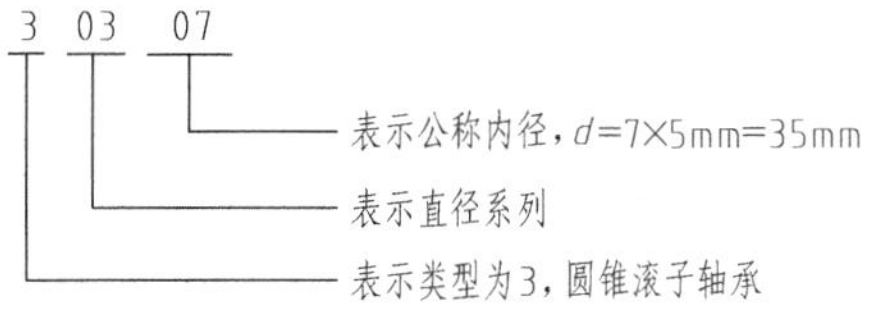

滚动轴承代号示例见表 7-14。

表 7-14　轴承代号示例

滚动轴承代号	**右数**第 5 位 表示轴承类型	**右数**第 3、4 位 表示尺寸系列	**右数**第 1、2 位 表示公称内径/mm
6208	6：表示深沟球轴承	第 3 位：直径系列代号为 2 第 4 位：宽度系列代号为 0（省略）	$d=8\times5=40$
62/22	6：表示深沟球轴承	第 3 位：直径系列代号为 2 第 4 位：宽度系列代号为 0（省略）	$d=22$
30312	3：表示圆锥滚子轴承	第 3 位：直径系列代号为 3 第 4 位：宽度系列代号为 0	$d=12\times5=60$
51310	5：表示推力球轴承	第 3 位：直径系列代号为 3 第 4 位：高度系列代号为 1	$d=10\times5=50$
N2110	N：表示圆柱滚子轴承	第 3 位：直径系列代号为 1 第 4 位：高度系列代号为 2	$d=10\times5=50$

7.5.3 滚动轴承的画法

GB/T 4459.7—2017《机械制图 滚动轴承表示法》对滚动轴承的画法作了统一规定，有简化画法（包括通用画法和特征画法）和规定画法，见表 7-15。滚动轴承的各部尺寸可根据其代号由标准查得。

通用画法：在剖视图中，在不需要确切地表示滚动轴承的外形轮廓、载荷特性、结构特征时，可采用矩形线框及位于线框中正立的、不与矩形线框接触的十字符号的通用画法。

特征画法：在剖视图中，在需要较形象地表示滚动轴承的结构特征时，可采用在矩形线框内画出其结构要素符号的方法表示滚动轴承。

规定画法：必要时，在滚动轴承的产品图样、产品样本和产品标准中，采用规定画法表示滚动轴承。采用规定画法绘制滚动轴承的剖视图时，轴承的滚动体不画剖面线，其内、外圈可画成方向和间隔相同的剖面线；在不致引起误解时，也允许省略不画。滚动轴承的倒角省略不画。规定画法一般绘制在轴的一侧，另一侧按通用画法绘制。

装配画法：在装配图中，滚动轴承的保持架及倒角等可省略不画。

表 7-15 滚动轴承画法

名称	通用画法	特征画法	规定画法	装配画法
深沟球轴承 GB/T 276—2013	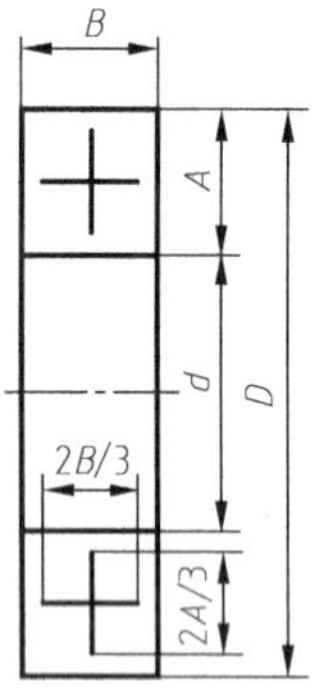	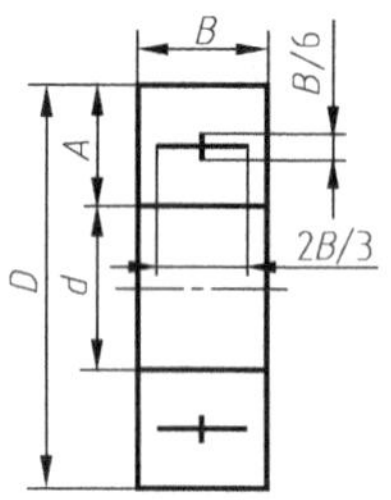	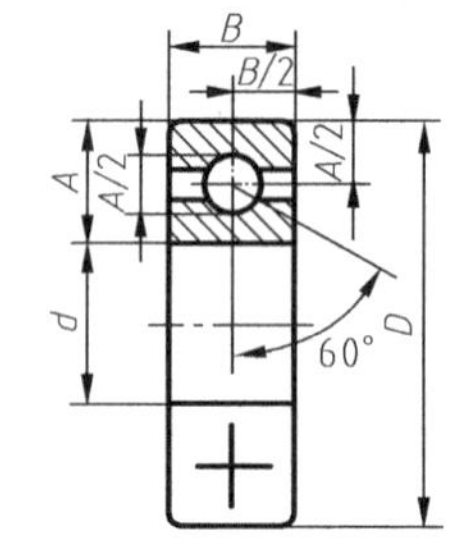	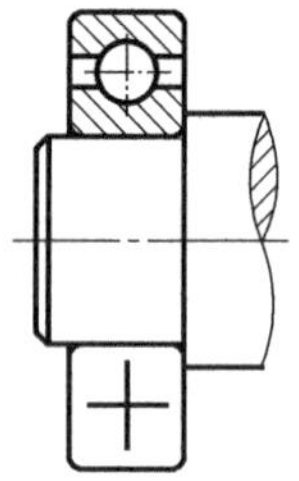
推力球轴承 GB/T 301—2015		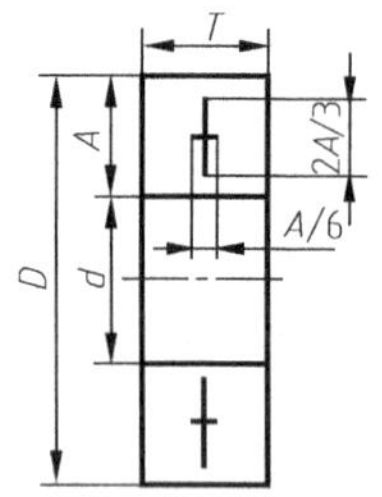	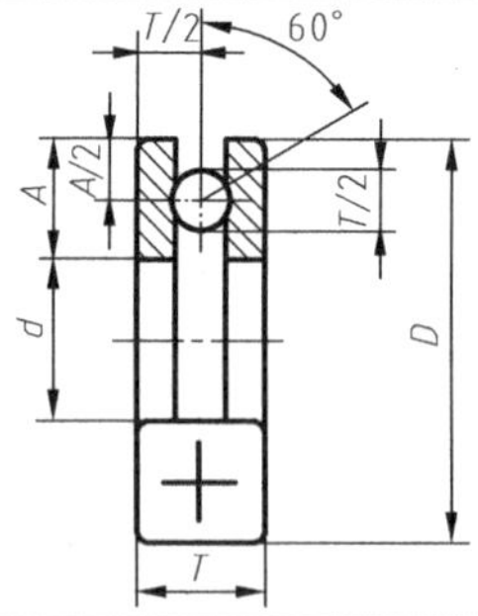	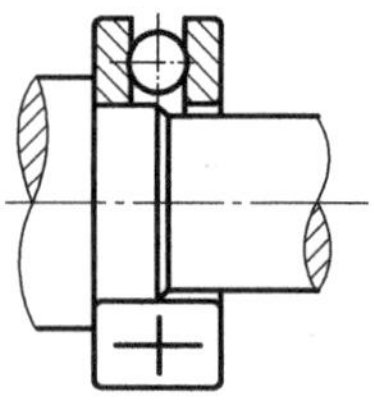
圆锥滚子轴承 GB/T 297—2015		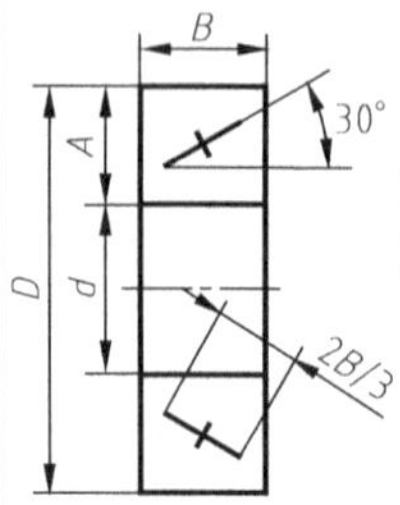	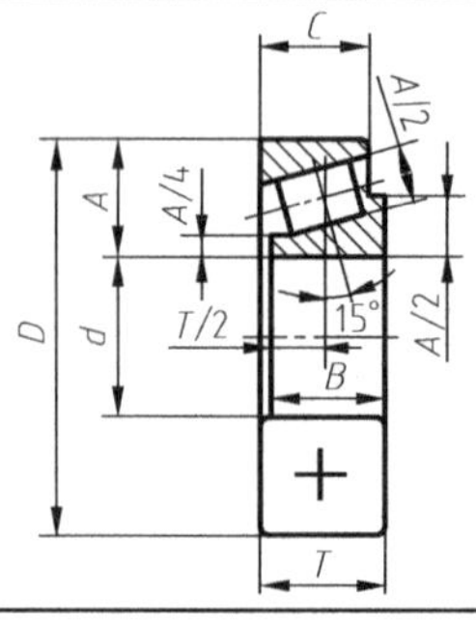	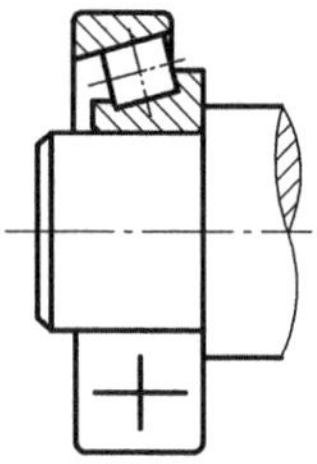

7.6 弹簧

弹簧是机械设备中常用的零件，**主要用于减振、夹紧、储存能量和测力等**。它的特点是在弹性限度内受外力作用而变形，外力撤去后，弹簧能立即恢复原状。弹簧是标准件，其结构形式和尺寸大小均已标准化。

弹簧的种类很多，应用很广。呈圆柱形的螺旋弹簧称为圆柱螺旋弹簧，是由金属丝绕制而成。承受压力的圆柱螺旋弹簧，称为圆柱螺旋压缩弹簧，如图 7-41a 所示。承受拉伸力的圆柱螺旋弹簧称为圆柱螺旋拉伸弹簧，如图 7-41b 所示。承受弯扭力矩的圆柱螺旋弹簧称为圆柱螺旋扭转弹簧，如图 7-41c 所示。圆柱螺旋弹簧最为常见，此外还有涡卷弹簧和板弹簧，如图 7-41d、e 所示。本节主要介绍圆柱螺旋压缩弹簧的尺寸计算和规定画法。

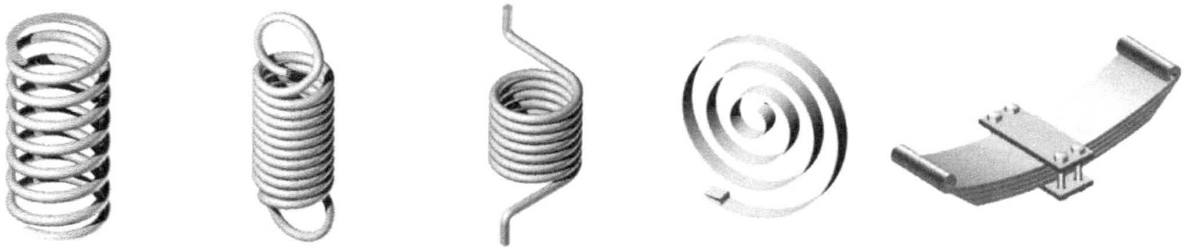

a)　b)　c)　d)　e)

图 7-41　各种弹簧

a）圆柱螺旋压缩弹簧　b）圆柱螺旋拉伸弹簧　c）圆柱螺旋扭转弹簧　d）涡卷弹簧　e）板弹簧

7.6.1 圆柱螺旋压缩弹簧尺寸及参数（GB/T 2089—2009）

1）材料直径 d：制造弹簧的材料的直径。

2）弹簧内径 D_1：弹簧内圈直径，即弹簧的最小直径。

3）弹簧外径 D_2：弹簧外圈直径，即弹簧的最大直径。

4）弹簧中径 D：弹簧轴平面内簧丝中心所在圆柱面的直径，即弹簧内径和外径的平均值，$D=(D_1+D_2)/2=D_1+d=D_2-d$。

5）有效圈数 n：保持相等节距且参与工作的圈数。

6）支承圈数 n_2：为了使弹簧工作平衡，端面受力均匀，制造时将弹簧两端的$\frac{3}{4}$至 $1\frac{1}{4}$圈压紧靠实，并磨出支承平面。这些圈主要起支承作用，所以称为支承圈。支承圈数 n_2 表示两端支承圈数的总和。一般有 1.5 圈、2 圈、2.5 圈三种。

7）总圈数 n_1：有效圈数和支承圈数的总和，$n_1=n+n_2$。

8）节距 t：相邻两有效圈上对应点间的轴向距离。

9）自由高度 H_0：未受载荷作用时的弹簧高度（或长度），$H_0=nt+(n_2-0.5)d$。

10）弹簧的展开长度 L：制造弹簧时所需的金属丝长度，$L\approx n_1\sqrt{(\pi D_2)^2+t^2}$。

11）旋向：与螺旋线的旋向意义相同，分为左旋和右旋两种。

7.6.2 圆柱螺旋压缩弹簧的规定画法

1. 弹簧的画法

GB/T 4459.4—2003《机械制图　弹簧表示法》对弹簧的画法作了如下规定。

1）在平行于螺旋弹簧轴线的投影面的视图中，其各圈的轮廓应画成直线。

2）有效圈数在4圈以上时，可以每端只画出1~2圈（支承圈除外），中间部分省略不画。

3）螺旋弹簧可都画成右旋，但左旋弹簧不论画成左旋还是右旋，均需注写表示左旋的“LH”。

4）螺旋压缩弹簧如要求两端并紧且磨平，则无论支承圈数为多少，均按支承圈为2.5绘制，必要时也可按支承圈的实际结构绘制。

弹簧的表示方法有剖视画法、视图画法和示意画法，如图7-42所示。圆柱螺旋压缩弹簧的画图步骤如图7-43所示。

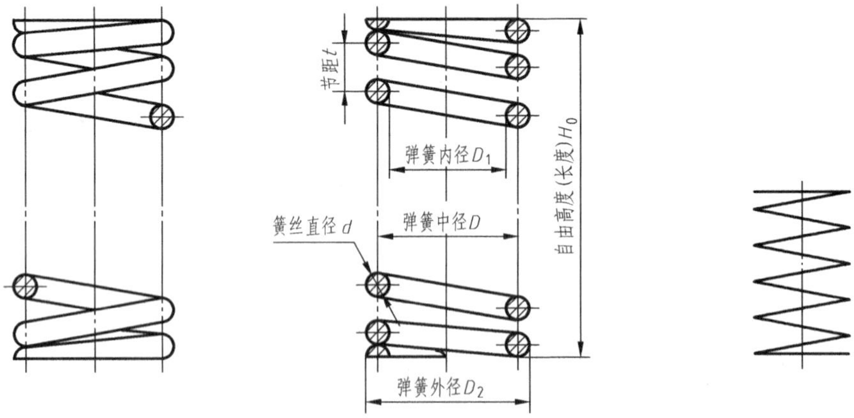

a)　　b)　　c)

图7-42　圆柱螺旋压缩弹簧的表示法

a）视图画法　b）剖视画法　c）示意画法

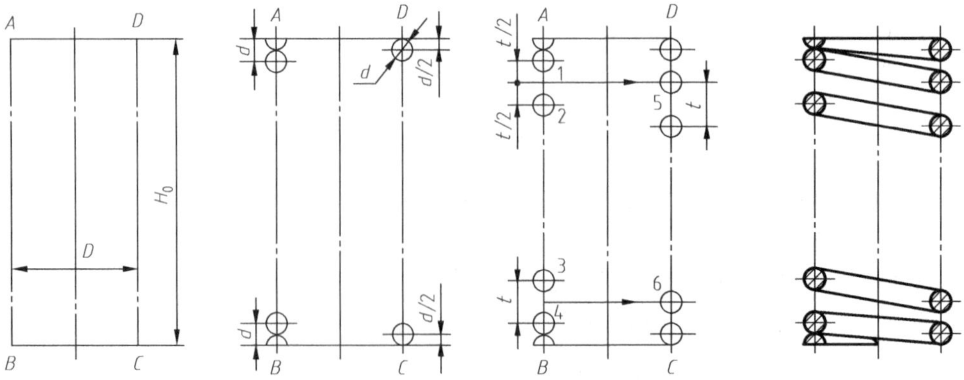

a)　　b)　　c)　　d)

图7-43　圆柱螺旋压缩弹簧的画图步骤

2. 装配图中弹簧的画法

在装配图中，弹簧被看作实心物体，因此，被弹簧挡住的结构一般不画出。可见部分应画至弹簧的外轮廓或弹簧的中径处，如图 7-44a、b 所示。当材料直径在图形上小于或等于 2mm 并被剖切时，其剖面可以涂黑表示，如图 7-44b 所示。也可采用示意画法，如图 7-44c 所示。

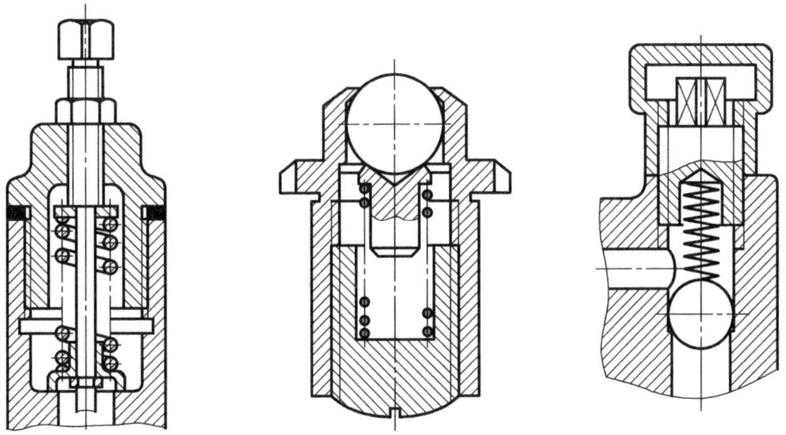

a)　　b)　　c)

图 7-44　装配图中弹簧的画法

a）被弹簧遮挡处的画法　b）簧丝断面涂黑　c）簧丝示意画法

拓展提高

1. 带传动

（1）带传动的类型　带传动是利用张紧在带轮上的柔性带进行运动或动力传递的一种机械传动，如图 7-45 所示。根据传动原理的不同，可分为如下两种。

1）摩擦型带传动：靠带与带轮之间的摩擦来传递运动和动力，如平带和 V 带（图 7-45a）。

2）啮合型带传动：靠带与带轮之间的啮合来传递运动和动力，如同步带（图 7-45b）。

带传动具有结构简单、传动平稳、能缓冲吸振、可以在大轴间距和多轴情况下传递动力，以及造价低廉、不需润滑、维护容易等特点，在近代机械传动中应用十分广泛。

摩擦型带传动能过载打滑，运转噪声低，但传动比不准确（滑动率在 2%以下）；啮合型带传动可保证传动同步，但对载荷变动的吸收能力稍差，高速运转有噪声。带传动除用于传递动力外，有时也用于输送物料、进行零件的整列等。

（2）V 带轮

1）V 带轮的结构：带轮由轮缘、腹板（或者为轮辐）和轮毂三部分组成，如图 7-46a 所示。带轮的外圈环形部分称为轮缘，轮缘是带轮的工作部分，用于安装传动带，制有梯形轮槽。由于普通 V 带两侧面间的夹角是 40°，为了适应 V 带在带轮上弯曲时截面变形而使楔角减小的现象，规定普通 V 带轮槽角为 32°、34°、36°、38°（按带的型号及带轮直径确

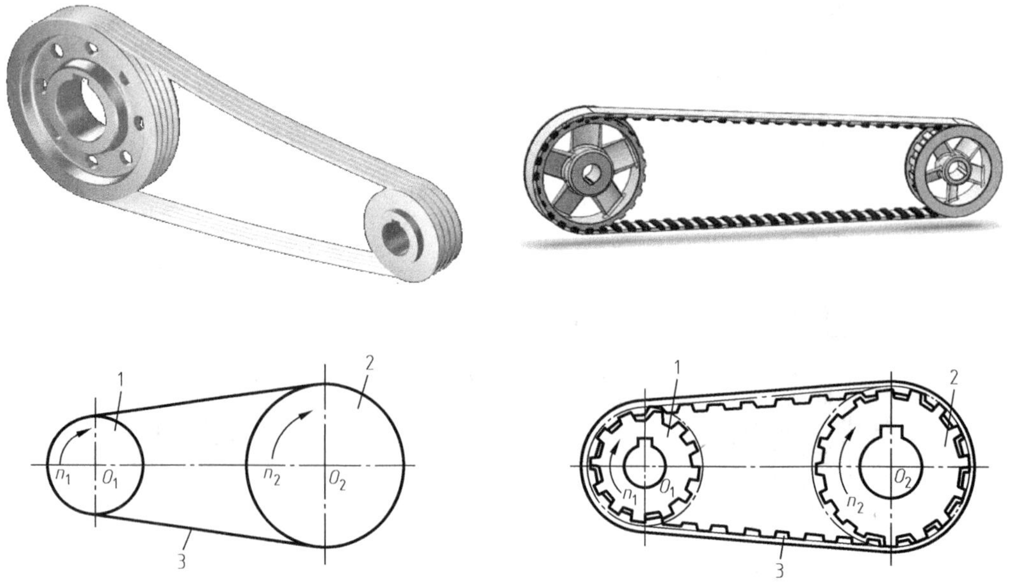

a) b)

图 7-45 带传动的类型

a）V 带 b）同步带

1—主动轮 2—从动轮 3—柔性带

定），如图 7-46b 所示。装在轴上的筒形部分称为轮毂，是带轮与轴的连接部分。中间部分为腹板或轮辐，用于连接轮缘与轮毂成一整体。

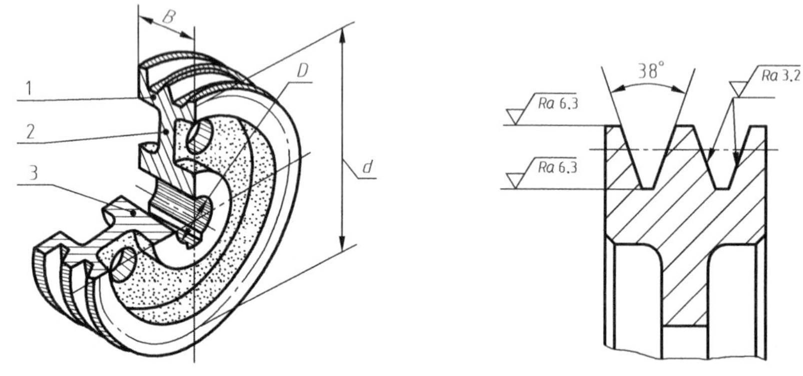

a) b)

图 7-46 V 带轮的结构图

a）V 带轮组成 b）V 带轮槽角

1—轮缘 2—腹板 3—轮毂

2）V 带轮的类型：V 带轮按腹板或轮辐结构的不同分为以下几种型式。

实心带轮：用于尺寸较小的带轮［$d \leqslant (2.5 \sim 3)D$ 时］，如图 7-47a 所示。

腹板带轮：用于中小尺寸的带轮（$d \leqslant 300$mm 时），如图 7-47b 所示。

孔板带轮：用于尺寸较大的带轮（$d-D>100$mm 时），如图 7-47c 所示。

椭圆轮辐带轮：用于尺寸大的带轮（$d>500$mm 时），如图 7-47d 所示。

a)　　b)　　c)　　d)

图 7-47　V 带轮的类型

a）实心带轮　b）腹板带轮　c）孔板带轮　d）椭圆轮辐带轮

3）V 带轮的画法：带轮的零件图如图 7-48 所示。

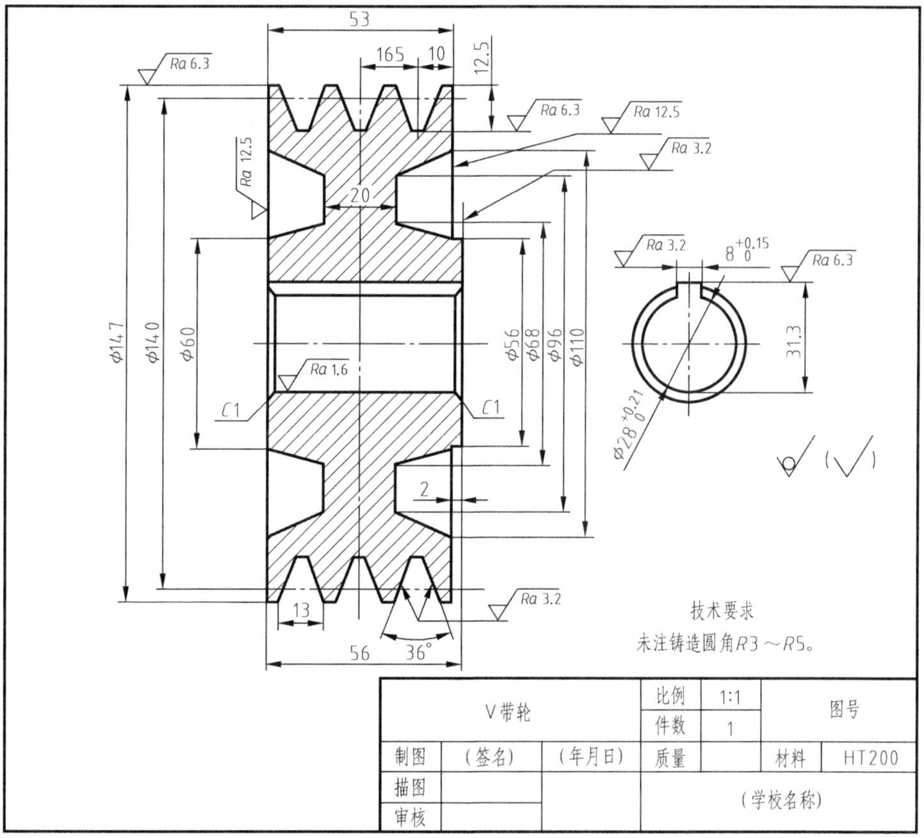

图 7-48　V 带轮的零件图

（3）同步带轮　同步带传动是由齿形带轮与齿形带组成的柔性传动机构，如图 7-49 所示。如今，机器装备中同步带传动应用越来越多，虽然同步带轮不需要表达齿形参数，但由于应用广泛和表达方法独特，故列在此处一起介绍。

同步带轮的工程图样既不需绘制齿形，也不需要标注齿形参数，只需给出根据传动力

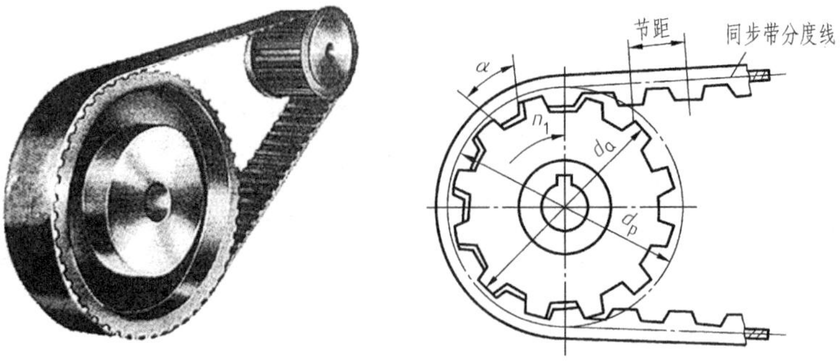

a)　　　　b)

图 7-49　同步带传动
a）同步带传动立体图　b）同步带传动结构

矩、转速比、结构尺寸等确定的带型与齿数，标注轮身结构尺寸，向专业厂家订制即可。图样上应注意分度圆线在轮廓线外，如图 7-50 所示。

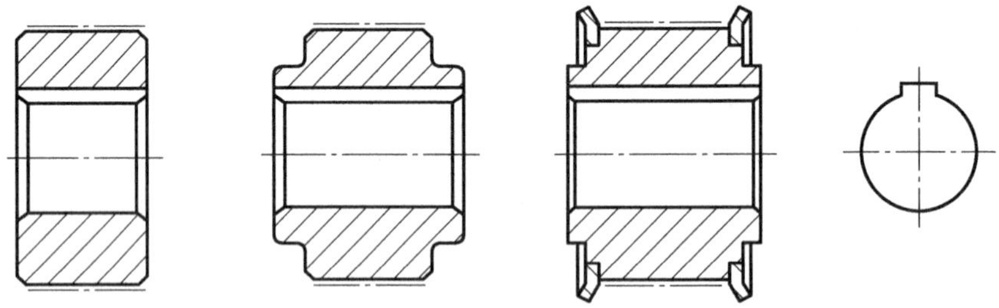

图 7-50　同步带轮画法

2. 齿轮与齿条

齿条是一种轮齿分布于条形体上的特殊齿轮，如图 7-51a 所示。齿条也分直齿齿条和斜齿齿条，分别与直齿圆柱齿轮和斜齿圆柱齿轮配对使用。齿条的齿廓为直线而非渐开线（对齿面而言则为平面），相当于分度圆半径为无穷大的圆柱齿轮。齿轮齿条啮合具有如下主要特点。

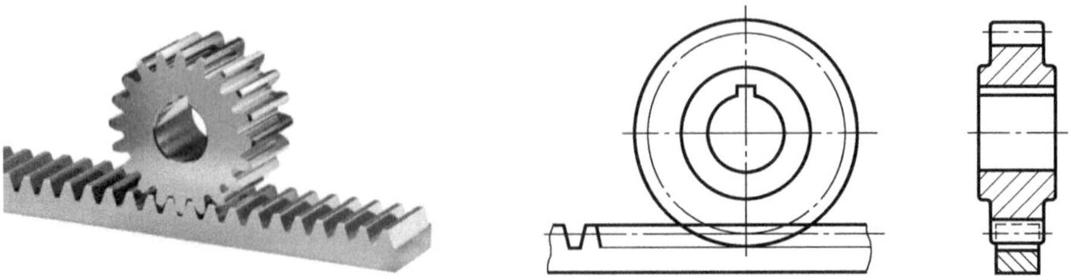

a)　　　　b)

图 7-51　齿轮与齿条
a）齿轮与齿条立体图　b）齿轮与齿条画法

1）由于齿条齿廓为直线，因此齿廓上各点具有相同的压力角，且等于齿廓的倾斜角，此角称为齿形角，标准值为 20°。

2）与齿顶线平行的任一条直线上具有相同的齿距和模数。

3）与齿顶线平行且齿厚等于齿槽宽的直线称为分度线（中线），它是计算齿条尺寸的基准线。

齿轮与齿条啮合传动，可以把转动转换为直线运动，或者把直线运动转换为转动。齿轮齿条啮合与两圆柱齿轮啮合的画法基本相同，这时齿轮的分度圆应与齿条的分度线相切，如图 7-51b 所示。

章末小结

1. 掌握螺纹的标注方法、常用螺纹紧固件的规定标记，熟悉查表方法。
2. 熟练掌握常用螺纹紧固件的连接画法。
3. 熟练掌握键和销连接的画法。
4. 掌握直齿圆柱齿轮及其啮合的画法。
5. 了解滚动轴承的种类和用途，掌握其规定画法。
6. 了解弹簧的种类和用途，掌握其规定画法。

复习思考题

1. 螺纹的五个要素是什么？螺纹的三个基本要素是什么？
2. 什么是中径？螺距和导程的关系是什么？
3. 在画单个螺纹时，大径和小径的近似关系是什么？
4. 内、外螺纹的顶径和底径分别指什么？
5. 键槽有轴槽深 t_1 和毂槽深 t_2，查表所得的 t_1 和 t_2 值为什么要以 $d-t_1$ 和 $D+t_2$ 的形式注出，而不能直接注 t_1、t_2？
6. 圆锥销标记中公称直径是指大端直径，还是小端直径？为什么？
7. 滚动轴承代号由哪几部分构成？解释 6204、N2210、23224 代号的含义。
8. 滚动轴承的特征画法和规定画法各要注意什么？

第8章

零 件 图

- 第8章 零件图
  - 作用和内容
    - 零件的定义
      - 组成机器或部件的不可拆分的最小单元
    - 零件的分类
      - 标准零件
      - 传动零件
      - 一般零件
    - 零件图的作用
      - 包含制造和检验零件的全部技术信息
    - 零件图的内容
      - 一组视图
      - 完整的尺寸
      - 技术要求
      - 标题栏
  - 工艺结构
    - 机械加工工艺结构
      - 倒角与圆角
      - 退刀槽和越程槽
      - 钻孔结构
      - 凸台和凹坑
      - 中心孔
    - 铸造工艺结构
      - 起模斜度
      - 铸造圆角和过渡线
      - 铸件壁厚
  - 表达方案选择及实例
    - 表达方案选择原则（精简）（重点+难点）
      - 结构分析
      - 主视图选择
        - 合理位置原则
          - 加工位置
          - 工作位置
        - 形状特征原则
          - 确定投影方向
      - 其他视图
        - 精简
        - 明确表达重点
    - 典型零件表达实例
      - 轴套类
      - 盘盖类
      - 叉架类
      - 箱体类
  - 尺寸标注
    - 正确选择尺寸基准
      - 尺寸的简化注法
        - 设计基准
        - 工艺基准
    - 尺寸标注的形式
      - 链状法
      - 坐标法
      - 综合法
    - 合理标注尺寸的原则（难点）
      - 重要尺寸直接注出
      - 不能形成封闭尺寸链
      - 便于测量
  - 基本术语
    - 尺寸偏差
    - 标准公差等级（20个等级）
    - 基本偏差
    - 公差带

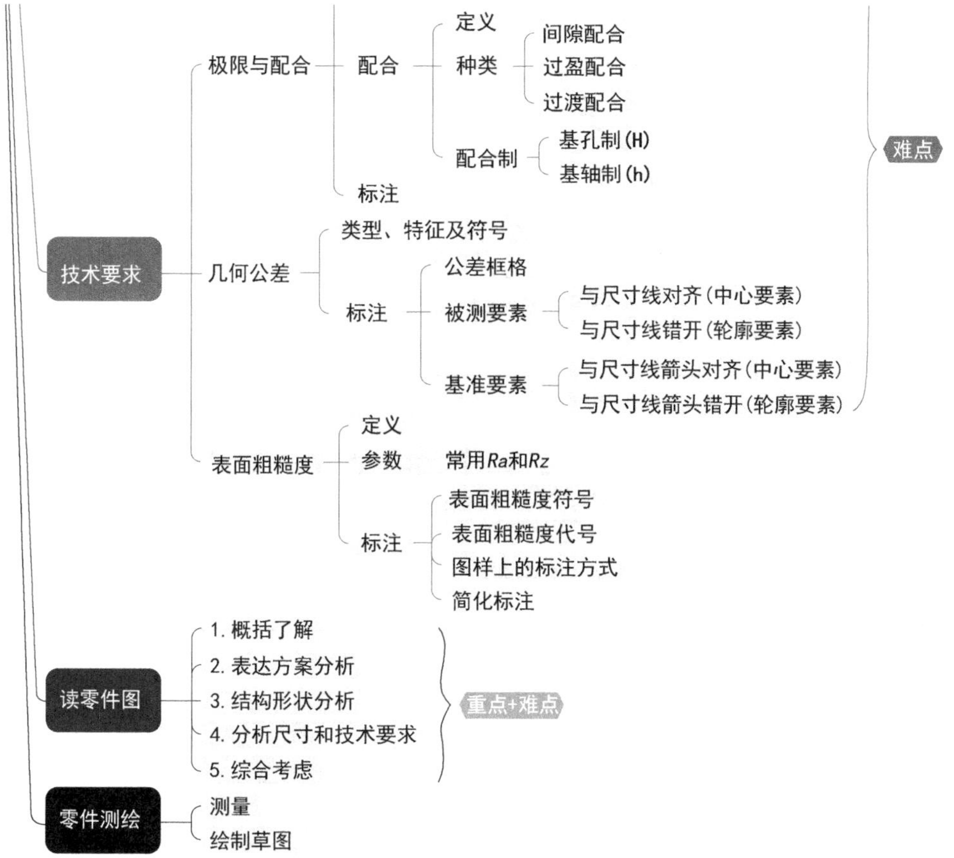

8.1 零件图的作用和内容

机器或部件都是由若干零件按一定要求装配而成的，制造机器或部件必须首先制造零件。**零件**是组成机器或部件的不可拆分的最小单元。

1. 零件的分类

为了便于分析和表达，可以将零件按通用性分为标准零件、传动零件和一般零件。

1）对于**标准零件**，如螺栓、螺母、垫圈、轴承等，国家标准规定了其结构、形式、参数系列，并由专门厂家批量生产，可以查表获取其参数，设计时不需要绘制零件图。

2）**传动零件**在机器或部件中主要起传递动力的作用，如齿轮、蜗轮、带轮等，需要绘制零件图，但是一些常用件（如齿轮）的画法有相应的规定。

3）**一般零件**的结构、形状和大小主要取决于零件在部件或在机器中的作用，需要绘制规范的零件图。

2. 零件图的作用

零件图是表示单个零件的结构形状、尺寸大小及技术要求的图样，是制造和检验零件的主要依据，如图 8-1 所示。

3. 零件图的内容

零件图必须包含制造和检验零件的全部技术资料。因此，一张完整的零件图一般应包括

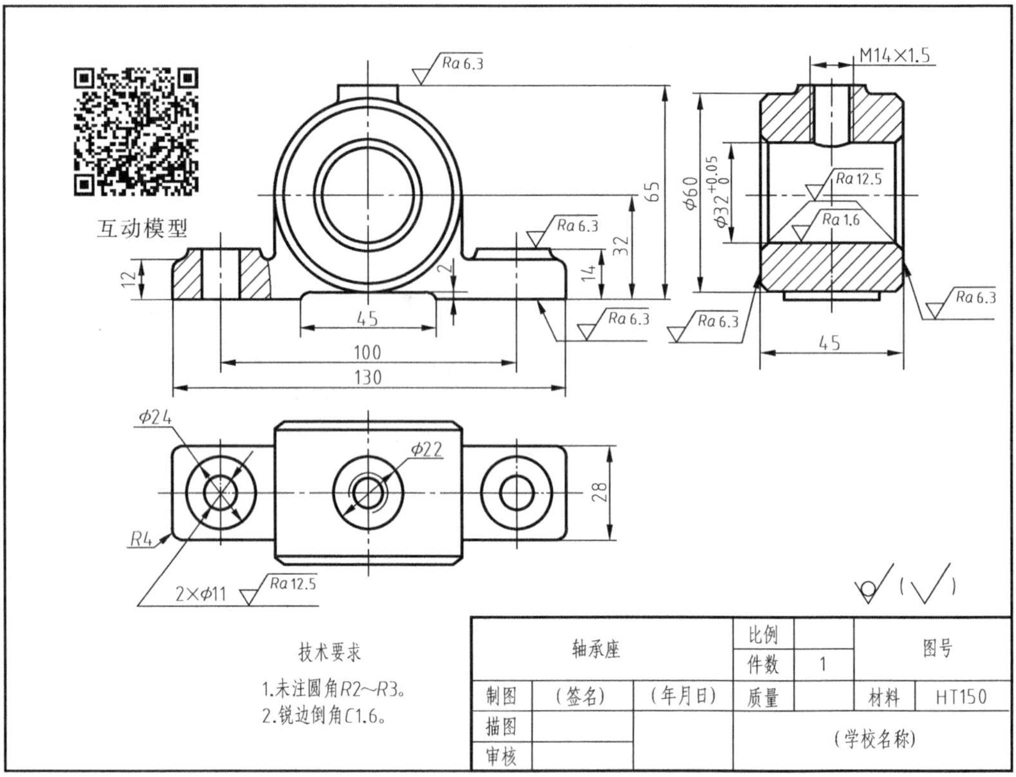

图 8-1　轴承座零件图

以下几项内容。

1）**一组视图**：用于正确、完整、清晰和简洁地表达出零件内、外形状的图形，包括机件的各种表达方法，如视图、剖视图、断面图、局部放大图和简化画法等。

2）**完整的尺寸**：零件图中应正确、完整、清晰、合理地标注出制造零件所需的全部尺寸。

3）**技术要求**：零件图中必须用规定的代号、数字、字母和文字注解说明制造和检验零件时在技术指标上应达到的要求，如表面粗糙度、尺寸公差、几何公差、材料和热处理、检验方法及其他特殊要求等。技术要求的文字一般注写在标题栏附近的空白处。

4）**标题栏**：标题栏应贴着图框配置在图样的右下角。填写的内容主要有零件的名称、材料、数量、比例、图样代号，以及设计、审核者的姓名、日期等。标题栏的尺寸和格式已经标准化，可参见相关标准。作业中可采用与图 8-1 所示相同的简化的标题栏。

8.2　零件的工艺结构

绝大部分零件都要经过铸造、锻造和机械加工等过程制造出来，因此，零件的结构形状不仅要满足设计要求，还要符合制造工艺、装配等方面的要求，以保证零件质量好，成本低，效益高。

8.2.1 机械加工工艺结构

机械加工工艺结构主要有倒角、圆角、越程槽、退刀槽、钻孔结构、凸台和凹坑、中心孔等。

1. 倒角与倒圆

1）**倒角**：为去除轴端或孔端的锐边毛刺，便于装配，常将轴端或孔端做成锥台，称为倒角。倒角多为 45°（倒角为 45°时，可标注为“*C*”），也可制成 30°或 60°，倒角宽度数值可根据轴径或孔径查有关标准。倒角的画法与尺寸如图 8-2 所示。

2）**倒圆**：为避免因应力集中而产生裂纹，可将轴肩和阶梯孔转弯处加工成圆角过渡，称为倒圆。圆角半径根据孔、轴直径查标准确定。倒圆的画法与尺寸标注如图 8-3 所示。

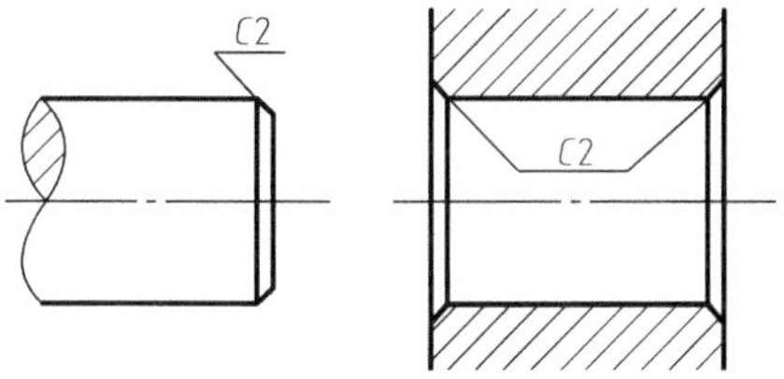

图 8-2　倒角

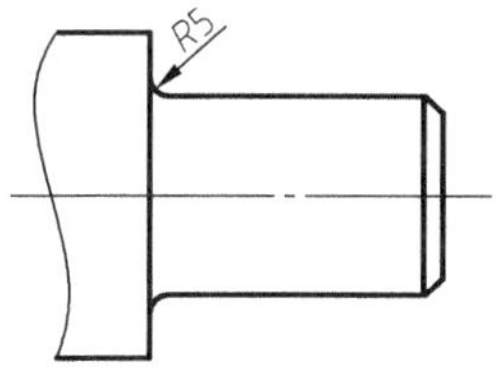

图 8-3　倒圆

2. 退刀槽和越程槽

为了在切削零件时容易退出刀具，或者使砂轮可以稍微越过加工面而保证加工质量，以及易于装配时与相关零件靠紧，常在待加工面的末端先车削出**退刀槽**或**砂轮越程槽**，如图 8-4 所示。退刀槽的尺寸标注成“槽宽 *b*×槽直径 *ϕ*”或“槽宽 *b*×槽深度 *a*”形式，也可单独分开标记。退刀槽或砂轮越程槽的尺寸已经标准化，可从相关标准中查取。

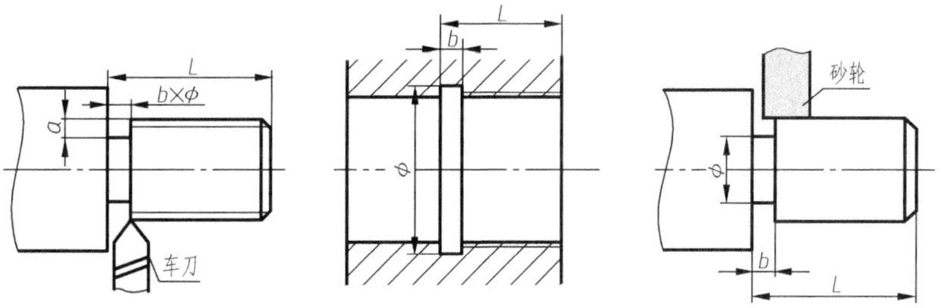

图 8-4　退刀槽和越程槽

3. 钻孔结构

1）用钻头钻孔时，为避免钻孔偏斜或钻头在加工时被折断，要求零件上被钻孔的端面必须与钻头的轴线垂直，如图 8-5 所示。

2）用钻头钻不通孔（俗称为盲孔）时，因钻头顶角作用，孔底会产生一锥面，麻花钻的锥端夹角一般为 118°，画图时按 120°画出，但不计入钻孔深度，也不标注锥角大小，如图 8-6 所示。

4. 凸台和凹坑

为了满足零件的技术要求，保证两接触零件接触良好，又能减少加工工时，以达到降低成本的目的，在设计零件结构形状时，常设置凸台或凹坑来减少加工表面，如图 8-7 所示。

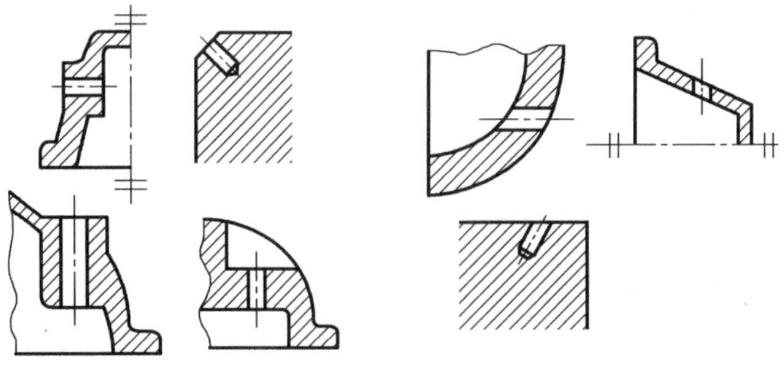

图 8-5　被钻孔的端面必须与钻头的轴线垂直

a）合理　b）不合理

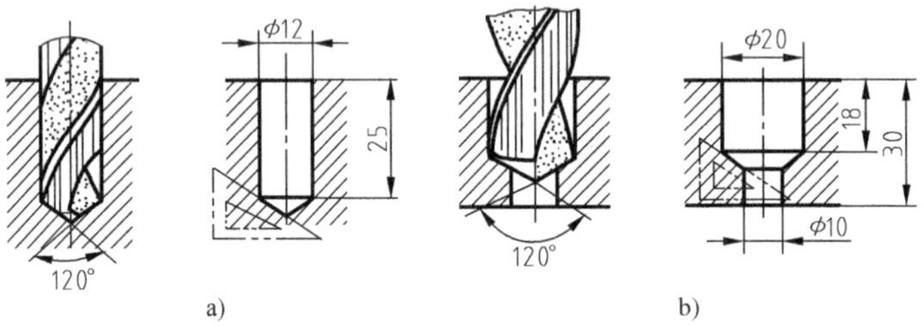

图 8-6　钻孔结构

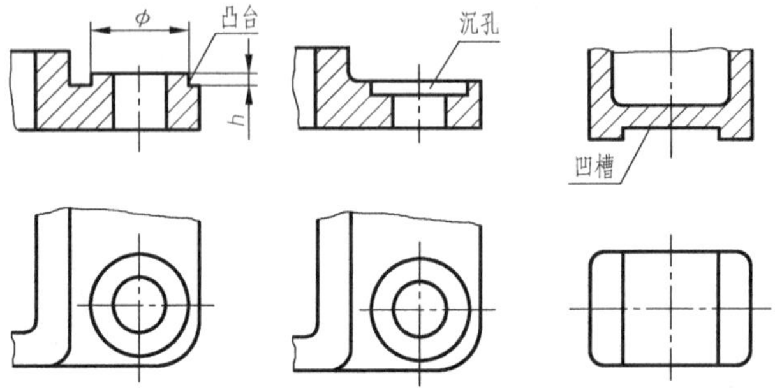

图 8-7　凸台和凹坑

5. 中心孔

中心孔是在轴类零件端面制出的小孔，供车床和磨床上进行加工或检验时定位和装夹工件使用，是轴件上常用的工艺结构，具体结构如图 8-8 所示。

1）图 8-8a 所示零件标记的含义为：采用 A 型中心孔，D=1.6mm，D_1=3.35mm。

2）图 8-8b 所示零件标记的含义为：采用 A 型中心孔，D=4mm，D_1=8.5mm。

3）图 8-8c 所示零件标记的含义为：采用 B 型中心孔，D=2.5mm，D_1=8mm。

4）图 8-8d 所示零件标记的含义为：采用 C 型中心孔，D=M10，L=30mm，D_2=16.3mm。

5）图 8-8e 所示中心孔为 A 型（不带护锥）中心孔结构。

6）图 8-8f 所示中心孔为 B 型（带护锥）中心孔结构。

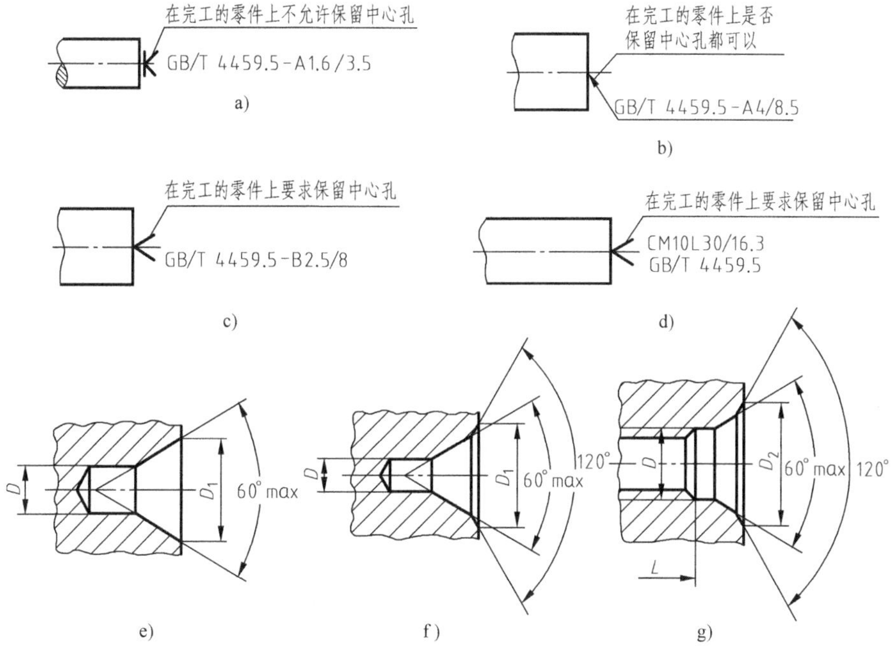

图 8-8　中心孔

7）图 8-8g 所示中心孔为 C 型（带螺纹）中心孔结构。

8.2.2　铸造工艺结构

用铸造方法生产出的零件（或零件毛坯）称为铸件。无论铸件的结构形状如何不同，为保证铸件的质量和铸造方便，铸件的工艺结构都有一些共同的要求。

1. 起模斜度

用铸造方法制造零件毛坯时，为了便于将模型从型砂中取出，一般将模型沿起模的方向做成约 1∶20 的斜度，称为起模斜度。因而，铸件上也有相应的斜度，如图 8-9a 所示。这种斜度在图上可以不标注，也可不画出，如图 8-9b 所示，必要时，可在技术要求中注明。

2. 铸造圆角和过渡线

在铸件毛坯各表面的相交处，都有铸造圆角，如图 8-10 所示。这样既便于起模，又能防止在浇注时金属液将砂型转角处冲坏，还可避免铸件在冷却时产生缩孔或裂纹。铸造圆角半径一般在图上不注出，而写在技术要求中。铸件毛坯底面（多用作安装面）常需经切削加工，这时铸造圆角被削平，如图 8-10 所示。

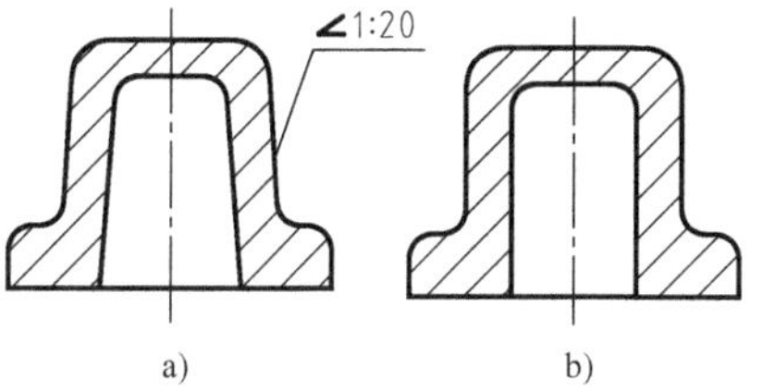

图 8-9　起模斜度

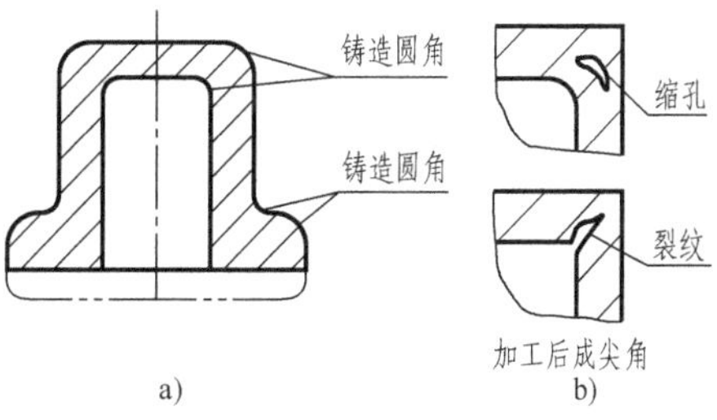

图 8-10　铸造圆角

圆角的存在使铸件表面的交线变得不很明显，如图 8-11 所示，这种不明显的交线称为过渡线。过渡线的画法与交线画法基本相同，只是过渡线应画为细实线且两端与圆角轮廓线之间应留有空隙。

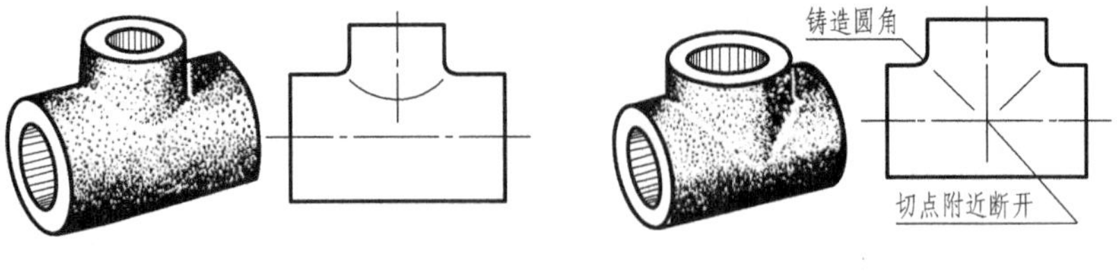

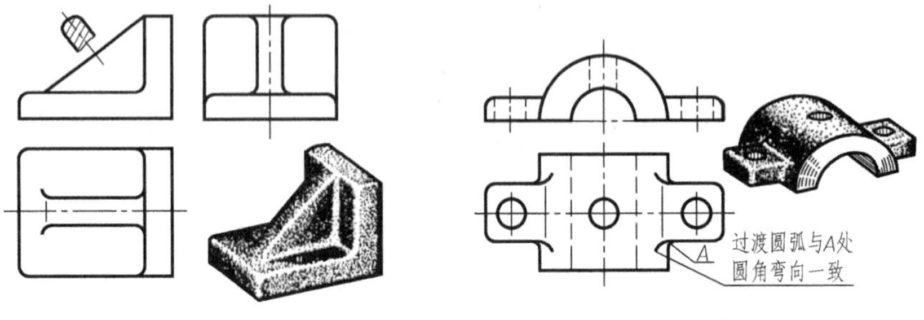

图 8-11 过渡线及其画法

3. 铸件壁厚

在浇注零件时，为了避免各部分因冷却速度不同而产生缩孔或裂纹，铸件的壁厚应保持大致均匀，或者采用渐变的方法，并尽量保持壁厚均匀，如图 8-12 所示。

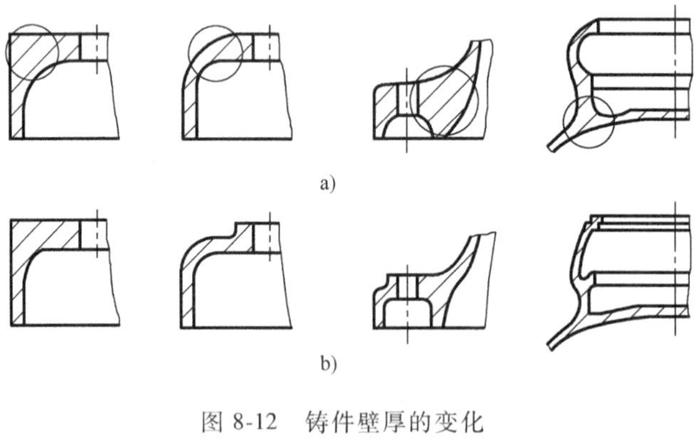

图 8-12 铸件壁厚的变化

a）不合理（局部肥大，易产生缩孔或裂纹） b）合理

8.3 零件的表达方案选择及实例

8.3.1 表达方案选择原则

零件的表达方案选择应首先考虑看图方便。根据零件的结构特点，选用适当的表达方法。由于零件的结构形状是多种多样的，因此在画图前，应对零件进行结构形状分析，结合

零件的工作位置和加工位置，选择最能反映零件形状特征的视图作为主视图，并选好其他视图，以确定最佳的表达方案。选择表达方案的原则：在完整、清晰地表示零件形状的前提下，力求制图简便。

1. 零件的结构分析

在选择视图之前，应首先对零件进行形体分析和结构分析，并了解零件的工作和加工情况，以便确切地表达零件的结构形状，以及反映零件的设计和工艺要求。

2. 主视图的选择

主视图是表达零件形状最重要的视图，其选择是否合理将直接影响其他视图的选择和读图是否方便，甚至影响到画图时图幅的合理利用。一般来说，零件主视图的选择应满足“合理位置”和“形状特征”两个基本原则。

（1）**合理位置原则** 所谓“合理位置”，通常是指零件的加工位置和工作位置。

1）**加工位置**是零件在加工时所处的位置。主视图应尽量表示零件在机床上加工时所处的位置。这样在加工时可以直接进行图物对照，既便于读图和测量尺寸，又可减少差错。例如，轴套类零件加工的大部分工序是在车床或磨床上进行的，因此通常要按加工位置（即轴线水平放置）画轴套类零件的主视图，如图8-13所示。

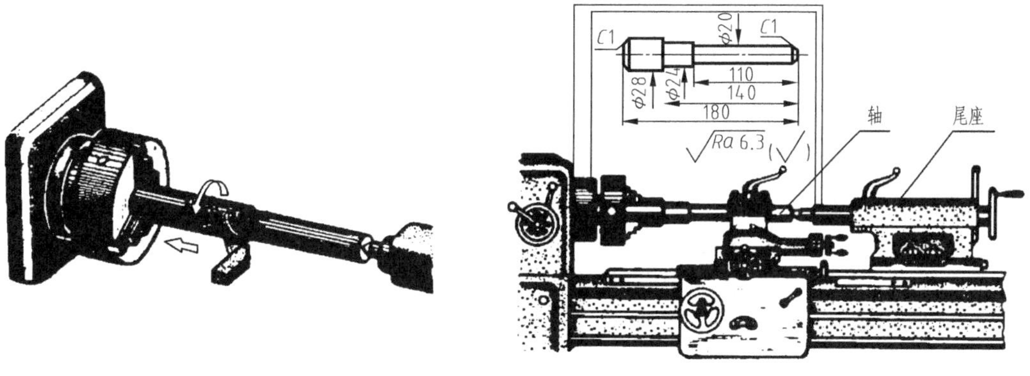

图8-13 轴套类零件的加工位置

2）**工作位置**是零件在装配体中所处的位置。零件主视图的放置方式，应尽量与零件在机器或部件中的工作位置一致。这样便于根据装配关系来考虑零件的形状及相关尺寸，同时便于校对。对于工作过程中歪斜放置的零件，因不便于绘图，应将零件放正。

（2）**形状特征原则** 确定了零件的安放位置后，还要确定主视图的投射方向。形状特征原则就是将最能反映零件形状特征的方向作为主视图的投射方向，即主视图要较多地反映零件各部分的形状及它们之间的相对位置，以满足零件表达清晰的要求。图8-14所示为确定机床尾座主视图投射方向的比较。由图可知，图8-14a所示的表达效果显然比图8-14b所示的表达效果要好得多。

3. 其他视图的选择

一般而言，仅用主视图不能完全反映零件的结构形状，必须选择其他视图，包括剖视图、断面图、局部放大图和简化画法等各种表达方法。主视图确定后，对其表达未尽的部分，再选择其他视图予以完善表达。具体选用时，应注意以下几点。

1）根据零件的复杂程度及内、外结构形状，全面地考虑还需要的其他视图，使每个所

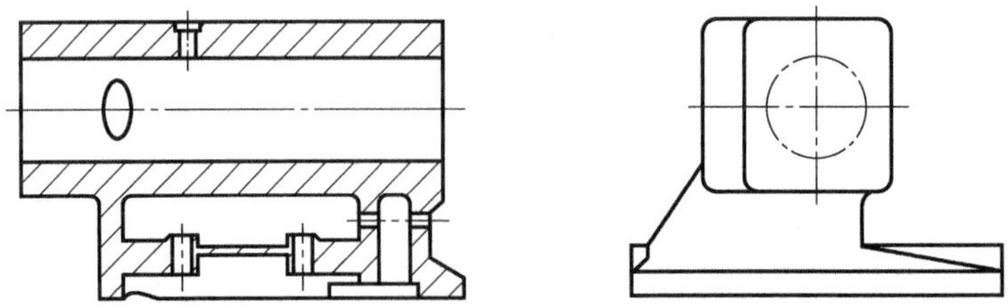

图 8-14　确定机床尾座主视图投射方向的比较

选视图具有独立存在的意义及明确的表达重点，注意避免不必要的细节重复，在明确表达零件的前提下，使视图数量最少。

2）优先考虑采用基本视图，有内部结构需要表达时应尽量在基本视图上采用剖视画法；对尚未表达清楚的局部结构和倾斜部分结构，可增加必要的局部（剖）视图和斜（剖）视图；各视图应尽量保持直接投影关系，配置在相关视图附近。

3）按照零件的视图表达应正确、完整、清晰、简便的要求，进一步综合、比较、调整、完善，选出最佳的表达方案。

8.3.2　典型零件表达实例

根据零件的结构形状，可将其分为轴套类零件、盘盖类零件、叉架类零件和箱体类零件四类。应根据每一类零件自身结构特点来确定它的表达方法。

1. 轴套类零件

（1）作用　轴一般是用于支承传动零件（如带轮、齿轮等）和传递动力的零件。

套一般是装在轴上或机体孔中，起轴向定位、导向、支承或保护传动零件等作用。

（2）结构分析　轴套类零件的基本形状是同轴回转体。轴上通常有键槽、销孔、螺纹退刀槽、倒角、倒圆、中心孔、螺纹等结构。图 8-15 所示的齿轮轴属于轴套类零件。

（3）主视图的选择　此类零件主要在车床或磨床上加工，主视图一般按其加工位置选择，即按水平位置放置。这样既可把各段形体的相对位置表达清楚，又能反映出轴上轴肩、退刀槽、键槽等的结构。

（4）其他视图的选择　轴套类零件的主要结构形状是回转体，一般只画一个主视图。确定了主视图后，由于轴上各段形体的直径尺寸在其数字前加注符号“ϕ”表示，因此不必画出其左（或右）视图。对于零件上的键槽、孔等结构，一般可采用局部视图、局部剖视图、移出断面图和局部放大图表示，如图 8-15 所示。

2. 盘盖类零件

（1）作用　盘盖类零件包括各种用途的盘、盖和轮类零件，其毛坯多为铸件或锻件。盘盖类零件的作用主要是轴向定位、防尘和密封等。盘或盖一般装在箱体的两端支承孔中，用于支承传动轴和起密封作用，或者通过其使所属部件与相邻零件连接起来。轮一般用键、销与轴连接，用以传递扭矩。

（2）结构分析　盘盖类零件主要包括端盖、阀盖、齿轮等，这类零件的基本形体一般为回转体或其他几何形状的扁平盘状体，通常还带有各种形状的凸缘、均布的圆孔和肋等局

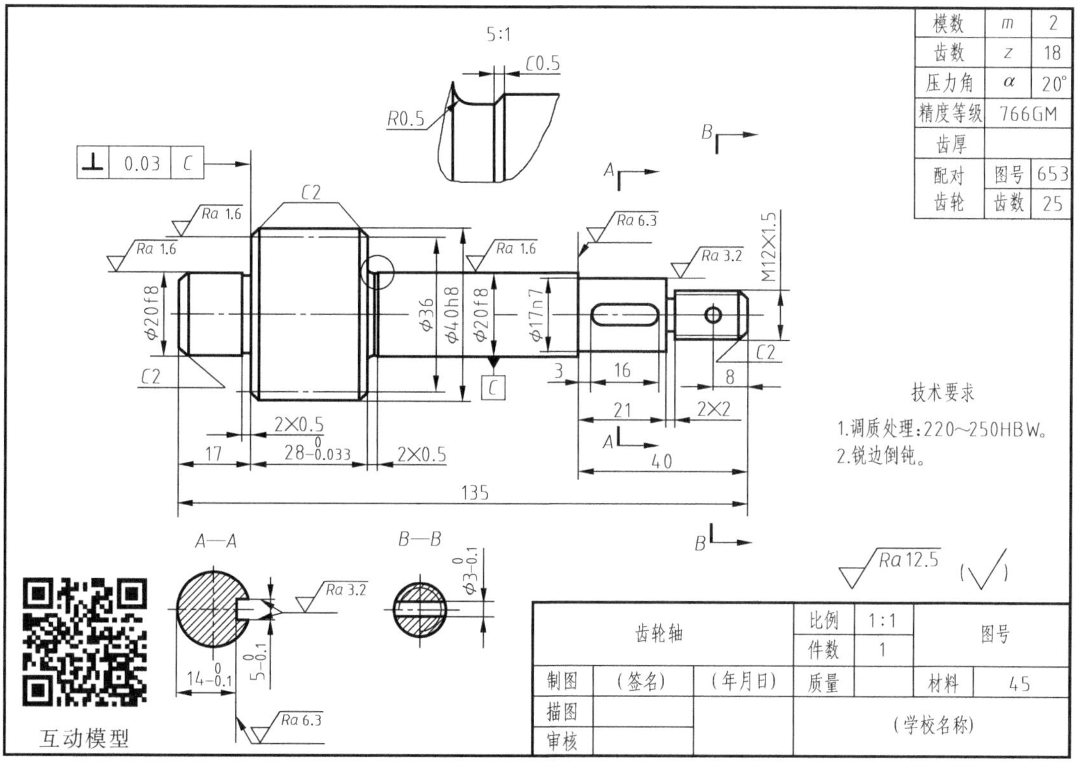

图 8-15 齿轮轴零件图

部结构，如图 8-16 所示的端盖。

（3）主视图的选择 盘盖类零件的毛坯有铸件或锻件，机械加工以车削为主，主视图一般按加工位置水平放置，但有些较复杂的盘盖类零件，因加工工序较多，主视图也可按工作位置画出。为了表达零件内部结构，主视图常取全剖视图。

（4）其他视图的选择 盘盖类零件一般需要两个以上基本视图表达，除主视图外，为了表示零件上均布的孔、槽、肋、轮辐等结构，还需选用一个端面视图（左视图或右视图）。例如，图 8-16 所示端盖零件图就增加了一个左视图，以表达凸缘和三个均布的通孔。此外，为了表达细小结构，还常采用局部放大图。

3. 叉架类零件

（1）作用 叉架类零件包括各种用途的叉杆和支架零件。叉杆零件多为运动件，通常起传动、连接、调节或制动等作用；支架零件通常起支承、连接等作用。

（2）结构分析 叉架类零件一般有拨叉、连杆、支座等，此类零件常用倾斜或弯曲的结构连接零件的工作部分与安装部分。叉架类零件多为铸件或锻件，因而具有铸造圆角、凸台、凹坑等常见结构，图 8-17 所示支架属于叉架类零件。

（3）主视图的选择 叉架类零件结构形状通常比较复杂，加工位置多变，有的零件工作位置也不固定，所以这类零件的主视图一般按工作位置原则和形状特征原则确定。

（4）其他视图的选择 叉架类零件常需要两个或两个以上的基本视图，并且要用适当的局部视图、断面图等表达方法来表达肋板、孔等结构。图 8-17 所示支架零件图用左视图（采用局部剖视图）表达了轴承孔和肋的宽度，而对 T 形肋，恰当地采用了移出断面（有时也用重合断面），表达方案精练、清晰。

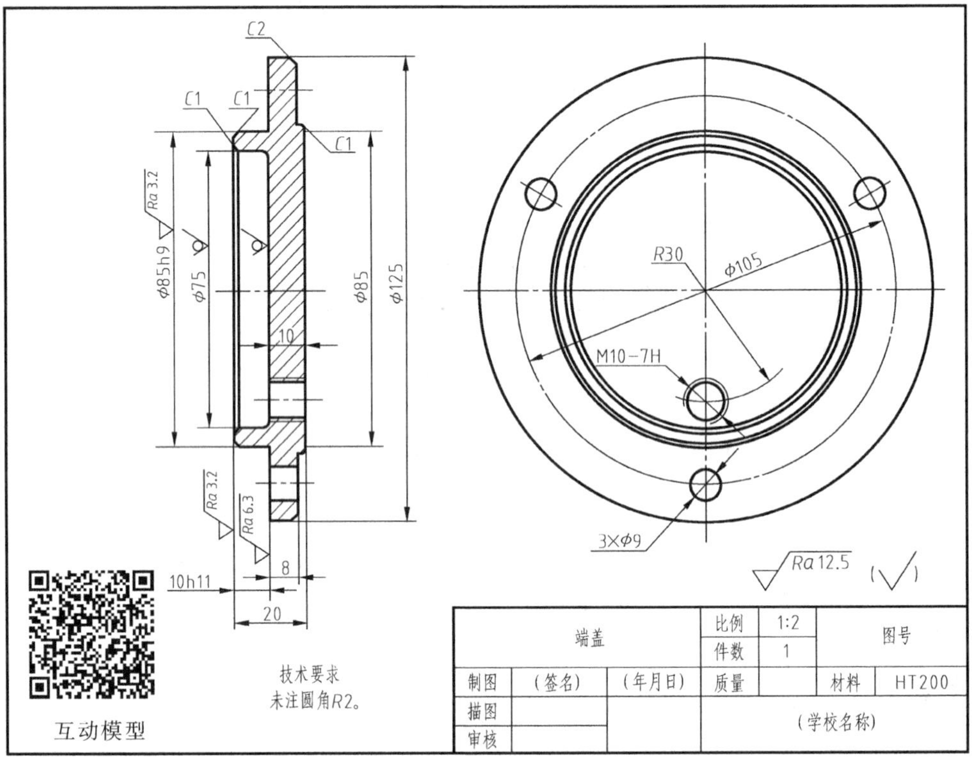

图 8-16 端盖零件图

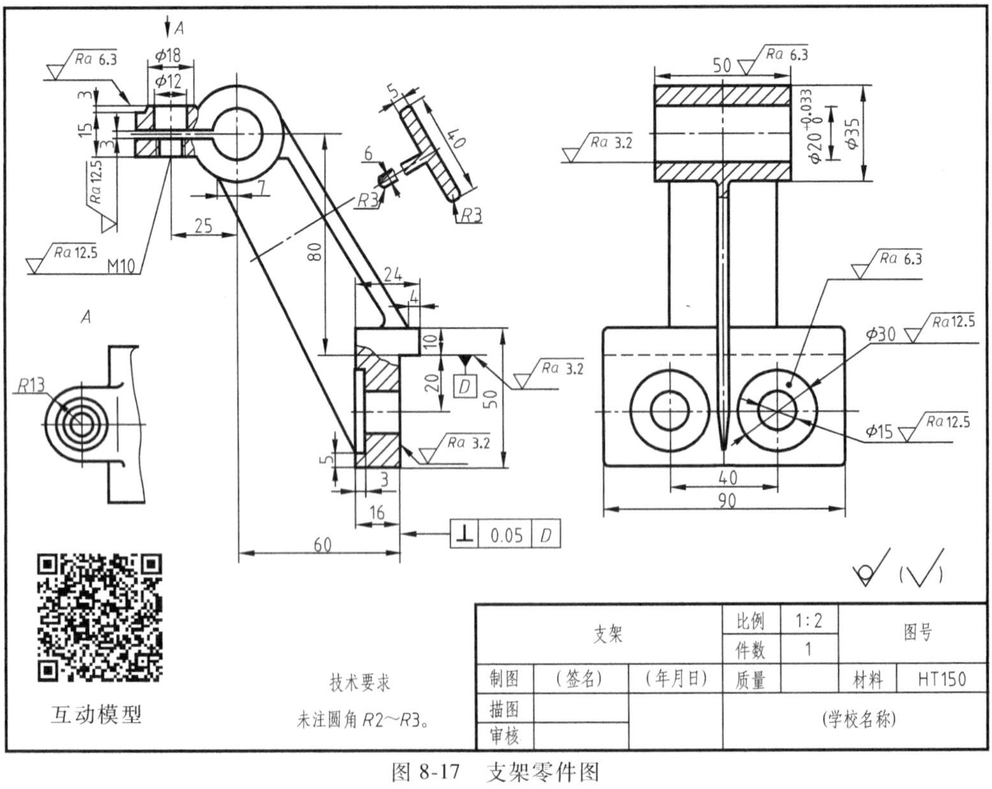

图 8-17 支架零件图

4. 箱体类零件

（1）作用　箱体类零件主要有阀体、泵体、减速器箱体等零件，主要作用是支持或包容其他零件，如图 8-18 所示。

（2）结构分析　箱体类零件有复杂的内腔和外形结构，并带有轴承孔、凸台、肋板，此外还有安装孔、螺纹孔等结构。

（3）主视图的选择　由于箱体类零件结构复杂，加工工序较多，加工位置多变，因此在选择主视图时，主要根据工作位置原则和形状特征原则来考虑，并适当采用剖视图，以重点反映其内部结构，如图 8-18 中的主视图所示。

（4）其他视图的选择　为了表达箱体类零件的内、外结构，一般要用三个或三个以上的基本视图，并根据结构特点在基本视图上取剖视，还可采用局部视图、斜视图及简化画法等表达外形。

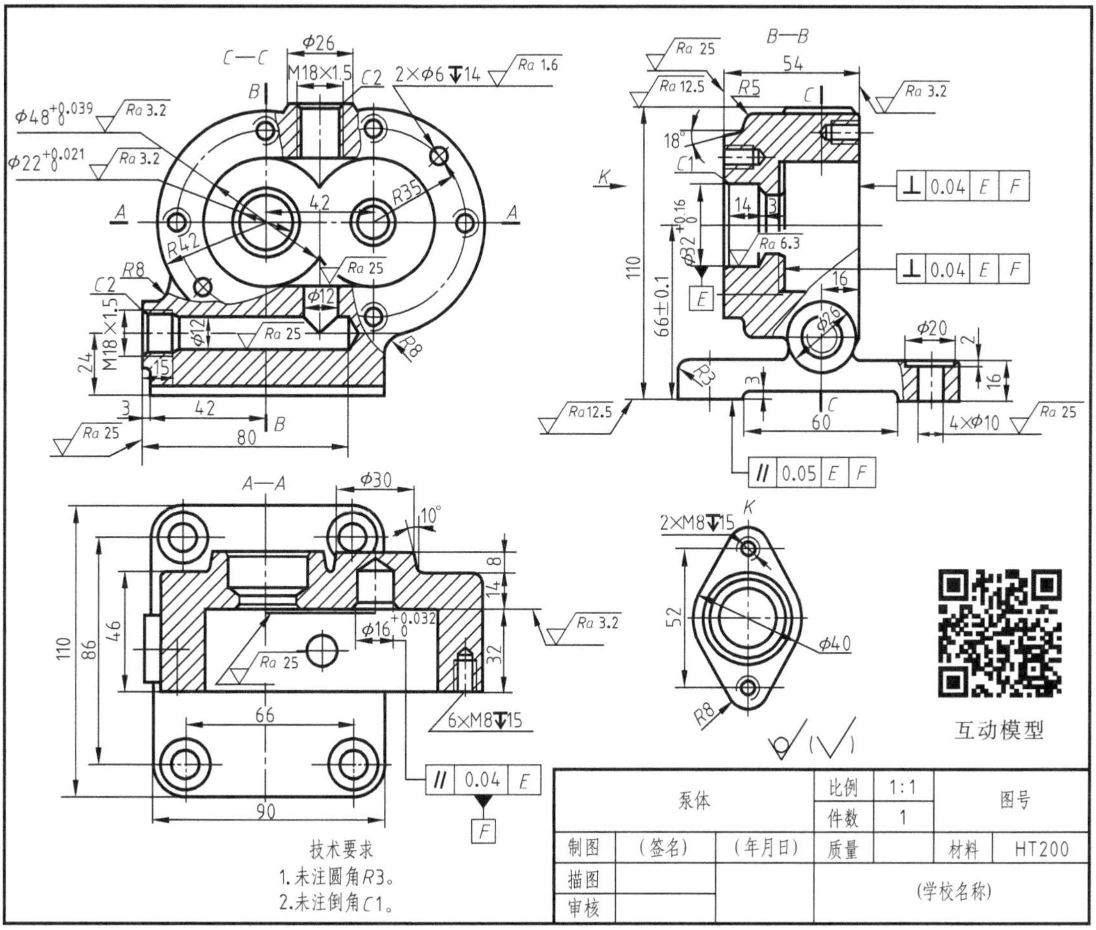

图 8-18　泵体零件图

8.4　零件图的尺寸标注

零件图中的尺寸，不仅要正确、完整、清晰，而且必须合理标注。因此，必须对零件进行结构分析、形体分析和工艺分析，根据分析结果先确定尺寸基准，然后选择合理的标注形式，结合零件的具体情况标注尺寸。

8.4.1 正确选择尺寸基准

零件的尺寸标注既要符合设计要求，又要满足工艺要求，应首先正确选择尺寸基准。所谓**尺寸基准**，就是指零件装配到机器上或在加工测量时，用以确定其位置的一些面、线或点。尺寸基准主要是零件上的对称平面、安装底平面、端面、零件的结合面、主要孔和轴的轴线等。

1. 选择尺寸基准的目的

选择尺寸基准，一是为了确定零件在机器中的位置或零件上几何元素的位置，以符合设计要求；二是为了在制造零件时，确定测量尺寸的起点位置，便于加工和测量，以符合工艺要求。

2. 尺寸基准的分类

根据基准作用的不同，一般将尺寸基准分为设计基准和工艺基准两类。

(1) **设计基准** 根据零件结构特点和设计要求而选定的基准，称为设计基准。叉架类和箱体类零件一般有长、宽、高三个方向尺寸，每个方向都要有一个设计基准，这种基准又称为主要基准，如图 8-19a 所示。

对于轴套类和盘盖类零件，实际设计中经常采用的是轴向基准和径向基准，而不用长、

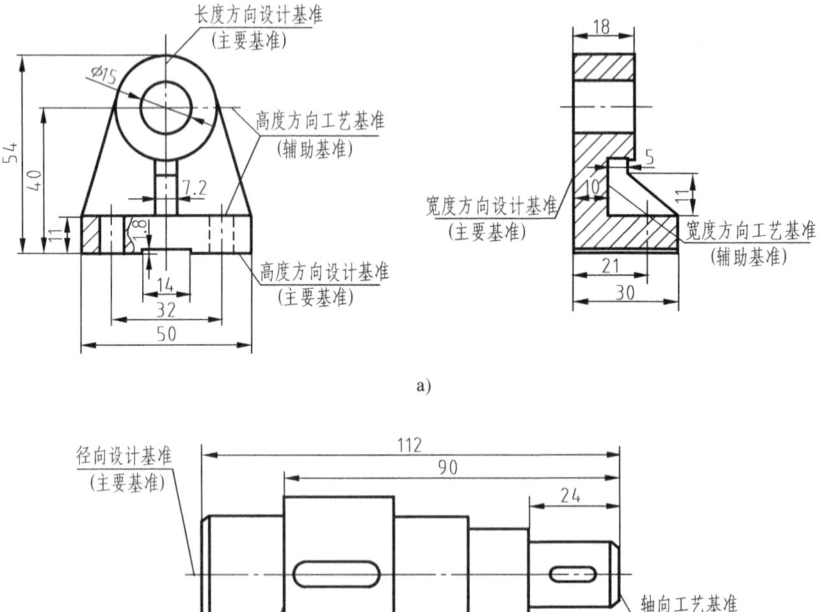

a)

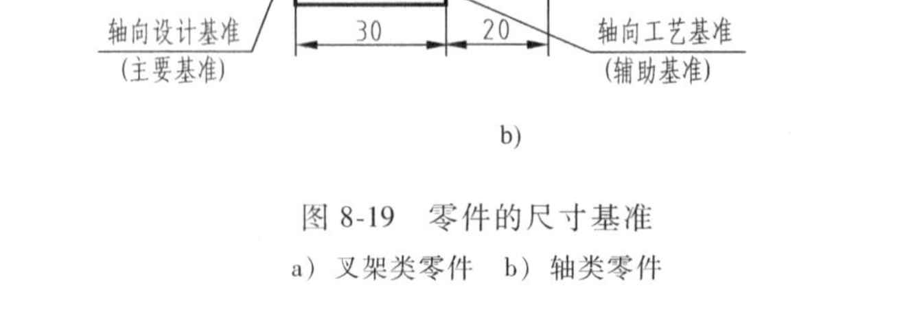

b)

图 8-19 零件的尺寸基准

a) 叉架类零件 b) 轴类零件

宽、高方向的尺寸基准，如图 8-19b 所示。

（2）**工艺基准** 在加工时，确定零件装夹位置和刀具位置的一些基准及检测时所使用的基准，称为工艺基准。工艺基准有时可能与设计基准重合，在不与设计基准重合时又称为辅助基准。零件同一方向上有多个尺寸基准时，主要基准只有一个，其余均为辅助基准。辅助基准必有一个尺寸与主要基准相联系，该尺寸称为联系尺寸。如图 8-19a 所示的 40、11、10，图 8-19b 所示的 30、90。

3. 选择基准的原则

尽可能使设计基准与工艺基准一致，以减少两个基准不重合而引起的尺寸误差。当设计基准与工艺基准不一致时，应以保证设计要求为主，将重要尺寸相对设计基准标注，次要尺寸相对工艺基准标注，以便加工和测量。

8.4.2 尺寸标注的形式

根据尺寸标注在图样上的布置特点，尺寸标注的形式可分为坐标法、链状法和综合法三种。

1. 坐标法

坐标法是把各个尺寸从一预先确定的基准注起，如图 8-20a 所示。坐标式尺寸常用于标注需要从一个基准定出一组精确尺寸的零件。

2. 链状法

链状法是把尺寸依次注写成链状，如图 8-20b 所示。在机械制造业中，链式尺寸常用于标注若干相同结构之间的距离、阶梯状零件中尺寸要求十分精确的各段及组合刀具加工的零件等。

3. 综合法

综合法是以上两种方法的综合。标注零件尺寸时多采用综合法，如图 8-20c 所示。

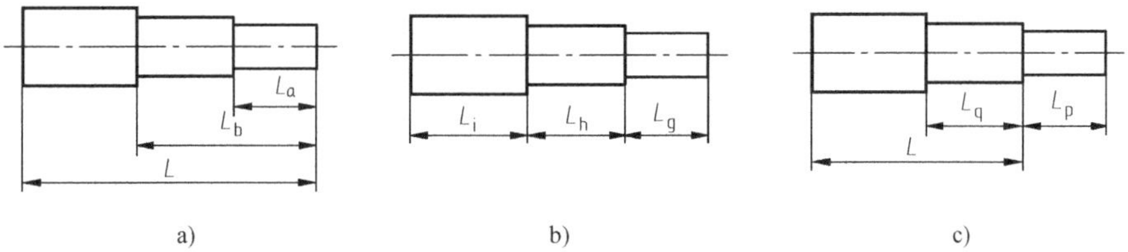

图 8-20 标注形式

a）坐标法 b）链状法 c）综合法

8.4.3 合理标注尺寸的原则

合理标注零件尺寸，必须把握**结构上的重要尺寸必须直接注出、避免形成封闭的尺寸链、考虑零件加工和测量的要求**三个原则。

1. 结构上的重要尺寸必须直接注出

重要尺寸是指零件上与机器的使用性能和装配质量有关的尺寸，这类尺寸应从设计基准直接注出。如图 8-21 所示的高度尺寸 32±0.08 为重要尺寸，应直接从高度方向主要基准直接注出，孔的中心距 40 应直接从长度方向主要基准直接注出，以满足精度要求。又如一根轴，轴上装有齿轮、轴套，用挡圈进行轴向定位，为保证轴向定位和互相配合，轴段长度必须直接标注出来。

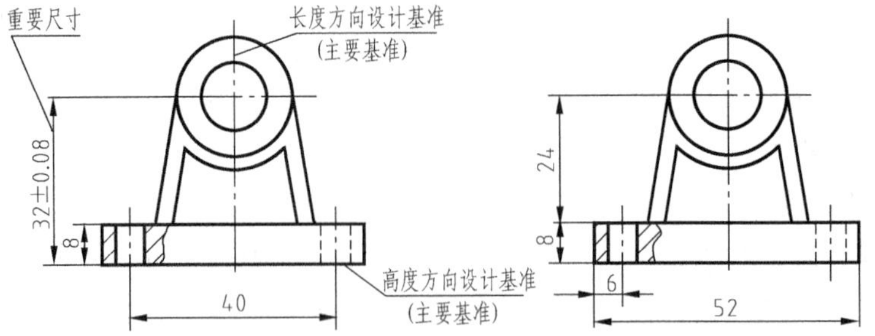

a)　　　　b)

图 8-21　重要尺寸从设计基准直接注出

a）合理　b）不合理

2. 避免形成封闭的尺寸链

封闭的尺寸链是指一个零件同一方向上的尺寸像车链一样，一环扣一环首尾相连，成为封闭形状的情况。如图 8-22 所示，各分段尺寸与总体尺寸间形成封闭的尺寸链，这在制造生产中是不允许的，因为各段尺寸加工不可能绝对准确，总有一定的尺寸误差，而各段尺寸误差的和不可能正好等于总体尺寸的误差。为此，在标注尺寸时，应将不重要的轴段尺寸空出不注（称为开口环），如图 8-23a 所示。这样，其他各段加工的误差都积累至这个不要求检验的尺寸上，而全长及主要轴段的尺寸则因此得到保证。在需标注开口环的尺寸时，可将其注成参考尺寸，如图 8-23b 所示。括号内的尺寸是理论值，仅供参考，并不作为检测验收的依据。

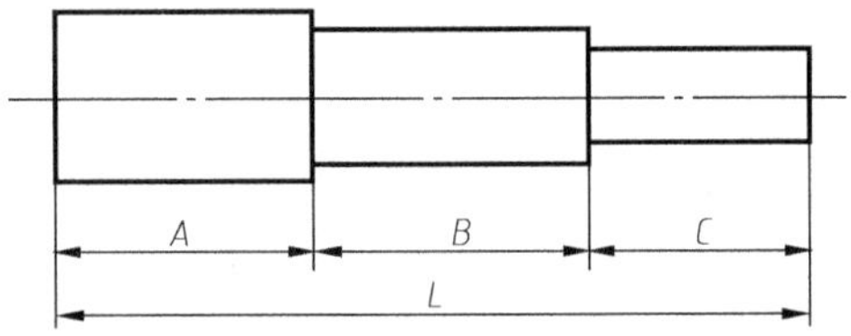

图 8-22　封闭的尺寸链

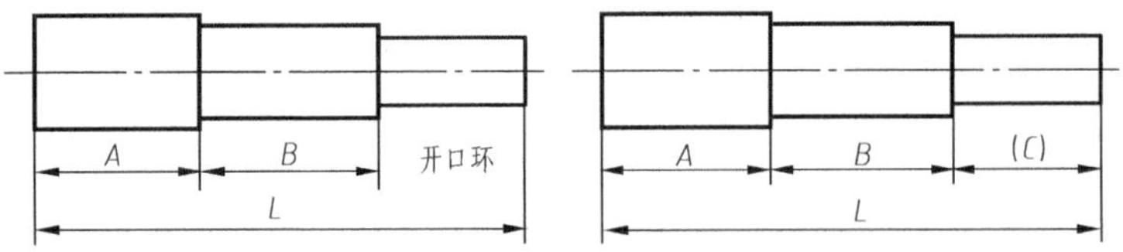

a)　　　　b)

图 8-23　开口环的确定

3. 考虑零件加工和测量的要求

1）**考虑加工看图方便**。不同加工方法所用尺寸分开标注，便于看图加工，如图 8-24 所示，把车削与铣削所需要的尺寸分开标注。

2）**考虑测量方便**。尺寸标注有多种方案，但要注意所注尺寸是否便于测量，如图 8-25 所示，同一结构的两种不同标注方案中，不便于测量的标注方案是不合理的。

8.4.4　零件上常见孔的尺寸注法

螺纹孔、光孔和沉孔是零件图上的常见结构，它们的尺寸注法见表 8-1。

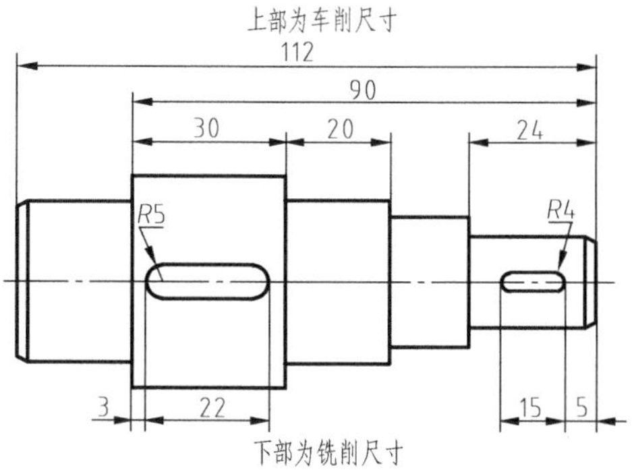

图 8-24 按加工方法标注尺寸

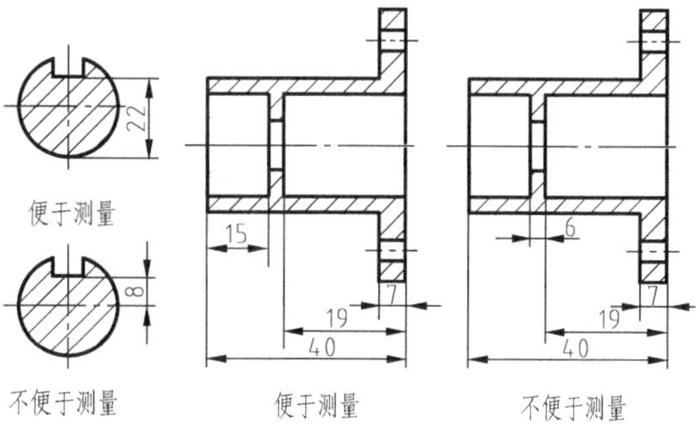

图 8-25 尺寸标注便于测量

表 8-1 零件上常见孔的尺寸注法

结构类型		旁注法	普通注法	说明
螺纹孔	通孔	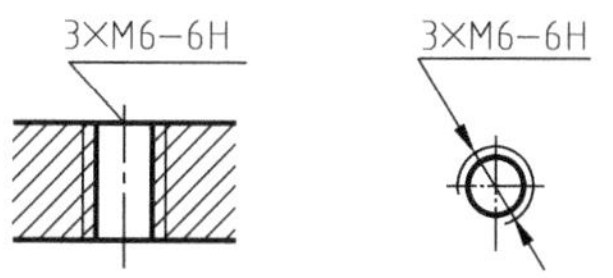	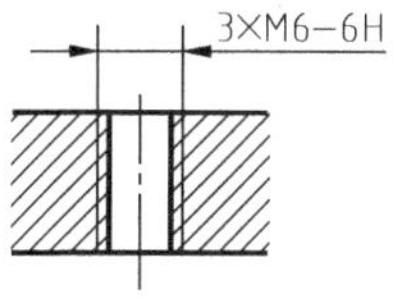	表示 3 个螺纹规格为 M6，螺纹中径、顶径公差带为 6H，均匀分布的螺纹孔
	不通孔	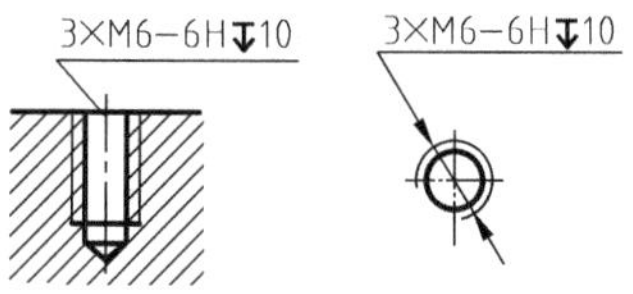	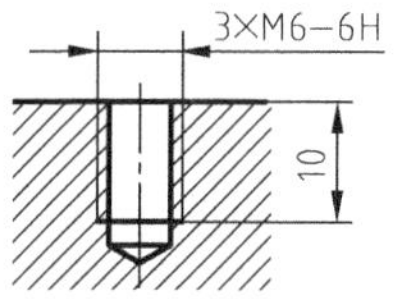	10 是指螺纹孔的深度
		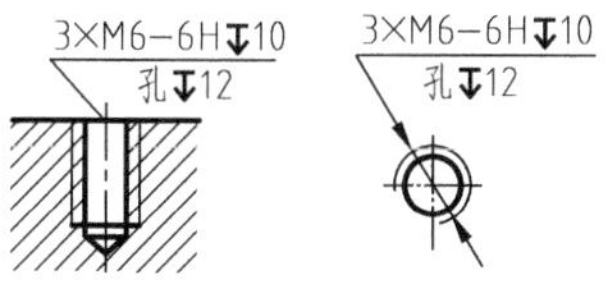	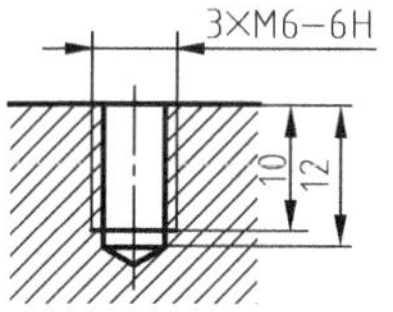	需要注出钻孔深度时，应明确标注孔深尺寸
光孔	一般孔	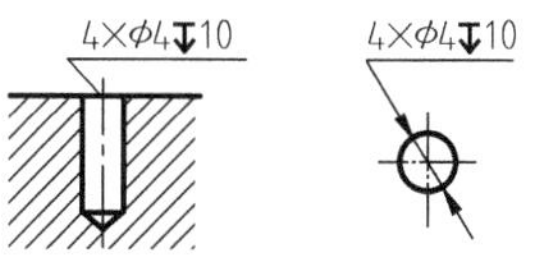	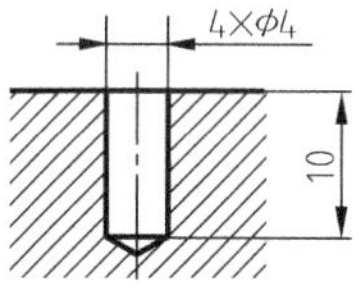	4×ϕ4 表示直径为 4mm 均匀分布的 4 个光孔
	精加工孔	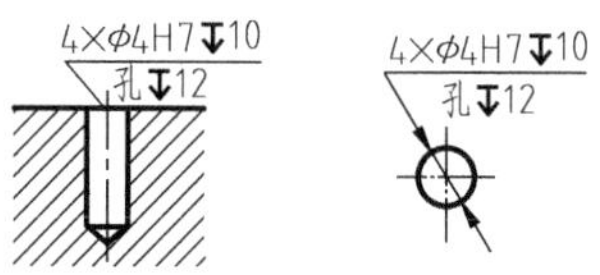	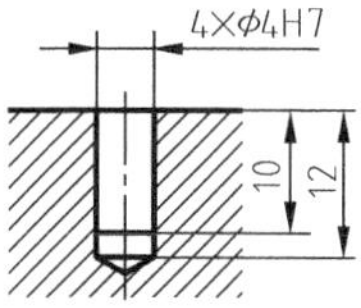	钻孔深度为 12mm，钻孔后需精加工至 ϕ4H7，深度为 10mm
	锥销孔	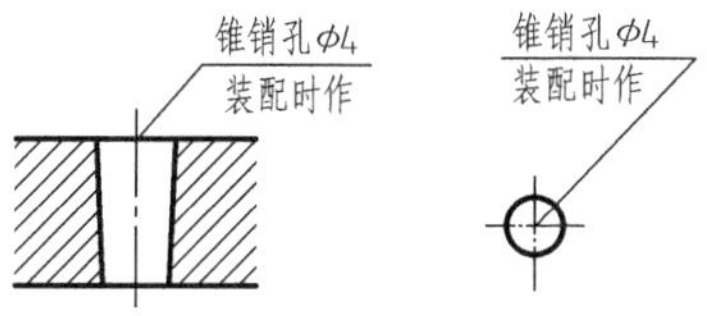		ϕ4 表示与锥销孔相配合的圆锥销小头直径为 4mm；锥销孔通常是相邻两零件装配在一起时加工的

（续）

结构类型		旁注法	普通注法	说明
沉孔	锥形沉孔	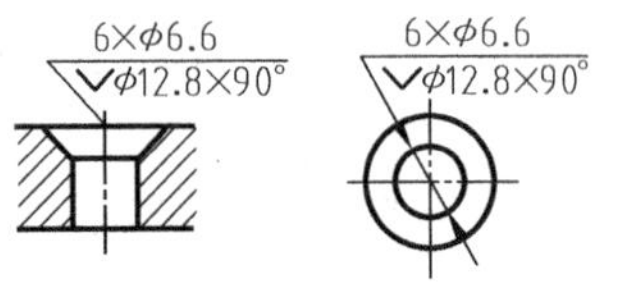	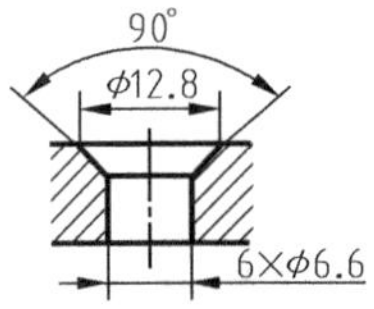	6×φ6.6 表示直径为 6.6mm 均匀分布的 6 个孔；沉孔的直径为 12.8mm，锥角为 90°
	柱形沉孔	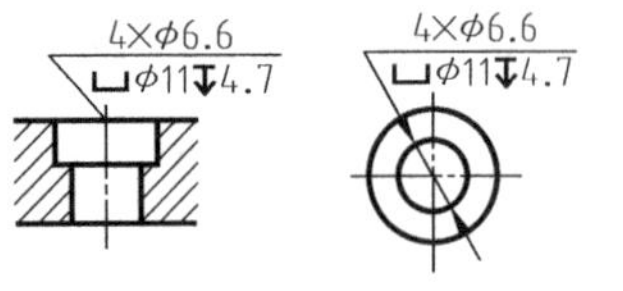	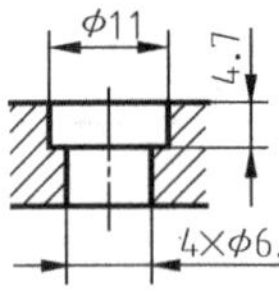	4×φ6.6 表示直径为 6.6mm 均匀分布的 4 个孔；沉孔为圆柱形，直径为 11mm，深度为 4.7mm
	锪平孔	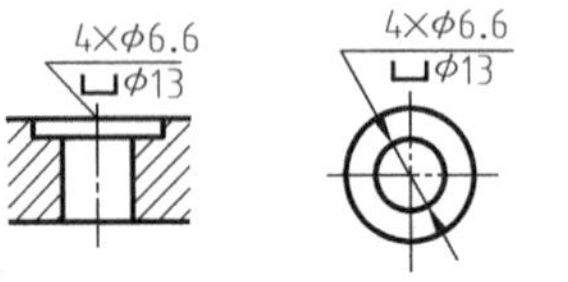	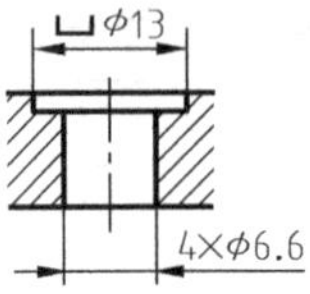	锪平 φ13 孔的深度不需标注，一般锪平到不出现毛面为止

8.4.5 尺寸的简化注法

尺寸注法的主要简化原则是在保证不致引起误解和不会产生歧义的前提下，便于阅读和绘制，注重简化的综合效果。基本要求如下。

1）若图样中的尺寸和公差全部相同或某尺寸和公差占多数时，可在图样空白处给出总的说明，如“全部倒角 *C*1.6”“其余圆角 *R*4” 等。

2）对于尺寸相同的重复要素，可仅在一个要素上注出其尺寸和数量。

3）标注尺寸时，应尽可能使用符号和缩写词。常用的符号和缩写词除前面介绍过的表示圆直径、圆弧半径、球直径、球半径的 ϕ、R、$S\phi$、SR，以及表示弧长、斜度、锥度的符号以外，常用的还有表 8-2 所列的 8 个。

表 8-2 简化注法常用的符号或缩写词

含义	符号或缩写词	含义	符号或缩写词
厚度	t	沉孔或锪平	⌴
正方形	□	埋头孔	⌵
45°倒角	C	均布	EQS
深度	↧	展开长	

8.4.6 合理标注零件尺寸的方法步骤

1. 标注尺寸的步骤

通过结构分析，确定表达方案，在对零件工作性能和加工、测量方法充分理解的基础上，标注零件尺寸的方法步骤如下。

1）**选择基准。**

2）**考虑设计要求，标注出重要结构尺寸。**

3）**用形体分析法补全尺寸和检查尺寸。**

2. 标注实例

【例 8-1】 如图 8-26 所示，标注减速器中从动轴的尺寸。

分析： 按轴的加工特点和工作情况，选择轴线为径向尺寸基准，端面 *A* 为轴向尺寸基准。

标注尺寸：

1）由径向基准直接注出尺寸 ϕ74、ϕ60、ϕ60、ϕ55。

2）由轴向主要基准端面 *A* 直接注出尺寸 168 和 13，定出轴向辅助基准 *B* 和 *C*，由轴向辅助基准 *B* 标注尺寸 80，定出轴向辅助基准 *D*。

3）由轴向辅助基准 *C*、*D* 分别注出两个键槽的定位尺寸 5，并注出两个键槽的长度 50、70。

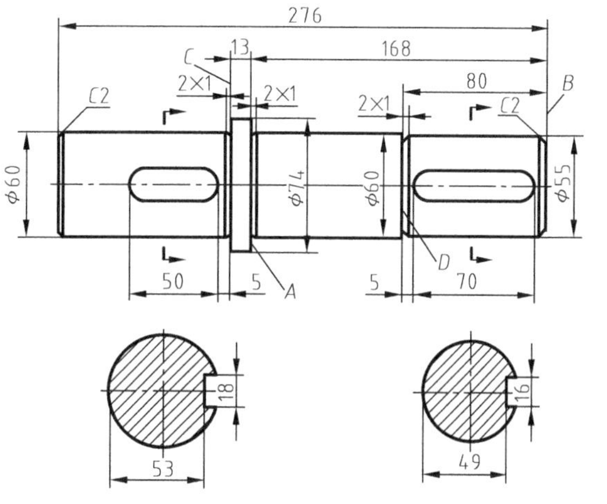

图 8-26 减速器中从动轴的尺寸标注

4）按尺寸注法的规定注出键槽的断面尺寸，以及砂轮越程槽和倒角的尺寸。

5）标注总长尺寸 276，并检查是否存在封闭尺寸链。

【例 8-2】 如图 8-27 所示，标注踏脚座的尺寸。

分析： 对于非回转体类零件，标注尺寸时通常选用较大的加工面、重要的安装面、与其他零件的结合面或主要结构的对称面作为主要尺寸基准。如图 8-27 所示的踏脚座主要由左安装板、上圆柱筒及中间连接板组成。选取安装板左端面作为长度方向的主要尺寸基准；选取安装板的水平对称面作为高度方向的主要尺寸基准；选择踏脚座前后方向的对称面作为宽度方向的主要尺寸基准。

标注尺寸：

1）由长度方向主要尺寸基准，即安装板左端面注出尺寸 74，由高度方向主要尺寸基准，即安装板水平对称面注出尺寸 95，从而确定上部圆柱筒的轴线位置。

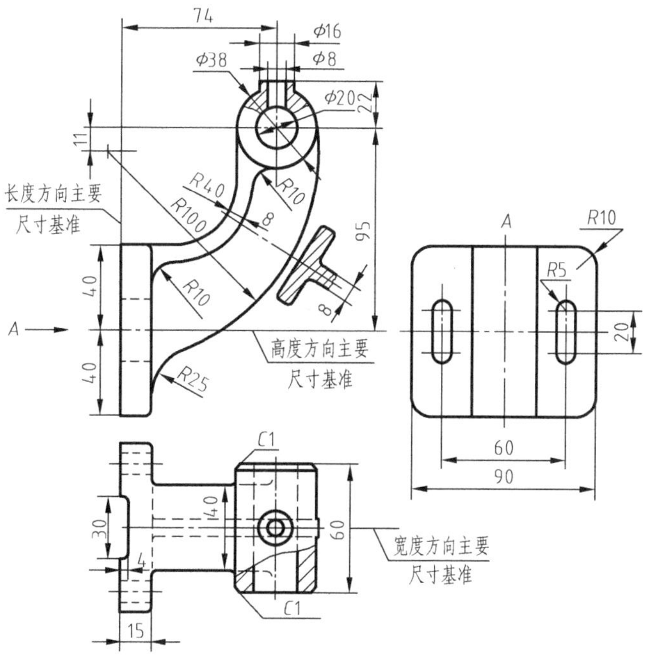

图 8-27 踏脚座的尺寸标注

2）以由长度方向的定位尺寸74和高度方向的定位尺寸95确定的圆柱筒的轴线作为径向辅助基准，注出其径向尺寸 ϕ20、ϕ38。由该轴线出发，沿高度方向分别注出尺寸22、11，确定圆柱筒顶面和踏脚座连接板 R100 圆弧的圆心位置。

3）由宽度方向主要尺寸基准，即踏脚座前后对称面在俯视图中注出尺寸30、40、60，并在 A 向局部视图中注出尺寸60、90。

4）补齐各形体的定形尺寸，并检查总体尺寸。

8.5 零件图的技术要求

为了使零件达到预定的设计要求，保证零件的使用性能，零件图中还必须注明零件在制造过程中必须达到的质量要求，即技术要求，如表面粗糙度、尺寸公差、几何公差、材料热处理及表面处理等。技术要求一般应尽量用国家标准规定的代号（符号）标注在零件图中，没有规定的可用简明的文字逐项列写在标题栏附近的适当位置。

8.5.1 极限与配合

1. 互换性和公差

所谓**互换性**，就是从一批相同的零件或部件中任取一件，不经修配就能装配使用，并能满足使用性能要求。零、部件具有互换性，不但给装配、修理机器带来方便，还可用专用设备生产，提高产品数量和质量，同时降低产品的成本。要满足零件的互换性，就要求有配合关系的尺寸在一个允许的范围内变动，同时在制造上又是经济合理的。公差配合制度是实现互换性的重要基础。

2. 基本术语

在加工过程中，不可能也没必要把零件的尺寸做得绝对准确。为了保证互换性，必须将零件尺寸的加工误差限制在一定的范围内，规定出加工尺寸的可变动量，这种规定的实际尺寸允许的变动量称为**公差**。

有关公差的一些常用术语如图8-28所示。

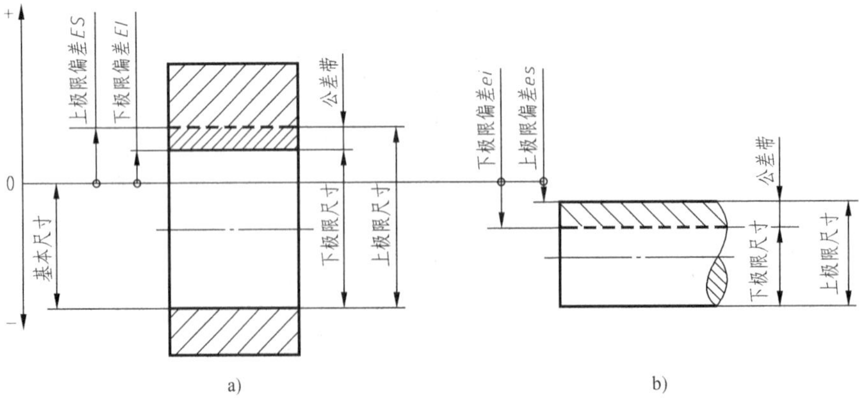

图8-28 尺寸公差术语图解

a）孔 b）轴

1）**公称尺寸**：根据零件强度、结构和工艺性要求，设计确定的尺寸。

2）**实际尺寸**：通过测量所得到的尺寸。

3）**极限尺寸**：允许尺寸变化的两个界限值。它以公称尺寸为基数来确定。两个界限值中较大的一个称为上极限尺寸，较小的一个称为下极限尺寸。零件合格的条件为

下极限尺寸≤实际尺寸≤上极限尺寸

4）**尺寸偏差（简称偏差）**：某一实际尺寸减其相应的公称尺寸所得的代数差。尺寸偏差一般用上、下极限偏差表示，有

上极限偏差=上极限尺寸-公称尺寸

下极限偏差=下极限尺寸-公称尺寸

上、下极限偏差统称为极限偏差。上、下极限偏差可以是正值、负值或零。

GB/T 1800.1—2020《产品几何技术规范（GPS）线性尺寸公差 ISO 代号体系　第 1 部分：公差、偏差和配合的基础》规定：孔的上极限偏差代号为 *ES*，孔的下极限偏差代号为 *EI*；轴的上极限偏差代号为 *es*，轴的下极限偏差代号为 *ei*。

5）公差：上极限尺寸与下极限尺寸之差，即

公差=上极限尺寸-下极限尺寸=上极限偏差-下极限偏差

提示：因为上极限尺寸总是大于或等于下极限尺寸，所以**尺寸公差是没有符号的绝对值。**

6）**公差带**：公差极限之间（包括公差极限）的尺寸变动值。为了便于分析，一般将尺寸公差与公称尺寸的关系，按放大比例画成简图，如图 8-29 所示。

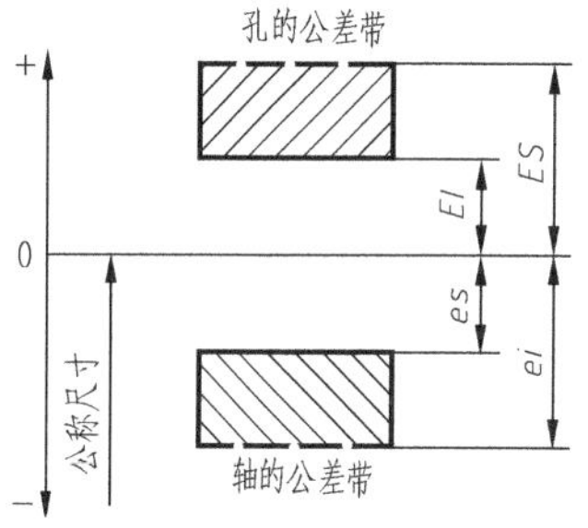

图 8-29　公差带位置的简化画法

7）**标准公差等级**：标准公差等级用字符 IT 和等级数字表示。国家标准将公差等级分为 20 级：IT01、IT0、IT1～IT18。“IT”表示标准公差，公差等级的代号用阿拉伯数字表示。IT01～IT18，精度等级依次降低。标准公差等级数值可查附录 D 中表 D-1。

8）**基本偏差**：定义了与公称尺寸最近的极限尺寸的那个极限偏差。

基本偏差的信息（即公差带的位置）由一个或多个字母标示，称为基本偏差标示符。根据实际需要，国家标准分别对孔和轴各规定了 28 种基本偏差标示符的基本偏差值，基本偏差相对于公称尺寸位置的示意图如图 8-30 所示。轴和孔的基本偏差数值见附录 D 中表 D-2～表 D-5。

基本偏差用拉丁字母表示，大写字母代表孔，小写字母代表轴。

当由基本偏差标示的公差极限位于公称尺寸之上时，用+号，而当由基本偏差标示的公差极限位于公称尺寸之下时，用−号。

9）**孔、轴的公差带代号**：由代表孔的基本偏差的大写字母和轴的基本偏差的小写字母与代表标准公差等级的数字的组合标示。例如，ϕ50H9 的含义为

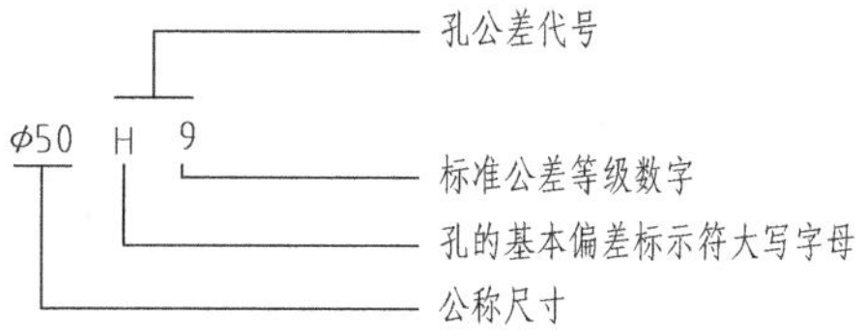

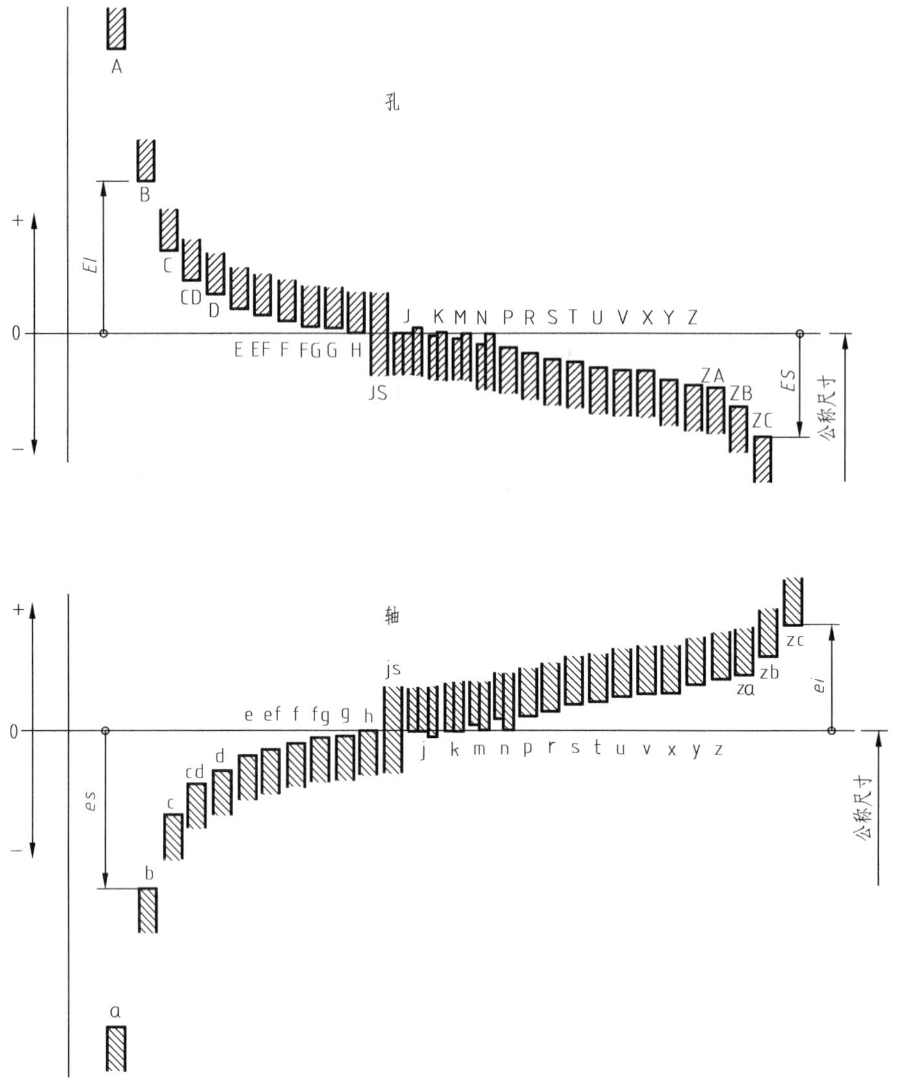

图 8-30　基本偏差相对于公称尺位置的示意图

此公差带的全称是：公称尺寸为 ϕ50，标准公差等级为 IT9，H 基本偏差的孔的公差带。

又例如，ϕ50f7 的含义为

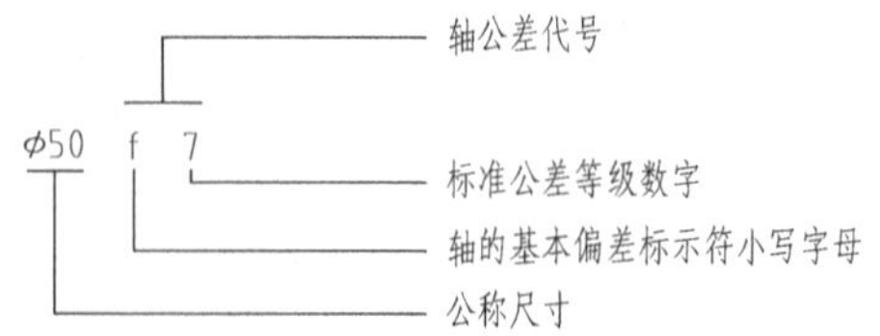

此公差带的全称是：公称尺寸为 ϕ50，标准公差等级为 IT7，f 基本偏差的轴的公差带。

3. 配合

公称尺寸相同，相互结合的孔和轴尺寸要素之间的关系称为**配合**。

提示：此处所说的孔和轴是广义的，孔是包容的意思，如键槽、滑槽等，而轴是被包容的意思，如键、滑轨等。

（1）配合的种类　根据机器的设计要求和生产实际的需要，国家标准将配合分为间隙配合、过盈配合和过渡配合三类。

1）**间隙配合**：孔和轴装配时总是存在间隙的配合，如图 8-31a 所示。此时，孔的下极限尺寸大于（图 8-31b）或在极端情况下等于（图 8-31c）轴的上极限尺寸。

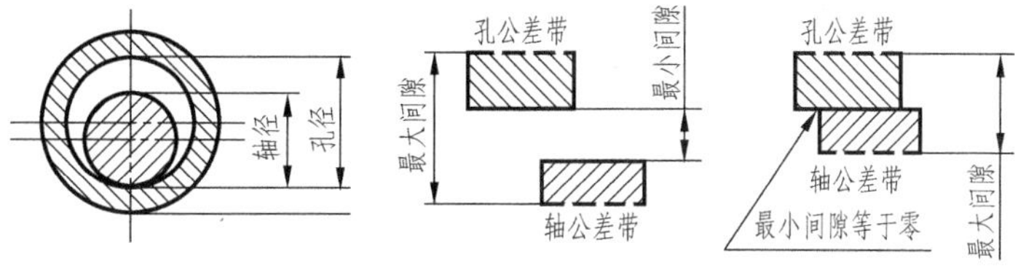

a)　　b)　　c)

图 8-31　间隙配合

2）**过盈配合**：轴和孔装配时总是存在过盈的配合，如图 8-32a 所示。此时，孔的上极限尺寸小于（图 8-32b）或在极限情况下等于（图 8-32c）轴的下极限尺寸。

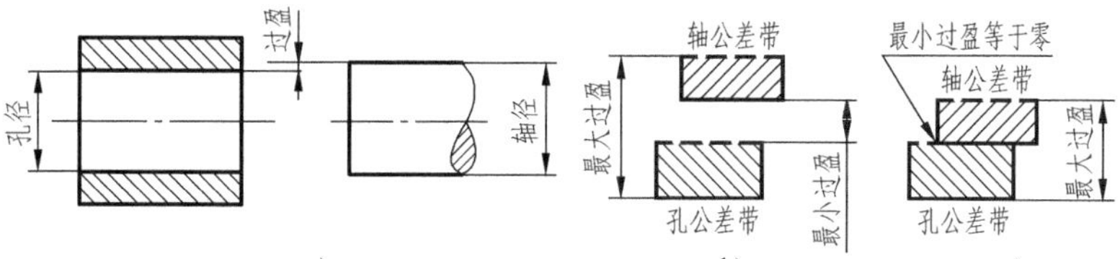

a)　　b)　　c)

图 8-32　过盈配合

3）**过渡配合**：孔和轴装配时可能具有间隙，也可能具有过盈的配合，如图 8-33 所示。

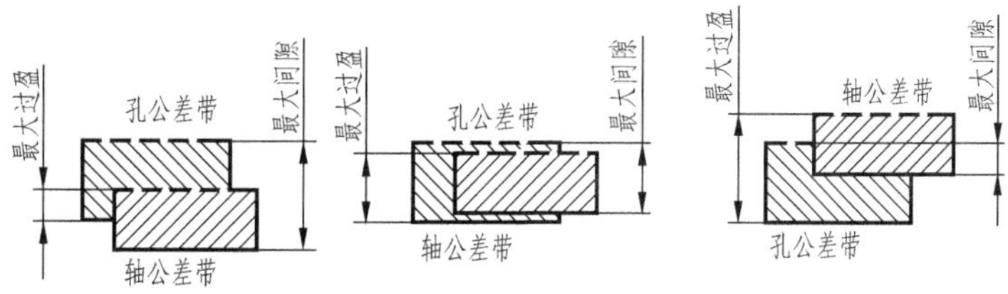

图 8-33　过渡配合

（2）配合制　国家标准规定了**基孔制配合**和**基轴制配合**两种配合制。

1）**基孔制配合**：孔的基本偏差为零的配合，即其下极限偏差等于零，如图 8-34 所示。基孔制配合是孔的下极限尺寸与公称尺寸相同的配合制。所要求的间隙或过盈由不同公差带代号的轴与一基本偏差为零的公差带代号的基准孔相配合得到。

提示：基孔制配合的孔称为基准孔。国家标准规定“H”为基准孔的基本偏差，基准孔的下极限偏差为零。

2）**基轴制配合**：轴的基本偏差为零的配合，即其上极限偏差等于零，如图 8-35 所示。基轴制配合是轴的上极限尺寸与公称尺寸相同的配合制，所要求的间隙或过盈由不同公差带代号的孔与一基本偏差为零的公差带代号的基准轴相配合得到。

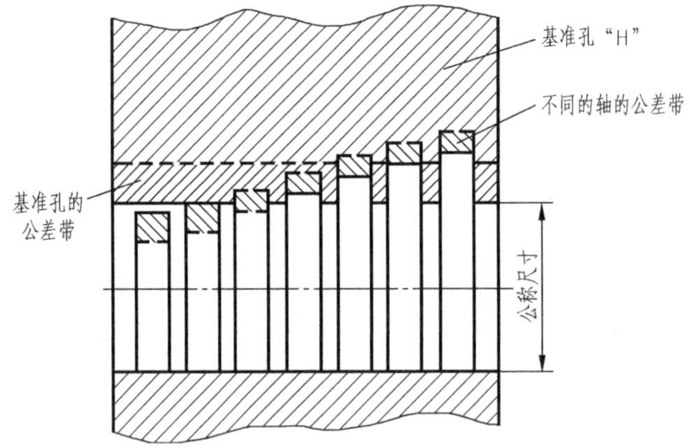

图 8-34　基孔制配合

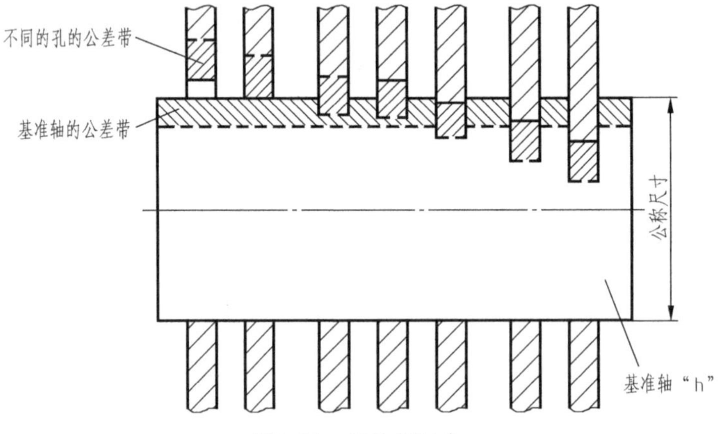

图 8-35　基轴制配合

提示：基轴制配合的孔称为基准轴。国家标准规定“h”为基准孔的基本偏差，基准孔的下极限偏差为零。

思考：国家标准推荐优先采用基孔制，而滚动轴承的外圈与座孔配合，则应采用基轴制，试想这是为什么？

4. 公差与配合的标注与查表

（1）在装配图中的配合标注　配合的标注由两个相互配合的孔和轴的公差带代号组成，用分数形式表示，分子为孔的公差带代号，分母为轴的公差带代号，如图 8-36 所示。

（2）在零件图中的公差标注　在零件图中，尺寸及其公差由公称尺寸及所要求的公差带代号或极限偏差数值标示，图 8-37a 所示为只标注公差带的代号，图 8-37b 所示为只标注极限偏差数值，图 8-37c 所示为公差带代号和极限偏差数值一起标注。

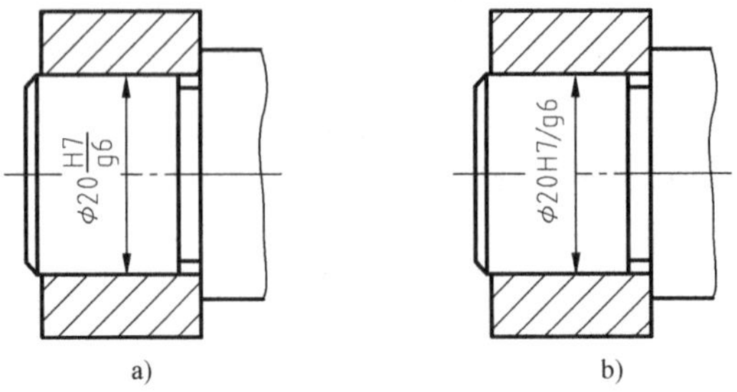

图 8-36　装配图中的配合标注

（3）查表方法　配合、公差标注与上、下极限偏差数值之间存在对应关系，可通过

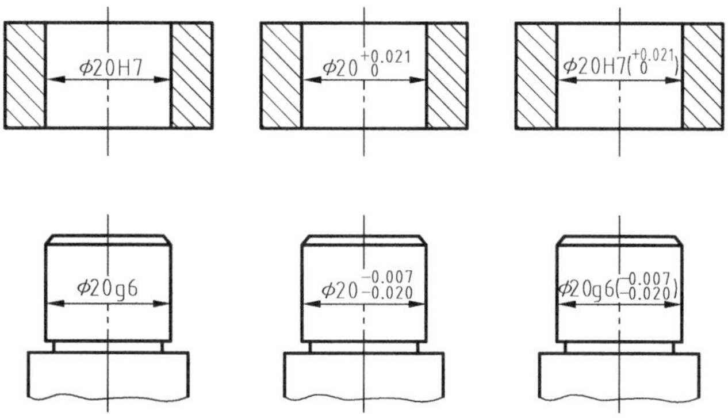

a)　b)　c)

图 8-37　零件图中尺寸公差的标注方法

查表方法计算得到。

【例 8-3】 查表求出 ϕ30H8/f7 的上、下极限偏差数值。

解：ϕ30H8 基准孔的一个极限偏差、标准公差值可由附录 D 中表 D-2、表 D-1 中查出，再经过计算得出另一个极限偏差。在表 D-2 中，由公称尺寸从大于 24 至 30 的行和公差等级 H 的列相交处查得下极限偏差 $EI=0$。再在表 D-1 中，由公称尺寸从大于 24 至 30 的行和标准公差等级 IT8 的列相交处查得标准公差值为 33μm，则可求得上极限偏差 $ES=0.033$mm。所以，ϕ30H8 可以写成 $\phi30^{+0.033}_{0}$。

ϕ30f7 配合轴的一个极限偏差、标准公差值可由附录 D 中表 D-4、表 D-1 中查出，再经过计算得出另一个极限偏差。在表 D-4 中，由公称尺寸从大于 24 至 30 的行和公差等级 f 的列相交处查得上极限偏差 $es=-20\mu m=-0.020$mm。再在表 D-1 中，由公称尺寸从大于 24 至 30 的行和标准公差等级 IT7 的列相交处查得标准公差值为 21μm，则可求得下极限偏差 $ei=-0.041$mm。所以，ϕ30f7 可以写成 $\phi30^{-0.020}_{-0.041}$。由孔、轴的偏差值可得此配合为间隙配合。

8.5.2 几何公差

评定零件质量的因素是多方面的，不仅零件的尺寸影响零件的质量，零件的几何形状和结构的位置也显著影响了零件的质量。

1. 几何公差的基本概念

图 8-38a 所示为一理想形状的销轴，而加工后的实际形状则是轴线弯曲的，如图 8-38b 所示，因而产生了直线度误差。

图 8-39a 所示为一要求严格的四棱柱，加工后的实际上表面位置却是倾斜，如图 8-39b 所示，因而产生了平行度误差。

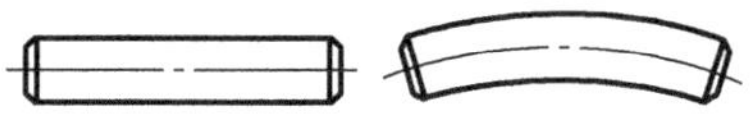

a)　b)

图 8-38　形状误差

a)　b)

图 8-39　位置误差

零件存在严重的形状和位置误差，将对装配造成困难，影响机器的质量，因此，对于精度要求较高的零件，除给出尺寸公差外，还应根据设计要求，合理地确定出形状和位置误差的最大允许值。例如，要求销轴轴线必须位于直径为 $\phi0.08$ 的圆柱面内，如图 8-40 所示，$\phi0.08$ 即为直线度公差值；要求上圆柱筒轴线必须位于相距 0.1mm 且平行于基准线 *A* 的两平行平面之间，如图 8-41 所示，0.1 即为平行度公差值。

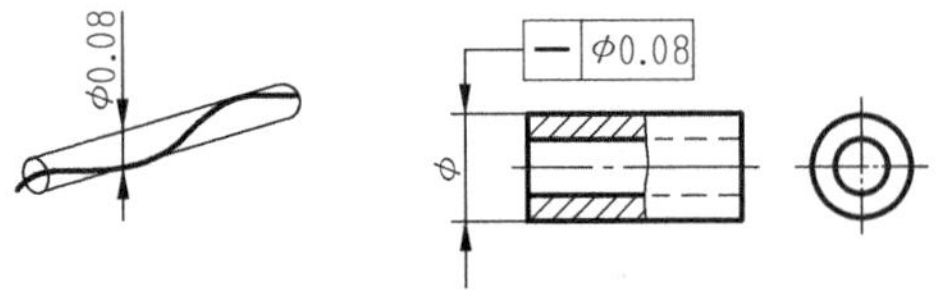

a)　　b)

图 8-40　直线度公差

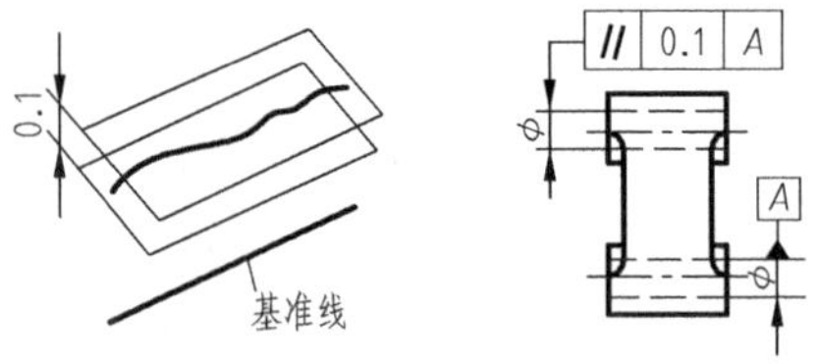

a)　　b)

图 8-41　平行度公差

2. 几何公差的相关术语

1）要素：指组成零件的点、线、面。

2）几何公差：指实际要素的形状相对理想几何形状、方向、位置等所允许的变动量，它包括形状公差、方向公差、位置公差和跳动公差。

3）被测要素：给出了几何公差的要素。

4）基准要素：用于确定理想被测要素条件的要素。

3. 几何公差的类型、特征及符号

几何公差的类型、特征及符号见表 8-3。

表 8-3　几何公差的类型、特征及符号

公差类型	几何特征	符号	有无基准	公差类型	几何特征	符号	有无基准
形状公差	直线度	—	无	位置公差	位置度	⌖	有或无
	平面度	⏥			同心度（用于中心点）	◎	有
	圆度	○					
	圆柱度	⌭					
	线轮廓度	⌒			同轴度（用于轴线）		
	面轮廓度	⌓					
方向公差	平行度	//	有		对称度	⌯	
	垂直度	⊥			线轮廓度	⌒	
	倾斜度	∠			面轮廓度	⌓	
	线轮廓度	⌒		跳动公差	圆跳动	↗	有
	面轮廓度	⌓			全跳动	⌰	

4. 几何公差的标注

（1）公差框格　公差框格用细实线画出，可画成水平的或竖直的，框格高度是图样中尺寸数字高度的两倍，它的长度视需要而定。框格中的数字、字母、符号与图样中的数字等高。图 8-42 所示为几何公差框格。

（2）被测要素的标注　用带箭头的指引线将被测要素与公差框格一端相连，指引线箭头指向公差带的宽度方向或直径方向。指引线箭头所指部位可有如下两种。

1）当被测要素为轴线、球心或中心平面时，指引线箭头应与该要素的尺寸线对齐，如图 8-43a 所示。

2）当被测要素为轮廓线或表面时，指引线箭头应指在该要素的轮廓线或其引出线上，并应明显地与尺寸线错开，如图 8-43b 所示。

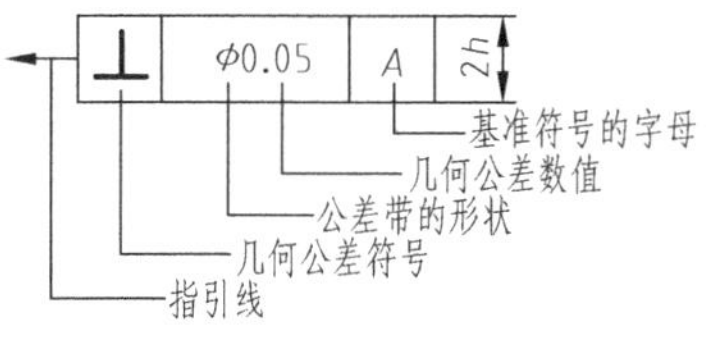

图 8-42　几何公差框格

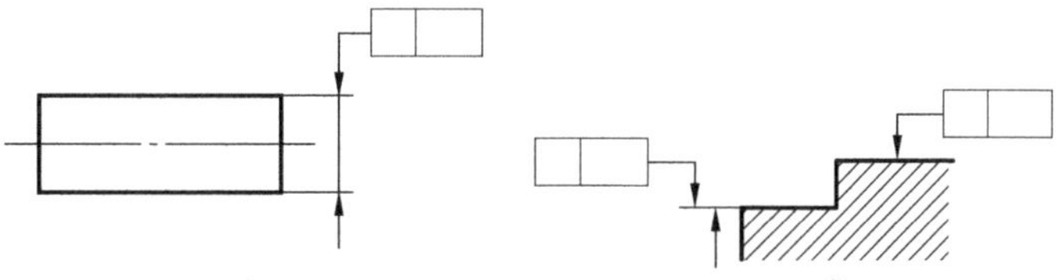

图 8-43　被测要素标注示例

（3）基准要素的标注　基准符号的画法如图 8-44a 所示，无论基准符号在图样中的方向如何，细实线框格内的字母一律水平书写。

1）当基准要素为素线或表面时，基准符号应靠近该要素的轮廓线或引出线标注，并应明显地与尺寸线箭头错开，如图 8-44b、c 所示。

2）当基准要素为轴线、球心或中心平面时，基准符号应与该要素的尺寸线箭头对齐，如图 8-44d 所示。

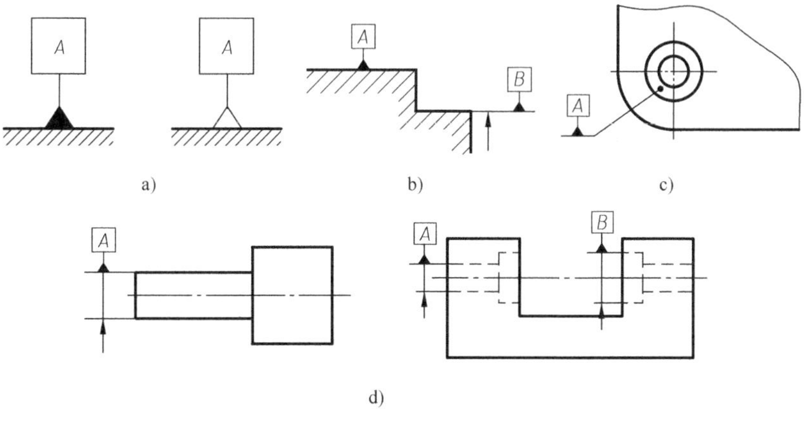

图 8-44　基准要素标注示例

5. 几何公差的标注示例

零件图上标注几何公差的示例如图 8-45 所示。

8.5.3　表面粗糙度

零件在加工过程中，受刀具的形状和刀具与工件之间的摩擦、机床的振动及零件金属表面的塑性变形等因素的影响，加工表面不可能绝对光滑，如图 8-46 所示。零件表面上这种具有较小间距的峰谷所组成的微观几何形状特征称为表面粗糙度。一般来说，不同的表面粗

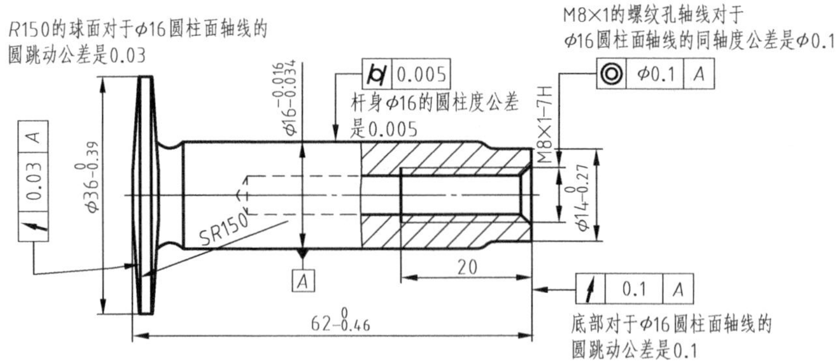
R150的球面对于φ16圆柱面轴线的
圆跳动公差是0.03
M8×1的螺纹孔轴线对于
φ16圆柱面轴线的同轴度公差是φ0.1
0.005
杆身φ16的圆柱度公差
是0.005
φ0.1 A
0.03 A
SR150
A
20
0.1 A
底部对于φ16圆柱面轴线的
圆跳动公差是0.1

图 8-45　零件图上标注几何公差的示例

糙度是由不同的加工方法形成的。表面粗糙度是评定零件表面质量的一项重要指标，降低零件表面粗糙度可以提高其表面耐蚀性、耐磨性和抗疲劳等性能，但其加工成本也相应提高。

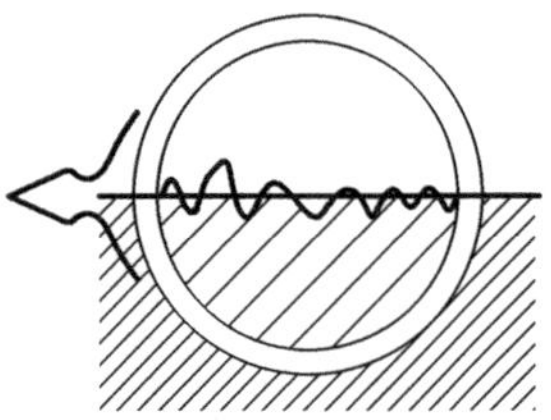

图 8-46　表面粗糙度

提示： 零件表面粗糙度的选择原则是在满足零件表面功能的前提下，表面粗糙度允许值尽可能大一些。

1. 表面粗糙度的评定参数

（1）基本术语

1）取样长度 lr：取样长度是指用于判别具有表面粗糙度特征的一段基准线长度。国家标准规定，取样长度按表面粗糙程度合理取值，通常应包含至少五个轮廓峰和五个轮廓谷。

2）评定长度 ln：评定长度是指评定轮廓表面粗糙度所必需的一段长度。一般情况下，国家标准推荐 $ln=5lr$。

（2）表面粗糙度的评定参数　表面粗糙度是以参数值的大小来评定的，目前在生产中评定零件表面质量的主要参数是评定轮廓的算术平均偏差 Ra 和轮廓最大高度 Rz，其中应用最多的是 Ra。

1）评定轮廓的算术平均偏差 Ra：是指在一个取样长度 lr 内，轮廓偏距 y 绝对值的算术平均值，用 Ra 表示，如图 8-47a 所示。可用公式表示为

$$Ra=\frac{1}{lr}\int_0^{lr}|y(x)|\mathrm{d}x \quad 或 \quad Ra\approx\frac{1}{n}\sum_{i=1}^{n}|y_i|$$

国家标准对 Ra 的数值作了规定。表 8-4 列出了常用 Ra 值选用原则和应用举例。

表 8-4　*Ra* 值选用原则和应用举例

Ra/μm ≤	表面状况	加工方法	应用举例
100	明显可见的刀痕	粗车、镗、刨、钻	粗加工的表面，如粗车、粗刨、切断等表面，用粗锉刀和粗砂轮等加工的表面，一般很少采用
25、50			粗加工后的表面，焊接前的焊缝、粗钻孔壁等
12.5	可见刀痕	粗车、刨、铣、钻	一般非结合表面，如轴的端面、倒角、齿轮及带轮的侧面、键槽的非工作表面，减重孔眼表面等

（续）

<table>
<tr><th>$Ra/\mu m$
≤</th><th>表面状况</th><th>加工方法</th><th>应用举例</th></tr>
<tr><td>6.3</td><td>可见加工痕迹</td><td>车、镗、刨、钻、铣、锉、磨、粗铰、铣齿</td><td>不重要零件的非配合表面，如支柱、支架、外壳、衬套、轴、盖等的端面，紧固件的自由表面，紧固件通孔的表面，内、外花键的非定心表面，不作为计量基准的齿轮顶圆表面等</td></tr>
<tr><td>3.2</td><td>微见加工痕迹</td><td>车、镗、刨、铣、刮 1～2 点/cm^2、拉、磨、锉、滚压、铣齿</td><td>与其他零件连接不形成配合的表面，如箱体、外壳、端盖等零件的端面；要求有定心及配合特性的固定支承面，如定心的轴肩，键和键槽的工作表面；不重要的紧固螺纹的表面，需要滚花或氧化处理的表面等</td></tr>
<tr><td>1.6</td><td>看不清加工痕迹</td><td>车、镗、刨、铣、铰、拉、磨、滚压、刮 1～2 点/cm^2、铣齿</td><td>安装直径超过 80mm 的 G 级轴承的外壳孔，普通精度齿轮的齿面，定位销孔，V 带轮的表面，外径定心的内花键外径，轴承盖的定中心凸肩表面等</td></tr>
<tr><td>0.8</td><td>可辨加工痕迹的方向</td><td>车、镗、拉、磨、立铣、刮 3～10 点/cm^2、滚压</td><td>要求保证定心及配合特性的表面，如锥销与圆柱销的表面，与 0 级精度滚动轴承相配合的轴颈和外壳孔，中速转动的轴颈，直径超过 80mm 的 5.6 级滚动轴承配合的轴颈及外壳孔及内、外花键的定心内径，外花键键侧及定心外径，过盈配合标准公差等级 IT7 的孔（H7），间隙配合标准公差等级 IT8、IT9 的孔（H8、H9），磨削的轮齿表面等</td></tr>
<tr><td>0.4</td><td>微辨加工痕迹的方向</td><td>铰、磨、镗、拉、刮 3～10 点/cm^2、滚压</td><td>要求长期保持配合性质稳定的配合表面，标准公差等级 IT7 的轴、孔配合表面，精度较高的轮齿表面，受变应力作用的重要零件，与直径小于 80mm 的 5.6 级轴承配合的轴颈表面，与橡胶密封件接触的轴表面，尺寸大于 120mm 的标准公差等级 IT13～IT16 孔和轴用量规的测量表面</td></tr>
<tr><td>0.2</td><td>不可辨加工痕迹的方向</td><td>布轮磨、磨、研磨、超级加工</td><td>工作时受变应力作用的重要零件的表面。保证零件的疲劳强度、防腐性和耐久性，并在工作时不破坏配合性质的表面，如轴颈表面、要求气密的表面和支承表面、圆锥定心表面等。标准公差等级 IT5、IT6 配合表面、高精度齿轮的齿面，与 4 级滚动轴承配合的轴颈表面，尺寸大于 315mm 的标准公差等级 IT7～IT9 孔和轴用量规及尺寸大于 120 至 315mm 的标准公差等级 IT10～IT12 孔和轴用量规的测量表面等</td></tr>
<tr><td>0.1</td><td>暗光泽面</td><td rowspan="5">超级加工</td><td>工作时承受较大变应力作用的重要零件的表面；保证精确定心的锥体表面；液压传动用的孔表面；汽缸套的内表面、活塞销的外表面、仪器导轨面、阀的工作面；尺寸小于 120mm 的标准公差等级 IT10～IT12 孔和轴用量规测量表面等</td></tr>
<tr><td>0.05</td><td>亮光泽面</td><td>保证高度气密性的接合表面，如活塞、柱塞和汽缸内表面，摩擦离合器的摩擦表面，对同轴度有精确要求的轴和孔，滚动导轨中的钢球或滚子和高速摩擦的工作表面</td></tr>
<tr><td>0.025</td><td>镜状光泽面</td><td>高压柱塞泵中柱塞和柱塞套的配合表面，中等精度仪器零件配合表面，尺寸大于 120mm 的标准公差等级 IT6 孔用量规、小于 120mm 的标准公差等级 IT7～IT9 轴用和孔用量规测量表面</td></tr>
<tr><td>0.012</td><td rowspan="2">雾状镜面</td><td>仪器的测量表面和配合表面，尺寸超过 100 mm 的块规工作面</td></tr>
<tr><td>0.008</td><td>块规的工作表面，高精度测量仪器的测量面，高精度仪器摩擦机构的支承表面</td></tr>
</table>

2）轮廓最大高度 Rz：为在一个取样长度 lr 内，最大轮廓峰高 Zp 与最大轮廓谷深 Zv 之和的高度，如图 8-47b 所示。

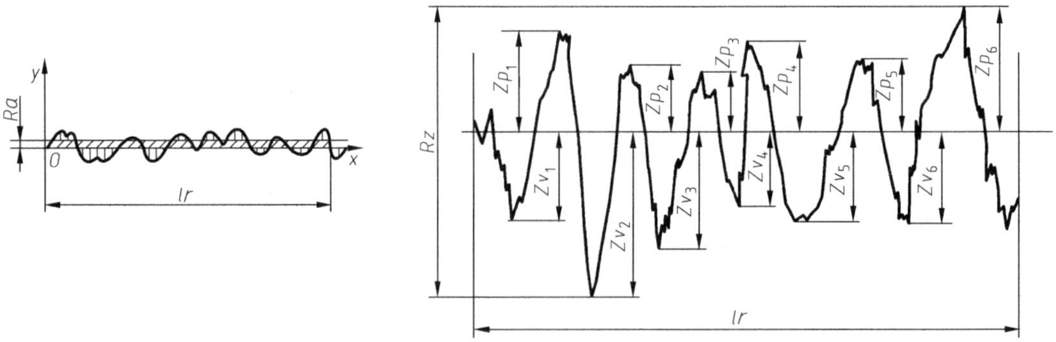

a)　　　　b)

图 8-47　轮廓最大高度 Rz

2. 表面粗糙度的标注

（1）表面粗糙度符号的画法　表面粗糙度符号的画法如图 8-48 所示。$d'=h/10$，$H_1=1.4h$，$H_2\geqslant 3h$，h 为字体高度。符号的具体尺寸见表 8-5。

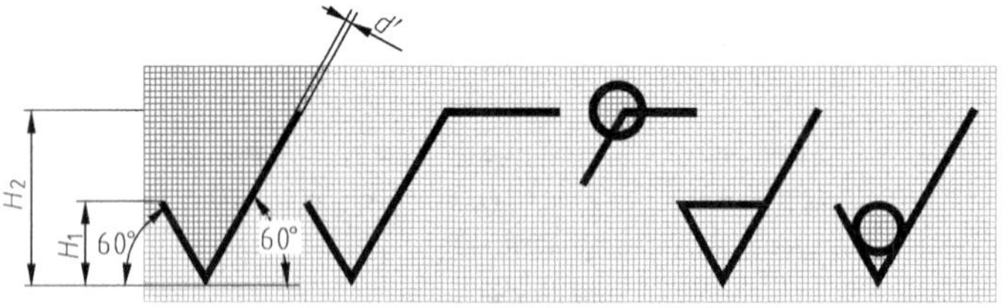

图 8-48　表面粗糙度符号的画法

表 8-5　表面粗糙度符号具体尺寸　　（单位：mm）

尺寸项目	尺寸数值						
数字与字母的高度 h	2.5	3.5	5	7	10	14	20
符号的线宽 d' 数字与字母的笔画宽度 d	0.25	0.35	0.5	0.7	1	1.4	2
高度 H_1	3.5	5	7	10	14	20	28
高度 H_2（最小值）	8	11	15	21	30	42	60

（2）表面粗糙度代号　零件表面粗糙度代号是由规定的符号和相关参数组成的。图样上所注的表面粗糙度代号应是该表面加工后的要求。零件表面粗糙度的符号及意义见表 8-6。表面粗糙度代号及其含义见表 8-7。

表 8-6　零件表面粗糙度的符号及意义

符号	意义及说明
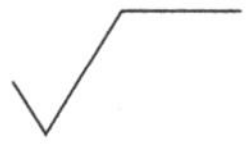	表示可用任何方法获得的表面，单独使用无意义，仅适用于简化代号标注

（续）

符号	意义及说明
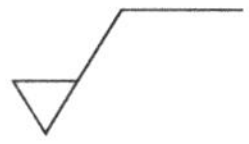	表示用去除材料的方法获得的表面，如车、铣、钻、磨、剪切、抛光、腐蚀、电火花加工等方法
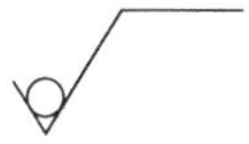	表示用不去除材料的方法获得的表面，如铸、锻、冲压、热轧、粉末冶金等方法；或者用于保持原供应状况的表面

表 8-7　表面粗糙度代号及其含义

代号	含义
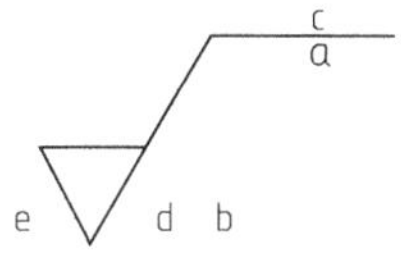	a——注写第一个表面结构要求（必须有） b——注写第二个或更多的表面结构要求（不多见） c——注写加工方法（车、磨、镀等） d——注写表面纹理和方向（=、X、M） e——注写加工余量（mm）
	用任何方法获得的表面，*Ra* 的上限值为 3.2μm
	用去除材料的方法获得的表面，*Ra* 的上限值为 3.2μm，*Ra* 的下限值为 1.6μm
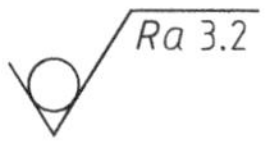	用不去除材料的方法获得的表面，*Ra* 的上限值为 3.2μm
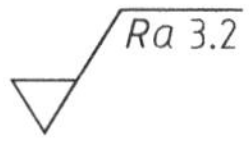	用去除材料的方法获得的表面，*Ra* 的上限值为 3.2μm

（3）表面粗糙度在图样上的标注方法

1）在图样上表面粗糙度代号时，表面粗糙度的注写和读取方向应该与尺寸的注写和读取方向一致，如图 8-49 所示。

2）表面粗糙度可标注在轮廓线或延长线上，符号的尖角必须从材料外指向标注表面。必要时，表面粗糙度符号也可用带箭头或黑点的指引线引出标注，如图 8-50、图 8-51 所示。

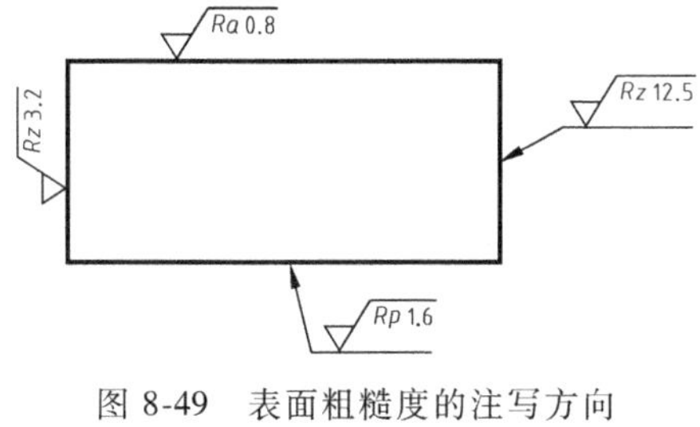

图 8-49　表面粗糙度的注写方向

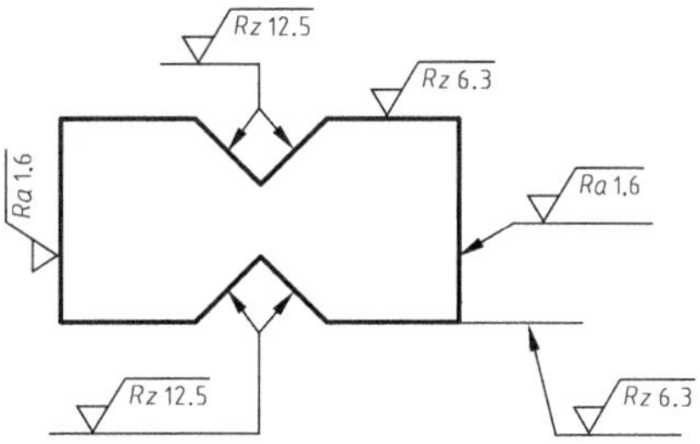

图 8-50　表面粗糙度在轮廓线上的标注

3）在不致引起误解时，表面粗糙度可以标注在给定的尺寸线上，如图 8-52 所示。

4）表面粗糙度可标注在几何公差框格的上方，如图 8-53 所示。

5）圆柱和棱柱表面的表面粗糙度只标注一次，如图 8-54a 所示。如果每个棱柱表面有不同的表面结构要求，则应分别单独标注，如图 8-54b 所示。

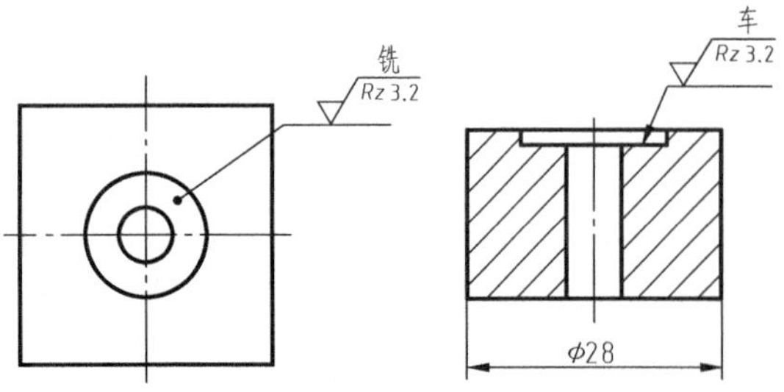

图 8-51　用指引线引出标注表面粗糙度

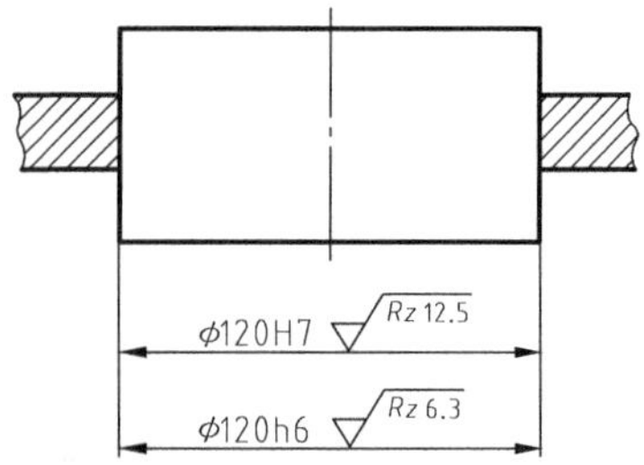

图 8-52　表面粗糙度标注在尺寸线上

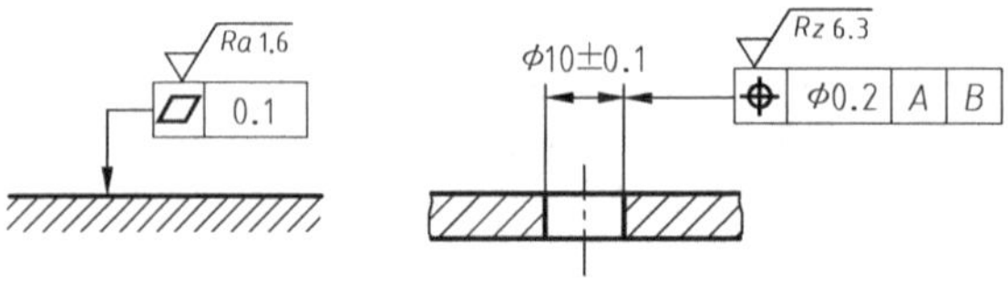

a)　　b)

图 8-53　表面粗糙度标注在几何公差框格上方

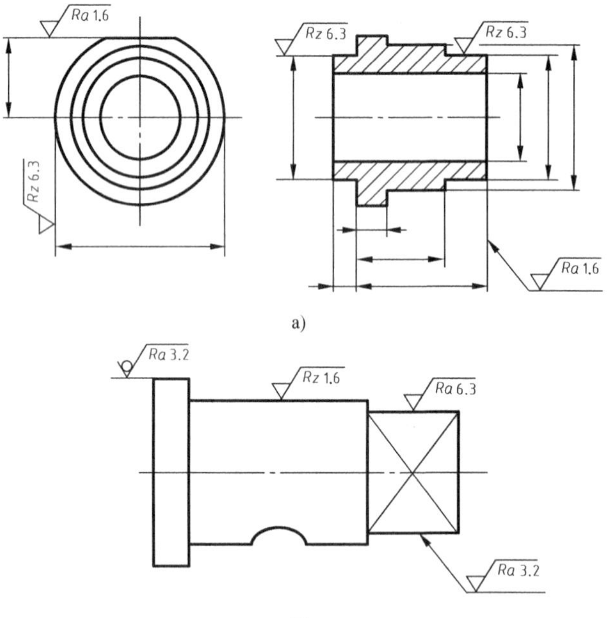

a)

b)

图 8-54　圆柱和棱柱表面的表面粗糙度标注

6）齿轮、螺纹等工作面没有画出齿形、牙型时，其表面粗糙度符号和代号可按图 8-55 所示的方式标注，即齿轮的表面粗糙度标注在分度线上，螺纹的表面粗糙度标注在尺寸线上。

（4）表面粗糙度的简化注法

1）全部表面具有相同的表面结构要求，则其表面结构要求可统一标注在图样标题栏附近（右上方），如图 8-56a 所示。

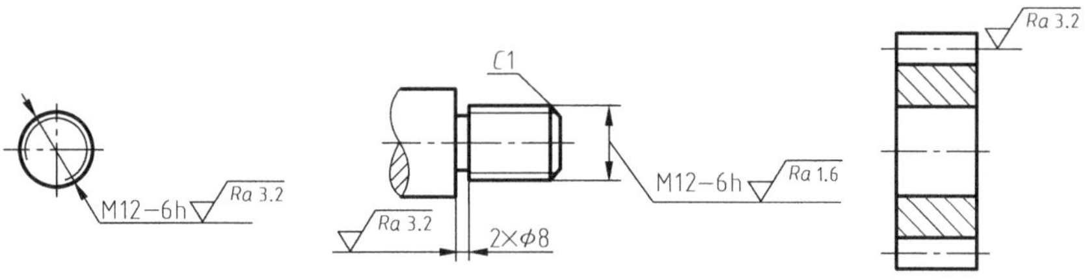

图 8-55　齿轮、螺纹工作面的表面粗糙度标注

2）多数表面有相同的表面结构要求，则其表面结构要求可统一标注在图样标题栏附近。此时将不同的表面结构要求直接标注在图形中，并且在标题栏附近的表面结构要求代号后面应有：在圆括号内给出无任何其他标注的基本符号，如图 8-56b 所示；在圆括号内给出不同的表面结构要求，如图 8-56c 所示。

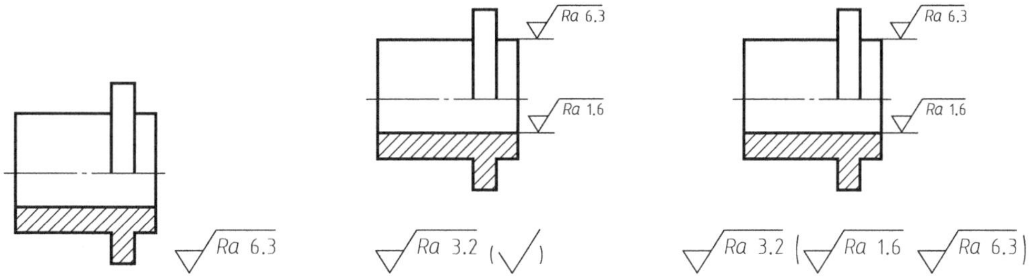

a)　　b)　　c)

图 8-56　相同表面结构要求的简化注法

3）多个表面具有相同的表面结构要求或图纸空间有限时，可以采用简化注法。

① **用带字母的完整符号的简化注法**：可用带字母的完整符号，以等式的形式在图形或标题栏附近，对有相同表面结构要求的表面进行简化标注，如图 8-57a 所示。

② **只用表面结构符号的简化注法**：根据被标注表面所用工艺方法的不同，可用基本图形符号、应去除材料或不允许去除材料的扩展图形符号在图中进行标注，再以等式的形式在标题栏附近对多个表面共同的表面结构要求进行表示，如图 8-57b 所示。

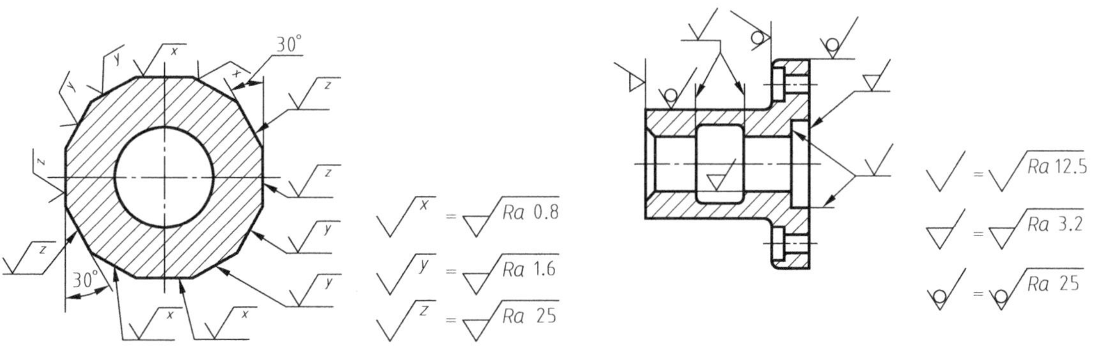

a)　　b)

图 8-57　多个表面有相同表面结构要求的简化注法

8.6 读零件图

前面讨论过读组合体及机件视图的方法，它们是读零件图的重要基础，在实际设计、生产活动中，读零件图是一项非常重要的工作。

8.6.1 读零件图的方法和步骤

1. 概括了解

首先看标题栏，了解零件的名称、材料、比例等。浏览全图，对零件有个大概的了解，如零件类型、大致轮廓和结构等。

2. 表达方案分析

1）找出主视图。

2）分析有多少视图、剖视图、断面图等，找出它们的名称、相对位置和投影关系。

3）凡有剖视图、断面图，要找到剖切平面位置。

4）对局部视图和斜视图，也必须找到表示投影部位的字母和表示投射方向的箭头。

5）观察分析有无局部放大图及简化画法。

3. 结构形状分析

首先利用形体分析法，将零件按功能分解为主体、安装、连接等几个部分，然后明确每一部分在各个视图中的投影范围及其与各部分之间的相对位置关系，最后仔细分析每一部分的形状和作用。

1）先看大致轮廓，再分几个较大的独立部分进行形体分析，逐一看懂。

2）对外部结构逐个分析。

3）对内部结构逐个分析。

4）对不便于形体分析的部分进行线面分析。

4. 分析尺寸和了解技术要求

根据零件的形体结构结果，分析确定长、宽、高各方向的主要基准，并确定功能尺寸、总体尺寸；找出各部分的定形和定位尺寸，根据公差与表面粗糙度要求明确哪些是主要尺寸和主要加工面，进而分析制造方法等，以便保证质量要求。

5. 综合考虑

综上所述，将零件的结构形状、尺寸标注及技术要求综合起来，就能比较全面地阅读零件图。在实际读图过程中，上述步骤常是穿插进行的。

8.6.2 读图举例

图 8-58 所示为阀盖零件图，其读图过程如下。

1. 概括了解

从标题栏可知，阀盖按 1∶2 比例绘制，材料为 25 钢。读图可见，虽然阀盖的方形凸缘不是回转体，但其他各部分都是回转体，因而仍将其看作回转体类零件。阀盖是先铸成毛坯，经时效处理后，再切削加工而形成的。

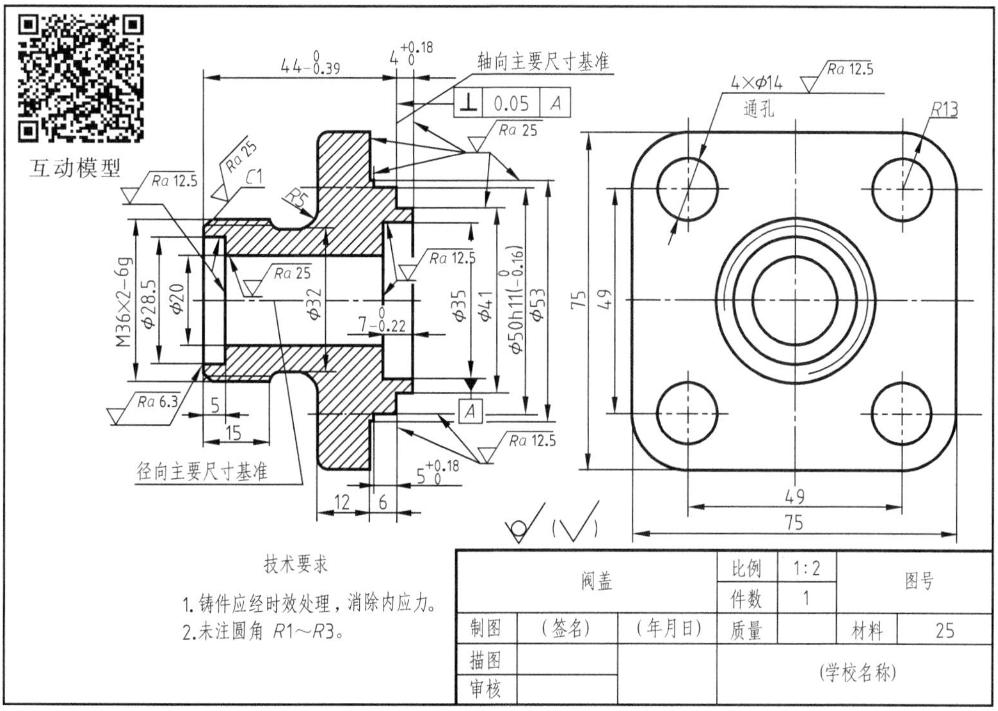

图 8-58 阀盖零件图

2. **表达方案分析和结构形状分析**

阀盖由主视图和左视图表达。主视图采用全剖视图，表示了两端的阶梯孔、中间通孔的形状及其相对位置，以及左端用于连接管道系统的外螺纹和右端的圆形凸缘。选用轴线水平安放的主视图，既符合主要加工位置原则，又与阀盖在球阀中的工作位置相一致。左视图采用外形视图，清晰地表示了带圆角的方形凸缘及其四个角上的通孔和其他可见的轮廓形状。

3. **分析尺寸**

多数盘盖类零件的主体部分都是回转体，所以通常以轴孔的轴线作为径向主要尺寸基准，由此注出阀盖各部分同轴线的直径尺寸和螺纹尺寸，方形凸缘也用它作为高度和宽度方向的尺寸基准。注有公差的尺寸 ϕ50h11 表明该表面与阀体有配合要求。

以阀盖的重要端面作为轴向主要尺寸基准，即长度方向的尺寸基准，此例为注有表面粗糙度 *Ra*12.5 的右端凸缘的端面。由此注出尺寸 $4^{+0.18}_{0}$、$44^{0}_{-0.39}$ 及 $5^{+0.18}_{0}$ 等。有关长度方向的辅助基准和联系尺寸，请读者自行分析。

4. **了解技术要求**

阀盖是铸件，需经时效处理，消除内应力。视图中有小圆角（铸造圆角 *R*1 ~ *R*3）过渡的表面是不加工表面。注有公差的尺寸 ϕ50h5 处与阀体有配合关系，但由于相互之间没有相对运动，因此表面粗糙度要求不高，*Ra* 值为 12.5μm。作为长度方向的主要尺寸基准的端面相对阀盖水平轴线的垂直度公差为 0.05mm。

8.7 零件测绘

零件测绘就是根据实际零件画出它的生产图样。在仿造机器、改装和修理旧机器时，都要进行零件测绘。

零件测绘要根据实际零件选定表达方案，画出其表达视图，测量尺寸并标注，制订合理的技术要求并标注等。测绘零件时，通常要先画出零件草图，再根据零件草图画出零件工作图。零件草图是徒手绘制的零件图。在实际生产中，设计人员可先画出零件草图，然后整理成零件工作图。在某些特殊情况下，可将零件草图直接交付生产使用。

8.7.1 零件测绘的一般步骤

1. 分析零件结构形状，确定视图表达方案

在绘制零件草图前，首先要对零件进行分析，了解零件的名称、用途、材料等，然后对零件进行结构分析，弄清楚各结构的功能、形状和加工方法。在此基础上，根据典型零件的表达特点，确定该零件的表达方案。

2. 集中测量尺寸

对于标准结构，如键槽、倒角、退刀槽、沉头螺钉的沉头尺寸，可直接查表确定尺寸数值。

对于螺纹、齿轮，需经测量后与标准值核对，采用标准的结构尺寸，以便于制造。

3. 绘制零件草图

零件草图绝不是潦草的图样，零件草图的内容与零件图一致，只是线条等为徒手绘制的而已。

1）根据零件的大小和视图表达方案，选定比例和图幅。

2）绘制各视图的中心线、轴线和基准线，定出各视图的位置。

3）详细地绘制零件内、外部的结构形状。先绘制主体结构，再绘制局部结构，各视图之间符合投影规律，各工艺结构应全部绘制。

4）选定尺寸基准，按结构分析和形体分析标注尺寸。

5）根据零件的设计要求和作用，合理注写公差和表面粗糙度等技术要求。

6）书写其他技术要求，填写标题栏。

4. 画零件图

对零件草图进行校对，检查视图表达是否完整、尺寸标注是否合理等，校核后绘制零件图。

8.7.2 零件测绘实例

如图 8-59 所示的滑动轴承的上轴瓦，主体结构为半圆柱筒，中间有切槽和通孔结构，其零件的草图绘制步骤如图 8-60 所示。

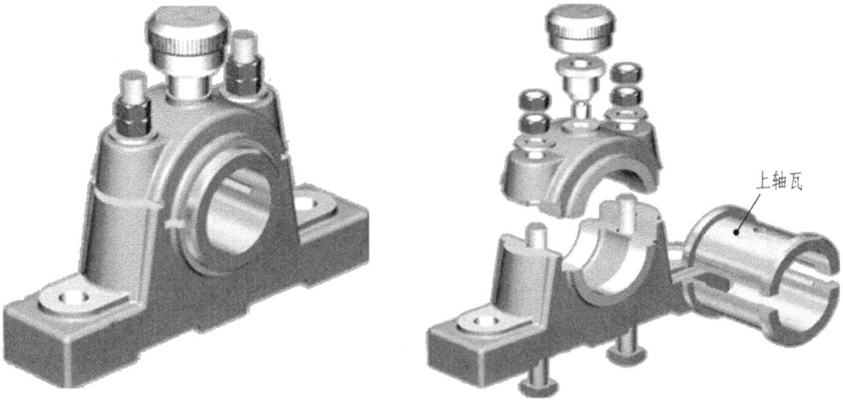

a)　　　　b)

图 8-59　滑动轴承的上轴瓦

a）部件结构图　b）爆炸图

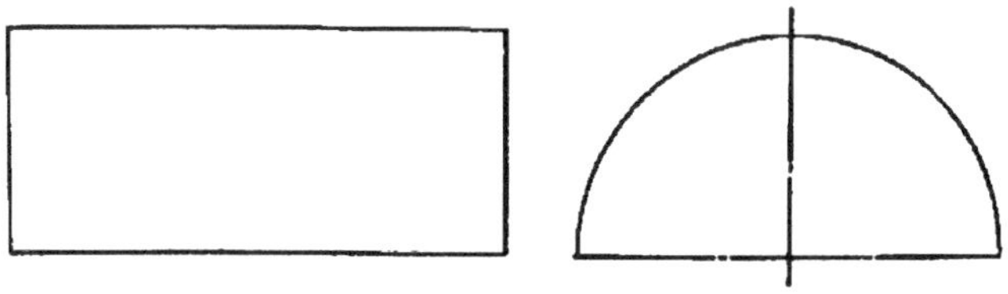

a)

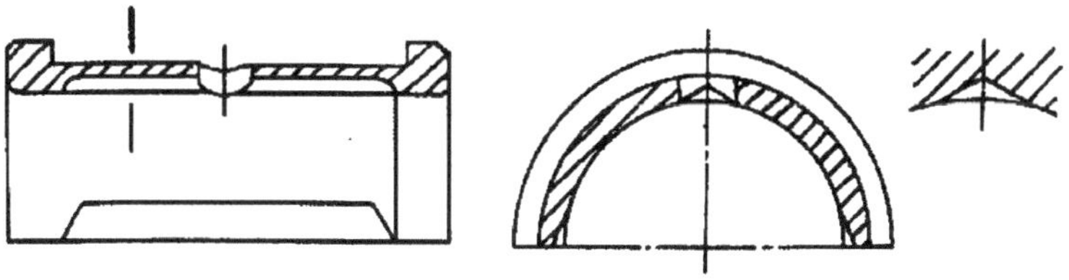

b)

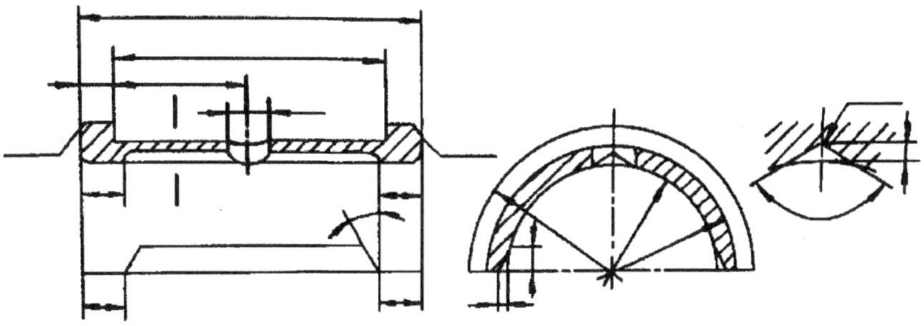

c)

图 8-60　滑动轴承上轴瓦草图绘制步骤

a）根据目测比例关系，画出基本轮廓　b）完成视图底稿　c）画出尺寸界线、尺寸线和箭头

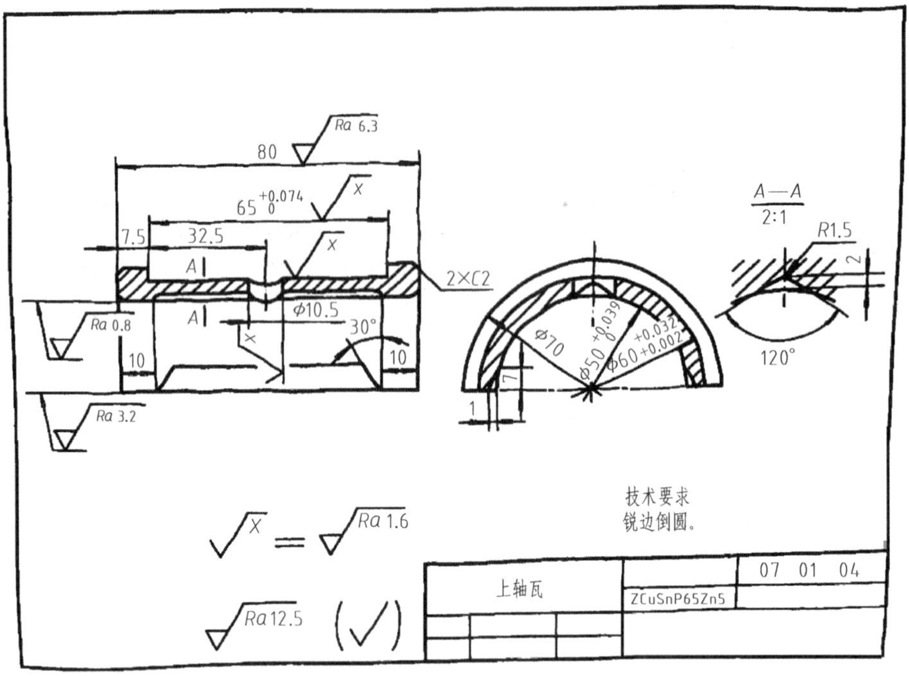

d)

图 8-60　滑动轴承上轴瓦草图绘制步骤（续）
d）上轴瓦草图

拓展提高

应用实践

应用背景：结合制图课程相关的应用技能考证，在数控技能考核中需加工较为复杂的生产零件，进行加工编程，这些的前提是读懂零件图。

图 8-61 和图 8-62 所示双面型腔件加工零件图为加工中心（技师）应会试题，本应用实践任务是读懂这两幅零件图，分析零件结构形状和技术要求，想象其立体形状。

图 8-61 互动模型

图 8-62 互动模型

加工中心职业技能鉴定(技师)实操试卷

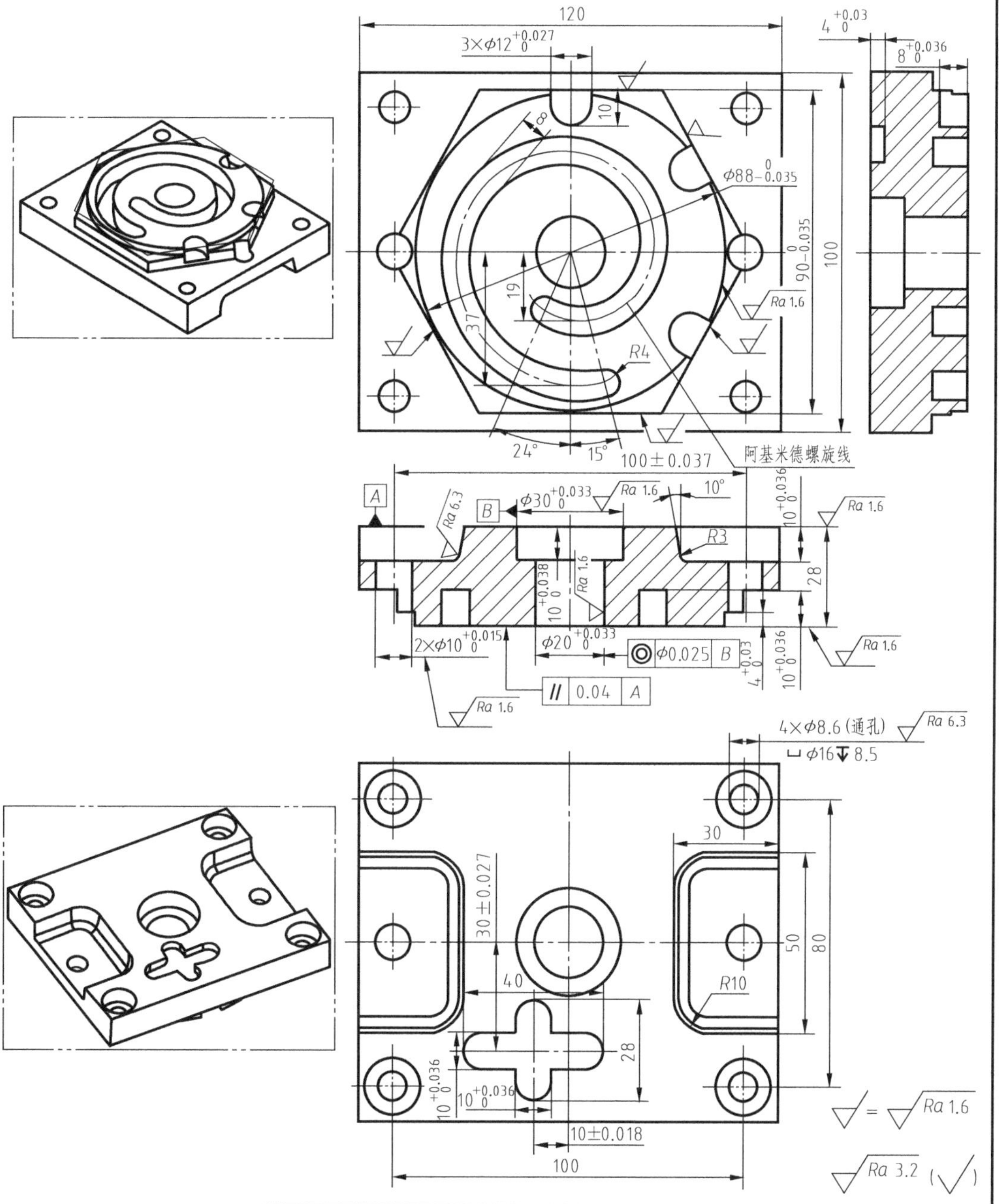

考试时间:6小时(三维造型、生成程序、加工)		双面型腔件		加工中心(技师)应会试题	
开始时间	时 分				
		材料	45		
结束时间	时 分				
考评员(监考员)		考生姓名		准考证号	

其他要求：
1.未注尺寸公差为IT13。
2.工件加工完毕后去毛刺。
3.锐角倒钝。

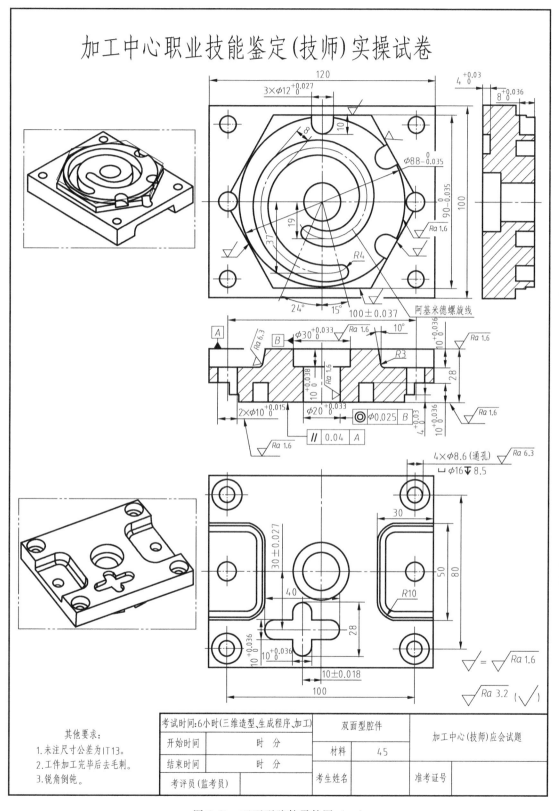

图 8-61 双面型腔件零件图（一）

加工中心职业技能鉴定(技师)实操试卷

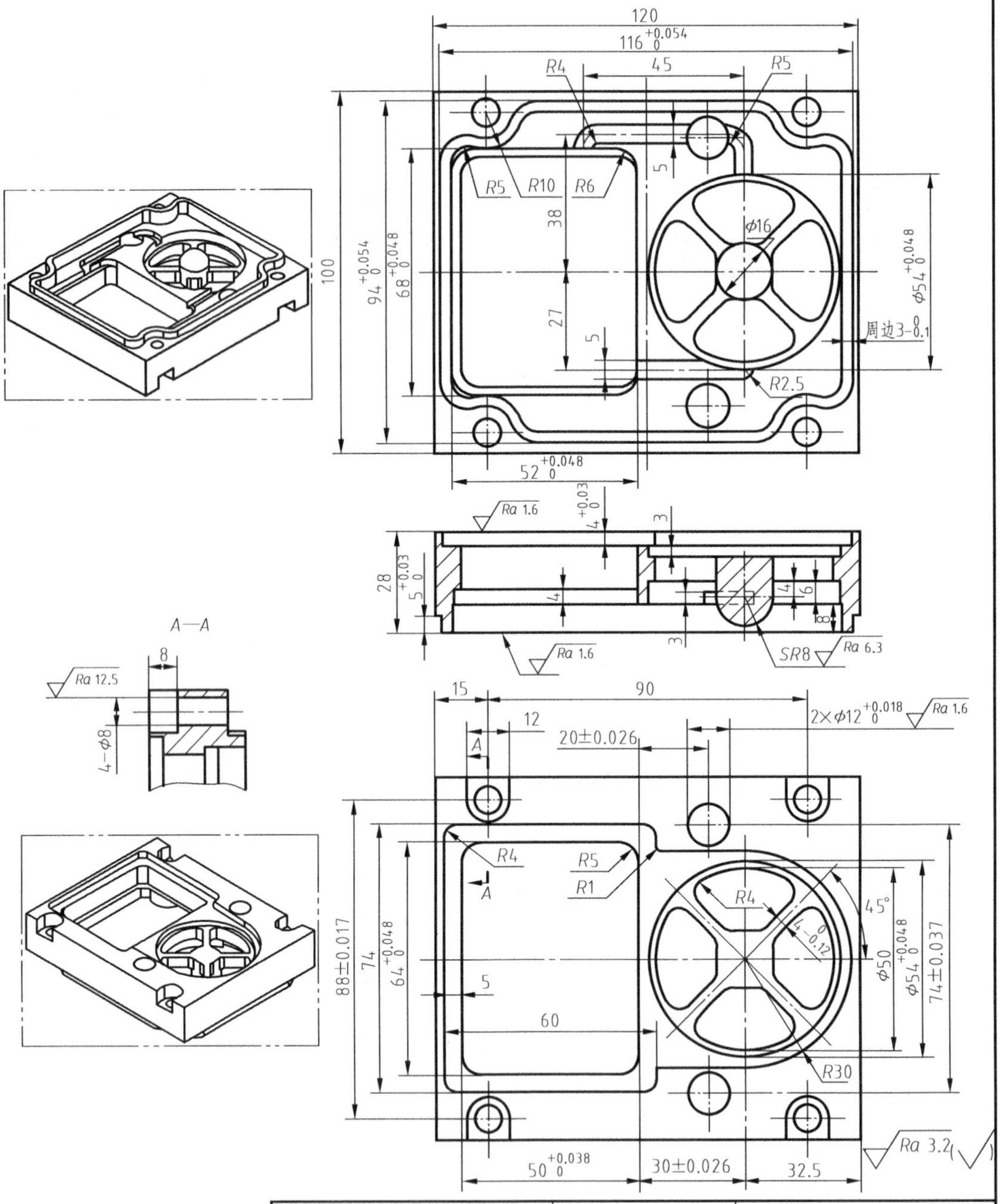

考试时间:6小时(三维造型、生成程序、加工)		双面型腔件		加工中心(技师)应会试题	
开始时间	时 分	材料	45		
结束时间	时 分	考生姓名		准考证号	
考评员(监考员)					

其他要求:

1. 未注尺寸公差为IT13。
2. 工件加工完毕后去毛刺。
3. 锐角倒钝。

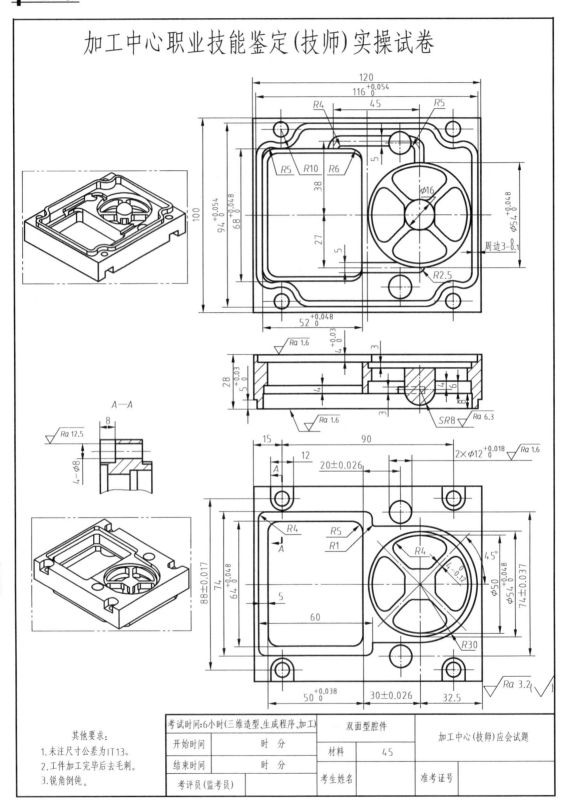

图 8-62 双面型腔件零件图(二)

章末小结

1. 零件图视图选择应先按形状特征原则和合理位置原则选择主视图，在保证零件形状结构表达清楚的前提下，再按数量最少原则合理选择其他视图。

2. 合理、正确地进行零件图的尺寸标注，应把握尺寸标注的方法步骤和标注原则。

3. 理解极限与配合、几何公差、表面粗糙度等技术要求的含义，掌握正确的标注方法。

4. 读、画零件图，应掌握视图表达、尺寸标注、技术要求及标题栏的绘制和识读的具体方法和步骤。

复习思考题

1. 零件图在生产中起什么作用？它应该包括哪些内容？

2. 零件的视图选择原则是什么？怎样选定主视图？选择视图的方法和步骤是什么？

3. 常见的零件按其结构形状大致可分成哪四类？它们通常具备哪些结构特点？视图选择有什么特点？

4. 一般零件上常见的工艺结构有哪些？试简述零件上的倒角、退刀槽、沉孔、螺纹孔、键槽等常见结构的作用、画法和尺寸注法。

5. 试简述画零件图的方法和步骤。

6. 试简述读零件图的方法和步骤。

第9章

装 配 图

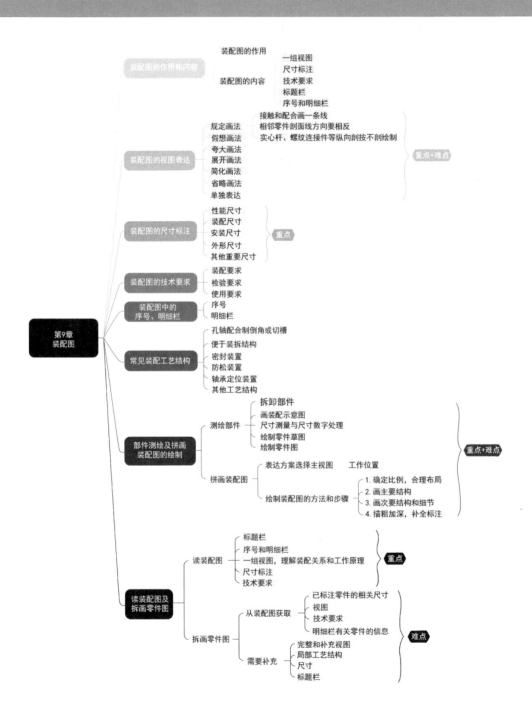

- 第9章 装配图
  - 装配图的作用和内容
    - 装配图的作用
    - 装配图的内容
      - 一组视图
      - 尺寸标注
      - 技术要求
      - 标题栏
      - 序号和明细栏
  - 装配图的视图表达（重点+难点）
    - 规定画法
      - 接触和配合画一条线
      - 相邻零件剖面线方向要相反
      - 实心杆、螺纹连接件等纵向剖按不剖绘制
    - 假想画法
    - 夸大画法
    - 展开画法
    - 简化画法
    - 省略画法
    - 单独表达
  - 装配图的尺寸标注（重点）
    - 性能尺寸
    - 装配尺寸
    - 安装尺寸
    - 外形尺寸
    - 其他重要尺寸
  - 装配图的技术要求
    - 装配要求
    - 检验要求
    - 使用要求
  - 装配图中的序号、明细栏
    - 序号
    - 明细栏
  - 常见装配工艺结构
    - 孔轴配合制倒角或切槽
    - 便于装拆结构
    - 密封装置
    - 防松装置
    - 轴承定位装置
    - 其他工艺结构
  - 部件测绘及拼画装配图的绘制（重点+难点）
    - 测绘部件
      - 拆卸部件
      - 画装配示意图
      - 尺寸测量与尺寸数字处理
      - 绘制零件草图
      - 绘制零件图
    - 拼画装配图
      - 表达方案选择主视图 —— 工作位置
      - 绘制装配图的方法和步骤
        - 1. 确定比例，合理布局
        - 2. 画主要结构
        - 3. 画次要结构和细节
        - 4. 描粗加深，补全标注
  - 读装配图及拆画零件图
    - 读装配图（重点）
      - 标题栏
      - 序号和明细栏
      - 一组视图，理解装配关系和工作原理
      - 尺寸标注
      - 技术要求
    - 拆画零件图（难点）
      - 从装配图获取
        - 已标注零件的相关尺寸
        - 视图
        - 技术要求
        - 明细栏有关零件的信息
      - 需要补充
        - 完整和补充视图
        - 局部工艺结构
        - 尺寸
        - 标题栏

9.1 装配图的作用和内容

任何机器或部件都是由一些零（组）件按照一定技术要求装配而成的。图 9-1 所示为球阀的装配立体图。

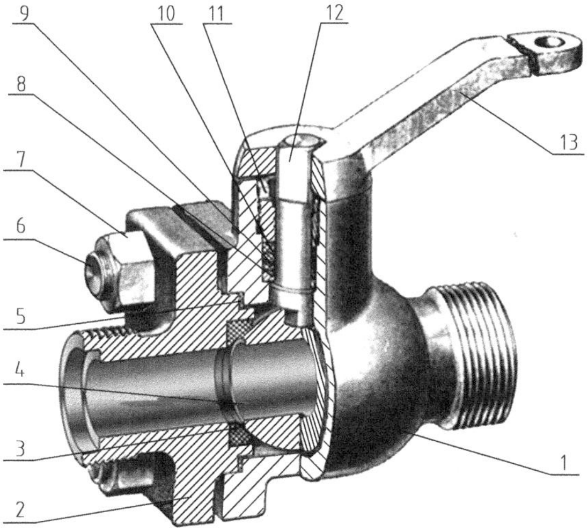

图 9-1 球阀的装配立体图

1—阀体 2—阀盖 3—密封圈 4—阀芯 5—调整垫 6—螺柱 7—螺母 8—填料垫 9—中填料 10—上填料 11—填料压紧套 12—阀杆 13—扳手

表示机器或部件（统称为装配体）等产品及其组成部分的连接、装配关系的图样，称为**装配图**。

表示一台完整机器的装配图，称为**总装配图**；表示机器中某个部件（或组件）的装配图，称为**部件装配图**。

9.1.1 装配图的作用

装配图具有如下主要作用。

1）装配图是用于表达各部件之间的装配关系、传动路线、连接方式及结构形状的图样，它反映了设计者的设计思想。

2）在设计时先要绘制装配图，然后从装配图中拆画出各个零件图。

3）在组装机器时，要对照装配图进行装配，并对装配好的产品根据装配图进行调试和试验，以验证其是否合格。

4）机器出现故障时，通常也需要通过装配图来了解机器的内部结构，进行故障分析和诊断。

因此，装配图在设计、装配、检验、安装调试等各个环节中是不可缺少的技术文件。

9.1.2 装配图的内容

图 9-2 所示为球阀装配图，它由 13 种零（组）件（包括标准件）装配成。可以看出，

一张完整的装配图具备以下五方面内容。

1）**一组图形**：这组图形用于正确、完整、清晰地表达装配体的工作原理、零件的结构形状及零件之间的装配关系。

2）**尺寸标注**：根据装配图的作用，在装配图中只需标注机器或部件的性能（规格）尺寸、装配尺寸、安装尺寸、整体外形尺寸等。

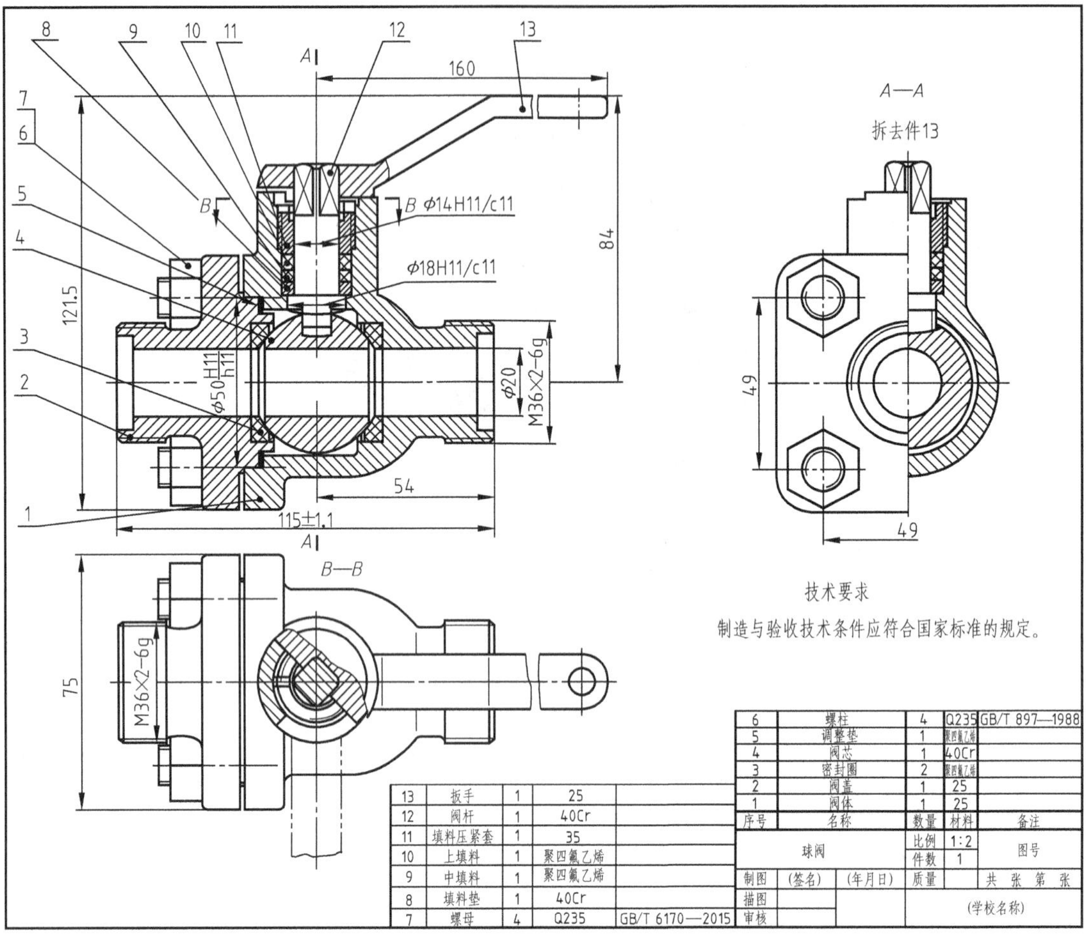

图 9-2 球阀装配图

3）**技术要求**：在装配图中用文字或国家标准规定的符号注写出该装配体在装配、安装、调试、检验、使用及维修等方面的要求。

4）**标题栏**：标题栏中填写装配体的名称、图号、比例、件数、质量及制图、描图、审核者的签名和日期。

5）**零、部件序号和明细栏**：在装配图上，对每种不同的零（组）件编写一个序号，规格相同的零部件只编写一个序号。在明细栏中，依次列出各零（组）件的序号、名称、数量、材料及备注。其中，可在备注栏中填写标准件的国家标准代号。

学生作业的标题栏格式从简。

9.2 装配图的视图表达

在前几章中，已经学过了机件的各种表达方法，如基本视图、剖视图、断面图等，这些表达方法都可以用于画机器和部件的装配图。此外，还有一些规定画法、习惯表达和特殊表达，如假想画法、夸大画法、简化画法等可以在装配图中采用。

9.2.1 装配图的规定画法

装配图的常用规定画法如图9-3所示。需要特别注意的装配图中的规定画法有如下几种。

1. 零件间接触面、配合面的画法

相邻两个零件的接触面和公称尺寸相同的配合表面，只画一条共用的轮廓线。但若相邻两个零件不接触或是非配合表面，则要画两条轮廓线，如图9-3所示。若间隙太小，可以采用夸大画法。

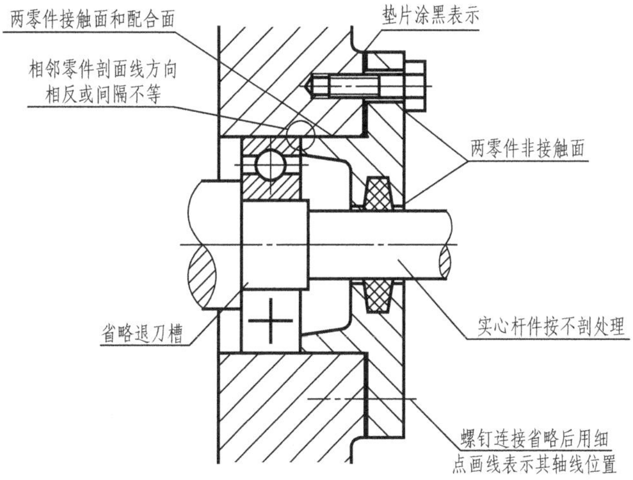

图9-3 装配图的规定画法

2. 装配图中剖面符号的画法

装配图中相邻两个或两个以上金属零件的剖面线，必须以不同方向或方向相同、间隔不同、剖面线的位置明显错开画出，如图9-3所示。要特别注意的是，在装配图中（所有剖视图中），同一零件的剖面线方向、间隔须完全一致。另外，在装配图中，宽度小于或等于2mm的窄剖面区域，可全部涂黑表示，如图9-3所示的垫片画法。

9.2.2 假想画法

为了表达运动零件的极限位置，或者表达零部件之间的邻接及安装位置关系时，可以用细双点画线虚拟地画出其简要轮廓，如图9-4、图9-5所示。再如图9-2中球阀的扳手、图9-6中的铣刀盘和图9-7中的主轴箱所示。

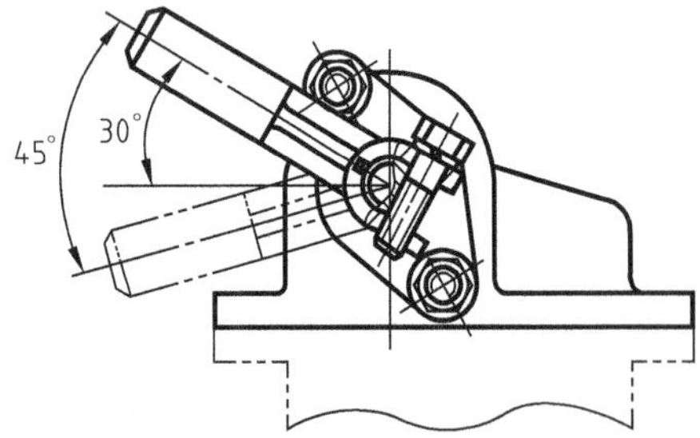

图 9-4 运动零件的极限位置

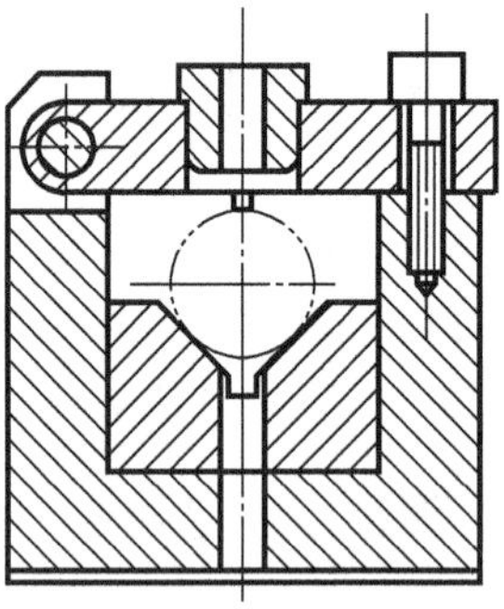

图 9-5 假想画法

9.2.3 夸大画法

对于非配合的微小间隙、细弹簧丝、薄片、调节垫片等，在装配图中不便于按实际尺寸画出的薄、细、小件，可以不按比例，而是夸大画出，如图 9-6 所示。实际尺寸大小应在该零件的零件图上给出。

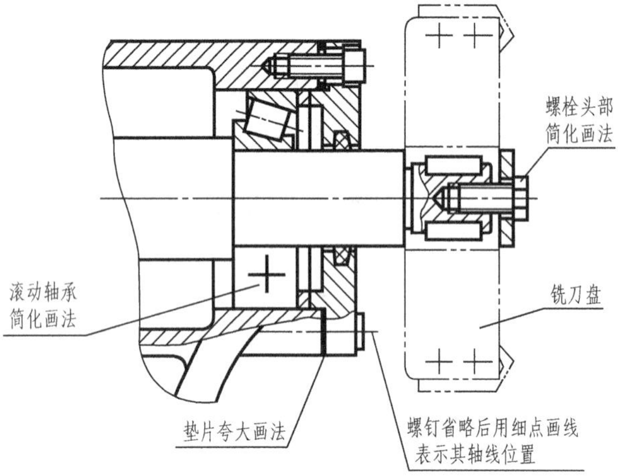

图 9-6 夸大画法、简化画法

9.2.4 展开画法

为了表达传动机构和零件之间的装配关系，可以假想按传动顺序沿轴剖切，然后依次展开，将空间中排列的过轴剖切面展开成为一个平面，并画为全剖视图，这种画法称为**展开画法**，如图 9-7 所示。

9.2.5 简化画法

1）对于紧固件（螺纹连接件、键、销等）和实心件（轴、球、杆），当剖切平面通过其轴线，相当于纵向剖切时，这些件均只画出外形轮廓线，按不剖绘制，如图 9-3 所示实心杆画法。若有特殊表达的结构（键、销连接、紧定螺钉定位）等，则可画成局部剖，如图 9-6 所示右端局部剖画法。当剖切面垂直于轴线时，则应画出其横断面上的剖面线，如

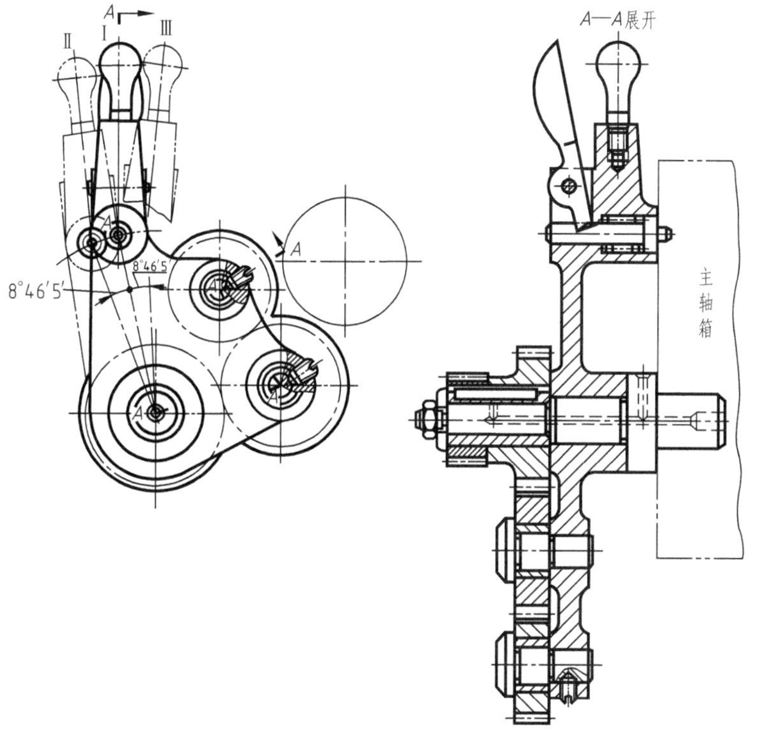

图 9-7　展开画法

图 9-5 所示左上角销轴剖切画法。

2）可以采用拆卸画法（或沿零件结合面的剖切画法），是指可以假想拆去某些零件（或者把某一部分折断拆去）后，绘制该视图以表达被其遮挡的某些结构形状和装配关系。即所谓的沿结合面以拆代剖，简称“拆代剖”，应在图样上加注“拆去××件”。如图 9-2 所示球阀装配图中的左视图及图 9-8 所示铣刀头装配图中的左视图。在拆去的结合面上不画剖面线，但在剖切到的零件上，必须画出剖面线。参见齿轮油泵装配图（图 9-33）中的左视图上齿轮轴、螺钉、销等。

3）在装配图中，无论剖切与否，若干相同的零、部件组，可详细地画出一组，其余只需用细点画线表示其分布位置即可，如图 9-6 所示的螺钉连接。

9.2.6　省略画法

在装配图中，零件的工艺结构，如倒角、圆角、退刀槽、起模斜度、滚花等均可省略不画。

9.2.7　单独表达

在装配图中，当某个零件因被别的零件遮挡而没有表达清楚，或者是对理解装配关系不利及对拆画零件图有妨碍时，可以将该零件分离出来单独表达，相当于“特写镜头”，但应加注字母、箭头和文字说明，如图 9-8 所示。

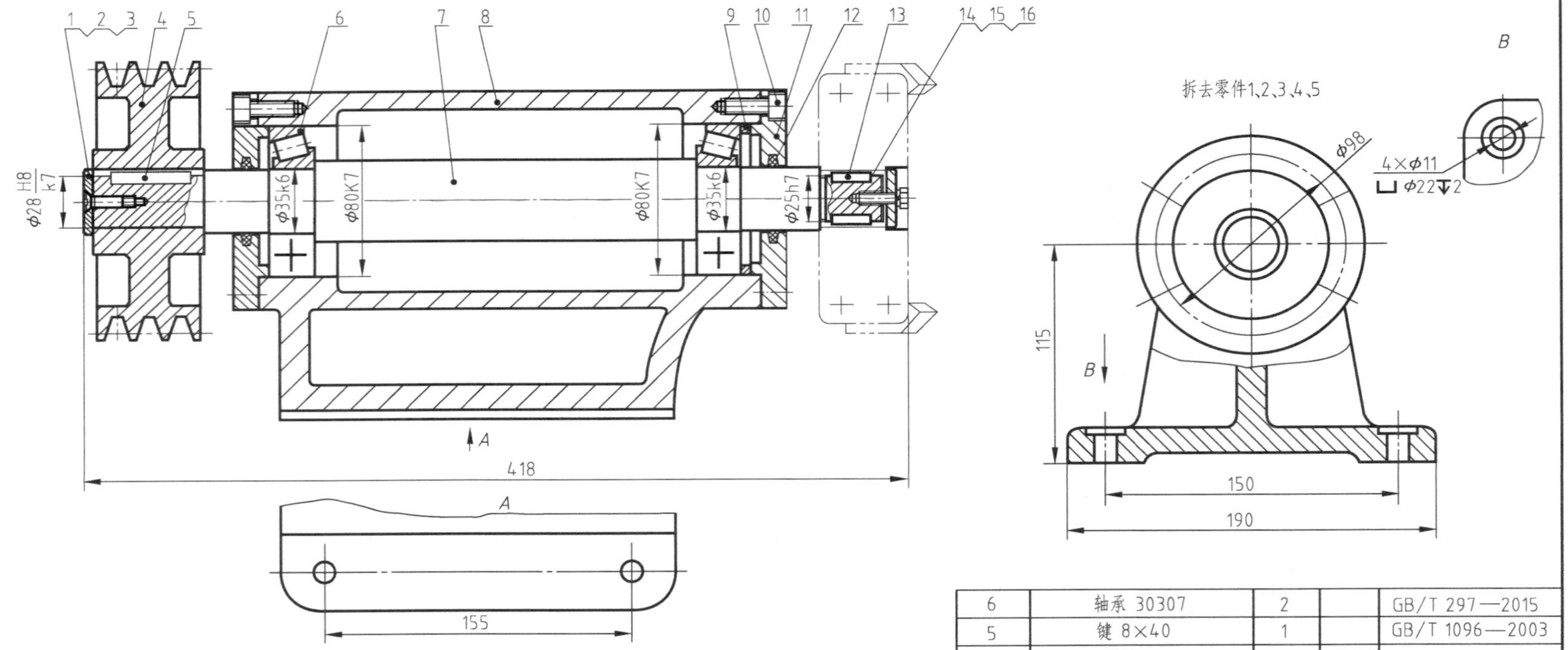

技术要求

1. 各配合、密封、螺纹连接处用润滑脂密封。
2. 未加工表面涂灰色油漆，内表面涂红色耐油油漆。

序号	名称	数量	材料	备注
16	垫圈	1	65Mn	GB/T 93—1987
15	挡圈 B32	1	35	GB/T 892—1986
14	螺栓 M6×20	1	Q235A	GB/T 5782—2016
13	键 6×6×20	2	45	GB/T 1096—2003
12	毡圈	2	半粗羊毛	
11	端盖	2	HT200	
10	螺钉 M8×20	12	Q235A	GB/T 70.1—2008
9	调整环	1	35	
8	座体		HT150	
7	轴		45	
6	轴承 30307	2		GB/T 297—2015
5	键 8×40	1		GB/T 1096—2003
4	带轮A型	1	HT150	
3	销 3×12	1	35	GB/T 119.2—2000
2	螺钉 M6×20	1	Q235	GB/T 68—2016
1	挡圈 A35	1	35	GB/T 891

铣刀头			比例		图号
			件数	1	
制图	(签名)	(年月日)	质量		共 张 第 张
描图			(学校名称)		
审核					

图 9-8 铣刀头装配图

9.3 装配图的尺寸标注和技术要求

9.3.1 装配图的尺寸标注

装配图与零件图不同，不作为生产的直接依据，不必标注出零件的所有尺寸，一般只需要标注出与装配体的性能、装配、安装、检验和调试等相关的尺寸。以球阀装配图（图9-2）和铣刀头装配图（图9-8）为例，装配图中的尺寸一般分为以下几种。

1. 性能尺寸

性能尺寸是表示装配体的性能、规格和特征的尺寸，是设计之前或设计计算时确定的。如球阀的公称直径 ϕ20mm，再如铣刀盘的中心高 115mm 及刀盘直径 ϕ120mm，这些都是规格性能尺寸，是在设计时经过论证确定的。

2. 装配尺寸

装配尺寸是装配体零件之间的配合尺寸和表示装配时零件的相对位置的尺寸。

1）**配合尺寸**：如阀盖和阀体之间的配合尺寸 ϕ50H11/h11。

2）**相对位置尺寸**：如铣刀盘的中心高 115mm。

3. 安装尺寸

安装尺寸是机器或部件安装到基座或其他工作位置时所需的尺寸。例如，球阀装配图中的 84、54、M36×2-6g，铣刀头装配图中的 155、150 等都与安装有关。

4. 外形尺寸

外形尺寸是装配体外形轮廓所占空间的最大尺寸，即装配体的总长、总宽、总高的尺寸。外形尺寸为包装、运输、安装过程所占空间大小提供原始依据。

5. 其他重要尺寸

其他重要尺寸是指在设计中确定的，但又不属于上述四类尺寸的一些重要尺寸。例如，运动的极限位置尺寸、主要零件的重要尺寸，以及由查表和设计计算得到的分度圆直径、中心距等。

实际上，往往一个尺寸兼有多种作用。上述尺寸并不一定要逐一标注，应视具体要求而定。

9.3.2 装配图的技术要求

装配图的技术要求一般从以下三个方面考虑。

1）**装配要求**：在装配过程中应注意的事项、装配后应达到的技术指标等，包括精度、装配间隙和润滑要求等。

2）**检验要求**：对装配体基本性能的检验、测试、验收方法等方面的要求。

3）**使用要求**：对正常使用、维护、保养等方面注意事项的要求。在常规状态下使用的装配体，其装配图不需要罗列过多的技术要求，对行业常识也应简化注写，如泵体等有统一的国家标准（或行业标准）。

9.4 装配图中的序号、明细栏

9.4.1 序号

为了便于装配图的阅读和生产过程的图样管理，装配图上的零、部件必须编写序号，并填写明细栏。

1. 序号的定义

装配图的序号是由指引线、小圆点（或箭头）和序号数字所组成的，如图 9-9 所示。

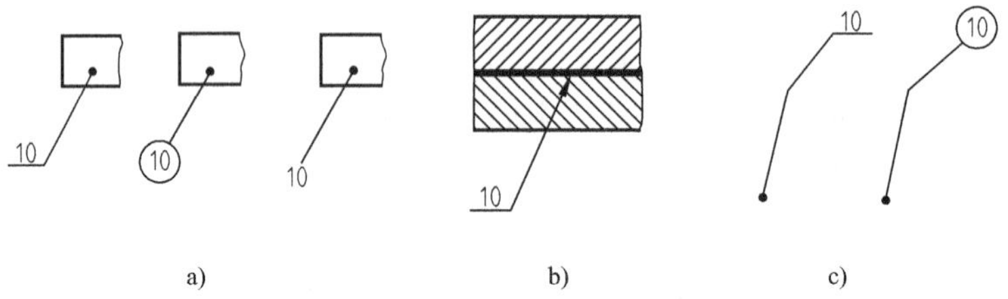

图 9-9 零件序号的编写方式

2. 序号的编写规定

零件序号的编写一般有如下规定。

1）装配图中所有的零、部件都必须编写序号。

2）装配图中对每一个零、部件只编写一个序号；同一装配图中相同的零、部件只编写一次。

3）装配图中零、部件的序号要与明细栏中的序号保持一致。

3. 序号的编写形式与排列方式

序号的编写形式与排列方式一般有如下规定。

1）同一装配图中零、部件序号的编写形式应一致。

2）指引线应自所指部分的可见轮廓引出，并在末端画一圆点。如所指部分轮廓内不便画圆点时，可在指引线末端画一箭头，并指向该部分的轮廓，如图 9-9b 所示。

3）指引线可画成折线，但只可曲折一次，如图 9-9c 所示。

4）一组紧固件及装配关系清楚的零件组，可以采用公共指引线，如图 9-10 所示。

5）零件的序号应沿水平或竖直方向沿顺时针或逆时针方向排列，序号间隔应尽可能相等，如图 9-2 装配图中所示。

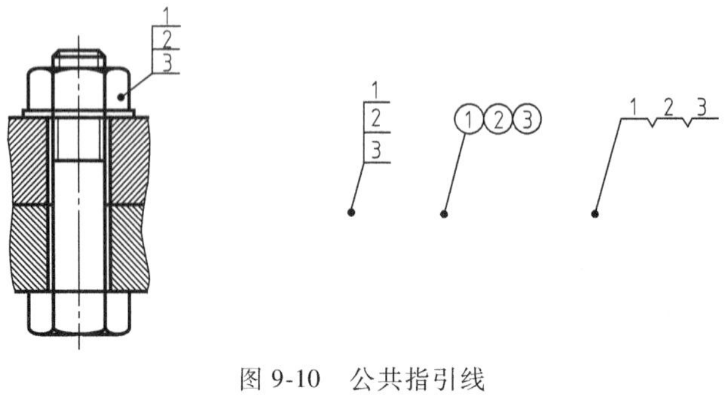

图 9-10 公共指引线

9.4.2 明细栏

明细栏置于标题栏（装配图中标题栏格式与零件图中相同）上方，是机器或部件中全部零部件的详细目录，如图 9-11 所示。若位置限制，可移到标题栏左侧，如图 9-2 装配图中所示。

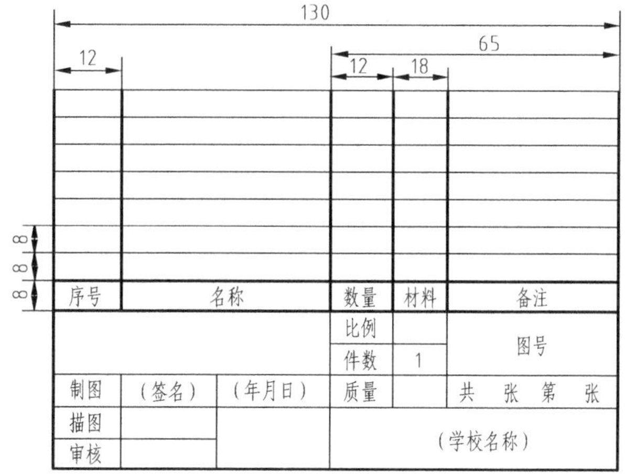

图 9-11 标题栏与明细栏

填写明细栏时要注意以下问题。

1）明细栏的零件序号应与装配图中的零件编号保持一致，序号按自下而上的顺序填写。若向上延伸位置不够，可紧靠标题栏左边线自下而上延续。

2）明细栏的竖栏线及表头横栏线为粗实线，其余横栏线为细实线，其下边线与标题栏上边线或图框下边线重合，长度相等。

9.5 常见装配工艺结构

为了保证装配体质量和拆装方便，在设计装配体时，必须考虑装配体上装配结构的合理性。在装配图上，除允许简化画出的情况外，都应尽量把装配工艺结构正确地反映出来。下面介绍几种常见的装配工艺结构。

1）当轴颈和孔配合时，且轴肩与孔的端面接触时，应在孔的接触端面制出倒角或在轴肩根部切槽，以保证零件间接触良好，如图 9-12 所示。

2）两个零件接触时，在同一方向上的接触面只能有一对，如图 9-13 所示。其中图 9-13a～c 所示为平面同一方向上接触，图 9-13d 所示为圆柱面同一方向上接触。

3）在保证装配稳定的前提下，要减小两零件的接触面，这样可以减小加工面，既可以提高加工效率，也可以提高加工精度，保证加工质量。减小接触面的工艺结构一般有凸台和凹坑等，如图 9-14 所示。

4）锥轴与锥孔配合时，接触面应有一定的长度，同时端面不能再接触，以保证锥面配合的可靠性，如图 9-15 所示。

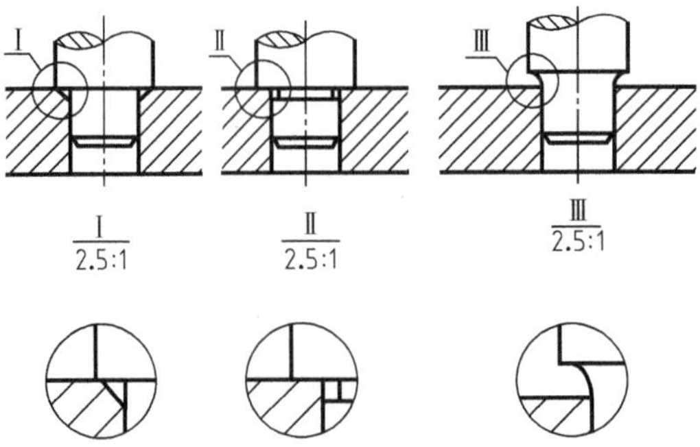

a) b)

图 9-12 轴颈和孔配合

a）合理 b）不合理

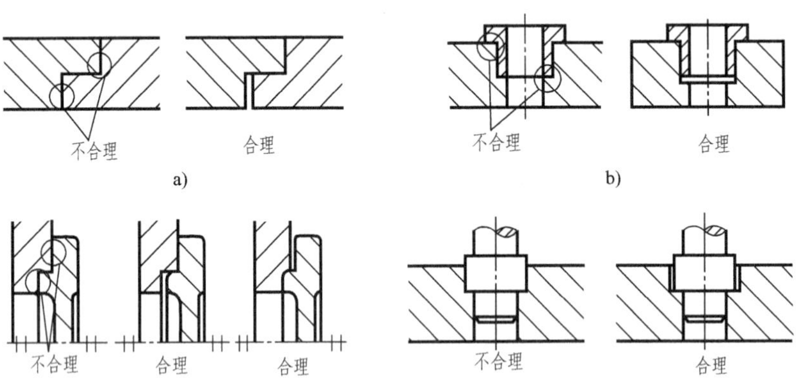

a) b) c) d)

图 9-13 两零件间的接触面

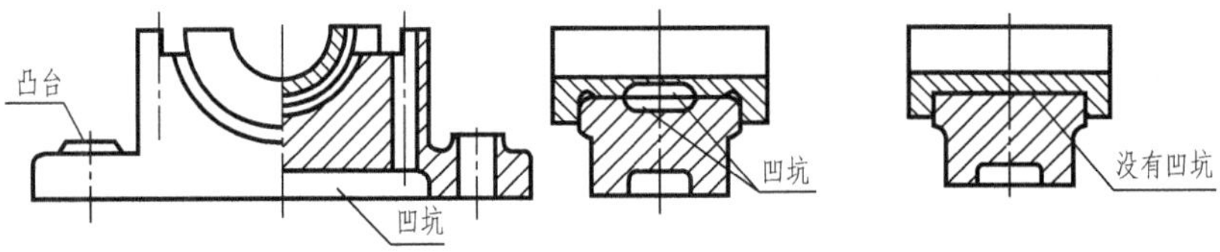

a) b)

图 9-14 减小接触面的工艺结构

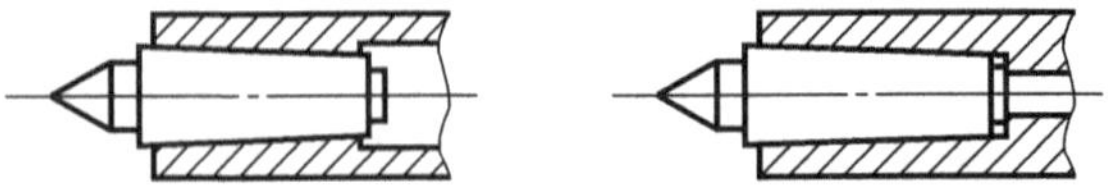

a) b)

图 9-15 锥轴和锥孔配合

a）合理 b）不合理

5）对螺栓、螺钉等紧固件连接装配，须考虑装拆方便，应注意留出装拆空间，常见紧固件装配工艺结构如图 9-16 所示。

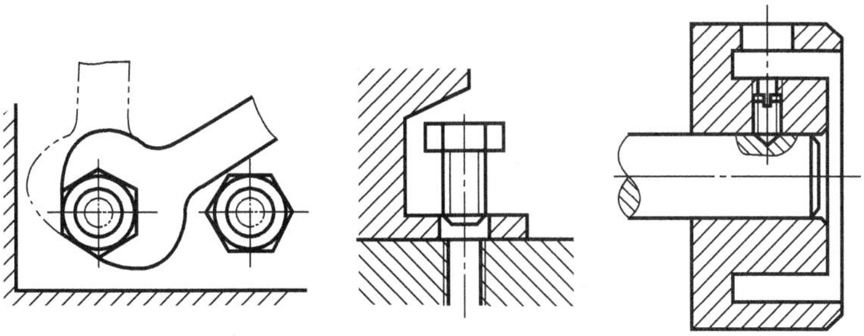

a)

b)

图 9-16　紧固件装配工艺结构

a）合理（螺栓、螺钉连接时留出装拆空间）　b）不合理

6）为防止机器或部件内部的液体或气体向外渗漏，同时避免外部的灰尘、杂质等侵入，必须采用密封装置。图 9-17 所示为常用的密封装置，通过压盖或螺母将填料压紧而起防漏作用。

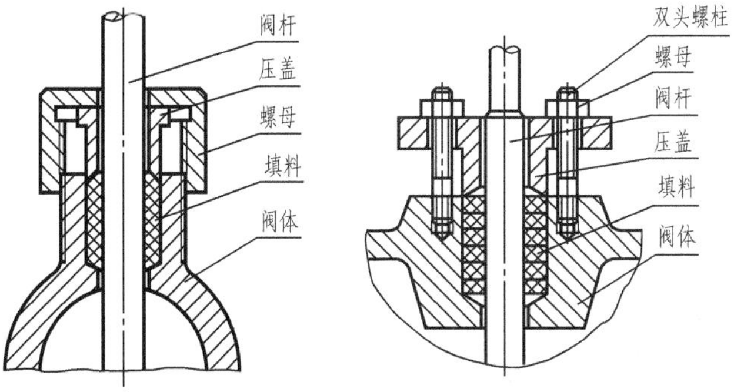

a)　　b)

图 9-17　密封装置

7）机器或部件在工作时，由于受到冲击或振动，一些连接件（如螺纹连接）可能发生松动，有时甚至发生严重事故，因此在一些连接结构中要采用防松装置，如图 9-18 所示。

8）轴上零件应有可靠的定位装置，保证零件不在轴上移动，如滚动轴承应采用弹性挡圈等固定，如图 9-19 所示。

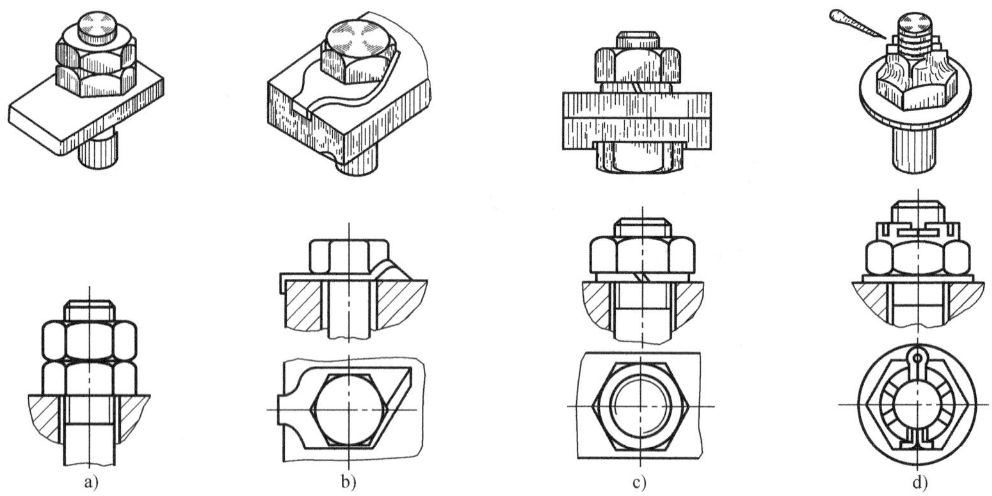

图 9-18　螺纹防松装置

a）双螺母　b）止动垫圈　c）弹簧垫圈　d）开口销

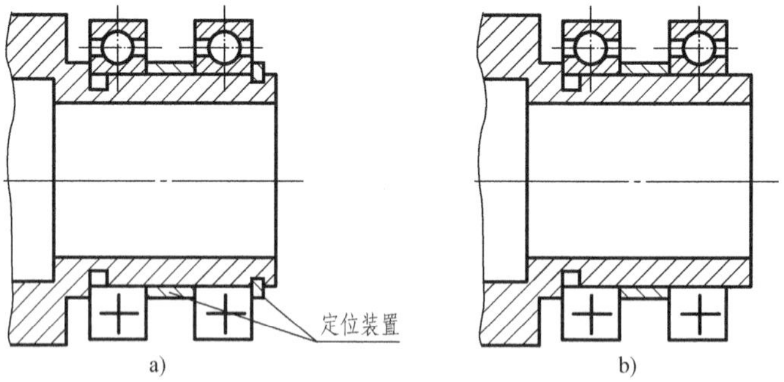

图 9-19　轴上零件的定位装置

a）合理　b）不合理

9）考虑滚动轴承装拆方便，轴肩直径应小于轴承的内圈直径，如图 9-20 所示。

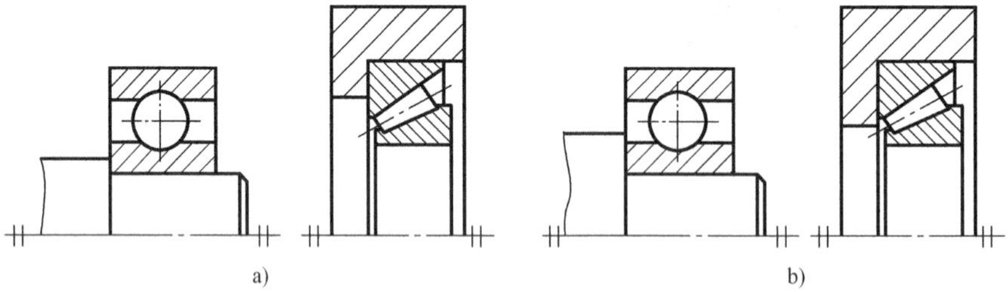

图 9-20　轴承装拆方便的工艺结构

a）合理　b）不合理

9.6　部件测绘及拼画装配图

对已有的部件（或机器）进行测量，并画出其装配图和零件图的过程称为部件（或机器）测绘。

现以图 9-21 所示一级圆柱齿轮减速器为例，介绍装配体测绘的方法与步骤，以及如何由零件图拼画装配图。

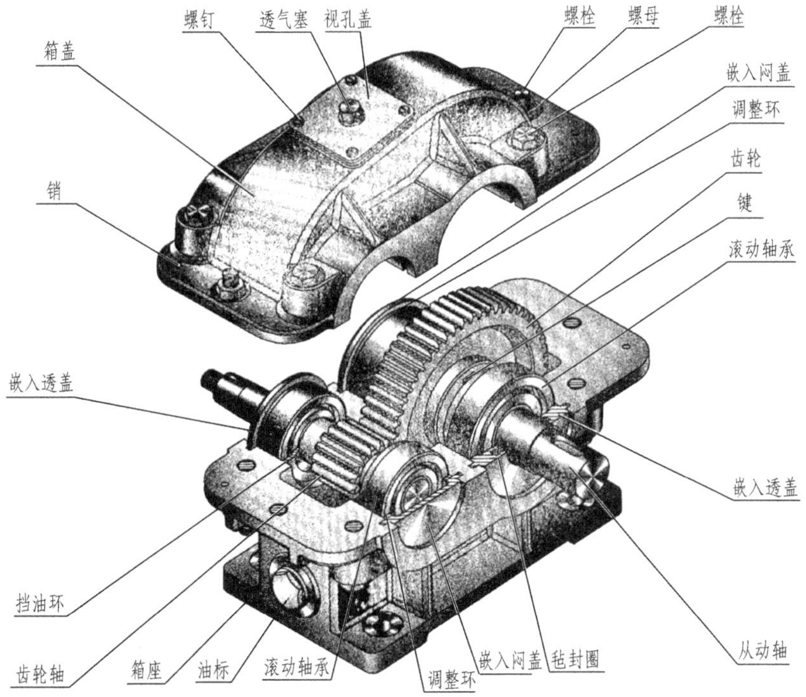

图 9-21　一级圆柱齿轮减速器

测绘装配体之前，应根据其复杂程度制订进度计划、编组分工，并准备扳手、锤子、铜棒、木棒等拆卸用工具，钢卷尺、钢直尺、游标卡尺等量具，以及细铅丝、标签等其他测绘用品。然后，应根据产品说明书、同类产品图样等资料，或者通过实地调查，初步了解装配体的用途、性能、工作原理等。

该减速器是通过一对齿数不同的齿轮的啮合传动，将高速旋转运动变为低速旋转运动的减速机构。动力由齿轮轴的伸出端输入，小齿轮（主动齿轮）旋转带动大齿轮（从动齿轮）旋转，并通过普通平键将动力传递到从动轴。由于主动齿轮轴的齿数比从动齿轮的齿数少，因此主动轴的高速旋转运动经过齿轮传动变为从动轴的低速旋转运动，从而达到减速的目的。

9.6.1　测绘部件

1. 拆卸部件

在初步了解部件的基础上，依次拆卸各零件，这样可以进一步了解减速器部件中各零件的装配关系、结构和作用，理解零件间的配合关系和配合性质。拆卸部件需注意以下几点。

1）拆卸前应**先测量一些重要的装配尺寸**，如零件间的相对位置尺寸、两轴中心距、极限尺寸和装配间隙等。

2）**注意拆卸顺序**，对精密的或主要的零件，不要使用粗笨的重物敲击，精密度较高的过盈配合零件尽量不拆，以免损坏零件。

3）拆卸后各零件要妥善保管，以免损坏丢失。

2. 画装配示意图

装配示意图是在部件拆卸过程中所画的记录图样，其作用是避免零件拆卸后可能产生的错乱给重新装配带来困难。它是通过目测，徒手用简单的线条示意性地画出部件的图样，主要表达部件的结构、装配关系、工作原理、传动路线等，而不是整个部件的详细结构和各个零件的形状。画装配示意图时，应采用国家标准《机械制图　机构运动简图用图形符号》（GB/T 4460—2013）中所规定的符号，如图 9-22 所示，并需注意以下两点。

1）图形画好后，应编上零件序号或名称。

2）标准件应及时确定其尺寸规格。

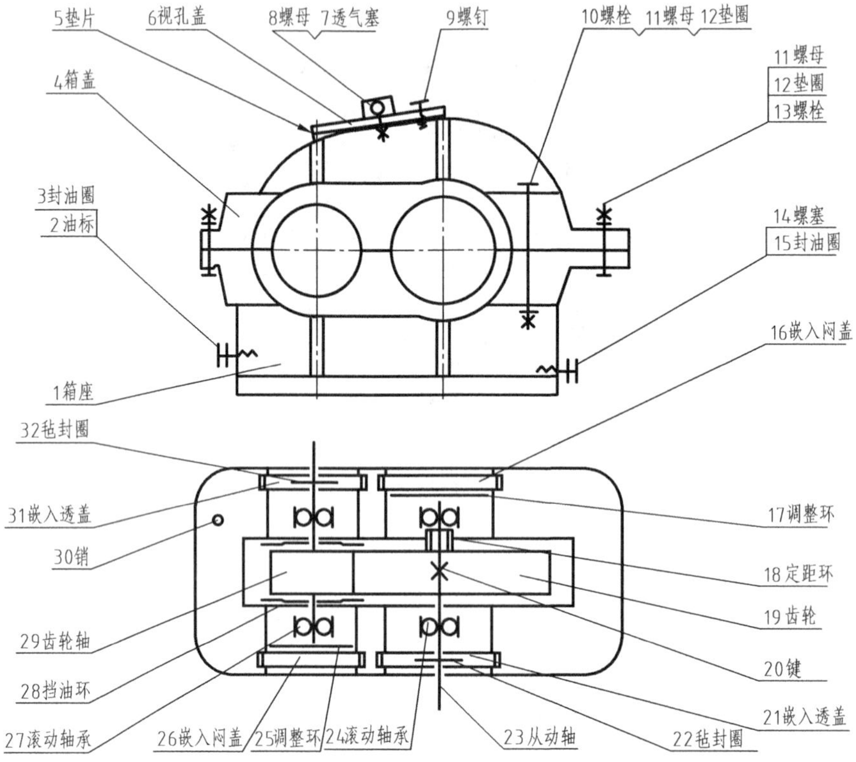

图 9-22　装配示意图

3. 尺寸测量与尺寸数字处理

（1）尺寸测量　在测量零件时，应根据零件尺寸的精确程度选用相应的量具，常用的测量工具有游标卡尺、外卡尺、内卡尺、钢直尺、游标万能角度尺、螺纹规等，精度低的尺寸可用内、外卡尺及钢直尺测量，精度较高的尺寸则应采用游标卡尺进行测量。应注意如下事项。

1）测量时应尽量从基准出发以减小测量误差。

2）尽量避免尺寸换算以减少错误。

（2）尺寸数字处理　零件的尺寸有的可以直接测量得到，有的要经过一定的运算才能得到，如中心距等，因此测量所得的尺寸还必须进行尺寸处理。

1）一般尺寸在大多数情况下要圆整到整数。

2）重要的直径要取标准值。

3）标准结构（如螺纹、键槽、齿轮的轮齿）的尺寸要取相应的标准值。

4）没有配合关系的尺寸或不重要的尺寸一般圆整到整数。

5）有配合关系（配合的孔、轴）的尺寸只测量公称尺寸，其配合性质和相应公差值应查阅手册获取。

6）有些尺寸要进行复核，例如，齿轮传动轴孔中心距要与齿轮中心距比较复核。

7）对因磨损、碰伤等原因而发生尺寸变动的零件进行分析，标注复原后的尺寸。

8）零件的配合尺寸要与相配零件的相关尺寸协调，即测量后尽可能将这些配合尺寸同时标注在相关的零件上。

4. 绘制零件草图

零件草图是目测比例、徒手画出的零件图，它是实测零件的第一手资料，也是整理装配图与零件工作图的主要依据。需绘制（标准件之外）所有零件的草图，而标准件只需测得几个主要尺寸，然后根据相关标准确定其规定标记。

草图不能理解为潦草的图，且应认真地对待草图的绘制工作，零件草图应满足以下两点要求。

1）零件草图所采用的表达方法、内容和要求与零件工作图一致。

2）表达完整，线型分明，投影关系正确，字体工整，图面整洁。

绘制零件草图时应注意以下事项。

1）注意保持零件各部分的比例关系及各部分的投影关系。

2）注意选择比例，一般按 1∶1 画出，必要时可以放大或缩小。视图之间留足标注尺寸的位置。

3）零件的制造缺陷，如刀痕、砂眼、气孔及长期使用造成的磨损，不必画出。

4）零件上因制造、装配需要而存在的工艺结构，如倒角、圆角、退刀槽、铸造圆角、凸台、凹坑等，必须画出。

提示：绘制零件草图的方法、步骤参见第 8.7 节。

5. 绘制零件图

完成草图后即可根据零件草图绘制零件图。零件图是画装配图的依据，装配示意图只反映零件间的装配关系，而零件图才是最准确表达零件结构形状、大小和制造技术要求的工程图样，是绘制装配图的重要依据。

绘制零件图不是对零件草图简单抄画，而是应根据装配示意图，以零件草图为基础，对零件草图中的视图表达、尺寸标注等的不合理或不够完善之处予以必要的修正和优化。画零件图时要注意以下两个问题。

1）零件上的机械加工工艺结构，如倒角、退刀槽、砂轮越程槽等的结构和尺寸应查相关国家标准确定。

2）零件的技术要求，如表面粗糙度、尺寸公差、几何公差、表面处理及材料牌号等，可根据零件的作用、工作要求等参照同类产品的图样和资料类比确定。

零件图的具体画法不再赘述，图 9-21 所示减速器的主要零件的零件图如图 9-23～图 9-27 所示。

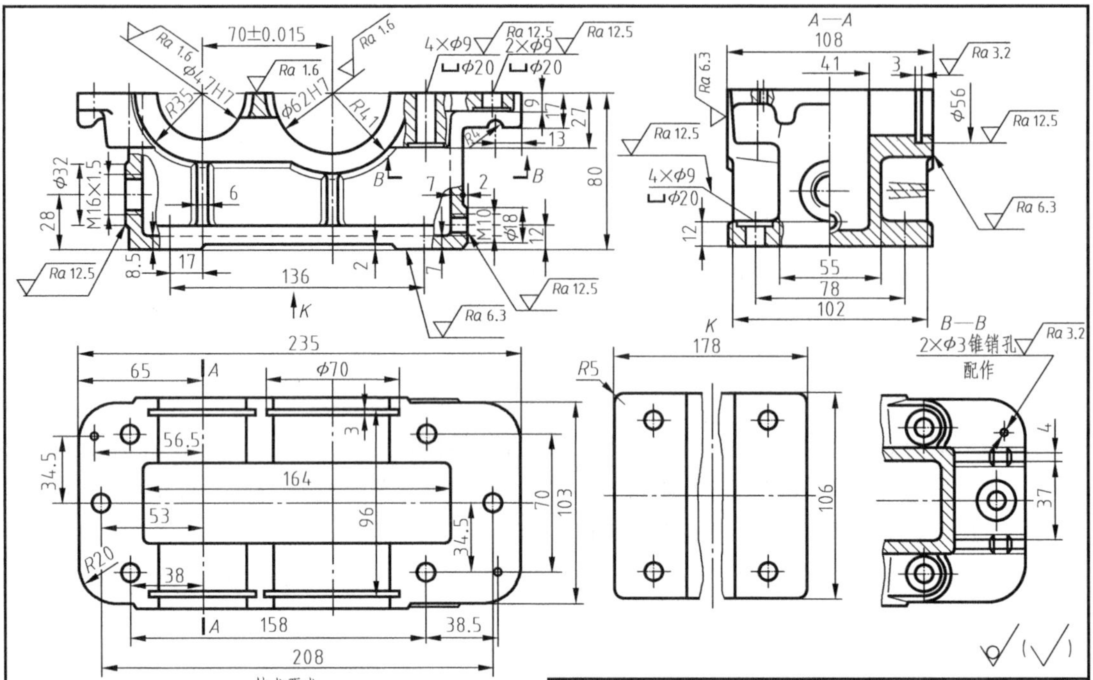

技术要求

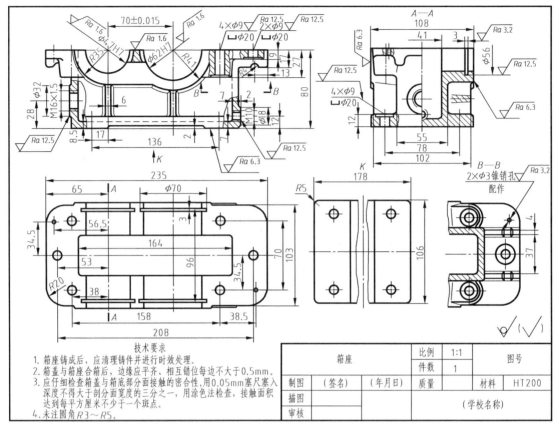

1. 箱座铸成后，应清理铸件并进行时效处理。
2. 箱盖与箱座合箱后，边缘应平齐、相互错位每边不大于0.5mm。
3. 应仔细检查箱盖与箱底部分面接触的密合性，用0.05mm塞尺塞入深度不得大于剖分面宽度的三分之一，用涂色法检查，接触面积达到每平方厘米不少于一个斑点。
4. 未注圆角R3～R5。

箱座			比例	1:1	图号	
			件数	1		
制图	(签名)	(年月日)	质量		材料	HT200
描图			(学校名称)			
审核						

图 9-23　箱座零件图

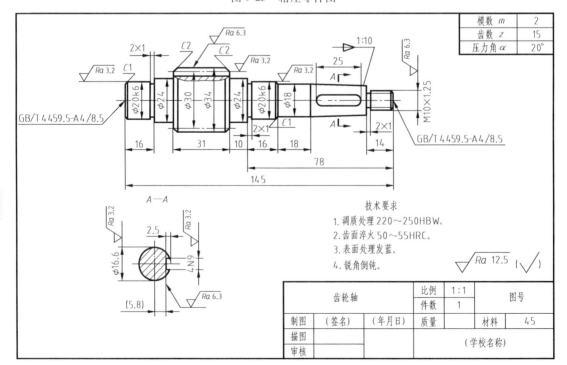

模数 m	2
齿数 z	15
压力角 α	20°

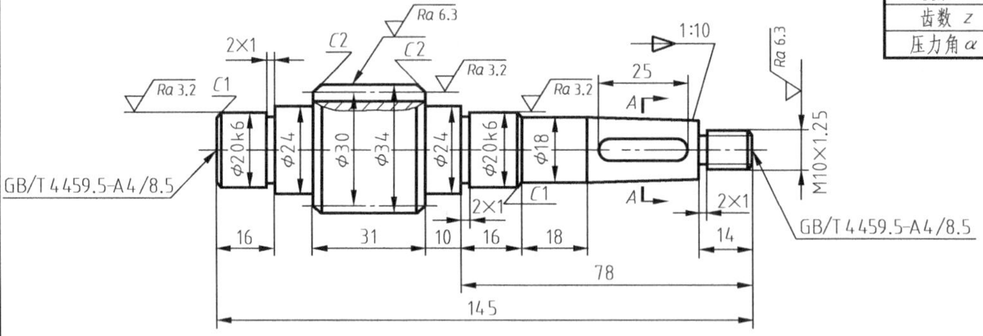

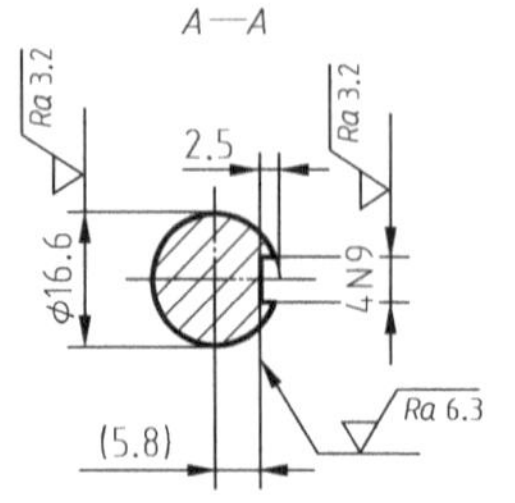

技术要求

1. 调质处理220～250HBW。
2. 齿面淬火50～55HRC。
3. 表面处理发蓝。
4. 锐角倒钝。

齿轮轴			比例	1:1	图号	
			件数	1		
制图	(签名)	(年月日)	质量		材料	45
描图			(学校名称)			
审核						

图 9-24　齿轮轴零件图

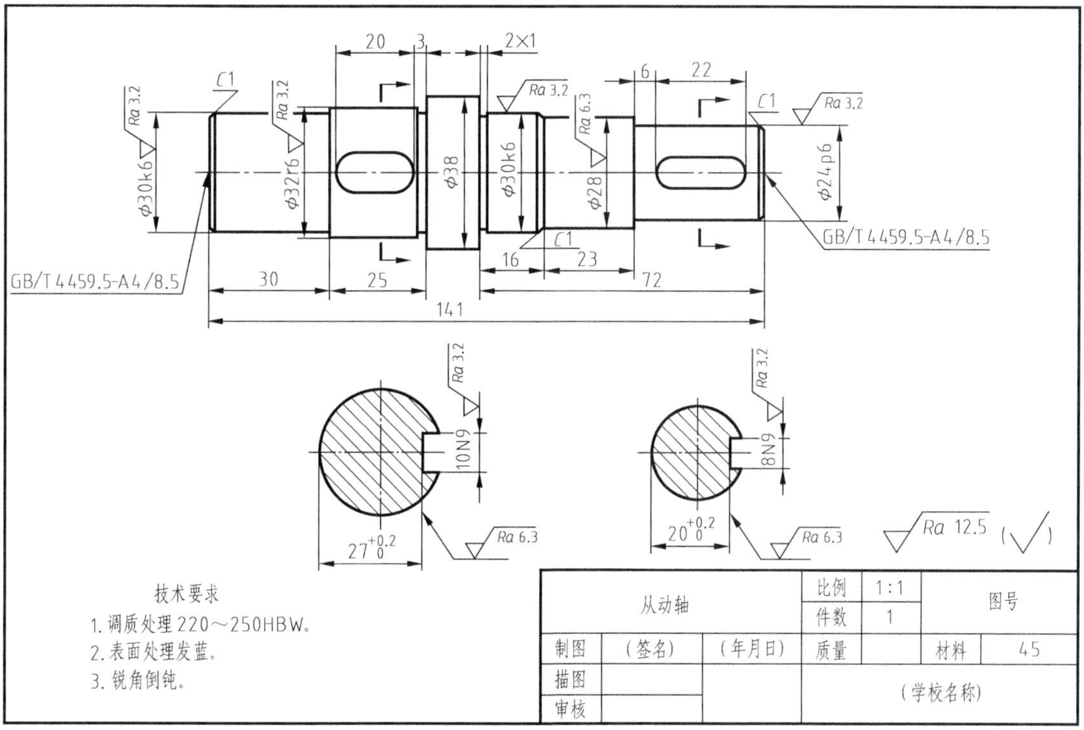
技术要求
1. 调质处理220～250HBW。
2. 表面处理发蓝。
3. 锐角倒钝。
从动轴
比例 1:1
件数 1
图号
制图 (签名) (年月日) 质量 材料 45
描图
审核
(学校名称)
GB/T 4459.5-A4/8.5
φ30k6
φ32r6
φ38
φ30k6
φ28
φ24p6
10N9
8N9
Ra 12.5 (√)

图 9-25　从动轴零件图

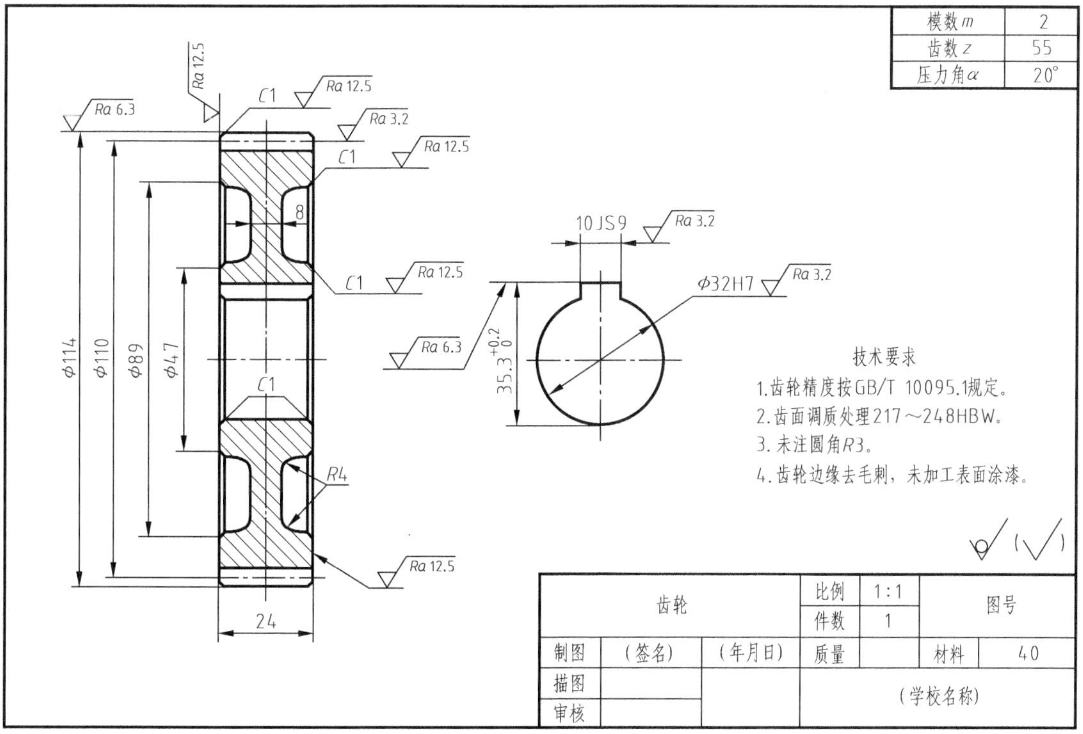
模数m 2
齿数z 55
压力角α 20°
技术要求
1.齿轮精度按GB/T 10095.1规定。
2.齿面调质处理217～248HBW。
3.未注圆角R3。
4.齿轮边缘去毛刺，未加工表面涂漆。
齿轮
比例 1:1
件数 1
图号
制图 (签名) (年月日) 质量 材料 40
描图
审核
(学校名称)
φ114
φ110
φ89
φ47
10JS9
φ32H7
R4
24

图 9-26　齿轮零件图

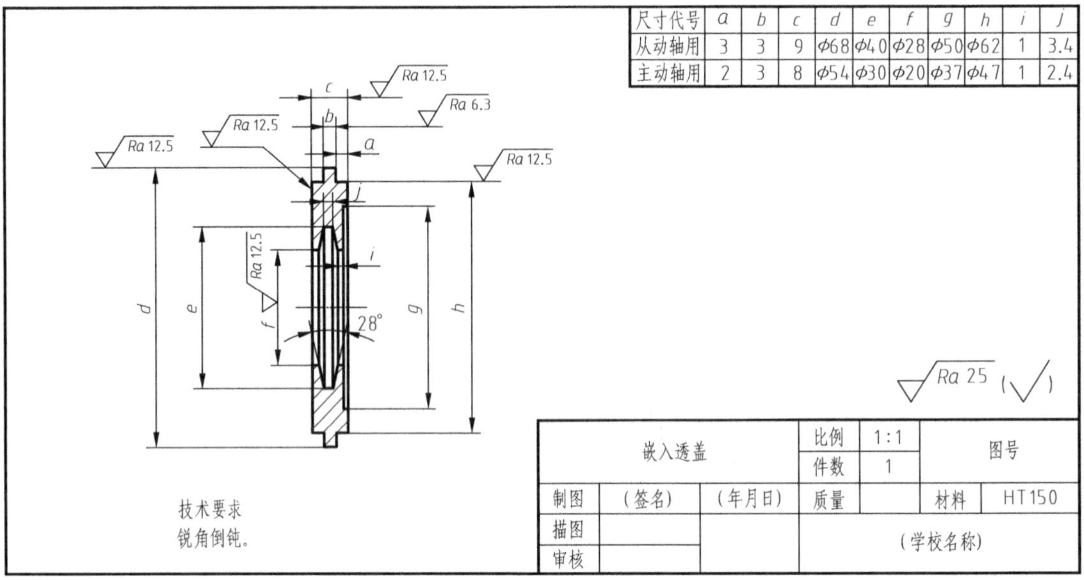

图 9-27 嵌入透盖零件图

9.6.2 拼画装配图

根据装配示意图，由零件图绘制装配图的过程一般称为**拼画装配图**。

拼画装配图的关键在于要从整体出发，选择好表达方案，在把所有零件都显示出来的基础上，须将部件的基本结构和工作原理、零件间的装配和连接关系等表达清楚。

1. 表达方案选择

1）**选择主视图**。主视图的选择应符合装配体的工作位置，并尽可能反映该装配体的结构特点及零件之间的装配连接关系，还应能明显地表示出装配体的工作原理。主视图通常取剖视画法，以表达零件主要装配干线（如工作系统、传动路线）。

图 9-27 所示为减速器的装配图，其中，主视图按工作位置确定，表达了减速器的整体外形，采用了 5 处局部剖视，分别表示箱座上的油标、放油孔（螺塞和封油圈）的结构、箱盖和箱座的螺栓连接结构、箱盖上视孔盖和透气塞的结构。

2）**选择其他视图**。选择的其他视图应能补充主视图尚未表达或表达不够充分的部分。一般情况下，每一种零件至少应在视图中出现一次。

图 9-32 所示装配图中的俯视图是沿箱盖与箱座接合面剖切的剖视图，集中表达了减速器的工作原理及各零件间的装配关系。左视图补充表达了减速器整体的外形轮廓，采用了 2 处局部剖视，分别表示箱盖和箱座的圆锥销定位结构、箱座的安装孔结构。

2. 绘制装配图的方法和步骤

1）**确定比例，合理布局**。根据装配体大小和复杂程度，确定比例和图幅，画出图框和标题栏、明细栏，同时要考虑零件序号、尺寸标注和技术要求等内容的布置，画出轴线、对称中心线等，如图 9-28 所示。

2）**画装配体的主要结构**。一般可先从主视图画起，从主要结构入手，由主到次；从装配图干线出发，由内向外，逐层画出，如图 9-29 所示。

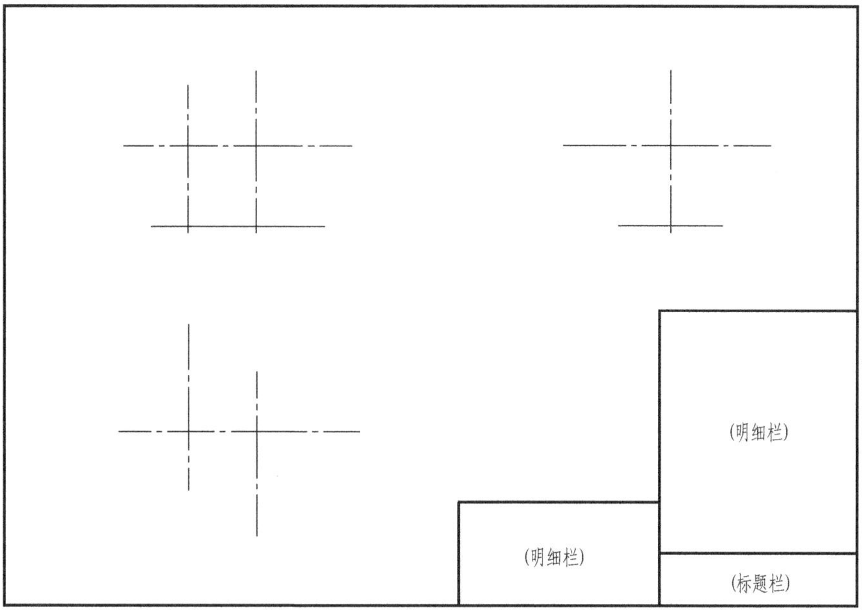

图 9-28　确定比例，合理布局

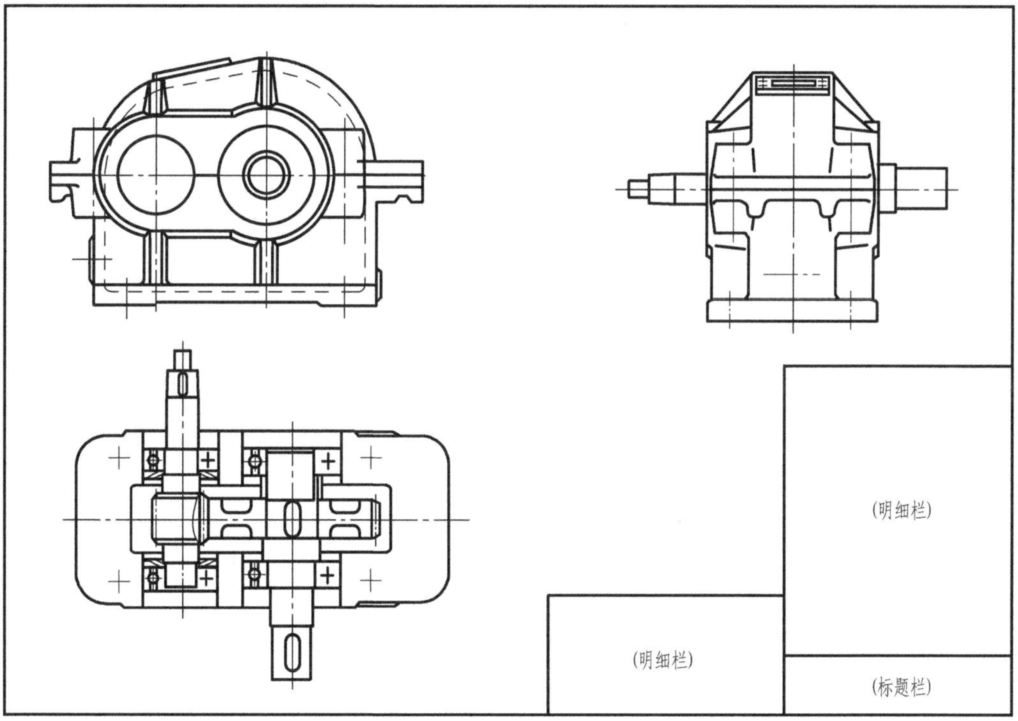

图 9-29　画装配体的主要结构

3）**画出次要结构和细节**。在主视图中画出油标、放油孔、螺栓连接、视孔盖和透气塞的详细结构。在左视图中画出圆锥销定位结构、油标的外形、安装孔的详细结构。在俯视图中画出嵌入透盖、嵌入闷盖、螺栓孔和圆锥销孔位置等详细结构，如图 9-30 所示。逐一画出各剖切部分的剖面线，如图 9-31 所示。

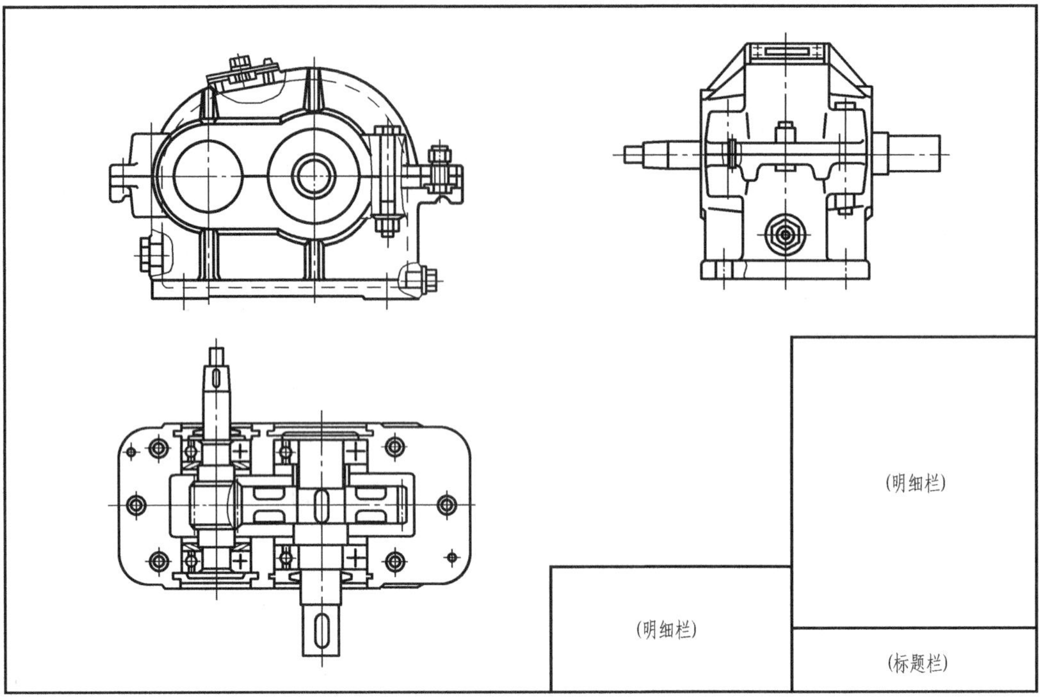

图 9-30　画出次要结构和细节

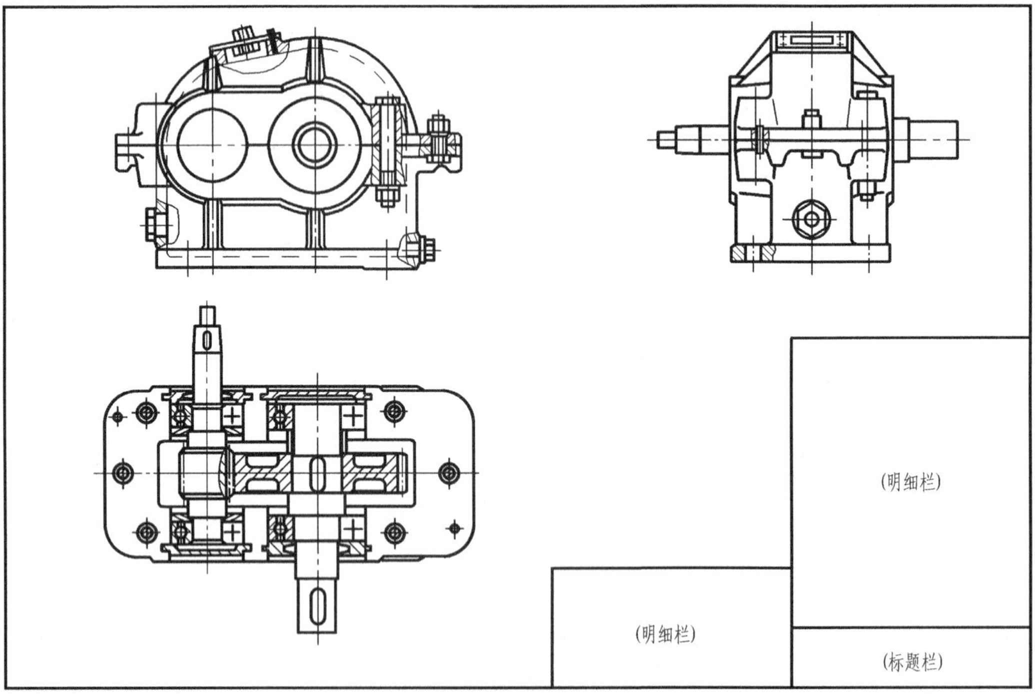

图 9-31　画出剖面线

4）**描深加粗，标注尺寸，编排序号，填写标题栏和明细栏**。装配图底稿绘制完成后，应仔细检查校对，无误后描深加粗全图。最后，标注必要的尺寸，编排零件序号，填写标题栏、明细栏和技术要求，完成减速器装配图的绘制，如图 9-32 所示。

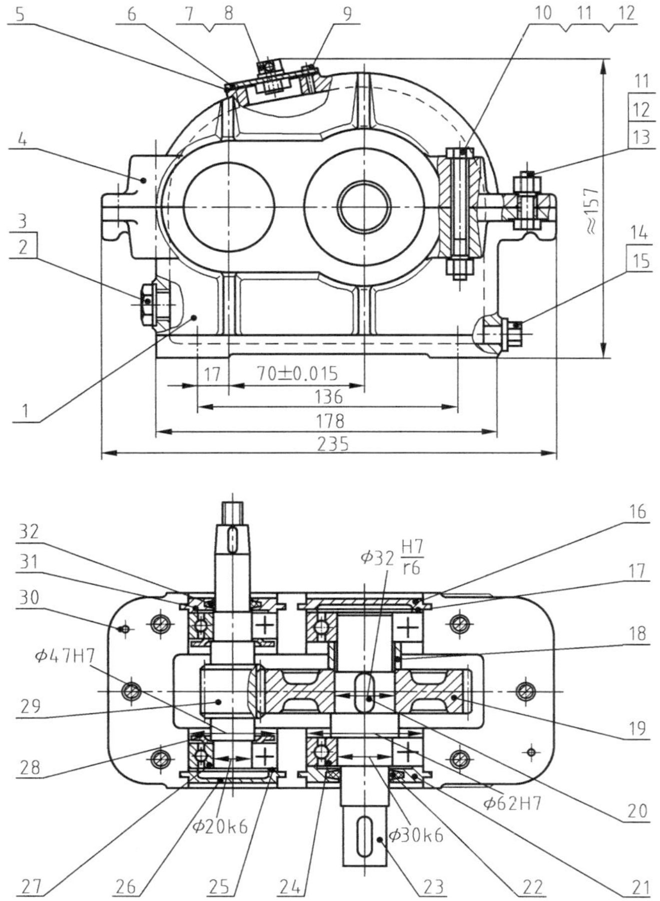

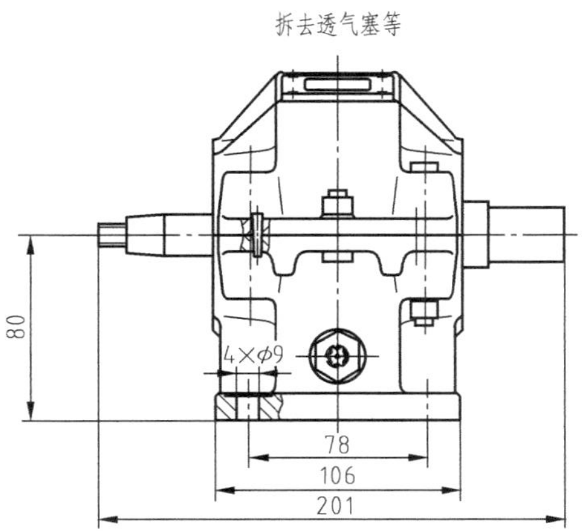

技术要求

1. 在装配之前，所有零件用煤油清洗，滚动轴承用汽油清洗，箱体内不许有杂物。
2. 滚动轴承内圈必须紧贴轴肩，定位环用0.005mm塞尺检查不得通过。
3. 滚动轴承的轴向间隙：输入轴0.04～0.07mm，输出轴0.05～0.10mm。
4. 齿面接触斑点沿齿高不小于45%；沿齿长不小于60%。
5. 减速器空载运转试验时输入转速750～1500r/min，正、反向均不少于2h。试验运转应平稳，无冲击、振动，各连接件、紧固件不松动，各连接处、密封处不渗油。
6. 紧固螺栓涂放松胶(Zr-803厌氧胶)，结合面涂封胶(尼龙密封或84-1密封胶)，外表面喷银灰色油漆。

序号	名称	数量	材料	备注
32	毡封圈	1	半粗羊毛毡	
31	嵌入透盖	1	HT150	
30	销3×18	2		GB/T 117—2000
29	齿轮轴	1	45	m=2,z=15
28	挡油环	1	Q215A	
27	滚动轴承6204	2		GB/T 276—2013
26	嵌入闷盖	1	HT150	
25	调整环	1	Q215A	
24	滚动轴承6206	2		GB/T 276—2013
23	从动轴	1	45	
22	毡封圈	1	半粗羊毛毡	
21	嵌入透盖	1	HT150	
20	键 10×8×22	1		GB/T 1096—2003
19	齿轮	1	40	m=2,z=55
18	定距环	1	Q215A	
17	调整环	1	Q215A	
16	嵌入闷盖	1	HT150	
15	封油圈	1	耐油橡胶	
14	螺塞M10×1	1		JB/ZQ 4450—2008
13	螺栓M8×25	2		GB/T 5781—2016
12	垫圈8	6		GB/T 93—1987
11	螺母M8	6		GB/T 41—2016
10	螺栓M8×65	4		GB/T 5780—2016
9	螺钉M3×8	4		GB/T 67—2016
8	螺母M10×1	1		GB/T 6173—2015
7	透气塞M10×1	1	Q215A	
6	视孔盖	1	Q215A	
5	垫片	1	石棉橡胶	
4	箱盖	1	HT200	
3	封油圈	1	耐油橡胶	
2	油标A10	1		JB/T 7941.2—1995
1	箱座	1	HT200	

一级圆柱齿轮减速器			比例		图号
			件数	1	
制图	(签名)	(年月日)	质量		共 张 第 张
描图			(学校名称)		
审核					

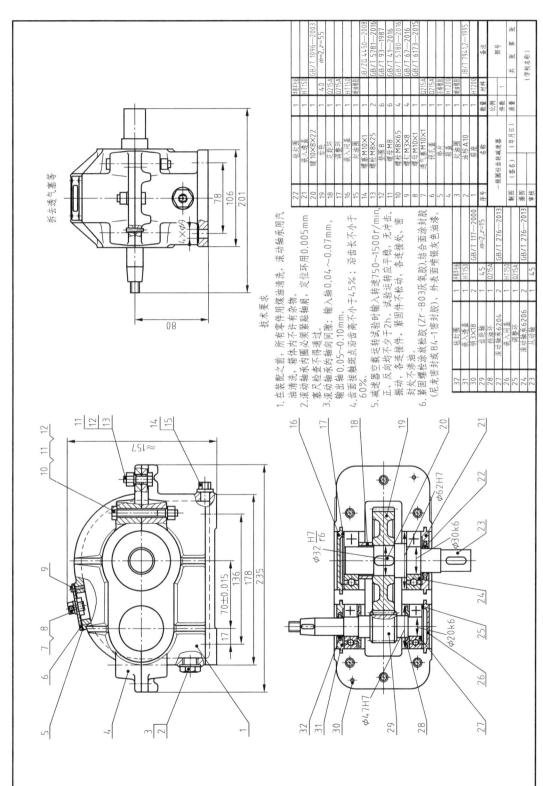

图 9-32 一级圆柱齿轮减速器装配图

9.7 读装配图及拆画零件图

在机器的设计、装配、使用和维修工作中，或者进行技术交流的过程中，都需要读懂装配图。因此，熟练地阅读装配图，正确地由装配图拆画零件图，是每个工程技术人员必备的基本能力之一。

9.7.1 读装配图的要求

1）了解机器或部件的性能、用途和工作原理。

2）了解各零件间的装配关系及拆卸顺序。

3）了解各零件的主要结构形状和作用。

9.7.2 读装配图的方法和步骤

1. 概括了解

1）通过阅读设计说明书、标题栏，初步了解该装配体的类型、名称、用途等。

2）查对序号和明细栏，了解标准件和非标准件的名称、数量。也可以按照运动单元和非运动单元区别构件或组件（动件和静件）。确认各件在装配体上的相对位置。

3）对装配图进行视图表达的分析，明确各视图之间的相对关系，各图表达的重点及其内在联系，领会绘图者的意图和思路。对该装配图有一个概略的总体了解。

2. 了解装配关系和工作原理

在这一重要的环节中，要逐个分析每一条装配干线。厘清各零件之间的装配与配合关系、连接与定位方式、润滑及密封结构等一系列的具体要求。明确运动与非运动零件、构件之间的相对位置关系，以及原动件、主动件、从动件等的传动过程和各路传动的顺序，进而读懂整机的工作原理和装配关系。

3. 分析零件的类型和结构形状

分析每个零件在装配体中的作用和功能，通常先从最主要的零件入手，然后是其邻接件。在装配体中，不可能（也没有必要）完整表达每个零件的结构形状。因此，应对零件的所属类型及其结构形状进行分析。按其常规类型和标准结构，并参照邻接件的连接方式、装配关系确定其内、外结构形状，为拆画零件图做好前期准备。

分析装配图中尺寸的类型，一般有总体尺寸、配合尺寸、重要零件相对位置尺寸，以及连接尺寸、安装尺寸、性能规格尺寸。

9.7.3 由装配图拆画零件图的方法和步骤

前面讲过的拼画装配图可简称为“拼装”，与之相对应，由装配图拆画零件图可简称为“拆零”。拆画零件图时，首先要分析所拆零件的功能，然后把该零件从邻接零件中分离出来。具体方法是在各视图中确定该零件的尺寸范围，抄画已有图线，综合考虑，补齐缺漏图线。必要时根据零件图的类型重新布局，规范表达。零件的主体内、外结构形状决定主要功能，局部的结构形状由加工工艺确定。选定并画出视图后，应按零件图的要求标注尺寸和技术要求。

9.7.4 读图和拆图实例

读图 9-33 所示齿轮油泵装配图并拆画右端盖的零件图。

1. 概括了解

齿轮油泵是机器中用来输送润滑油的一个部件。图 9-33 所示的齿轮油泵是由泵体，左、右端盖，运动零件（传动齿轮、齿轮轴等），密封零件及标准件等所组成的。对照零件序号及明细栏可以看出，齿轮油泵由 17 种零件装配而成，采用两个视图表达。主视图采用全剖视图，反映了组成齿轮油泵的各个零件间的装配关系。左视图在采用了沿左端盖 4 处的垫片 6 与泵体 7 的结合面剖切产生的半剖视图 *B—B* 的基础上，又在进、出油口处画出了其中一处的局部剖视图，它清楚地反映了这个油泵的外形、齿轮的啮合情况及吸、压油的工作原理，局部剖视图反映吸、压油口的情况。齿轮油泵长、宽、高三个方向的外形尺寸分别是 118、85、93，由此可知这个齿轮油泵的体积不大。

2. 了解齿轮油泵的装配关系及工作原理

泵体 7 是齿轮油泵中的主要零件之一，它的内腔容纳一对吸油和压油的齿轮。将齿轮轴 2、传动齿轮轴 3 装入泵体后，两侧有左端盖 4、右端盖 8 支承这一对齿轮轴的旋转运动。由销 5 将左、右端盖与泵体定位后，再用螺钉 1 将左、右端盖与泵体连接成整体。为了防止泵体与端盖结合面处及传动齿轮轴 3 伸出端漏油，分别用垫片 6 及密封圈 9、衬套 10、压紧螺母 11 密封。齿轮轴 2、传动齿轮轴 3、传动齿轮 12 等是油泵中的运动零件。当传动齿轮 12 沿逆时针方向（从左视图观察）转动时，通过键 15 将转矩传递给传动齿轮轴 3，经过齿轮啮合带动齿轮轴 2，从而使后者做沿顺时针方向的转动。如图 9-34 所示，当一对齿轮在泵体内啮合传动时，啮合区内右侧空间的压力降低而产生局部真空，油箱内的油液在大气压力作用下进入油泵低压区内的进（吸）油口，随着齿轮的转动，齿槽中的油不断沿箭头方向被带至左边的出（压）油口把油压出，送至机器中需要润滑的部分。

3. 分析齿轮油泵中的一些配合和尺寸

根据零件在部件中的作用和要求，应注出相应的公差带代号。例如，传动齿轮 12 要带动传动齿轮轴 3 一起转动，除了靠键把两者连成一体传递转矩外，还需定出相应的配合。在装配图中可以看到，它们之间的配合尺寸是 $\phi14H7/k6$，它属于基孔制过渡配合。由附录 D 的表 D-1、表 D-2、表 D-5 查得，孔的尺寸是 $\phi14^{+0.018}_{0}$，轴的尺寸是 $\phi14^{+0.012}_{+0.001}$，即配合的最大间隙 =（0.018−0.001）mm = +0.017mm，配合的最大过盈 =（0−0.012）mm = −0.012mm。

尺寸 27±0.016 是一对啮合齿轮的中心距，这个尺寸的准确与否将会直接影响齿轮的啮合传动。齿轮油泵的立体图如图 9-35 所示，尺寸 65 是传动齿轮轴线相对泵体安装面的高度尺寸。27±0.016 和 65 分别是设计和安装所要求的尺寸。

思考：齿轮轴 2 和传动齿轮轴 3 与左端盖 4 的支承孔的配合尺寸是 $\phi16H7/h6$，衬套 10 与右端盖 8 的孔的配合尺寸是 $\phi20H7/h6$，齿轮轴 2 和传动齿轮轴 3 的齿顶圆与泵体内腔的配合尺寸是 $\phi33H8/f7$，它们各是什么样的配合？进、出油口的尺寸 Rp3/8 和两个螺栓 16 之间的尺寸 70 为什么要在装配图中标注出？

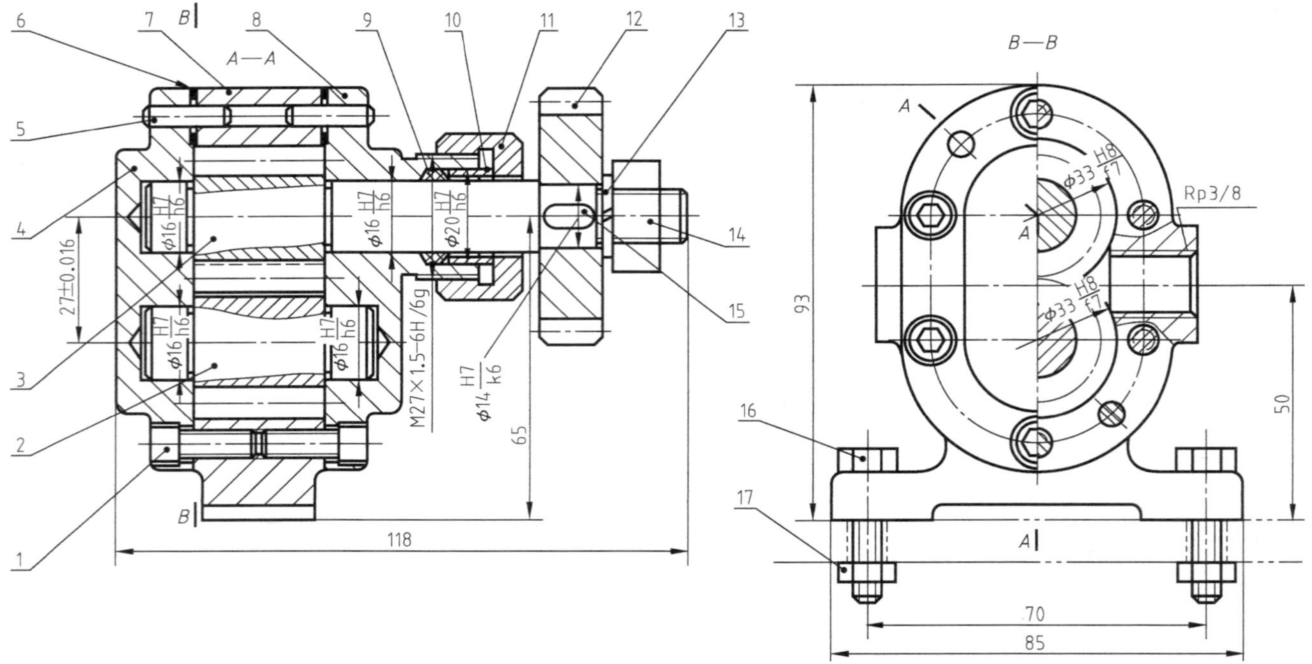

技术要求

1. 齿轮安装后，用手转动传动齿轮时，应灵活旋转。
2. 两齿轮轮齿的啮合面占齿长的3/4以上。

17	螺母M6	2	Q235	GB/T 6170—2015
16	螺栓M6×30	2	Q235	GB/T 5782—2016
15	键5×5×10	1	45	GB/T 1096—2003
14	螺母M12	1	Q235	GB/T 6170—2015
13	垫圈12	1	65Mn	GB/T 93—1987
12	传动齿轮	1	45	m=2.5，z=20
11	压紧螺母	1	35	
10	衬套	1	ZCuSn5Pb5Zn5	
9	密封圈	1	橡胶	
8	右端盖	1	HT200	
7	泵体	1	HT200	
6	垫片	2	纸	δ=1
5	销5×18	4	45	GB/T 119.2—2000

4	左端盖	1	HT200	
3	传动齿轮轴	1	45	m=3，z=9
2	齿轮轴	1	45	m=3，z=9
1	螺钉M6×16	12	35	GB/T 70.1—2008
序号	名称	数量	材料	备注

齿轮油泵			比例		图号
			件数	1	
制图	(签名)	(年月日)	质量		共 张 第 张
描图			(学校名称)		
审核					

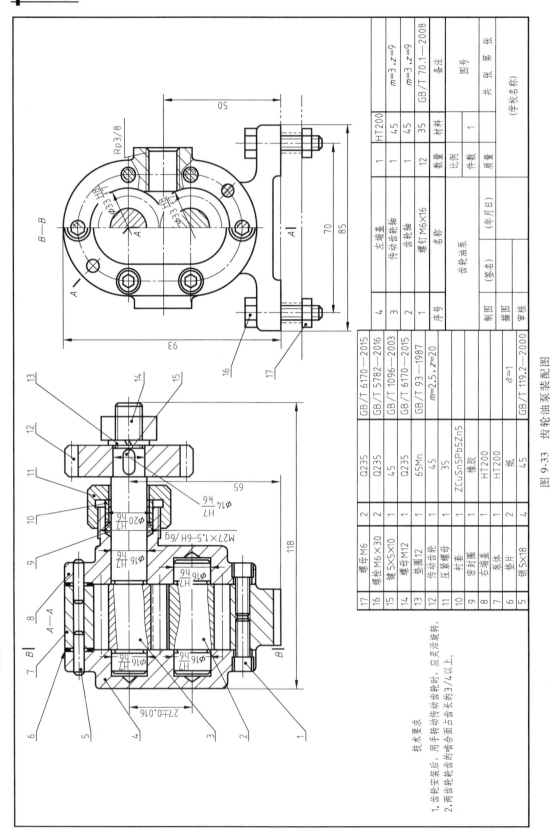

图 9-33 齿轮油泵装配图

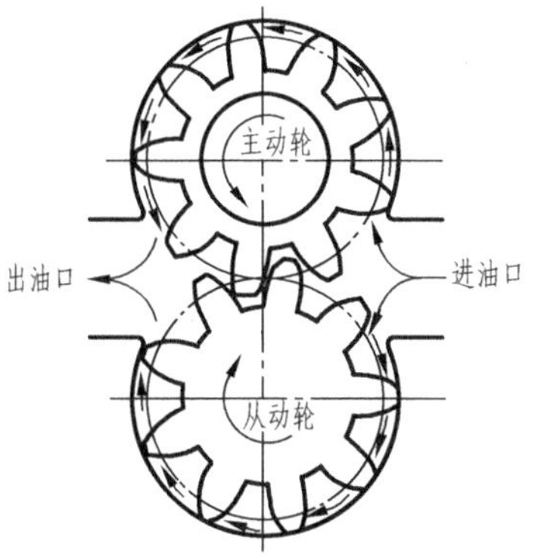

图 9-34　齿轮油泵的工作原理示意图

图 9-35　齿轮油泵的立体图

4. 拆画右端盖零件图

由图 9-33 所示装配图的主视图可见，右端盖 8 上部有传动齿轮轴 3 穿过，下部有齿轮轴 2 轴颈的支承孔，在右部凸缘的外圆柱面上有外螺纹，用压紧螺母 11 通过衬套 10 将密封圈 9 压紧在轴的四周。由左视图可见，右端盖的外形为长圆形，沿圆周分布有六个具有沉孔的螺钉孔和两个圆柱销孔。

拆画右端盖零件图时，先在主视图中确定右端盖的尺寸范围，抄画已有图线，如图 9-36a 所示。由于在装配图的主视图上，右端盖的一部分可见投影被其他零件所遮挡，因而它是一幅不完整的图形。根据右端盖的作用及装配关系，结合已有图线想象零件结构形状，补全所缺图线，如图 9-36b 所示。

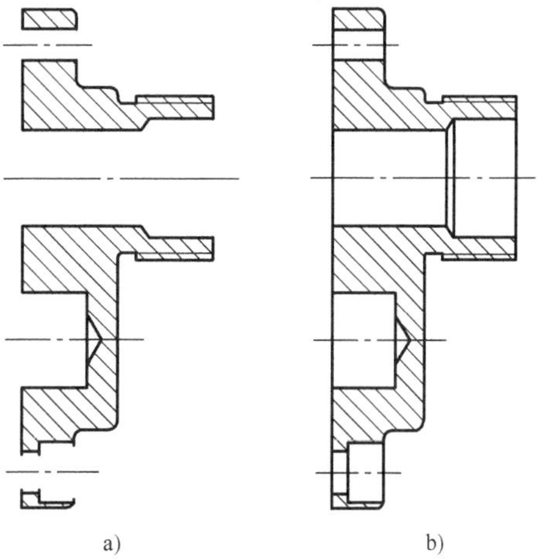

图 9-36　由齿轮油泵装配图拆画右端盖零件图
a）从装配图中分离抄画出的已有图线
b）补全图线的全剖的主视图

盘盖类零件一般可用两个视图表达，图 9-36b 所示拆画出的图形显示了右端盖各部分的结构，仍可作为零件图的主视图。考虑图 9-33 所示装配图中的主视图是由 *B—B* 视图中标记的 *A—A* 断面确定和画出的，以及表达右端盖外形和孔位置的需求，相对已有主视图采用一个右视图并标注 *A—A* 断面位置，如图 9-37 所示。

接下来标注尺寸和技术要求。由如图 9-33 所示装配图中标注的 ϕ16H7/h6、ϕ20H7/h6、M27×1. 5-6H/6g 等配合尺寸，可确定右端盖几何尺寸 ϕ16H7、ϕ20H7、M27×1. 5-6g。内六角圆柱头螺钉孔的尺寸是通过查附录 B 的表 B-4 并计算确定的。在全剖的主视图中还可以看出，M27×1. 5-6g 外螺纹的右端应有倒角，这里按 GB/T 16675. 1—2012《技术制图　简化表示法　第 1 部分：图样画法》省略未画，且未注尺寸，但从技术要求中可知该倒角为 *C*1。由已知尺寸等比例确定其余尺寸，参考同类零件及相关标准标注技术要求，最终得到完整、清晰地表达右端盖的图 9-37 所示的零件图。

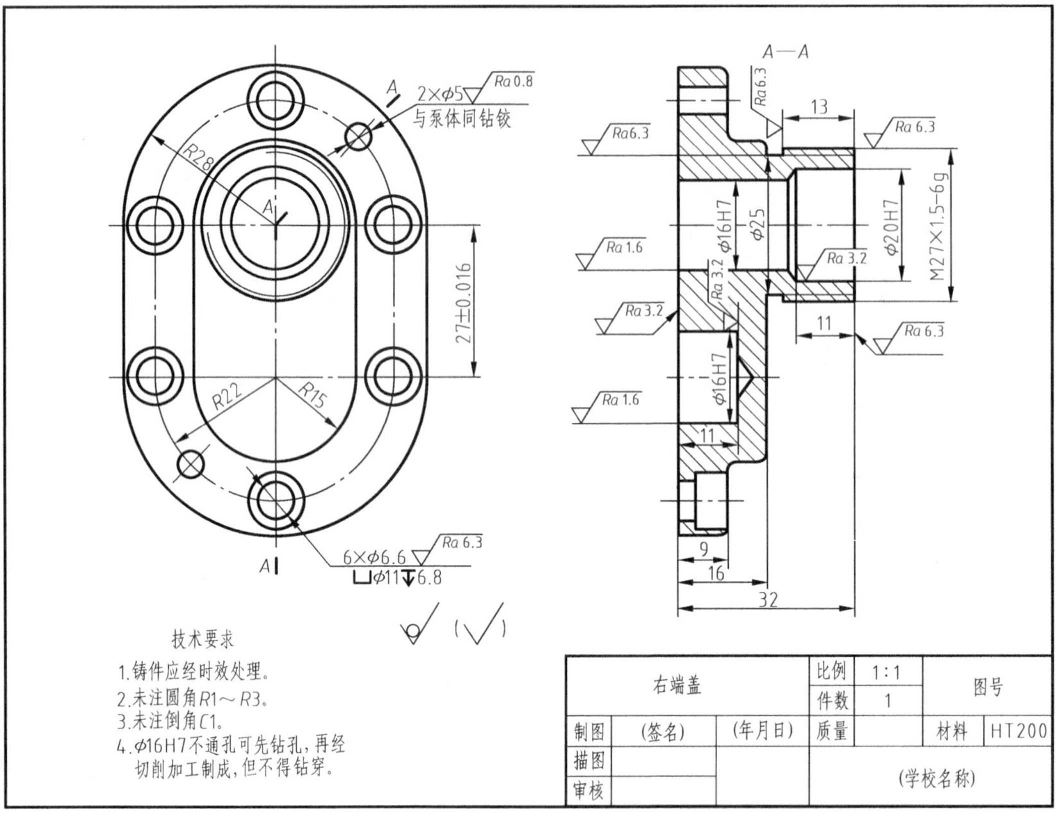

图 9-37　右端盖零件图

拓展提高

焊　接　图

通过加压或加热，或者两者并用，并且用或不用填充材料，使焊件达到结合的方法称为焊接。焊接不仅可以用于实现各种钢材的连接，而且可以用于实现铝、铜等有色金属及钛、锆等特种金属材料的连接，因而广泛应用于机械制造、造船、海洋开发、石油化工、航天技术、原子能、电力电子及建筑等领域。为更好地应对工程实际问题，学习中也应掌握和具备一定的绘制和识读焊接图的能力。因此本拓展提高主要介绍国家标准 GB/T 324—2008《焊缝符号表示法》和 GB/T 12212—2012《技术制图　焊缝符号的尺寸、比例及简化表示法》中的基本规定，更多内容可查阅标准。

1. 焊缝的形式和规定画法

焊接的过程是将需要连接的金属零件在连接处局部加热至熔化或半熔化状态后，用加压或在其间用熔化的金属填充等方法使零件连接为一个整体。常用的焊接方法有电弧焊、气焊等，焊接是不可拆的连接。焊接图则是焊接加工所用的图样。

（1）焊接接头　常见的焊接接头形式有对接接头、T 形接头、角接接头和搭接接头，如图 9-38 所示。

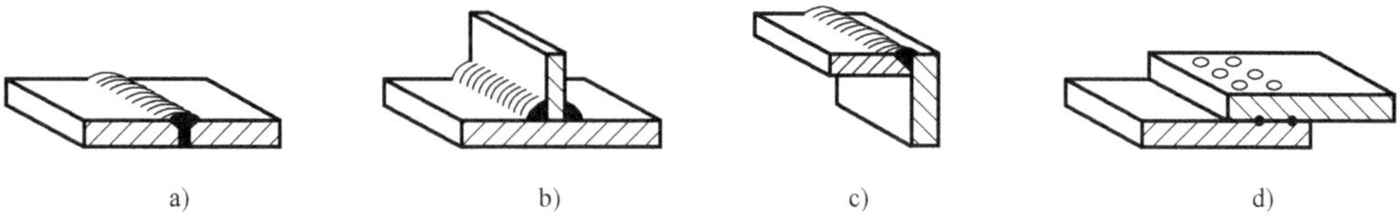

图 9-38　常见的焊接接头形式

a）对接接头　b）T形接头　c）角接接头　d）搭接接头

（2）焊缝　工件经焊接后所形成的接缝称为焊缝。焊缝形式主要有I形焊缝、角焊缝和点焊缝等，如图9-39所示。

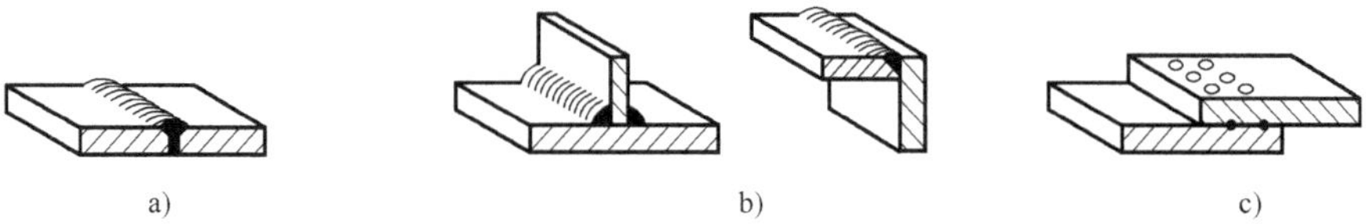

图 9-39　焊缝形式

a）I形焊缝　b）角焊缝　c）点焊缝

（3）焊缝的规定画法　绘制焊接图时，一般可按焊接件接触面的投影将焊缝画成一条轮廓线（不考虑焊缝的横截面形状及坡口）。若是点焊缝，则在图形的相应位置画出焊点的中心线或轴线，如图9-40所示。

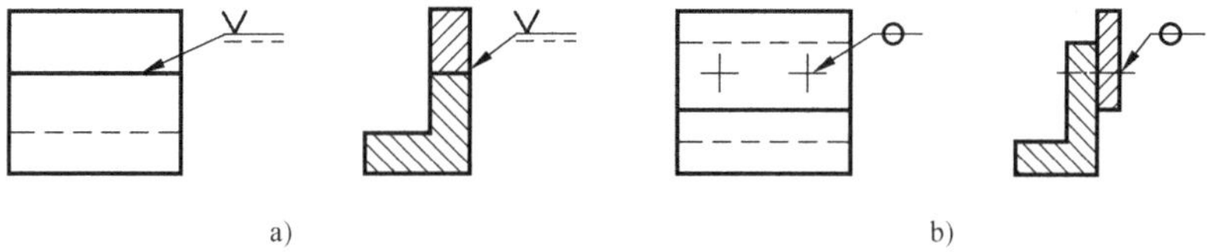

图 9-40　焊缝的规定画法

a）一般焊缝　b）点焊缝

在图样中，可采用视图、剖视图或断面图的画法表示焊缝，也可以用轴测图示意地表示。按规定画法在视图中表示焊缝后，一般仍应标注焊缝的符号，以便明确加工要求。

2. 焊缝符号

焊缝符号一般由基本符号和指引线组成，必要时还可以加上补充符号和焊缝尺寸符号。

（1）基本符号　基本符号是表示焊缝横截面基本形状和特征的图形符号。常用焊缝的基本符号及标注示例见表9-1。

表 9-1　常用焊缝的基本符号及标注示例

名称	基本符号	焊缝形式	标注示例
I形焊缝	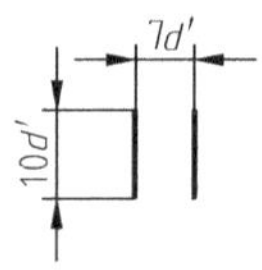	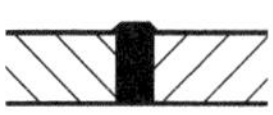	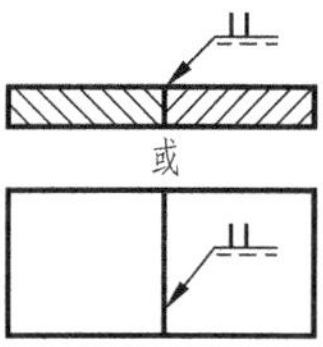

（续）

名称	基本符号	焊缝形式	标注示例
V 形焊缝	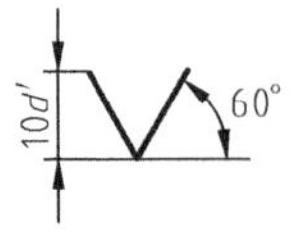	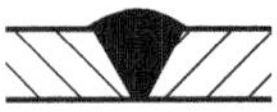	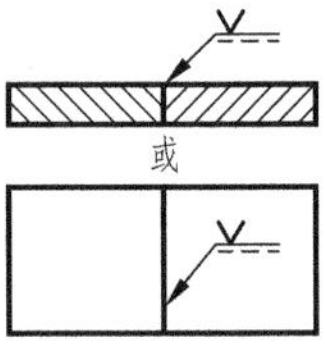
单边 V 形焊缝	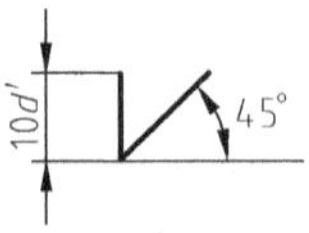		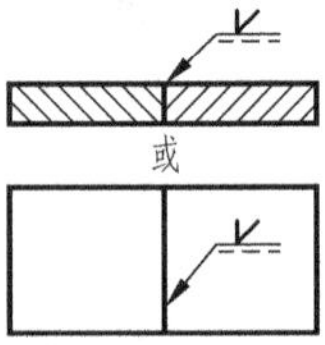
带钝边 V 形焊缝	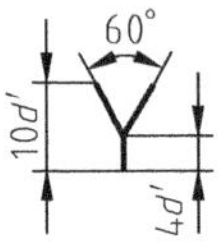		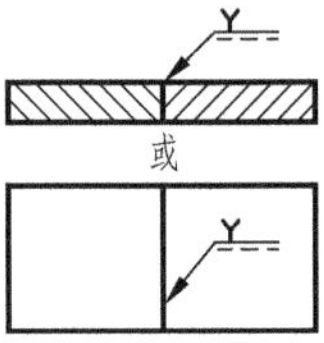
带钝边单边 V 形焊缝	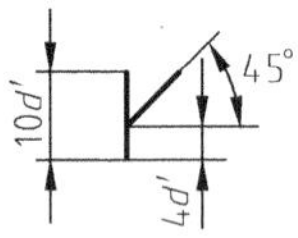		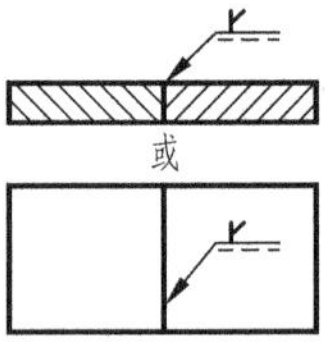
带钝边 U 形焊缝	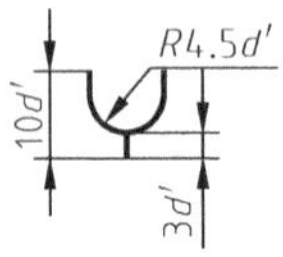		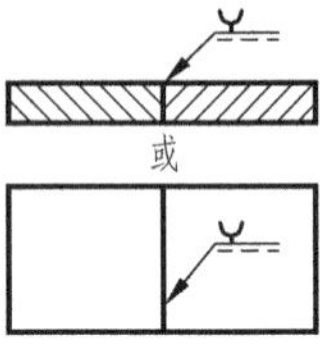
带钝边 J 形焊缝	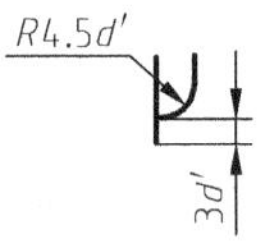		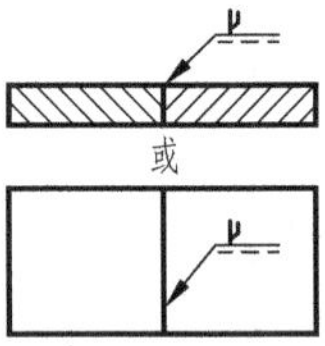
角焊缝	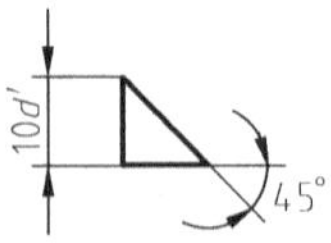	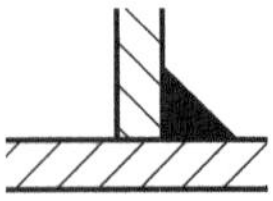	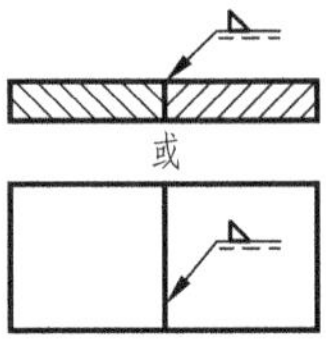
点焊缝	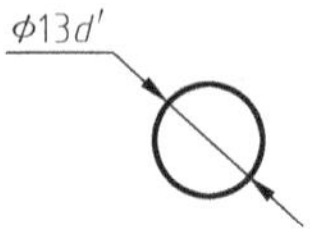		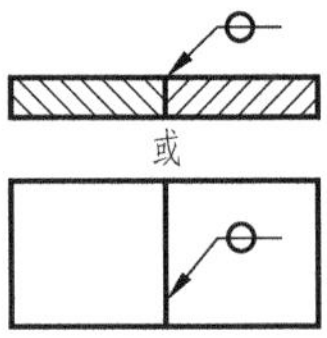

注：$d'=h/10$，h 为字高。

（2）指引线　焊缝符号中的指引线一般由带箭头的箭头线和两条平行的基准线组成。基准线中，一条为细实线，另一条为细虚线。

基准线一般与图样中标题栏的长边平行，必要时也可与长边垂直。基准线的虚线可画在细实线的上侧或下侧，如图 9-41 所示。

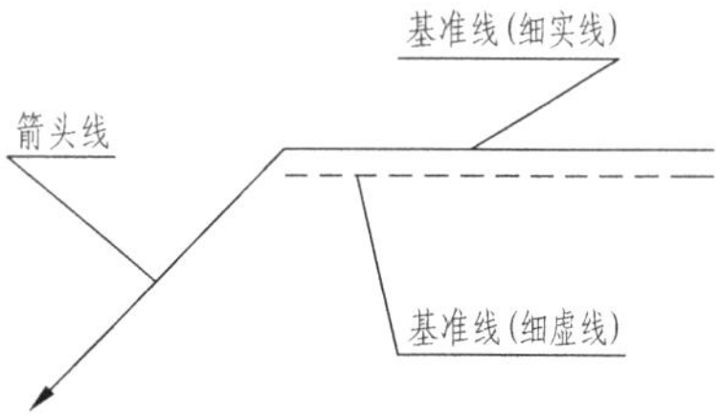

图 9-41　指引线的画法

3. 焊缝标注示例

常见焊缝的标注示例见表 9-2。

表 9-2　常见焊缝的标注示例

接头形式	焊缝示例	标注示例	说明
对接接头	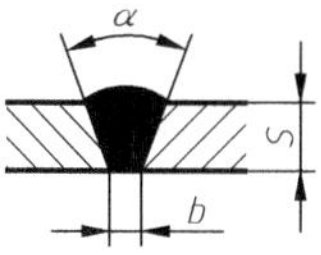	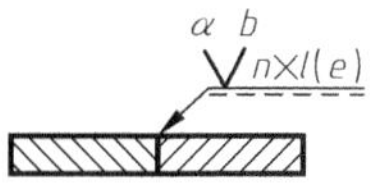	V 形焊缝，坡口角度为 α，根部间隙为 b，焊缝长度为 l，焊缝间距为 e
	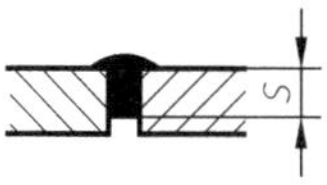	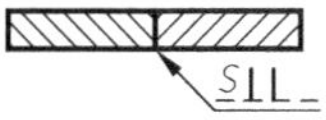	I 形焊缝，焊缝的有效厚度为 S
	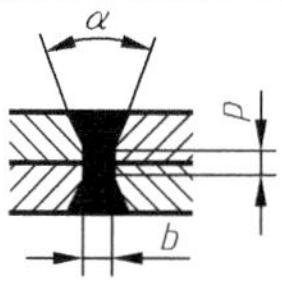	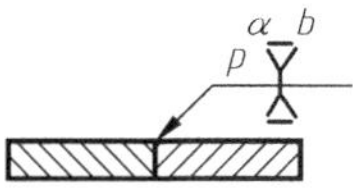	带钝边的 X 形焊缝，钝边高度为 p，坡口角度为 α，根部间隙为 b，焊缝表面平齐
T 形接头	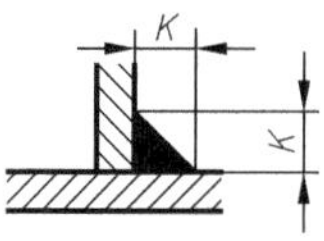	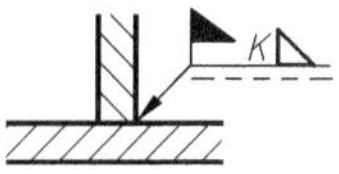	在现场焊接的角焊缝，焊脚尺寸为 K
	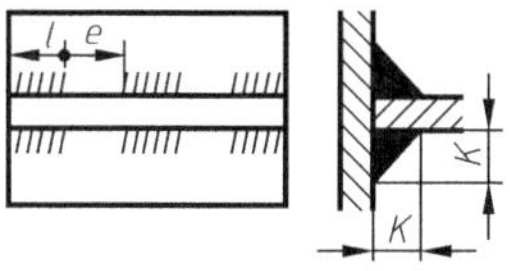	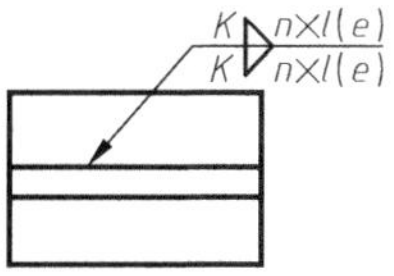	对称断续角焊缝，构件两端均有焊缝，共有 n 段，焊缝长度为 l，焊缝间距为 e，焊脚高度为 K
	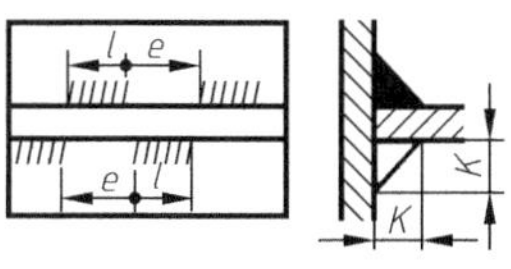	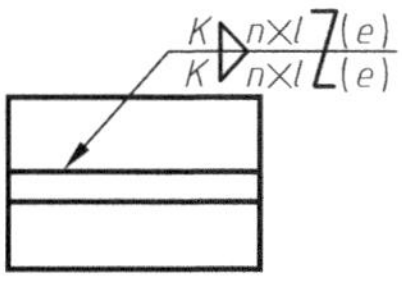	交错断续角焊缝，构件两端均有焊缝，共有 n 段，焊缝长度为 l，焊缝间距为 e，焊脚高度为 K
角接接头	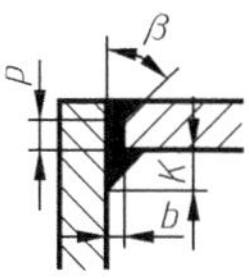	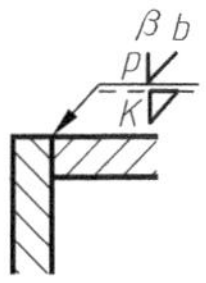	双面焊缝，上面为带钝边单边 V 形焊缝，钝边高度为 p，根部间隙为 b，下面为角焊缝，焊脚尺寸为 K
搭接接头	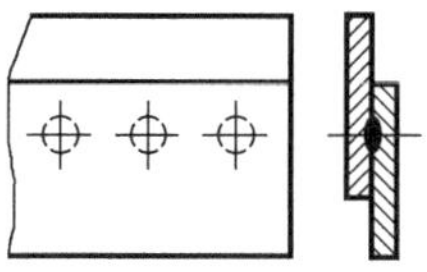	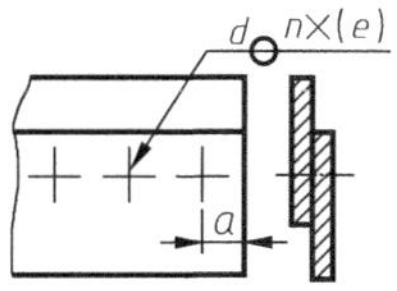	点焊缝，熔核直径为 d，共 n 个焊点，焊点间距为 e

4. 焊接图读图

图 9-42 所示为一支架的焊接图，该支架由五种零件焊接而成。主视图上标有三条焊缝，一处是在圆形顶板 1 和方形顶板 2 之间，沿圆形顶板 1 周围用角焊缝焊接；另两处是在槽钢 3 和角钢 4 之间，两条焊缝都是采用角焊缝进行现场焊接得到的。*A* 向视图中标有两条焊缝，它们均采用角焊缝三面焊接得到。

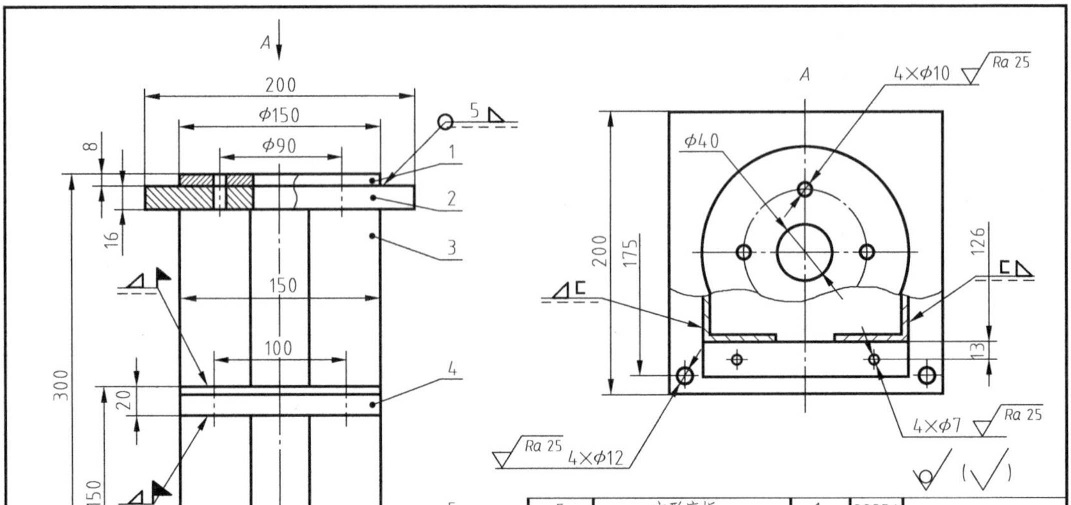

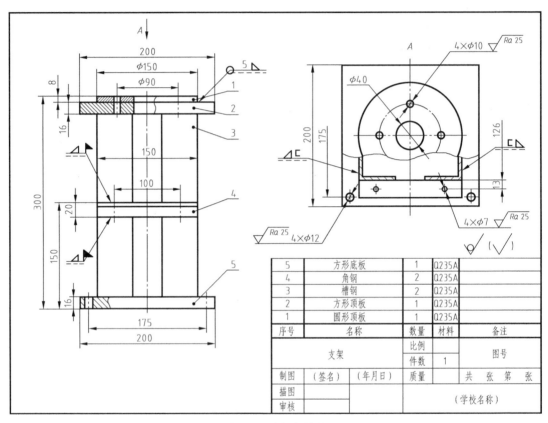

5	方形底板	1	Q235A	
4	角钢	2	Q235A	
3	槽钢	2	Q235A	
2	方形顶板	1	Q235A	
1	圆形顶板	1	Q235A	
序号	名称	数量	材料	备注

支架		比例		图号
		件数	1	
制图	（签名）	（年月日）	质量	共 张 第 张
描图			（学校名称）	
审核				

图 9-42 支架焊接图

章末小结

1. 掌握装配图的规定画法、假想画法、展开画法、简化画法、省略画法等常用画法。

2. 根据尺寸的作用，应明确装配图应标注哪几类尺寸。

3. 掌握画装配图的方法和步骤。画装配图应首先选好主视图，确定合适的视图表达方案，把部件的工作原理、装配关系、零件之间的装配连接关系和重要零件的主要结构表达清楚。

4. 掌握读装配图的方法。

1）分析部件的工作原理和零件间的装配关系。

2）确定主要零件的结构形状，这是读图的难点，应在练习中逐步掌握。

3）通过拆画零件图，提高读图和画图的能力。

复习思考题

1. 装配图在生产中起什么作用？它应该包括哪些内容？
2. 装配图有哪些常见画法？
3. 在装配图中，一般应标注哪几类尺寸？
4. 试简述部件测绘的一般步骤。
5. 读装配图的目的是什么？要求读懂部件的哪些内容？
6. 试较详细地说明由装配图拆画零件图的步骤和方法。

第10章

计算机绘图

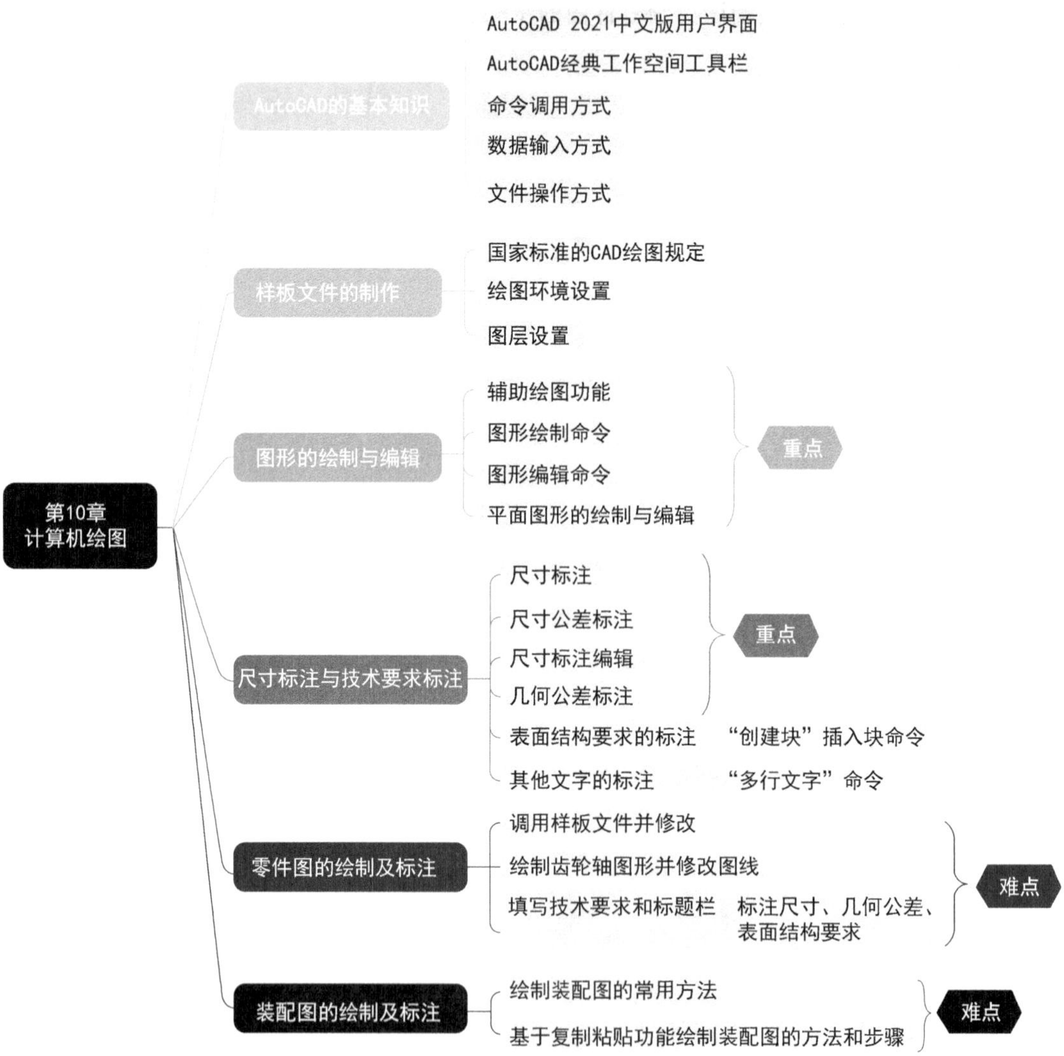

10.1 AutoCAD 的基本知识

本节以 AutoCAD 2021 中文版为工具和对象，介绍 AutoCAD 用户界面组成、命令输入方式、数据输入方式等基本知识。

10.1.1 AutoCAD 2021 中文版用户界面

AutoCAD 2021 中文版用户界面是通过工作空间来组织的。工作空间指的是菜单栏、工具栏、选项卡和功能演示的集合，使用者可以通过对其进行编辑和组织来创建一个便捷好用的绘图环境。AutoCAD 2021 中文版为用户提供了“二维草图与注释”“三维基础”“三维建模”三个预设的工作空间及 AutoCAD 经典工作空间。

1. “二维草图与注释”工作空间

默认状态下，AutoCAD 2021 打开“二维草图与注释”工作空间，其用户界面主要由“菜单浏览器”按钮、快速访问工具栏、标题栏、菜单栏、功能区、绘图区、命令行窗口、状态栏等部分组成，如图 10-1 所示。要切换几种工作空间，可以利用用户界面右下角状态栏上的“切换工作空间”按钮（图 10-7）在不同工作空间之间切换。

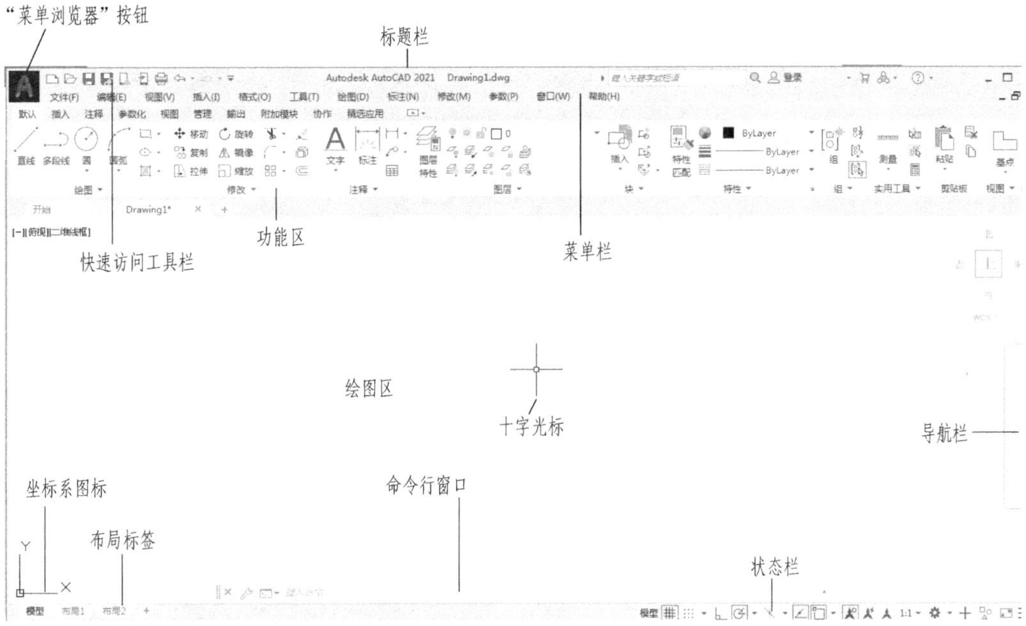

图 10-1 “二维草图与注释”工作空间用户界面

提示：要切换几种工作空间模式，还可以单击快速访问工具栏中的下拉按钮并选择“显示菜单栏”选项（图 10-10），然后在弹出的菜单栏中选择“工具”→“工作空间”菜单命令来实现。

1）“菜单浏览器”按钮：AutoCAD 2021 将以前版本中的“文件”菜单命令统一归入了菜单浏览器中，如图 10-2 所示。单击用户界面左上角的“菜单浏览器”按钮就可以展开菜单浏览器，可在此对命令进行实时搜索，以及进行文件管理、打印或发布等操作，也可浏览最近使用的文件、关闭 AutoCAD 程序等。

2）快速访问工具栏：快速访问工具栏位于用户界面的顶部，集成了常用文件管理命令按钮，有“新建”“打开”“保存”“打印”“放弃”“重做”等，如图 10-3 所示。此外，可

图 10-2 菜单浏览器

以利用最右侧的下拉按钮，自定义快速访问工具栏中的命令按钮，并控制菜单显示等。

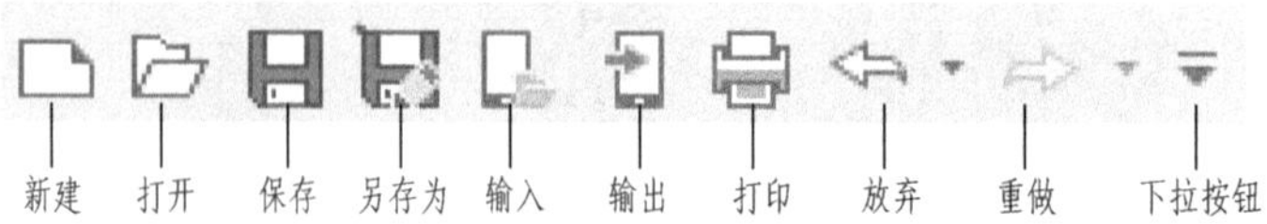

图 10-3 快速访问工具栏

3）标题栏：标题栏位于用户界面的最上部，用于显示当前正在运行的程序名及文件名等信息，在用户第一次启动 AutoCAD 2021 时，其一般显示“Drawing1. dwg”。单击标题栏右端的按钮，可以最小化、最大化或关闭 AutoCAD 2021 应用程序窗口。

4）菜单栏：菜单栏位于标题栏下方，主要用来提供操作 AutoCAD 2021 的菜单命令，包括“文件”“编辑”“视图”“插入”“格式”“工具”“绘图”“标注”“参数”“窗口”“帮助”等下拉菜单。同其他 Windows 应用程序一样，AutoCAD 2021 的菜单也是下拉形式的，并在菜单中包含子菜单。用鼠标左键单击各个菜单按钮，就会打开列有相应 AutoCAD 2021 命令的下拉菜单，如图 10-4 所示。

提示：在默认状态下，AutoCAD 2021 的菜单栏不显示，可以单击快速访问工具栏最右侧的下拉按钮，在打开的菜单中选择“显示菜单”命令，则在标题栏下方显示菜单栏。

5）功能区：在创建或打开文件时，“二维草图与注释”工作空间用户界面会自动显示功能区，如图 10-1 所示。功能区包括“默认”“插入”“注释”“参数化”“视图”“管理”“输出”等选项卡，每个选项卡又包含很多命令按钮和控件，例如“默认”选项卡的内容如图 10-5 所示。此外，功能区末端还有一个功能区操作按钮，用于显示或隐藏功能区。

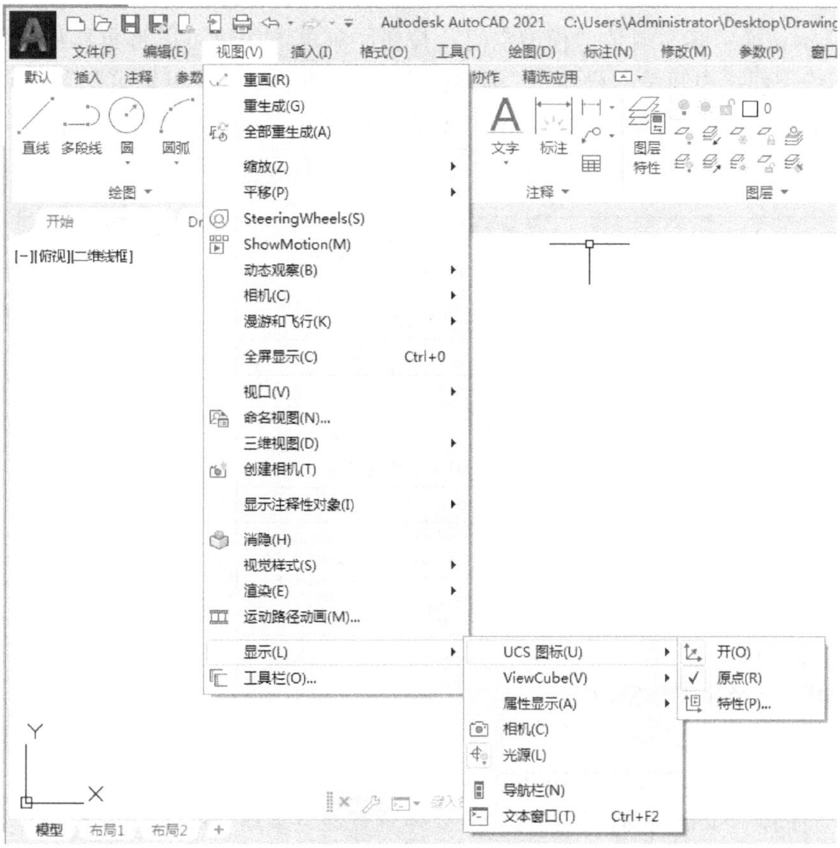

图 10-4 菜单栏的下拉菜单

图 10-5 “默认”选项卡

6）绘图区：绘图区是绘制、编辑、显示图形对象的工作区域，相当于手工绘图的图纸范围。该区域除显示绘图结果外，还有十字光标、坐标系图标等。绘图区的背景和十字光标的颜色可以通过依次选择“工具”→“选项”→“显示”→“颜色”菜单命令进行设置。

7）命令行窗口：命令行窗口位于绘图区的底部，如图 10-6 所示。命令行窗口用来进行人机交互对话，并能记录已经执行和正在执行的 AutoCAD 命令。可以通过按<F2>键打开命令行窗口，以查看命令操作记录和反馈信息。

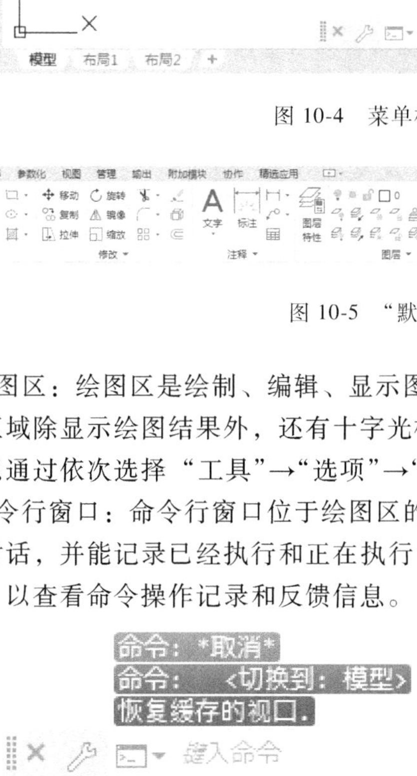

图 10-6 命令行窗口

8）状态栏：状态栏位于 AutoCAD 用户界面的底部，用于显示 AutoCAD 当前的状态。如图 10-7 所示，通常其左端是“模型空间”按钮，单击该按钮可以将布局视口中的模型空间切换到图纸空间。中间是“栅格”“捕捉模式”“正交模式”“极轴追踪”“等轴测草图”“对象捕捉追踪”等 10 种辅助绘图工具，常在快速绘图时采用。状态栏的右侧还有“切换工作空间”“注释监控器”“隔离对象”“全屏显示”“自定义”按钮。

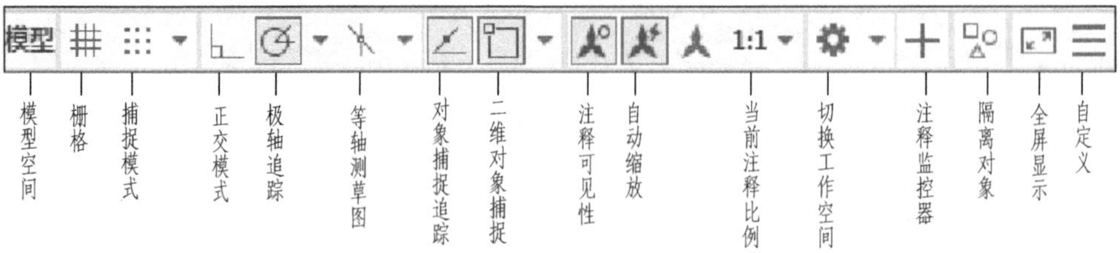

图 10-7　状态栏

当鼠标停留在状态栏某图标上时，该图标的功能名称可以显示。单击各按钮，可在其各自功能的开启（ON）和关闭（OFF）状态之间切换，如图 10-8 所示。

a)　　b)

图 10-8　状态栏按钮状态

a）开启状态　b）关闭状态

2. AutoCAD 经典工作空间

AutoCAD 经典工作空间用户界面延续了该软件较老版本的界面风格，如图 10-9 所示。与“二维草图与注释”工作空间的不同之处主要体现在经典菜单栏和工具栏上。

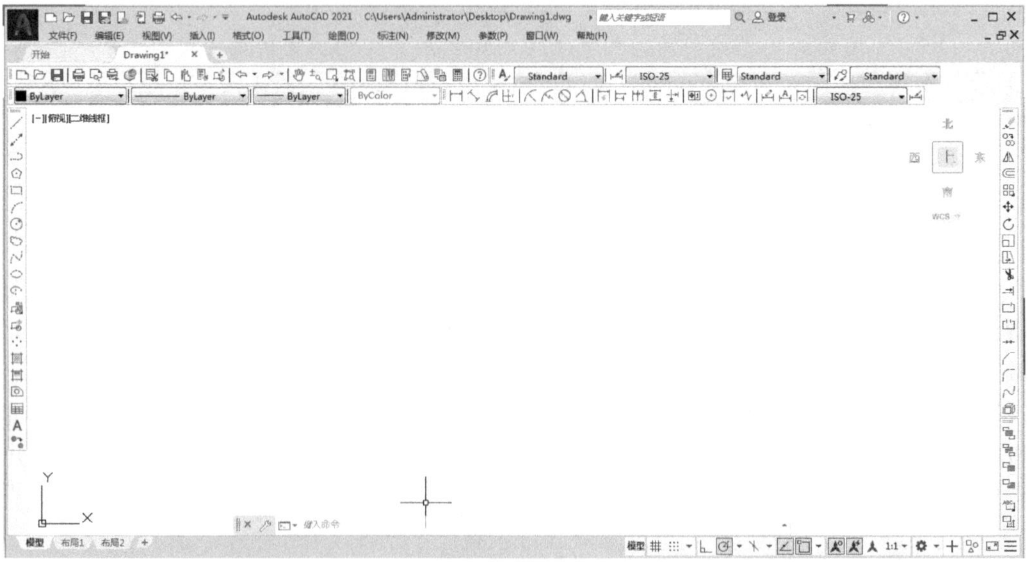

图 10-9　AutoCAD 经典工作空间

（1）经典工作空间的调出方式　在“二维草图与注释”工作空间用户界面状态下，AutoCAD 经典工作空间可以采用如下方式调出。

1）单击快速访问工具栏最右侧的下拉按钮，在弹出的下拉菜单中选择“显示菜单栏”命令，如图 10-10a 所示，则用户界面出现菜单栏。

2）依次选择“工具”→“选项版”→“功能区”菜单命令，如图 10-10b 所示。

3）依次选择“工具”→“工具栏”→“AutoCAD”菜单命令，如图 10-10c 所示，在子菜单中选择想要调出的工具栏，如“修改”“图层”“标准”“标注”“样式”“特性”“绘图”等。

4）单击状态栏“切换工作空间”按钮⚙，选择“将当前工作空间另存为...”命令，如图 10-10d 所示。

a)

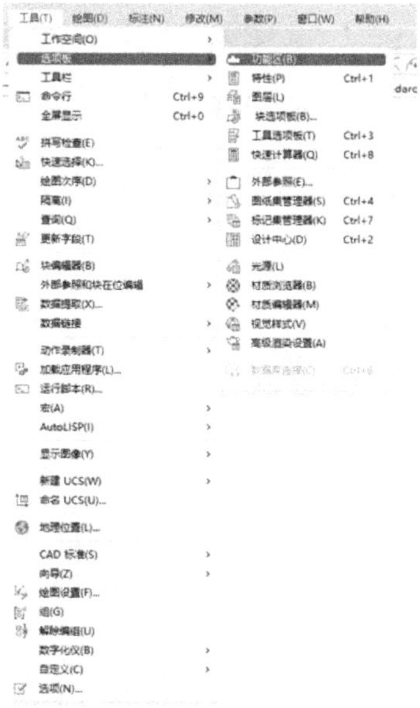

b)

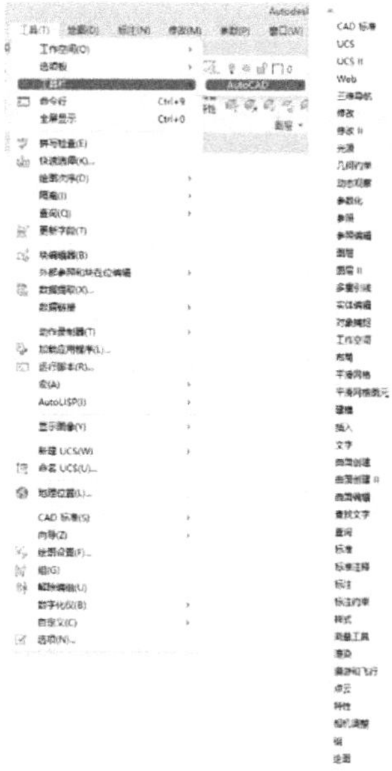

c)

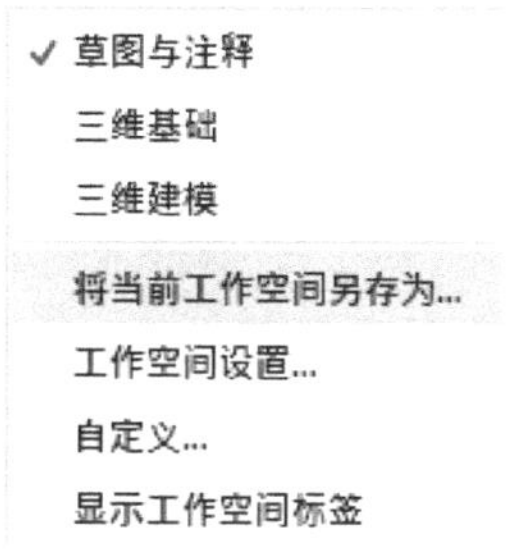

d)

图 10-10　AutoCAD 经典工作空间的调用

（2）经典菜单栏　经典菜单栏是 AutoCAD 2021 经典工作空间的主要命令源，包括“文件”“编辑”“视图”“插入”“格式”“工具”“绘图”“标注”“修改”“参数”“窗口”“帮助”12 个下拉菜单。

（3）工具栏　工具栏由一系列命令按钮组成，单击某按钮即可调用相应命令。当光标在某按钮图标上停留时，屏幕上将显示该按钮的名称（提示）同时对该命令功能给出简要的说明。常用的“标准”“图层”“特性”“样式”“绘图”“修改”“标注”工具栏如图 10-11 所示。

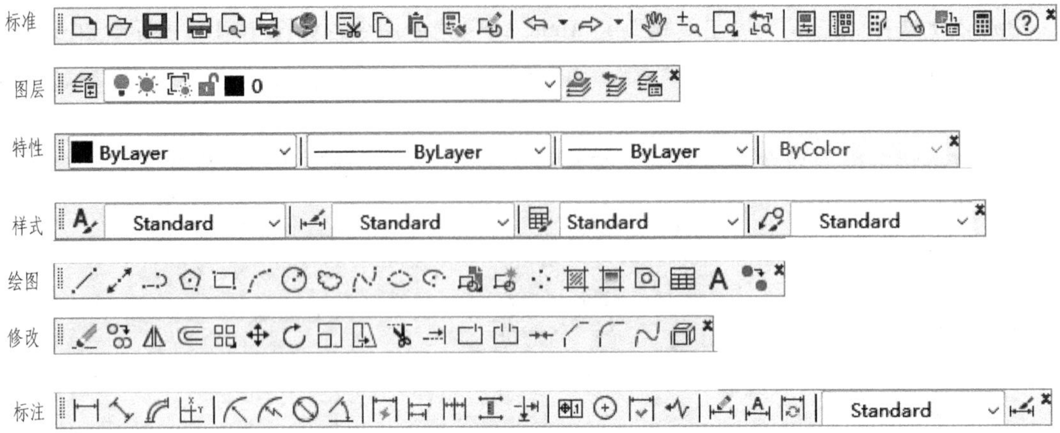

图 10-11 常用的工具栏

AutoCAD 经典工作空间用户界面的其他组成与“二维草图与注释”工作空间的组成基本相同，在此不再赘述。

10.1.2 命令调用方式

在绘图编辑状态下，要进行任何一项操作都必须调用 AutoCAD 命令。AutoCAD 提供了鼠标点选、键盘输入、菜单栏菜单、快捷菜单的输入或选择命令的方式。

1. 鼠标点选

1）鼠标左键：单击鼠标左键可以直接拾取屏幕上的点完成点的指定，也可以用来选择 AutoCAD 绘图对象、功能区或工具栏命令等。

2）鼠标右键：通常相当于<Enter>键（回车功能），用于结束当前正在使用的命令，此时系统将根据当前绘图状态而弹出不同的快捷菜单。

3）<Shift>键+鼠标右键：如此组合使用时，系统将弹出一个快捷菜单，用于设置捕捉点的方法。

2. 键盘输入

1）命令行窗口输入：可以用键盘输入任何一个 AutoCAD 的命令，在命令行窗口的“命令:”提示下，用键盘输入命令名，然后按<Enter>键或空格键使系统执行命令。例如，若要调用“直线”命令，则可输入“Line”或“L”，然后按<Enter>键。

2）动态输入：在绘图区出现动态输入窗口时，可根据提示输入点的坐标等。

3. 菜单栏菜单

菜单栏的下拉菜单如图 10-4 所示，可以用鼠标从下拉菜单中选择菜单命令。下拉菜单命令选项右侧的 ▸ 按钮表示该菜单选项有其子菜单；菜单选项有“...”标记时，表示选该选项将打开相应的对话框。

4. 快捷菜单

快捷菜单又称为上下文相关菜单。在绘图区、工具栏、状态栏、“模型”与“布局”标签，以及一些对话框上单击鼠标右键，系统都会弹出一个快捷菜单，该菜单中的命令与 AutoCAD 当前状态相关。使用它们可以在不启动菜单栏的情况下快速高效地完成某些操作。

10.1.3 数据输入方式

1. 动态输入点的坐标

首先用鼠标左键单击状态栏上的“动态输入”按钮使其处于开启的状态，此时，在命令行窗口输入的数据和相关信息都会在十字光标附近显示。例如，在绘制图形时，屏幕上会显示当前点所在位置的坐标、长度或角度等提示信息，这种提示信息会随着十字光标的移动而动态更新，使用<Tab>键可在坐标、长度和角度的指定方式之间切换。可单击绘图区中的点来确定点的位置，也可以从键盘上输入点的坐标来确定点的位置。

以绘制一条从原点出发，与水平方向成 30°角、长度为 10 的直线为例，用动态输入方式输入点的具体方法如下。

1）用鼠标左键单击状态栏上的“动态输入”按钮使其处于开启状态。

2）在命令行窗口输入“Line”调用“直线”命令，绘图区出现坐标位置的动态提示，如图 10-12a 所示。

3）在“指定第一点：”提示下将第一点设置为（0，0），如图 10-12a 所示。

4）用<Tab>键切换为指定长度和角度的方式，指定下一点的长度为 10、水平方向夹角为 30°，如图 10-12b 所示。

5）完成用动态输入方式绘制的直线 ab，如图 10-12c 所示。

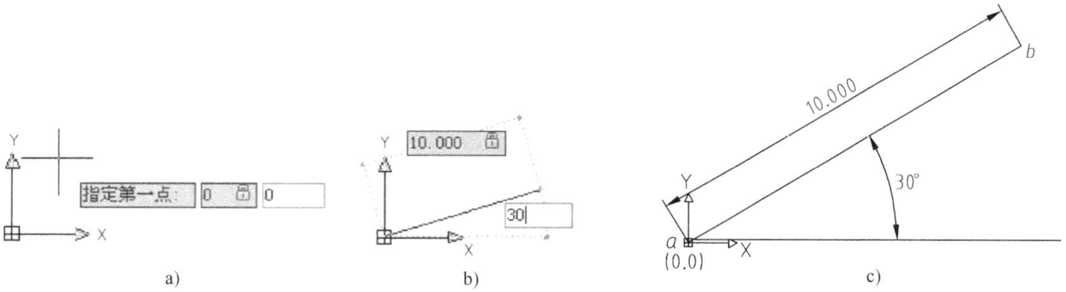

a) b) c)

图 10-12 动态输入点的坐标绘制直线 ab

2. 数值输入方式

当系统提示输入数值时，可以用键盘直接输入，也可以通过鼠标在绘图区拾取点的方式来输入，见表 10-1。

表 10-1 常见数值输入方式

方式	表示方法		输入格式	说明
键盘输入	绝对坐标	笛卡儿坐标	x,y,z	通过键盘输入(x,y,z)坐标数值指定点的位置，数值之间用“,”分开
		极坐标	$L<a$	“L”表示点到坐标原点的距离，“a”表示该点与坐标原点的连线与 x 轴的夹角
	相对坐标	笛卡儿坐标	$@x,y,z$	“@”表示相对坐标，指当前点相对于前一个点的坐标增量
		极坐标	$@L<a$	

（续）

方式	表示方法	输入格式	说明
用鼠标在绘图区拾取点	一般位置点	直接拾取点	用鼠标在绘图区拾取点，当不需准确定位时，利用鼠标移动十字光标到所需位置，单击鼠标左键就将十字光标所在位置点的坐标输入计算机中。当需要精准确定某点位置时，需要用对象捕捉功能捕捉当前绘图区中图形的特征点
	特殊位置点或具有某种几何特征的点	利用对象捕捉功能	
	按设定的方向定点	利用极轴追踪、自动追踪功能和正交模式	

10.1.4 AutoCAD 文件操作方式

1. AutoCAD 的文件管理方式

AutoCAD 文件操作包括新建、打开、保存、另存为、输入、输出等，它们的管理方式见表 10-2。在运用 AutoCAD 进行设计和绘图时，必须熟练掌握这些操作，才能管理好图形文件，以及更好地查找、修改及统计图形文件。

表 10-2　AutoCAD 的文件管理方式

文件操作	菜单命令	快速访问工具栏按钮	菜单浏览器按钮	命令行窗口命令	快捷键
新建	“文件”→“新建”		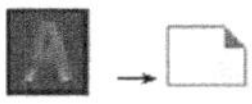	NEW	<Ctrl+N>
打开	“文件”→“打开”		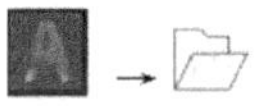	OPEN	<Ctrl+O>
保存	“文件”→“保存”		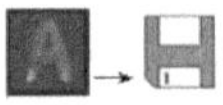	SAVE	<Ctrl+S>
另存为	“文件”→“另存为”		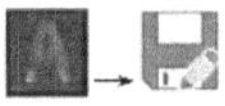	QSAVE	<Ctrl+S>
输入	“文件”→“输入”		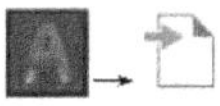	IMPORT	<Ctrl+I>
输出	“文件”→“输出”		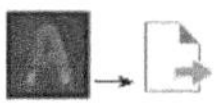	EXPORT	<Ctrl+E>

2. 操作注意事项

AutoCAD 图形文件的扩展名为“dwg”，“新建”“打开”“保存”“另存为”操作均是对 dwg 格式绘图文件进行操作，输入、输出操作是输入、输出其他扩展名的图形文件。

1）打开文件的一般操作步骤是通过表 10-2 所列任一种方法调用“新建”命令后，系统将弹出“选择样板”对话框，如图 10-13a 所示。可以直接双击文件选择对话框中的样板文件，也可以单击“打开”按钮打开文件。

2）AutoCAD 在“选择样板”对话框中还提供了两个空白文件，分别是“acad”和“acadiso”，用户可以利用这两个空白文件创建新的图形文件。此外，可以单击“选择样板”对话框左下角“打开”按钮右侧的▾按钮，弹出的下拉菜单如图 10-13b 所示，选取其中的“无样板打开-公制”选项，即可创建空白文件。

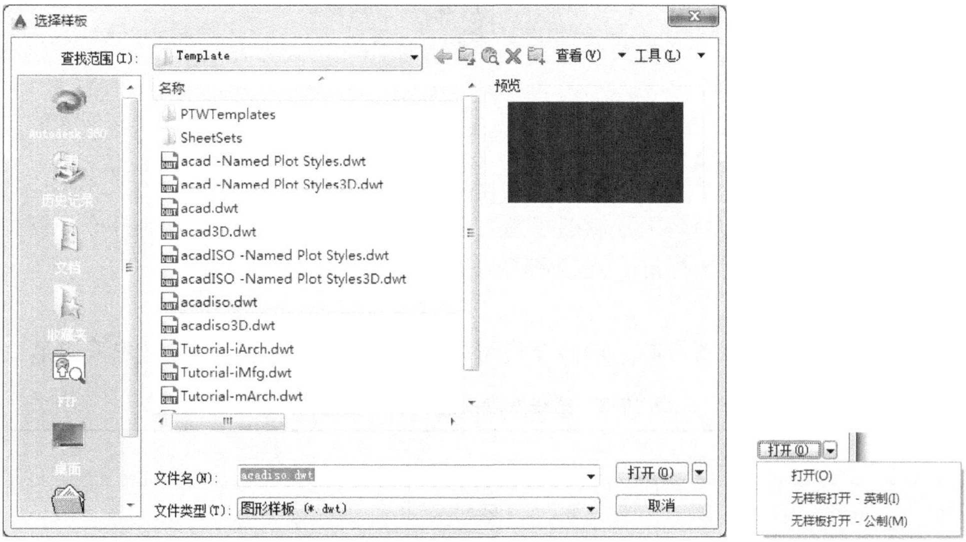

a) b)

图 10-13 创建空白文件

3）保存图形文件时注意设置定时保存文件，操作方法是依次选择“工具”→“选项”菜单命令，在弹出的“选项”对话框中展开“打开和保存”选项卡，在“文件安全措施”选项组勾选“自动保存”复选框，在“保存间隔分钟数”文本框输入新的保存时间间隔即可。

4）若要将 AutoCAD 文件以其他不同文件格式保存，则采用输出文件操作，系统将弹出“输出文件”对话框，可以在对话框中的“文件类型”下拉列表中选择输出图形文件的格式。

5）在保存图形文件后，就可以将图形文件关闭。依次选择“菜单”→“文件”→“关闭”菜单命令，或者单击绘图区右上角的“关闭”按钮×，就可以关闭当前图形文件。如果要关闭修改过的图形文件而图形尚未保存，系统会弹出提示框，单击“是”按钮则保存并关闭图形文件，单击“否”按钮则不保存并关闭图形文件，单击“取消”按钮则取消关闭图形文件操作。

6）依次选择“菜单”→“文件”→“退出”菜单命令，则退出 AutoCAD 2021 应用程序。如果图形文件还没有保存，系统将弹出对话框提示用户保存文件。

思考： 如何新建一个 AutoCAD 2021 图形文件，并将该文件的名称命名为“零件图”，进行保存后退出？

10.2 样板文件的制作

AutoCAD 样板文件是扩展名为“dwt”的文件。样板文件的制作操作通常包括绘图区窗口颜色、尺寸线型与单位、图幅、字体、尺寸标注样式、图框与标题栏样式等的绘图环境设置，以及包含图线线型、颜色等的图层设置等。因此设置并保存样板文件不仅能够避免重复设置、提高绘图效率，而且还能保证图形的一致性。另外，国家标准对 CAD 绘图的线型、颜色、字体等有一定的规定。因此下面将简单介绍国家标准的 CAD 绘图规定，并将以 A4 横放图幅的样板文件的制作为例，介绍样板文件设置的一般方法。

提示：当用户基于某一样板文件绘制新图形并以dwg格式保存后，所绘图形对原样板文件没有任何影响。

10.2.1 国家标准的CAD绘图规定

GB/T 18229—2000《CAD工程制图规则》是用计算机绘制工程图样的补充规则，是指导CAD制图、开发与应用的标准，在绘制CAD图样时应遵守。

1. 图线组别

绘制机械工程的CAD图样时，图线宽度可按表10-3分为5组，一般优先采用第4组。

表10-3 图线宽度的组别及一般用途

线宽/mm					一般用途
第1组	第2组	第3组	第4组	第5组	
2.0	1.4	1.0	0.7	0.5	粗实线、粗点画线、粗虚线
1.0	0.7	0.5	0.35	0.25	细实线、波浪线、双折线、细虚线、细点画线、细双点画线

2. 图线颜色

各图层的图线一般应按表10-4所列颜色显示，并要求相同类型的图线应采用同样颜色。

表10-4 图线颜色

图线类型	屏幕上的颜色	图线类型	屏幕上的颜色
粗实线	白色	细虚线	黄色
细实线	绿色	细点画线	红色
波浪线		粗点画线	棕色
双折线		细双点画线	粉色

3. 字体

CAD工程图中所使用的字体应满足GB/T 14691—1993《技术制图　字体》的规则要求，数字和字母可以以斜体或直体输出。汉字一般用正体输出，并采用国家正式公布和推行的简化汉字。字号与图纸幅面之间的选用关系见表10-5。

表10-5 字号与图纸幅面之间的选用关系

图幅	A0	A1	A2	A3	A4
字母与数字字号	3.5				
汉字字号	5				

4. 图线分层

根据GB/T 18229—2000《CAD工程制图规则》，CAD工程制图的图层和线型规定见表10-6。

表 10-6　CAD 工程制图的图层和线型规定

图层	线型描述	图例	图层	线型描述	图例
01	粗实线		08	尺寸线、投影连线、尺寸终端与符号(细实线)	
02	细实线		09	参考圆,包括引出线和终端(如箭头)	
	波浪线				
	双折线				
03	粗虚线		10	剖面符号	////
04	细虚线		11	文本(细实线)	ABCD
05	细点画线		12	尺寸值和公差	423±1
06	粗点画线		13	文本(粗实线)	KLMN
07	细双点画线		14、15、16	用户选用	

10.2.2　制作 A4 图幅样板的绘图环境设置

在使用 AutoCAD 绘图前，通常需要对绘图环境的某些参数进行设置，以便于使用和查找，如对参数选项、绘图单位、绘图界限、线型比例等进行必要的设置。

1. 基本选项设置

在命令行窗口输入“OPTIONS”命令，或者通过菜单栏选择“工具”→“选项”命令均可打开“选项”对话框，如图 10-14 所示。

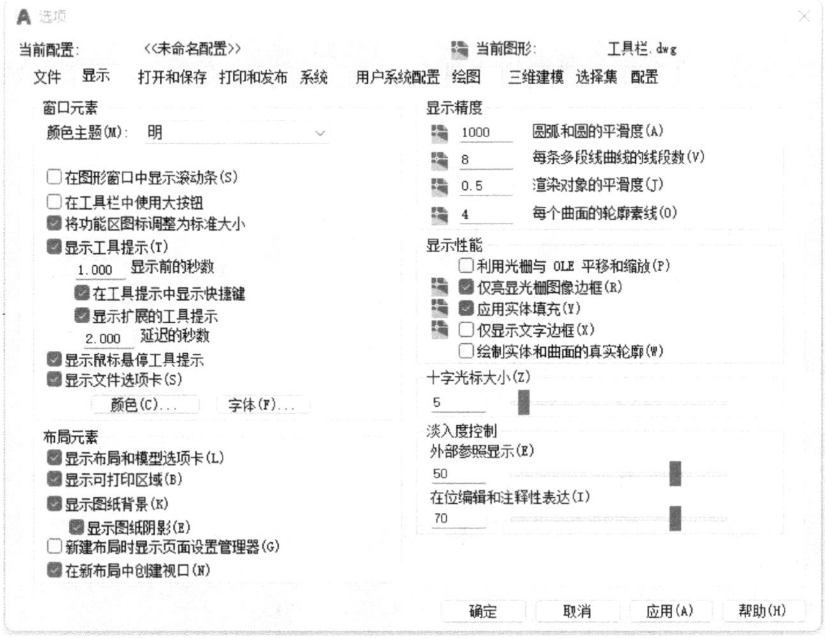

图 10-14　“选项”对话框

可在“选项”对话框中对绘图区整体进行一些基本设置。例如，在“显示”选项卡中设置“窗口元素”的“颜色主题”为“明”，则使绘图区整体为浅色模式；在“绘图”选项卡单击“颜色”按钮，在弹出的对话框中选择“统一背景”的“颜色”为“白”来更改系统背景颜色，如图 10-15 所示。其他选项可以单击查看不同的选项卡查看并进行设置。

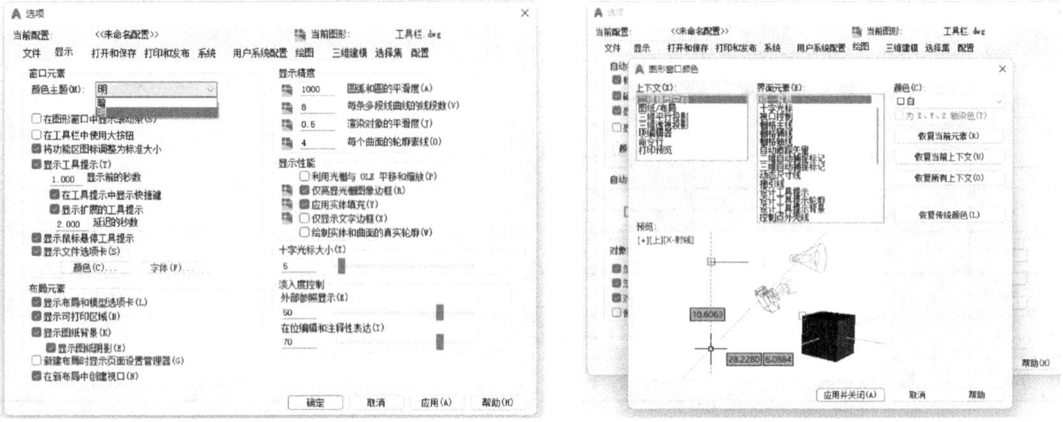

图 10-15　颜色设置

2. 线型尺寸与角度单位的设置

在命令行窗口输入“UNITS”命令，或者通过菜单栏选择“格式”→“单位”命令均可打开“图形单位”对话框，如图 10-16 所示。

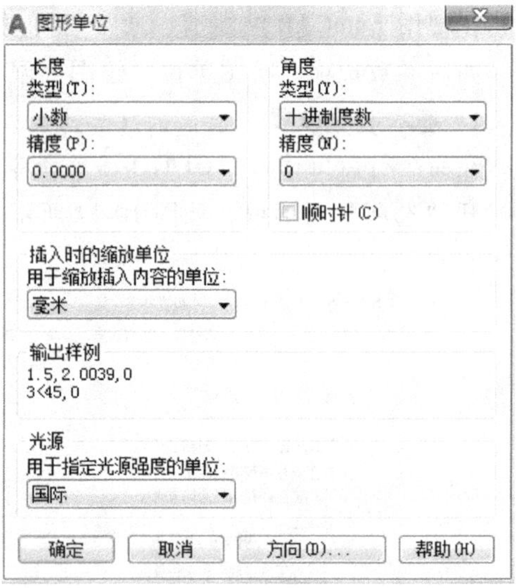

图 10-16　“图形单位”对话框

“图形单位”对话框中“长度”选项组的“类型”下拉列表框列出了五种可供选用的长度单位制，其中，“工程”“建筑”是英制单位，而“科学”“分数”也不符合我国国家标准，所以一般只宜选用“小数”选项。其下为“精度”下拉列表框，可按需要选取小数位数。“角度”选项组的“类型”下拉列表框列出了五种可供选用的角度单位制，一般选用第一项“十进制度数”，并可在“精度”下拉列表框中选择精度。另外，“图形单位”对话框最下方还有“方向...”按钮，用来规定角的起始边方向和终止边旋向。

3. 图幅界限设置

在命令行窗口输入“LIMITS”命令，或者通过菜单栏选择“格式”→“图形界限”命令均可设置。命令行窗口输入命令的设置方式如下。

命令：LIMITS ↙

指定左下角点或[开(ON)/关(OFF)]<0.0000,0.0000>：↙

指定右上角点或[开(ON)/关(OFF)]：<297.0000,210.0000>↙

//按 A4 横放图纸幅面输入右上角点坐标(297,210)

若选用 A3 横放图幅，则右上角应输入的坐标为<420，297>。一般来说，设置好图幅后，应用“ZOOMALL”命令显示全图。

4. **字体设置**

在命令行窗口输入“STYLE”命令，通过菜单栏选择“格式”→“文字样式”命令，或者单击功能区“注释”选项卡中的 按钮，均可打开“文字样式”对话框，如图 10-17 所示。

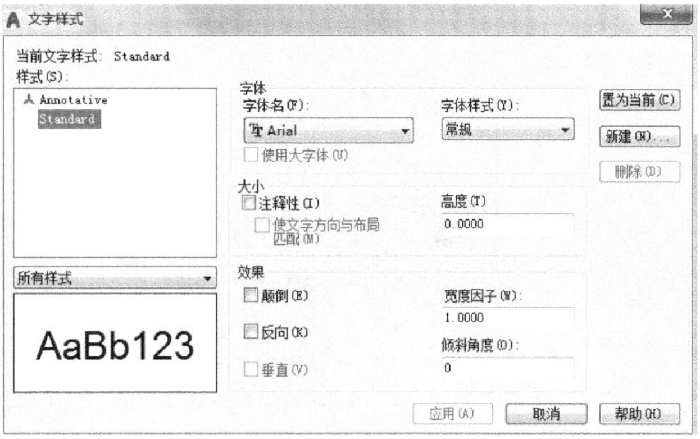

图 10-17 “文字样式”对话框

可以在“文字样式”对话框中的“字体”选项组选择字体名、字体样式并设置字体高度。若将字体高度设为 0，则字高不固定，在使用某个文本命令时，AutoCAD 将提示用户输入高度值，若将字体高度设为非零值，则 AutoCAD 采用此种样式生成的任何文本都有固定的高度。

单击“新建”按钮，在弹出的“新建文字样式”对话框“样式名”文本框中输入“HZ”作为样式名，单击“确定”按钮返回“文字样式”对话框，勾选“使用大字体”复选框，在“SHX 字体”下拉列表框中选择“gbenor. shx”选项（国际工程体），在“字体名”下拉列表框中选择“gbeitc. shx”，再勾选“使用大字体”复选框，在右侧“大字体”下拉列表框中选择“gbcbig. shx”选项，单击“应用”按钮，最后单击“关闭”按钮，退出对话框，完成设置。

5. **线型比例设置**

线型比例因子控制 AutoCAD 每个单位长度绘制的限定图形的数目，线型比例因子的值越大，每单位距离的重复次数就越少。在命令行窗口输入“LTSCALE”命令，输入新线型比例因子“1. 0000”即设置了比例因子为 1。

6. **尺寸标注样式设置**

在命令行窗口输入“DIMSTYLE”命令，依次选择“格式”→“尺寸标注样式”菜单命令，或者单击功能区或工具栏的 按钮均可打开“标注样式管理器”对话框，如图 10-18 所示。“标注样式管理器”对话框各选项的功能见表 10-7。

表 10-7 “标注样式管理器”对话框各选项的功能

选项	功能
当前标注样式	显示当前使用的尺寸标注样式，若用户没有指定当前样式，则 AutoCAD 自动将默认的标注样式设为当前标注样式
样式	显示图形中的标注样式，其中当前样式高亮显示
预览	显示在“样式”列表中高亮显示的标注样式的预览图形
置为当前	单击该按钮，系统将“样式”列表中的标注样式指定为当前样式
新建	单击该按钮，打开“创建新标注样式”对话框，如图 10-19 所示，用于创建新标注样式

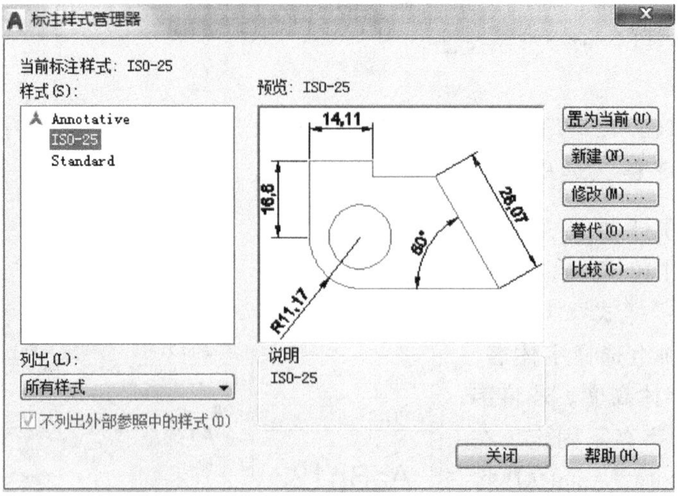

图 10-18 “标注样式管理器”对话框

单击“标注样式管理器”对话框中的“新建”按钮将打开“创建新标注样式”对话框，如图 10-19 所示。“创建新标注样式”对话框各选项的含义见表 10-8。

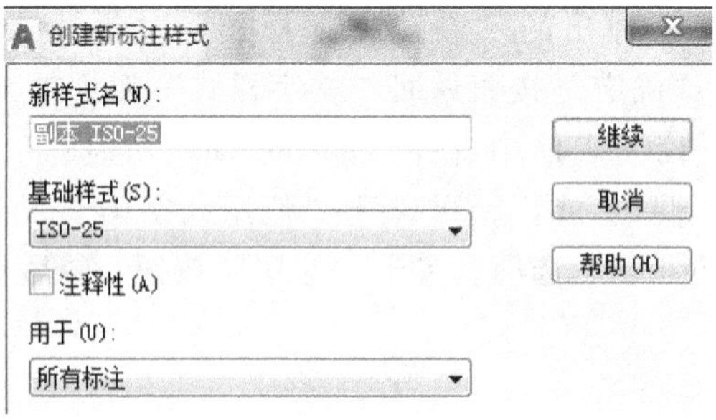

图 10-19 “创建新标注样式”对话框

表 10-8 “创建新标注样式”对话框各选项的功能

选项	功能
新样式名	在文本框中输入新标注样式的名称
基础样式	在下拉列表框中选择一种已有样式作为新样式的基础，新样式只需修改与其不同的属性
用于	在下拉列表框中选择新样式的使用范围
继续	单击该按钮，打开“修改标注样式”对话框，如图 10-20 所示

单击“标注样式管理器”对话框中的“修改”按钮将打开“修改标注样式”对话框。可以使用“线”选项卡设置尺寸线、尺寸界线的格式和位置，如图 10-20 所示。可以使用“符号和箭头”选项卡设置箭头、圆心标记、弧长符号和半径折弯标注等的格式与位置，如图 10-21 所示。可以使用“文字”选项卡设置文字外观、文字位置和文字对齐，如图 10-22 所示。可以使用“调整”选项卡设置标注文字、尺寸线、尺寸箭头的位置，如图 10-23 所示。

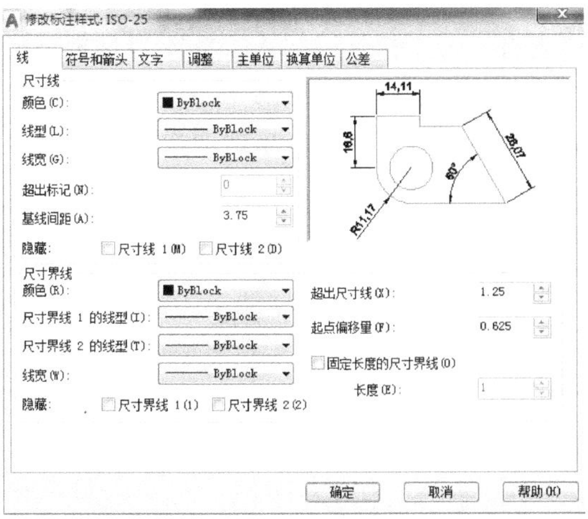

图 10-20 “线”选项卡

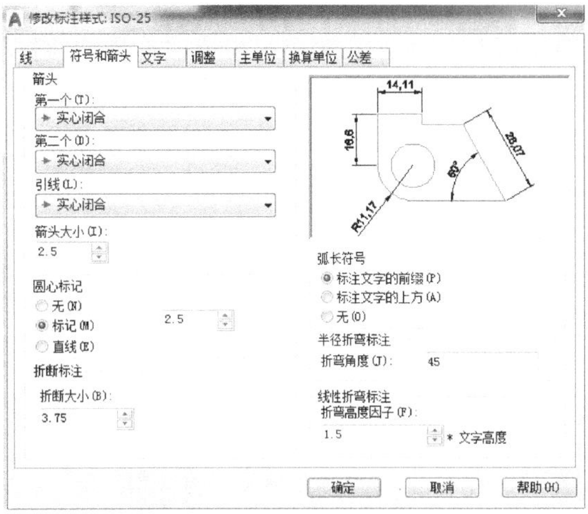

图 10-21 “符号和箭头”选项卡

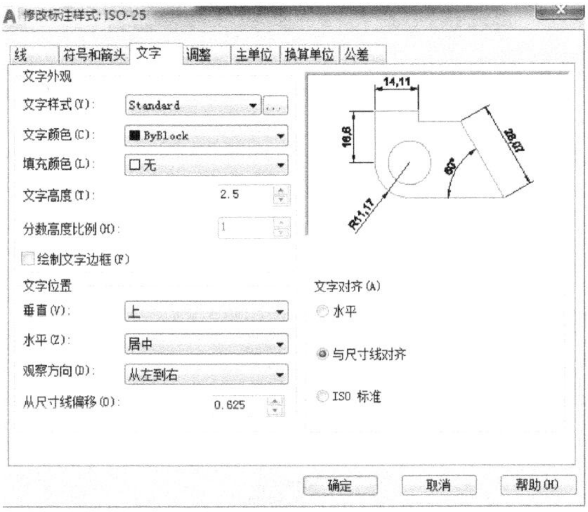

图 10-22 “文字”选项卡

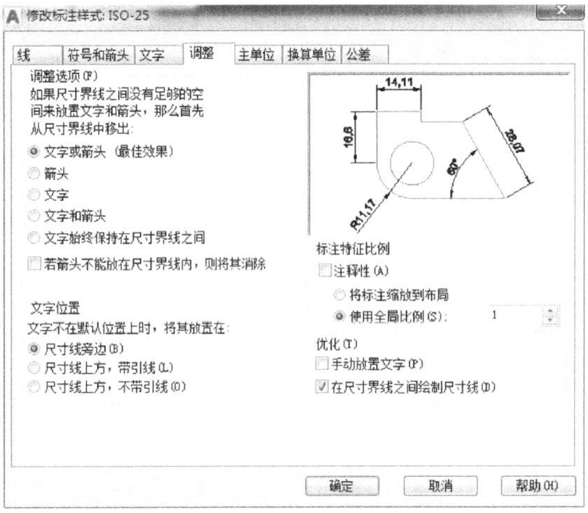

图 10-23 “调整”选项卡

单击“文字”标签展开其选项卡，将“文字样式”设置为“DIM”，在“文字对齐”选项组选择“ISO 标准”单选项完成设置。

7. 图框及标题栏设置

单击功能区“绘图”选项卡中的“矩形”按钮，在命令行窗口输入第一角点坐标（0，0），按<Enter>键后，再输入第二角点坐标（297，210），此时绘图区出现的矩形便是 A4 横放图幅的图纸边界。单击“修改”选项卡的“偏移”按钮，从命令行窗口输入“10”，按<Enter>键确认，用鼠标选择图纸边界矩形，按命令行窗口提示单击图纸边界矩形内的任一点，此时，向内偏移生成的矩形框便是图框。用鼠标选中图框线，把它切换到粗实线的图层。

在命令行窗口输入“TABLE”命令，或者在菜单栏中依次选择“表格”→“表格样式”命令均可打开“表格样式”对话框，如图 10-24a 所示。单击“新建”按钮，命名“新样式名”为“工程表格”，如图 10-24b 所示。设置表格单元中的文字，采用字体“gbeitc. shx”

和“gbcbig.shx”，文字高度为 5，对齐方式为“正中”，与单元边框的距离为 0.1，如图 10-24c 所示。在菜单栏中依次选择“绘图”→“表格”命令打开“插入表格”对话框，指定“工程表格”为“表格样式”，如图 10-24d 所示。如此创建四个表格，如图 10-24e 所示。再用“移动”命令将它们组合成标题栏。再根据规定的标题栏格式，用前面设置的文字标注样式填写标题栏文字。

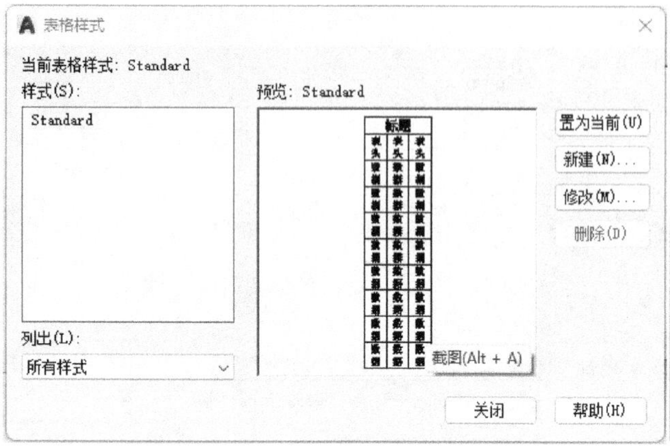

a)

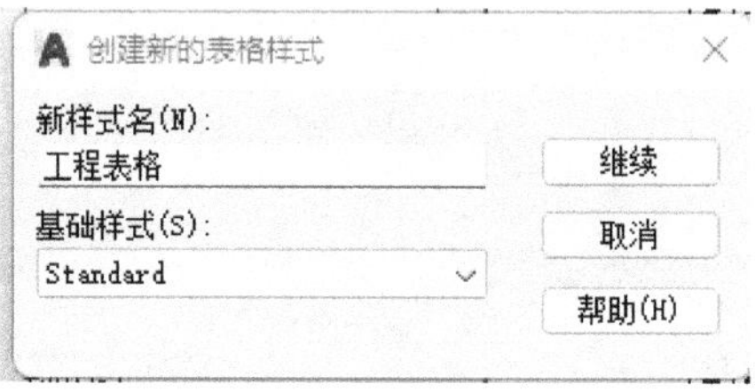

b)

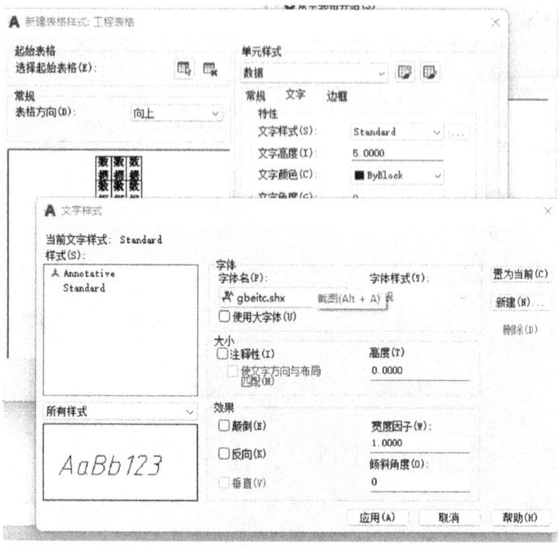

c)

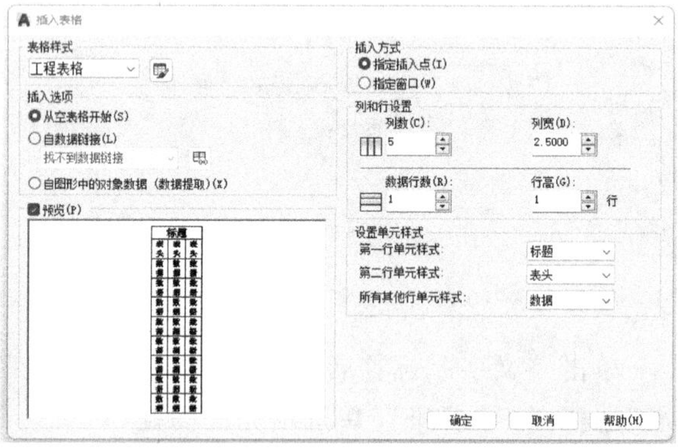

d)

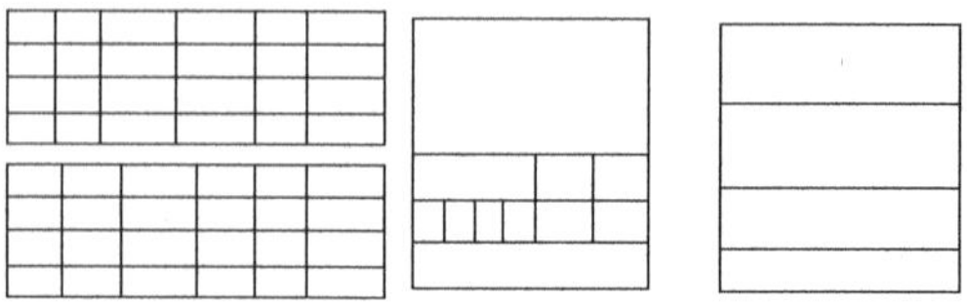

e)

图 10-24　创建四个表格

生成的 A4 横放图幅的图框和标题栏如图 10-25 所示。

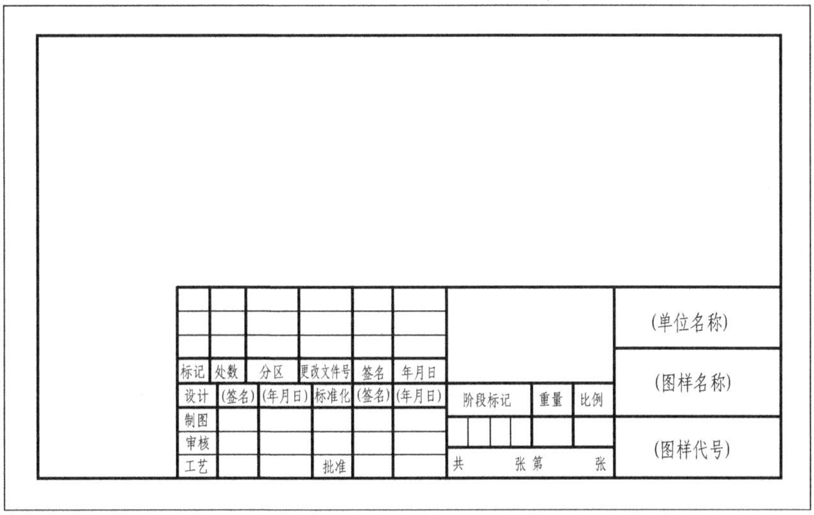

图 10-25　A4 横放图幅的图框和标题栏

8. 保存 A4 图幅样板文件

完成如上设置后，按表 10-2 所列的保存文件操作将样板文件保存为 dwt 样板文件，并在弹出的对话框中将文件名设置为“A4 图幅样板”，单击“保存”按钮，这时系统将弹出“样板说明”对话框，可输入样板文件的描述，并选择测量单位。样板文件的调用可按照表 10-2 的打开文件操作进行，打开样板文件后，所画的图形便以所选择的样板为样板。

10.2.3　制作 A4 图幅样板的图层设置

在 AutoCAD 中进行绘图之前，首先需要创建图层，并设置多个图层的线型、线宽和颜色等。使用不同线型可以从视觉上将对象相互区别开来，使得图形易于观看。图层就像一张张透明的图纸重叠在一起，用图层来管理线型，不仅能使图形的各种信息清晰有序、便于观察，而且也会给图形的编辑、修改和输出带来方便。

1. 规划图层

选择“格式”→“图层”菜单命令，或者单击功能区“默认”选项卡中“图层特性”按钮，均可打开“图层特性管理器”对话框，如图 10-26 所示。可以单击“新建图层”按

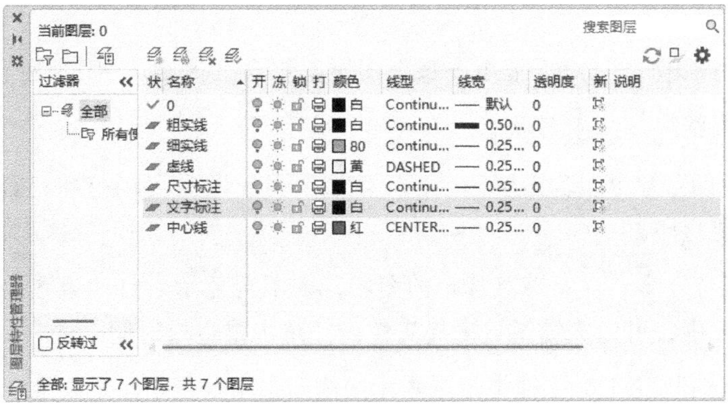

图 10-26　“图层特性管理器”对话框

钮，依次设置图层的颜色、线型、线宽来创新图层，结合表 10-3、表 10-4 和表 10-6，考虑 A4 图幅线宽可稍窄，故选择表 10-3 的第 5 组线宽，设置图层的结果如图 10-26 所示。其中，“Continuous” 表示实线，“DASHED” 表示虚线，“CENTER” 表示中心线（点画线）。

思考：在创建图层时，图层的名称中是否能包含通配符（＊和?）和空格？是否可与其他图层重名？

2. 更改图层设置

新建图层后，可在“图层特性管理器”对话框中单击图层属性列所显示的图标，打开相应的对话框进行设置。例如，单击“颜色”列对应的 ■白 图标打开“选择颜色”对话框，如图 10-27 所示；单击图层的“线型”列对应的图标，打开“选择线型”对话框，如图 10-28 所示，单击“加载”按钮即可打开“加载或重载线型”对话框，如图 10-29 所示，可根据实际需要加载和选择未显示出来的线型。

图 10-27 “选择颜色”对话框

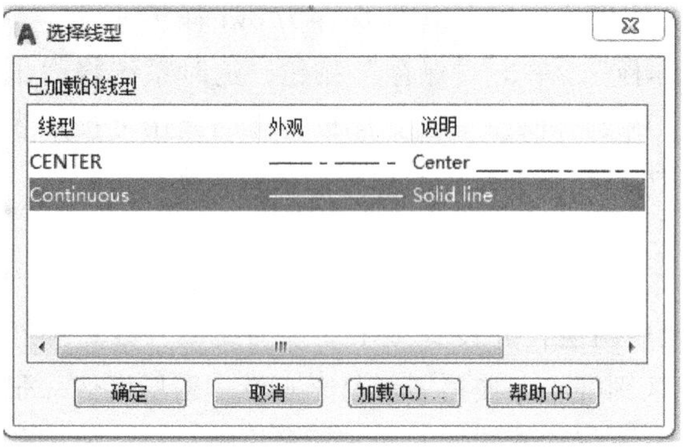

图 10-28 “选择线型”对话框

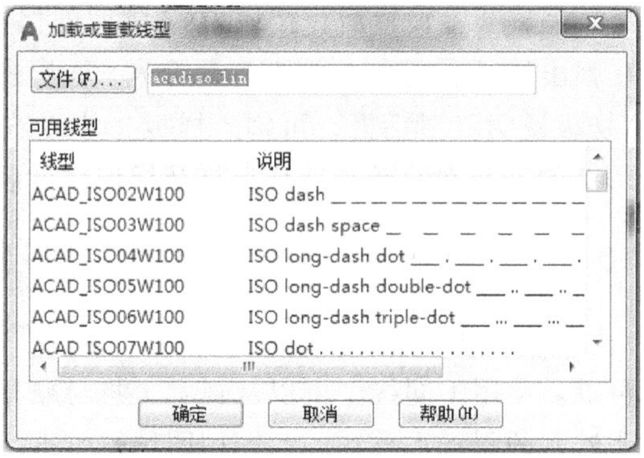

图 10-29 “加载或重载线型”对话框

提示：在“选择线型”对话框中，ByLayer（随图层）、ByBlock（随图块）、Continuous 线型（实线）和任何当前使用的线型不可以删除。

3. 图层状态

在“图层特性管理器”对话框中，每个图层都包含“开启/关闭”、“冻结/解冻”、“锁定/解锁”各状态。

1）“开启/关闭”：若图层开启，则该图层可见并且可以打印；若图层关闭，则该图层不可见且不能打印。

2）“冻结/解冻”：冻结选定的图层，则不会显示、打印或重生成冻结图层上的对象。在复杂图形中，可以冻结图层来提高性能并减少重生成时间。

3）“锁定/解锁”：锁定图层则无法修改被锁定图层上的对象，将光标悬停在锁定图层中的对象上时，对象显示为淡入状态并显示一个小锁图标。

4. 图层操作

在“图层特性管理器”对话框中，单击“所有视口中已冻结的新图层”按钮，则创建图层，然后在所有现有布局视口中将其冻结；在图层列表中选择某一图层后单击“当前图层”按钮，即可将该图层设置为当前层；在图层列表中选择某一图层后单击“删除图层”按钮，即可将该图层删除。

提示：使用图层绘制图形时，新对象的各种特性将默认为随图层，由当前图层的默认设置决定。也可以单独设置对象的特性，新设置的特性将覆盖原来随图层的特性。

10.3 图形的绘制与编辑

10.3.1 辅助绘图功能

使用 AutoCAD 2021 绘图时，可以使用系统提供的**对象捕捉**、**对象捕捉追踪**等辅助绘图功能，在不输入坐标的情况下快速、精确、高效地绘制图形。下面介绍几种常用的辅助绘图工具。

（1）光标坐标　状态栏的最左侧动态显示光标当前的坐标。单击该处可以开启（显示）或关闭（不显示），还可以在绝对坐标和极坐标之间转换。

（2）栅格　单击状态栏上的“栅格”按钮，或按<F7>键，可控制栅格的开启或关闭。

（3）捕捉　单击状态栏上的“捕捉”按钮，或按<F9>键，可控制捕捉功能的开启或关闭。用鼠标右键单击状态栏中的“捕捉”按钮可打开“草图设置”对话框，进而可在“捕捉和栅格”选项卡中设置捕捉间距、捕捉类型、栅格样式、栅格间距等，如图 10-30 所示。

（4）正交　单击状态栏上的“正交”按钮，或按<F8>键，可控制正交模式的开启或关闭。正交用于控制绘制直线的种类，启用此功能后只能绘制水平和竖直的直线。

（5）极轴追踪　单击状态栏上的“极轴追踪”按钮，或按<F10>键，可控制极轴追踪功能的开启或关闭。启用此功能可以捕捉并显示直线的角度和长度，有利于作一些有角度的直线。用鼠标右键单击状态栏中的“对象捕捉”按钮可打开“草图设置”对话框，进而可在“极轴追踪”选项卡中进行设置。例如，可在“增量角”下拉列表框中选择需要设置的角度，也可以勾选“附加角”复选框后添加其他角度，如图 10-31 所示。

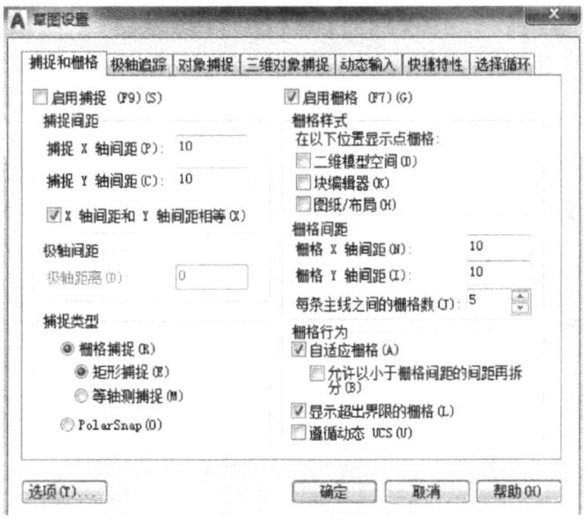

图 10-30　“捕捉和栅格”选项卡

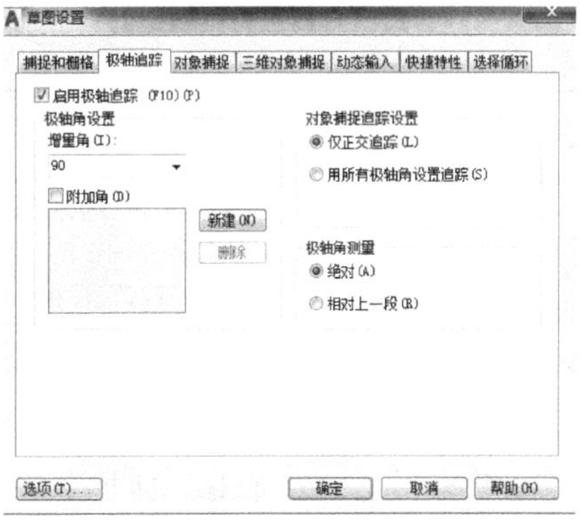

图 10-31　“极轴追踪”选项卡

(6) 对象捕捉追踪　单击状态栏上的“对象捕捉追踪”按钮，或按<F11>键，可控制对象追踪功能的开启或关闭。启用此功能则可以沿着基于对象捕捉点的对齐路径进行追踪。已获取的点将显示一个小加号（+），一次最多可以获取七个追踪点。获取点之后，当在绘图路径上移动光标时，将显示相对于获取点的水平、竖直或沿极轴方向的对齐路径。

提示：“对象追踪”功能必须与“二维对象捕捉”功能同时使用。

(7) 二维对象捕捉　单击状态栏上的“二维对象捕捉”按钮，或按<F3>键，可控制二维对象捕捉功能的开启或关闭。启用此功能可以在对象上的精确位置指定捕捉点。用鼠标右键单击状态栏中的“二维对象捕捉”按钮可打开“草图设置”对话框，进而可在“对象捕捉”选项卡中对对象捕捉模式进行设置，如图 10-32 所示。各捕捉模式的功能见表 10-9。

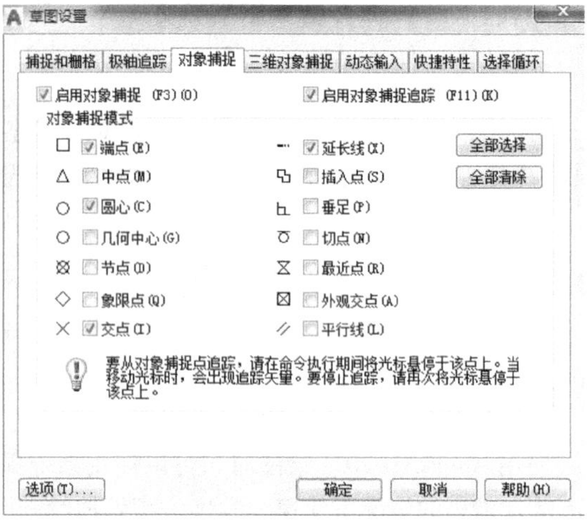

图 10-32　“对象捕捉”选项卡

表 10-9　各捕捉模式的功能

工具图标	捕捉模式	功能说明
□	端点	捕捉到几何对象的最近端点或角点
△	中点	捕捉到几何对象的中点
○	圆心	捕捉到圆弧、圆、椭圆或椭圆弧的中心点
○	几何中心	捕捉到任意闭合多段线和样条曲线的质心
⊗	节点	捕捉到点对象、标注定义点或标注文字原点
◇	象限点	捕捉到圆弧、圆、椭圆或椭圆弧的象限点
×	交点	捕捉到几何对象的交点
--·	延长线	当光标经过对象的端点时，显示临时延长线或圆弧，以便用户在延长线或圆弧上指定点
⧉	插入点	捕捉到对象（如属性、块或文字）的插入点
⊾	垂足	捕捉到垂直于选定几何对象的点
○	切点	捕捉到圆弧、圆、椭圆、椭圆弧、多段线的圆弧段或样条曲线的切点
⧖	最近点	捕捉到对象（如圆弧、圆、椭圆、椭圆弧、直线、点、多段线、射线、样条曲线或构造线）的最近点
⊠	外观交点	捕捉在三维空间中不相交但在当前视图中看起来可能相交的两个对象的视觉交点。“延伸外观交点”捕捉到对象的假想交点，如果这两个对象沿它们的自然方向延伸，这些对象看起来是相交的
//	平行线	可以通过悬停光标来约束新直线段、多段线的直线段、射线或构造线以使其与标识的现有线性对象平行

单击状态栏上“二维对象捕捉”按钮后单击“对象捕捉追踪”按钮，则可启用自动对象捕捉功能。启用此功能，则绘图时当系统提示确定一点时，如果用户选择了某个实

体，则十字光标会自动定位到满足自动捕捉模式的点上，而不需像临时对象捕捉那样再输入或选择捕捉方式。这一功能对提高作图精度有很大的帮助。

10.3.2　图形绘制命令

手工绘图通常需要借助丁字尺、三角板和圆规等，类似地，在 AutoCAD 中则需要使用“直线”“圆”“圆弧”等绘图命令来完成图形的绘制。常用绘图命令见表 10-10。

表 10-10　常用绘图命令

命令名	菜单命令	功能区或工具栏按钮	命令行窗口命令	功能
直线	“绘图”→“直线”		LINE 或 L	创建一系列连续的直线段，每条线段都是可以单独进行编辑的直线对象
构造线	“绘图”→“构造线”		XLINE 或 XL	创建无限长的构造线
多段线	“绘图”→“多段线”		PLINE 或 PL	创建二维多段线，它是由直线段和圆弧段组成的单个对象
正多边形	“绘图”→“正多边形”		POLYGON 或 POL	创建 3~1024 边的等边闭合多段线
矩形	“绘图”→“矩形”		RECTANG 或 REC	创建矩形多段线
圆弧	“绘图”→“圆弧”		ARC 或 A	创建圆弧
圆	“绘图”→“圆”		CIRCLE 或 C	创建圆
修订云线	“绘图”→“修订云线”		REVCLOUD	创建或修改修订云线
样条曲线	“绘图”→“样条曲线”		SPLINE 或 SPL	创建经过或靠近一组拟合点或由控制框的顶点定义的平滑曲线
椭圆	“绘图”→“椭圆”		ELLIPSE 或 EL	创建椭圆
椭圆弧	“绘图”→“椭圆弧”		ELLIPSE 或 EL	创建椭圆弧
插入块	“插入”→“块”		INSERT 或 I	显示“块”选项卡，可用于将块和图形插入到当前图形中
创建块	“绘图”→“块”→“创建”		BLOCK 或 B	从选定的对象中创建一个块定义
点	“格式”→“点样式”		POINT 或 PO	创建点对象
图案填充	“绘图”→“图案填充”		HATCH 或 H	使用填充图案、实体填充或渐变填充来填充封闭区域或选定对象
渐变填充	“绘图”→“渐变填充”		GRADIENT 或 G	使用渐变填充填充封闭区域或选定对象
面域	“绘图”→“面域”		REGION 或 REG	将封闭区域的对象转换为二维面域对象
表格	“表格”→“表格样式”		TABLE 或 T	创建空的表格对象
多行文字	“绘图”→“文字”→“多行文字”	A	MTEXT 或 MT	创建多行文字对象
添加选定对象	“绘图”→“添加选定对象”		ADDSELECTED 或 AD	创建一个新对象，该对象与选定对象具有相同的类型和常规特性，但具有不同的几何值

提示：默认状态下，创建圆弧时沿逆时针方向确定长度，如果要创建一个沿顺时针方向确定长度的圆弧，则可以指定一个负值或负角度。

常用绘图命令应用示例见表 10-11。

表 10-11　常用绘图命令应用示例

绘图方式	命令及操作示例		说明
画直线	命令:LINE↙ 指定第一点:10,10↙ 指定下一点或[放弃(U)]:20,20↙ 指定下一点或[放弃(U)]:@20,0↙ 指定下一点或[闭合(C)/放弃(U)]:C↙		1)最初由两点决定一条直线,若继续输入第三点坐标,则画出第二条直线,以此类推 2)坐标输入可采用绝对坐标或相对坐标方式,第三点采用相对坐标方式输入 C(CLOSE)表示图形封闭 U(UNDO)表示取消刚绘制的直线段
画圆弧	命令:ARC↙ 指定圆弧的起点或[圆心(C)]:120,20↙ 指定圆弧的第二个点或[圆心(C)/端点(E)]:@15,10↙ 指定圆弧的端点:@15,-20↙		默认沿逆时针方向画圆弧。若所画圆弧不符合要求,可将起始点与终点调换次序后重画;如果在命令提示下按<Enter>键,则以上次所画线或圆弧的中点及方向作为本次所画弧的起点及方向
画圆	命令:CIRCLE↙ 指定圆的圆心或[三点(3P)/两点(2P)/相切、相切、半径(T)]:250,30↙ 指定圆的半径或[直径(D)]:10↙		1)半径或直径的大小可直接输入或在屏幕上取两点确定 2)可在命令提示下输入"3P""2P""T"来选择其他相应的画圆方式
画椭圆	命令:ELLIPSE↙ 指定椭圆的轴端点或[圆弧(A)/中心点(C)]:40,80↙ 指定轴的另一个端点:30↙ 指定另一条半轴长度或[旋转(R)]:10↙		1)可在命令提示下输入"A"以指定圆弧角度的方式,或者输入"C"以指定中心点坐标的方式画椭圆 2)在命令提示下输入"R"则可以指定旋转角度,角度的正弦为椭圆的离心率
画正多边形	命令:POLYGON↙ 输入边的数目<4>:6 指定正多边形的中心点或[边(E)]:140,80↙ 选项[内接于圆(I)/外切于圆(C)]<I>:I↙ 指定圆的半径: 15↙		1)在命令提示下输入"E",则可以设定正多边形的边长来画正多形边 2)在命令提示下输入"I",则可以设定外接圆半径来画正多边形 3)在命令提示下输入"C",则可以设定内切圆半径来画正多边形
画矩形	命令:RECTANG↙ 指定第一个角点或[倒角(C)/标高(E)/圆角(F)/厚度(T)/宽度(W)]:140,10↙ 指定另一个角点或[面积(A)/尺寸(D)/旋转(R)]:@30,20↙ 指定下一点或[闭合(C)/放弃(U)]:↙		可在命令提示下输入相应的字母选择不同的画矩形方式

（续）

绘图方式	命令及操作示例	说明
创建多行文本	命令:MTEXT↙ 指定第一点:120,160↙ 指定对角点[高度(H)/对正(J)/行距(L)/旋转(R)/样式(S)/宽度(W)/栏(C)]:40↙ 在弹出文字输入框中输入文字:AutoCAD 2021 机械制图↙	系统还提供了常用特殊字符的输入方法,具体格式如下: %%d——绘制度符号“°” %%p——绘制误差允许符号“±” %%c——绘制直径符号“ϕ”
创建图案填充	命令:HATCH↙ 	系统弹出“图案填充和渐变色”对话框,可选择填充区域(拾取点或选择对象)、选择填充样式等来完成图案填充

10.3.3 图形编辑命令

1. 选择对象

在对图形进行编辑操作之前，需要选择要编辑的对象。AutoCAD 用虚线高亮显示所选的对象，这些对象就构成选择集。选择集可以包含单个对象，也可以包含复杂的对象编组。AutoCAD 中选择对象的方式有如下几种。

（1）单选　直接用鼠标单击图形对象，被选中的图形变成虚线并显示出夹点，可连续选中多个对象，如图 10-33a 所示。

（2）指定矩形选择区域　当命令行窗口提示为“选择对象:”时，可以进行正选或反选。

正选：从左上角向右下角拖动十字光标，则矩形窗口内部的对象被选中，因此这种方式也称为窗口选择，如图 10-33b 所示。

反选：从右下角向左上角拖动十字光标，则矩形窗口内的对象及与窗口相交的对象均被选中，因此这种方式也称为交叉窗口选择，如图 10-33c 所示。

可以通过按住<Shift>键同时以单选方式选中已选择的对象来取消选择。

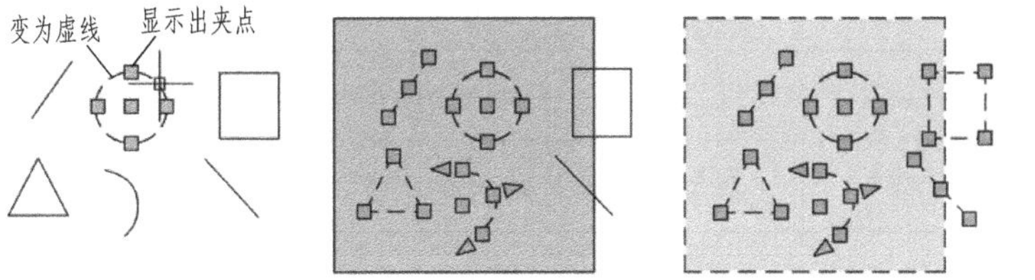

a)　　b)　　c)

图 10-33　AutoCAD 中选择对象的方式

a）单选　b）窗口选择　c）交叉窗口选择

（3）过滤选择　在命令行窗口提示下输入“FILTER”命令打开“对象选择过滤器”对话框，如图 10-34 所示。可以将对象的类型（如直线、圆及圆弧等）、图层、颜色、线型或线宽等特性作为条件，过滤选择符合设定条件的对象。

（4）快速选择　选择“工具”→“快速选择”菜单命令可打开“快速选择”对话框，如图 10-35 所示。可设置对象的图层、线型、颜色、图案填充等特性和类型，来快速选择具有某些共同特性的对象来创建选择集。

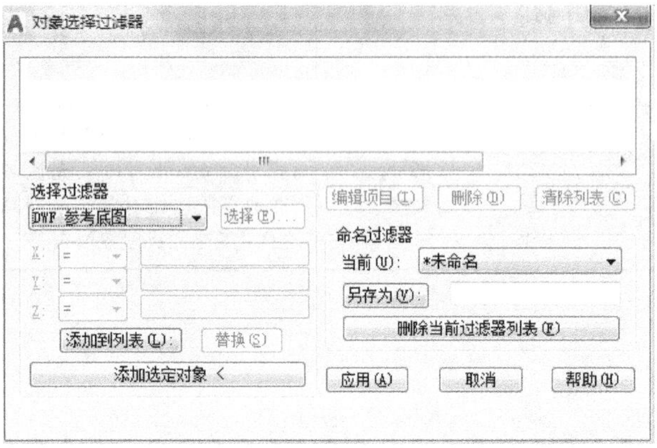

图 10-34　“对象选择过滤器”对话框

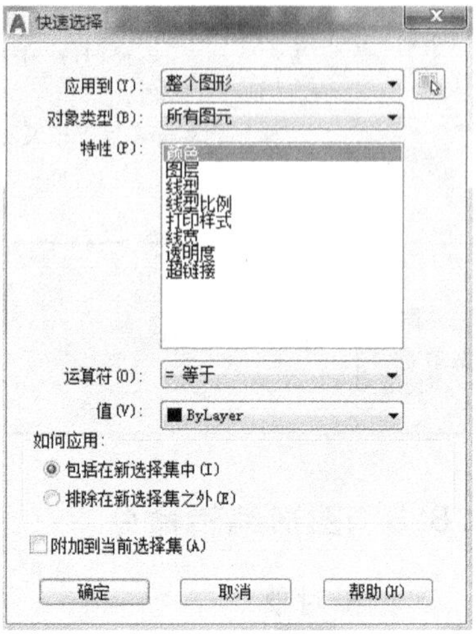

图 10-35　“快速选择”对话框

2. 常用的图形编辑命令

图形编辑功能是计算机绘图的优势所在，AutoCAD 常用图形编辑命令见表 10-12。在众多图形编辑命令中，有些命令的功能是类似的，同一图形结果可以用不同的绘图方法得到，但有些方便，有些烦琐。要快速准确地作图，应熟悉常用绘图命令的功能及用法。

表 10-12　常用图形编辑命令

命令名	菜单命令	功能区或工具栏按钮	命令行窗口命令	功能
删除	“修改”→“删除”		ERASE 或 E	从图形中删除选定的对象
复制	“修改”→“复制”		COPY 或 CO	在指定方向上按指定距离复制对象
镜像	“修改”→“镜像”		MIRROR 或 MI	创建选定对象的镜像副本
偏移	“修改”→“偏移”		OFFSET 或 O	创建同心圆、平行线或平行曲线
阵列	“修改”→“阵列”		ARRAY 或 AR	创建按指定方式排列的对象副本
移动	“修改”→“移动”		MOVE 或 M	在指定方向上按指定距离移动对象
旋转	“修改”→“旋转”		ROTATE 或 RO	绕基点旋转对象
缩放	“修改”→“缩放”		SCALE 或 SC	放大或缩小选定对象，使缩放后对象的比例保持不变
拉伸	“修改”→“拉伸”		STRETCH 或 S	拉伸与选择窗口或多边形交叉的对象

（续）

命令名	菜单命令	功能区或工具栏按钮	命令行窗口命令	功能
修剪	“修改”→“修剪”		TRIM 或 TR	修剪对象以与其他对象的边相接
延伸	“修改”→“延伸”		EXTEND 或 EX	扩展对象以与其他对象的边相接
打断于点	“修改”→“打断”		BREAKATPOINT 或 BR	在指定点处将选定对象打断为两个对象
打断	“修改”→“打断”		BREAK 或 BR	在两点之间打断选定对象
合并	“修改”→“合并”		JOIN 或 JO	合并线性和弯曲对象的端点，以便创建单个对象
倒角	“修改”→“倒角”		CHAMFER 或 CHA	为两个二维对象的边创建斜角或倒角
圆角	“修改”→“圆角”		FILLET 或 F	为两个二维对象的边创建圆角
光顺曲线	“修改”→“光顺曲线”		BLEND 或 B	在两条选定直线或曲线之间的间隙中创建样条曲线
分解	“修改”→“分解”		EXPLODE 或 X	将复合对象分解为其组成对象

3. 圆形编辑命令应用示例

常用图形编辑命令应用示例见表 10-13。

表 10-13　常用图形编辑命令应用示例

编辑方式	命令及说明	图例
删除	命令：ERASE↙ 选择对象：//使用对象选择方式，按<Enter>键完成选择并删除选中的对象	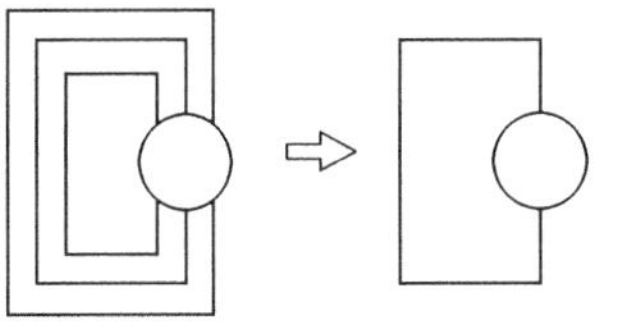
复制	命令：COPY↙ 选择对象：//使用对象选择方式，按<Enter>键完成选择 当前设置：复制模式 = 多个 指定基点或［位移(D)/模式(O)］<位移>：//指定一点为复制基点 1 指定第二个点或<使用第一个点作为位移>：//用鼠标指定第二点，也可以输入第二个点的坐标值后按<Enter>键 指定第二个点或［退出(E)/放弃(U)］<退出>：//可将源对象做多次复制，或按<Enter>键停止命令的执行	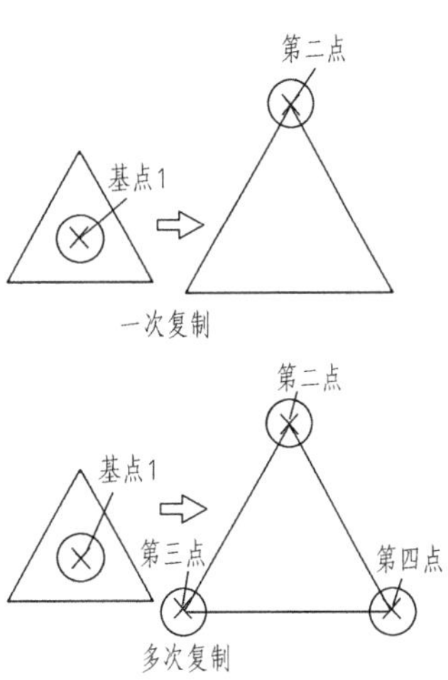

（续）

编辑方式	命令及说明	图例
镜像	命令：MIRROR ↙ 选择对象：//使用一种对象选择方式，按<Enter>键结束选择 指定镜像线的第一点：//指定点 1 指定镜像线的第二点：//指定点 2 是否删除源对象？［是（Y）/否（N）］<N>：//输入“Y”或“N”，或者按<Enter>键停止命令的执行	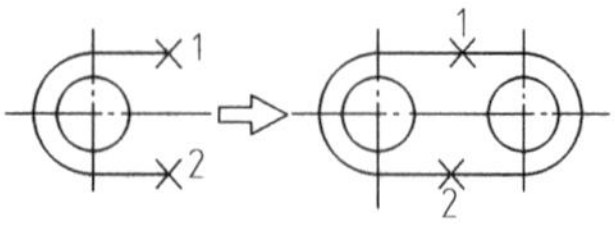
偏移	命令：OFFSET ↙ 指定偏移距离或［通过（T）］<当前值>：//默认以指定一点的方式确定偏移后的位置，也可直接输入偏移距离或是两个点根据两点确定距离 按<Enter>键后则提示： 选择要偏移的对象或<退出>：//选择一个对象或按<Enter>键结束命令 指定要偏移的那一侧上的点，或［退出（E）/多个（M）/放弃（U）］<退出>：//在要偏移对象的一侧指定点，选择一个要偏移的图形实体 输入“T”后则提示： 选择要偏移的对象或<退出>：//选择一个对象或按<Enter>键结束命令 指定通过点或［退出（E）/多个（M）/放弃（U）］<退出>：//指定要通过的点，对象偏移后将通过该点	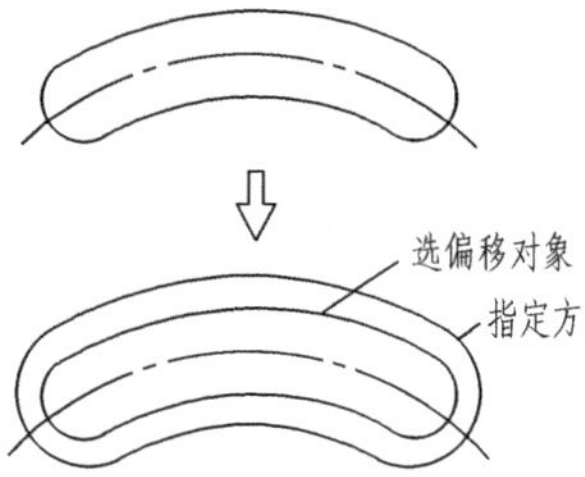
阵列复制	命令：ARRAY ↙ 输入命令后 AutoCAD 会在功能区弹出阵列设置的选项卡，选择矩形阵列的选项卡如图 10-36 所示，需做如下操作：①在“行数”“列数”文本框输入想要生成阵列的行数和列数；②在“介于”文本框输入行偏移量和列偏移量，也可以单击“关联”按钮在绘图区拾取偏移距离；③选择阵列对象；④预览；⑤确定 选择环形阵列的选项卡如图 10-37 所示，需做如下操作：①指定中心点，可以单击“基点”按钮在绘图区拾取中心点，也可以直接输入中心点的坐标值；②根据提示选择环形阵列的创建方式；③输入项目总数；④输入填充角度；⑤选择对象；⑥确定	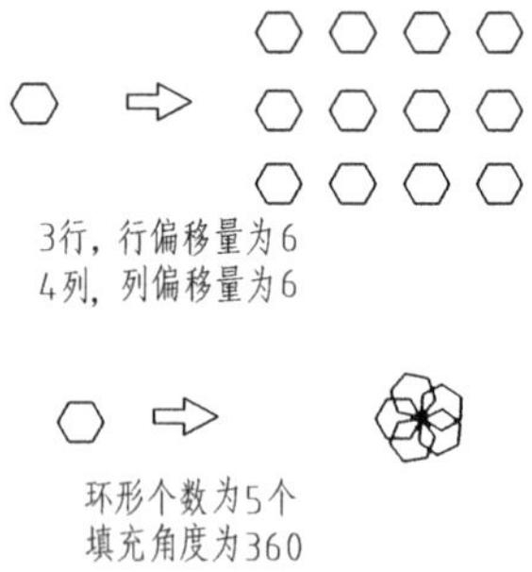
移动	命令：MOVE ↙ 选择对象：//使用一种对象选择方式，按<Enter>键结束对象选择 指定点或［位移（D）］<位移>：//指定基点或输入位移量 指定第二点或<使用第一点作为位移>：//指定点或按<Enter>键，如果在前一提示下输入的是位移量，则在本提示下按<Enter>键即可	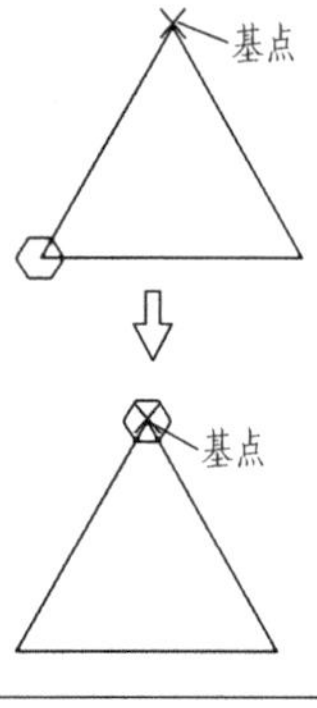

（续）

编辑方式	命令及说明	图例
旋转	命令：ROTATE ↙ UCS 当前的正角方向：ANGDIR＝当前方向 ANGBASE＝当前位置 选择对象：//使用一种对象选择方式并按<Enter>键完成选择 指定基点：//指定基点 指定旋转角度或［参照（R）］：//指定一个角度 默认选项为“指定旋转角度”，“参照（R）”表示可相对某指定的角度或直线旋转一定角度。输入“R”后按<Enter>键，则 AutoCAD 提示为： 指定新角度：//输入参考角或选参考线上的一点，如果选取的是参考线上的一点，则在此提示后还会有提示： 指定第二点：//输入参考线上的第二点	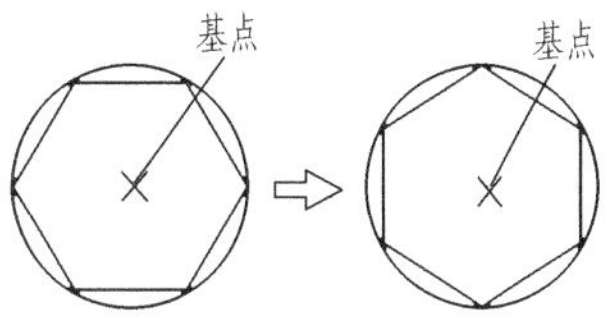 旋转 30°
比例缩放	命令：SCALE ↙ 选择对象：//使用一种方式选择对象并按<Enter>键完成选择 指定基点：//指定缩放基点 指定比例因子或［参照（R）］：//指定缩放比例因子 默认选项为“指定比例因子”，“参照（R）”表示按参照长度和指定的新长度比例缩放所选对象。输入“R”后按<Enter>键，则 AutoCAD 提示为： 指定参考长度<1>：//输入原长度 指定新长度：//输入缩放后的长度	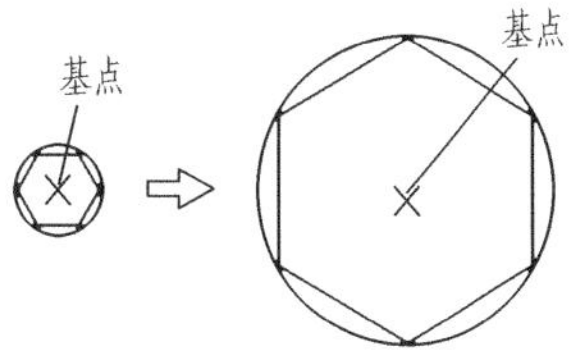 缩放比例因子为3
拉伸	命令：STRETCH ↙ 以窗交方式或交叉多边形选择要拉伸的对象... 选择对象：//使用一种方式选择对象并按<Enter>键完成选择 指定基点或位移：//指定基点 指定位移的第二个点或<用第一个点作位移>：	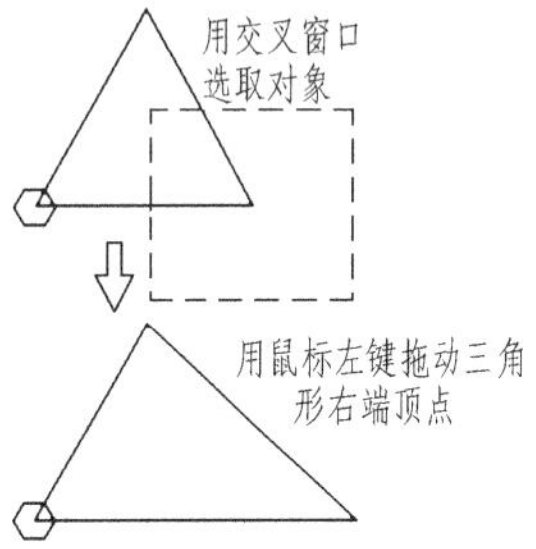
修剪[①]	命令：TRIM ↙ 当前设置：投影＝UCS，边＝无 选择剪切边...... 选择对象：//指定裁剪边或按<Enter>键默认所有实体为裁剪边 选择要修剪的对象或按住<Shift>键选择要延伸的对象或［栏选（F）/窗交（C）/投影（P）/边（E）/删除（R）/放弃（U）］：//选择要修剪的对象，按住<Shift>键选择要延伸的对象，或输入选项 默认选项为“选择要修剪的对象”，其他选项说明如下 栏选（F）/窗交（C）：选择修剪对象的方式 投影（P）：用于在切割三维图形时确定投影模式 边（E）：确定剪切边与待裁剪实体是直接相交还是延伸相交 删除（R）：删除指定的对象 放弃（U）：取消最后一次剪切	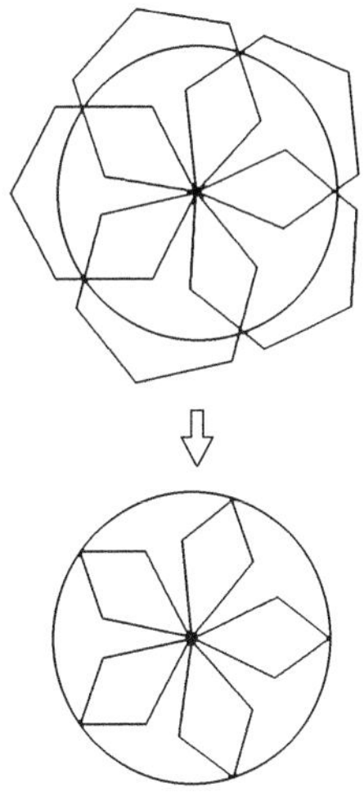

（续）

编辑方式	命令及说明	图例
延伸[1]	命令：EXTEND ↙ 当前设置：投影=UCS，边=无 选择边界的边…… 选择对象：//选择一个或多个对象并按<Enter>键，或者按<Enter>键默认所有实体为边界 选择要延伸的对象，按住<Shift>键选择要修剪的对象，或[投影(P)/边(E)/放弃(U)]： 各选项的含义与“修剪”命令类似	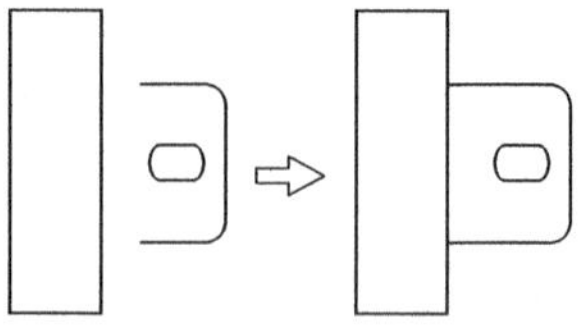
打断	命令：BREAK ↙ 选择对象：//选择某一实体 指定第二个打断点或[第一点(F)]：//指定第二个打断点，这时系统将第一点（选择实体时拾取点默认为第一点）与第二断点间的实体删除，第二个打断点可以不在实体上 默认选项为“指定第二个打断点”，“第一点(F)”表示用指定的新点替换原来的第一个打断点，输入“F”并按<Enter>键后，AutoCAD 会提示： 指定第一个打断点：//指定第一个打断点 指定第二个打断点：//指定第二个打断点	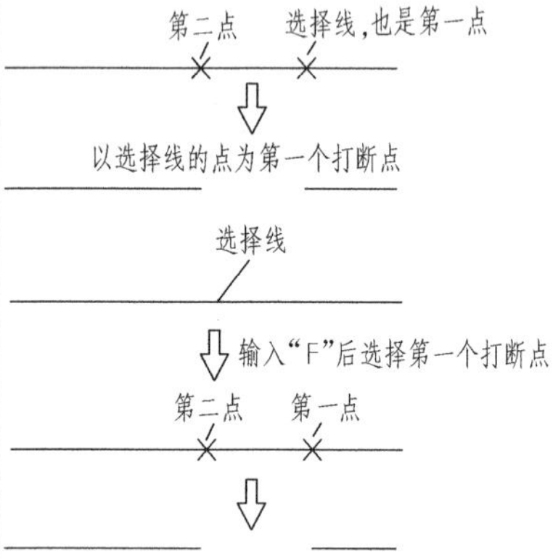
合并	命令：JOIN ↙ 选择对象：//选择一条直线、多段线、圆弧、椭圆弧、样条曲线或螺旋 根据选定的对象，AutoCAD 会显示不同的提示，选择合适的合并对象	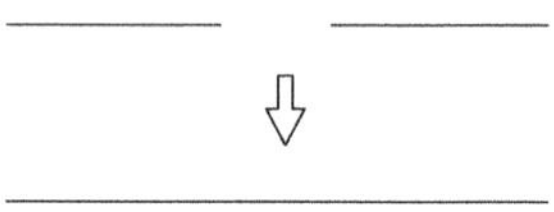
倒角[2]	命令：CHAMFER ↙ （“修剪”模式）当前倒角距离 1=2，距离 2=2 选择第一条直线或[多段线(P)/距离(D)/角度(A)/修剪(T)/方法(E)/多个(M)]： 默认选项为“选择第一条直线”，其他选项说明如下 多段线(P)：对整个多段线执行倒角操作 距离(D)：设置倒角至选定边端点的距离 角度(A)：通过第一条线的倒角距离和第二条线的角度设置倒角距离 修剪(T)：设置是否对选择实体进行裁剪 方法(E)：选择距离或角度两种方式中的一种 多个(M)：允许为多组对象创建倒角	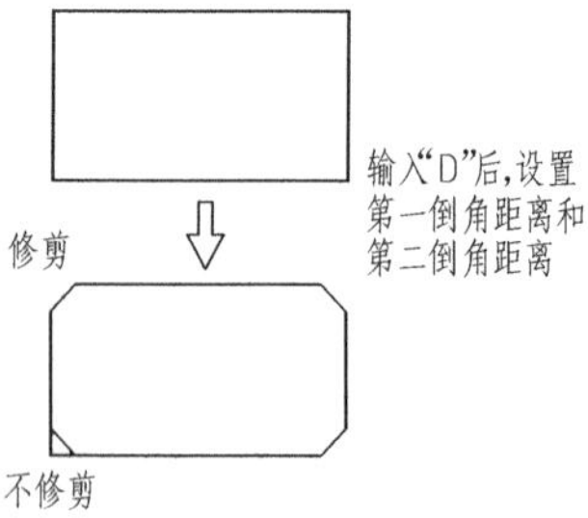
圆角	命令：FILLET ↙ 当前模式：模式=修剪，半径=2 选择第一个对象或[多段线(P)/半径(R)/修剪(T)/多个(M)]： 默认选项为“选择第一个对象”，“半径(R)”表示用指定过渡圆角半径的方式创建圆角，其他选项与“倒角”命令相同	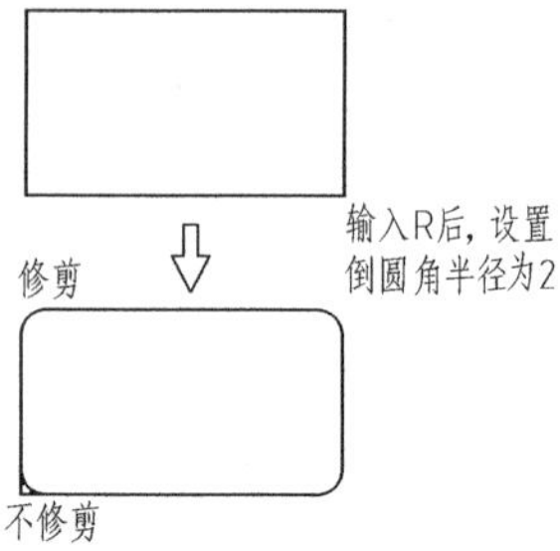

（续）

编辑方式	命令及说明	图例
分解	命令:EXPLODE↙ 选择对象://选择要分解的实体并在完成时按<Enter>键	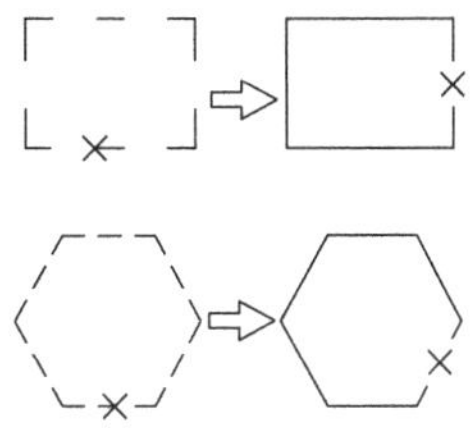

① 在使用“修剪”和“延伸”命令时，可以按住<Shift>键，使“修剪”变“延伸”，“延伸”变“剪切”。AutoCAD 允许使用直线、圆弧、圆、椭圆、椭圆弧、多段线、样条曲线、构造线、射线及文字等对象作为边界边。还有一种最简单的边界边选择法：用鼠标右键（默认相交点处是边界）点选实现然后哪里不要点哪里。

② 在进行倒角操作时，设置的倒角距离或倒角角度不能太大，否则命令无效。**当两个倒角距离为 0 时，系统将延伸两条直线使之相交（有时可当成“修剪”命令来使用）**，而不产生倒角。此外，如果两条直线平行或分散，则不能进行倒角处理。

图 10-36　矩形阵列功能区选项卡

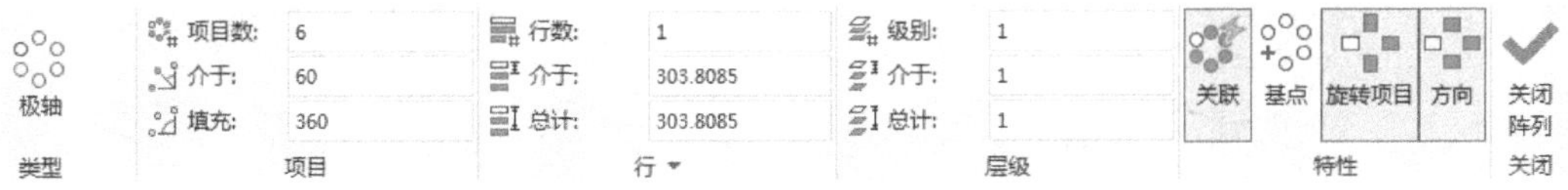

图 10-37　环形阵列功能区选项卡

10.3.4　平面图形绘制与编辑示例

本小节通过一个例题讲解用 AutoCAD 2021 绘制平面图形的一般步骤和方法，应在该例题图形的绘制过程中体会和熟悉图形绘制、修改和编辑命令的调用方法。

【例 10-1】 用 AutoCAD 2021 绘制图 10-38 所示吊钩的平面图形，采用 A4 图幅，不需要标注尺寸。

1）用文件的“打开”命令选择“acadiso”文件，并选择“无样板打开-公制”方式打开，即创建空白文件。接着按照 10.2.2 小节介绍的方法设置绘图环境，创建 A4 竖放图幅（210×297）样板。

2）按照 10.2.3 小节介绍的方法设置图层，应包括“中心线”层、“轮廓线”层（或“粗实线”层），“尺寸线”层在本例中不使用，可不设置。

3）绘制中心线。将“中心线”层设为当前层，调用“直线”命令绘制一条水平中心线和一条竖直中心线。

4）绘制已知线段。配合使用“直线”“偏移”“倒角”“修剪”命令，绘制出吊钩的圆柱部分。确认“对象捕捉”的“交点”模式为开启状态，将光标移至两条中心线的交点处实现捕捉，调用“圆”命令指定圆的半径为“20”绘制钩状部分的内圆形状；接着向右偏移 9mm 确定圆心，调用“圆”命令指定圆的半径为“48”绘制钩状部分的外圆形状。

5）绘制中间线段。调用“圆”命令，以“相切、相切、半径”方式分别指定圆的半径为“40”和“60”完成 *R*40 和 *R*60 圆弧所在圆的绘制。绘制完中间线段的图形如图 10-39 所示。

6）修剪图线。调用“修剪”命令，默认相交处是修剪边界点，对比图 10-38 所示样图修剪多余图线，单击鼠标右键结束对象选择，修剪结果如图 10-40 所示。

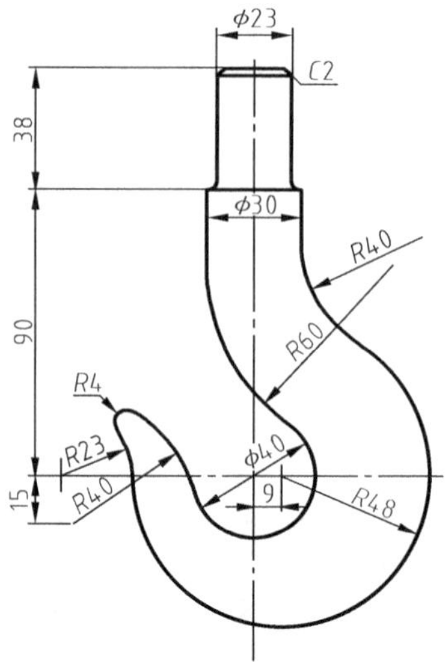

图 10-38　吊钩平面图

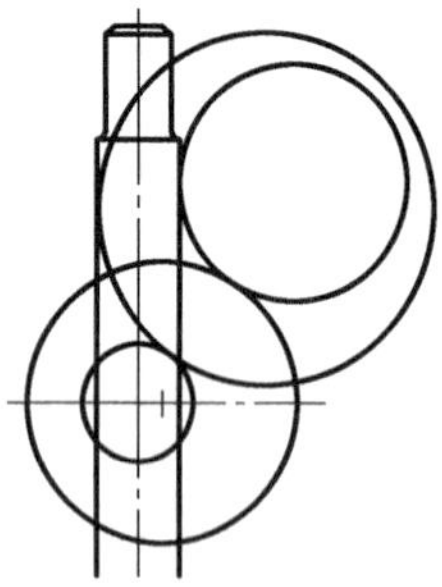

图 10-39　绘制中心线、已知线段和中间线段

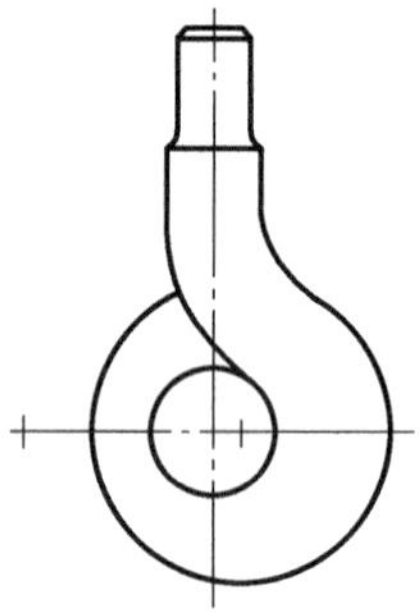

图 10-40　修剪图线

7）绘制连接线段。使用“偏移”命令从中心线的交点向左偏移，偏移尺寸 = 48 − 9 + 23 = 62（mm），确定 *R*23 圆弧圆心，接着调用“圆”命令指定圆的半径为“23”完成 *R*23 圆弧所在圆的绘制。使用“偏移”命令将水平中心线先向下偏移 15mm，再向上偏移 40mm 确定 *R*40 圆弧所在圆的上边界，接着调用“圆”命令，以“相切、相切、半径”方式指定圆的半径为“40”完成 *R*40 圆弧所在圆的绘制，如图 10-41 所示。

8）调用“圆角”命令绘制 *R*4 圆弧。

9）对比图 10-38 所示样图修剪多余图线，结果如图 10-42 所示。

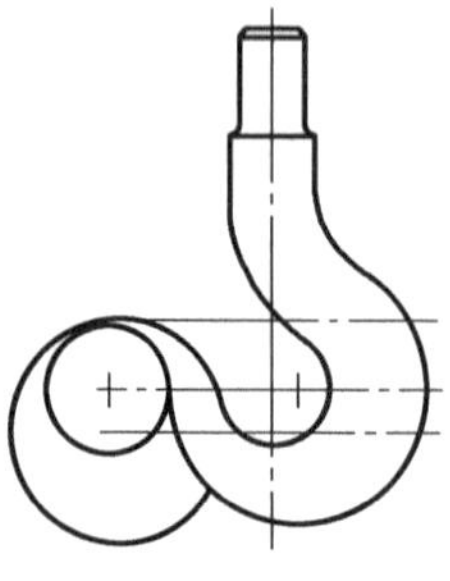

图 10-41　绘制连接线段

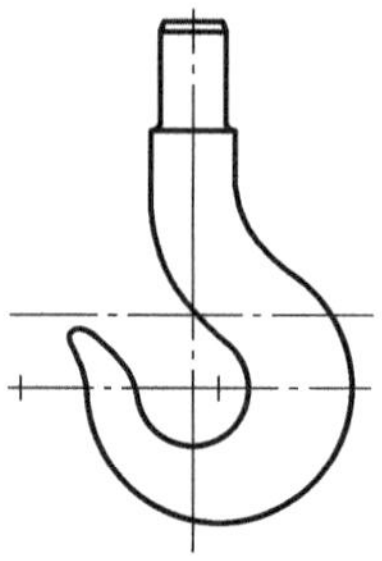

图 10-42　用“圆角”命令绘制 *R*4 圆弧并完成修剪

10）保存文件并将文件命名为“吊钩”，退出程序。

10.4 尺寸标注与技术要求标注

10.4.1 尺寸标注

1. 常用尺寸标注命令

AutoCAD 2021 常用尺寸标注命令见表 10-14。

表 10-14 常用尺寸标注命令

命令名	菜单命令	功能区或工具栏按钮	命令行窗口命令	功能
线性	“标注”→“线性”		DIMLINEAR	使用水平、竖直或旋转的尺寸线创建线性标注
对齐	“标注”→“对齐”		DIMALIGNED	创建与尺寸界线原点的连线平行的线性标注
弧长	“标注”→“弧长”		DIMARC	创建圆弧或多段线圆弧的长度标注
半径	“标注”→“半径”		DIMRADIUS	为圆或圆弧创建半径标注
折弯	“标注”→“折弯”		DIMJOGLINE	在线性标注或对齐标注中添加折弯线来标注大尺寸半径
直径	“标注”→“直径”		DIMDIAMETER	为圆或圆弧创建直径标注
角度	“标注”→“角度”		DIMANGULAR	创建角度标注
快速标注	“标注”→“快速标注”		QDIM	从选定对象快速创建一系列标注。创建系列基线标注或连续标注，或者为一系列圆或圆弧创建标注时，此命令可高效完成标注
基线	“标注”→“基线”		DIMBASELINE	从上一个标注或选定标注的基线处创建线性标注、角度标注或坐标标注
连续	“标注”→“连续”		DIMCONTINUE	创建从上一个标注或选定标注的尺寸界线开始的标注

2. 尺寸标注命令应用示例

常用尺寸标注命令应用示例见表 10-15。

表 10-15　常用尺寸标注命令应用示例

<table>
<tr><th>标注方式</th><th>命令及说明</th><th>图例</th></tr>
<tr><td>线性标注</td><td>命令:DIMLINEAR
指定尺寸线位置或[多行文字(M)/文字(T)/角度(A)/水平(H)/垂直(V)/旋转(R)/]:
说明:
1)线性标注命令会依据尺寸拉伸方向自动判断标注水平或竖直的尺寸
2)线性标注方式可选取延伸线的两个原点或直接选取欲标注的图元
3)AutoCAD 2021 可依据选择的两个原点或图元,自动计算其水平或竖直距离,并将其设定为尺寸标注的值</td><td rowspan="2">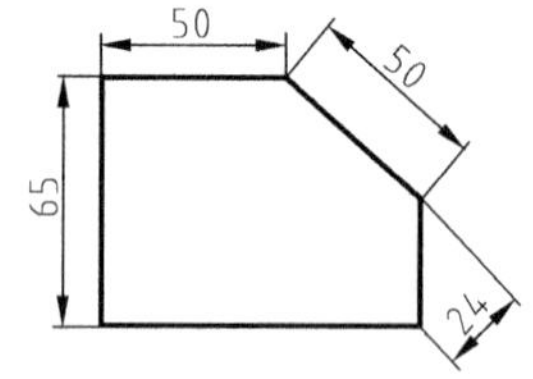

水平的尺寸 50 和竖直的尺寸 65 是用线性方式标注的;倾斜的尺寸 50 是用对齐方式标注的;尺寸 24 是在线性方式下选择“旋转(R)”选项标注的</td></tr>
<tr><td>对齐标注</td><td>命令:DIMALIGNED
指定第一条尺寸界线原点或<选择对象>://选取要标注尺寸的线段的一个端点
指定第二条尺寸界线原点://选择要标注尺寸的线段的另一个端点
指定尺寸线位置或[多行文字(M)/文字(T)/角度(A)]:</td></tr>
<tr><td>半径/弯折/直径标注</td><td>选择圆弧或圆://选择要标注半径或直径的圆弧或圆
指定尺寸线位置或[多行文字(M)/文字(T)/角度(A)]://指定放置尺寸线的位置,系统会自动在数值前加半径符号“R”或直径符号“ϕ”
弯折标注时选择圆或圆弧后提示:
指定图示中心位置://指定点,接受折弯半径标注的新中心点,以用于替代圆弧或圆的实际中心
指定尺寸线位置或[多行文字(M)/文字(T)/角度(A)]://指定尺寸线位置或输入选项</td><td>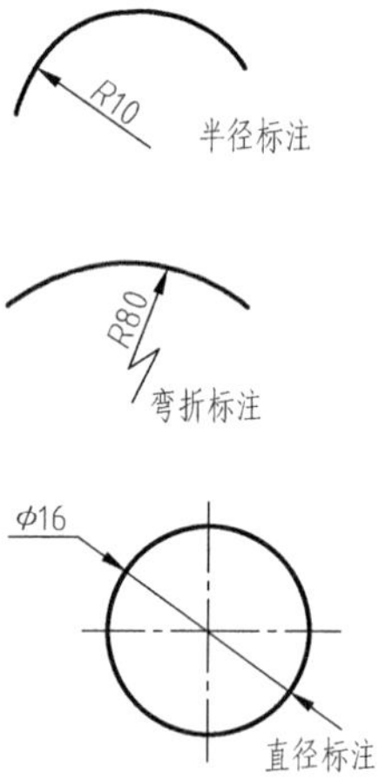
</td></tr>
<tr><td>基线/连续标注</td><td>基线标注是以一条基线为基准生成一系列尺寸标注,每个尺寸均比前一个尺寸增大一个数值。系列尺寸中第一个尺寸须是长度型或角度型尺寸。尺寸线间隔由尺寸变量控制
连续标注是从某个尺寸标注的第二条尺寸界线出发连续生成尺寸标注</td><td rowspan="2">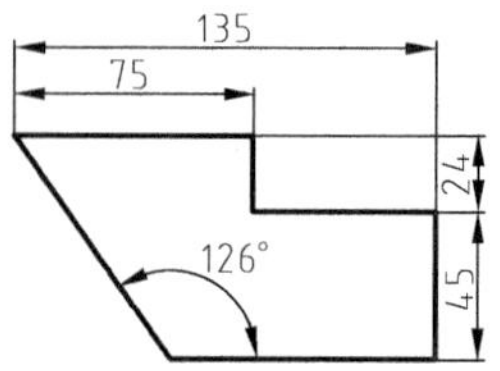

水平的尺寸 135 和 75 是用基线方式标注的;竖直的尺寸 45 和 24 是用连续方式标注的;尺寸 126°是用角度方式标注的</td></tr>
<tr><td>角度标注</td><td>角度标注的尺寸线在被标注的角度内成圆弧线。选择对象是圆弧时,系统会自动确定用作尺寸界线的端点;选择对象是直线时,系统会认为其是角度的一条边,需再选择第二条边</td></tr>
</table>

3. 创建尺寸标注的基本步骤

在 AutoCAD 中对图形进行尺寸标注的基本步骤如下。

1）选择“格式”→“图层”菜单命令，使用打开的“图层特性管理器”对话框创建一个独立的图层，用于进行尺寸标注。

2）选择“格式”→“文字样式”菜单命令，使用打开的“文字样式”对话框创建一种文字样式，用于进行尺寸标注。

3）选择“格式”→“标注样式”菜单命令，使用打开的“标注样式管理器”对话框，设置标注样式。

4）使用对象捕捉功能和尺寸标注命令，对图形中的图元进行标注。

10.4.2　尺寸公差标注

尺寸公差是和尺寸一起标注的，在标注尺寸公差之前，必须设置公差的样式（在设置尺寸标注样式时进行设置）。按照 10.2.2 小节介绍的方法打开“修改标注样式”对话框，即可在“公差”选项卡对公差标注方式、精度、位置、对齐方式等进行设置，如图 10-43 所示。公差标注的“方式”有“无”、“对称”（如“30 ± 0.018”）、“极限偏差”（如“$\phi 20^{+0.033}_{0}$”），如果选用“极限偏差”方式，则需要输入上、下极限偏差值，然后在标注尺寸时系统自动在尺寸后标注公差。

提示：因为各尺寸的公差一般不相同，所以在标注每一个尺寸公差前都要设置。

在公差的标注“方式”选为“无”时，可以对有公差的尺寸先标注其公称尺寸，然后双击尺寸打开“特性”选项板（图 10-44），在特性编辑表中设置尺寸的公差。尺寸特性编辑表与图 10-43 所示“公差”选项卡内容基本相同。例如，若要标注 $\phi 32^{+0.05}_{0}$，则可先调用“线性”尺寸标注命令标注其公称尺寸 $\phi 32$，然后双击该尺寸，在“特性”选项板中设置“显示公差”为“极限偏差”，并填写上、下极限偏差数值。

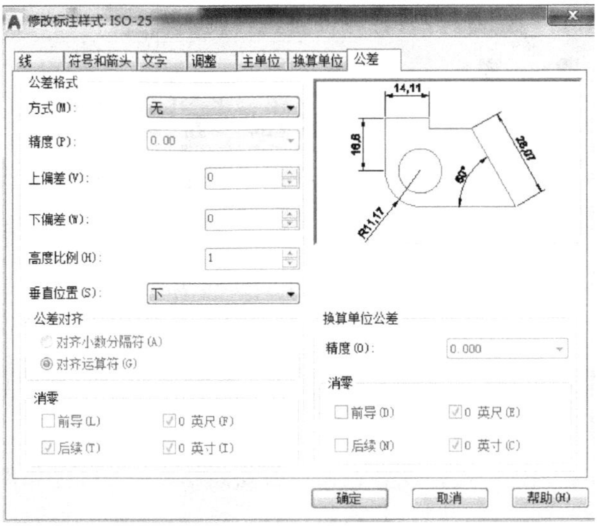

图 10-43 “公差”选项卡

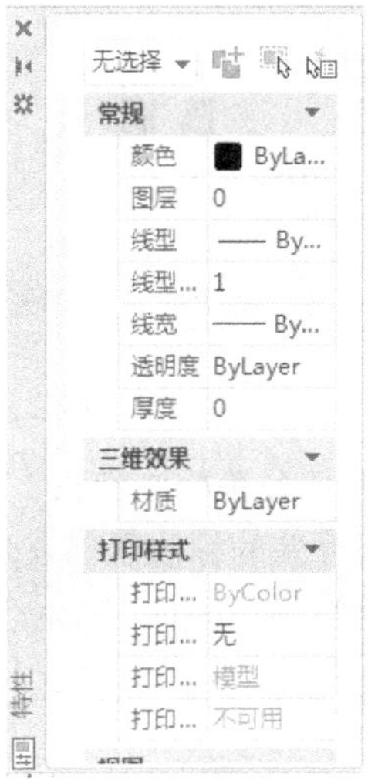

图 10-44 “特性”选项板

提示：尺寸特性编辑表中下极限偏差在上，上极限偏差在下，默认上极限偏差的符号为“+”，下极限偏差的符号为“-”，因此若上极限偏差为负值，则应在数值前加“-”号，若下极限偏差为正值，则应在数值前加“-”号。

10.4.3 尺寸标注编辑

与采用绘图命令绘制图形一样，在尺寸标注出来以后也可以编辑修改。首先选择要编辑的尺寸，然后单击功能区或工具栏中的“特性”按钮，AutoCAD 工作界面左侧会弹出“特性”选项板，如图 10-44 所示。可以在“特性”选项板中重新设置尺寸标注的各个参数，包括尺寸标注样式、箭头和尺寸线、文字、数字模式、尺寸公差等。

提示：如果要将系统测量的标注文字变为自己指定的标注文字，可以在指定尺寸位置之前，根据命令行窗口提示输入“T”，然后在“输入标注文字”提示后输入指定的标注文字；也可以在指定尺寸位置后，双击系统生成的标注文字，在弹出的“特性”选项板的“文字替代”文本框中直接输入要指定的标注文字。

10.4.4 几何公差标注

1. 几何公差标注命令

依次选择“标注”→“公差”菜单命令，或者单击功能区或工具栏中的“形位公差”按钮均可打开“形位公差”对话框，如图 10-45 所示。首先，单击“符号”下方的黑色方框，系统将弹出“特征符号”对话框，该对话框显示了可供选择的几何公差符号，如图 10-46 所示，选择正确的几何公差符号后返回“形位公差”对话框。接着，可以根据需要单击“公差 1”下方的黑色方框选择符号“φ”，然后在文本框内填写直径数字。若一个尺寸有两个几何公差要求，则在第二行继续进行选择和填写。设置完成后单击“确定”按钮。

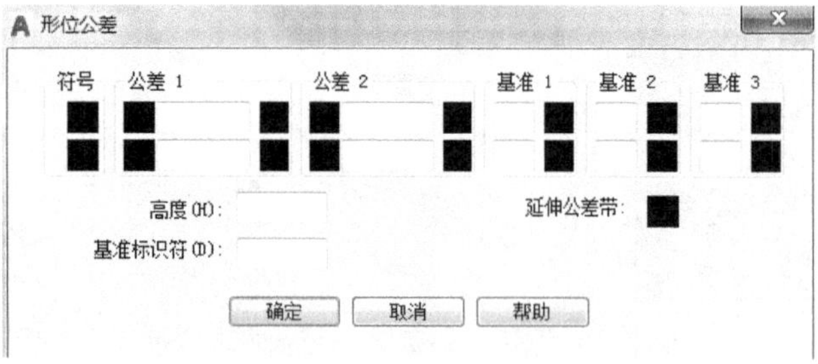

图 10-45 “形位公差”对话框

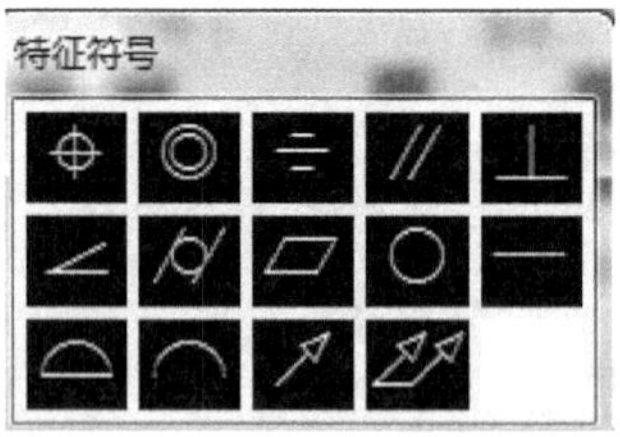

图 10-46 “特征符号”对话框

2. 几何公差标注步骤

几何公差的标注需要在现有尺寸的基础上添加引线和公差框格，故需按如下步骤使用“快速引线”命令和“形位公差”命令进行标注。

1）在功能区或工具栏单击“快速引线”按钮，或者在命令行窗口输入“QLEADER”命令。

2）在命令行窗口“指定第一个引线点或［设置<s>］<设置>:”提示下，按<Enter>键，系统将弹出“引线设置”对话框，如图 10-47 所示。

3）在“引线设置”对话框的“注释”选项卡中选择“公差”单选项并单击“确定”按钮。

4）在被测要素上指定引线的起点和终点，确认后系统会弹出“形位公差”对话框，如图 10-45 所示。选择几何公差符号、填写公差值和基准后单击“确定”按钮完成标注。

5）若有基准，则基准符号要自行绘制并标注到所需位置上。

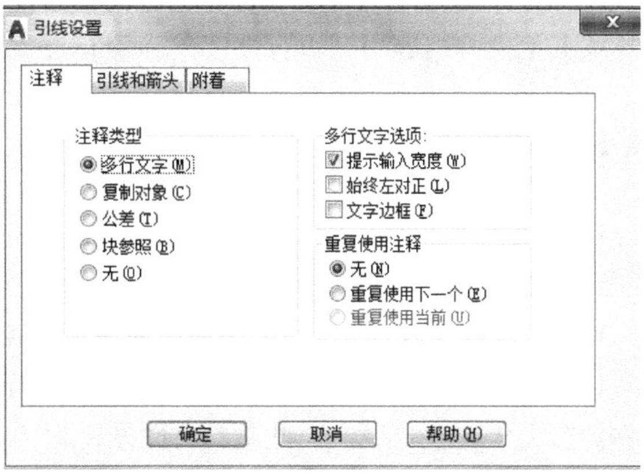

图 10-47 “引线设置”对话框

10.4.5 表面结构要求的标注

依次选择“绘图”→“块”→“创建”菜单命令，或者单击功能区或工具栏中的“创建块”按钮 均可打开“块定义”对话框，如图 10-48 所示。创建好的图块可以用“插入块”命令插入需要标注的表面，插入时，可设置比例和旋转角度。

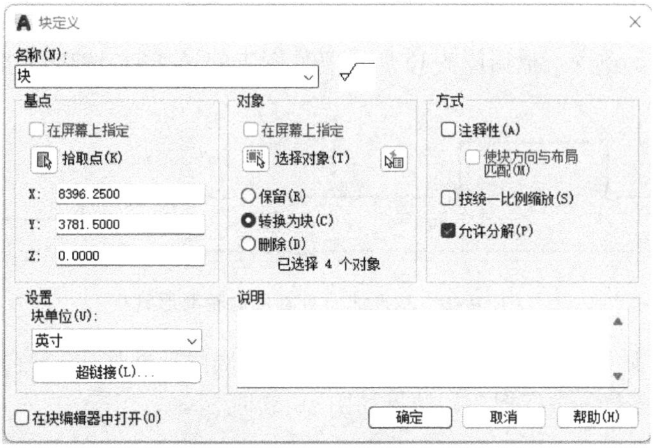

图 10-48 “块定义”对话框

在调用“创建块”命令之前需要使用绘图编辑命令绘制出表面粗糙度符号，按照表 8-6，应根据不同的表面粗糙度要求创建多个块，也可以把表面粗糙度参数值定义成“属性”后再创建块，以实现利用一个块标注不同粗糙度数值的表面结构要求。

提示：对于其他较为常用的基本图形或符号，也可以分别做成图块并保存在图形文件中，绘图时进行调用即可。

10.4.6 其他文字的注写

工程图中的技术要求和其他文本内容可以调用“多行文字”（MTEXT）和“单行文字”

(DTEXT 或 TEXT) 命令来标注。技术要求的标注一般用“多行文字”命令，标题栏或视图名称等其他文本内容用“单行文字”命令标注比较简便。

10.5 零件图的绘制及标注

以图 8-15 所示齿轮轴零件图为例，用 AutoCAD 进行零件图的绘制及标注的步骤和方法如下。

1. 调用样板文件并修改

用打开文件方式选择 10.2 节制作的 A4 图幅样板文件（或者按照 10.2 节介绍的方式创建 A4 横放图幅样板），将标题栏改为图 8-15 所示的简化标题栏格式，用“表格”命令绘制零件图右上角的参数表格。将图形文件另存为“齿轮轴”，保存文件。

提示：注意在绘图过程中每隔一段时间保存一次。

2. 设置绘图状态

调整工作界面的图形显示大小，打开“显示/隐藏线宽”和“极轴追踪”状态按钮，在“草图设置”对话框中选择“对象捕捉”。

3. 绘制基准线

调用“直线”命令，将“中心线”图层设为当前层，绘制长度为 150mm 的中心线。

4. 绘制各轴段

调用“多段线”命令，根据图 8-15 所示零件图中的尺寸画出轴的轮廓外形，如图 10-49 所示。

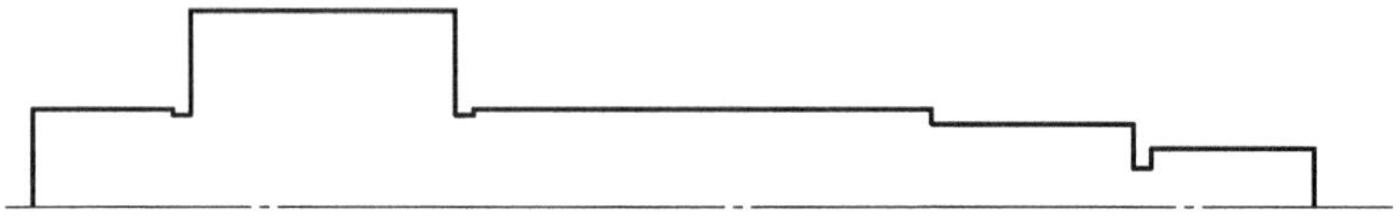

图 10-49 基准线及各轴段的轮廓形状

调用“直线”命令画竖直线，即各轴段的径向轮廓线，并调用“直角”和“倒角”命令对轴端和退刀槽等位置进行倒角，结果如图 10-50 所示。

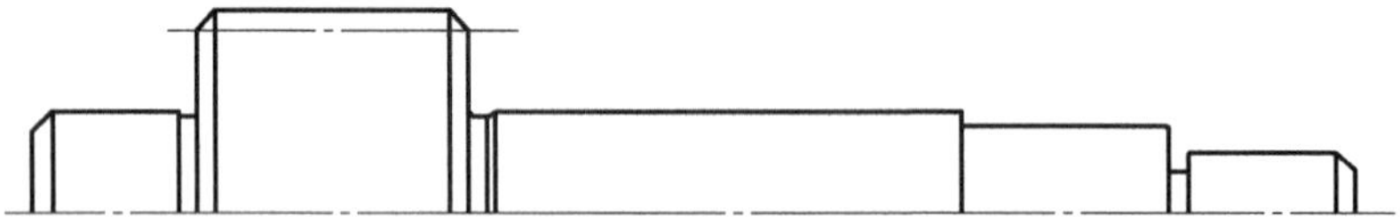

图 10-50 各轴段的径向轮廓线和倒角的绘制

调用“镜像”命令，选择已绘出的轴的轮廓图形，以中心线为基准，镜像生成轴的下半部分图形。调用“直线”和“圆”命令画出键槽和通孔小圆，形状和尺寸按图 8-15 所示零件图确定。将“中心线”图层置为当前层，调用“直线”命令画出齿轮分度线，将“细实线”图层置为当前层，调用“直线”命令画出螺纹小径线，结果如图 10-51 所示。

5. 绘制两断面图

将“点画线”图层置为当前层，绘制长度约为 25mm 的两条互相垂直的对称中心线，

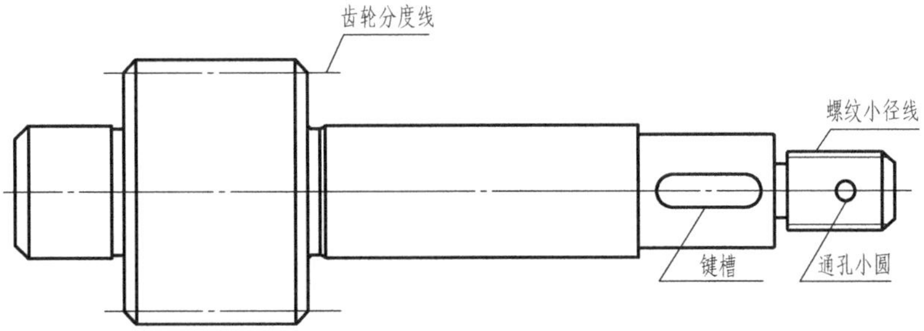

图 10-51　镜像生成轴的下半部分并绘制轴段细节

利用线的夹点调整两中心线长度，使两线段中点和交点正好重合。将“0”图层置为当前层，以两中心线交点为圆心，绘制 ϕ17 圆。调用“偏移”命令，将水平中心线以 2.5mm 的距离分别向上、向下偏移，将竖直中心线以 4.5mm 的距离向右偏移，再分别将偏移所得线段线型修改为“0”图层图线，结果如图 10-52a 所示。调用“修剪”和“删除”命令，根据轴段截面形状修剪和删除多余的图线，得到断面图的轮廓形状如图 10-52b 所示。

将“细实线”图层置为当前层，调用“图案填充”命令，选择图 10-52b 所示 4 个象限区域作为填充区域，完成剖面线绘制。调用“多行文字”命令在断面图上方创建内容为“*A*—*A*”的剖视图标记，结果如图 10-53a 所示。

运用相同的方法和步骤绘制 *B*—*B* 断面图，结果如图 10-53b 所示。

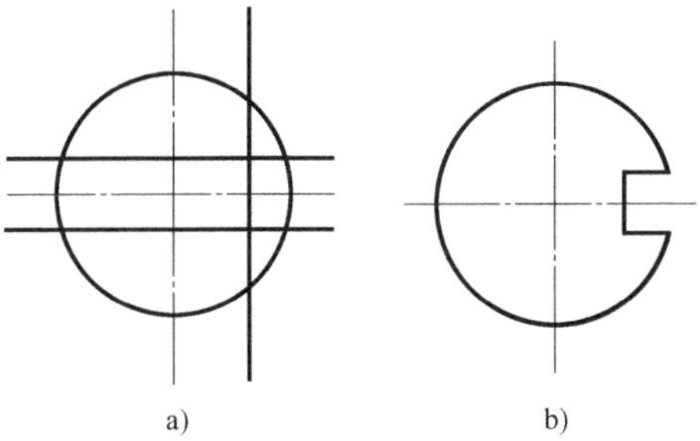

a)　　b)

图 10-52　绘制断面图的轮廓形状

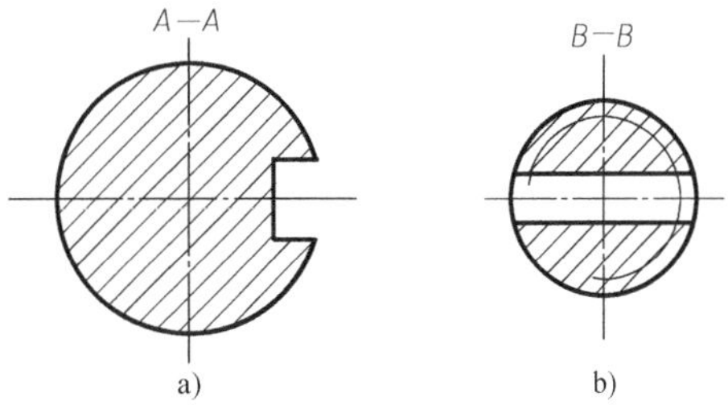

a)　　b)

图 10-53　两断面图的绘制结果

自行完成视图中的剖切位置和视图名称标注。

6. 画局部放大图

将“细实线”图层置为当前层，调用“圆”命令在齿轮右端退刀槽附近画一小圆。接着调用“打断于点”命令进行打断，调用“复制”命令将小圆内的线段复制出去。再调用“缩放”命令将复制出来的视图部分放大到 5 倍，调用“样条曲线”命令画出局部放大图的边界线，然后用“单行文字”命令标注“5 : 1”，得到局部放大图。最终的齿轮轴表达方案如图 10-54 所示。

7. 标注尺寸

利用样板中预先设置的尺寸标注样式，调用“线性标注”“连续标注”“基线标注”命令标注出所有轴段的轴向尺寸，调用“线性标注”命令标注出所有径向尺寸。接着利用各尺寸的“特性”选项板进行修改，对于直径尺寸，在“标注前缀”文本框中输入“%%c”

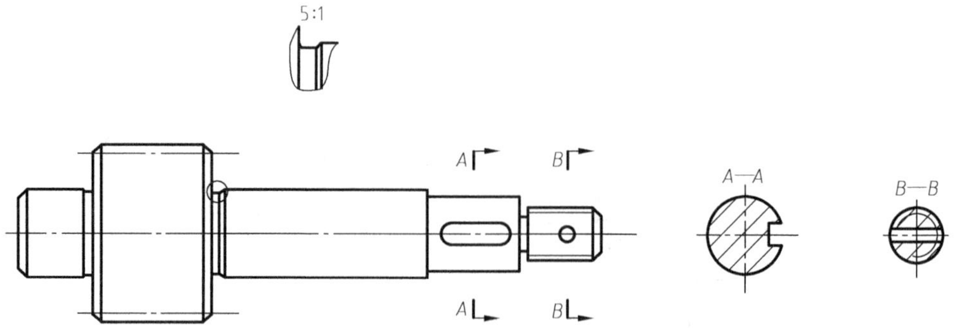

图 10-54　齿轮轴表达方案

形成“ϕ”；对于需标注公差带代号的尺寸，在“标注后缀”文本框中输入公差带代号，如“f8”；对于标注公差数值的尺寸，在“公差”选项组中选择“极限偏差”选项，并设置上、下极限偏差数值。

调用“直线”命令，在倒角斜边端点位置绘制延长线并水平折弯绘制水平线。调用“单行文字”命令在水平线上标注“*C*2”和“*C*0.5”。调用“快速引线”或“半径标注”命令标注圆角尺寸“*R*0.5”。若需修改文字，则可在尺寸的“特性”选项板中的“文字替代”选项组进行设置。

标注尺寸后的齿轮轴零件图图形如图 10-55 所示。

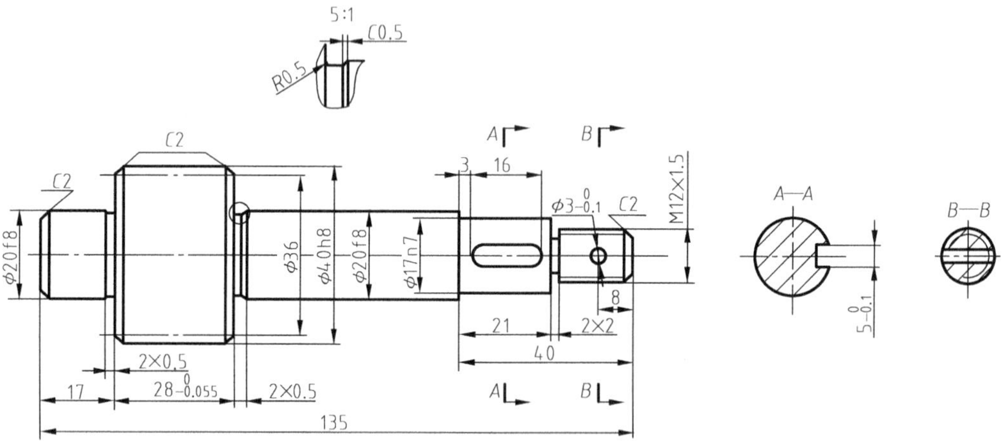

图 10-55　标注尺寸后的齿轮轴零件图图形

8. 标注几何公差

依次选择“标注”→“公差”菜单命令，或者单击功能区或工具栏中的“形位公差”按钮 打开“形位公差”对话框，选择垂直度公差符号，输入公差值“0.03”，设置“基准 1”为“C”，如图 10-56 所示。

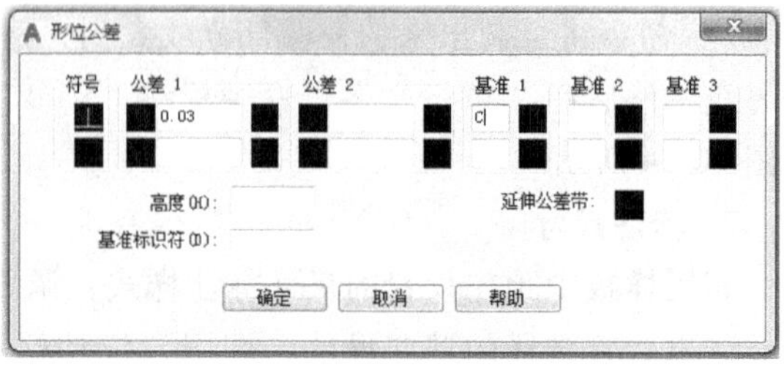

图 10-56　“形位公差”对话框

调用“直线”和“矩形”命令画出基准 C 的标注符号。

提示： 标注基准时要注意与该轴段的尺寸标注的尺寸线对齐，才表示基准为中心要素。

9. 标注表面结构要求

调用“直线”命令绘制表面粗糙度符号图形并创建块，接着用“快速引线”命令和“插入块”命令创建标注引线和插入表面粗糙度符号，然后用“多行文字”命令标注表面粗糙度数值。

10. 填写技术要求和标题栏

调用“多行文字”命令在合适的位置注写技术要求，并在标题栏和零件图右上角表格的单元格中填写文字内容。综合得到的零件图如图 8-15 所示。

10.6 装配图的绘制及标注

10.6.1 绘制装配图的常用方法

绘制装配图通常采用如下两种方法。

1）**直接利用绘图及图形编辑命令**，按手工绘图的步骤，结合“对象捕捉”“极轴追踪”等辅助绘图功能绘制装配图。这种方法一般只适用于简单部件的装配图绘制。

2）**应用“拼装法”绘制装配图**。对于复杂部件，多数情况下都是先绘出各零件的零件图，然后拼画装配图的，由于计算机绘图更容易体会零件图“装”在一起的感觉，因此这种方法可称为“拼装法”。在 AutoCAD 中应用“拼装法”绘制装配图，一般可分为基于设计中心、基于工具选项板、基于块功能和基于复制粘贴功能四种方法。其中，基于设计中心拼装装配图和基于复制粘贴功能拼装装配图为常用画法。

10.6.2 绘制装配图的基本方法和步骤

以 9.6 节的减速器装配图拼画为例，假设已绘制完成图 9-23～图 9-27 所示零件图，用 AutoCAD 拼画装配图的基本方法和步骤如下。

1. 调用样板文件并修改

用打开文件方式选择 10.2 节制作的 A4 图幅样板文件并将其修改为 A3 横放图幅，或者按照 10.2 节介绍的方式创建 A3 横放图幅样板。将图形文件另存为“减速器装配图”，保存文件。

提示： 注意在绘图过程中每隔一段时间保存一次。

2. 设置绘图状态

调整工作界面的图形显示大小，打开“显示/隐藏线宽”和“极轴追踪”状态按钮，在“草图设置”对话框中选择“对象捕捉”选项。

3. 绘制并明细栏

1）创建明细栏表格样式，选择“格式”→“表格样式”或者单击“样式”工具栏“表格样式”按钮，均可打开“表格样式”对话框，单击“新建”按钮，系统弹出“创建新的表格样式”对话框，在“新样式名”文本框中输入“减速器明细栏”。单击“继续”按钮，系统弹出“新建表格样式：减速器明细栏”对话框，参数设置如图 10-57 所示。

图 10-57 “新建表格样式：减速器明细栏”对话框参数值

在“边框”选项卡中的“线宽”下拉列表中选择“ByLayer”，再选择“无边框”选项，其余各项均采用默认值。

2）调用“表格”命令打开“插入表格”对话框创建表格，参数设置如图 10-58 所示。

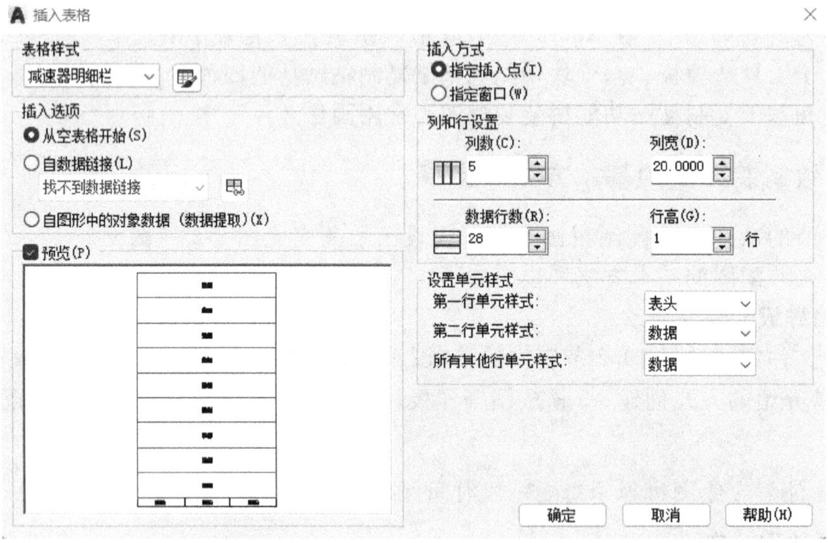

图 10-58 “插入表格”对话框

3）单击“确定”按钮，在绘图区适当位置单击，指定表格的插入点。

4）激活“表头”单元格并填入相应文字，单击“确定”按钮，完成“减速器明细栏”表格的插入。

5）修改表格的行高、列宽和边框。

6）双击“数据”单元格，自下而上填写明细栏中的零件序号。

7）由于明细栏较高，在绘图区没有足够空间自下而上排列全部明细栏时，需调整一部分放在标题栏左侧。单击“标准”工具栏中的“特性”按钮，或者鼠标右键单击明细栏表格并在弹出的快捷菜单中选择“特性”选项，均可打开“特性”选项板。选中表格，在“特征”选项板的“表格打断”选项组中将“启用”选择为“是”，“方向”选择为“左”，“间距”输入为“0”后。然后在表格顶部选中表格上的  符号并向下拖动，则可将表格的一部分转移到标题栏的左侧，如图 10-59 所示。

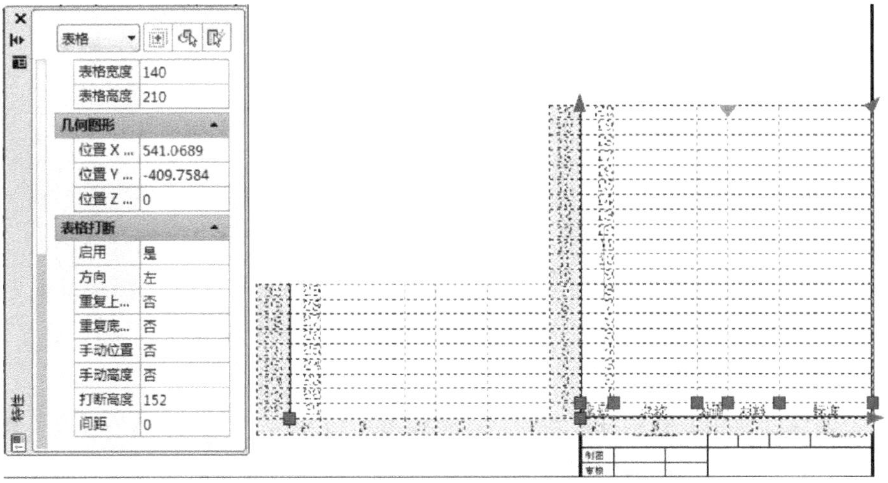

图 10-59　明细栏位置调整

4. 载入主体零件

复杂部件中通常都存在一个主体零件，其外形基本决定了装配体的外形，其他零件多依附该零件进行定位和组装。对于减速器，这个基础部件就是箱体。用复制粘贴功能将已完成的箱体零件图（图 9-23）的各视图复制进样板文件图框内，用“移动”命令适当调整其位置，类似于手工拼画装配图第一步的“合理布局”。用“删除”“修剪”等命令对图形的多余图线进行理清。

5. 构思表达方案

计算机绘图的视图选择方法与手工绘图的视图选择方法无异，具体见 9. 6. 2 小节。

6. 拼装零件

1）拼装零件绘制装配图一般按照先内后外，先拼装主体零件，再拼装辅助零件的原则进行。

2）合理运用“捕捉”等辅助绘图功能，拼装可直接定位的零件。本减速器实例中，可以先将图 9-27 所示嵌入透盖图形复制粘贴进绘图区，调用“旋转”命令旋转 90°，然后调用“移动”命令结合“捕捉”功能，轻松而准确地将其装入箱体俯视图的 3mm 凹槽位置，多次操作完成多个嵌入透盖的“拼装”。对于主视图和左视图，可以直接拼装箱盖。

3）补画标准件图形。由于正常的零件图绘制是不需要绘制标准件的，但在装配图中为实现结构的清晰表达，标准件也时常需要在半剖视图、局部剖中出现，因此这就需要补画标准件零件图，本例便需要补画轴承、螺钉、螺母、螺栓、垫圈和销的装配图，示例如图 10-60 所示。

4）按照装配干线拼装。以俯视图为例，可以在嵌入透盖的基础上拼装轴承、轴和挡油环。

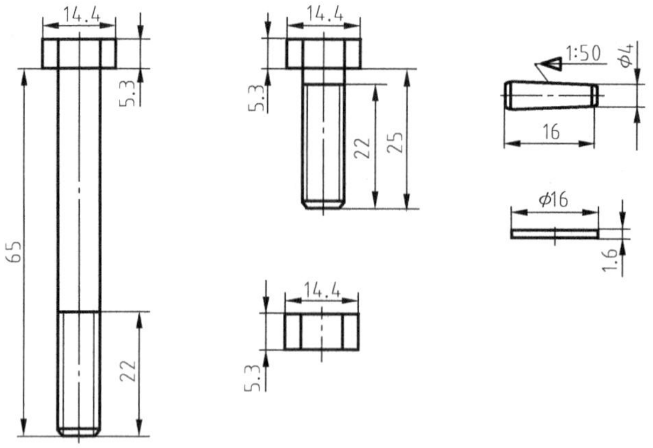

图 10-60 标准件图形示例

5）拼画中，灵活运用“修剪”“删除”命令删除原图形中多余的局部剖视图及图线。同时，根据表达需求确定剖切画法，用“样条曲线”命令绘制分隔线，用“图案填充”命令填充剖面区域绘制剖视图。

说明：实际的装配图绘制过程往往是在上述步骤的基础上交叉循环进行的，要一边拼画一边思考分析，对表达不清的结构补充视图、局部剖视图等画法，对多余的图形及时进行修剪。若修剪多了，也可以重新复制粘贴进原图形重做，充分发挥基于复制粘贴功能进行计算机绘图的灵活性。应多尝试，多练习，找到自己最擅长、最高效的装配图绘制技巧。

7. 标注装配图尺寸

灵活运用“线性”“对齐”“自动尺寸”等尺寸标注命令标注装配图尺寸，熟练利用“修改标注样式”对话框编辑配合尺寸。

8. 编写零件序号

1）在功能区依次选择“常用”→“注释”→“多重引线样式”，或者在命令行窗口输入“MLEADERSTYLE”命令，均可打开“多重引线管理器”对话框，如图 10-61 所示，单击“新建”按钮，系统弹出“创建新多重引线样式”对话框，在此对话框中将“新样式

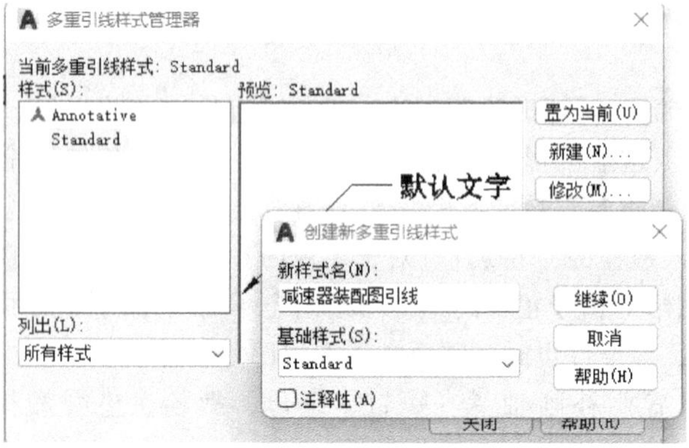

图 10-61 “多重引线样式管理器”对话框

名”设置为“减速器装配图引线”，接着单击“继续”按钮，系统弹出“修改多重引线样式：减速器装配图引线”对话框，可在其中设置指引线的线型、箭头样式、文字样式等。

2）在功能区依次选择“常用”→“注释”→“多重引线”，或者在命令行窗口输入“MLEADER”命令，调用“多重引线”命令，沿顺时针或逆时针方向有序地标注出所有的零件序号。

3）在合适位置作水平辅助线，利用夹点编辑功能将水平、竖直标注的多重引线调整对齐。

9. 填写明细栏及注写技术要求

激活明细栏单元格，填写零件名称、材料及标准号等。应用“多行文字”命令在图纸范围内的合适位置注写装配图技术要求。

章末小结

1. 了解 AutoCAD 2021 中文版的用户界面、经典工作空间、命令调用方式、数据输入方式和文件操作方式。

2. 学会制作样板文件，绘图环境设置包括线型、图幅界限、字体、尺寸标注样式等。设置好各图线图层并灵活运用，可提高绘图效率。

3. 掌握采用 AutoCAD 进行尺寸标注样式的设置及标注尺寸、技术要求，如角度、半径、直径等子样式的尺寸标注的设置。

4. 熟练掌握 AutoCAD 基本操作和图形编辑命令的关键在于多上机练习。

5. 掌握零件图绘制的方法和步骤，调用不同的命令在零件图上标注尺寸、技术要求等。

6. 掌握装配图正确的画图方法和步骤，注意“多重引线”命令的运用。

附　　录

附录 A　螺　　纹

一、普通螺纹（GB/T 193—2003、GB/T 196—2003）

普通螺纹尺寸如图 A-1 所示，直径与螺距系列见表 A-1，基本尺寸系列见表 A-2。

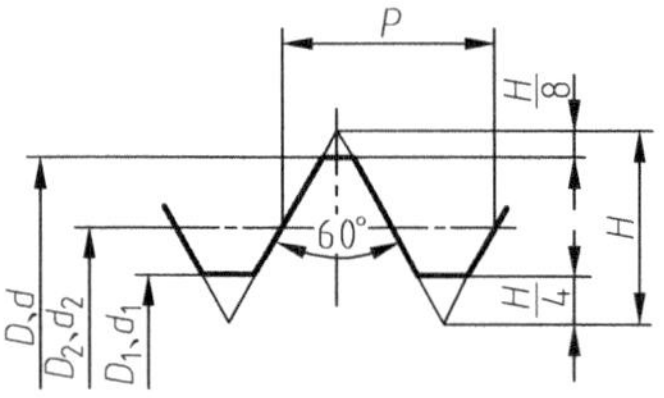

图 A-1　普通螺纹尺寸

$$H=\frac{\sqrt{3}}{2}P=0.866025404P$$

$$D_2=D-2\times\frac{3}{8}H=D-0.6495P$$

$$d_2=d-2\times\frac{3}{8}H=d-0.6495P$$

$$D_1=D-2\times\frac{5}{8}H=D-1.0825P$$

$$d_1=d-2\times\frac{5}{8}H=d-1.0825P$$

标记示例：

公称直径为 24mm，螺距为 1.5mm，右旋的细牙普通螺纹：M24×1.5

表 A-1　直径与螺距系列　　（单位：mm）

<table>
<tr><th colspan="2">公称直径 D、d</th><th colspan="2">螺距 P</th><th colspan="2">公称直径 D、d</th><th colspan="2">螺距 P</th><th colspan="2">公称直径 D、d</th><th colspan="2">螺距 P</th></tr>
<tr><th>第一系列</th><th>第二系列</th><th>粗牙</th><th>细牙</th><th>第一系列</th><th>第二系列</th><th>粗牙</th><th>细牙</th><th>第一系列</th><th>第二系列</th><th>粗牙</th><th>细牙</th></tr>
<tr><td>3</td><td></td><td>0.5</td><td rowspan="2">0.35</td><td>12</td><td></td><td>1.75</td><td>1.25、1</td><td></td><td>33</td><td>3.5</td><td>(3)、2、1.5</td></tr>
<tr><td></td><td>3.5</td><td>0.6</td><td></td><td>14</td><td rowspan="2">2</td><td>1.5、1.25*、1</td><td>36</td><td></td><td rowspan="2">4</td><td rowspan="2">3、2、1.5</td></tr>
<tr><td>4</td><td></td><td>0.7</td><td rowspan="3">0.5</td><td>16</td><td></td><td>1.5、1</td><td></td><td>39</td></tr>
<tr><td></td><td>4.5</td><td>0.75</td><td></td><td>18</td><td rowspan="3">2.5</td><td rowspan="5">2、1.5、1</td><td>42</td><td></td><td rowspan="2">4.5</td><td rowspan="6">4、3、2、1.5</td></tr>
<tr><td>5</td><td></td><td>0.8</td><td>20</td><td></td><td></td><td>45</td></tr>
<tr><td>6</td><td></td><td rowspan="2">1</td><td rowspan="2">0.75</td><td></td><td>22</td><td>48</td><td></td><td rowspan="2">5</td></tr>
<tr><td></td><td>7</td><td>24</td><td></td><td rowspan="2">3</td><td></td><td>52</td></tr>
<tr><td>8</td><td></td><td>1.25</td><td>1、0.75</td><td></td><td>27</td><td>56</td><td></td><td rowspan="2">5.5</td></tr>
<tr><td>10</td><td></td><td>1.5</td><td>1.25、1、0.75</td><td>30</td><td></td><td>3.5</td><td>(3)、2、1.5、1</td><td></td><td>60</td></tr>
</table>

注：1. 公称直径 D、d 为 1~2.5mm 和 62~300mm 的部分未列入；第三系列全部未列入。

2. 优先选用第一系列，其次选择第二系列，最后选择第三系列。尽可能地避免使用括号内的螺距。

3. 1.25* 表示 M14×1.25 仅用于发动机的火花塞。

表 A-2 基本尺寸系列 （单位：mm）

公称直径（大径）D、d	螺距 P	中径 D_2、d_2	小径 D_1、d_1	公称直径（大径）D、d	螺距 P	中径 D_2、d_2	小径 D_1、d_1	公称直径（大径）D、d	螺距 P	中径 D_2、d_2	小径 D_1、d_1
3	0.5	2.675	2.459	8	0.75	7.513	7.188	18	2.5	16.376	15.294
	0.35	2.773	2.621	10	1.5	9.026	8.376		2	16.701	15.835
3.5	0.6	3.110	2.850		1.25	9.188	8.647		1.5	17.026	16.376
	0.35	3.273	3.121		1	9.350	8.917		1	17.350	16.917
4	0.7	3.545	3.242		0.75	9.513	9.188	20	2.5	18.376	17.294
	0.5	3.675	3.459	12	1.75	10.863	10.106		2	18.701	17.835
4.5	0.75	4.013	3.688		1.5	11.026	10.376		1.5	19.026	18.376
	0.5	4.175	3.859		1.25	11.188	10.647		1	19.350	18.917
5	0.8	4.480	4.134		1	11.350	10.917	22	2.5	20.376	19.294
	0.5	4.675	4.459	14	2	12.701	11.835		2	20.701	19.835
6	1	5.530	4.917		1.5	13.026	12.376		1.5	21.026	20.376
	0.75	5.513	5.188		1.25	13.188	12.647		1	21.350	20.917
7	1	6.350	5.917		1	13.350	12.917	24	3	22.051	20.752
	0.75	6.513	6.188	16	2	14.701	13.835		2	22.701	21.835
8	1.25	7.188	6.647		1.5	15.026	14.376		1.5	23.026	22.376
	1	7.350	6.917		1	15.350	14.917		1	23.350	22.917

注：公称直径 D、d 为 1~2.5mm 和 27~300mm 的部分未列入，第三系列全部未列入。

二、55°管螺纹（GB/T 7306.1—2000、GB/T 7306.2—2000、GB/T 7307—2001）

55°管螺纹尺寸如图 A-2 所示，基本尺寸数值见表 A-3。

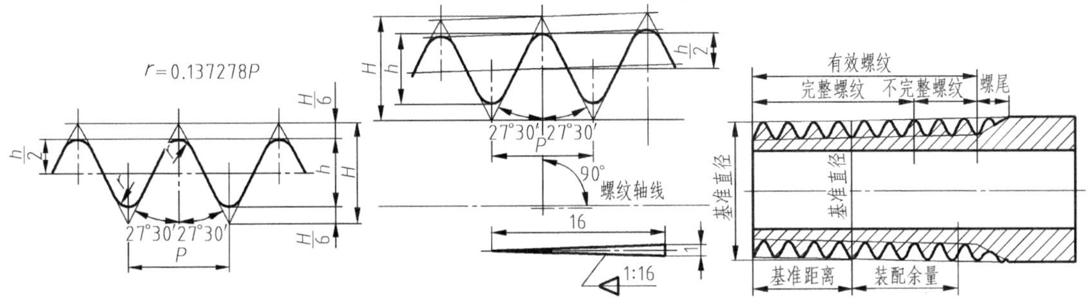

a) b) c)

图 A-2 55°管螺纹尺寸

a）圆柱内螺纹的设计牙型 b）圆锥螺纹的设计牙型 c）圆锥外螺纹的相关尺寸

标记示例：

（1）圆柱内螺纹与圆锥外螺纹（GB/T 7306.1—2000）

尺寸代号为 3/4 的右旋圆柱内螺纹：Rp 3/4

尺寸代号为 3 的右旋圆锥外螺纹：R_1 3

尺寸代号为 3/4 的左旋圆柱内螺纹：Rp 3/4 LH

（2）圆锥内螺纹与圆锥外螺纹（GB/T 7306.2—2000）

尺寸代号为 3/4 的右旋圆锥内螺纹：Rc 3/4

尺寸代号为 3 的右旋圆锥外螺纹：R_2 3

尺寸代号为 3/4 的左旋圆锥内螺纹：Rc 3/4 LH

（3）55°非密封管螺纹（GB/T 7307—2001）

尺寸代号为 2 的右旋圆柱内螺纹：G 2

尺寸代号为 3 的 A 级右旋圆柱外螺纹：G 3 A

尺寸代号为 2 的左旋圆柱内螺纹：G 2 LH

尺寸代号为 4 的 B 级左旋圆柱外螺纹：G 4 B-LH

表 A-3　55°管螺纹基本尺寸

尺寸代号	每 25.4mm 内所含的牙数 n	螺距 P/mm	牙高 h/mm	基本直径或基准平面内的基本直径			基准距离（基本）/mm	外螺纹的有效螺纹不小于
				大径 $d=D$ /mm	中径 $d_2=D_2$ /mm	小径 $d_1=D_1$ /mm		
1/16	28	0.907	0.581	7.723	7.142	6.561	4	6.5
1/8	28	0.907	0.581	9.728	9.147	8.566	4	6.5
1/4	19	1.337	0.856	13.157	12.301	11.445	6	9.7
3/8	19	1.337	0.856	16.662	15.806	14.950	6.4	10.1
1/2	14	1.814	1.162	20.955	19.793	18.631	8.2	13.2
3/4	14	1.814	1.162	26.441	25.279	24.117	9.5	14.5
1	11	2.309	1.479	33.249	31.770	30.291	10.4	16.8
1¼	11	2.309	1.479	41.910	40.431	38.952	12.7	19.1
1½	11	2.309	1.479	47.803	46.324	44.845	12.7	19.1
2	11	2.309	1.479	59.614	58.135	56.656	15.9	23.4
2½	11	2.309	1.479	75.184	73.705	72.226	17.5	26.7
3	11	2.309	1.479	87.884	86.405	84.926	20.6	29.8
4	11	2.309	1.479	113.030	111.551	110.072	25.4	35.8
5	11	2.309	1.479	138.430	136.951	135.472	28.6	40.1
6	11	2.309	1.479	163.830	162.351	160.872	28.6	40.1

注：大径、中径、小径所列的是圆柱螺纹的基本直径和圆锥螺纹在基准平面内的基本直径；最后两列只适用于圆锥螺纹。

三、梯形螺纹（GB/T 5796.2—2022、GB/T 5796.3—2022）

梯形螺纹尺寸如图 A-3 所示，基本尺寸数值见表 A-4。

标记示例：

公称直径为 40mm，导程为 14mm，螺距为 7mm 的双线左旋梯形螺纹：Tr40×14（P7）LH

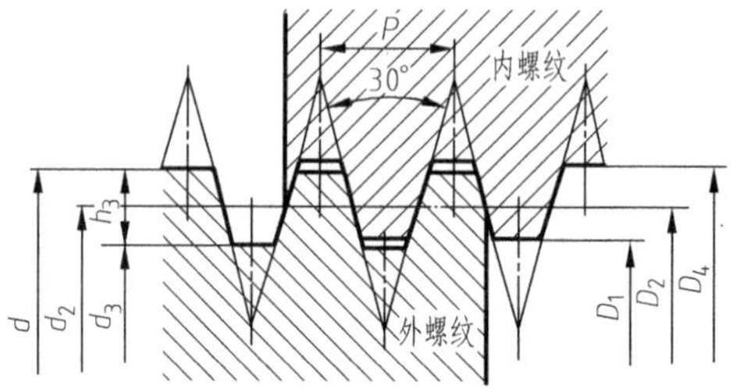

图 A-3　梯形螺纹尺寸

表 A-4　梯形螺纹基本尺寸　　（单位：mm）

公称直径 d 第一系列	公称直径 d 第二系列	螺距 P	中径 $d_2=D_2$	大径 D_4	小径 d_3	小径 D_1
8		**1.5**	7.250	8.300	6.200	6.500
	9	1.5	8.250	9.300	7.200	7.500
		2	8.000	9.500	6.500	7.000
10		1.5	9.250	10.300	8.200	8.500
		2	9.000	10.500	7.500	8.000
	11	**2**	10.000	11.500	8.500	9.000
		3	9.500	11.500	7.500	8.000
12		2	11.000	12.500	9.500	10.000
		3	10.500	12.500	8.500	9.000
	14	2	13.000	14.500	11.500	12.000
		3	12.500	14.500	10.500	11.000
16		2	15.000	16.500	13.500	14.000
		4	14.000	16.500	11.500	12.000
	18	2	17.000	18.500	15.500	16.000
		4	16.000	18.500	13.500	14.000
20		2	19.000	20.500	17.500	18.000
		4	18.000	20.500	15.500	16.000
	22	3	20.500	22.500	18.500	19.000
		5	19.500	22.500	16.500	17.000
		8	18.000	23.000	13.000	14.000
24		3	22.500	24.500	20.500	21.000
		5	21.500	24.500	18.500	19.000
		8	20.000	25.000	15.000	16.000

公称直径 d 第一系列	公称直径 d 第二系列	螺距 P	中径 $d_2=D_2$	大径 D_4	小径 d_3	小径 D_1
	26	3	24.500	26.500	22.500	23.000
		5	23.500	26.500	20.500	21.000
		8	22.000	27.000	17.000	18.000
28		3	26.500	28.500	24.500	25.000
		5	25.500	28.500	22.500	23.000
		8	24.000	29.000	19.000	20.000
	30	3	28.500	30.500	26.500	29.000
		6	27.000	31.000	23.000	24.000
		10	25.000	31.000	19.000	20.500
32		3	30.500	32.500	28.500	29.000
		6	29.000	33.000	25.000	26.000
		10	27.000	33.000	21.000	22.000
	34	3	32.500	34.500	30.500	31.000
		6	31.000	35.000	27.000	28.000
		10	29.000	35.000	23.000	24.000
36		3	34.500	36.500	32.500	33.000
		6	33.000	37.000	29.000	30.000
		10	31.000	37.000	25.000	26.000
	38	3	36.500	38.500	34.500	35.000
		7	34.500	39.000	30.000	31.000
		10	33.000	39.000	27.000	28.000
40		3	38.500	40.500	36.500	37.000
		7	36.500	41.000	32.000	33.000
		10	35.000	41.000	29.000	30.000

注：1. 优先选用第一系列，其次选用第二系列；新产品设计中，不宜选用第三系列。
2. 公称直径 d=42～300mm 的部分未列入；第三系列全部未列入。
3. 优先选用表中黑体的螺距。

附录 B　常用标准件

一、螺钉

1. 开槽圆柱头螺钉（GB/T 65—2016）

开槽圆柱头螺钉的型式尺寸如图 B-1 所示，螺纹规格见表 B-1。

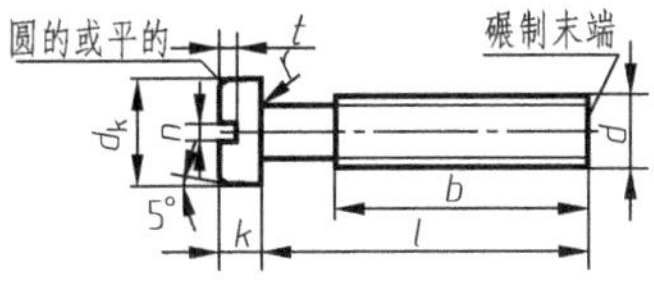

图 B-1　开槽圆柱头螺钉型式尺寸

标记示例：

螺纹规格 d=M5，公称长度 l=20mm，性能等级为 4.8 级，表面不经处理的 A 级开槽圆柱头螺钉：

螺钉 GB/T 65　M5×20

表 B-1　开槽圆柱头螺钉螺纹规格　　（单位：mm）

螺纹规格 d	M4	M5	M6	M8	M10
螺距 P	0.7	0.8	1	1.25	1.5
b　min	38	38	38	38	38
d_k　公称=max	7.00	8.50	10.00	13.00	16.00
k　公称=max	2.60	3.30	3.90	5.00	6.00
n　公称	1.2	1.2	1.6	2	2.5
r　min	0.2	0.2	0.25	0.4	0.4
t　min	1.1	1.3	1.6	2	2.4
公称长度 l	5~40	6~50	8~60	10~80	12~80
l 系列	5、6、8、10、12、(14)、16、20、25、30、35、40、45、50、(55)、60、(65)、70、(75)、80				

注：1. 公称长度 $l \leqslant 40$mm 的螺钉，制出全螺纹。
2. 括号内的规格尽可能不采用。
3. 螺纹规格 d=M1.6~M10，公称长度 l=2~80mm。d<M4 的螺钉未列入。
4. 材料为钢的螺钉，性能等级有 4.8、5.8 级，其中 4.8 级为常用。

2. 开槽盘头螺钉（GB/T 67—2016）

开槽盘头螺钉的型式尺寸如图 B-2 所示，螺纹规格见表 B-2。

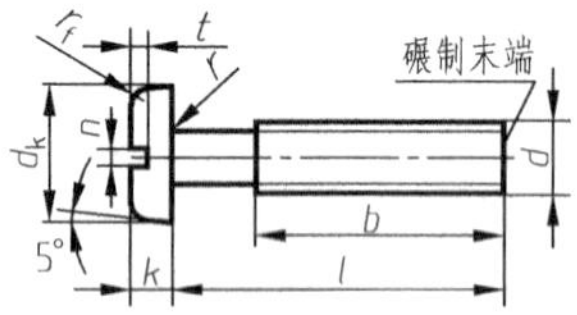

图 B-2　开槽盘头螺钉型式尺寸

标记示例：

螺纹规格 d=M5，公称长度 l=20mm，性能等级为 4.8 级，表面不经处理的 A 级开槽盘头螺钉：

螺钉　GB/T 67　M5×20

表 B-2　开槽盘头螺钉螺纹规格　　（单位：mm）

螺纹规格 d	M3	M4	M5	M6	M8	M10
螺距 P	0.5	0.7	0.8	1	1.25	1.5
b　min	25	38	38	38	38	38
d_k　公称=max	5.60	8.00	9.50	12.00	16.00	20.00
k　公称=max	1.80	2.40	3.00	3.60	4.80	6.00
n　公称	0.8	1.2	1.2	1.6	2	2.5
r　min	0.1	0.2	0.2	0.25	0.4	0.4
t　min	0.7	1	1.2	1.4	1.9	2.4
r_f　参考	0.9	1.2	1.5	1.8	2.4	3
公称长度 l	4~30	5~40	6~50	8~60	10~80	12~80
l 系列	4、5、6、8、10、12、(14)、16、20、25、30、35、40、45、50、(55)、60、(65)、70、(75)、80					

注：1. 括号内的规格尽可能不采用。
2. 螺纹规格 d=M1.6~M10，公称长度 l=2~80mm。d<M3 的螺钉未列入。
3. M1.6~M3 的螺钉，公称长度 $l \leqslant 30$mm 时，制出全螺纹。M4~M10 的螺钉，公称长度 $l \leqslant 40$mm 时，制出全螺纹。
4. 材料为钢的螺钉，性能等级有 4.8、5.8 级，其中 4.8 级为常用。

3. 开槽沉头螺钉（GB/T 68—2016）

开槽沉头螺钉的型式尺寸如图 B-3 所示，螺纹规格见表 B-3。

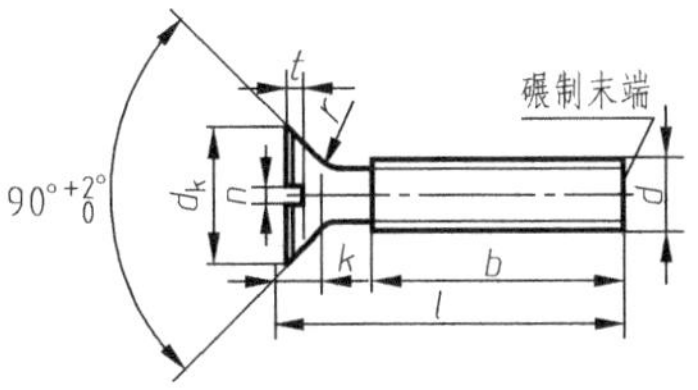

标记示例：

螺纹规格 d=M5，公称长度 l=20mm，性能等级为 4.8 级，表面不经处理的 A 级开槽沉头螺钉：

螺钉　GB/T 68　M5×20

图 B-3　开槽沉头螺钉的型式尺寸

表 B-3　开槽沉头螺钉的螺纹规格　　（单位：mm）

螺纹规格 d		M1.6	M2	M2.5	M3	M4	M5	M6	M8	M10
螺距 P		0.35	0.4	0.45	0.5	0.7	0.8	1	1.25	1.5
b　min		25	25	25	25	38	38	38	38	38
d_k	理论值　max	3.60	4.40	5.50	6.30	9.40	10.40	12.60	17.30	20.00
	实际值　公称=max	3.0	3.8	4.7	5.5	8.40	9.30	11.30	15.80	18.30
k　公称=max		1.00	1.20	1.50	1.65	2.70	2.70	3.30	4.65	5.00
n　公称		0.4	0.5	0.6	0.8	1.2	1.2	1.6	2	2.5
r　max		0.4	0.5	0.6	0.8	1	1.3	1.5	2	2.5
t　max		0.5	0.6	0.75	0.85	1.3	1.4	1.6	2.3	2.6
公称长度 l		2.5~16	3~20	4~25	5~30	6~40	8~50	8~60	10~80	12~80
l 系列		2.5、3、4、5、6、8、10、12、(14)、16、20、25、30、35、40、45、50、(55)、60、(65)、70、(75)、80								

注：1. 括号内的规格尽可能不采用。
2. M1.6~M3 的螺钉，公称长度 l≤30mm 时，制出全螺纹。M4~M10 的螺钉，公称长度 l≤45mm 时，制出全螺纹。
3. 材料为钢的螺钉，性能等级有 4.8、5.8 级，其中 4.8 级为常用。

4. 内六角圆柱头螺钉（GB/T 70.1—2008）

内六角圆柱头螺钉的型式尺寸如图 B-4 所示，螺纹规格见表 B-4。

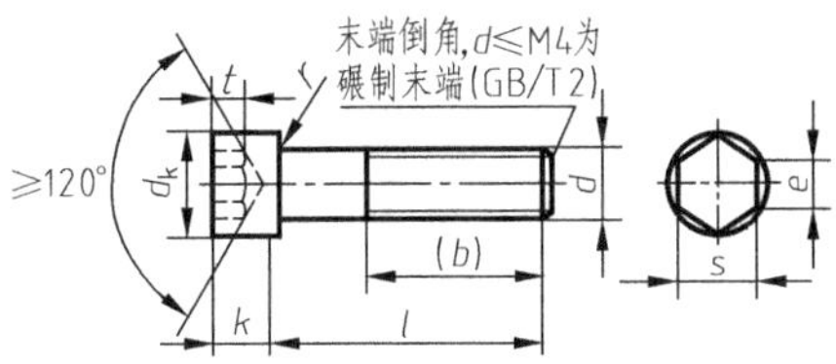

标记示例：

螺纹规格 d=M5，公称长度 l=20mm，性能等级为 8.8 级，表面氧化的内六角圆柱头螺钉：

螺钉　GB/T 70.1　M5×20

图 B-4　内六角圆柱头螺钉的型式尺寸

表 B-4　内六角圆柱头螺钉的型式尺寸螺纹规格　　（单位：mm）

螺纹规格 d	M3	M4	M5	M6	M8	M10	M12	M16	M20
螺距 P	0.5	0.7	0.8	1	1.25	1.5	1.75	2	2.5
b　参考	18	20	22	24	28	32	36	44	52

（续）

螺纹规格 d		M3	M4	M5	M6	M8	M10	M12	M16	M20
d_k	对光滑头部 max	5.50	7.00	8.50	10.00	13.00	16.00	18.00	24.00	30.00
	对滚花头部 max	5.68	7.22	8.72	10.22	13.27	16.27	18.27	24.33	30.33
k max		3.00	4.00	5.00	6.00	8.00	10.00	12.00	16.00	20.00
t min		1.3	2	2.5	3	4	5	6	8	10
s 公称		2.5	3	4	5	6	8	10	14	17
e min		2.873	3.443	4.583	5.723	6.863	9.149	11.429	15.996	19.437
r min		0.1	0.2	0.2	0.25	0.4	0.4	0.6	0.6	0.8
公称长度 l		5~30	6~40	8~50	10~60	12~80	16~100	20~120	25~160	30~200
l≤表中数值时，制出全螺纹		20	25	25	30	35	40	50	60	70
l 系列		5、6、8、10、12、16、20、25、30、35、40、45、50、55、60、65、70、80、90、100、110、120、130、140、150、160、180、200								

注：1. 螺纹规格 d=M1.6~M64，公称长度 l=2.5~300mm。d<M3、d>M20 的螺钉未列入。
2. 六角口部允许稍许倒圆或制出沉孔。
3. 材料为钢的螺钉的性能等级有 8.8、10.9、12.9 级，8.8 级为常用。

5. 紧定螺钉（GB/T 71—2018、GB/T 73—2017、GB/T 75—2018）

常用紧定螺钉包含开槽锥端紧定螺钉（GB/T 71—2018）、开槽平端紧定螺钉（GB/T 73—2017）、开槽长圆柱端紧定螺钉（GB/T 75—2018）。常用紧定螺钉的型式尺寸如图 B-5 所示，螺纹规格见表 B-5。

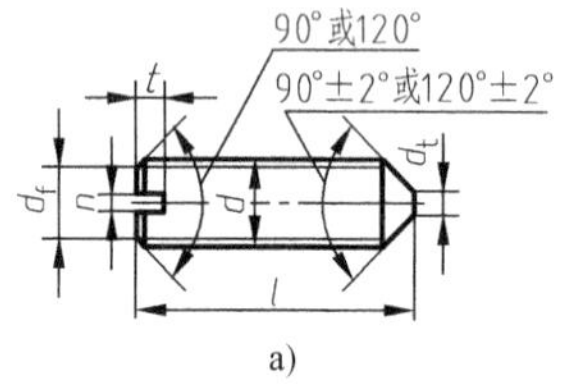

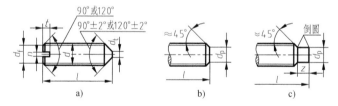

图 B-5 紧定螺钉的型式尺寸

a）开槽锥端紧定螺钉 b）开槽平端紧定螺钉 c）开槽长圆柱端紧定螺钉

标记示例：

螺纹规格 d=M5，公称长度 l=12mm，钢制，硬度等级为 14H 级，表面不经处理、产品等级为 A 级的开槽平端紧定螺钉：

螺钉 GB/T 73 M5×12

表 B-5 紧定螺钉的螺纹规格 （单位：mm）

螺纹规格 d	M1.6	M2	M2.5	M3	M4	M5	M6	M8	M10	M12
螺距 P	0.35	0.4	0.45	0.5	0.7	0.8	1	1.25	1.5	1.75
n 公称	0.25	0.25	0.4	0.4	0.6	0.8	1	1.2	1.6	2
t max	0.74	0.84	0.95	1.05	1.42	1.63	2.00	2.50	3.00	3.60

（续）

螺纹规格 d		M1.6	M2	M2.5	M3	M4	M5	M6	M8	M10	M12
d_t max		0.16	0.20	0.25	0.30	0.40	0.50	1.50	2.00	2.50	3.00
d_p max		0.80	1.00	1.50	2.00	2.50	3.50	4.00	5.50	7.00	8.50
z max		1.05	1.25	1.50	1.75	2.25	2.75	3.25	4.30	5.30	6.30
公称长度 l	GB/T 71—2018	3~8	3~10	4~12	4~16	6~20	8~25	8~30	10~40	12~50	(14)~60
	GB/T 73—2017	2.5~8	3~10	4~12	4~16	5~20	6~25	8~30	8~40	10~50	12~60
	GB/T 75—2018	3~8	4~10	5~12	6~16	8~20	10~25	12~30	(14)~40	20~50	25~60
l 系列		2、2.5、3、4、5、6、8、10、12、(14)、16、20、25、30、35、40、45、50、(55)、60									

注：1. 括号内的规格尽可能不采用。
2. 本表只摘录了头部倒角为 90°的 l 尺寸。
3. 紧定螺钉硬度等级有 14H、22H 级，其中 14H 级为常用。H 表示硬度，数字表示最低的维氏硬度的 1/10。
4. GB/T 71、GB/T 73 规定，d=M1.2~M12；GB/T 75 规定，d=M1.6~M12。

二、螺栓

六角头螺栓（GB/T 5782—2016）、六角头螺栓　C 级（GB/T 5780—2016）的型式尺寸如图 B-6 所示，螺纹规格见表 B-6。

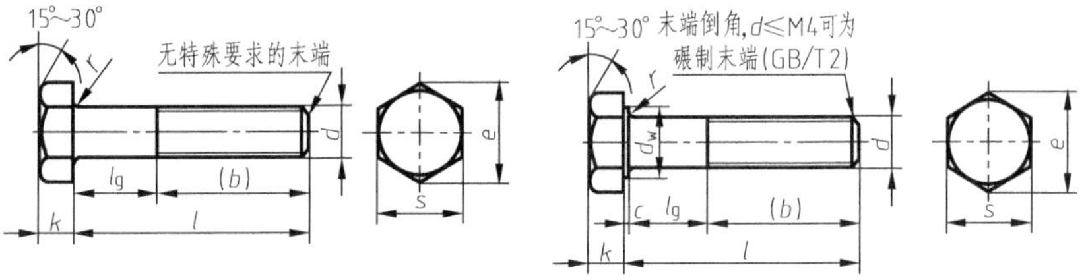

a)　　　　b)

图 B-6　六角头螺栓的型式尺寸

a）一般型式　b）允许的垫圈面型式

标记示例：

螺纹规格 d=M12，公称长度 l=80mm，性能等级为 8.8 级，表面不经处理，产品等级为 A 级的六角头螺栓：

螺栓　GB/T 5782　M12×80

表 B-6　六角头螺栓的螺纹规格　（单位：mm）

螺纹规格 d				M3	M4	M5	M6	M8	M10	M12	M16	M20	M24	M30	M36	M42
b 参考	l≤125			12	14	16	18	22	26	30	38	46	54	66	—	—
	125<l≤200			18	20	22	24	28	32	36	44	52	60	72	84	96
	l>200			31	33	35	37	41	45	49	57	65	73	85	97	109
c max				0.4	0.4	0.5	0.5	0.6	0.6	0.6	0.8	0.8	0.8	0.8	0.8	1
d_w	产品等级	A	min	4.57	5.88	6.88	8.88	11.63	14.63	16.63	22.49	28.19	33.61	—	—	—
		B、C		4.45	5.74	6.74	8.74	11.47	14.47	16.47	22	27.7	33.25	42.75	51.11	59.95

（续）

螺纹规格 d				M3	M4	M5	M6	M8	M10	M12	M16	M20	M24	M30	M36	M42
e	产品等级	A	min	6.01	7.66	8.79	11.05	14.38	17.77	20.03	26.75	33.53	39.98	—	—	—
		B、C		5.88	7.50	8.63	10.89	14.20	17.59	19.85	26.17	32.95	39.55	50.85	60.79	71.3
k 公称				2	2.8	3.5	4	5.3	6.4	7.5	10	12.5	15	18.7	22.5	26
r min				0.1	0.2	0.2	0.25	0.4	0.4	0.6	0.6	0.8	0.8	1	1	1.2
s 公称=max				5.5	7	8	10	13	16	18	24	30	36	46	55	65
l 公称	GB/T 5780			—	—	25~50	30~60	40~80	45~100	55~120	65~160	80~200	100~240	120~300	140~360	180~420
	GB/T 5782			20~30	25~40	25~50	30~60	40~80	45~100	50~120	65~160	80~200	90~240	110~300	140~360	160~440
l 系列				12、16、20、25、30、35、40、45、50、55、60、65、70、80、90、100、110、120、130、140、150、160、180、200、220、240、260、280、300、320、340、360、380、400、420、440、460、480、500												

注：1. GB/T 5782 规定，A 级用于 $d \leqslant 24$mm 和 $l \leqslant 10d$ 或 $\leqslant 150$mm 的螺栓，B 级用于 $d>24$mm 和 $l>10d$ 或 >150mm 的螺栓。

2. 螺纹规格 d 范围：GB/T 5780 为 M5~M64；GB/T 5782 为 M1.6~M64。表中未列入 GB/T 5780 中尽可能不采用的非优选螺纹规格。

3. 公称长度 l 范围：GB/T 5780 为 25~500mm；GB/T 5782 为 12~500mm。

4. 材料为钢的螺栓性能等级有 5.6、8.8、9.8、10.9 级，其中 8.8 级为常用。

三、双头螺柱

双头螺柱的型式尺寸如图 B-7 所示，螺纹规格见表 B-7。

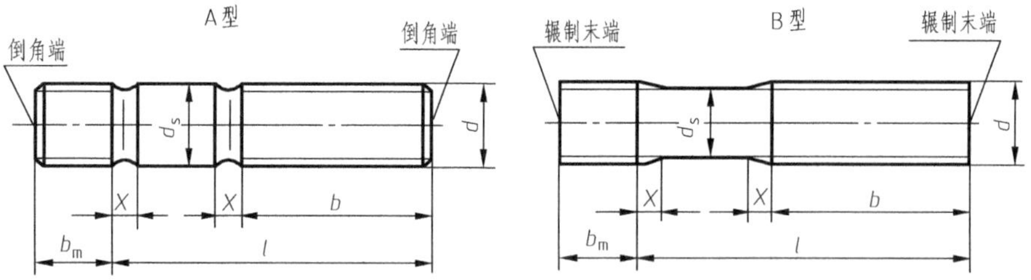

$d_s \approx$ 螺纹中径（仅适用于 B 型）　　　　$d_s \approx$ 螺纹中径（仅适用于 B 型）

$b_m = 1d$（GB/T 897—1988），$b_m = 1.25d$（GB/T 898—1988），

$b_m = 1.5d$（GB/T 899—1988），$b_m = 2d$（GB/T 900—1988）

图 B-7　双头螺柱型式尺寸

标记示例：

两端均为粗牙普通螺纹，$d=10$mm，$l=50$mm，性能等级为 4.8 级，表面不经处理，B 型，$b_m=1d$ 的双头螺柱：

螺柱　GB/T 897　M10×50

旋入机体一端为粗牙普通螺纹，旋螺母一端为螺距 $P=1$mm 的细牙普通螺纹，$d=10$mm，$l=50$mm，性能等级为 4.8 级，表面不经处理，A 型，$b_m=1.25d$ 的双头螺柱：螺柱　GB/T 898　AM10-M10×1×50

表 B-7　双头螺柱的螺纹规格　（单位：mm）

螺纹规格 d	b_m 公称				d_s		X max	b	l 公称
	GB/T 897	GB/T 898	GB/T 899	GB/T 900	max	min			
M5	5	6	8	10	5	4.7	2.5P	10	16~(22)
								16	25~50
M6	6	8	10	12	6	5.7		10	20、(22)
								14	25、(28)、30
								18	(32)~(75)
M8	8	10	12	16	8	7.64		12	20、(22)
								16	25、(28)、30
								22	(32)~90
M10	10	12	15	20	10	9.64		14	25、(28)
								16	30~(38)
								26	40~120
								32	130
M12	12	15	18	24	12	11.57		16	25~30
								20	(32)~40
								30	45~120
								36	130~180
M16	16	20	24	32	16	15.57		20	30~(38)
								30	40~(55)
								38	60~120
								44	130~200
M20	20	25	30	40	20	19.48		25	35~40
								35	45~(65)
								46	70~120
								52	130~200

注：1. GB/T 897、GB/T 898 规定的螺纹规格 d=M5~M48，GB/T 899、GB/T 900 规定的螺纹规格 d=M2~M48。
2. P 表示粗牙螺纹的螺距。
3. l 的公称长度系列：16、(18)、20、(22)、25、(28)、30、(32)、35、(38)、40、45、50、(55)、60、(65)、70、(75)、80、(85)、90、(95)、100~260（十进位）、280、300。括号内的数值尽可能不采用。
4. 材料为钢的螺柱，性能等级有 4.8、5.8、6.8、8.8、10.9、12.9 级，其中 4.8 级为常用。

四、螺母

1 型六角螺母（A 级和 B 级，GB/T 6170—2015）、1 型六角螺母　C 级（GB/T 41—2016）的型式尺寸如图 B-8 所示，螺纹规格见表 B-8。

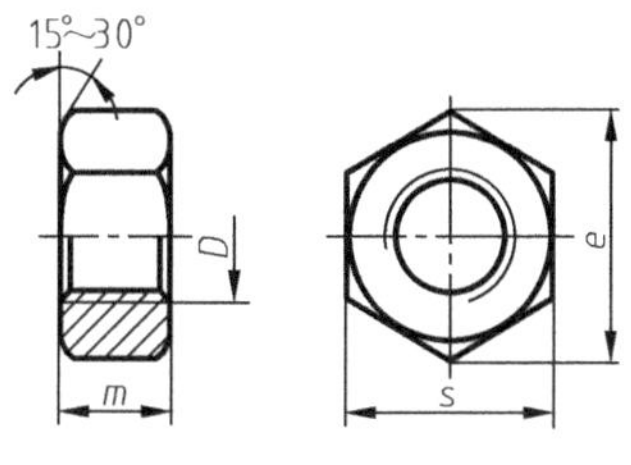

图 B-8　1 型六角螺母的型式尺寸

标记示例：

螺纹规格 D=M12，性能等级为 5 级，表面不经处理，产品等级为 C 级的 1 型六角螺母：螺母　GB/T 41　M12

螺纹规格 D=M12，性能等级为 8 级，表面不经处理，产品等级为 A 级的 I 型六角螺母：螺母　GB/T 6170　M12

表 B-8　1 型六角螺母的螺纹规格　　（单位：mm）

螺纹规格 *D*		M3	M4	M5	M6	M8	M10	M12	M16	M20	M24	M30	M36	M42
e min	GB/T 41	—	—	8.63	10.89	14.20	17.59	19.85	26.17	32.95	39.55	50.85	60.79	71.30
	GB/T 6170	6.01	7.66	8.79	11.05	14.38	17.77	20.03	26.75	32.95	39.55	50.85	60.79	71.30
s 公称 = max	GB/T 41	—	—	8	10	13	16	18	24	30	36	46	55	65
	GB/T 6170	5.5	7	8	10	13	16	18	24	30	36	46	55	65
m max	GB/T 41	—	—	5.6	6.4	7.9	9.5	12.2	15.9	19.0	22.3	26.4	31.9	34.9
	GB/T 6170	2.4	3.2	4.7	5.2	6.8	8.4	10.8	14.8	18	21.5	25.6	31	34

注：1. GB/T 6170 规定，A 级用于 $D \leqslant 16$mm 的螺母，B 级用于 $D > 16$mm 的螺母。产品等级 A、B 由公差取值决定，A 级公差数值小。

2. GB/T 41 规定螺母的螺纹规格 D = M5～M64，GB/T 6170 规定螺母的螺纹规格 D = M1.6～M64。

3. 材料为钢的螺母，GB/T 6170 规定的性能等级有 6、8、10 级，8 级为常用；GB/T 41 规定的性能等级为 D = 5 级。

五、垫圈

1. 平垫圈和小垫圈（GB/T 97.1—2002、GB/T 97.2—2002、GB/T 848—2002）

平垫圈　A 级（GB/T 97.1—2002）、平垫圈　倒角型　A 级（GB/T 97.2—2002）、小垫圈　A 级（GB/T 848—2002）的型式尺寸如图 B-9 所示，公称规格见表 B-9。

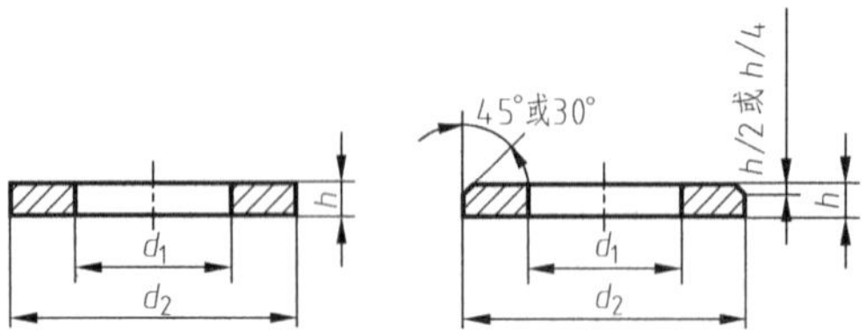

标记示例：

标准系列、公称规格为 8mm，由钢制造的硬度等级为 200HV 级，表面不经处理，产品等级为 A 级的平垫圈：垫圈　GB/T 97.1　8

图 B-9　平垫圈和小垫圈的型式尺寸

表 B-9　平垫圈和小垫圈的公称规格　　（单位：mm）

公称规格（螺纹大径 *d*）		1.6	2	2.5	3	4	5	6	8	10	12	16	20	24	30	36
d_1	GB/T 848	1.7	2.2	2.7	3.2	4.3	5.3	6.4	8.4	10.5	13	17	21	25	31	37
	GB/T 97.1	1.7	2.2	2.7	3.2	4.3	5.3	6.4	8.4	10.5	13	17	21	25	31	37
	GB/T 97.2	—	—	—	—	—	5.3	6.4	8.4	10.5	13	17	21	25	31	37
d_2	GB/T 848	3.5	4.5	5	6	8	9	11	15	18	20	28	34	39	50	60
	GB/T 97.1	4	5	6	7	9	10	12	16	20	24	30	37	44	56	66
	GB/T 97.2	—	—	—	—	—	10	12	16	20	24	30	37	44	56	66
h	GB/T 848	0.3	0.3	0.5	0.5	0.5	1	1.6	1.6	1.6	2	2.5	3	4	4	5
	GB/T 97.1	0.3	0.3	0.5	0.5	0.8	1	1.6	1.6	2	2.5	3	3	4	4	5
	GB/T 97.2	—	—	—	—	—	1	1.6	1.6	2	2.5	3	3	4	4	5

注：1. 硬度等级有 200HV、300HV 级；材料有钢和不锈钢两种。

2. GB/T 97.1 规定垫圈的公称规格（螺纹大径 d）为 1.6～64mm，GB/T 97.2 规定垫圈的公称规格（螺纹大径 d）为 5～64mm，GB/T 848 规定垫圈的公称规格（螺纹大径 d）为 1.6～36mm。

3. 表中所列的仅为 $d \leqslant 36$mm 的优选尺寸，$d > 36$mm 的优选尺寸和非优选尺寸可查阅标准。

2. **标准型弹簧垫圈**（GB/T 93—1987）

标准型弹簧垫圈（GB/T 93—1987）的型式尺寸如图 B-10 所示，公称规格见表 B-10。

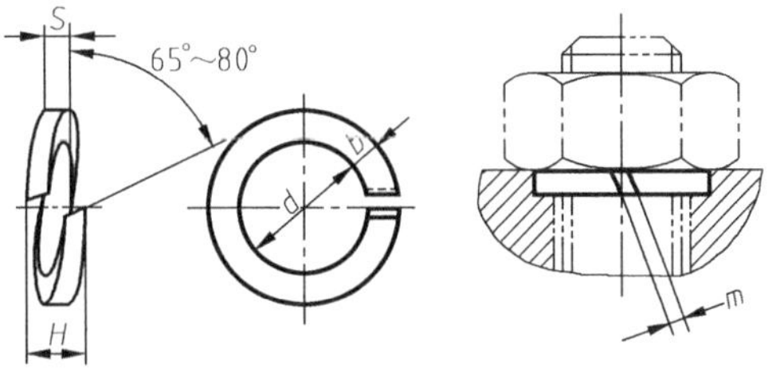

图 B-10　标准型弹簧垫圈的型式尺寸

标记示例：

规格为 16mm，材料为 65Mn，表面氧化的标准型弹簧垫圈：垫圈　GB/T 93　16

表 B-10　标准型弹簧垫圈的公称规格　　（单位：mm）

公称规格(螺纹大径 *d*)	3	4	5	6	8	10	12	(14)	16	(18)	20	(22)	24	(27)	30
d　min	3.1	4.1	5.1	6.1	8.1	10.2	12.2	14.2	16.2	18.2	20.2	22.5	24.5	27.5	30.5
H　min	1.6	2.2	2.6	3.2	4.2	5.2	6.2	7.2	8.2	9	10	11	12	13.6	15
S(*b*)　公称	0.8	1.1	1.3	1.6	2.1	2.6	3.1	3.6	4.1	4.5	5	5.5	6	6.8	7.5
m≤	0.4	0.55	0.65	0.8	1.05	1.3	1.55	1.8	2.05	2.25	2.5	2.75	3	3.4	3.75

注：1. GB/T 93 规定公称规格为 2~48mm，括号内的规格尽可能不采用。
　　2. *m* 应大于零。

六、键

1. **平键　键槽的剖面尺寸**（GB/T 1095—2003）

普通平键键槽的剖面尺寸如图 B-11 所示，其尺寸与公差见表 B-11。

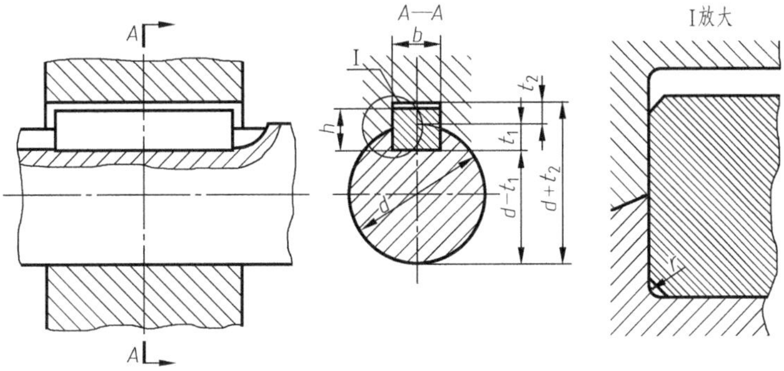

图 B-11　普通平键键槽的剖面尺寸

表 B-11　普通平键键槽的尺寸与公差　　　（单位：mm）

键尺寸 $b\times h$	键槽											
	宽度 b						深度				半径 r	
	基本尺寸	极限偏差					轴 t_1		毂 t_2			
		正常连接		紧密连接		松连接	基本尺寸	极限偏差	基本尺寸	极限偏差		
		轴 N9	毂 JS9	轴和毂 P9	轴 H9	毂 D10					min	max
2×2	2	−0.004 −0.029	±0.0125	−0.006 −0.031	+0.025 0	+0.060 +0.020	1.2	+0.1 0	1.0	+0.1 0	0.08	0.16
3×3	3						1.8		1.4			
4×4	4	0 −0.030	±0.015	−0.012 −0.042	+0.030 0	+0.078 +0.030	2.5		1.8			
5×5	5						3.0		2.3		0.16	0.25
6×6	6						3.5		2.8			
8×7	8	0 −0.036	±0.018	−0.015 −0.051	+0.036 0	+0.098 +0.040	4.0	+0.2 0	3.3	+0.2 0		
10×8	10						5.0		3.3		0.25	0.40
12×8	12	0 −0.043	±0.0215	−0.018 −0.061	+0.043 0	+0.120 +0.050	5.0		3.3			
14×9	14						5.5		3.8			
16×10	16						6.0		4.3			
18×11	18						7.0		4.4			
20×12	20	0 −0.052	±0.026	−0.022 −0.074	+0.052 0	+0.149 +0.065	7.5		4.9		0.40	0.60
22×14	22						9.0		5.4			
25×14	25						9.0		5.4			
28×16	28						10.0		6.4			
32×18	32	0 −0.062	±0.031	−0.026 −0.088	+0.062 0	+0.180 +0.080	11.0		7.4			
36×20	36						12.0	+0.3 0	8.4	+0.3 0	0.70	1.00
40×22	40						13.0		9.4			
45×25	45						15.0		10.4			
50×28	50						17.0		11.4			
56×32	56	0 −0.074	±0.037	−0.032 −0.106	+0.074 0	+0.220 +0.100	20.0		12.4		1.20	1.60
63×32	63						20.0		12.4			
70×36	70						22.0		14.4			
80×40	80						25.0		15.4			
90×45	90	0 −0.087	±0.0435	−0.037 −0.124	+0.087 0	+0.260 +0.120	28.0		17.4		2.00	2.50
100×50	100						31.0		19.5			

注：1. 在零件图中，轴槽深用 $d-t_1$ 标注，$d-t_1$ 的极限偏差值应取负号，轮毂槽深用 $d+t_2$ 标注。

2. 普通型平键应符合 GB/T 1096 规定。

3. 平键轴槽的长度公差用 H14。

4. 轴槽、轮毂槽的键槽宽度 b 两侧的表面粗糙度参数推荐值为 Ra=1.6~3.2μm；轴槽底面、轮毂槽底面的表面粗糙度参数 Ra=6.3μm。

2. 普通型　平键（GB/T 1096—2003）

普通平键的型式尺寸如图 B-12 所示，尺寸与公差见表 B-12。

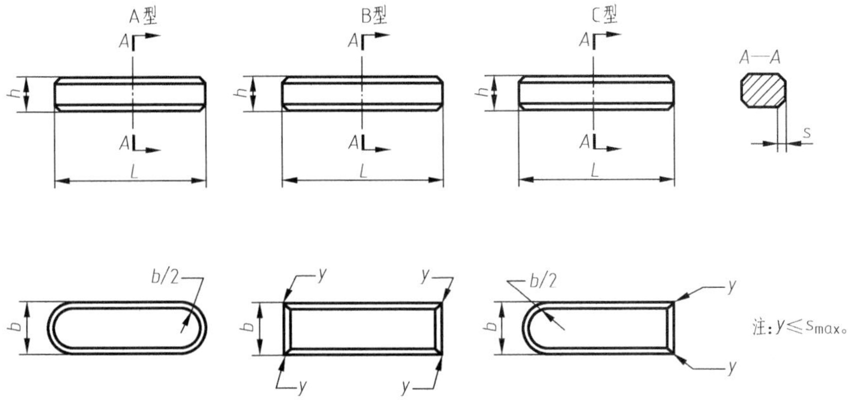

图 B-12　普通平键的型式尺寸

标记示例：

宽度 $b=16$mm，高度 $h=10$mm，长度 $L=100$mm 的普通 A 型平键：GB/T 1096　键 16×10×100

宽度 $b=16$mm，高度 $h=10$mm，长度 $L=100$mm 的普通 B 型平键：GB/T 1096　键 B 16×10×100

宽度 $b=16$mm，高度 $h=10$mm，长度 $L=100$mm 的普通 C 型平键：GB/T 1096　键 C 16×10×100

表 B-12　普通平键的尺寸与公差　　（单位：mm）

宽度 b	基本尺寸		2	3	4	5	6	8	10	12	14	16	18	20	22
	极限偏差（h8）		0 -0.014		0 -0.018			0 -0.022		0 -0.027				0 -0.033	
高度 h	基本尺寸		2	3	4	5	6	7	8	8	9	10	11	12	14
	极限偏差	矩形（h11）	—		—			0 -0.090						0 -0.010	
		方形（h8）	0 -0.014		0 -0.018			—						—	
倒角或倒圆 s			0.16~0.25			0.25~0.40			0.40~0.60					0.60~0.80	
长度 L															
基本尺寸	极限偏差（h14）														
6	0 -0.36				—	—	—	—	—	—	—	—	—	—	—
8						—	—	—	—	—	—	—	—	—	—
10							—	—	—	—	—	—	—	—	—
12	0 -0.43						—	—	—	—	—	—	—	—	—
14								—	—	—	—	—	—	—	—
16								—	—	—	—	—	—	—	—
18									—	—	—	—	—	—	—
20	0 -0.52								—	—	—	—	—	—	—
22			—			标准				—	—	—	—	—	—
25			—							—	—	—	—	—	—
28			—								—	—	—	—	—

（续）

长度 L														
基本尺寸	极限偏差（h14）													
32	0 −0.62	—								—	—	—	—	—
36		—									—	—	—	—
40		—	—								—	—	—	—
45		—	—					长度				—	—	—
50		—	—	—									—	—
56	0 −0.74	—	—	—										—
63		—	—	—	—									
70		—	—	—	—									
80		—	—	—	—	—								
90	0 −0.87	—	—	—	—	—				范围				
100		—	—	—	—	—	—							
110		—	—	—	—	—	—							
125	0 −1.00	—	—	—	—	—	—	—						
140		—	—	—	—	—	—	—						
160		—	—	—	—	—	—	—	—					
180		—	—	—	—	—	—	—	—	—				
200	0 −1.15	—	—	—	—	—	—	—	—	—	—			
220		—	—	—	—	—	—	—	—	—	—	—		
250		—	—	—	—	—	—	—	—	—	—	—	—	

注：1. GB/T 1096 规定了宽度 $b=2\sim100$mm 的普通 A 型、B 型、C 型的平键，本表未列入 $b=25\sim100$mm 的普通型平键，需用时可查阅该标准。

2. 普通型平键的技术条件应符合 GB/T 1568 的规定，需用时可查阅该标准。材料常用 45 钢。

3. 键槽的尺寸应符合 GB/T 1095 的规定。

七、销

1. 圆柱销（GB/T 119.1—2000、GB/T 119.2—2000）

圆柱销 不淬硬钢和奥氏体不锈钢（GB/T 119.1—2000）、圆柱销 淬硬钢和马氏体不锈钢（GB/T 119.2—2000）的型式尺寸如图 B-13 所示，尺寸见表 B-13。

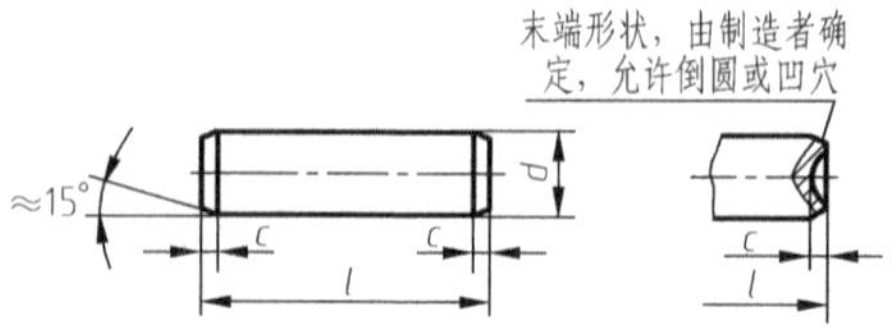

图 B-13 圆柱销的型式尺寸

标记示例：

公称直径 $d=6$mm，公差为 m6，公称长度 $l=30$mm，材料为钢，不经淬火，不经表面处理的圆柱销：

销 GB/T 119.1 6m6×30

公称直径 $d=6$mm，公差为 m6，公称长度 $l=30$mm，材料为钢，普通淬火（A 型）、表面氧化处理的圆柱销：

销 GB/T 119.2 6×30

表 B-13 圆柱销的尺寸 （单位：mm）

公称直径 d		3	4	5	6	8	10	12	16	20	25	30	40	50
c≈		0.50	0.63	0.80	1.2	1.6	2.0	2.5	3.0	3.5	4.0	5.0	6.3	8.0
公称长度 l	GB/T 119.1	8~30	8~40	10~50	12~60	14~80	18~95	22~140	26~180	35~200	50~200	60~200	80~200	95~200
	GB/T 119.2	8~30	10~40	12~50	14~60	18~80	22~100	26~100	40~100	50~100	—	—	—	—
l 系列		2、3、4、5、6、8、10、12、14、16、18、20、22、24、26、28、30、32、35、40、45、50、55、60、65、70、75、80、85、90、95、100、120、140、160、180、200												

注：1. GB/T 119.1 规定圆柱销的公称直径 $d=0.6\sim50$mm，公称长度 $l=2\sim200$mm，公差有 m6 和 h8。公称长度 $l>200$mm 时，按 20mm 递增。

2. GB/T 119.2 规定圆柱销的公称直径 $d=1\sim20$mm，公称长度 $l=3\sim100$mm，公差仅有 m6。公称长度 $l>100$mm 时，按 200mm 递增。

3. 当圆柱销公差为 h8 时，其表面粗糙度参数 $Ra\leqslant1.6\mu m$；为 m6 时，$Ra\leqslant0.8\mu m$。

2. 圆锥销（GB/T 117—2000）

圆锥销（GB/T 117—2000）的型式尺寸如图 B-14 所示，尺寸见表 B-14。

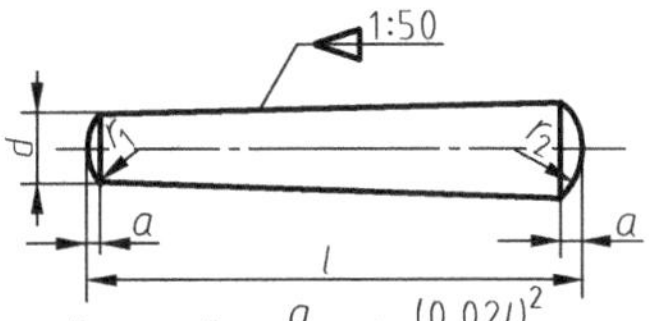

$r_1=d$，$r_2=\frac{a}{2}+d+\frac{(0.02l)^2}{8a}$

图 B-14 圆锥销的型式尺寸

标记示例：

公称直径 $d=10$mm、公称长度 $l=60$mm、材料为 35 钢、热处理硬度 28~38HRC、表面氧化处理的 A 型圆锥销：销 GB/T 117 10×60

表 B-14 圆锥销的尺寸 （单位：mm）

公称直径 d	4	5	6	8	10	12	16	20	25	30	40	50
a≈	0.5	0.63	0.8	1	1.2	1.6	2	2.5	3	4	5	6.3
公称长度 l	14~55	18~60	22~90	22~120	26~160	32~180	40~200	45~200	50~200	55~200	60~200	65~200
l 系列	2、3、4、5、6、8、10、12、14、16、18、20、22、24、26、28、30、32、35、40、45、50、55、60、65、70、75、80、85、90、95、100、120、140、160、180、200											

注：1. GB/T 117 规定圆锥销的公称直径 $d=0.6\sim50$mm，公差为 h10。公称长度 $l>200$mm 时，按 20mm 递增。

2. GB/T 117 规定了圆锥销有 A 型和 B 型。A 型为磨削，锥面表面粗糙度参数 $Ra=0.8\mu m$；B 型为切削或冷镦，锥面表面粗糙度参数 $Ra=3.2\mu m$。A 型和 B 型的圆锥销端面的表面粗糙度参数都是 $Ra=6.3\mu m$。

八、滚动轴承

1. 深沟球轴承（GB/T 276—2013）

深沟球轴承（GB/T 276—2013）的型式尺寸如图 B-15 所示，外形尺寸数值见表 B-15。

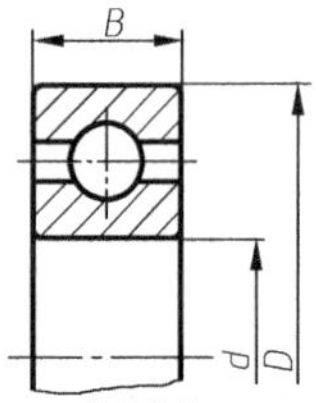

类型代号 6

标记示例：

内圈孔径 $d=60$mm，尺寸系列代号为（0）2 的深沟球轴承：滚动轴承 6212 GB/T 276—2013

图 B-15 深沟球轴承的型式尺寸

表 B-15 深沟球轴承的外形尺寸 （单位：mm）

轴承代号	尺寸			轴承代号	尺寸		
	d	*D*	*B*		*d*	*D*	*B*
尺寸系列代号(1)0				尺寸系列代号(0)3			
6000	10	26	8	6300	10	35	11
6001	12	28	8	6301	12	37	12
6002	15	32	9	6302	15	42	13
6003	17	35	10	6303	17	47	14
6004	20	42	12	6304	20	52	15
60/22	22	44	12	63/22	22	56	16
6005	25	47	12	6305	25	62	17
60/28	28	52	12	63/28	28	68	18
6006	30	55	13	6306	30	72	19
60/32	32	58	13	63/32	32	75	20
6007	35	62	14	6307	35	80	21
6008	40	68	15	6308	40	90	23
6009	45	75	16	6309	45	100	25
6010	50	80	16	6310	50	110	27
6011	55	90	18	6311	55	120	29
6012	60	95	18	6312	60	130	31
尺寸系列代号(0)2				尺寸系列代号(0)4			
6200	10	30	9	6403	17	62	17
6201	12	32	10	6404	20	72	19
6202	15	35	11	6405	25	80	21
6203	17	40	12	6406	30	90	23
6204	20	47	14	6407	35	100	25
62/22	22	50	14	6408	40	110	27
6205	25	52	15	6409	45	120	29
62/28	28	58	16	6410	50	130	31
6206	30	62	16	6411	55	140	33
62/32	32	65	17	6412	60	150	35
6207	35	72	17	6413	65	160	37
6208	40	80	18	6414	70	180	42
6209	45	85	19	6415	75	190	45
6210	50	90	20	6416	80	200	48
6211	55	100	21	6417	85	210	52
6212	60	110	22				

注：表中括号“（）”，表示该数字在轴承代号中省略。

2. 圆锥滚子轴承

圆锥滚子轴承（GB/T 297—2015）的型式尺寸如图 B-16 所示，外形尺寸数值见表 B-16。

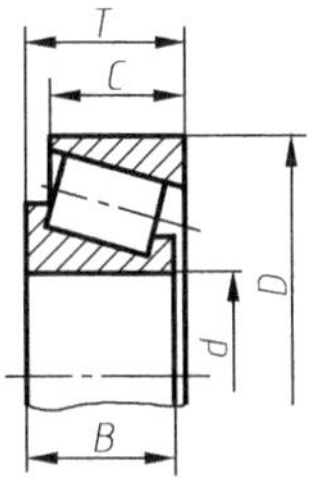

类型代号 3

标记示例：

内圈孔径 $d=35$mm，尺寸系列代号为 03 的圆锥滚子轴承：

滚动轴承　30307　GB/T 297—2015

图 B-16　圆锥滚子轴承的型式尺寸

表 B-16　圆锥滚子轴承的外形尺寸　（单位：mm）

轴承代号	尺寸				
	d	D	T	B	C
尺寸系列代号 02					
30202	15	35	11.75	11	10
30203	17	40	13.25	12	11
30204	20	47	15.25	14	12
30205	25	52	16.25	15	13
30206	30	62	17.25	16	14
302/32	32	65	18.25	17	15
30207	35	72	18.25	17	15
30208	40	80	19.75	18	16
30209	45	85	20.75	19	16
30210	50	90	21.75	20	17
30211	55	100	22.75	21	18
30212	60	110	23.75	22	19
30213	65	120	24.75	23	20
30214	70	125	26.75	24	21
30215	75	130	27.75	25	22
30216	80	140	28.75	26	22
30217	85	150	30.5	28	24
30218	90	160	32.5	30	26
30219	95	170	34.5	32	27
30220	100	180	37	34	29
尺寸系列代号 03					
30302	15	42	14.25	13	11
30303	17	47	15.25	14	12
30304	20	52	16.25	15	13
30305	25	62	18.25	17	15
30306	30	72	20.75	19	16
30307	35	80	22.75	21	18
30308	40	90	25.25	23	20
30309	45	100	27.25	25	22
30310	50	110	29.25	27	23
30311	55	120	31.5	29	25
30312	60	130	33.5	31	26
30313	65	140	36	33	28
30314	70	150	38	35	30
30315	75	160	40	37	31
30316	80	170	42.5	39	33
30317	85	180	44.5	41	34
30318	90	190	46.5	43	36
30319	95	200	49.5	45	38
30320	100	215	51.5	47	39
尺寸系列代号 23					
32303	17	47	20.25	19	16
32304	20	52	22.25	21	18
32305	25	62	25.25	24	20
32306	30	72	28.75	27	23
32307	35	80	32.75	31	25
32308	40	90	35.25	33	27
32309	45	100	38.25	36	30
32310	50	110	42.25	40	33
32311	55	120	45.5	43	35
32312	60	130	48.5	46	37
32313	65	140	51	48	39
32314	70	150	54	51	42
32315	75	160	58	55	45
32316	80	170	61.5	58	48
32317	85	180	63.5	60	49
尺寸系列代号 30					
33005	25	47	17	17	14
33006	30	55	20	20	16
33007	35	62	21	21	17
33008	40	68	22	22	18
33009	45	75	24	24	19
33010	50	80	24	24	19
33011	55	90	27	27	21
33012	60	95	27	27	21
33013	65	100	27	27	21
33014	70	110	31	31	25.5
33015	75	115	31	31	25.5
33016	80	125	36	36	29.5
33017	85	130	36	36	29.5
尺寸系列代号 31					
33108	40	75	26	26	20.5
33109	45	80	26	26	20.5
33110	50	85	26	26	20
33111	55	95	30	30	23
33112	60	100	30	30	23
33113	65	110	34	34	26.5
33114	70	120	37	37	29
33115	75	125	37	37	29
33116	80	130	37	37	29
33117	85	140	41	41	32

3. 推力球轴承（GB/T 301—2015）

推力球轴承（GB/T 301—2015）的型式尺寸如图 B-17 所示，外形尺寸数值见表 B-17。

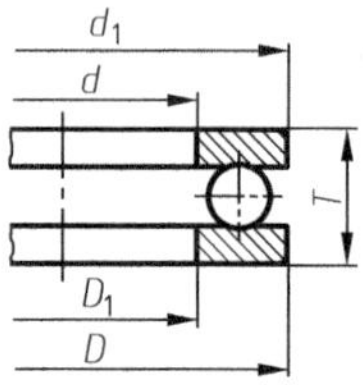

类型代号 5

标记示例：

内圈孔径 d=30mm，尺寸系列代号为 13 的推力球轴承：

滚动轴承 51306 GB/T 301—2015

图 B-17 推力球轴承的型式尺寸

表 B-17 推力球轴承的外形尺寸 （单位：mm）

轴承代号	尺寸					轴承代号	尺寸				
	d	D	T	$D_{1\min}$	$d_{1\max}$		d	D	T	$D_{1\min}$	$d_{1\max}$
尺寸系列代号 11						尺寸系列代号 13					
51104	20	35	10	21	35	51304	20	47	18	22	47
51105	25	42	11	26	42	51305	25	52	18	27	52
51106	30	47	11	32	47	51306	30	60	21	32	60
51107	35	52	12	37	52	51307	35	68	24	37	68
51108	40	60	13	42	60	51308	40	78	26	42	78
51109	45	65	14	47	65	51309	45	85	28	47	85
51110	50	70	14	52	70	51310	50	95	31	52	95
51111	55	78	16	57	78	51311	55	105	35	57	105
51112	60	85	17	62	85	51312	60	110	35	62	110
51113	65	90	18	67	90	51313	65	115	36	67	115
51114	70	95	18	72	95	51314	70	125	40	72	125
51115	75	100	19	77	100	51315	75	135	44	77	135
51116	80	105	19	82	105	51316	80	140	44	82	140
51117	85	110	19	87	110	51317	85	150	49	88	150
51118	90	120	22	92	120	51318	90	155	50	93	155
51120	100	135	25	102	135	51320	100	170	55	103	170
尺寸系列代号 12						尺寸系列代号 14					
51204	20	40	14	22	40	51405	25	60	24	27	60
51205	25	47	15	27	47	51406	30	70	28	32	70
51206	30	52	16	32	52	51407	35	80	32	37	80
51207	35	62	18	37	62	51408	40	90	36	42	90
51208	40	68	19	42	68	51409	45	100	39	47	100
51209	45	73	20	47	73	51410	50	110	43	52	110
51210	50	78	22	52	78	51411	55	120	48	57	120
51211	55	90	25	57	90	51412	60	130	51	62	130
51212	60	95	26	62	95	51413	65	140	56	68	140
51213	65	100	27	67	100	51414	70	150	60	73	150
51214	70	105	27	72	105	51415	75	160	65	78	160
51215	75	110	27	77	110	51416	80	170	68	83	170
51216	80	115	28	82	115	51417	85	180	72	88	177
51217	85	125	31	88	125	51418	90	190	77	93	187
51218	90	135	35	93	135	51420	100	210	85	103	205
51220	100	150	38	103	150	51422	110	230	95	113	225

注：推力球轴承有 51000 型和 52000 型，类型代号都是 5，尺寸系列代号分别为 11、12、13、14 和 22、23、24。52000 型推力球轴承的形式、尺寸可查阅 GB/T 301—2015。

九、弹簧

普通圆柱螺旋压缩弹簧（两端并紧磨平或制扁，GB/T 2089—2009）型式尺寸如图 B-18 所示，尺寸及参数见表 B-18。

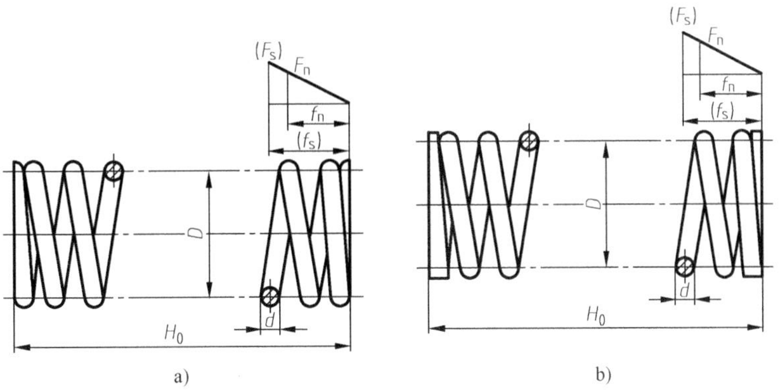

图 B-18　普通圆柱螺旋压缩弹簧的型式尺寸

a）YA 型（冷卷，两端圈并紧磨平型）　b）YB 型（热卷，两端圈并紧制扁型）

标记示例：

YA 型弹簧，材料直径 d=1.2mm，弹簧中径 D=8mm，自由高度 H_0=40mm，精度等级为 2 级，左旋的两端圈并紧磨平的冷卷压缩弹簧：YA　1.2×8×40　左　GB/T 2089

YB 型弹簧，材料直径 d=20mm，弹簧中径 D=140mm，自由高度 H_0=260mm，精度等级为 3 级，右旋的两端圈并紧制扁的热卷压缩弹簧：YB　20×140×260-3　GB/T 2089

表 B-18　普通圆柱螺旋压缩弹簧的尺寸及参数

材料直径 d/mm	弹簧中径 D/mm	最大工作负荷 F_n/N	有效圈数 n/圈	自由高度 H_0/mm	最大工作变形量 f_n/mm
1.2	8	65	8.5	28	14
			12.5	40	20
	12	43	6.5	40	24
			8.5	48	31
4	28	545	4.5	50	21
			6.5	70	30
	30	509	4.5	55	24
			6.5	75	36
6	38	1267	4.5	65	24
			6.5	90	35
	45	1070	6.5	105	49
			8.5	140	63

（续）

材料直径 d/mm	弹簧中径 D/mm	最大工作负荷 F_n/N	有效圈数 n/圈	自由高度 H_0/mm	最大工作变形量 f_n/mm
10	45	4605	8.5	140	36
			10.5	170	45
	50	4145	10.5	190	55
			12.5	220	66
20	140	13278	4.5	260	104
			6.5	360	149
	160	11618	4.5	300	135
			6.5	420	197
30	160	39211	4.5	310	90
			6.5	420	131
	200	31369	2.5	250	78
			6.5	520	204

注：1. GB/T 2089 列出了很多不同尺寸的弹簧，并对各个弹簧列出了更多参数，本表仅做摘录，本表未列出的弹簧可查阅该标准获取。

2. GB/T 2089 规定，采用冷卷工艺时，选用材料性能不低于 GB/T 4357—2009 中 M 型碳素弹簧钢丝；采用热卷工艺时，选用材料性能不低于 GB/T 1222 中 60Si2MnA。

附录 C 常用机械加工一般规范和零件结构要素

一、标准尺寸（GB/T 2822—2005）

1~1000mm 范围的标准尺寸系列见表 C-1。

表 C-1 标准尺寸系列 （单位：mm）

R10	1.00、1.25、1.60、2.00、2.50、3.15、4.00、5.00、6.30、8.00、10.0、12.5、16.0、20.0、25.0、31.5、40.0、50.0、63.0、80.0、100.0、125、160、200、250、315、400、500、630、800、1000
R20	1.00、1.12、1.25、1.40、1.60、1.80、2.00、2.24、2.50、2.80、3.15、3.55、4.00、4.50、5.00、5.60、6.30、7.10、8.00、9.00、10.00、11.2、12.5、14.0、16.0、18.0、20.0、22.4、25.0、28.0、31.5、35.5、40.0、45.0、50.0、56.0、63.0、71.0、80.0、90.0、100.0、112、125、140、160、180、200、224、250、280、315、355、400、450、500、560、630、710、800、900、1000
R40	12.5、13.2、14.0、15.0、16.0、17.0、18.0、19.0、20.0、21.2、22.4、23.6、25.0、26.5、28.0、30.0、31.5、33.5、35.5、37.5、40.0、42.5、45.0、47.5、50.0、53.0、56.0、60.0、63.0、67.0、71.0、75.0、80.0、85.0、90.0、95.0、100.0、106、112、118、125、132、140、150、160、170、180、190、200、212、224、236、250、265、280、300、315、335、355、375、400、425、450、475、500、530、560、600、630、670、710、750、800、850、900、950、1000

注：1. 本表仅摘录 1~1000mm 范围内优先数系 R 系列中的标准尺寸，选用顺序为 R10、R20、R40。如需选用<2.50mm 或>1000mm 的尺寸时，可查阅 GB/T 2822—2005。

2. 本表所列数值适用于有互换性或系列化要求的主要尺寸，如直径、长度、高度等，其他结构尺寸也尽可能采用。

3. 如果必须将数值圆整，可在相应的 R′系列中选用标准尺寸，选用的顺序为 R′10、R′20、R′40，本表未摘录，需用时可查阅 GB/T 2822—2015。

二、砂轮越程槽（GB/T 6403.5—2008）

回转面及端面砂轮越程槽的尺寸见表 C-2。

表 C-2　回转面及端面砂轮越程槽的尺寸　　（单位：mm）

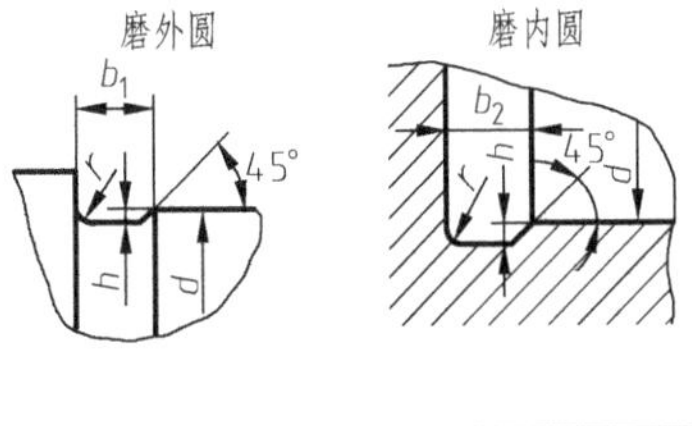

b_1	0.6	1.0	1.6	2.0	3.0	4.0	5.0	8.0	10
b_2	2.0	3.0		4.0		5.0		8.0	10
h	0.1	0.2		0.3	0.4		0.6	0.8	1.2
r	0.2	0.5		0.8	1.0		1.6	2.0	3.0
d	~10			10~50		50~100		100	

注：1. 越程槽内二直线相交处，不允许产生尖角。
2. 越程槽深度 h 与圆弧半径 r，要满足 $r \leqslant 3h$。
3. 磨削具有数个直径的工件时，可使用同一规格的越程槽。
4. 直径 d 值大的零件，允许选择小规格的砂轮越程槽。
5. 砂轮越程槽的尺寸公差和表面粗糙度根据该零件的结构、性能确定。

三、零件倒圆与倒角（GB/T 6403.4—2008）

1. 倒圆与倒角的型式

倒圆与倒角的型式尺寸见表 C-3。

表 C-3　倒圆与倒角的型式尺寸　　（单位：mm）

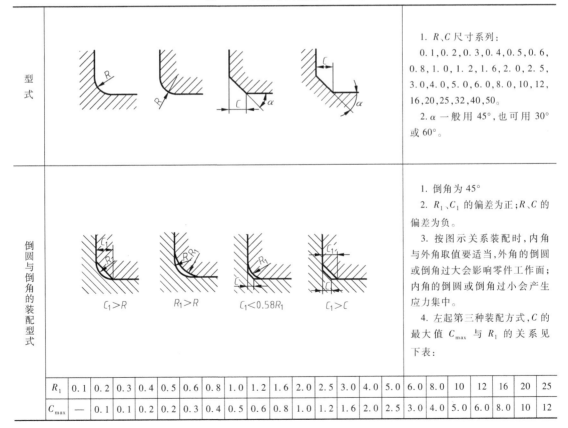

型式	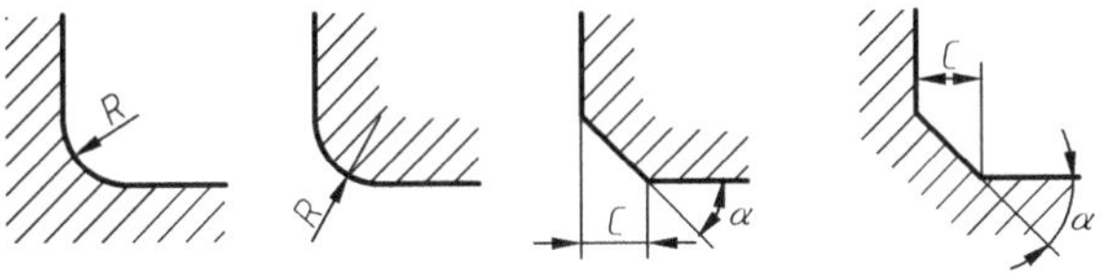	1. R、C 尺寸系列： 0.1, 0.2, 0.3, 0.4, 0.5, 0.6, 0.8, 1.0, 1.2, 1.6, 2.0, 2.5, 3.0, 4.0, 5.0, 6.0, 8.0, 10, 12, 16, 20, 25, 32, 40, 50。 2. α 一般用 45°，也可用 30° 或 60°。
倒圆与倒角的装配型式	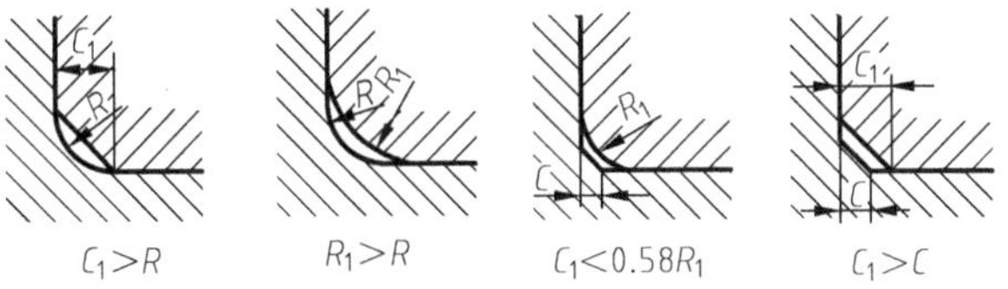	1. 倒角为 45° 2. R_1、C_1 的偏差为正；R、C 的偏差为负。 3. 按图示关系装配时，内角与外角取值要适当，外角的倒圆或倒角过大会影响零件工作面；内角的倒圆或倒角过小会产生应力集中。 4. 左起第三种装配方式，C 的最大值 C_{max} 与 R_1 的关系见下表：

R_1	0.1	0.2	0.3	0.4	0.5	0.6	0.8	1.0	1.2	1.6	2.0	2.5	3.0	4.0	5.0	6.0	8.0	10	12	16	20	25
C_{max}	—	0.1	0.1	0.2	0.2	0.3	0.4	0.5	0.6	0.8	1.0	1.2	1.6	2.0	2.5	3.0	4.0	5.0	6.0	8.0	10	12

2. 与零件直径 ϕ 相应的倒角 C、倒圆 R 的推荐值

与零件直径 ϕ 相应的倒角 C、倒圆 R 的推荐值见表 C-4。

表 C-4　与零件直径 ϕ 相应的倒角 C、倒圆 R 的推荐值　　(单位：mm)

ϕ	<3	>3~6	>6~10	>10~18	>18~30	>30~50	>50~80	>80~120	>120~180
C 或 R	0.2	0.4	0.6	0.8	1.0	1.6	2.0	2.5	3.0
ϕ	>180~250	>250~320	>320~400	>400~500	>500~630	>630~800	>800~1000	>1000~1250	>1250~1600
C 或 R	4.0	5.0	6.0	8.0	10	12	16	20	25

四、螺纹倒角和退刀槽

根据 GB/T 3—1997《普通螺纹收尾、肩距、退刀槽和倒角》、GB/T 2—2016《紧固件外螺纹零件末端》，普通螺纹端部倒角和退刀槽型式尺寸如图 C-1 所示，退刀槽尺寸见表 C-5。

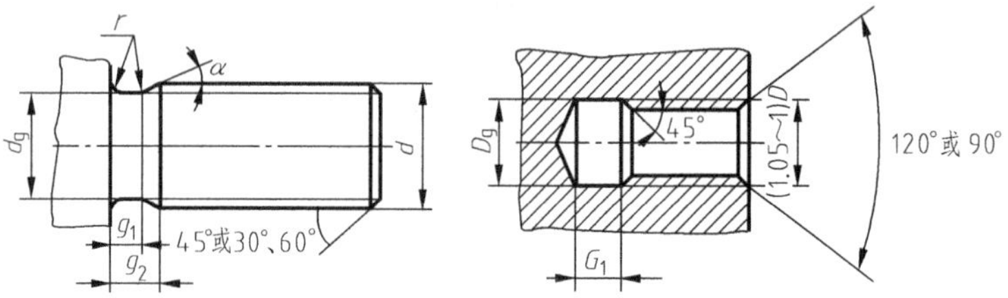

图 C-1　普通螺纹端部倒角和退刀槽型式尺寸

表 C-5　螺纹退刀槽尺寸　　(单位：mm)

螺距	外螺纹			内螺纹		螺距	外螺纹			内螺纹	
	g_{2max}	g_{1min}	d_g	G_1	D_g		g_{2max}	g_{1min}	d_g	G_1	D_g
0.5	1.5	0.8	d-0.8	2		1.75	5.25	3	d-2.6	7	
0.7	2.1	1.1	d-1.1	2.8	D+0.3	2	6	3.4	d-3	8	
0.8	2.4	1.3	d-1.3	3.2		2.5	7.5	4.4	d-3.6	10	
1	3	1.6	d-1.6	4		3	9	5.2	d-4.4	12	D+0.5
1.25	3.75	2	d-2	5	D+0.5	3.5	10.5	6.2	d-5	14	
1.5	4.5	2.5	d-2.3	6		4	12	7	d-5.7	16	

五、螺纹紧固件孔

根据 GB/T 5277—1985《紧固件 螺栓和螺钉通孔》、GB/T 152.2—2014《紧固件 沉头螺钉用沉孔》、GB/T 152.3—1988《紧固件 圆柱头用沉孔》、GB/T 152.4—1988《紧固件 六角头螺栓和六角螺母用沉孔》，螺纹紧固件孔型式尺寸如图 C-2 所示，螺纹紧固件孔尺寸见表 C-6。

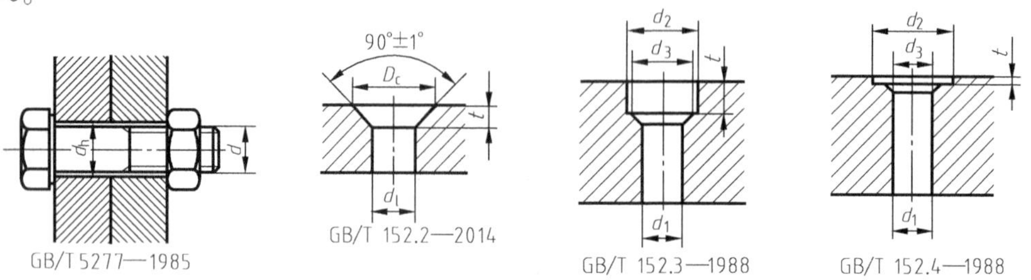

图 C-2　螺纹紧固件孔型式尺寸

表 C-6 螺纹紧固件孔尺寸 （单位：mm）

螺纹规格 d			M3	M4	M5	M6	M8	M10	M12	M14	M16	M18	M20	M22	M24	M27	M30	M36
螺栓和螺钉通孔（GB/T 5277—1985）	d_h	精装配	3.2	4.3	5.3	6.4	8.4	10.5	13	15	17	19	21	23	25	28	31	37
		中等装配	3.4	4.5	5.5	6.6	9	11	13.5	15.5	17.5	20	22	24	26	30	33	39
		粗装配	3.6	4.8	5.8	7	10	12	14.5	16.5	18.5	21	24	26	28	32	35	42
沉头螺钉用沉孔（GB/T 152.2—2014）	D_c		6.3	9.4	10.40	12.60	17.30	20.0	—	—	—	—	—	—	—	—	—	—
	$t\approx$		1.55	2.55	2.58	3.13	4.28	4.65	—	—	—	—	—	—	—	—	—	—
	d_h		3.40	4.50	5.50	6.60	9.00	11.00	—	—	—	—	—	—	—	—	—	—
圆柱头用沉孔（GB/T 152.3—1988）	*	d_2	6.0	8.0	10.0	11.0	15.0	18.0	20.0	24.0	26.0	—	33.0	—	40.0	—	48.0	57.0
		t	3.4	4.6	5.7	6.8	9.0	11.0	13.0	15.0	17.5	—	21.5	—	25.5	—	32.0	38.0
		d_3	—	—	—	—	—	—	16	18	20	—	24	—	28	—	36	42
		d_1	3.4	4.5	5.5	6.6	9.0	11.0	13.5	15.5	17.5	—	22.0	—	26.0	—	33.0	39.0
	△	d_2	—	8	10	11	15	18	20	24	26	—	33	—	—	—	—	—
		t	—	3.2	4.0	4.7	6.0	7.0	8.0	9.0	10.5	—	12.5	—	—	—	—	—
		d_3	—	—	—	—	—	—	16	18	20	—	24	—	—	—	—	—
		d_1	—	4.5	5.5	6.6	9.0	11.0	13.5	15.5	17.5	—	22.0	—	—	—	—	—
六角头螺栓和六角螺母用沉孔（GB/T 152.4—1988）	d_2		9	10	11	13	18	22	26	30	33	36	40	43	48	53	61	71
	d_3		—	—	—	—	—	—	16	18	20	22	24	26	28	33	36	42
	d_1		3.4	4.5	5.5	6.6	9.0	11.0	13.5	15.5	17.5	20.0	22.0	24	26	30	33	39

注：1. GB/T 5277 规定，精装配系列、中等装配系列、粗装配系列的公差带分别是 H12、H13、H14。如有必要避免通孔边缘与螺栓头下圆角发生干涉时，建议倒角。

2. GB/T 152.2 规定，d_h 按 GB/T 5277 中等装配系列的规定，公差带为 H13。

3. GB/T 152.3 规定标 * 的数值适用于 GB/T 70.1—2008《内六角圆柱头螺钉》用的圆柱头沉孔尺寸，标△的数值适用于 GB/T 2671.1—2017《内六角花形低圆柱头螺钉》、GB/T 2671.2—2017《内六角花形圆柱头螺钉》及 GB/T 65—2016《开槽圆柱头螺钉》的圆柱头沉孔尺寸。

4. GB/T 152.4 规定，对六角头螺栓和六角头螺母用沉孔的尺寸 t，只要能制出与通孔轴线垂直的圆平面即可，即刮平圆平面为止，常称为锪平。尺寸 d_1 的公差带是 H13，d_2 的公差带是 H15。

附录D 极限与配合

一、公称尺寸至3150mm的标准公差数值

公称尺寸至3150mm的标准公差值见表D-1，表中数值来源于GB/T 1800.1—2020。

表D-1 公称尺寸至3150mm的标准公差数值

公称尺寸/mm		标准公差等级																			
		IT01	IT0	IT1	IT2	IT3	IT4	IT5	IT6	IT7	IT8	IT9	IT10	IT11	IT12	IT13	IT14	IT15	IT16	IT17	IT18
大于	至	标准公差值																			
		μm													mm						
—	3	0.3	0.5	0.8	1.2	2	3	4	6	10	14	25	40	60	0.1	0.14	0.25	0.4	0.6	1	1.4
3	6	0.4	0.6	1	1.5	2.5	4	5	8	12	18	30	48	75	0.12	0.18	0.3	0.48	0.75	1.2	1.8
6	10	0.4	0.6	1	1.5	2.5	4	6	9	15	22	36	58	90	0.15	0.22	0.36	0.58	0.9	1.5	2.2
10	18	0.5	0.8	1.2	2	3	5	8	11	18	27	43	70	110	0.18	0.27	0.43	0.7	1.1	1.8	2.7
18	30	0.6	1	1.5	2.5	4	6	9	13	21	33	52	84	130	0.21	0.33	0.52	0.84	1.3	2.1	3.3
30	50	0.6	1	1.5	2.5	4	7	11	16	25	39	62	100	160	0.25	0.39	0.62	1	1.6	2.5	3.9
50	80	0.8	1.2	2	3	5	8	13	19	30	46	74	120	190	0.3	0.46	0.74	1.2	1.9	3	4.6
80	120	1	1.5	2.5	4	6	10	15	22	35	54	87	140	220	0.35	0.54	0.87	1.4	2.2	3.5	5.4
120	180	1.2	2	3.5	5	8	12	18	25	40	63	100	160	250	0.4	0.63	1	1.6	2.5	4	6.3
180	250	2	3	4.5	7	10	14	20	29	46	72	115	185	290	0.46	0.72	1.15	1.85	2.9	4.6	7.2
250	315	2.5	4	6	8	12	16	23	32	52	81	130	210	320	0.52	0.81	1.3	2.1	3.2	5.2	8.1
315	400	3	5	7	9	13	18	25	36	57	89	140	230	360	0.57	0.89	1.4	2.3	3.6	5.7	8.9
400	500	4	6	8	10	15	20	27	40	63	97	155	250	400	0.63	0.97	1.55	2.5	4	6.3	9.7
500	630			9	11	16	22	32	44	70	110	175	280	440	0.7	1.1	1.75	2.8	4.4	7	11
630	800			10	13	18	25	36	50	80	125	200	320	500	0.8	1.25	2	3.2	5	8	12.5
800	1000			11	15	21	28	40	56	90	140	230	360	560	0.9	1.4	2.3	3.6	5.6	9	14
1000	1250			13	18	24	33	47	66	105	165	260	420	660	1.05	1.65	2.6	4.2	6.6	10.5	16.5
1250	1600			15	21	29	39	55	78	125	195	310	500	780	1.25	1.95	3.1	5	7.8	12.5	19.5
1600	2000			18	25	35	46	65	92	150	230	370	600	920	1.5	2.3	3.7	6	9.2	15	23
2000	2500			22	30	41	55	78	110	175	280	440	700	1100	1.75	2.8	4.4	7	11	17.5	28
2500	3150			26	36	50	68	96	135	210	330	540	860	1350	2.1	3.3	5.4	8.6	13.5	21	33

二、孔的基本偏差数值

孔 A~M 的基本偏差数值见表 D-2，孔 N~ZC 的基本偏差数值见表 D-3，表中数值从 GB/T 1800.1—2020 摘录后整理列表。

表 D-2　孔 A~M 的基本偏差数值

公称尺寸/mm		基本偏差数值																		
		下极限偏差 *EI*/μm												上极限偏差 *ES*/μm						
大于	至	所有公差等级												IT6	IT7	IT8	≤IT8	>IT8	≤IT8	>IT8
		A	B	C	CD	D	E	EF	F	FG	G	H	JS	J			K		M	
—	3	+270	+140	+60	+34	+20	+14	+10	+6	+4	+2	0		+2	+4	+6	0	0	-2	-2
3	6	+270	+140	+70	+46	+30	+20	+14	+10	+6	+4	0		+5	+6	+10	-1+Δ		-4+Δ	-4
6	10	+280	+150	+80	+56	+40	+25	+18	+13	+8	+5	0		+5	+8	+12	-1+Δ		-6+Δ	-6
10	14	+290	+150	+95	+70	+50	+32	+23	+16	+10	+6	0		+6	+10	+15	-1+Δ		-7+Δ	-7
14	18																			
18	24	+300	+160	+110	+85	+65	+40	+28	+20	+12	+7	0		+8	+12	+20	-2+Δ		-8+Δ	-8
24	30																			
30	40	+310	+170	+120	+100	+80	+50	+35	+25	+15	+9	0		+10	+14	+24	-2+Δ		-9+Δ	-9
40	50	+320	+180	+130																
50	65	+340	+190	+140		+100	+60		+30		+10	0		+13	+18	+28	-2+Δ		-11+Δ	-11
65	80	+360	+200	+150																
80	100	+380	+220	+170		+120	+72		+36		+12	0	偏差=±IT*n*/2，式中 *n* 为标准公差等级数	+16	+22	+34	-3+Δ		-13+Δ	-13
100	120	+410	+240	+180																
120	140	+460	+260	+200		+145	+85		+43		+14	0		+18	+26	+41	-3+Δ		-15+Δ	-15
140	160	+520	+280	+210																
160	180	+580	+310	+230																
180	200	+660	+340	+240		+170	+100		+50		+15	0		+22	+30	+47	-4+Δ		-17+Δ	-17
200	225	+740	+380	+260																
225	250	+820	+420	+280																
250	280	+920	+480	+300		+190	+110		+56		+17	0		+25	+36	+55	-4+Δ		-20+Δ	-20
280	315	+1050	+540	+330																
315	355	+1200	+600	+360		+210	+125		+2		+18	0		+29	+39	+60	-4+Δ		-21+Δ	-21
355	400	+1350	+680	+400																
400	450	+1500	+760	+440		+230	+135		+68		+20	0		+33	+43	+66	-5+Δ		-23+Δ	-23
450	500	+1650	+840	+480																

注：1. 公称尺寸≤1mm 时，不适用基本偏差 A 和 B。

2. 特例：对于公称尺寸大于 250~315mm 的公差带代号 M6，*ES*=-9μm（计算结果不是-11μm）。

3. 对于 Δ 值，见表 D-3。

表 D-3　孔 N～ZC 的基本偏差数值

公称尺寸/mm		基本偏差数值　上极限偏差 *ES*/μm																Δ 值/μm					
大于	至	≤IT8	>IT8	≤IT7	>IT7 的标准公差等级													标准公差等级					
		N		P～ZC	P	R	S	T	U	V	X	Y	Z	ZA	ZB	ZC		IT3	IT4	IT5	IT6	IT7	IT8
—	3	-4	-4	在>IT7 的标准公差等级的基本偏差数值上增加一个 Δ 值	-6	-10	-14		-18		-20		-26	-32	-40	-60		0	0	0	0	0	0
3	6	-8+Δ	0		-12	-15	-19		-23		-28		-35	-42	-50	-80		1	1.5	1	3	4	6
6	10	-10+Δ	0		-15	-19	-23		-28		-34		-42	-52	-67	-97		1	1.5	2	3	6	7
10	14	-12+Δ	0		-18	-23	-28		-33		-40		-50	-64	-90	-130		1	2	3	3	7	9
14	18									-39	-45		-60	-77	-108	-150							
18	24	-15+Δ	0		-22	-28	-35		-41	-47	-54	-63	-73	-98	-136	-188		1.5	2	3	4	8	12
24	30							-41	-48	-55	-64	-75	-88	-118	-160	-218							
30	40	-17+Δ	0		-26	-34	-43	-48	-60	-68	-80	-94	-112	-148	-200	-274		1.5	3	4	5	9	14
40	50							-54	-70	-81	-97	-114	-136	-180	-242	-325							
50	65	-20+Δ	0		-32	-41	-53	-66	-87	-102	-122	-144	-172	-226	-300	-405		2	3	5	6	11	16
65	80					-43	-59	-75	-102	-120	-146	-174	-210	-274	-360	-480							
80	100	-23+Δ	0		-37	-51	-71	-91	-124	-146	-178	-214	-258	-335	-445	-585		2	4	5	7	13	19
100	120					-54	-79	-104	-144	-172	-210	-254	-310	-400	-525	-690							
120	140	-27+Δ	0		-43	-63	-92	-122	-170	-202	-248	-300	-365	-470	-620	-800		3	4	6	7	15	23
140	160					-65	-100	-134	-190	-228	-280	-340	-415	-535	-700	-900							
160	180					-68	-108	-146	-210	-252	-310	-380	-465	-600	-780	-1000							
180	200	-31+Δ	0		-50	-77	-122	-166	-236	-284	-350	-425	-520	-670	-880	-1150		3	4	6	9	17	26
200	225					-80	-130	-180	-258	-310	-385	-470	-575	-740	-960	-1250							
225	250					-84	-140	-196	-284	-340	-425	-520	-640	-820	-1050	-1350							
250	280	-34+Δ	0		-56	-94	-158	-218	-315	-385	-475	-580	-710	-920	-1200	-1550		4	4	7	9	20	29
280	315					-98	-170	-240	-350	-425	-525	-650	-790	-1000	-1300	-1700							
315	355	-37+Δ	0		-62	-108	-190	-268	-390	-475	-590	-730	-900	-1150	-1500	-1900		4	5	7	11	21	32
355	400					-114	-208	-294	-435	-530	-660	-820	-1000	-1300	-1650	-2100							
400	450	-40+Δ	0		-68	-126	-232	-330	-490	-595	-740	-920	-1100	-1450	-1850	-2400		5	5	7	13	23	34
450	500					-132	-252	-360	-540	-660	-820	-1000	-1250	-1600	-2100	-2600							

三、轴的基本偏差数值

轴 a~j 的基本偏差数值见表 D-4，轴 k~zc 的基本偏差见表 D-5，表中从 GB/T 1800.1—2020 摘录后整理列表。

表 D-4 轴 a~j 的基本偏差数值

公称尺寸/mm		基本偏差数值														
		上极限偏差 *es*/μm												下极限偏差 *ei*/μm		
大于	至	所有公差等级												IT5 和 IT6	IT7	IT8
		a[a]	b[a]	c	cd	d	e	ef	f	fg	g	h	js	j		
—	3	-270	-140	-60	-34	-20	-14	-10	-6	-4	-2	0	偏差 = ±IT*n*/2，式中，*n* 是标准公差等级数	-2	-4	-6
3	6	-270	-140	-70	-46	-30	-20	-14	-10	-6	-4	0		-2	-4	
6	10	-280	-150	-80	-56	-40	-25	-18	-13	-8	-5	0		-2	-5	
10	14	-290	-150	-95	-70	-50	-32	-23	-16	-10	-6	0		-3	-6	
14	18															
18	24	-300	-160	-110	-85	-65	-40	-25	-20	-12	-7	0		-4	-8	
24	30															
30	40	-310	-170	-120	-100	-80	-50	-35	-25	-15	-9	0		-5	-10	
40	50	-320	-180	-130												
50	65	-340	-190	-140		-100	-60		-30		-10	0		-7	-12	
65	80	-360	-200	-150												
80	100	-380	-220	-170		-120	-72		-36		-12	0		-9	-15	
100	120	-410	-240	-180												
120	140	-460	-260	-200		-145	-85		-43		-14	0		-11	-18	
140	160	-520	-280	-210												
160	180	-580	-310	-230												
180	200	-660	-340	-240		-170	-100		-50		-15	0		-13	-21	
200	225	-740	-380	-260												
225	250	-820	-420	-280												
250	280	-920	-480	-300		-190	-110		-56		-17	-0		-16	-26	
280	315	-1050	-540	-330												
315	355	-1200	-600	-360		-210	-125		-62		-18	0		-18	-28	
355	400	-1350	-680	-400												
400	450	-1500	-760	-440		-230	-135		-68		-20	0		-20	-32	
450	500	-1650	-840	-480												

注：公称尺寸≤1mm 时，不使用基本偏差 a 和 b。

表 D-5　轴 k～zc 的基本偏差数值

公称尺寸/mm		基本偏差数值 下极限偏差 $ei/\mu m$															
大于	至	IT4 至 IT7	≤IT3，>IT7	所有公差等级													
		k		m	n	p	r	s	t	u	v	x	y	z	za	zb	zc
—	3	0	0	+2	+4	+6	+10	+14		+18		+20		+26	+32	+40	+60
3	6	+1	0	+4	+8	+12	+15	+19		+23		+28		+35	+42	+50	+80
6	10	+1	0	+6	+10	+15	+19	+23		+28		+34		+42	+52	+67	+97
10	14	+1	0	+7	+12	+18	+23	+28		+33		+40		+50	+64	+90	+130
14	18										+39	+45		+60	+77	+108	+150
18	24	+2	0	+8	+15	+22	+28	+35		+41	+47	+54	+63	+73	+98	+136	+188
24	30								+41	+48	+55	+64	+75	+88	+118	+160	+218
30	40	+2	0	+9	+17	+26	+34	+43	+48	+60	+68	+80	+94	+112	+148	+200	+274
40	50								+54	+70	+81	+97	+114	+136	+180	+242	+325
50	65	+2	0	+11	+20	+32	+41	+53	+66	+87	+102	+122	+144	+172	+226	+300	+405
65	80						+43	+59	+75	+102	+120	+146	+174	+210	+274	+360	+480
80	100	+3	0	+13	+23	+37	+51	+71	+91	+124	+146	+178	+214	+258	+335	+445	+585
100	120						+54	+79	+104	+144	+172	+210	+254	+310	+400	+525	+690
120	140	+3	0	+15	+27	+43	+63	+92	+122	+170	+202	+248	+300	+365	+470	+620	+800
140	160						+65	+100	+134	+190	+228	+280	+340	+415	+535	+700	+900
160	180						+68	+108	+146	+210	+252	+310	+380	+465	+600	+780	+1000
180	200	+4	0	+17	+31	+50	+77	+122	+166	+236	+284	+350	+425	+520	+670	+880	+1150
200	225						+80	+130	+180	+258	+310	+385	+470	+575	+740	+960	+1250
225	250						+84	+140	+196	+284	+340	+425	+520	+640	+820	+1050	+1350
250	280	+4	0	+20	+34	+56	+94	+158	+218	+315	+385	+475	+580	+710	+920	+1200	+1550
280	315						+98	+170	+240	+350	+425	+525	+650	+790	+1000	+1300	+1700
315	355	+4	0	+21	+37	+62	+108	+190	+268	+390	+475	+590	+730	+900	+1150	+1500	+1900
355	400						+114	+208	+294	+435	+530	+660	+820	+1000	+1300	+1650	+2100
400	450	+5	0	+23	+40	+68	+126	+232	+330	+490	+595	+740	+920	+1100	+1450	+1850	+2400
450	500						+132	+252	+360	+540	+660	+820	+1000	+1250	+1600	+2100	+2600

参 考 文 献

[1] 大连理工大学工程图学教研室. 机械制图 [M]. 7版. 北京：高等教育出版社，2013.
[2] 刘宏丽，朱凤艳. 机械制图：非机械专业 [M]. 4版. 大连：大连理工大学出版社，2012.
[3] 王兰美，殷昌贵. 画法几何及工程制图：机械类 [M]. 3版. 北京：机械工业出版社，2014.
[4] 王兰美，殷昌贵. 机械制图 [M]. 3版. 北京：高等教育出版社，2020.
[5] 唐克中，郑镁. 画法几何及工程制图 [M]. 5版. 北京：高等教育出版社，2017.
[6] 何铭新，钱可强，徐祖茂. 机械制图 [M]. 7版. 北京：高等教育出版社，2015.
[7] 朱强. 机械制图 [M]. 北京：人民邮电出版社，2009.
[8] 刘哲，高玉芬. 机械制图：机械专业 [M]. 7版. 大连：大连理工大学出版社，2018.
[9] 袁世先，邓小群. 机械制图 [M]. 北京：北京理工大学出版社，2010.
[10] 张信群. 机械制图 [M]. 2版. 合肥：合肥工业大学出版社，2011.
[11] 郭克希，王桂香. 机械制图 [M]. 4版. 北京：机械工业出版社，2019.
[12] 郭纪林，余桂英. 机械制图 [M]. 4版. 大连：大连理工大学出版社，2015.
[13] 李澄，吴天生，闻百桥. 机械制图 [M]. 4版. 北京：高等教育出版社，2013.
[14] 张政武，陈杰峰. 工程图学基础 [M]. 重庆. 重庆大学出版社，2020.
[15] 杨勇勤，陈全. 工程制图习题集 [M]. 北京：北京理工大学出版社，2010.
[16] 蒋冬清，刘琴琴，钱桂名. 计算机绘图：AutoCAD 实用教程 [M]. 成都：西南交通大学出版社，2022.
[17] CAD 辅助设计教育研究室. 中文版 AutoCAD 2015 实用教程 [M]. 北京：人民邮电出版社，2017.
[18] 付饶，段利君，洪友伦. AutoCAD 中文版基础应用信息化教程 [M]. 南京：南京大学出版社，2020.
[19] 覃羡烘，杨斌. AutoCAD 2018 项目教程 [M]. 南京：南京大学出版社，2019.
[20] 孙文君，高微. AutoCAD 基础教程 [M]. 北京：人民邮电出版社，2015.